普通高等教育"十三五"规划教材
电子信息科学与工程类专业规划教材

传感器原理及应用

（第 2 版）

彭杰纲　编著

电子工业出版社
Publishing House of Electronics Industry
北京·BEIJING

内 容 简 介

本书由电子科技大学自动化工程学院传感器课程组依据教学实践，在《传感器原理及应用》一书的基础上修订而成。全书共 12 章，主要内容包括传感器的概念、分类、基本特性、标定和技术现状，传感器的功能材料及加工工艺，温敏传感器、力敏传感器、磁敏传感器、光敏传感器、声敏传感器、湿敏传感器、生物传感器，传感器的信号处理和智能化，无线传感器网络等。本书的特点是，内容涵盖传感器原理及其数据采集、信号处理和互联网+应用，注重对传感器应用和工程实践能力的培养。本书提供配套电子课件，任课教师可自华信教育资源网 www.hxedu.com.cn 免费注册下载。

本书可作为高等学校工科测控技术与仪器、自动化、机电一体化及仪器仪表等专业高年级、本科生和研究生的教材，也可供相关工程技术人员学习参考。

未经许可，不得以任何方式复制或抄袭本书之部分或全部内容。
版权所有，侵权必究。

图书在版编目（CIP）数据

传感器原理及应用 / 彭杰纲编著. —2 版. —北京：电子工业出版社，2017.2
ISBN 978-7-121-30967-0

I. ①传… II. ①彭… III. ①传感器－高等学校－教材 IV. ①TP212

中国版本图书馆 CIP 数据核字（2017）第 031681 号

策划编辑：王羽佳
责任编辑：郝黎明
印　　刷：涿州市京南印刷厂
装　　订：涿州市京南印刷厂
出版发行：电子工业出版社
　　　　　北京市海淀区万寿路 173 信箱　邮编：100036
开　　本：787×1092　1/16　印张：22　字数：640 千字
版　　次：2012 年 9 月第 1 版
　　　　　2017 年 2 月第 2 版
印　　次：2025 年 8 月第 21 次印刷
定　　价：55.00 元

凡所购买电子工业出版社图书有缺损问题，请向购买书店调换。若书店售缺，请与本社发行部联系，联系及邮购电话：(010) 88254888，88258888。
质量投诉请发邮件至 zlts@phei.com.cn，盗版侵权举报请发邮件至 dbqq@phei.com.cn。
本书咨询联系方式：(010) 88254535，wyj@phei.com.cn。

第1版前言

随着"信息时代"的到来，作为获取信息的手段——传感器技术得到了长足的进步：一方面其应用领域越来越广泛，人们对其要求越来越高，需求越来越迫切。虽然传感器能将各种物理量、化学量和生物量等信号转变为电信号，使得人们可以利用计算机实现自动测量、信息处理和自动控制，但是它们都不同程度地存在温漂和非线性等影响因素。因此，对于相关工程和研究人员不仅必须掌握各类传感器的结构、原理及其性能指标，还必须懂得传感器经过适当的接口电路调整才能满足信号的处理、显示和控制的要求。另一方面，传感器的被测信号来自于各个应用领域，各自都在开发研制适合应用的传感器，于是种类繁多的新型传感器及传感器系统不断涌现。因此，了解并掌握各类传感器的基本结构、工作原理及特性是非常重要的。传感器技术是一门涉及微机械与微电子技术、计算机技术、信号处理技术、电路与系统、传感技术等多种学科的综合性技术。对传感器原理的掌握对于高等学校自动化、测控技术与仪器等专业的学生是至关重要的。

传感器原理是一门面向工科类各相关专业的学科专业课，是综合应用相关课程知识和内容，解决科研、生产、国防建设所面临的工程检测问题的基础性课程。该课程还对培养学生的实验能力、创新能力等方面具有重要作用。"传感器原理"课程是测控技术与仪器和自动化类本科专业的专业必修课程，也会作为机械制造及其自动化专业和机械电子工程专业的选修课程。

为了进一步加强传感器原理教学工作，适应高等学校正在开展的课程体系与教学内容的改革，及时反映传感器原理教学的研究成果，积极探索适应21世纪人才培养的教学模式，我们编写了本书。本书有3个特色：一是将MEMS技术与传感器技术结合在一起，介绍两者的相互影响和相互应用；二是对传感器工作机理进行了透彻的分析，应用性与基础性并重，有助于读者深刻理解传感器的工作机理，在工程中选择合适的传感器；三是内容全面、丰富，从原理到应用再到工程技术全都涉及，对于工程人员也有很大的参考价值。

本书详细介绍传感器的基本原理和相关应用，共11章。第1章是传感器概论及相关基础知识；第2章对与传感器密切相关的材料及加工工艺技术做了系统的介绍；第3～10章按综合分类法介绍传感器原理及应用，主要内容包括：热学量（热敏）、力学量（力敏和声敏）、磁学量（磁敏）、光学量（光敏）、化学量（气敏和湿敏）及生物量（生物传感器）等传感器的原理、结构、性能指标及其应用电路；第11章介绍传感器的信号处理、智能化及无线传感器网络，为后续的仪器电路、无线传感器网络等课程做了铺垫。

本书语言简明扼要、通俗易懂，具有很强的专业性、技术性和实用性，是作者多年教学和科研经验的积累和总结。本书可作为高等学校工科测控技术与仪器、自动化、机电一体化及仪器仪表等专业高年级本科生和研究生的教材，也可供相关工程技术人员学习参考。

教学中，可以根据教学对象和学时等具体情况对书中的内容进行删减和组合，也可以进行适当扩展，参考学时为32～64学时。为适应教学模式、教学方法和手段的改革，本书配套多媒体电子课件和习题参考答案，请登录华信教育资源网（http://www.hxedu.com.cn）注册下载。

本书第1、2、8、9、10章由彭杰纲编写，第3、4、5、11章由宁静编写，第6、7章由邓罡编写。全书由彭杰纲统稿。浙江理工大学的胡旭东教授在百忙之中对全书进行了审阅。在本书的编写过程中，西南交通大学的高品贤教授、伍川辉副教授和浙江理工大学的李晓明副教授提出了许多宝贵意见，研究生王文龙和方敏在教材编写过程中做了大量工作。在此一并表示衷心的感谢！

本书的编写参考了大量近年来出版的相关技术资料，吸取了许多专家和同仁的宝贵经验，在此向他们深表谢意。

由于传感器技术发展迅速，作者学识有限，书中误漏之处难免，望广大读者批评指正。

作 者

2012 年 7 月

第 2 版前言

本书是《传感器原理及应用》一书的修订版，主要面向仪器、自动化和机械专业的本科生。本书采用原理与用途相结合的编排体系，以及以用途为主线的分类方式，便于相关专业学生理解书中的内容，也便于学生查阅资料。

教材修订的初衷如下：（1）以本科教学为出发点，以学生对相关知识的理解为目的，从新视角深入浅出地阐述相关的知识；（2）强化知识的系统性，便于学生从整体上了解相关知识；（3）强调教材和传感器发展的同步性，紧密跟踪传感器领域的最新进展；（4）修正上一版中存在的错误，并补充课后习题。

本书前 10 章的内容基本保持不变。除保持前一版系统性的稳定外，为提升教学效果，对教学的重点内容进行了充实与提高。第 1 章在保持传感器概论及相关基础知识体系稳定的情况下，对相关概念进行了更为科学的表述，充实了关于传感器动静态特性的内容，由于传感器的动态和静态特性是本章的重点与难点，因此这次修订时重新编写了相关的内容，以利于教学中对该问题的阐述，同时修正了此前的笔误；第 2 章系统介绍了与传感器密切相关的材料及加工工艺，对仪器、自动化和机械专业的学生而言，这部分内容的作用主要是拓展知识面，因此除修订印刷错误外，内容基本保持稳定。

第 3~10 章按照综合分类法介绍传感器的原理及应用，主要内容包括热学量（温敏）、力学量（力敏和声敏）、磁学量（磁敏）、光学量（光敏）、化学量（气敏和湿敏）及生物量（生物传感器）等传感器的原理、结构、性能指标及应用电路。其中，热学量（温敏）、力学量（力敏和声敏）、磁学量（磁敏）、光学量（光敏）传感器是仪器、自动化和机械专业学生的重点学习内容，为便于学生理解相关的概念，重新编写了这部分内容，并修订了上一版中的错误，增加了关于传感器应用的实例。

化学量（气敏和湿敏）、水声传感器及生物量（生物传感器）作为现代传感器技术的尖端领域，其应用领域日益广泛，并成为传感器领域发展的重要部分，本书力图通过对上述新型领域传感器的介绍，拓展学生的知识面。新版本保持了这部分内容的稳定性，仅更正了部分印刷错误。

新版对第 1 版中的第 11 章做了重大修改。由于在教学实践过程中发现该章的内容无法适应当前的教学要求，因此对该部分内容进行了重新编写，将其分为了两章，即第 11 章"传感器的信号处理"和第 12 章"传感器的智能化和网络化"。对新的第 11 章进行了系统整理，提升了传感器调理电路的理论知识，以便学生从理论高度理解传感器调理电路的共性问题，系统阐述了传感器信号的测量、变换及放大和分离的整个过程。为适应传感器与互联网+的深度融合，第 12 章丰富了网络化传感器的内容，以反映传感器原理课程与现代传感器应用的进展。

本书的修订工作由彭杰纲完成。电子科技大学自动化工程学院传感器原理课程组的詹慧琴、胡学海、邓罡、蒋毅、闫斌等老师提出了许多宝贵的意见，研究生祝悦和欧斌在教材编写和电子教案的准备过程中做了大量的工作，研究生杨超、何春秋、雍涛、董冠奇、吴俊、刘露、邹地长在教材的外文资料翻译和校对方面也做了不少工作，在此表示衷心的感谢！

教材的修订得到了电子科技大学高水平规划教材项目和新编特色教材建设项目的支持，在此表示感谢。

本书的编写参考了大量近年来出版的国内外相关技术资料，吸取了许多专家和同仁的宝贵经验，在此向他们深表谢意。

由于传感器技术发展迅速，作者学识有限，书中误漏之处难免，望广大读者批评指正。

编 者

2017 年 1 月

目 录

第1章 绪论 ... 1
1.1 传感器的概念 ... 1
1.1.1 传感器的基本组成 ... 1
1.1.2 传感器的定义 ... 2
1.2 传感器的分类 ... 2
1.3 传感器的基本特性 ... 3
1.3.1 传感器的静态特性 ... 4
1.3.2 传感器的动态特性相关的数学模型 ... 11
1.3.3 传感器的动态特性描述 ... 15
1.4 传感器的标定 ... 20
1.4.1 传感器的静态特性标定 ... 21
1.4.2 传感器的动态标定 ... 21
1.5 传感器技术发展方向 ... 23
习题 ... 25

第2章 传感器的功能材料及加工工艺 ... 27
2.1 传感器使用的材料 ... 27
2.1.1 导体、半导体和电介质 ... 28
2.1.2 有机高分子敏感材料 ... 30
2.1.3 磁性材料 ... 30
2.2 传感器的加工工艺 ... 31
2.2.1 结构型传感器的加工工艺 ... 31
2.2.2 微机械加工工艺 ... 32
习题 ... 40

第3章 温敏传感器 ... 41
3.1 热学相关基本概念 ... 41
3.1.1 温标 ... 41
3.1.2 热力学相关概念 ... 41
3.1.3 温敏传感器的分类 ... 42
3.2 热电偶传感器 ... 42
3.2.1 热电效应 ... 42
3.2.2 热电偶基本定律 ... 44
3.2.3 热电偶的结构 ... 45
3.2.4 热电偶冷端温度误差及其补偿 ... 46
3.2.5 热电偶实用测量电路 ... 49
3.2.6 热电偶传感器应用实例 ... 50
3.3 电阻型温度传感器 ... 52
3.3.1 热电阻 ... 52
3.3.2 热敏电阻 ... 55
3.3.3 陶瓷半导体热敏电阻 ... 57
3.3.4 半导体热电阻温度传感器 ... 61
3.3.5 热敏电阻温度传感器的典型应用 ... 63
3.4 半导体 PN 结型温度传感器 ... 64
3.4.1 温敏二极管 ... 64
3.4.2 温敏晶闸管（可控硅） ... 66
3.4.3 温敏三极管 ... 68
3.4.4 半导体 PN 结型温度传感器典型应用 ... 70
习题 ... 71

第4章 力敏传感器 ... 73
4.1 应变式电阻传感器 ... 73
4.1.1 电阻应变片的种类 ... 73
4.1.2 金属电阻应变片 ... 73
4.1.3 半导体应变片 ... 78
4.1.4 电阻应变片的测量电路 ... 79
4.1.5 电阻应变式传感器的应用 ... 83
4.2 压电式力传感器 ... 88
4.2.1 压电效应和压电材料 ... 88
4.2.2 压电传感器的等效电路与测量线路 ... 91
4.2.3 压电式传感器的应用举例 ... 95
4.2.4 压电式传感器的主要性能及其影响因素 ... 97
4.3 电容式力传感器 ... 99
4.3.1 电容式传感器的特点 ... 99
4.3.2 电容式压力传感器 ... 100
4.4 电感式压力传感器 ... 102
4.5 谐振式压力传感器 ... 104
4.5.1 工作原理和特性 ... 104

  4.5.2 谐振式压力传感器的特性 104
  4.5.3 谐振式压力传感器的类型 106
 4.6 光纤力学传感器 108
 4.7 其他新型传感器 110
 习题 112

第5章　磁敏传感器 113
 5.1 概述 113
 5.2 霍尔元件 114
  5.2.1 霍尔效应 115
  5.2.2 影响霍尔效应的因素 116
  5.2.3 霍尔元件基本结构 117
  5.2.4 霍尔元件的基本特性 117
  5.2.5 霍尔元件的电磁特性 118
  5.2.6 霍尔元件不等位电势补偿 120
  5.2.7 霍尔元件温度补偿 120
  5.2.8 霍尔式传感器的应用 123
 5.3 半导体磁阻器件 124
  5.3.1 磁阻效应 124
  5.3.2 磁阻元件 126
  5.3.3 磁敏电阻的应用 127
 5.4 结型磁敏器件 128
  5.4.1 磁敏二极管 128
  5.4.2 磁敏三极管 132
 5.5 铁磁性金属薄膜磁阻元件 136
  5.5.1 铁磁体中的磁阻效应 136
  5.5.2 铁磁薄膜磁敏电阻的结构与
     工作原理 136
  5.5.3 铁磁薄膜磁敏电阻的技术性能
     及特点 136
 5.6 压磁式传感器 137
  5.6.1 压磁式传感器的基本原理 137
  5.6.2 压磁式传感器的主要特性 138
  5.6.3 压磁式传感器的应用举例 139
 5.7 新型磁敏传感器 139
  5.7.1 MOS磁敏器件 139
  5.7.2 高分辨率磁性旋转编码器 140
  5.7.3 涡流传感器 141
  5.7.4 韦根德磁敏器件 141
  5.7.5 磁通门传感器 142
 习题 143

第6章　光敏传感器 144
 6.1 概述 144
  6.1.1 光谱 144
  6.1.2 光学传感器的相关计量单位 145
  6.1.3 光源 146
 6.2 光电效应传感器 148
  6.2.1 外光电效应及器件 148
  6.2.2 内光电效应（光电导）及器件 153
 6.3 光生伏特效应器件 157
  6.3.1 光生伏特效应 157
  6.3.2 光电池 158
 6.4 光敏二极管 159
  6.4.1 结构原理 159
  6.4.2 光电二极管应用实例 161
 6.5 光敏晶体管 162
  6.5.1 光敏晶体管和光敏二极管基本
     特性 163
  6.5.2 光敏三极管应用实例 164
 6.6 色敏光电传感器 165
  6.6.1 双结型色彩传感器 165
  6.6.2 非晶态集成色彩传感器 165
  6.6.3 应用实例 166
 6.7 光电耦合器件 167
  6.7.1 光电耦合器 167
  6.7.2 光电开关 167
 6.8 热释电红外光敏器件 168
  6.8.1 热释电红外光敏效应 168
  6.8.2 热释电传感器的结构 169
  6.8.3 热释电红外传感器的应用 170
 6.9 固态图像传感器 173
  6.9.1 CCD图像传感器 173
  6.9.2 MOS固态图像传感器 176
  6.9.3 CCD与CMOS图像传感器的
     性能比较 178
 6.10 光纤传感器 179
  6.10.1 概述 179
  6.10.2 光纤的结构和传输原理 180
  6.10.3 光纤传感器 181
 习题 185

第7章 声敏传感器 ………………… 186
7.1 声波的基本性质 ……………… 186
7.1.1 声压及其描述 …………… 186
7.1.2 声功率和声强 …………… 187
7.1.3 声波的反射、折射、透射和吸收 ………………… 188
7.2 声敏传感器 …………………… 190
7.2.1 电阻变换型声敏传感器 … 190
7.2.2 压电声敏传感器 ………… 191
7.2.3 电容式声敏传感器（静电型）… 191
7.2.4 音响传感器 ……………… 192
7.3 水声传感器 …………………… 194
7.3.1 水声传感器的性能指标 … 194
7.3.2 水声传感器用郎之万型换能器 …… 196
7.3.3 海底地貌仪 ……………… 197
7.3.4 多普勒计程仪 …………… 198
7.3.5 相关计程仪 ……………… 198
7.4 超声波传感器 ………………… 199
7.4.1 超声波及其物理性质 …… 199
7.4.2 超声波对超声场产生的作用（效应） ………………… 200
7.4.3 超声波传感器概述 ……… 201
7.4.4 超声波传感器的应用 …… 201
7.5 表面声波传感器 ……………… 204
7.5.1 表面声波的类型 ………… 205
7.5.2 SAW 传感器的结构与工作原理 ……………………… 209
7.5.3 高分辨率 SAW 温度传感器 …… 210
7.5.4 SAW 气敏传感器 ………… 211
7.5.5 SAW 压力传感器 ………… 212
7.5.6 声板波传感器 …………… 213
习题 ……………………………… 215

第8章 气敏传感器 ………………… 216
8.1 概述 …………………………… 216
8.2 气敏传感器的主要参数与特性 … 216
8.3 半导体气敏传感器 …………… 218
8.3.1 电阻型半导体气敏元件 … 218
8.3.2 半导体气敏二极管和 MOSFET 气敏传感器 …………… 228
8.4 固态电解质气敏传感器 ……… 232
8.5 接触燃烧式气敏传感器 ……… 234
8.5.1 检测原理与结构 ………… 234
8.5.2 气敏特性 ………………… 235
8.6 新型气敏传感器 ……………… 236
8.6.1 红外吸收式传感器 ……… 236
8.6.2 热导率变化式气敏传感器 …… 236
8.6.3 气敏半导体材料吸附机制及器件 …………………… 236
8.6.4 气-磁传感器 …………… 237
8.7 气敏传感器的应用 …………… 238
8.7.1 家用煤气、液化石油气泄漏报警器 …………………… 238
8.7.2 自动换气扇 ……………… 238
8.7.3 自动抽油烟机 …………… 239
8.7.4 酒精检测报警器 ………… 239
8.7.5 缺氧检测 ………………… 240
习题 ……………………………… 241

第9章 湿敏传感器 ………………… 242
9.1 湿度的基本概念 ……………… 242
9.1.1 相对湿度和绝对湿度 …… 242
9.1.2 露点 ……………………… 242
9.2 湿度传感器的特性参数 ……… 243
9.3 湿度传感器的分类 …………… 246
9.4 陶瓷式湿度传感器 …………… 246
9.4.1 陶瓷电阻式湿度传感器 … 246
9.4.2 陶瓷电容式湿度传感器 … 248
9.5 有机物及高分子聚合物湿度传感器 ………………………… 249
9.5.1 高分子电阻式湿度传感器 … 249
9.5.2 高分子电容式湿度传感器 … 251
9.6 半导体结型和 MOS 型湿度传感器 ………………………… 253
9.6.1 湿敏二极管 ……………… 254
9.6.2 湿敏 MOS 场效应管 …… 254
9.7 固体电解质界限电流式高温湿度传感器 ……………………… 255
9.7.1 固体电解质界限电流式湿度传感器的结构与工作原理 …… 255
9.7.2 固体电解质界限电流式湿度传感器的特性 …………… 256

9.8 溶性电解质湿度传感器 257
习题 259

第 10 章 生物传感器 260
10.1 生物传感器的基本概念 260
10.2 生物传感器的特点 261
10.3 生物反应基本知识 261
 10.3.1 酶反应 261
 10.3.2 微生物反应 263
 10.3.3 免疫学反应 264
 10.3.4 生物传感器膜技术和固定化技术 265
 10.3.5 基本电极 268
 10.3.6 测量方式 268
10.4 生物传感器的工作原理及类型 269
 10.4.1 酶传感器及其应用 269
 10.4.2 微生物传感器及其应用 270
 10.4.3 免疫传感器及其应用 270
 10.4.4 半导体生物传感器及其应用 271
 10.4.5 组织传感器 271
 10.4.6 细胞传感器 273
 10.4.7 基因芯片 274
习题 275

第 11 章 传感器的信号处理 276
11.1 信号测量电路 276
 11.1.1 桥电路 276
 11.1.2 电阻测量 285
 11.1.3 电感测量 286
 11.1.4 电容测量及电容检测电路 287
11.2 信号变换电路 295
 11.2.1 电压—电流变换 296
 11.2.2 电流—电压变换 299
11.3 阻抗匹配器/信号放大电路 301
 11.3.1 晶体管阻抗匹配器 301
 11.3.2 场效应管阻抗匹配器 302
 11.3.3 运算放大器阻抗匹配器/信号放大电路 303
11.4 信号分离/滤波电路 306
 11.4.1 滤波器的基本知识 306
 11.4.2 按频带分类的滤波器 308
 11.4.3 按逼近方式分类的滤波器 312
 11.4.4 按电路组成分类的滤波器 312
习题 314

第 12 章 传感器的智能化和网络化 315
12.1 智能传感器 315
 12.1.1 智能传感器的结构 315
 12.1.2 智能传感器的功能 315
12.2 智能传感器的网络化 317
 12.2.1 现场总线智能传感器 317
 12.2.2 基于 TCP/IP 协议的网络化智能传感器 320
12.3 无线传感器网络概述 321
 12.3.1 无线传感器网络的基本概念 321
 12.3.2 无线传感器网络的特征 322
 12.3.3 无线传感器网络的发展 324
 12.3.4 无线传感器网络的应用 325
 12.3.5 无线传感器网络所面临的挑战 326
 12.3.6 无线传感器网络的体系结构 327
 12.3.7 无线传感器网络的系统结构 327
 12.3.8 无线传感器网络体系结构的设计要求 329
 12.3.9 无线传感器网络的关键技术 332
习题 338

参考文献 339

第1章 绪 论

1.1 传感器的概念

人们在利用传感器获取信息的过程中,首先要获取精确、可靠的信息。这种信息的获取是保证机器设备正常运行或处于最佳状态的基础。传感器不仅在现代化生产、经营领域中发挥着重要的作用,而且在基础学科研究和高新技术领域的开发过程中具有重要的应用,尤其是在超高温、超低温、超高压、超高真空、超强磁场、超弱磁场等条件下,迫切需要适应各种极限环境的高灵敏度、高可靠性的检测传感器。

目前,传感技术早已渗透到工业生产、环境保护、资源调查、医学诊断、生物工程、宇宙开发、海洋探测,甚至文物保护等广泛的领域。在人们的生活中,处处都使用着各种各样的传感器,如电视机、音响、DVD、空调遥控器等使用的是红外线传感器;电冰箱、微波炉、空调机温控使用的是温度传感器;家用煤气灶、燃气热水器报警使用的是气敏传感器;家用摄像机、数码相机、上网聊天视频使用的是光电传感器;汽车使用的传感器更多,如速度、压力、油量、爆震传感器及角度线性位移传感器等。这些传感器的共同特点是利用各种物理、化学、生物效应等实现对被测信号的测量。

在传感器中包含两个不同的概念:一是检测信号,二是能把检测的信号转换为一种与被测量有对应函数关系且便于传输和处理的物理量。例如,家庭常用的遥控器把光信号转换为电信号,楼道照明的声控开关把声音转换为电信号。因此,传感器又常称为变换器、转换器、检测器、敏感元件、换能器等。在不同的学科领域中,这些不同的名称是根据同一类型的器件在不同领域中的应用得来的。现代化生产和科学技术的发展不断地应用于传感技术,也有力地推动着传感技术的现代化。传感技术与现代化生产和科学技术的密切关系,使传感技术成为一门十分活跃的技术学科,几乎渗透到了人类的一切活动领域,发挥着越来越重要的作用。研究新机制、高性能传感器,往往会导致某些边缘学科在技术上的突破。

1.1.1 传感器的基本组成

传感器一般由两个基本元件组成:敏感元件与转换元件。在完成非电量到电量的变换过程中,并非所有的非电量参数都能一次直接变换为电量,而往往是先变换成一种易于变换成电量的非电量(如位移、应变等),然后再通过适当的方法变换成电量。因此,人们把能够完成预变换的器件称为敏感元件。例如,在传感器中,建立在力学结构分析上的各种类型的弹性元件(如梁、板等)统称为弹性敏感元件。而转换元件是能将感觉到的被测非电量参数转换为电量的器件,如应变计、压电晶体、热电偶等。转换元件是传感器的核心部分,是利用各种物理、化学、生物效应等原理制成的。新的物理、化学、生物效应的发现,常被用到新型传感器上,使其品种与功能日益增多,应用领域更加广泛。应该指出的是,并非所有传感器都包括敏感元件与转换元件,有些传感器不需要起预变换作用的敏感元件,如热敏电阻、光电器件等。传感器的基本组成如图1.1所示。

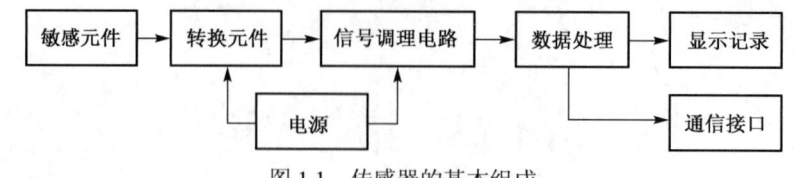

图 1.1　传感器的基本组成

1.1.2 传感器的定义

传感器的定义有很多种，当前的主要定义如下。

【定义 1】 国家标准《传感器通用术语》（GB7665—1987）对传感器（Transducer/Sensor）的定义是："能感受（或响应）规定的被测量并按一定规律转换成可用信号输出的器件或装置。传感器通常由直接响应于被测量的敏感元件和产生可用信号输出的转换元件以及相应的电子线路所组成。"

这一定义与美国仪表协会（ISA）给出的定义类似，该定义包含的内容是：① 传感器是测量装置，能完成检测任务；② 传感器可以完成对被测量的转换。

除定义 1 外，有些教科书根据定义 1 的含义引申出了更通俗和更易理解的传感器定义。

【定义 2】 传感器是一种以一定的精度把被测量转换为与之有确定对应关系的、便于应用的某种物理量的测量装置。

在上述定义中，需要说明的是：① 被测量可能是物理量，也可能是化学量或生物量等；② 其输出量是某种便于转换、传输和处理的物理量，可能是气、光、电等物理量，但通常是电物理量，电物理量是物理量中最容易传输、转换和处理的；③ 传感器的输出与输入之间有对应的关系，且这种对应关系需有一定的规律性和精度要求；④ 传感器可以是一种由简单的物理材料制成的元器件，也可以是较复杂的、包含转换和放大环节的集成电路元件或装置。

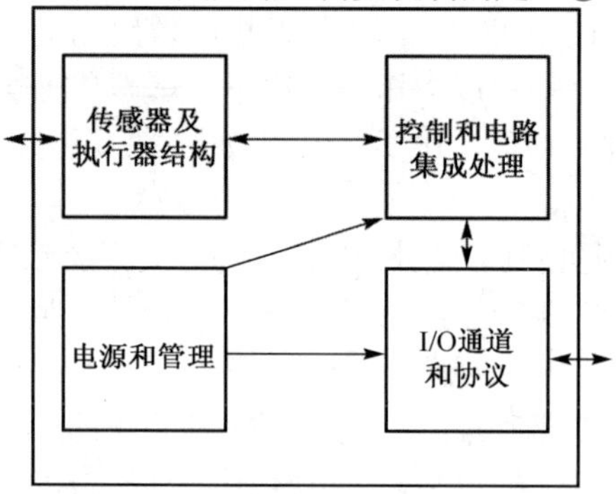

【定义 3】 从广义来讲，传感器是换能器的一种，换能器（Transducer）是将能量从一种形式转换为另一种形式的装置。换能器包括传感器和执行器两个方面的含义。图 1.2 所示为传感器与执行器系统的基本组成。

图 1.2　广义换能器

1.2　传感器的分类

传感器是知识密集、技术密集的产品，其种类十分繁杂。主要的分类方式有以下几种。

1. 按物理定律机制进行分类

（1）结构型传感器

结构型传感器是按物理学中场的定律定义的，这些定律包括动力场的运动力学、电磁场的电磁定律等。这些定律一般是以方程式给出的，因此这些方程式也就是许多传感器工作时的数学模型。其特点是，传感器的工作原理是以传感器中元件相对位置的变化引起场的变化为基础的，而不是以材料特性的变化为基础的。

（2）物性型传感器

物性型传感器是按照物质定律定义的，如胡克定律、欧姆定律等。由于物质定律是表示物质某种客观性质的法则，因此物性型传感器的性能随着材料的性质不同而异。例如，光电管就是物性型传感器，它基于物质法则中的外光电效应，其特性与电极涂层材料的性质密切相关。

（3）复合型传感器

复合型传感器是由结构型和物性型组合而成的，兼有两者特征的传感器。

2．按电路供电方式进行分类

（1）无源传感器

无源传感器也称为能量转换型传感器，主要由能量变换元件构成，它不需要外部电源。例如，基于压电效应、热电效应、光电动势效应构成的传感器都属于无源传感器。

（2）有源传感器

有源传感器也称为能量控制型传感器，在信息变化过程中，其能量需要由外部电源供给。例如，电阻、电容、电感等电路参量传感器和基于应变电阻效应、磁阻效应、热阻效应、光电效应、霍尔效应等的传感器均属于有源传感器。

3．按原理进行分类

按原理进行分类时，传感器主要包括以下几种。

① 电参量式传感器：电阻式、电感式、电容式传感器。
② 磁电式传感器：磁电感应式、霍尔式、磁栅式传感器。
③ 压电式传感器：压电式力传感器、压电式加速度传感器、压电式压力传感器。
④ 光电式传感器：红外式、CCD 摄像式、光纤式、激光式传感器等。
⑤ 气电式传感器：半导体气敏传感器、集成复合型气敏传感器。
⑥ 热电式传感器：热电偶等。
⑦ 波式传感器：超声波式、微波式传感器。
⑧ 射线式传感器：核辐射物位计、厚度计、密度计等。
⑨ 半导体式传感器：半导体温度传感器、半导体湿度传感器等。
⑩ 其他原理的传感器。

4．按用途进行分类

按用途分类的传感器包括温度传感器、气敏传感器、生物传感器、光敏传感器、力敏传感器、声敏传感器、湿度传感器、磁敏传感器、流量传感器及其他传感器。

5．按信号输出方式进行分类

按信号输出方式进行分类，可分为模拟量传感器和数字量传感器。凡输出量为模拟量的传感器称为模拟量传感器，而输出量为数字量的传感器则称为数字量传感器。

6．按传输、转换过程是否可逆进行分类

根据传输、转换的过程是否可逆，传感器可分成双向（可逆）传感器和单向（不可逆）传感器。

传感器的分类方法大致可分为上述 6 种模式，但常用的分类方法还是按照原理和用途来分的。这两种分类方法的缺点是很难严格地归类，因此在许多情况下常常出现两种分类的交叉、重叠和混淆。如果根据工作原理和用途把两种方法综合使用，则比较科学、合理。本书在经过比较和分析各种分类方法后，采用了按原理和用途两种方法的综合分类法。

1.3　传感器的基本特性

传感器是实现传感功能的基本器件，传感器的输入和输出关系特性是传感器的基本特性，也是传感器内部参数作用关系的外部特性表现，不同传感器的内部结构参数决定了其所具有的不同外部特性。

传感器测量的物理量基本上有两种形式：静态（稳态或准静态）和动态（周期变化或瞬态）。前者的信号不随时间变化（或变化比较缓慢），后者的信号则随时间变化而变化。传感器要尽量准确地反映输入物理量的状态，因此传感器所表现出的输入和输出特性也就不同，即存在静态特性和动态特性。

不同传感器有不同的内部参数，因此它们的静态特性和动态特性就表现出不同的特点，对测量结果也产生不同的影响。一个高精度的传感器，必须要有良好的静态特性和动态特性，从而确保检测信号（或能量）的无失真转换，使检测结果尽量反映被测量的原始特征。

1.3.1 传感器的静态特性

假设房间里有一个温度计，且其读数显示的温度为20℃。不必关心房间的真实温度是19.5℃还是20.5℃，而且人们的身体也不能区分0.5℃这样小的温度变化，因此不准确度在±0.5℃范围内的温度计完全够用。如果必须测量某些化学过程的温度，那么0.5℃的温度变化就可能会对反应的速率甚至产品的过程产生明显的作用，此时的测量不准确度就必须远低于±0.5℃。

测量准确度是在特定应用中选择传感器时需要考虑的因素，需要考虑的其他因素包括灵敏度、线性度及对环境温度变化的反应。这些因素统称为传感器的静态特性，它们会在特定传感器的数据表中给出。特别需要注意的是传感器特性值，仅在特定的校准条件下适用。在其他条件下使用传感器时，需对特性做某些补偿。

下面介绍各种静态特性。

1. 准确度和不准确度（测量的不确定度）

传感器的准确度（Accuracy）衡量的是传感器的示值与真值的接近程度。真值是指被测量在一定条件下客观存在的、实际具备的量值。真值是不可确切获知的，实际测量中常用"约定真值"和"相对真值"。约定真值是用约定的办法确定的真值，如砝码的质量。相对真值是指具有更高精度等级的计量器的测量值。示值是由传感器给出的量值，也称测量值或测量结果。准确度是测量结果中系统误差与随机误差的综合，表示测量结果与真值的一致程度，由于真值未知，因此准确度是个定性的概念。

在实践中，更常引用的是一个传感器的不准确度（Inaccuracy）或测量不确定度而非准确度。不准确度或测量的不确定度是指其中一个读数可能是错误的程度，经常被引述为传感器满量程（Y_{FS}）读数的百分比。传感器测量的不准确度表示测量结果不能肯定的程度，或者表征测量结果分散性的一个参数。它只涉及测量值，是可以量化的，且经常由被测量算术平均值的标准差、相关量的标准不准确度等联合表示。

由于传感器的最大测量误差通常与传感器满量程的读数相关，若测量值远小于满量程读数，这样意味着放大了可能的测量误差。因此，需要选择量程和测量对象测量值相近的传感器，进而减少传感器的测量误差，这是传感器系统的一项重要设计规则。例如，一个压力测量预期值为0~1MPa的测控系统，应该选择0~1Mpa的传感器，而不应使用测量范围为0~10MPa的传感器。

【例1.1】 一个压力传感器的测量范围为0~10MPa，其满量程读数误差为±1%。(a)该传感器的最大测量误差的预期是什么？(b)如果该压力计测量1MPa的压力，那么可能的测量误差表示为输出读数的百分比是多少？

解： 任何传感器读数的最大测量误差的预期是满量程读数的1.0%，该特定传感器的满量程是10MPa，因此最大可能的误差是1.0%×10=0.1MPa。

最大测量误差是一个定值，它仅与传感器的满量程读数有关，而与该传感器实际测量的量的大小无关。在这种情况下，正如之前计算出的那样，最大测量误差的大小为0.1MPa。因此，在测量1MPa的压力时，最大可能的误差为0.1MPa，因此其测量误差是10%。

2. 精度/重复性/再现性

精度（Precision）是描述传感器自由度随机误差的一个术语，如果用高精度传感器测得的大量读数的值相同，那么这些读数的传播会非常小。精度往往会与准确度相混淆。精度高并不意味着准确度高。高精度的传感器可能准确度低。高精度传感器中的低准确度通常是由测量过程中的偏差引起的，而偏差可通过重校校准来消除。

图 1.3 所示为三个工业机器人将组件放在桌上一个规定点处的测试结果，它清楚地说明以上概念。目标点在同心圆的中心位置，黑点表示每个机器人实际每次尝试放置组件的点。机器人 1 的准确度和精度在该次试验中都很低，即低精度、低准确度；机器人 2 始终把组件放在大致相同的错误位置，因此其精度高，准确度低；机器人 3 的精度和准确度都很高，因为它始终将组件放在正确的目标位置。

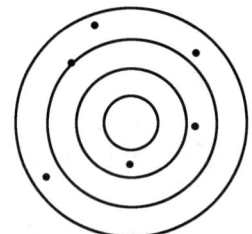 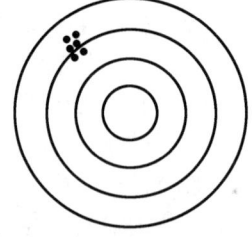 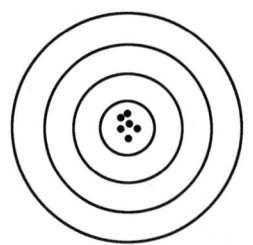

(a) 低精度、低准确度（机器人1）　(b) 高精度、低准确度（机器人2）　(c) 高精度、高准确度（机器人3）

图 1.3　准确度和精度的比较

重复性（Repeatability）和再现性（Reproducibility）的含义基本相同，但应用在不同环境下。重复性描述在测量条件、传感器和观察者、位置、使用条件相同时，短时间内重复相同的输入时，输出读数的接近程度。再现性描述在测量方法、观察者、测量传感器、测量位置、使用条件和测量时间发生变化时，相同的输入所对应的输出读数的接近程度。这两个术语均描述了在相同的输入时，输出读数的分布。这种分布在测量条件不发生变化时称为重复性，而在测量条件发生变化时则称为再现性。传感器在测量过程中，重复性和再现性的程度是其精度的另一种表达方式。在一般模式中，传感器的重复性用于描述同一工作条件下输入量按同一方向在全量程范围内连续多次重复测量所得特性曲线的不一致性（波动性），ΔR_{max} 是正反量程最大重复性偏差，如图 1.4 所示。

$$\delta_K = \pm \frac{\Delta R_{max}}{Y_{FS}} \times 100\% \qquad (1.1)$$

或者用同一输入量 N 次测量的标准偏差 δ 表示：

$$\delta = \sqrt{\frac{\sum_{i=1}^{N}(Y_i - \bar{Y})^2}{N-1}} \qquad (1.2)$$

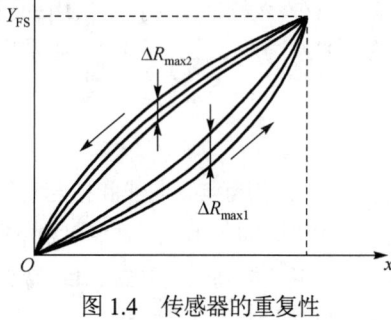

图 1.4　传感器的重复性

3. 容差

容差（Tolerance）是一个与准确度紧密相关的术语，它定义了某些值的可预期最大误差。严格地说，容差并不是传感器的一个静态特性，这里提到它是因为某些传感器的准确度有时会引用为容差值。在正确使用的情况下，容差在机械制造中称为公差，它描述了机械组件尺寸相对于一些额定值的最大偏差。例如，曲轴加工的直径公差是几微米（10^{-6}m），普通电阻有约5%的容差。在传感器中，有时用容差来表示准确度。

【例1.2】 电子元件店购买了一包电阻，标称电阻值为1000Ω，其制造容差为5%。若在这包电阻中随机选择一个电阻，这个特定电阻的最小和最大电阻值可能是多少？

解： 最小可能值是$1000×(1-5\%)=950$Ω；最大可能值是$1000×(1+5\%)=1050$Ω。

4. 线性度

传感器的输出读数通常线性正比于被测量值。图1.5中的"×"表示相应被测量值所对应的传感器典型输出读数的点。一般拟合过程是通过图中的"×"画一条合适的直线来实现的，如图1.5所示（虽然通常可以通过眼睛合理并准确地完成，但最好用数学中的最小二乘法拟合技术）。因此，非线性度就定义为任何输出读数标记"×"与这条直线的最大偏差。非线性度通常表示为满量程读数的一个百分比。

下面从数学角度来解释传感器的线性度（Linearity）。

传感器的线性度是指传感器的输出与输入之间数量关系的线性程度。输出与输入关系可分为线性特性和非线性特性。从传感器的性能看，希望具有线性关系，即具有理想的输出和输入关系。但实际遇到的传感器大多为非线性的，传感器的输出与输入关系可用多项式表示：

$$y = a_0 + a_1 x + a_2 x^2 + a_3 x^3 + \cdots + a_n x^n \quad (1.3)$$

式中，a_0为零位输出；x为输入量；a_1为线性常数；a_2、$\cdots$、a_n为非线性项系数。

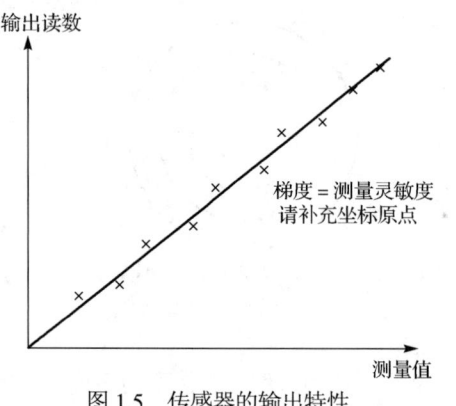

图1.5 传感器的输出特性

各项系数不同，决定了特性曲线的具体形式各不相同。线性度就是用来表示实际曲线与拟合直线接近的一个性能指标，静态特性曲线可通过实际测试获得。在实际使用中，为了标定和数据处理的方便，希望得到线性关系，因此引入各种非线性补偿环节。例如，采用非线性补偿电路或计算机软件进行线性化处理，从而使传感器的输出与输入关系为线性或接近线性。但在传感器非线性的幂次不高，输入量变化范围较小时，可用一条直线（切线或割线）近似地代表实际曲线的一段，如图1.6所示，使传感器输出/输入特性线性化所采用的直线称为拟合直线。实际特性曲线与拟合直线之间的偏差称为传感器的非线性误差（或线性度），通常用相对误差表示，即

$$\delta_\mathrm{f} = \pm \frac{\Delta L_\mathrm{max}}{Y_\mathrm{FS}} \times 100\% \quad (1.4)$$

式中，ΔL_max为实际曲线和拟合直线间的最大偏差；Y_FS为满量程输出。

在实际应用中，一般将传感器的标定曲线用一条直线关系表达，为确定该线性关系式一般通过数据线性拟合得到该关系式。目前常用的拟合方法有理论拟合、过零旋转拟合、端点连线拟合、端点平移拟合及最小二乘拟合等。

前4种方法如图1.6所示。图中实线为实际输出曲线，虚线为拟合直线。

图1.6(a)所示为理论拟合，拟合直线为传感器的理论特性，与实际测试值无关。该方法十分简单，但一般来说ΔL_max较大。

图1.6(b)所示为过零旋转拟合，常用于曲线过零的传感器。拟合时，使$\Delta L_1 = |\Delta L_2| = \Delta L_\mathrm{max}$。这种方法也比较简单，非线性误差比前一种小很多。

图 1.6(c)所示为端点连线拟合，是指把输出曲线两端点的连线作为拟合直线。这种方法比较简便，但 ΔL_{max} 也较大。

图 1.6(d)所示为端点平移拟合，是在图 1.6(c)的基础上使直线平移，移动距离为原 ΔL_{max} 的一半，这样输出的曲线就分布于拟合直线的两侧，$\Delta L_2 = |\Delta L_1| = |\Delta L_3| = \Delta L_{max}$，与图 1.6(c)相比，非线性误差减小一半，提高了精度。

(a) 理论拟合　(b) 过零旋转拟合　(c) 端点连线拟合　(d) 端点平移拟合

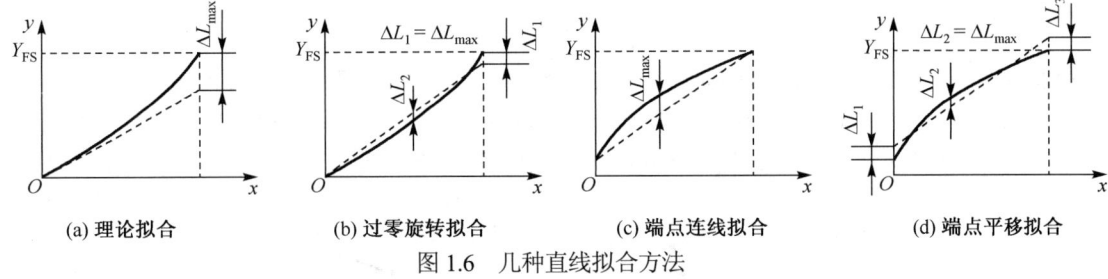

图 1.6　几种直线拟合方法

除了上述方法外，还经常采用最小二乘法进行拟合，采用最小二乘法拟合时，拟合结果如图 1.7 所示。

图 1.7　最小二乘法拟合

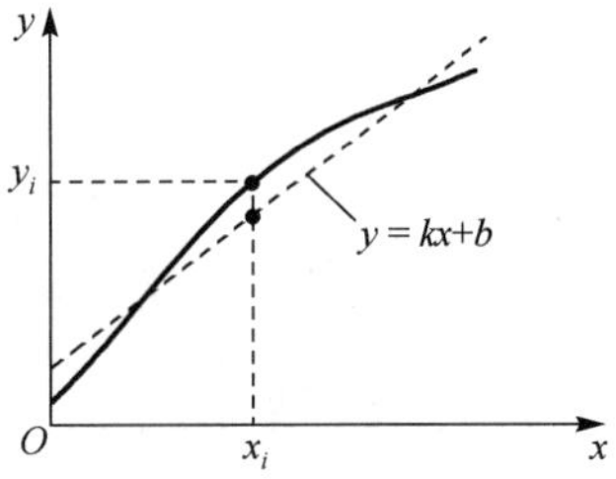

最小二乘法拟合过程如下。

设拟合直线方程为

$$y = kx + b \tag{1.5}$$

实际校准测试点有 n 个，第 i 个校准数据与拟合直线上响应值之间的残差为

$$\varDelta_i = y_i - (kx_i + b) \tag{1.6}$$

最小二乘法拟合直线的原理就是使 $\sum \varDelta_i^2$ 的值最小，即

$$\sum_{i=1}^{n} \varDelta_i^2 = \sum_{i=1}^{n} [y_i - (kx_i + b)]^2 = \min \tag{1.7}$$

也就是使 $\sum \varDelta_i^2$ 关于 k 和 b 的一阶偏导数等于零，即

$$\frac{\partial}{\partial k} \sum_{i=1}^{n} \varDelta_i^2 = 2\sum_{i=1}^{n} (y_i - kx_i - b)(-x_i) = 0 \tag{1.8}$$

$$\frac{\partial}{\partial k} \sum_{i=1}^{n} \varDelta_i^2 = 2\sum_{i=1}^{n} (y_i - kx_i - b)(-1) = 0 \tag{1.9}$$

从而求出 k 和 b 的表达式为

$$k = \frac{n\sum_{i=1}^{n} x_i y_i - \sum_{i=1}^{n} x_i \sum_{i=1}^{n} y_i}{n\sum_{i=1}^{n} x_i^2 - \left(\sum_{i=1}^{n} x_i\right)^2} \tag{1.10}$$

$$b = \frac{\sum_{i=1}^{n} x_i^2 \sum_{i=1}^{n} y_i - \sum_{i=1}^{n} x_i \sum_{i=1}^{n} x_i y_i}{n\sum_{i=1}^{n} x_i^2 - \left(\sum_{i=1}^{n} x_i\right)^2} \tag{1.11}$$

将 k 和 b 的值代入式（1.5），即可得到拟合直线，然后按式（1.4）求出残差的最大值 ΔL_{max}，即为非线性误差。

由图 1.6 和图 1.7 可见，即使是同类传感器，拟合直线不同，其线性度也是不同的。选取拟合直线的方法很多。不同拟合方式得到的结果不相同，在实践中应根据测量的需求选择使用适当的线性拟合方式。

5．灵敏度

灵敏度（Sensitivity of Measurement）是指传感器在稳定工作时的输出量变化（Δy）与输入量变化（Δx）的比值。对于线性传感器，其灵敏度就是其静态特性的斜率，即 $S = \Delta y/\Delta x$，它为一常数；而非线性传感器的灵敏度为一变量，用 $S = dy/dx$ 表示。传感器的灵敏度如图 1.8 所示。

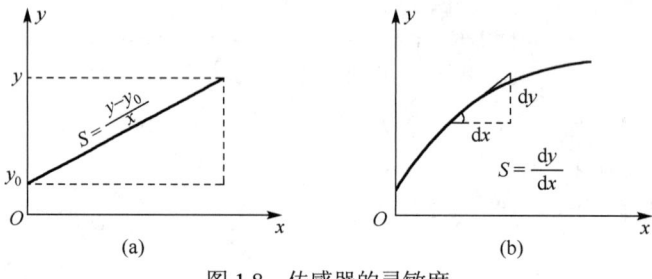

图 1.8　传感器的灵敏度

【例 1.3】 表 1.1 所示为铂电阻温度计在一定温度范围内测量的电阻值，求传感器的测量灵敏度（$\Omega/℃$）。

表 1.1　一定温度内测量的电阻值

电阻（Ω）	温度（℃）
307	200
314	230
321	260
328	290

解：如果这些值标注在图形中，电阻变化和温度变化之间的直线关系是显而易见的。温度变化为 30℃，电阻的变化为 7Ω，因此测量的灵敏度 $= 7/30 = 0.233\Omega/℃$。

6．迟滞

在相同工作条件下进行全测量范围测量时，正行程和反行程输出的不重合程度称为迟滞（Hysteresis Effects）或滞后。传感器的正反行程输出信号大小不等，如图 1.9 所示。这种现象是由传感器敏感元件材料的物理性质和机械零部件的缺陷造成的，如弹性敏感元件的弹性滞后、运动部件摩擦、传动机构的间隙、紧固件松动等。迟滞大小通常由实验确定，其计算公式为

$$\delta_H = \pm \frac{\Delta H_{max}}{Y_{FS}} \times 100\% \quad (1.12)$$

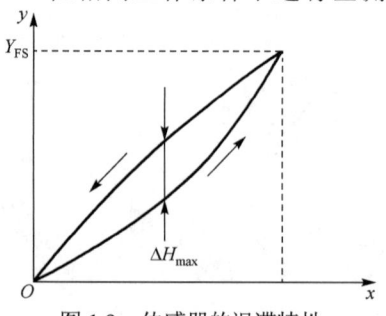

图 1.9　传感器的迟滞特性

式中，Y_{FS} 为满量程输出；ΔH_{max} 为正反量程最大输出偏差。

7．阈值

如果传感器的输入从零逐渐增加，那么在传感器输出读数的变化大到足以被探测到之前，输入必

须达到一定的最低水平。这种最低水平的输入称为传感器的阈值（Threshold）。不同制造商为传感器指定阈值的方式会有所不同。有些制造商会使用绝对值，有些制造商则使用传感器满量程的一个百分比。例如，汽车测速仪通常具有约 15km/h 的阈值，这意味着汽车在休息和加速过程中，在速度达到 15km/h 之前，速度里程表上不会观察到输出读数。

8. 分辨率

分辨率（Resolution）是描述传感器可以感受到的被测量最小变化的能力。若输入量缓慢变化且其变化值未超过某一范围时，输出不变化，即此范围内分辨不出输入的变化（图 1.10），只有当输入量变化超过此范围时输出才发生变化。一般来说，各输入点能分辨的范围不同，人们将用满量程中使输出阶跃变化的输入量中最大的可分辨范围作为衡量指标，并定义为传感器的分辨率（$\Delta X_{\max}$）。也可用分辨率表示，即

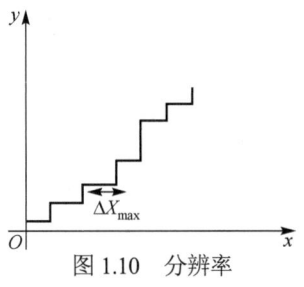

图 1.10　分辨率

$$\frac{\Delta X_{\max}}{Y_{\mathrm{FS}}} \times 100\% \tag{1.13}$$

当传感器显示一个特定的输出读数时，由输入被测量的大小变化产生可以观测到的传感器输出的变化，该输入被测量大小的变化有一个下限，称为阈值。分辨率有时被指定为一个绝对值，有时是传感器满量程的一个百分比。影响传感器分辨率的一个主要因素是，其输出范围是如何精细地细分的。例如，汽车里程表通常以 20km/h 细分，这意味着当指针在刻度标记之间时，人们估计速度的分辨率不超过 5km/h。因此 5km/h 这个值就代表了传感器的分辨率。

9. 扰动敏感度

传感器的所有校准仅在温度、压力等受控条件下才有效。这些标准环境条件通常在传感器规范中定义。在环境的温度、压力等因素发生变化时，传感器的某些静态特性会发生变化，扰动敏感度（Sensitivity to Disturbance）用于衡量这种变化的大小。这种因外界环境因素变化对传感器的测量影响主要是零点漂移和零点灵敏度漂移。

零点漂移是描述传感器的零时读数受环境条件变化影响的程度。它导致了存在于整个传感器测量范围内的恒定误差。机械形式的体重秤是一种常见的容易出现零点漂移的例子。例如，人们经常发现在秤上没有人时也有 1kg 的读数。如果有已知体重为 70kg 的人在秤上，秤的读数会是 71kg，如果有已知体重为 100kg 的人在秤上，秤的读数会是 101kg。零点漂移通常通过校准来消除。对于刚刚描述的体重秤，通常可转动拨轮来使秤的读数为零，从而消除零点漂移。

零点漂移中零点温度漂移是最为常见的一种漂移，它主要与温度变化相关，通常用零点温度漂移系数进行描述，其典型单位是 V/℃。如果传感器的特性对几个环境参数敏感，那么它将有几个零点漂移系数，每个零点漂移系数分别对应一个环境参数。图 1.11(a)所示为一个受零点漂移影响的典型压力计输出特性的变化。

灵敏度漂移（也称比例因子漂移）是定义传感器测量灵敏度随环境条件变化而变化的量。它由灵敏度漂移系数量化表示，灵敏度漂移系数定义了传感器特性敏感的每个环境参数单位变化引起的漂移量的多少。导致灵敏度漂移的原因源于传感器内部的组件会受环境波动（如温度的变化）的影响，如弹簧的弹性模量就受温度的影响。图 1.11(b)所示为是灵敏度温度漂移对一个压力传感器的输出特性的影响。该图中灵敏度温度漂移的测量单位为 MPa/℃。如果传感器同时受零点漂移和灵敏度漂移的影响，则对输出特性的典型修改如图 1.11(c)所示。

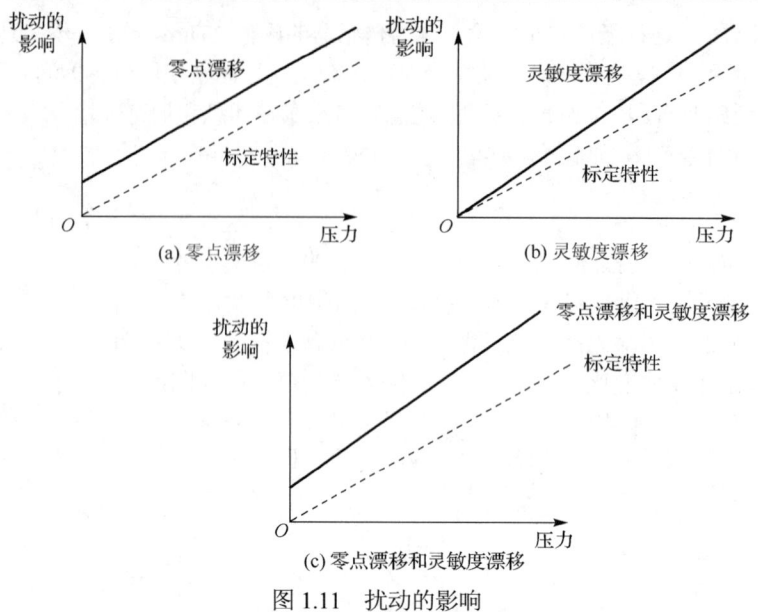

图 1.11 扰动的影响

【例 1.4】 表 1.2 显示为两种条件下某传感器电压表测量输出。

表 1.2 两种条件下传感器电压表测量输出

校准温度为 20℃时的电压读数（V）	校准温度为 50℃时的电压读数（V）
10.2	10.5
20.3	20.6
30.7	40.0
40.8	50.1

假设在 20℃环境中使用时的测量值是正确的，求在 50℃环境中使用时的零点漂移，并计算零点漂移系数。

解： 50℃温度下的零点漂移是这两组输出读数之间的恒定差，即 0.3V。零点漂移系数是漂移的幅度（0.3V）除以引起漂移的温度变化幅度（30℃），因此零点漂移系数为 $0.3/30 = 0.01$ V/℃。

【例 1.5】 弹簧平衡是在温度为 20℃的环境中校准的，且挠度/负载特性如下：

    负载（Load，kg）   0   1   2   3
    挠度（Deflection，mm）   0 20 40 60

然后在温度为 30℃的环境中使用，且测量的挠度/负载特性如下：

    负载（Load，kg）   0   1   2   3
    挠度（Deflection，mm）   5 27 49 71

求环境温度每变化 1℃的零点漂移和灵敏度漂移。

解： 在 20℃时，挠度/负载特性是一条直线，灵敏度 = 20mm/kg。
在 30℃时，挠度/负载特性仍是一条直线，灵敏度 = 22mm/kg。
零点漂移（温漂）= 5mm（无载挠度）；灵敏度漂移 = 2mm/kg。
零点漂移/℃ = $5/10 = 0.5$ mm/℃；灵敏度漂移/℃ = $2/10 = 0.2$ (mm/kg)/℃。

10. 温度稳定性

温度稳定性反映的是传感器特性值受温度变化影响的程度。温度稳定性（Temperature Stability）用一些重要指标来确定，如测量范围、线性度、迟滞、重复性及灵敏度等。

一般用温度系数来描述温度引起的误差，表示为

$$\alpha_T = \frac{Y_2 - Y_1}{Y_{FS}\Delta T} \times 100\% \tag{1.14}$$

式中，Y_1、Y_2 分别为温度 T_1、T_2 时的输出值；$\Delta T = T_2 - T_1$。

11. 测量范围

每个传感器都有一定的测量范围（Y_{FS}）(Range or Span)，超过该范围进行测量时，会带来很大的测量误差，甚至将其损坏。一般将测量范围确定在一定的线性区域或保证在一定的寿命范围内。在实际应用时，所选择传感器的测量范围应大于实际的测量范围，以保证测量的准确性并延长传感器及其电路的寿命。

12. 死区

死区（Dead Space）是在不同输入值范围内输出值没有变化的定义。任何展示出迟滞的传感器均会显示死区，然而，一些传感器在没有受任何显著迟滞效应影响时仍然表现出在输出特性上的死区。例如，在机械传感器中，传动齿轮的齿隙是死区产生的典型原因，齿隙通常在齿轮组平移和旋转运动之间的转换中产生。典型的传感器死区输出特性如图 1.12 所示。

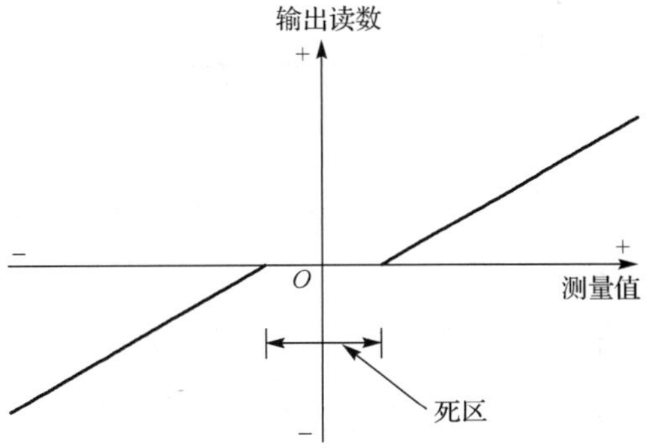

图 1.12　传感器的死区输出特性

1.3.2　传感器的动态特性相关的数学模型

在上面传感器的静态特性中，被测信号是一个不随时间变化的量。因此，在测量时不受时间的影响。但是在实际的测量过程中，很多的被测信号是随时间变化的，对这种动态信号的测量不仅需要精确地测量信号的幅值，而且还要测量和记录这种动态信号的变化过程，因此，就需要传感器能迅速、准确地测出信号幅值和被测信号随时间变化的规律。

测量仪器的静态特性只关心仪器平稳下来的稳态读数，如读数的准确性。测量仪器的动态特性是描述被测量从零时刻起直到传感器输出响应达到稳定值为止，传感器输出的随时间变化过程。与传感器的静态特性一样，传感器动态特性的使用仅适用于当传感器在特定的环境条件确定的情况下。在这些校准环境条件之外，传感器的动态参数的会发生一些变化，其变化可能是不可预期的。

在数学描述上，传感器的动态特性是指其输出对随时间变化的输入量的响应特性。当被测量随时间变化，即是时间的函数时，传感器的输出量也是时间的函数，它们之间的关系要用动态特性来表示。一个动态特性好的传感器，其输出将再现输入量的变化规律，即具有相同的时间函数。实际上，除了具有理想的比例特性外，输出信号将不会与输入信号具有相同的时间函数，这种输出与输入间的差异就是所谓的动态误差。

一般而言，在任何线性、时间不变测量系统中，以下的公式可以在时间 $t>0$ 时写成输入和输出之间的关系。

$$a_n\frac{d^n q_o}{dt^n} + a_{n-1}\frac{d^{n-1} q_o}{dt^{n-1}} + \cdots + a_1\frac{dq_o}{dt} + a_0 q_o = b_m\frac{d^m q_i}{dt^m} + b_{m-1}\frac{d^{m-1} q_i}{dt^{m-1}} + \cdots + b_1\frac{dq_i}{dt} + b_0 q_i \tag{1.15}$$

式中，q_i 为测量值；q_o 为输出读数；$a_0 \cdots a_n$，$b_0 \cdots b_m$ 是常数。

该公式的简化形式适用于一般正常的测量情况下。

如果只有阶跃变化的测量值时，则式（1.15）可简化为

$$a_n \frac{d^n q_o}{dt^n} + a_{n-1} \frac{d^{n-1} q_o}{dt^{n-1}} + \cdots + a_1 \frac{dq_o}{dt} + a_0 q_o = b_0 q_i \tag{1.16}$$

可以通过式（1.16）的某些特殊情况进一步简化，它们提炼出可共同适用于几乎所有的传感器系统的典型系统。下面对常用的传感器典型系统进行讨论。

1. 零阶传感器

如果式（1.16）中除了 a_0 外所有的系数 $a_1 \cdots a_n$ 都假设为 0，则

$$a_0 q_o = b_0 q_i \quad 或 \quad q_o = b_0 q_i / a_0 = K q_i \tag{1.17}$$

式中，K 是常数，称为传感器的灵敏度。

如果一个传感器的灵敏度可以用式（1.17）表示，称为零阶传感器。零阶系统的一个典型例子是传感器在时间 t 时随即被测量发生阶跃变化，在同样的时间 t 时，传感器的输出立即移动到一个新值，如图 1.13 所示。测量电位变化的电位计就是这种传感器的一个很好的例子，当滑块沿着电位计轨道追踪时电位计输出电压瞬间变化。

2. 一阶传感器

如果式（1.16）中除了 a_0 和 a_1 所有的系数 $a_2 \cdots a_n$ 都假设为 0，则

$$a_1 \frac{dq_o}{dt} + a_0 q_o = b_0 q_i \tag{1.18}$$

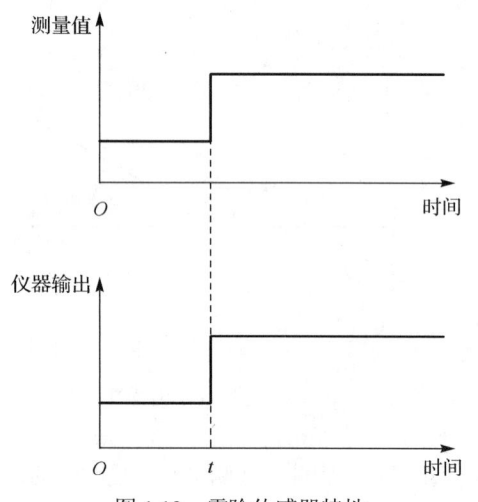

图 1.13 零阶传感器特性

任何传感器根据式（1.18）表现被称为一阶形式传感器。如果用 D 运算符替换式（1.18）中的 d/dt，可以得到

$$a_1 D q_o + a_0 q_o = b_0 q_i$$

且重新安排公式可以给出

$$q_o = \frac{(b_0 / a_0) q_i}{[1 + (a_1 / a_0) D]} \tag{1.19}$$

定义 $K = b_0 / a_0$ 为静态灵敏度，并且 $\tau = a_1 / a_0$ 为系统的时间常数，则式（1.19）变为

$$q_o = \frac{K q_i}{1 + \tau D} \tag{1.20}$$

如果对式（1.20）进行解析，输出量 q_o 对输入量 q_i 在时间 t 时的阶跃变化的响应随时间变化的方式如图 1.14 所示。阶跃响应的时间常数 τ 是输出量达到输出最终值的 63%时所需的时间。

热电偶是一阶传感器的一个很好的例子。众所周知，如果一个热电偶在室温下被塞入沸水中，输出的电动势不会在瞬间上升到指示 100℃的水平，而是接近指示 100℃的水平的读数，在方式上类似于如图 1.14 所示。

实际工业应用的大量的传感器都属于一阶传感器：对于一阶传感器系统，时间常数是一个重要的指标，其反映了传感器响应的速度。幸运的是，大多数的一阶传感器的时间常数相对于被测过程的动态而言是相当小的，完全能够满足被测系统的响应要求，因此不会产生严重的问题。

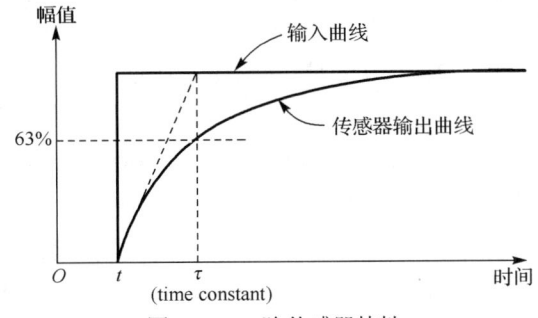

图 1.14 一阶传感器特性

【例 1.6】 一气球配备有温度和高度的测量仪器,并且具有可以传输传感器输出读数到地面的无线电设备。该气球最初固定在地面上时传感器的输出读数在稳定的状态。高度测量传感器大约是零阶传感器,且温度传感器是有着 15s 时间常数的一阶传感器。地面的温度 T_0 是 10℃,在高度为 xm 的温度 T_x 通过以下关系式给出:$T_x = T_0 - 0.01x$。如果气球在时间零时释放,然后以 5m/s 的速度上升,画一个表格显示出在前 50s 的旅行中每间隔 10s 时温度和高度测量报告。同时在表中显示每个温度读数的误差。在 5000m 的高度时,气球报告的温度是多少?

解: 对于温度传感器,其时是一个一阶传感器,并且高度传感器是零阶传感器。由式(1.20)在 xm 高度,气球在时间 t 报告的温度为 T_r。然后 T_x 和 T_r 之间的关系由下式给出:

$$T_r = \frac{T_x}{1+\tau D} = \frac{T_0 - 0.01x}{1+\tau D} = \frac{10 - 0.01x}{1+15D}$$

因为气球以 5m/s 的速度上升,故 $x = 5t$,则

$$T_r = \frac{10 - 0.05t}{1+15D}$$

对上述方程可运用常数变易法进行求解,相关一阶微分方程的解法可参考高等数学教材。

该非齐次一阶微分方程对应的齐次方程通解($T_x = 0$)由 $T_{r_{cf}} = Ce^{-t/15}$ 给出。

该非齐次一阶微分方程的非齐次特解由 $T_{r_{pi}} = 10 - 0.05(t-15)$ 给出。

该非齐次一阶微分方程的通解由 $T_r = T_{r_{cf}} + T_{r_{pi}} = Ce^{-t/15} + 10 - 0.05(t-15)$ 给出。

应用初始条件:

在 $t = 0$,$T_r = 10$ 时,则 $10 = Ce^{-0} + 10 - 0.05(-15)$

因此 $C = -0.75$

且该方程的通解可以写成:$T_r = 10 - 0.75e^{-t/15} - 0.05(t-15)$

根据 $T_x = T_0 - 0.01x$,可以得到温度的真值。

使用上述计算式计算 T_r 在变化的 t 值时,温度读数与误差如表 1.3 所示。

表 1.3 温度读数与误差

时间(Time)	高度(Altitude)	温度读数(Temperature reading)	温度误差(Temperature error)
0	0	10	0
10	50	9.86	0.36
20	100	9.55	0.55
30	150	9.15	0.65
40	200	8.70	0.70
50	250	8.22	0.72

在 $x = 5000\text{m}$, $t = 1000\text{s}$ 时。根据上述公式计算 T_r:

$$T_r = 10 - 0.75\text{e}^{-1000/15} - 0.05 \times (1000 - 15)$$

该指数项接近于 0,因此 T_r 可记为:

$$T_r \approx 10 - 0.05 \times (985) = -39.25\ ℃$$
$$T_x = T_0 - 0.01x = 10 - 50 = -40\ ℃$$

该结果可能是从前面给出的表中推断出,该表中可以看出温度误差的收敛趋于的值 0.75。对于大的 t 值,传感器读数滞后真实温度一段为 15s 的时间。在这段时间里,气球旅行了 75m 的距离且温度下降了 0.75℃。因此对于大的 t 值,温度输出读数始终是小于真正值 0.75℃。

3. 二阶传感器

如果式(1.16)中除了 a_0、a_1 和 a_2 之外,其他所有系数 $a_3 \cdots a_n$ 为 0,可以得到:

$$a_2 \frac{\text{d}^2 q_\text{o}}{\text{d}t^2} + a_1 \frac{\text{d}q_\text{o}}{\text{d}t} + a_0 q_\text{o} = b_0 q_\text{i} \tag{1.21}$$

再次应用 D 运算符得:

$$a_2 D^2 q_\text{o} + a_1 D q_\text{o} + a_0 q_\text{o} = b_0 q_\text{i}$$

重新安排得:

$$q_\text{o} = \frac{b_0 q_\text{i}}{a_0 + a_1 D + a_2 D^2} \tag{1.22}$$

在式(1.22)中可以很方便地重新表达变量 a_0、a_1 和 a_2。就 K(静态灵敏度),ω_n(无阻尼自然频率)和 ξ(阻尼比)三个参数而言,则

$$K = b_0 / a_0\ ;\quad \omega_\text{n} = \sqrt{a_0 / a_2}\ ;\quad \xi = a_1 / 2\sqrt{a_0 a_2}$$

ξ 可以写为:

$$\xi = \frac{a_1}{2a_0 \sqrt{a_2 / a_0}} = \frac{a_1 \omega_\text{n}}{2a_0}$$

如果将式(1.22)除以 a_0,可以得到:

$$q_\text{o} = \frac{(b_0 / a_0) q_\text{i}}{1 + (a_1 / a_0) D + (a_2 / a_0) D^2} \tag{1.23}$$

式(1.23)中的项可以写成以下关于 ω_n 和 ξ 的项:

$$\frac{b_0}{a_0} = K\ ;\quad \left(\frac{a_1}{a_0}\right) D = \frac{2\xi D}{\omega_\text{n}}\ ;\quad \left(\frac{a_2}{a_0}\right) D^2 = \frac{D^2}{\omega_\text{n}^2}$$

因此,通过式(1.23)除以 q_i,且替代 a_0、a_1、a_2 可以得出:

$$\frac{q_\text{o}}{q_\text{i}} = \frac{K}{D^2 / \omega_\text{n}^2 + 2\xi D / \omega_\text{n} + 1} \tag{1.24}$$

这是二阶系统的标准方程式,很多实际应用传感器可以通过二阶传感器来描述。如果式(1.23)通过解析的方法进行求解,所获得的阶跃响应的形状取决于阻尼比参数 ξ 的值。不同阻尼比参数 ξ 值的二阶传感器的输出响应随时间 t 变化的曲线如图 1.15 所示。

对于曲线 A,$\xi = 0$;当输入是阶跃函数时,当被测物理量受任何变化的干扰时,没有阻尼且传感

器的输出显示出恒定的振幅振荡。对于 $\xi=0.2$ 的轻阻尼，如曲线 B 所示，对输入阶跃变化的响应仍然是振荡的，但振荡逐渐的减弱。随着阻尼比参数 ξ 值进一步的增加，振荡和过冲减少仍减少，如曲线 C 和 D 所示。随着阻尼比参数进一步的增加，其响应变成过阻尼，如曲线 E 所示，其输出读数非常缓慢地趋于正确读数。

显然，极端的响应曲线 A 和 E 非常不适合传感器测量。如果传感器是阶跃输入，那么传感器的设计策略是较快的收敛速度，较小的过调和较少的震荡次数，该设计策略使阻尼比参数 ξ 将向 0.707 的目标趋近，这就给出了临界阻尼响应（C）。但是，传感器要求测量大多数不是阶跃函数，而是以不同斜坡的坡道形式。当输入变量的形式发生了变化，参数 ξ 的最佳值也相应地发生变化。商用的二阶传感器，其中加速度是一种常见的例子，通常阻尼比参数 ξ 都设计为 0.6~0.8。

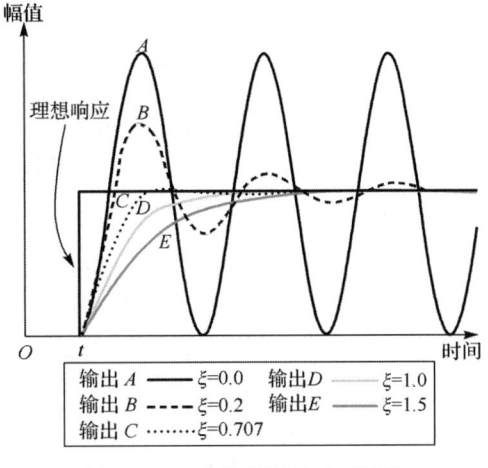

图 1.15 二阶传感器的响应特性

1.3.3 传感器的动态特性描述

上面介绍了典型的传感器数学模型，为了将上述数学模型的讨论结果普遍化，这里需要讨论传感器的动态特性描述。为了描述传感器的动态特性，需要寻找方法对上述系统动态特性进行描述，为了简化起见，下面仍以动态测温的问题（典型一阶系统）进行讨论。在被测温度随时间变化或传感器突然插入被测介质中，以及传感器以扫描方式测量某温度场的温度分布等情况下，都存在动态测温问题。例如，把一支热电偶从温度为 t_0℃ 的环境中迅速插入一个温度为 t℃ 的恒温水槽中（插入时间忽略不计），这时热电偶测量的介质温度从 t_0℃ 突然上升到 t℃，而热电偶反映出来的温度从 t_0℃ 变化到 t℃ 需要经历一段时间，即有一段过渡过程，如图 1.16 所示。热电偶反映出来的温度与介质温度的差值称为动态误差。

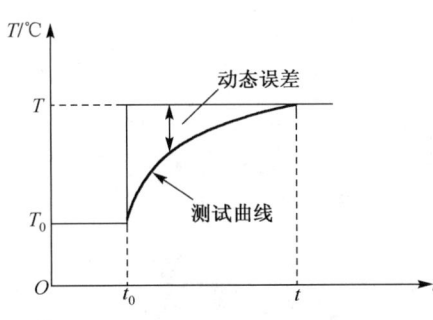

图 1.16 热电偶测温过程的动态特性

在上述例子中，造成热电偶输出波形失真和产生动态误差的原因，是因为温度传感器有热惯性（由传感器的比热容和质量大小决定）和传热热阻，使得在动态测温时传感器输出总是滞后于被测介质的温度变化。例如，带有套管的热电偶的热惯性要比裸热电偶的热惯性大得多。这种热惯性是热电偶固有的，而且决定了热电偶测量快速温度变化时会产生动态误差。影响动态特性的"固有因素"任何传感器都有，只不过它们的表现形式和作用程度不同而已。动态特性除了与传感器的固有因素有关之外，还与传感器输入量的变化形式有关。也就是说，人们在研究传感器动态特性时，通常是根据不同输入变化规律来考察传感器的响应的。

动态特性除了与传感器的固有因素有关外，还与传感器输入量的变化形式有关。也就是说，在研究传感器动态特性时，通常应根据不同输入变化规律来考察传感器的响应。用于研究传感器动态特性的激励信号是多种多样的，常见的激励信号分类如图 1.17 所示。

一般来说，在研究动态特性时，通常只能根据"规律性"的输入来考虑传感器的响应。复杂周期信号可以分解为各种谐波，所以可用正弦周期输入信号来代替；其他瞬变输入不如阶跃输入对系统的

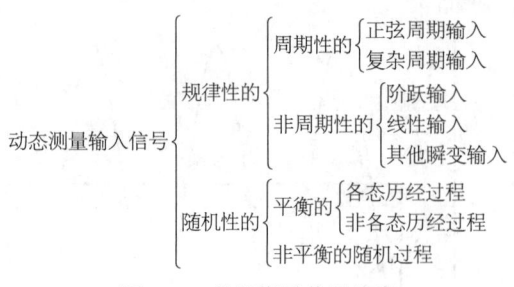

图 1.17　常见激励信号分类

影响剧烈，可用阶跃输入代表。因此，通常使用的"标准"输入只有两种：正弦输入和阶跃输入。传感器动态特性的分析及标定都以这两种输入为依据。当采用正弦输入作为评价依据时，一般使用幅频特性与相频特性进行描述，评价指标为频带宽度，简称带宽，即传感器输出增益变化不超出某一规定分贝值的频率范围，相应的方法称为频率响应法。当采用阶跃输入为评价依据时，常用上升时间、响应时间、超调量等参数来综合描述，相应的方法称为阶跃响应法。

虽然传感器的种类和形式很多，但它们一般可以简化为一阶或二阶系统（高阶可以分解为若干低阶环节），因此一阶和二阶传感器是最基本的。传感器的输入量随时间变化的规律是各种各样的，下面在对传感器动态特性进行分析时，采用最普遍、最简单、易实现的阶跃信号和正弦信号作为标准输入信号。对于阶跃输入信号，传感器的响应称为阶跃响应或瞬态响应。对于正弦输入信号，则称为传感器的频率响应或稳态响应。

1. （阶跃）瞬态响应特性

传感器的瞬态响应是时间响应。在研究传感器的动态特性时，有时需要从时域中对传感器的响应和过渡过程进行分析，这种分析方法称为时域分析法。传感器对所加激励信号的响应称为瞬态响应。常用的激励信号有阶跃函数、斜坡函数、脉冲函数等。下面以传感器的单位阶跃响应来分析传感器的动态性能指标。

当输入为阶跃函数时，则传感器的响应函数 $y(t)$ 分为两个响应过程，一个是从初始状态到接近终态之间的过程，即动态过程（又称为过渡过程），t 趋于无穷时，输出基本稳定，称为稳态过程，如图 1.18 所示。

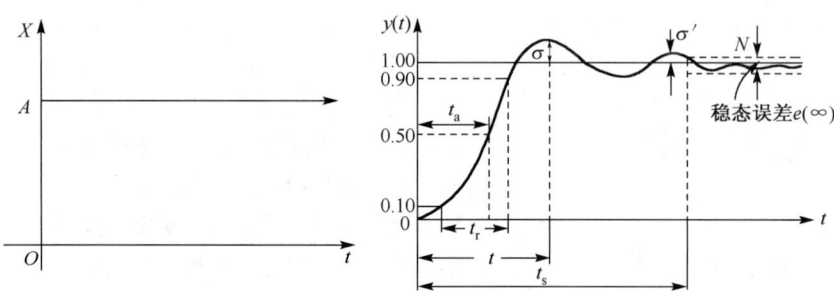

图 1.18　阶跃输入与响应

（1）一阶传感器的单位（阶跃）瞬态响应

在工程上，一般将

$$a_1 \frac{dq_o}{dt} + a_0 q_o = b_0 q_i \tag{1.25}$$

视为一阶传感器单位阶跃响应的通式。

式中，$x(t)$、$y(t)$ 分别为传感器的输入量和输出量，均是时间的函数；t 为表征传感器的时间常数，具有时间"秒"的量纲。

一阶传感器的传递函数可写为

$$H(s) = \frac{q_o(s)}{q_i(s)} = \frac{1}{\tau s + 1} \tag{1.26}$$

对初始状态为零的传感器，当输入一个单位阶跃信号

$$x = \begin{cases} 0, & t < 0 \\ 1, & t > 0 \end{cases} \quad (1.27)$$

时，由于 $x(t) = 1(t)$，$x(t) = 1/s$，传感器输出的拉氏变换为

$$q_0(s) = H(s)q_i(s) = \frac{1}{\tau+1} \cdot \frac{1}{s} \quad (1.28)$$

一阶传感器的单位阶跃响应信号为

$$y(t) = 1 - e^{-t/\tau} \quad (1.29)$$

相应的响应曲线如图 1.19 所示。由图 1.19 可知，传感器存在惯性，它的输出不能立即复现输入信号，而是从零开始，按指数规律上升，最终达到稳态值。理论上传感器的响应只在 t 趋于无穷大时才达到稳态值，但实际上当 $t = 4\tau$，其输出达到稳态值的 98.2%时，可以认为已达到稳态。τ 越小，响应曲线越接近于输入阶跃曲线，因此，τ 值是一阶传感器重要的性能参数。

（2）二阶传感器的单位阶跃响应

二阶传感器的单位阶跃响应的通式为

$$a_2 \frac{d^2 q_o}{dt^2} + a_1 \frac{dq_o}{dt} + a_0 q_o = b_0 q_i，\text{即 } a_2 D^2 q_o + a_1 D q_o = b_0 q_i \quad (1.30)$$

二阶传感器的传递函数为

$$H(s) = \frac{\omega_n^2}{s(s^2 + 2\xi\omega_n s + \omega_n^2)} \quad (1.31)$$

式中，ω_n 为传感器的自然频率；ξ 为传感器的阻尼比。

二阶传感器对阶跃信号的响应在很大程度上取决于阻尼比 ξ 和自然频率 ω_n。自然频率 ω_n 由传感器主要结构参数所决定。ω_n 越高，传感器的响应越快。当 ω_n 为常数时，传感器的响应取决于阻尼比 ξ。图 1.20 所示为二阶传感器的单位阶跃响应曲线。阻尼比 ξ 直接影响超调量和振荡次数。当 $\xi = 0$ 时，为临界阻尼，超调量为 100%，产生等幅振荡，达不到稳态。当 $\xi > 1$ 时，为过阻尼，无超调也无振荡，但达到稳态所需时间较长。当 $\xi < 1$ 时，为欠阻尼，衰减振荡，达到稳态值所需时间随阻尼比 ξ 的减小而加长。当 $\xi = 1$ 时响应时间最短。但实际使用中常按稍欠阻尼调整，ξ 值为 0.7～0.8 时最佳。

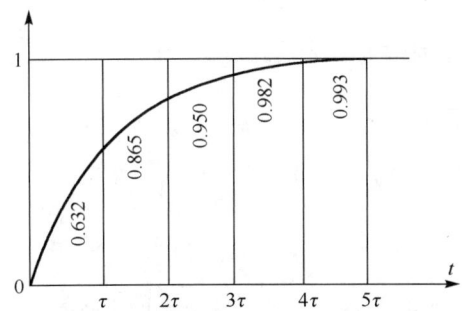

图 1.19　一阶传感器的单位阶跃响应曲线

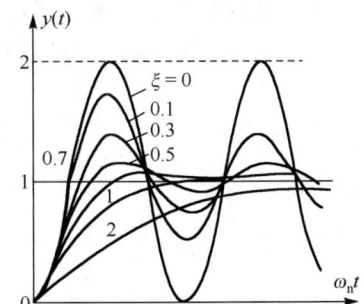

图 1.20　二阶传感器单位阶跃响应曲线

（3）阶跃响应过渡过程中的特性参数

① 时间常数 τ：输出量从 0 上升到稳态 $Y(\infty)$ 的 63%所需的时间。

② 上升时间 t_r：从稳态值 $Y(\infty)$ 的 10%上升到 90%所需的时间。它表示传感器的响应速度，t_r 值越小，表明传感器对输入的响应速度越快。

③ 响应时间 t_s：从输入量开始到输出进入稳定值的允许误差范围（±1%或 2%）内所需的时间，也能表示响应速度。

④ 振荡次数 N：输出量在稳态值 $Y(\infty)$ 上下振荡的次数，N 越小，表明稳定性越好。

⑤ 稳态误差 e：响应的实际值 $Y(\infty)$ 与期望值之差，它反映稳态的精确程度。

2. 频率响应特性

传感器对正弦输入信号 $X(t) = A\sin(\omega t)$ 的响应特性，称为频率响应特性。频率响应法是从传感器的频率特性出发研究传感器的动态特性的方法。

（1）传感器数学模型

零阶传感器的数学模型：a_0 和 b_0 是传感器的系数，b_0/a_0 是静态灵敏度。

$$a_0 q_o = b_0 q_i \quad \text{或者} \quad q_o = b_0 q_i / a_0 = K q_i \tag{1.32}$$

一阶传感器的数学模型：a_0、a_1 和 b_0 是传感器的系数，b_0/a_0 是静态灵敏度。

$$a_1 \frac{dq_o}{dt} + a_0 q_o = b_0 q_i \tag{1.33}$$

二阶传感器的数学模型：

$$a_2 \frac{d^2 q_o}{dt^2} + a_1 \frac{dq_o}{dt} + a_0 q_o = b_0 q_i \tag{1.34}$$

n 阶传感器系统的数学模型：

$$a_n \frac{d^n q_o}{dt^n} + a_{n-1} \frac{d^{n-1} q_o}{dt^{n-1}} + \cdots + a_1 \frac{dq_o}{dt} + a_0 q_o = b_m \frac{d^m q_i}{dt^m} + b_{m-1} \frac{d^{m-1} q_i}{dt^{m-1}} + \cdots + b_1 \frac{dq_i}{dt} + b_0 q_i \tag{1.35}$$

若输入信号为正弦波 $X(t) = A\sin(\omega t)$，用复数表示为 $A e^{j\omega t}$，此时输出信号 $y(t)$ 将 $Y(t) = B\sin(\omega t + \phi)$，用复数表示为 $B e^{j(\omega t + \phi)}$，所以经过拉氏变换后为

$$H(j\omega) = \frac{Y(j\omega)}{X(j\omega)} = \frac{B e^{j(\omega t + \phi)}}{A e^{j\omega t}} = \frac{B}{A} e^{j\phi} = \frac{b_m (j\omega)^m + b_{m-1} (j\omega)^{m-1} + \cdots + b_1 (j\omega) + b_0}{a_n (j\omega)^n + a_{n-1} (j\omega)^{n-1} + \cdots + a_1 (j\omega) + a_0} \tag{1.36}$$

频率传递函数的模 $|H(j\omega)|$ 为输出与输入的幅值之比，即 B/A，它与角频率 ω 的关系被称为幅频特性。输出与输入的相位之差与频率的关系称为相频关系。

（2）一阶传感器的频率响应

将一阶传感器的传递函数中的 s 用 $j\omega$ 代替后，即可得频率特性表达式：

$$H(j\omega) = \frac{1}{\tau(j\omega) + 1} \tag{1.37}$$

幅频特性

$$A(\omega) = \frac{1}{\sqrt{1 + (\omega \tau)^2}} \tag{1.38}$$

相频特性

$$\Phi(\omega) = -\arctan(\omega \tau) \tag{1.39}$$

图 1.21 所示为一阶传感器的频率响应特性曲线。由式（1.37）～式（1.39）和图 1.21 可知，时间常数 τ 越小，频率响应特性越好。当 $\omega\tau << 1$ 时，$A(\omega) \approx 1$，$\Phi(\omega) \approx 0$，表明传感器输出与输入为线性关系，且相位差也很小，输出 $y(t)$ 比较真实地反映了输入 $x(t)$ 的变化规律。因此，减小 τ 可改善传感器的频率特性。

（3）二阶传感器的频率响应

二阶传感器的频率特性表达式、幅频特性、相频特性分别如下。

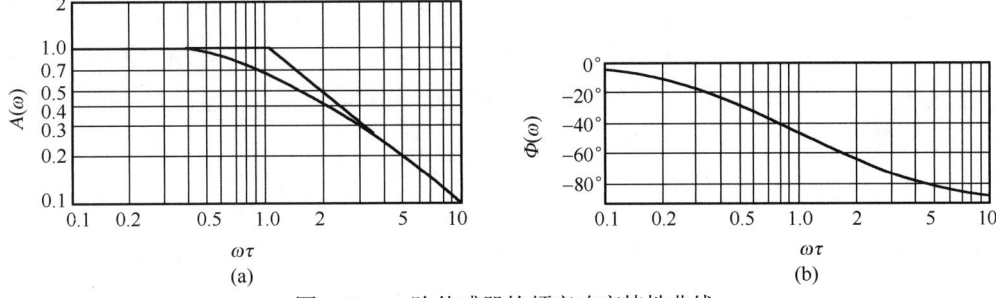

图 1.21　一阶传感器的频率响应特性曲线

传递函数
$$H(j\omega) = \frac{1}{1-(\omega/\omega_n)^2 + 2j\xi\frac{\omega}{\omega_n}} \tag{1.40}$$

幅频特性
$$A(\omega) = \frac{1}{\sqrt{\left[1-(\omega/\omega_n)^2\right]^2 + (2\xi\omega/\omega_n)^2}} \tag{1.41}$$

相频特性
$$\Phi(\omega) = -\arctan\frac{2\xi\omega/\omega_n}{1-(\omega/\omega_n)^2} \tag{1.42}$$

图 1.22 所示为二阶传感器的频率响应特性曲线。由式（1.40）～式（1.42）和图 1.22 可知，传感器的频率响应特性的好坏主要取决于传感器的自然频率 ω_n 和阻尼比 ξ。当 $\xi<1$ 且 $\omega_n \gg \omega$ 时，$A(\omega) \approx 1$，$\Phi(\omega)$ 很小，此时传感器的输出 $y(t)$ 再现了输入 $x(t)$ 的波形。通常，自然频率 ω_n 至少应大于被测信号频率 ω 的 3～5 倍，即 $\omega_n \geqslant (3\sim5)\omega$。

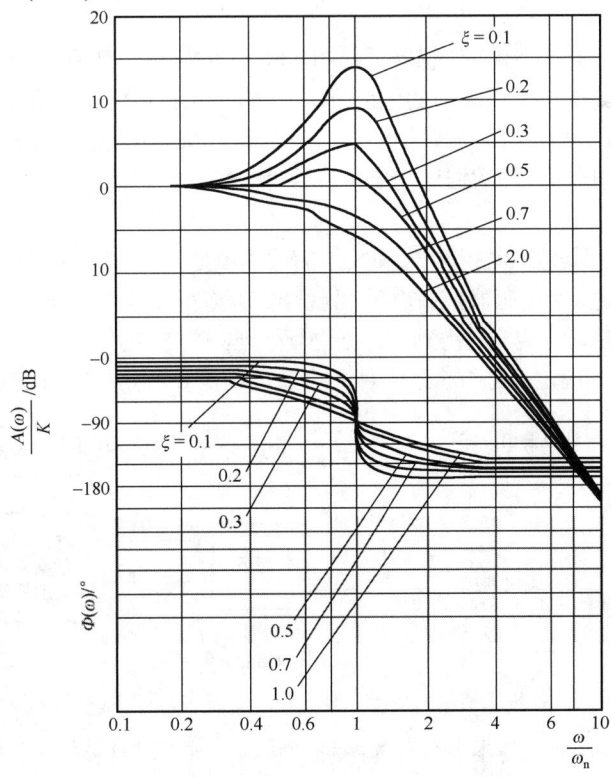

图 1.22　二阶传感器的频率响应特性曲线

为了减小动态误差和扩大频率响应范围,做法一般是提高传感器的自然频率 ω_n,而自然频率 ω_n 与传感器运动部件的质量 m 和弹性敏感元件的刚度 k 有关,即 $\omega_n \approx \sqrt{k/m}$。增大刚度 k 和减小质量 m 可提高自然频率,但刚度 k 增加,会使传感器灵敏度降低。所以在实际中,应综合各种因素来确定传感器的各个特征参数。

(4)频率响应特性指标

① 频带传感器增益:保持在一定值内的频率范围为传感器频带或通频带,对应有上、下截止频率。

② 时间常数 τ:用时间常数 τ 来表征一阶传感器的动态特性。τ 越小,频带越宽。

③ 自然频率 ω_n:二阶传感器的自然频率 ω_n 表征了其动态特性。

1.4 传感器的标定

传感器的动静态标定是利用一定等级的仪器及设备产生已知的非电量(如标准压力、加速度、位移等)作为输入量,输入至待标定的传感器中,得到传感器的输出量,然后将传感器的输出量与输入量做比较,从而得到一系列曲线(称为标定曲线),通过对曲线的分析处理,得到其动静态特性的过程。

传感器技术参数的具体数值是通过实验确定的。例如,传感器的精度指标如采用精度公式计算,则必须首先得到传感器的线性度、滞后及重复性指标。由于这3个指标都是通过对具体的实验曲线进行分析得到的,因此有可能发生的一种情况是,某传感器可能线性好、滞后小且重复性高,而其输出却难以反映出输入量的变化情况。一个极端的例子(图 1.23)是,如果由于某种原因导致传感器的输出线与地短路,输出曲线自然在线性度、滞后、重复性等方面非常理想,但无法用作传感器。因此,传感器的标定方法及标定过程等方面的设计非常重要。

所谓传感器的标定,就是将已知的输入量输入传感器,测量传感器相应的输出量,进而得到传感器输入/输出特性的过程。

传感器的标定实际上是针对整个传感器系统的实验,如图 1.24 所示。其中,$e(t)$ 为工作时可能需要的激励信号;$q(t)$ 为标定中可能引入的其他信号。$q(t)$ 的引入必然会对传感器的输出有所贡献,因此在标定系统的设计及实现过程中必须加以控制,尽可能避免或减少其带来的不利影响。此外,为避免出现类似的情况,对标定所得到的数据还需要进行处理,得到传感器的数学模型。总的来说,传感器的标定一般包括以下内容。

① 确定一个表达传感器输入/输出信号间关系的数学模型。

② 设计一个标定实验,对传感器施加输入,测量相应的输出。需要特别注意的是,控制 $q(t)$ 的影响。

③ 利用回归分析方法对标定实验得到的数据进行处理,确定步骤①中数学模型的参数及测量误差。

④ 对模型进行分析,确定其是否合适。如不合适,则需要对其加以修正或考虑新的数学模型。

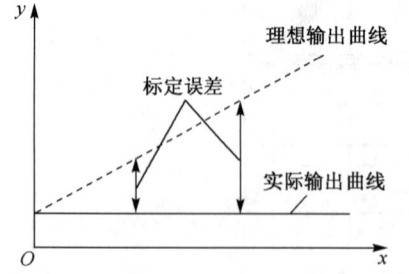

图 1.23 传感器标定实验的一种极端情况

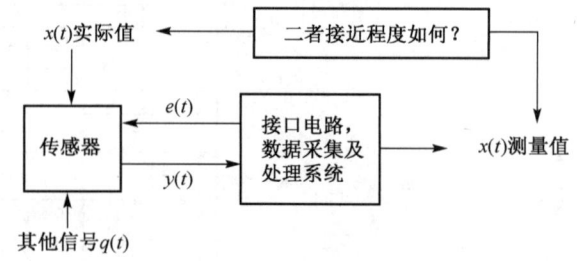

图 1.24 传感器标定

根据参考基准的不同,标定基本上可分为两种形式:一种是以具体技术标准作为参考,称为绝对式标定(Absolute Calibration);另一种是以某个已标定的传感器作为参考,称为比较式标定(Comparison

Calibration)。具体的标定工作与传感器的原理、结构形式、相关行业标准、实际应用需求等多方面的因素有关,彼此之间差异很大。在实际操作时,需要考虑的共性问题主要有以下几点。

① 传感器系统每个模块的标准特性参数。
② 标定系统的可操作性。
③ 标定系统的成本。
④ 标定工艺的人工成本。
⑤ 标定数据的整理及传感器系统软硬件调整方案。

1.4.1 传感器的静态特性标定

传感器的静态标定主要是检验、测试传感器的静态特性指标,如静态灵敏度、非线性、迟滞、重复性等。静态特性标定的标准是在静态标准条件下进行的。静态标定条件是指没有加速度、振动、冲击(除非这些量本身就是被测物理量),环境温度一般为(20±5)℃,相对湿度不大于85%,大气压力为(101.3±8)kPa时的情况。

下面以应变式压力传感器为例,讨论传感器的静态特性的标定。

应变式压力传感器安装在静重式标准活塞式压力计的接头上,如图1.25所示,传感器配接静态标准电荷放大器及显示仪。标定过程可采用加载法和卸载法。下面以加载法为例说明标定过程的步骤。

① 将传感器、仪器连接好。
② 将传感器全量程(测量范围)分成若干等分点,用砝码加载,施加载荷时要尽量做到均匀加载,不要引起冲击。记录仪显示传感器在某一点的输出最大值并保持一定的时间,然后记录下来。依次一点一点地加载至满量程,并记录标定传感器的输出值。
③ 按上述过程,对传感器进行多次反复循环测试,将得到输出/输入测试数据组,用表格列出或画成曲线。
④ 对数据进行必要的处理,根据处理结果就可以得到传感器的灵敏度、线性度、重复性、迟滞等静态特性指标。

对于不同原理的压力传感器,静态标定的方法与压电式压力传感器的方法基本相同,只是不同原理的传感器配用不同的二次仪表。

图1.25 静重式标准活塞式压力计

1.4.2 传感器的动态标定

传感器的动态标定主要研究传感器的动态响应特性,即频率响应、时间常数、自然频率和阻尼比等。下面以压力传感器为例介绍传感器的动态标定。

压力传感器的动态标定方法有正弦激励法、半正弦激励(落球、落锤冲击)法和阶跃压力激励法。上述3种方法是目前标定压力传感器的主要方法。本节仅介绍用激波管产生阶跃压力信号的方法,它具有压力幅值范围宽、频率范围广、便于分析研究和数据处理的特点。

激波管使用方便且简单,是测定压力传感器频率响应特性的最常用设备。激波管校准传感器动态特性的基本原理是:用激波管产生的阶跃压力来激励被校压力传感器,并用适当的设备记录在这一阶跃压力激励下被校传感器所产生的瞬时响应,根据其过渡过程曲线,运用适当的计算方法,求得被校压力传感器的频率响应特性。

图1.26所示为激波管法校准压力传感器动态特性系统图。整个实验装置包括激波管、气源、测量和记录几部分。

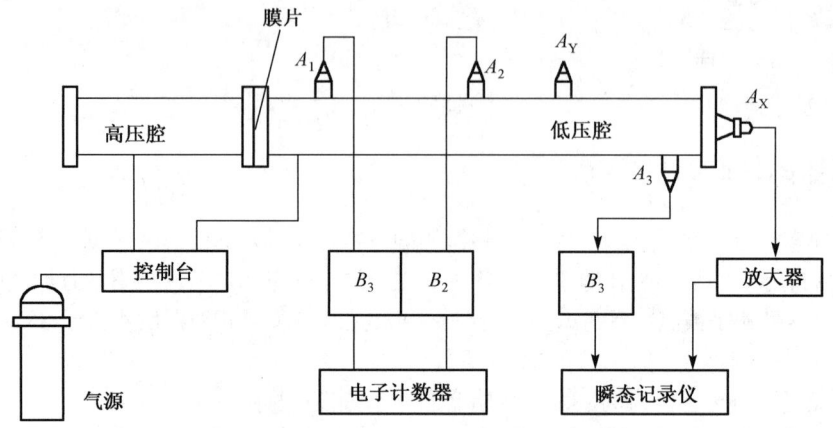

图1.26 激波管校准压力传感器动态特性系统图

图1.27所示为传感器系统对阶跃压力的响应曲线。由于它输出的是压力与时间的关系曲线,因此又称为时域曲线。若传感器振荡周期T_d是稳定的,而且振荡幅度有规律地单调减小,则传感器(或测压系统)可以近似地视为单自由度的二阶系统。只要能得到传感器的无阻尼自然频率ω和阻尼比ξ,那么传感器的幅频特性和相频特性可分别表示为

$$|H(j\omega)| = \frac{K}{\sqrt{\left[1-(\omega/\omega_n)^2\right]^2 + 4\xi^2(\omega/\omega_n)^2}} \tag{1.43}$$

$$\phi(\omega) = \arctan\left[\frac{2\xi}{(\omega/\omega_n)-(\omega_n/\omega)}\right] \tag{1.44}$$

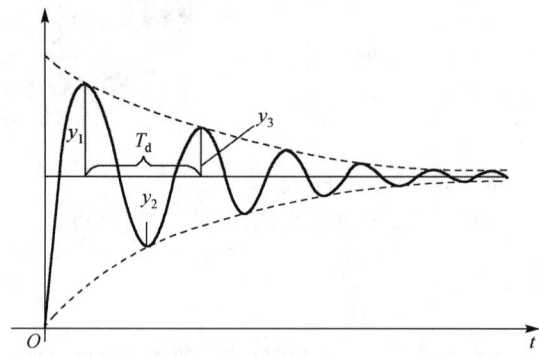

图1.27 传感器系统对阶跃压力的响应曲线

根据响应曲线不难测出振动周期T_d,于是其有阻尼自然频率ω_d为

$$\omega_d = 2\pi \frac{1}{T_d}$$

并且,定义其对数衰减比为
$$\delta = \ln\left(\frac{y_i}{y_{i+1}}\right) \tag{1.45}$$

不难证明，阻尼系数（ξ）与对数衰减比（δ）之间有以下的关系

$$\xi = \frac{\delta}{\sqrt{\delta^2 + 4\pi^2}} \tag{1.46}$$

无阻尼自然频率 ω_d 为

$$\omega_n = \frac{\omega_d}{\sqrt{1-\omega^2}} \tag{1.47}$$

将求得的 ξ 和 ω_d 代入幅频特性公式和相频特性公式，即可求得压力传感器的幅频特性和相频特性。

1.5 传感器技术发展方向

传感器技术所涉及的知识非常广泛，涵盖各学科领域。但是它们的共性是利用物质的物理、化学和生物等特性，将非电量转换为电量。所以，采用新技术、新工艺、新材料，探索新理论，以达到高质量的转换效能是总的发展途径。当前，传感器技术的主要发展动向有两方面：一是传感器本身的基础研究；二是与微处理器组合在一起的传感器系统的研究。前者是研究新的传感器材料和工艺，发现新现象；后者是研究如何将检测功能与信号处理技术相结合，向传感器的智能化、集成化发展。其主要的发展思路主要是从老技术的改进和新的技术创新两个方向进行。

1. 传统技术的改进途径

（1）稳定性处理

为提高传感器产品性能的稳定性，应对材料、元器件进行时效处理、冰冷处理、时间老化处理、温度老化处理、机械老化及交流稳磁处理。同时对电器元件必须进行电老化筛选处理。

（2）补偿和修正技术

根据传感器的特性找出误差的来源和变化规律，可采用补偿和修正技术进行补偿和修正。对于系统误差，由于补偿和修正的技术手段比较完善，因此通过补偿和修正技术，大多数情况下可以满足性能指标。

（3）屏蔽、隔离与抗干扰

因外部环境而产生的随机误差和干扰，可通过屏蔽、隔离技术减小。采用屏蔽、隔离、滤波等方法能有效地消除或减小电磁波干扰。采用有效的隔离技术进行分离和抑制，对温度、湿度、气压、声压、辐射、气流等干扰的效果都是很明显的。

（4）差动技术

差动技术对抑制共模信号干扰具有很好的效果，是目前传感器普遍采用的技术。

（5）平均技术

采用平均技术可产生平均效应，使得仪器误差减小并增加传感器的灵敏度。

2. 传感器技术的创新

（1）发现新现象

传感器的工作机制基于各种效应、反应和物理现象。重新认识诸如压电效应、热释电现象、磁阻效应等已发现的物理现象及各种化学反应和生物效应，并充分利用这些现象与效应设计制造各种用途的传感器，是传感器技术领域的重要工作。同时还要开展基础研究，以求发现新的物理现象、化学反应和生物效应。各种新现象、反应和效应的发现可极大地扩大传感器的检测极限和应用领域。例如，利用核磁共振吸收的磁传感器能检测 10^{-7}T 的地球磁场强度，利用约瑟夫逊效应的磁传感器（SQUID）

能检测 10^{-11}T 的极弱磁场强度；又如，利用约瑟夫逊效应热噪声温度计，能检测 10^{-6}K 的超低温。值得一提的是，检测极微弱信号传感器技术的开发，不仅能促进传感器技术本身的发展，甚至能导致一些新的学科的诞生，意义十分重大。仿生传感器，传感器相当于人的五官，且在许多方面超过人体，但在检测多维复合量方面，传感器的水平则远不如人体。尤其是那些与人体生物酶反应相当的嗅觉、味觉等化学传感器，还远未达到人体感觉器官那样高的选择性。实际上，人体感觉器官由非常复杂的细胞组成并与人脑连接紧密，配合协调。工程传感器要完全替代人的五官，则须具备相应复杂细密的结构和相应高度的智能化，这一点目前看来还是不可能的事。但是，研究人体感觉器官，开发能够模仿人体嗅觉、味觉、触觉等感觉的仿生传感器，使其功能尽量向人自身的功能靠近，已成为传感器发展的重要课题。

（2）开发新材料

随着物理学和材料科学的发展，人们已经在很大程度上能够根据对材料功能的要求来设计材料的组分，并通过对生产过程的控制，制造出各种所需材料。目前最为成熟、先进的材料技术是以硅加工为主的半导体制造技术。例如，人们利用该项技术设计制造的多功能精密陶瓷气敏传感器有很高的工作温度，弥补了硅（或锗）半导体传感器温度上限低的缺点，可用于汽车发动机空燃比控制系统，大大地扩展了传统陶瓷传感器的使用范围。有机材料、光导纤维等材料在传感器上的应用，也已成为传感器材料领域的重大突破，引起了国内外学者的极大关注。

（3）采用微细加工技术

将硅集成电路技术加以移植并发展，形成了传感器的微细加工技术。这种技术能将电路尺寸加工到光波长数量级，并能形成低成本超小型传感器的批量生产。

微细加工技术除全面继承氧化、光刻、扩散、淀积等微电子技术外，还发展了平面电子工艺技术、各向异性腐蚀、固相键合工艺和机械切断技术。利用这些技术对硅材料进行三维形状的加工，能制造出各式各样的新型传感器。例如，利用光刻、扩散工艺已制造出压阻式传感器，利用薄膜工艺已制造出快速响应的气敏、湿敏传感器等。日本横河公司综合利用微细加工技术，在硅片上构成了孔、沟、棱锥、半球等各种形状的微型机械元件，并制作出了全硅谐振式压力传感器。

（4）传感器的智能化及网络化

"电五官"与"计算机"的结合，就是传感器的智能化。智能化传感器不仅具有信号检测、转换功能，同时还具有记忆、存储、解拆、统计处理及自诊断、自校准、自适应等功能。

网络化智能传感器是智能传感器技术和计算机通信技术相结合的产物。随着计算机技术、网络技术与通信技术的高速发展与广泛应用，出现了网络化的自动测试技术。网络化测试系统实现了大型复杂系统的远程测试，是信息时代测试的必然趋势。传感器作为信息采集必不可少的装置，也必然顺应网络化这一潮流，于是出现了网络化智能传感器的概念。网络化智能传感器技术致力于研究智能传感器的网络通信功能，将传感器技术、通信技术和计算机技术融合，从而实现信息的采集、传输和处理的真正统一和协同。它不仅实现了智能化，如自补偿、自校准、自诊断、数值处理、双向通信、信息存储、数字量输出等功能，而且还将敏感元件、转换电路和变送器结合为一体，并在自身内部嵌入了通信协议，直接传送满足通信协议的数字信号，从而具有强大的通信能力。

计算机、通信和传感器三大技术的迅速发展催生了无线传感器网络。无线传感器网络自身的特点使得在该网络中提供安全的保护措施成为一种挑战。安全有效的密钥管理机制则是构建安全的无线传感器网络的核心技术之一。由于无线传感器网络中没有认证中心，且结点的计算和存储能力都非常有限，因此大多数已有的密钥管理机制无法直接应用于无线传感器网络。于是众多学者在无线传感器网络密钥管理机制方面开展了大量的研究工作，尽管如此，该领域仍存在大量有待解决的问题，值得进一步深入研究。

习 题

1. 什么是传感器？它由哪几部分组成？其作用及相互关系怎样？
2. 通常传感器可以分成哪几类？若按物理现象分类，可以分成哪两类？
3. 传感器的静态特性由哪些性能指标描述？它们一般用什么公式表示？
4. 什么是传感器的动态特性？其分析方法有哪几种？
5. 试比较传感器动态特性和静态特性的异同。
6. 什么是传感器的精度和准确度，试比较二者的异同。
7. 一个钨电阻温度计的测量范围为–270~1100℃，满量程测量时有 1.5%的误差，问：若测量温度为 950℃时的误差为多少？
8. 理论上生产一批 5m 长的钢棒会有 2%的公（容）差，这批钢棒中可能出现的最长的和最短的钢棒各是多少？
9. 什么是外径千分尺，用外径千分尺去测量直径为 5cm 和 7.5cm 的物体时，如何选择一把合适的测量量程的外径千分尺，该量程是多少？
10. 钨/5%铼钨/26%的铼热电偶当热（测量）结处在如下表中的温度时，相应地会有一个对应的输出电动势，试确定热电偶测量时的灵敏度。

mV	4.37	8.74	13.11	17.48
℃	250	500	750	1000

11. 如何定义灵敏度漂移和零点漂移。什么因素会导致在仪器特性上出现灵敏度漂移和零点漂移？
12. （1）一台仪器在环境温度为 20℃时进行了校准，下表中列出了输入不同 x 值时对应输出 y 的值。

y	13.1	26.2	39.3	52.4	65.5	78.6
x	5	10	15	20	25	30

试确定其灵敏度，用 y/x 的比率表示。

（2）当这台仪器随后被用在 50℃的环境温度下时，其输入输出的特性变成如下表所示。

y	14.7	29.4	44.1	58.8	73.5	88.2
x	5	10	15	20	25	30

试确定此时新的灵敏度，从而确定环境温度改变为 30℃时的灵敏度漂移情况？

13. 以下数据是用红外温度计测量的温度值，由于仪器未进行校准产生了测量偏差，试计算测量值的偏差。

未经校准仪器测量的温度值（℃）	修正温度值（℃）
20	21.5
35	36.5
50	51.5
65	66.5

14. 某负载单元是在环境温度为 21℃的情况下进行了校准的，并且具有下表所示的偏转负载特性。

负载（kg）	0	50	100	150	200
偏转特性（mm）	0.0	1.0	2.0	3.0	4.0

当其工作在35℃时,其特性变成如下表所示。

负载(kg)	0	50	100	150	200
偏转特性(mm)	0.2	1.3	2.4	3.5	4.6

(1) 试确定在21℃和35℃时的灵敏度。

(2) 计算在35℃的总零点漂移和灵敏度漂移。

(3) 确定零点漂移和灵敏度漂移系数。

15. 无人潜艇配备有温度、深度测量仪器和具有可传输的这些输出读数到水面上的无线电设备仪器。深度测量传感器大约是零阶传感器,且温度传感器是有着15s时间常数的一阶传感器。该潜艇最初漂浮在海面上并稳定的输出仪器的读数。海水表面的温度 T_0 为 20℃,水面以下 x m 深处 T_x 的温度与水面上的温度 T_0 的关系为:

$$T_x = T_0 - 0.01x$$

(1) 如果潜艇在零时开始以 0.5m 每秒的速度潜水,试绘制出在开始的 500s 内以 100s 为时间间隔的温度随测量到的水深变化的表格,同时给出在每一测量处的误差。

(2) 潜艇在水下 1000m 时的温度是多少?

16. 写出描述一个测量二阶动态响应的一般微分方程和此微分方程状态表达式灵敏度、固有频率和阻尼比。试分别画出在过阻尼、临界阻尼、无阻尼情况下的响应,并考虑在设计一个二阶测量仪器时以上哪种情况常需要考虑?

第 2 章 传感器的功能材料及加工工艺

传感器的基础是构成传感器的材料本身的各种基础功能效应,以及这些效应的传输和功能形态的变换。传感器技术综合了物理学、化学、生物工程学、微电子学、材料科学、精密机械、微细加工、实验测量等多方面的知识和技术,并逐步形成了一个专门的学科领域。但无论是设计还是制造传感器,都会涉及以新型材料科学为核心的相关的高新技术,如大规模集成电路技术、新材料合成技术、薄膜和超晶格技术、超导技术、介观或纳米技术、黏合技术、高密封技术、特种加工技术,以及多功能化、智能化技术等。所有这些高新技术应用的目标指向的都是开发传感器材料的高效传感和换能。

传感器材料的主要功能是从被测对象接收其所能反映的声、光、电、热、磁、机械、化学等形式的能量信号,并转换为电信号。具有这样功能的材料有压电、热电、光电、电化学、电磁等功能转换材料,就材料构成来说,一般可分为金属材料、无机材料和有机材料三大类。金属材料包括单质金属和合金。无机材料大多指的是陶瓷材料。这是由于随着半导体技术的兴起,特别是氧化物或其他化合物半导体在传感器材料中日益显现的重要作用,故常被从有机材料中划出专门一类。同样,生物传感器的崛起也使其从有机材料中划出,另立一类。

加工工艺是传感器从实验室走向实用的关键。由于传感器研究的跨学科性,现代加工制造技术中的各种工艺手段在传感器领域都有所体现。尤其是以多个零部件组装而成的结构型传感器,如应变电阻式传感器、涡街流量传感器、电涡流传感器等,其敏感原理早已为大家所熟知,而加工工艺则各有千秋。传感器的性能,尤其是温度稳定性、可靠性等指标,也因此而有很大差异。

传感器的结构尺寸变化范围很大,几乎所有的现代加工技术都在传感器领域中得到了不同程度的应用。微机械加工技术及集成电路生产工艺在传感器领域中的应用,为传感器的小型化、微型化乃至智能化提供了一个重要手段,可以实现大批量生产小型、可靠的传感器,已经成为传感器生产的重要工艺手段。本章先介绍典型传感器中常用的材料,然后介绍近年来广泛研究应用的微机械加工工艺。

2.1 传感器使用的材料

传感器技术是多种学科的综合,它涉及物理学、化学、生物学、材料学、医学、微电子学和精密机械学等,因此传感器的发展受到各种因素的制约。特别是传感器的敏感元件,是利用材料的固有特性来开发其二次功能特性,再经过精细加工而制成的,所以没有好的材料就不可能有好的传感器。新材料的出现将推动传感器跃上一个新台阶。例如,利用高温超导材料的研究成果,开发出了约瑟夫逊效应磁敏器件。

传感器材料大致可分为敏感材料和辅助材料两大类。例如,电阻应变计主要需要 4 种材料:电阻敏感栅、基底、黏结剂和引出线。电阻敏感栅材料属于敏感材料,其他 3 种材料属于辅助材料。

敏感材料是传感器材料的核心,它的品种繁多,性能要求严格。按照敏感材料的材质分类,可分为半导体材料、敏感陶瓷材料、金属与合金材料、生化材料、无机材料和有机材料等。

辅助材料是传感器发展不可缺少的组成部分,辅助材料的选择与应用是否合理将直接影响传感器的特性、稳定性、可靠性和寿命。应根据传感器不同的应用场合,选择符合特殊要求的辅助材料。例如,传感器用的保护材料有耐腐蚀材料、抗核辐射材料、抗高温氧化材料、抗电磁干扰材料、耐磨抗冲刷材料、防爆材料等。

传感器材料，特别是敏感材料，虽然仍以研究新材料、开发原有材料新功能和改善原有材料的功能为发展方向，但具有了新的内容和含义。传感器材料的研究和开发已由原来单纯利用材料的固有特性，向材料的微组分和微结构设计、纳米级材料、精细多功能材料、精细化学工艺、膜材料技术和超精细加工技术等方向发展。研究与开发智能材料（Smart Material）并组合智能化系统材料，采用梯度功能材料（Functional Gradient Material）制造技术来实现多功能材料，特别是三维多功能敏感材料，也在探索之中。表2.1所示为各类材料在传感器中的应用情况。

表2.1 各类材料在传感器中的应用情况

分类	举例
半导体	单晶硅、InSb、GaAs、InP、GaAsP、Hg、Cd、Te、Ⅱ-Ⅵ族及Ⅲ-Ⅴ族化合物、Ta_2O_5氧化物、金属硫化物等
无机材料	石英晶体、$BaTiO_3$、$NaSO_4$、$LiTaO_3$、$BiGe_3O_2$、$PbZrO_3 PbTiO_3$、金属氧化物等
金属材料	（合金）钨镍合金、铂钼合金、钽、碲、铋合金、铁-硅、铝合金等（单体），Pt、Mo、Ni、Au 等
金属化合物	Nb_3Ge（锗化铌）、SbCs（铯化锑）等
有机高分子材料	PVDF（聚二氯乙烯）、多阴离子树脂、多氧离子树脂、聚苯乙烯、向列相液晶等
生化酶	葡萄糖氧化酶、脲基氧化酶、尿酸氧化酶等
复合材料	导电微粒与氨基酸树脂合成等
其他	微生物等

2.1.1 导体、半导体和电介质

所有的传感器材料都是具有某些特殊电性的功能材料。从电流导通的能力来看，这些材料一般可分为导体、半导体和绝缘体三类。

1. 导体（金属和离子导体）敏感材料

导体有两类，即电导体（金属及其合金）和离子导体或电解液（酸、碱和盐溶液）。金属之所以成为优良的导体，是因为有大量的自由电子。

一方面，金属及其合金被用于传感器时可利用其热电特性或其电导率对温度和应力的依赖性。金属敏感元件主要有金属磁敏元件、金属温度敏感元件、金属位移敏感元件、超导敏感元件等。

另一方面，离子导体或电解液主要用于化学量传感器，尤其是基于电化学原理的传感器。虽然电化学传感器方面的理论已经相当成熟，但具体实现技术方面仍然存在许多需要研究的问题。电化学传感器的技术成熟度几乎是目前所知的化学量传感器中最高的。据统计，商业化的气敏传感器中，90%以上属于电化学类传感器。

在传感器中，金属还可用来构成能使被测对象产生显著变化的电路元件，如电涡流传感器中的线圈、电容式传感器中的极板、电化学传感器中的电极等。在诸如双金属温度传感器或弹性元件之类的传感器中，传感器的特性也主要依赖于金属及其合金的特性。

金属及合金材料、引线和保护材料等都是传感器不可缺少的主要辅助材料。其中，直径小于0.018mm，又有一定强度的超细贵金属丝材，就是亟待解决的问题。对不同介质耐腐蚀的弹性材料的表面改性技术也在探索研究中。

2. 半导体敏感材料

具有半导体性质的元素或化合物之所以被广泛应用于敏感材料，是由于测量对象导致半导体的性质发生较大的变化。由于半导体材料对很多信息量既具有敏感特性，又具有成熟的平面工艺，易于实现多功能化、集成化和智能化，同时也是很好的基底材料，因此是理想的传感器材料。半导体材料目前已经广泛应用于传感器中，在今后相当长的时间内也将会占主导地位。表 2.2 所示为采用半导体材料制作传感器的例子。

表2.2 采用半导体材料制作传感器的例子

传感器	效应	材料	用途
光敏传感器	光生伏特效应	Si, a-Si, 2-6 属薄膜/Si-IC, 3.5-6 薄膜/Si-IC, 荧光体/Si-IC	固体紫外可见光，图像传感器
		Si-IC, Pt 或 Ir/Si-IC, 2-6 属/Si-IC, HgCdTe, InSnTe	固体可见光，图像传感器
		Aa-ZnS, Ag-ZnS, Si, Ge, InP, GaAs, InSb, InAs	光生伏特元件
		Si-IC, 有机彩色滤光片/Si-IC	彩色传感器
	光导电效应	Se-As-Te, PbO	紫外光摄管
		Se, CdS, CdSe, ZnO	光导电元件
		PhO, CdTe, PbO-PbS, a-Si	可见光摄像管
		ZnS-CdTe, Si, ZnCdTe	红外光摄像管
	热电效应	PbTiO$_3$/Si, PVF$_2$/Si	红外光传感器
磁敏传感器	霍尔效应	Si-IC, InSb, InAs, Ge, GaAs	磁场测量
	磁阻效应	Ni-Co/Si-IC, InSb, InAsBi	无接触开关
力敏传感器	压电效应	ZnO/Si-IC, PVF$_2$/Si-IC	触觉传感元件
	压阻效应	Si, Si-IC, Ge, GaP, InSb, InAsBi	压觉传感元件
气敏传感器	吸附阻抗变化	陶瓷 Si-IC, SnO$_2$	
	吸附引起功函数变化	金属/FET	
	气体色谱法	Si-IC	携带式气敏分析仪
湿敏传感器	吸附阻抗变化	聚合物/Si-IC, Al$_2$O$_3$/Si-IC	
加速度传感器	压阻效应	Si-IC	
	压电效应	ZnO/Si-IC	
化学传感器	FET 的门电压变化	无机薄膜/Si-IC	PH、Na$^+$、K$^+$、酶、激素、抗原、抗体等的检测
	门控型二极管	生物体关联薄膜/Si-IC	
温敏传感器	热起电	Si-IC	热电元件
	BIP 晶体管制温度测量	Si-IC	温度计
流量传感器	BIP 晶体管制温度特性	Si-IC	气体、液体的流量测量
感温整流器	热激励电流的温度特性	Si-IC	温度控制
放射线检测器	光导电效应	Ge, Si	
超声波传感器	光导电效应	ZnO/Si-IC	超声波 CT
	压电效应	PVF$_2$/Si-IC	探头

3. 电介质

电介质材料具有共价键，是良好的电绝缘体。电介质材料的特性常用介电常数来表征。介电常数是电通量密度与电场强度之比，即 $\varepsilon = D/E$。真空的介电常数为 $\varepsilon_0 = 8.85 \text{pF/m}$，电介质材料的介电常数则为 $\varepsilon_r = \varepsilon/\varepsilon_0 \gg 1$。陶瓷、有机聚合物和石英也是传感器中经常使用的电介质。

陶瓷材料能耐腐蚀、磨损和高温，已经成为普通传感器及厚膜和薄膜微传感器中用来支撑其他敏感材料的常用材料。陶瓷材料本身也可以用作传感器的敏感材料。敏感陶瓷的种类很多，应用也很广泛。按其特性，一般包括热敏陶瓷、压敏陶瓷、湿敏陶瓷、气敏陶瓷和光敏陶瓷等。此外，陶瓷智能性结构材料，既具有传感功能，又具有像压电元件那样的执行功能。此外，还可用某些陶瓷制造出具有感知、执行（转换）和初步信息处理功能的电子器件。

有机聚合物是大量所谓单体的相同分子由共价键结合在一起时形成的大分子，又称键合分子。键合分子可以形成直线结构或三维结构。直线排列能给出可弯曲、富有弹性、柔软和热塑性的材料，即黏滞性随温度升高而增大的材料。某些热塑性材料，如尼龙、聚乙烯和聚丙烯都呈结晶态，聚苯乙烯、聚碳酸酯和聚氯乙烯则呈非晶态。热固性材料具有三维结构，它们不易弯曲、易碎且几乎不能溶解，被加热时会产生不可逆变化。硅、聚氰胺塑料、聚酯和环氧树脂是常见的热固性材料。热固性材料除可直接用作传感器的材料外，还可用于结构型传感器的保护。例如，环氧树脂经常被用来封装传感器的电路，不仅可以有效防止传感器电路在使用中意外损伤，而且可以有效保护传感器的敏感元件结构，而电路也不易被人仿制。合成橡胶则是特性类似橡胶的第三类聚合物。

将填料加入聚合物所得到的塑料可以改善塑料的机械特性。塑料是优良的电绝缘体，但某些塑料也用于检测湿度、压力和温度。例如，某些合成橡胶在受到延伸时会改变电导率，可用于应力检测，制成类似于电子皮肤的传感器阵列。在橡胶材料中添加炭黑可增强材料对应力的敏感特性，其中炭黑的添加工艺是调整材料敏感范围及灵敏度的关键所在。此外，在聚合物中添加一些良导体（如银粉或碳粉），或者在聚合物生长期间添加不同的平衡离子，即可变成导电聚合物。聚合物还可用作离子选择性传感器和生物传感器中的敏感膜。

2.1.2 有机高分子敏感材料

传感技术的发展主要是以无机敏感材料为中心展开的，但随着高分子材料技术的不断发展与进步，以及有机敏感材料自身的优点，使得基于有机敏感材料的传感器正迅速被开发利用。高分子，也称聚合物或高聚物，是由成千上万个原子通过共价键连接而成的相对分子质量很大（几万到几百万）的一类分子。高分子材料，顾名思义，就是以高分子化合物为主要原料，加入各种填料或辅助剂制成的材料。高分子材料既包括常见的塑料、橡胶、纤维（三者并称三大合成材料），也包括人们经常使用的涂料、黏合剂，以及功能高分子材料，如离子交换树脂（用于水净化）、生物高分子材料（用于人造器官）等。与比较成熟的金属功能材料、半导体材料和敏感陶瓷材料相比，高分子功能材料属于后起之秀。高分子功能材料能把大多数非电信号转变为电信号。用高分子功能材料可制成多种传感器，如湿度传感器、红外线传感器、气敏传感器、酶传感器等。随着高分子合成工艺的发展，聚合物的产量不断增大，其作为敏感材料在工业上的应用也日益广泛。

有机敏感材料具有以下优点。

① 容易加工，容易做成均匀的大面积材料。
② 设计、合成新结构分子的自由度大，从而带来了敏感材料的多样性。
③ 可实现在无机敏感材料中难以达到的识别功能。

利用高分子材料的较好例子主要有热敏电阻、红外敏感元件、超声波敏感元件等。

而在化学敏感元件中有机材料的特性则被有效而巧妙地利用。特别是对于离子敏感传感器和生物传感器，由于有效利用了有机材料的高分子识别功能，使高选择性的实现成为可能。当然，设计合成分子识别功能的高分子未必容易，但是优良的分子识别功能多数存在于生物体内，生物传感器即以这样的物质作为敏感材料加以应用。

有机材料无论在离子敏传感器和生物传感器中，还是在所有的化学传感器中，都具有重要的地位。有机敏感材料和无机敏感材料没有竞争关系，两者的关系是互补的。无机敏感材料难以实现的某些功能可寄希望于有机敏感材料，无机、有机复合敏感材料的发展将扩大敏感材料的应用范围。

2.1.3 磁性材料

真空中的磁通量与外加磁场强度成正比：

$$B = \mu_0 H \tag{2.1}$$

式中，$\mu_0 = 4\pi \times 10^{-7}\,\text{H/m}$，为真空磁导率。

所有材料都能够在一定程度上改变磁通量，因此

$$B = \mu_0(H + M) = \mu_0 \mu_r H \tag{2.2}$$

式中，M 为每单位体积的磁偶极矩或磁化强度；μ_r 为相对磁导率。

固体的磁特性与原子中电子的特性有关。顺磁材料（$\mu_r > 1$）中的原子或离子的外层未被电子填满。不成对的单个电子自旋产生磁矩，但单个偶极子的随机取向则使偶极矩可忽略不计。当加上外磁场时，单个偶极子将趋向最小能量方向，使自身与外加磁场平行。因此，外加磁场对顺磁材料产生吸引作用，而热运动则会破坏磁偶极子取向趋于一致的趋势。因此，只有在热力学零度（0K）下，才能得到理想的磁化效果（居里-维恩定律）。抗磁材料（$\mu_r < 1$）具有带完整电子壳层的原子或离子，因此它们没有磁矩。然而，外加磁场将使电子产生附加旋转（拉莫尔进动），这种电子运动在与外加磁场相反的方向上产生净磁矩，因此外加磁场对抗磁材料产生排斥作用。这种磁矩的取向不受温度影响。

顺磁材料和抗磁材料中的磁感应强度与真空中的磁感应强度只有很小的差异，其幅度与外加磁场的大小无关。铁磁材料和铁氧体材料则会受到强磁化（$\mu_r \gg 1$），且随外加磁场而变。铁磁材料可以视为由许多称为磁畴的体积单元构成，每个体积单元在给定方向被磁化。当磁化方向呈随机取向时，材料未被磁化。当磁化方向在一定程度上趋于一致时，材料即被磁化。

铁磁材料的磁导率与温度有关，且在达到居里点之前磁导率随温度增加而增大。每种材料都有自己的居里点，铁为 730℃，钴为 1131℃，镍为 358℃。超过居里点时，由于热运动铁磁材料变为顺磁材料。

磁性材料可以被用作将磁通量限定在确定的体积范围内的结构元器件。此外，在传感器中，可用于检测一些磁参量，此时被检测的磁参量能改变另一些物理特性，如磁敏电阻的电导率；还可用于检测能改变磁特性的一些物理量，如温度和机械应力等。

2.2 传感器的加工工艺

加工工艺是传感器从实验室走向实用的关键。本节仅就传感器加工中的一些常见工艺进行介绍。

2.2.1 结构型传感器的加工工艺

图 2.1 所示为迄今为止各种加工技术所能达到的精度和被加工物体的大小。从图 2.1 中可以看出，机械加工精度最高为 $1\,\mu\text{m}$，集成电路的掩膜精度可达 $0.1\,\mu\text{m}$，用移动原子的处理方法精度可达零点几纳米。

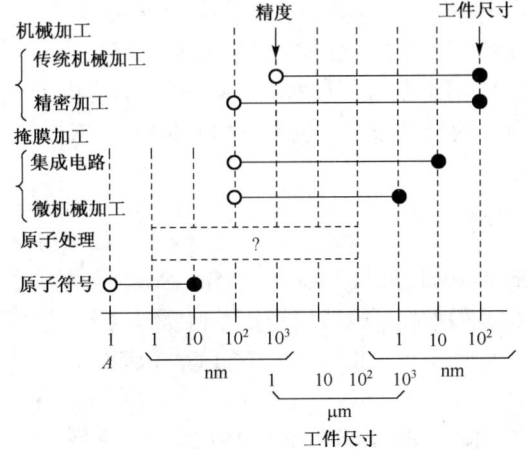

图 2.1 应用不同的加工方法所能得到的加工精度

传统的机械量传感器，如位移、压力、流量传感器，其敏感元件的尺寸一般比较大，且往往由多个零部件组合而成，因此也有人称其为结构型传感器。其生产过程的自动化程度依生产批量而定。这类传感器的加工工艺中，即使那些大批量生产的传感器，也一般都包括人工调整环节。大量的生产厂家仍然采用机械加工结合手工调整的方式进行。

下面以电阻应变式传感器为例，对结构型传感器的加工工艺进行介绍。图 2.2 所示为电子秤中常见的双孔悬臂梁式称重传感器敏感元件的示意图。这种电阻应变式传感器因结构、材料、选用器件、量程和用途的不同，并且生产厂家工艺装备、检测手段、标定设备的差异，致使其不可能有统一的工艺。但其原理和组成基本相同：都少不了弹性体、应变计和测量电路，所以有许多相似之处。总体来说，传感器的加工工艺可概括为：原材料的物理化学分析与力学性能测试工艺——弹性体的锻造、机加工及热处理工艺——弹性体的稳定化处理工艺——弹性体的整体清洗、贴片的准备工艺——应变片的筛选、配组工艺——应变片的粘贴、加压及固化工艺——组桥、布线及性能粗测工艺——线路补偿与调整工艺——传感器整机老化处理工艺——防潮密封工艺——性能检测与标定工艺。

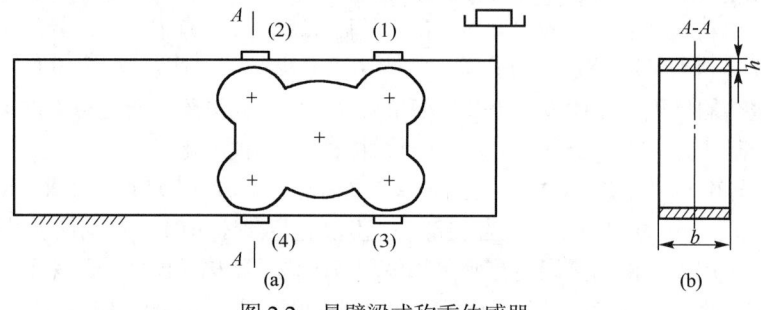

图 2.2　悬臂梁式称重传感器

2.2.2　微机械加工工艺

微机械加工是指获得元件之间的特征尺寸和间隔处于 1 μm 或更小范围内的三维器件的加工工艺。这是一种批量制造工艺，所用材料及工艺均类似于成熟的集成电路工艺，故微机械加工的传感器在性价比方面较之普通加工的传感器有明显改进。对于某些机械的被测物理量，减小尺寸和质量能扩大动态范围。在传感器外壳中放置集成电子电路有利于提高传感器的可靠性，但一般要以降低工作温度为代价。微机械加工的传感器和其他基于半导体的传感器统称为微传感器。微传感器在那些每年需要数百万个传感器的应用领域中，如汽车、家用电器、家居环境检测等，具有广阔的应用前景。

目前，微机电系统中的微机械加工方法可大致分为以下三类。

① 利用传统的超精密加工及特种加工技术实现微机械加工。

② 基于集成电路制造工艺的微机械加工技术。这类方法具有微电子技术的精度高、成本低的优点。

③ 一些迅速发展的有前景的微机械加工技术，如光刻电铸模造（Lithographie Galvano-formung Abformung，LIGA）工艺等。

1. 微传感器与微机电系统

微机电系统（Micro-Electro-Mechanical System，MEMS）是指采用微机械加工技术可以批量制作的，集微型传感器、微型机构、微型执行器及信号处理和控制电路、接口、通信等模块于一体（一般为硅基底材料）的微型器件或微型系统。相对于传统加工技术而言，MEMS 是一项革命性的新技术，它的发展源远流长。

MEMS 的研究公认自 20 世纪 60 年代开始。1987 年加州大学伯克利实验室首次做出直径为 100μm 和 60μm 的微电机，引起国际学术界和产业界的高度重视。

从系统组成的角度来看，MEMS 技术的主要组成部分有 4 个，即微传感器、微执行器、微电子电路、微结构。微传感器通过对机械、热、生物、化学、光学、电磁等现象的测量，从外界环境中获取信息。微电子电路对传感器采集到的信息进行处理。微执行器则按照信息处理结果，对外界环境进行响应操作，如位移、定位等。微结构具有与大尺寸结构不同的力、热、化学等方面的特性，是 MEMS 技术不同于大尺寸加工技术的主要原因之一。

2．传统超精密与特种加工技术

微机电系统中采用的超精密加工技术多由加工工具（如车刀、铣刀、刨刀、磨刀、钻刀等）本身的形状或运动轨迹来决定微型器件的形状。这类方法可以加工各种材料的微器件，包括三维立体的微型器件和形状复杂且有较高精度的微构件。其缺点是，在加工精度、装配方法上与电子加工工艺不能很好地兼容，其工艺兼容性需要进一步提高。特种加工则是一种非接触加工，与加工对象的力学性能无关，不存在加工中的机械应变或大面积的热应变。微机械制造中特种加工技术主要有电火花加工及各种高能束加工（激光束、电子束、离子束）等。这类方法加工精度比较高，可加工深度也比较大。

（1）超精密机械加工

目前，在微机电系统制造技术中应用的超精密加工技术主要有以下几种。

① 微钻孔加工。目前，微钻头最小的直径为 2.5μm。由于钻头直径小，在微机械加工中钻头前端的晃动直接影响加工精度和钻头的寿命，要求采取适当的措施来减小钻头晃动。

② 微铣削加工。微铣削加工与传统铣削加工的原理基本相似。目前，它的主要目的之一是希望能制造微小铣刀。美国研究出利用钻石刀具微切削加工制造直径为 7.5μm 的刀柄。

③ 微细磨削（超精密磨削）。超精密磨削是在一般精密加工基础上发展而来的。例如，把砂轮和砂带表面上的磨粒近似看成一个个微小的刀刃，整个砂轮则可看成具有极多微小刃齿的铣刀。其刃口圆弧半径比一般车刀和铣刀刃口半径小得多，所以切削厚度很小，同时其加工精度也较高，切削速度快，效率高。常用的磨粒材料是人造金刚石和 CBN（立方氮化硼）。

④ 微细电火花加工。微细电火花加工（μEDM）的基本原理是利用脉冲放电产生瞬间高温对工件进行蚀刻加工。工具电极与工件电极浸在绝缘体中，距离很近，由于电极微观表面凹凸不平，当脉冲电压加在两个电极上时，两极间相对靠近的点电场强度最大，该点绝缘工作液体最先被电离击穿，形成脉冲放电，产生巨大热量，从而使金属局部熔化甚至气化。由于这个过程很短，类似于爆炸，在这种放电爆炸式的力的作用下，熔化的金属被抛出，从而达到对金属工件蚀除加工的目的。

微细电火花加工时无须接触工件，工件不受力，因此不会变形，有着较好的成形能力，多用于穿孔和切割等方面。为进一步提高放电加工精度，满足微小机械制造要求，人们开发出线电极电火花磨削法（WEDG），其基本原理示意图如图 2.3 所示。

与普通的电火花加工不同，线电极电火花磨削法用线电极代替块状电极作为成形工具，放电时，线电极沿导线板连续移动，这样就移去了线电极因放电熔化而使直径减小的部分，从而保持了切削进给量能够为定值。用线电极电火花磨削法可以加工各种微小尺寸的轴及微结构等。图 2.4 所示为采用线电极电火花磨削法加工的微结构。

（2）高能束微机械加工技术

高能束加工是指利用能量密度很高的激光束、电子束或离子束等去除工件材料的特种加工方法的总称。其偏转扫描柔性好、无惯性，能实现全方位加工。高能束加工属于非接触加工，无加工变形，而且几乎可以对任何材料进行加工。

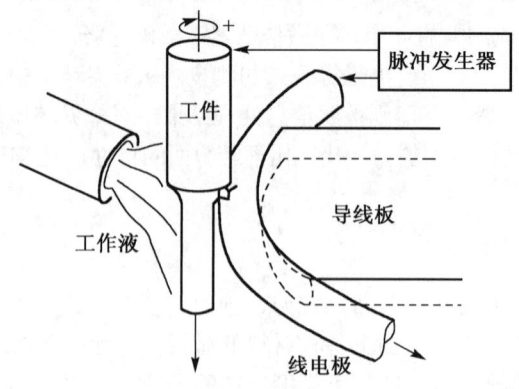
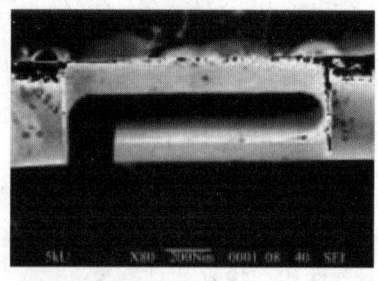

图 2.3　线电极电火花磨削法原理示意图　　　　图 2.4　采用线电极电火花磨削法加工的微结构

① 激光束加工。激光束加工的原理是聚焦激光束照射工件，材料吸收光能并转化为热能，使材料发生熔化或气化，从而达到去除材料的目的。激光束加工可用于钻孔、切割、雕刻、焊接、金属表面激光强化等，几乎可以加工任何材料，包括金刚石、石英、陶瓷及硬质合金等硬脆性材料。图 2.5 所示为激光束加工示意图。

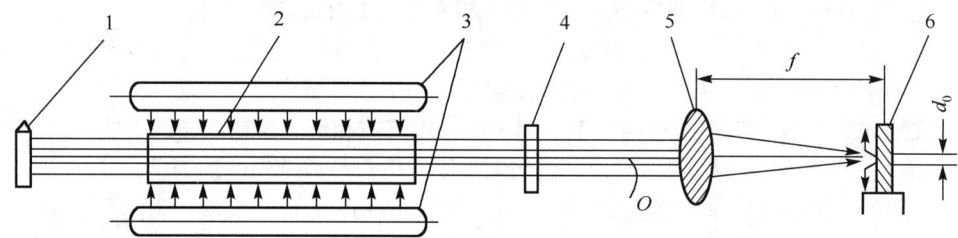

图 2.5　激光束加工示意图

1—全反射镜；2—激光加工物质；3—光泵；4—部分反射镜；5—透镜；6—工件

② 电子束加工。电子束加工分热型和非热型两种。热型加工（图 2.6）在真空下利用聚焦的电子束高速冲击工件材料，使其局部产生瞬间高温，熔化或气化材料并去除，适合打孔、切割槽缝、焊接及其他深结构的微机械加工。

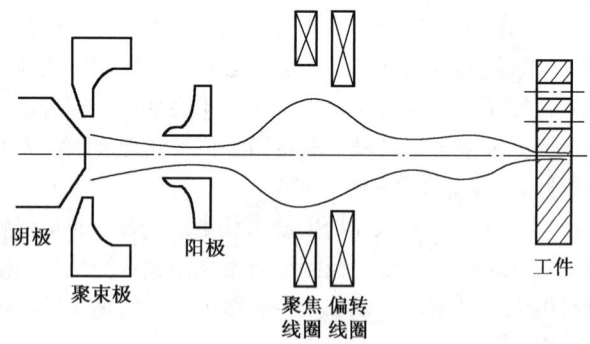

图 2.6　热型电子束加工示意图

非热型加工是利用电子束的化学效应进行的微机械加工。电子束可以聚焦得很细，可达纳米级。尤其是在真空环境下，加工表面不会氧化，有利于实现易氧化材料的加工。图 2.7 所示为几个非热型电子束加工的示意图。

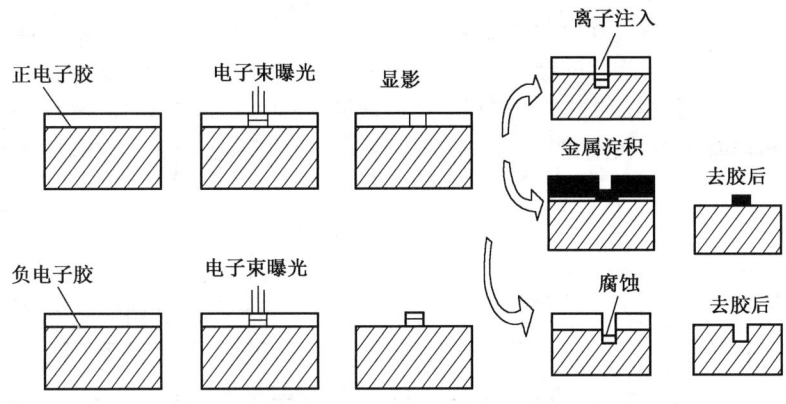

图 2.7　几个非热型电子束加工示意图

③ 离子束加工。离子束加工的基本原理是将聚焦后的离子束用电场加速，使其达到高能量状态去撞击工件，使材料表面的原子获得动能，从工件本体上分离，实现加工目的。离子束加工主要应用于微机械加工、溅射加工和注入加工。离子束加工适用于各种金属材料的切割、焊接、热处理，还可进行工件表面强化、等离子弧堆焊及喷涂。

3．微机电系统常用的集成电路工艺

微机电系统中基于集成电路制造工艺的微机械加工技术是在集成电路（Integrated Circuits, IC）工艺和理论的基础上发展起来的。微机械的制造除了特殊技术外，还大量应用了常规集成电路的工艺，如氧化、掺杂、外延、光刻等微机械加工工艺。这类工艺是迅速发展的各种微传感器、微执行器及微结构的一类关键工艺。IC 工艺的主要流程包括半导体晶体生长、晶片制备、晶片的处理加工、薄膜成形、曝光、印刷、掺杂、蚀刻、划片、封装等。

（1）薄膜成形

薄膜由在抛光的高纯度（99.6%）氧化铝或弱碱性玻璃基片上进行沉积形成。传感器和电路图形由掩膜决定，利用类似集成电路制作的光刻工艺进行加工。

从字面上理解，似乎厚膜与薄膜工艺的区别只是膜的厚度，但两者的工艺截然不同。实际上，金属化薄膜可能比某些"厚"膜还要厚一些。在薄膜电路的常用材料方面，通常用镍铬合金制作电阻器，用金制作导体，用二氧化硅制作介质。许多薄膜传感器都是电阻性的。压敏电阻器采用镍铬合金和多晶硅，温度传感器和电导率传感器的电极采用铂，各向异性磁敏电阻器采用镍、钴和铁合金，气敏传感器采用氧化锌等。

薄膜工艺主要包括以下工艺。

① 氧化。硅晶片氧化有以下目的。

a. 钝化晶体表面，形成化学和电的稳定表面。

b. 形成后续工艺步骤（扩散或离子注入）的掩膜。

c. 形成介质膜——导电膜。

d. 在衬底和其他材料间形成界面层（或牺牲层）。

氧化法通常在高温炉中进行，根据炉内氧化气氛分为干氧氧化法、水蒸气氧化法和湿氧氧化法。其中，采用丰富水蒸气和湿氧氧化法兼有氧化膜质量好、速度快的优点。图 2.8 所示为湿氧氧化法示意图，氧化的速率受到氧气压力和晶体取向的影响。

② 金属化。金属化是在晶片上形成一层金属膜，以形成电阻触点或金属-半导体触点。金属膜的形成方法有真空蒸镀法、溅射法、化学气相淀积法和电镀法等。其中，真空蒸镀法和溅射法效率高，

且为干式镀膜，得到广泛应用。真空蒸镀法是在真空中金属熔化并蒸发成金属蒸气原子，淀积到基片上，在基片表面形成一层薄而均匀的金属膜。图2.9所示为真空蒸镀法示意图。在真空系统中充满有一定压力的惰性气体（如氩气），通过高压电场的作用使氩气放电，产生的氩离子流迅速地撞击阴极（固体溅射材料），打击出有相当大的动能的阴极原子（分子），在基片上淀积下来形成薄膜。图2.10所示为溅射法的示意图。

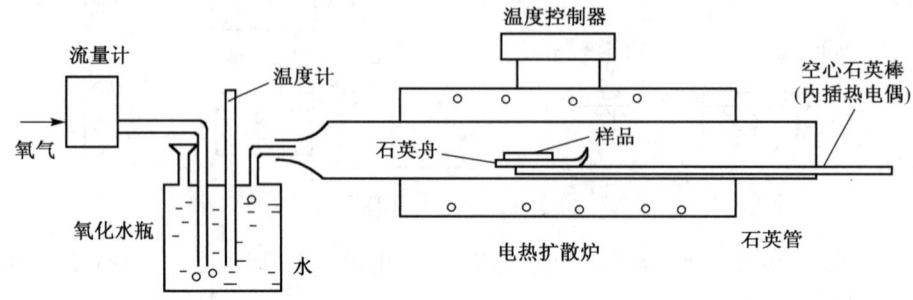

图2.8 湿氧氧化法示意图

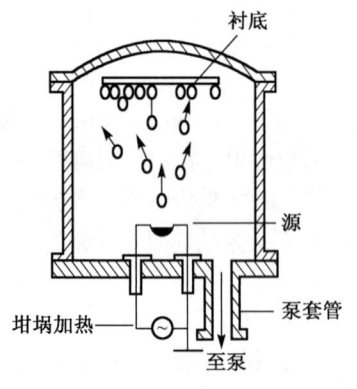

图2.9 真空蒸镀法示意图

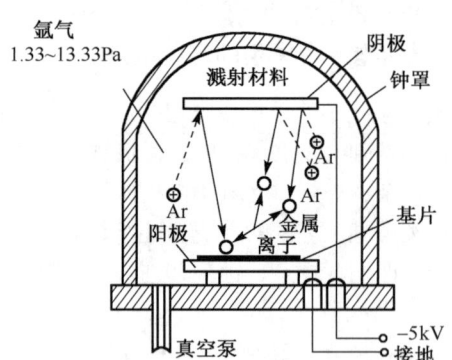

图2.10 溅射法示意图

③ 化学气相淀积。化学气相淀积法是指容器中气相状态的化学物质在加热了的基片表面进行高温化学反应，可用来形成金属膜、介质膜、多晶硅膜等。化学气相淀积法可提供很好的保形覆盖层和均匀同步覆盖，而且一次能对大量晶片进行淀积，有利于批量生产。

有多种化学气相淀积方法，如等离子增强型化学气相淀积、金属有机物化学气相淀积等。

图2.11所示为常压化学气相工艺装置的示意图，由反应室、气体控制系统、衬底加热器和尾气回收几部分组成。反应气体进入反应室后，在衬底表面发生化学反应，同时在基片上淀积所需要的薄膜。气体混合比例、气体流动方向、整体系统的清洁度将影响淀积薄膜的均匀和致密性。

图2.12所示为等离子化学气相工艺装置的示意图，由反应室、真空系统、射频电源、气体控制系统和尾气回收几部分组成。在两块平行的不锈钢板上施加高频电场，上极板加高压，下极板接地并可旋转，把低压原料气体输入真空室内，输入电能，使其成为等离子状态，通过反应使薄膜淀积在基片上。

④ 外延。外延是在单晶硅衬底上生长单晶薄层的工艺，外延片是指长有外延层的晶片。外延中新生单晶层按衬底晶向生长，并可不依赖于衬底中的杂质种类和掺杂水平控制其导电类型、电阻率和厚度等参数。

外延生长的特点是外延层能够形成与衬底相同的晶向，因而可在外延层上进行各种横向或纵向的掺杂分布和蚀刻加工，以制得各种形状，还可以利用外延形成的单晶及 PN 结来实现自停止蚀刻。典型的外延厚度为 1～20μm。

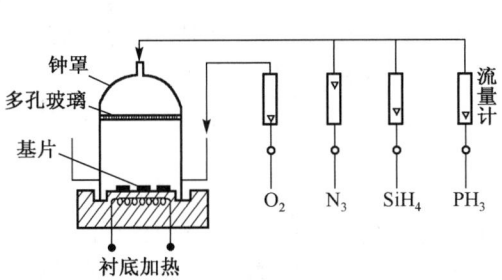

图 2.11 常压化学气相工艺装置的示意图

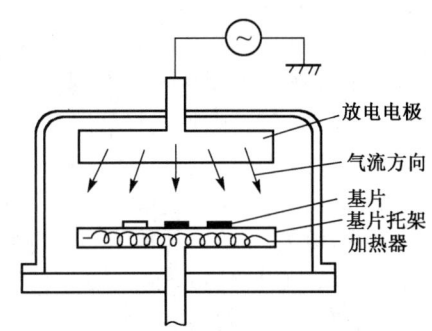

图 2.12 等离子化学气相工艺装置的示意图

有多种外延的生长方法，如气相外延、液相外延及分子束外延等。液相外延中把半导体原料的溶液覆盖在单晶硅片上，使溶液中的半导体原料不断地在基片上析出，并沿着基片晶向再结晶，生长出一层新的单晶薄膜来。液相外延单晶生长温度低、速度快，但生长的厚度有限，并且很难任意改变杂质的浓度与梯度。分子束外延是指在超高真空中由分子束源向基片喷射而形成外延薄膜，其生长速度非常慢。例如，利用结晶生长性质，可制成二维、三维的微结构。气相外延中将硅原材料和氢气在高温作用下生成高纯度硅蒸气，蒸气淀积在单晶基片上并沿着单晶方向生长出有一定厚度的单晶层。在硅集成电路中通常采用气相外延。

⑤ 旋涂法。旋涂法的工艺很简单，在可变转速的旋转平台上基片以 500～5000 r/min 的速率高速旋转，喷嘴对着基片的中心喷涂溶液体，将涂覆材料均匀地涂在基片的上面。旋涂法常用来为衬底涂非电质的绝缘层、抗蚀剂和有机材料。

（2）厚膜工艺

厚膜工艺采用的是具有弥散在有机溶剂中的普通金属或贵金属细微粒（平均直径为 5μm）的膏剂或"涂料"，以及使这些膏剂固化的玻璃料。依据弥散微粒的不同，膏剂可分为导电型、电阻型或介质型。这些膏剂按照预定的图案，通过丝网印刷技术制作到基片上。图案的线宽为 10～200μm。印制薄膜被加热到烘干，以去除在使膏剂受挤压通过丝网开口区域时为膏剂提供所需低黏滞度的有机溶剂。然后，将带有沉积膜的基片在加热炉内的传送带上焙烧（通常是在大气中），使金属粉结块、玻璃料熔融，从而使沉积膜与基片相结合。对于所使用的每种膏剂，按照预定的热循环重复进行印制、烘干和焙烧工序，最终获得厚度为 10～25μm 的厚膜。这种厚膜对许多物质都是不可渗透的，但对特定的化学制剂和生物制剂却相对疏松。厚膜元件具有±10%～±20%的印制容差，可通过选择性磨蚀或激光蒸发，将印制容差调整为±0.2%～±0.5%。

根据焙烧温度不同，有三种基本的厚膜电路形式。低温膏剂在低于 650℃时熔融，适合于沉积到包括印制电路板材料（环氧树脂+玻璃纤维）在内的塑性材料或经阳极化处理的铝材料上。热塑性膏剂在 800～1000℃时熔融，并使用了氧化铝、蓝宝石和绿宝石（铍和铝的硅酸盐）。导电膏剂加入了钯、钌、金和银。介质膏剂使用了硼硅玻璃。中温膏剂与高温膏剂相似，但在 500～650℃时熔融，且沉积到带有珐琅质陶瓷的低碳钢上。

厚膜工艺在传感器中至少获得三方面的应用。首先，厚膜工艺可用于传感器信号调理电路的集成，有利于实现传感器信号调理电路的批量生产，降低传感器的整机成本。其次，厚膜电路和某些传感器可以集成在同一个封装内，不仅有利于传感器的小型化，而且提高了可靠性（连接稳固），允许进行功能微调及降低成本。最后，厚膜工艺还可用于制作构成沉积敏感材料的支撑结构。

压力传感器可以说是厚膜工艺在传感器领域应用最成功的例子。厚膜压力传感器是 20 世纪 80 年代出现的新型应变式压力传感器,利用厚膜电阻的压阻效应研制而成。其应变电阻为具有压阻效应的厚膜钌酸盐电阻,并采用厚膜工艺技术直接印制、烧结在陶瓷弹性体上。经高温烧结后,应变电阻和陶瓷弹性体牢固地形成整体,不再需要粘贴。传感器承受压力后,即使长期工作,厚膜应变电阻和弹性膜片的机械应变仍然完全一致,避免了前述电阻应变式传感器用胶粘贴应变计时,因粘贴胶老化或变质所引起的蠕变和迟滞。钌酸盐厚膜应变电阻性能稳定、耐高低温、温度系数比扩散硅小得多。此外,弹性膜片由瓷加工而成,不用隔离即可直接接触酸、碱等腐蚀性气(液)体。因此,厚膜压力传感器既耐高温、抗腐蚀,又结构简单、成本低廉、性价比高。

构成厚膜应变计敏感栅电阻的厚膜浆料是由功能相(如 Ag、Pd、RuO_2 等)、黏结相(如铅·硼硅酸盐玻璃、铅·硼铝硅酸盐玻璃等)、有机载体(有机树脂和溶剂等)和改性剂等部分组成的。功能相材料的主要作用是传导电流,它对电阻的性能参数、稳定性和可靠性有直接影响,常选用贵金属及其氧化物。这是由于它们有以下特点。

① 具有良好的化学稳定性,在配制浆料时不与有机黏合剂发生化学反应。
② 具有较高的熔点和高温化学稳定性。
③ 贵金属及其氧化物与玻璃的润湿性好,在玻璃中的扩散小,有利于电阻膜中导电链的形成,呈现很好的重复性。

黏结相的主要作用有三个方面:一是起黏结附着作用;二是与功能相一起构成玻璃釉电阻膜;三是在敏感电阻表面形成过剩玻璃层,对敏感栅电阻起保护作用。有机载体是黏结和悬浮浆料中的极细金属粉末和玻璃粉,以便浆料中的金属粉和玻璃粉均匀地分布在印制图形上,使烧结后的电阻栅均匀一致。改性剂则主要用来改善浆料的工艺性及提高黏附力。厚膜敏感电阻的导电机制与应变电阻材料不同。它是在电阻膜中的导电颗粒相互接触,形成导电链。但是,导电链上的颗粒之间并非真正相互接触,而是被一层很薄的玻璃膜隔开,形成一个位垒电阻。根据这种导电链-位垒隧道效应的导电机制,在机械应变作用下,其电阻发生相应的变化,从而实现测量的目的。

厚膜压力传感器的制作工艺流程如图 2.13 所示。除了选择适宜的浆料和掌握熟练的印制技巧外,烧结是其中的又一关键。在基片上干燥过的厚膜元件,必须经过烧结,才具备一定的电性能,因此烧结工序是厚膜技术区别于薄膜技术的特征工序。虽然厚膜电阻的特性主要取决于厚膜材料的性质及组成,但烧结是决定性的。烧结的重要条件是烧结温度,只有在最适宜的温度和其他条件下烧结,才能得到所用材料的最佳性能。厚膜电阻的烧结温度一般在 600～1000℃之间。

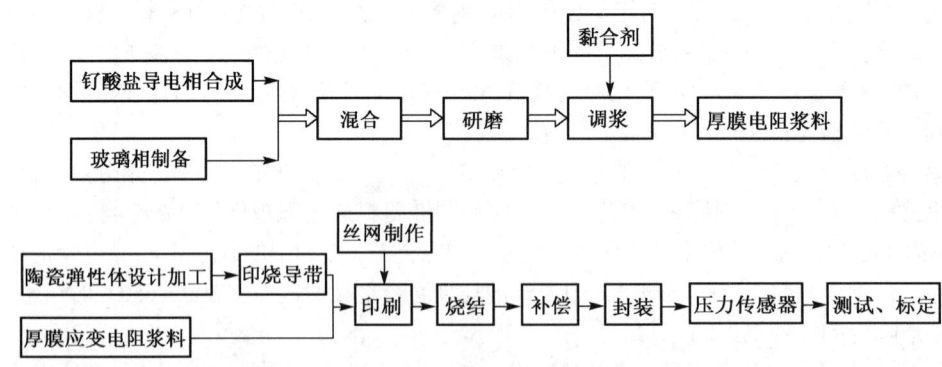

图 2.13 厚膜压力传感器的制作工艺流程示意图

(3)掺杂技术

掺杂技术(Doping Process)是将所需的杂质以一定的方式掺入到半导体基片规定的区域内,并达到规定的数量和符合要求的分布,以达到改变材料电学性质、制造 PN 结、互连线的目的。

在微机械加工中，通过掺杂技术来实现自停止蚀刻及构造薄膜层。掺杂的方法有扩散法、离子注入法及合金法等。

① 扩散杂质。扩散是把硅片放在扩散炉中，通以含有掺杂剂的气体，在高温下杂质蒸气分解，与硅反应生成杂质单质原子，这些杂质原子经过硅片表面向内部扩散。常用硼作为P型掺杂剂，砷和磷作为N型掺杂剂，这三种杂质均可容易得到很高的掺杂浓度。

② 离子注入。离子注入是指用杂质元素的离子束轰击晶片以达到掺杂的目的。杂质元素的离子束经电场加速，获得极大的速度和能量，垂直打在晶片上。离子以高速度穿透晶体表面进入晶片，在晶片体内不断与晶片原子相撞，使得速度下降，最后在晶片内停留。控制离子束能量可以精确控制离子掺杂的位置和杂质原子的数量。图2.14所示为离子注入机装置示意图，离子源经多道工艺产生离子，离子经抽取后通过磁分析器选择所需的单质离子束通过可变狭缝进入加速管。加速管两端加有几十万伏的电压，在其强电场的作用下，经过垂直扫描和水平扫描注入半导体硅片上，使之形成一定的杂质分布。

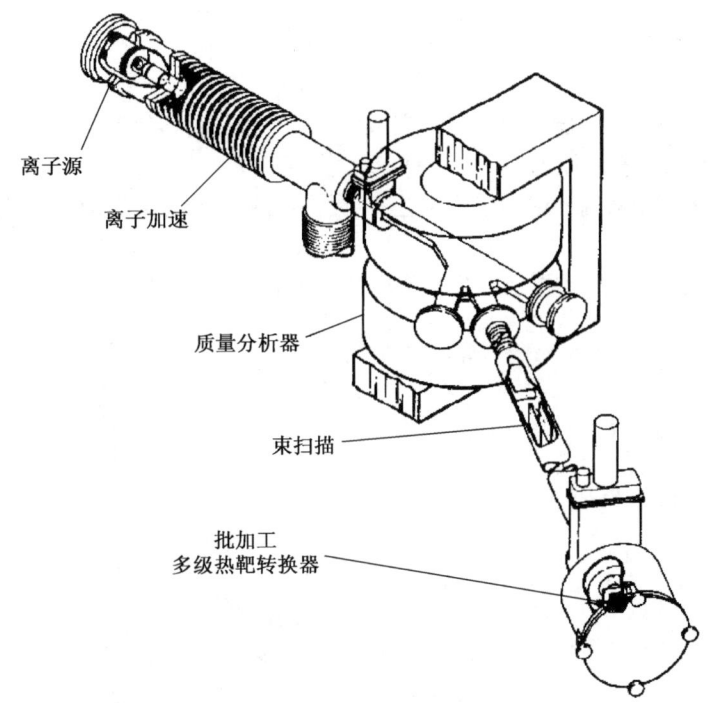

图2.14 离子注入机装置示意图

离子注入法的最大特点是，它的掺杂是在较低的温度（750℃）下进行的。与扩散方法相比，离子注入法具有可以精确控制掺入杂质的数量、重复性好、加工温度低等优点。

（4）光刻技术

光刻（Epitaxial）是将掩膜上的图形经过曝光和印制后转移到薄膜或基片表面，通过选择性蚀刻获得所需微结构的方法，是加工制造集成电路图形结构及微结构的关键工艺。光刻中，利用光敏的抗蚀涂层发生光化学反应，结合蚀刻方法在各种薄膜或硅上制备出符合要求的图形，以实现制作各种电路元件、选择掺杂、形成金属电极和布线或表面钝化的目的。对于微机构，还可实现选择蚀刻，以形成所需的结构。在加工微机构过程中，要多次反复使用光刻工艺，以实现不同的要求。光刻工艺流程主要有掩膜制作、光刻胶涂布、前烘、曝光、显影、坚膜、蚀刻、去胶等几种，如图2.15所示。

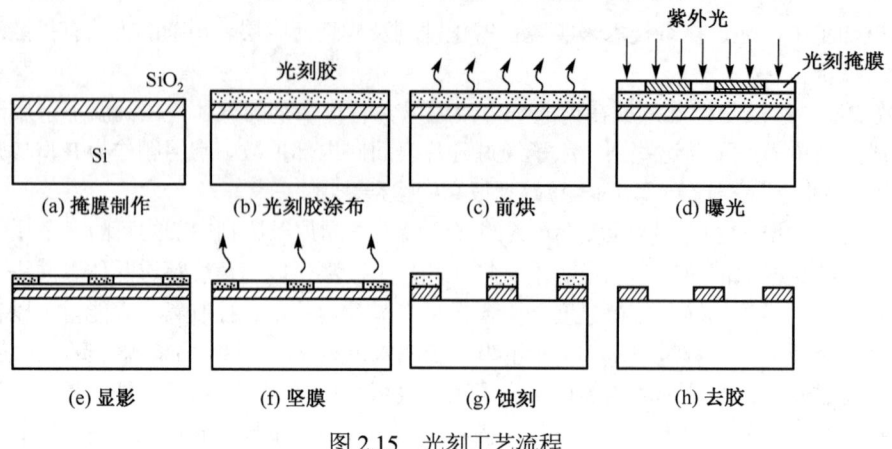

图 2.15 光刻工艺流程

习 题

1. 半导体敏感材料在传感器中得到广泛应用，但是半导体材料普遍存在温度漂移现象，请从物理学角度解释其存在的原因。
2. 微机械加工工艺中常用的薄膜成形工艺有哪些？各有什么特点？薄膜工艺和厚膜工艺有什么区别？
3. 微机械加工工艺中常用的掺杂工艺有哪些？各有什么特点？
4. 传统超精密与特种加工技术有哪些？各有什么特点？

第3章 温敏传感器

温度是表征物体冷热程度的物理量。在人类社会的生产、科研和日常生活中，温度的测量占有重要的地位。温度传感器应用于家电产品中的空调、干燥器、电冰箱、微波炉等，还可以用来控制汽车发动机，如测定水温、吸气温度等，也可以用于检测化工厂的溶液和气体的温度。但温度不能直接测量，只能通过物体随温度变化的某些特性来间接测量。

3.1 热力学相关基本概念

3.1.1 温标

用来度量物体温度数值的标尺称为温标。它规定了温度的读数起点（零点）和测量温度的基本单位。目前，国际上用得较多的温标有华氏温标、摄氏温标、热力学温标和国际实用温标。

华氏温标（°F）规定：在标准大气压下，冰的熔点为32度，水的沸点为212度，中间划分为180等分，每等分为华氏1度，符号为°F。

摄氏温标（℃）规定：在标准大气压下，冰的熔点为0度，水的沸点为100度，中间划分为100等分，每等分为摄氏1度，符号为℃。

华氏温标与摄氏温标的换算公式为：

$$1°F = 1℃ \times 1.8 + 32℃$$

热力学温标又称开尔文温标，它规定分子运动停止时的温度为热力学零度，符号为K。

国际实用温标是一个国际协议性温标，它与热力学温标相接近，而且复现精度高，使用方便。目前，国际通用的温标是1975年第15届国际标度大会通过的《1968年国际实用温标1975年修订版》，记为IPTS—1968（Rev—1975）。但由于IPTS—1968温标存在一定的不足，国际计量委员会在第18届国际计量大会第七号决议授权于1989年会议通过了1990年国际温标ITS—1990，替代IPTS—1968。我国自1994年1月1日起全面实施ITS—1990国际温标。

3.1.2 热力学相关概念

（1）热通量：单位时间内流过单位面积的热量，类似于电流。

（2）热传导率：材料直接传导热量的能力称为热传导率或热导率（Thermal Conductivity）。热导率定义为单位截面、长度的材料在单位温差下和单位时间内直接传导的热量。热导率的单位为W/m·K。

（3）热容：度量物体内所能包含热能的一种参数，类似于电容。标准定义为："当一个系统由于加给一个微小的热量 dQ 而温度升高 dT 时，dQ/dT 这个量即是热容。"（GB3102.4—1993）。热容是当物质吸收热量温度升高时，温度每升高1K所吸收的热量。在一般物理意义上，系统的温度升高1K所需的热量称为该系统的热容（符号为C，单位为J/K），其定义为物体每升高一度所需要的热量。

（4）卡路里（卡）：定义为将1g水从14.5℃升高到15.5℃所需的热量（英制：BTU定义为将1磅水从63°F升高到64°F所需的热量）。

（5）其他一些常用热能单位：1焦耳 = 0.2389卡 = 9.481×10^{-4} BTU，1千卡 = 1000卡。

（6）热传递方式：热的传递主要有以下3种方式。

① 传导：指热量在固体内或静止的液体内通过扩散来传播的方式。

② 对流：指热量通过液体或气体的运动来传递。可分为自由对流和强制对流。自由对流是指由于流体间存在温度梯度而使其产生运动来传递热量。强制对流指通过外界使流体运动来传递热量。

③ 辐射：指热量通过电磁波的发射来传递。

3.1.3 温敏传感器的分类

如果从感受温度的途径来划分，测量温度可分为接触式测量和非接触式测量两大类。接触式测量通过测温元件与被测物体接触而感知物体的温度，非接触式测量通过接收被测物体发出的辐射来得知物体的温度。

目前，接触式测温传感器有热膨胀式温度传感器、热电势温度传感器、PN 结温度传感器等。接触式测温传感器的优点是技术成熟、传感器种类多、选择余地大、测量系统简单、测量精度高；缺点是测量温度不很高、对被测温度场有影响。非接触式测温传感器有光学高温传感器、热辐射式温度传感器等。这类传感器的优点是测量温度上限不受感温元件耐热程度的限制，因而测量最高温度原则上没有限制。测温时不需要与被测物体进行导热交换，因此不会使被测物体的温度场受到影响，测量快，可对运动物体进行温度测量。缺点是测量误差较大。

测量温度通常都采用间接测量方法，即利用一些材料或元件的性能随温度变化而变化的特性，通过测量该性能特性，达到测量温度大小的目的。用来测量温度特性的材料性能有热膨胀、电阻、热电动势、半导体 PN 结特性、磁导率、介电常数、光学特性、弹性等，其中前 4 种应用最广。

温度传感器发展速度很快，种类很多。本章主要介绍热电偶、热电阻、PN 结温度、集成温度传感器。

3.2 热电偶传感器

热电偶传感器是目前接触式测温中应用最广的热电式传感器，具有结构简单、制造方便、测温范围广、热惯性小、准确度高、输出信号便于远传等优点。

3.2.1 热电效应

1823 年塞贝克（Seebeck）发现，把两种不同的金属组成闭合回路，且使其两接触点处温度不同，回路中就会产生电流，把这个物理现象称为塞贝克效应，也称热电效应。将两种不同导体材料 A 和 B，两端连接在一起组成回路，一端温度为 T_0，另一端温度为 T（若 $T > T_0$），则图 3.1 中微安表上会有一定读数。若将 T_0 触点分开，则端口产生一个与温度 T、T_0 及导体材料 A、B 有关的电势 $E_{AB}(T, T_0)$，这个电势就是塞贝克电势，两个端点中温度为 T 的一端称为工作端，温度为 T_0 的一端称为自由端或参考端如图 3.2 所示。实验证明，回路的总电势为

$$E_{AB}(T, T_0) = \int_{T_0}^{T} a_{T_{AB}} dT = E_{AB}(T) - E_{AB}(T_0) \tag{3.1}$$

式中，$a_{T_{AB}}$ 为塞贝克系数（热电势率），其值与材料温度相关；E_{AB} 为接触电势。

后来，研究又发现，热电效应产生的电势 $E_{AB}(T, T_0)$ 是由珀耳帖（Peltier）效应和汤姆逊（Thomson）效应引起的。

1. 珀耳帖效应

将同温度的两种不同金属相互接触，由于金属内自由电子的密度不同，在接触面附近处产生一个稳定的电动势，称为珀耳帖电势（接触电势），其表示为

$$E_{AB}(T) = \frac{k_0 T}{q} \ln \frac{n_A}{n_B} \tag{3.2}$$

式中，K_0 为玻耳兹曼常数；q 为电子电量；n_A 和 n_B 分别为金属 A 和 B 的自由电子密度，如图 3.3 所示。

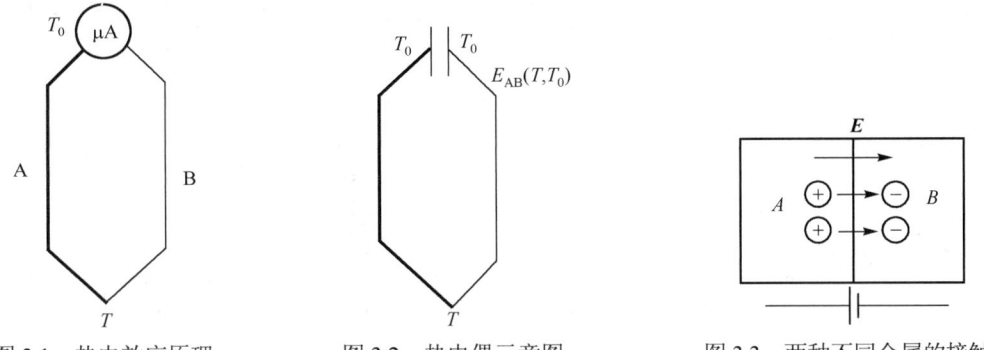

图 3.1　热电效应原理　　　　图 3.2　热电偶示意图　　　　图 3.3　两种不同金属的接触

2．汤姆逊效应

设一个均质导体棒两端温度不同，T 与 T_0 端产生一稳定的电势差称为汤姆逊电势（温差电势），其表达式为

$$E_A(T,T_0) = \int_{T_0}^{T} \sigma_A dT \tag{3.3}$$

式中，σ_A 为汤姆逊系数，它表示温差 1℃时所产生的电势差。

3．热电偶总电势

由珀耳帖和汤姆逊效应，热电极 A、B 组成的热电偶，当 $T > T_0$ 时，回路总电势为

$$\begin{aligned} E_{AB}(T,T_0) &= [E_{AB}(T) - E_{AB}(T_0)] + [E_A(T,T_0) - E_B(T,T_0)] \\ &= \frac{k_0 T}{q} \ln \frac{n_A(T)}{n_B(T)} - \frac{k_0 T_0}{q} \ln \frac{n_A(T_0)}{n_B(T_0)} + \int_{T_0}^{T} (\sigma_B - \sigma_A) dT \\ &= \frac{k_0 T}{q} \ln \frac{n_A(T)}{n_B(T)} - \frac{k_0 T_0}{q} \ln \frac{n_A(T_0)}{n_B(T_0)} + \int_{0}^{T} (\sigma_B - \sigma_A) dT - \int_{0}^{T_0} (\sigma_B - \sigma_A) dT \\ &= \left[\frac{k_0 T}{q} \ln \frac{n_A(T)}{n_B(T)} + \int_{0}^{T} (\sigma_B - \sigma_A) dT \right] - \left[\frac{k_0 T_0}{q} \ln \frac{n_A(T_0)}{n_B(T_0)} + \int_{0}^{T_0} (\sigma_B - \sigma_A) dT \right] \\ &= E_{AB}(T,0) - E_{AB}(T_0,0) \end{aligned} \tag{3.4}$$

式中，$E_{AB}(T,0)$ 为热端的热电势；$E_{AB}(T_0,0)$ 为冷端的热电势。

由以上讨论可知，当两端点温度相同时，珀耳帖电势大小相等、方向相反，汤姆逊电势为零，所以 $E_{AB}(T_0,T_0) = 0$。当两种相同金属组成热电偶时，虽两接点温度不同，但两接点处珀耳帖电势皆为零，两个汤姆逊电势大小相等，方向相反，故回路总电势仍为零。因此，只有两个不同材料的电极组成热电偶，热电势 $E_{AB}(T,T_0)$ 才是两接点温度 (T,T_0) 的函数，即 $E_{AB}(T,T_0) = E_{AB}(T,0) - E_{AB}(T_0,0)$。当 T_0 保持不变，即 $E_{AB}(T_0,0)$ 为常数时，热电势 $E_{AB}(T,T_0)$ 仅为热电偶热端温度 T 的函数，即 $E_{AB}(T,T_0) = E_{AB}(T,0) - C$。两端点的温差越大，回路的总电势也越大。由此可知，$E_{AB}(T,T_0)$ 与 T 有单值对应关系，这就是热电偶的测温公式。

对于不同金属组成的热电偶，电动势和温度的关系一般用实验求取，如图 3.4 所示。

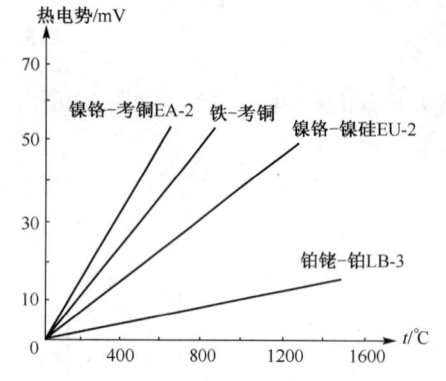

图 3.4 各种热电偶的热电势与温度关系曲线

3.2.2 热电偶基本定律

1. 均质导体定律

两种均质金属组成的热电偶的电势大小与热电极几何尺寸及温度分布无关,只与热电极材料和温度相关。如果材质不均匀,则当热电极上各处温度不同时,将产生附加热电动势,造成无法估计的测量误差,因此,热电极材料的均匀性是衡量热电偶质量的重要指标之一。

2. 标准电极定律

如图 3.5 所示,用 A、B、C 三种导体分别组成三种热电偶,若三种热电偶工作端的温度都是 T,参考温度都是 T_0,则存在以下关系

$$E_{AC}(T,T_0) - E_{BC}(T,T_0) = E_{AB}(T,T_0) \tag{3.5}$$

3. 中间导体定律

如图 3.6 所示,在热电偶的参考端接入第 3 种均质金属,若被插入金属两端温度相同(T_0),则存在以下关系

$$E_{ABC}(T,T_0) = E_{AB}(T,T_0) \tag{3.6}$$

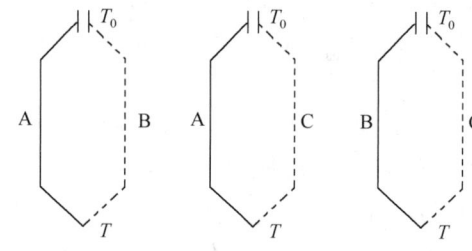

图 3.5 三种导体分别组成三种热电偶

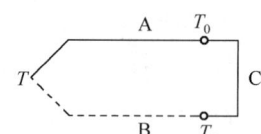

图 3.6 具有第 3 种导体的热电回路

因此,引入第 3 种导体 C 后,只要保持 C 两端温度相同,就不会影响回路中的热电势的大小,即中间导体定律。同样可知,若再插入第 4 种、第 5 种……均质导体,只要所插入的导体两端温度都与参考点相同,就不会影响原来热电势的大小。因此,可以用铜线将毫伏表接入热电偶回路,如图 3.7 所示。如果要使铜线两接点温度一致,就可对热电势进行测量。

4. 中间温度定律

如图 3.8 所示,热电偶的接点温度为 (T,T_0) 时,其热电势等于该热电偶在接点温度为 T、T_n、T_0 时相应的热电势的代数和

$$E_{AB}(T,T_0) = E_{AB}(T,T_n) + E_{AB}(T_n,T_0) \tag{3.7}$$

这个定律可用于热电偶的串联,测量总温或平均温度。

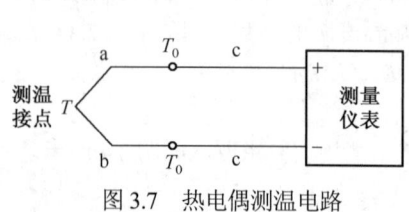

图 3.7 热电偶测温电路

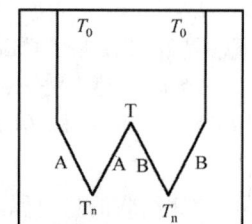

图 3.8 热电偶的中间温度示意图

3.2.3 热电偶的结构

由于热电偶广泛地应用于各种条件下的温度测量，因此它的结构形式很多。按热电偶本身结构划分，可分为普通热电偶、铠装热电偶和薄膜热电偶等。

1．普通热电偶

普通使用的热电偶，一般均由热电极、绝缘管、保护管和接线盒等组成，其结构如图 3.9 所示。这种热电偶主要用于气体、蒸气、液体等介质的温度测量。为了防止有害介质对热电极的侵蚀，工业用的热电偶一般都有保护套。设备的固定方式有螺纹固定、法兰盘固定等，热电偶的外形有棒形、三角形、锥形等，其外部和设备的固定方式有螺纹固定、法兰盘固定等。

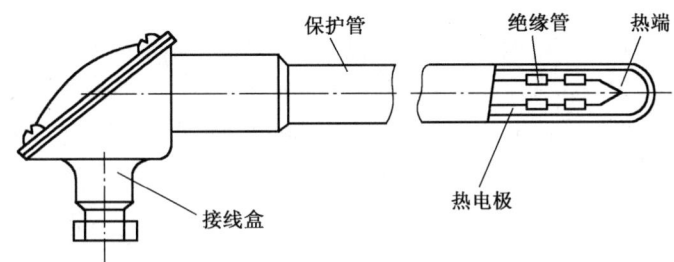

图 3.9　普通热电偶结构

2．铠装热电偶

铠装热电偶又称为套管热电偶，是将热电极、绝缘材料和金属管组合在一起，经拉伸加工成为一个坚实的组合体。它的内芯有单芯和双芯两种，如图 3.10 所示。这样测温杆部分可以做得细长，还可以根据需要弯曲成各种形状，其外径可以做到 $\phi 0.25 \sim \phi 12 \mathrm{mm}$，其外形如图 3.11 所示。

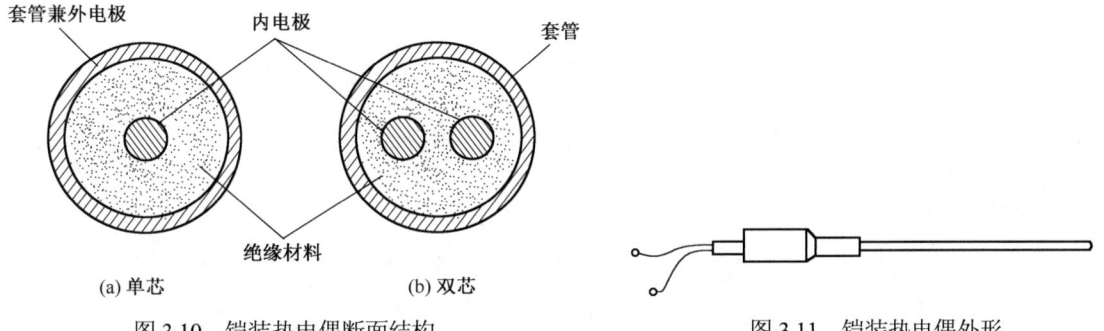

图 3.10　铠装热电偶断面结构　　　　　图 3.11　铠装热电偶外形

铠装热电偶的主要优点是测温端热容量小、动态响应快、挠性好、强度高、寿命长及适应性强，适用于位置狭小部位的温度测量。

3．薄膜热电偶

为了适应快速测量壁面温度，人们采用真空蒸镀、化学涂覆等工艺，将两种热电极材料蒸镀到绝缘基板上，两者牢固地结合在一起，形成薄膜状热电极及热接点，其结构如图 3.12 所示。为了防止热电极氧化并与被测物绝缘，要在薄膜热电偶表面再涂覆一层 SiO_2 保护层。

薄膜热电偶其热接点可以做得很小（可薄到 $0.01 \sim 0.1 \mu m$），因而可以根据需要做成各种结构形状的薄膜热电偶（如片状和针状等）。由于热接点的热容量很小，使测温反应时间快达数毫秒。如果将热电极直接蒸镀在被测物体表面，则其动态响应时间可达微秒级。薄膜热电偶的测温范围为–200～300℃。

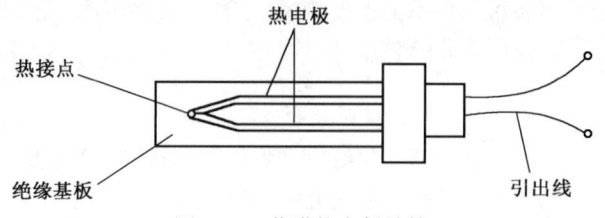

图 3.12 薄膜热电偶结构

3.2.4 热电偶冷端温度误差及其补偿

热电势大小取决于热电偶两端的温度。只有保证自由端温度恒定在 0℃，其输出电势才是工作端温度的单值函数。也就是说，只有保证自由端温度恒定在 0℃时，才能根据仪表读出的热电势值，查分度表，得出工作端的温度。而在室温下测温，自由端温度不是 0℃，冷端环境温度会带来测量误差，为此对冷端变化所引起的温度误差，常采用下述补偿措施。

1. 0℃恒温法

0℃恒温法即将热电偶冷端浸入冰水保温瓶或冰点恒温槽中，保证冷端温度恒定在 0℃，如图 3.13(a) 所示。这时测得的热电势值与制定分度表时的情形相同，故可直接从仪表读出热电势值，查分度表得出被测点的温度值。这种方法精度很高，但是复杂，只宜在实验室中进行测量。

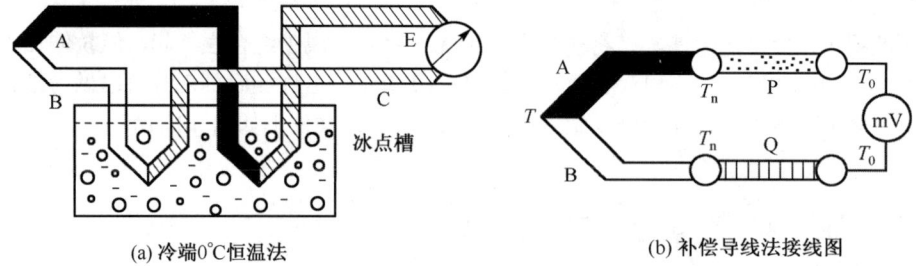

(a) 冷端0℃恒温法　　　　(b) 补偿导线法接线图

图 3.13 热电偶冷端温度误差补偿

2. 冷端恒温法

将热电偶的冷端置于一恒温槽内，若恒定温度为 T_0，根据中间温度定律有

$$E_{AB}(T, 0℃) = E_{AB}(T, T_n) + E_{AB}(T_n, 0℃) \tag{3.8}$$

式中，T_n 为热电偶冷端所处的恒温槽的温度；$E_{AB}(T, T_n)$ 为热电偶实际测得的热电势值（即仪表指示值）；$E_{AB}(T_n, 0℃)$ 为根据环境温度从分度表查得的热电势值。二者热电势相加后，再根据总的热电势到分度表查被测点温度值。

3. 修正系数法

工程上经常采用修正系数法实现补偿。其公式为

$$t = t_1 + kt_n \tag{3.9}$$

式中，t 为被测点温度；t_1 为仪表指示温度，可根据仪表指示的热电势值查分度表获得；t_n 为环境温度，可从水银温度计上读出；k 为修正系数，由表 3.1 中可查得。

表 3.1 热电偶修正系数表

工作端温度/℃	修正系数 k				
	铜－考铜	镍铬－考铜	铁－考铜	镍铬－镍硅	铂铑－铂
0	1.00	1.00	1.00	1.00	1.00
20	1.00	1.00	1.00	1.00	1.00
100	0.86	0.90	1.00	1.00	0.82
200	0.77	0.83	0.99	1.00	0.72
300	0.70	0.81	0.99	0.98	0.69
400	0.68	0.83	0.98	0.98	0.66
500	0.65	0.79	1.02	1.00	0.63
600	0.65	0.78	1.00	0.96	0.62
700	—	0.80	0.91	1.00	0.60
800	—	0.80	0.82	1.00	0.59
900	—	—	0.84	1.00	0.56
1000	—	—	—	1.07	0.55
1100	—	—	—	1.11	0.53
1200	—	—	—	—	0.53
1300	—	—	—	—	0.52
1400	—	—	—	—	0.52
1500	—	—	—	—	0.53
1600	—	—	—	—	0.53

4．补偿导线法

补偿导线法又称冷端延长法或延伸热电极法，如图 3.13(b)所示。当热电偶冷端温度由于受热温度的影响，在很大范围内变化时，直接采用冷端温度补偿法将很困难。此时，应采用补偿导线法（对于廉价热电偶可采用延长热电极法）将冷端移至温度变化比较平缓的环境中，再采用上述各种补偿方法进行补偿。

热电极一般长约 1m。在实际测量中，需要将热电偶输出的电势传输到几十米以外的显示仪表或控制仪表。为此需要接入补偿导线，如图 3.13(b)中的 P、Q 所示。

接入补偿导线后的总热电势为

$$E_{AB}(T, T_0) = E_{AB}(T, 0) + E_{BQ}(T_n, 0) + E_{QC}(T_0, 0) + E_{CP}(T_0, 0) + E_{PA}(T_n, 0) \quad (3.10)$$

如果 B、Q 的性质相同，则 $\quad E_{BQ}(T_n, 0) = 0 \quad (3.11)$

如果 A、P 的性质相同，则 $\quad E_{PA}(T_n, 0) = 0 \quad (3.12)$

从而有 $\quad E_{AB}(T, T_0) = E_{AB}(T, 0) - E_{AB}(T_0, 0) \quad (3.13)$

即热电偶接入补偿导线和测量仪表后总的热电势不变。

但是，使用补偿导线时必须注意以下几点。

① 热电偶与补偿导线的热电特性相同。一般热电偶与补偿导线要配套使用，不能乱接。

② 热电偶与补偿导线都有正、负极性，在使用时，热电偶的正极接补偿导线的正极，负极接补偿导线的负极，不能反接，如表 3.2 所示。

③ 补偿导线使用温度不能过高，一般为 0～100℃。

④ 补偿导线的价格要比热电偶便宜。

5．电桥补偿法

电桥补偿法又称为冷端自动补偿法，是在热电偶与仪表间接入一个直流不平衡的电桥（又称为冷端温度补偿器），其电路如图 3.14 所示。电桥 R_1、R_2、R_3，由电阻温度系数 $\alpha = 0$ 的锰铜丝绕成，其电阻值不随温度变化而变化。铜电阻 R_{Cu} 的 α 值很大，让其感受环境温度。

表 3.2　延引热电极及其技术参数

延引热电极种类		EU	EA	LB	WRe-WRe
配用热电偶		镍铬-镍硅 镍铬-镍铝	镍铬-考铜	铂铑$_{10}$-铂	钨铼$_5$-钨铼$_{20}$
电极材料	正极	铜	镍铬	铜	铜
	负极	康铜	考铜	铜镍	铜 1.7%～1.8%，镍
色标	正极	红	红	红	红
	负极	蓝	黄	绿	蓝
$t=100℃$ $t_0=100℃$	热电势/mV	4.10±0.15	6.95±0.3	0.643±0.023	1.337±0.045
$t=150℃$ $t_0=0℃$	热电势/mV	6.13±0.20	10.59±0.3	1.025 +0.024 −0.055	
20℃	电阻率/(Ω·m)	<0.63×10^{-6}	<1.25×10^{-6}	<0.04884×10^{-6}	

设计时，电桥在 20℃处于平衡，此时 $U_{ab}=0$。电桥对电流表无影响

$$U_m = E_{AB}(T,T_0) + U_{ab} = E_{AB}(T,20℃) \tag{3.14}$$

实际电势为（R_5用于电桥调零，为使电桥平衡一般取 $R_1=R_2=R_3=R_{cu}$，一般情况 $R_5\approx 0$）

$$E_{AB}(T,0℃) = E_{AB}(T,20℃) + E_{AB}(20℃,0℃) \tag{3.15}$$

$$U_m = E_{AB}(T,20℃) + \frac{R_2 R_{Cu} - R_1 R_3}{(R_1+R_{Cu})(R_2+R_3)}E \tag{3.16}$$

当 $T>20℃$时，$E_{AB}(T,20℃)$下降，而 U_{ab}升高，U_m保持不变。

6. 电位补偿法

电位补偿法电路图如图 3.15 所示。H 为热端，T 为工作温度，冷端放在补偿器 C 中，温度为 T_n，外加电压 U 为恒定电压，电位器 R_1 和电阻 R_2 用来调整分压比，R_t 为具有正温度系数的热敏电阻。则回路总的热电势为

$$E(T,T_0) = U_A + E_{铜A}(T_n) + E_{AB}(T) + E_{B铜}(T_n) \tag{3.17}$$

式中，$U_A \approx IR_t$ 随环境温度 T_n 的变化而变化，故 $U_A = E_{AB}(T_n,T_0)$，起补偿环境温度影响作用。因此

$$E_{AB}(T,T_0) = E_{AB}(T,T_n) + E_{AB}(T_n,T_0) \tag{3.18}$$

当环境温度 T_n 升高时，$E_{AB}(T,T_n)$下降，但 $E_{AB}(T_n,T_0)$升高，因此，$E_{AB}(T,T_0)$保持不变。

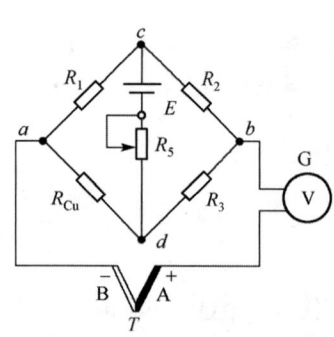

图 3.14　电桥补偿法电路原理图

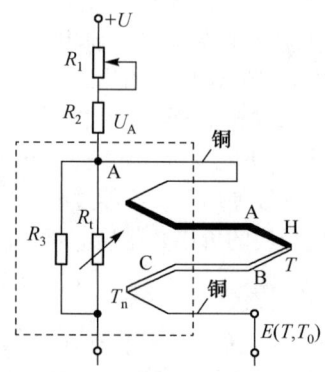

图 3.15　电位补偿法电路图

7. 采用不需要冷端补偿的热电偶

目前已经知道，镍钴-镍铝热电偶在300℃以下，镍铁-镍铜热电偶在50℃以下，铂铑$_{30}$-铂铑$_6$热电偶在50℃以下的热电势均非常小。只要实际的冷端温度在其范围内，使用这些热电偶可以不考虑冷端温度误差。

3.2.5 热电偶实用测量电路

1. 测量单点温度的基本测温电路

测量单点温度的基本测温电路如图3.16所示。图中A和B为热电偶，C和D为补偿导线，冷端温度为T，E为铜导线（在实际使用的时候，可把补偿导线一直延伸到配用仪表的接线端子，这时冷端温度即为仪表接线端子所处的环境温度），M为所配用的毫伏计或数字仪表。如果采用数字仪表测量热电势，必须加适当的输入放大电路。

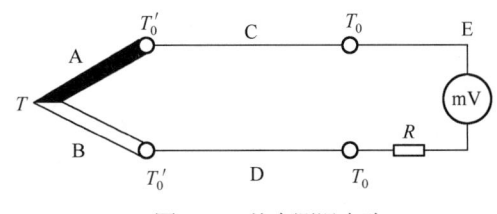

图3.16 基本测温电路

这时回路中总热电势为$E(T_{AB}, T_0)$，流过测温毫伏计的电流为

$$I = \frac{E(T_{AB}, T_0)}{R_Z + R_C + R_M} \tag{3.19}$$

式中，R_Z、R_C、R_M分别为热电偶、导线（包括铜线、补偿导线和平衡电阻）和仪表的内阻（包含负载电阻R）。根据所采用的热电偶的热电势与被测温度间的关系（线性或非线性），需要采用查表法、转换法等处理，方可直接显示所测温度数值。

2. 测量两点之间温差的测温电路

测量两点之间温差的测温电路如图3.17所示。这是测量T_1和T_2之差的一种实用线路。两个温度同型号的热电偶，配用相同的补偿导线，连接的方法应使各自产生的热电势互相抵消。这时用两只仪表即可测得T_1和T_2的温度之差。证明如下。

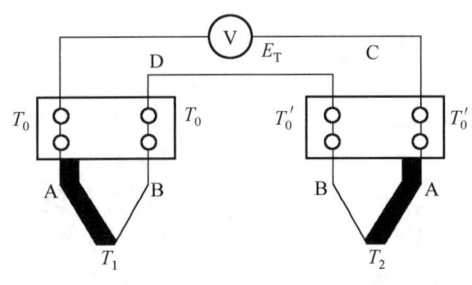

图3.17 测量两点之间温差的测温电路

回路内的总电势为

$$E_T = E_{AB}(T_1) + E_{BD}(T_0) + E_{DB}(T_0') + E_{BA}(T_2) + E_{AC}(T_0') + E_{CA}(T_0) \tag{3.20}$$

因B、D材料性质相同，故

$$E_{BD}(T_0) = E_{DB}(T_0') = 0 \tag{3.21}$$

又C、A材料性质相同，故

$$E_{AC}(T_0') = E_{CA}(T_0) = 0 \tag{3.22}$$

所以

$$E_T = E_{AB}(T_1) + E_{BA}(T_2) = E_{AB}(T_1) - E_{AB}(T_2) \tag{3.23}$$

3. 平均温度测量电路

测量平均温度的方法通常是将几只同型号的热电偶并联在一起，如图3.18所示。R_1、R_2、R_3阻值很大，以免T_1、T_2、T_3不相等时，每个热电偶线路上流过的电流会因其热电偶的电阻变化而变化。由电路可知回路中总的热电势为

$$E_T = \frac{E_{AB}(T_1, T_0) + E_{AB}(T_2, T_0) + E_{AB}(T_3, T_0)}{3} \tag{3.24}$$

此电路的优点是,仪表的分度表和单独用一个热电偶时一样,可直接读出平均温度;缺点是,若有一个热电偶被烧断,从仪表上不能反映出来。

4. 测量温度和的电路

图 3.19 所示为利用同类热电偶串联来求温度和的测量电路图。这种电路可以避免并联电路的缺点。当有一只热电偶烧断时,总热电势消失,可立即知道有热电偶烧断。总热电势为各热电偶的热电势之和,即

$$E_T = E_{AB}(T_1, T_0) + E_{AB}(T_2, T_0) + E_{AB}(T_3, T_0)$$

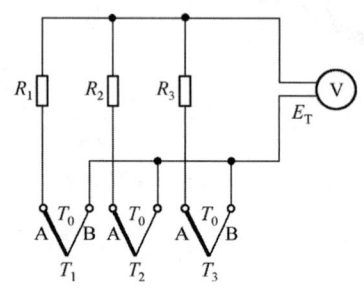
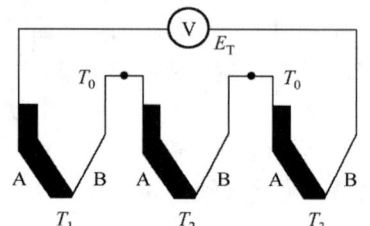

图 3.18　平均温度测量电路图　　　　图 3.19　温度和的测量电路图

3.2.6　热电偶传感器应用实例

1. 热电偶气压计

热电偶气压计主要是以热传导率为工作原理的一类仪器。在低气压的条件下,根据气体动理论可以得知,压力和热传导性呈现线性的关系。从而可以通过热传导率得出压力。图 3.20 所示为热电偶气压计的原理图。测量仪的工作主要依靠一个金属薄片中心和冷的玻璃外壳(如室温)之间的热传导作用。由于温度的不一致产生电压,通过热电偶可以测出温度的变化。由于管内部的热传导率取决于外部压力,从而测出了温度,则压力也就测出来了。这种仪器的误差来源通常是由热辐射和热传导决定的。这个误差通常是一个恒定的值,而与压力无关。因而可以测量出这个恒定的误差值,对仪器进行相应的校准即可。因此,可以采用低热辐射损耗的热敏材料进行设计。热电偶气压计通常可以测量出 10^{-4}M～1MPa 的压力值。

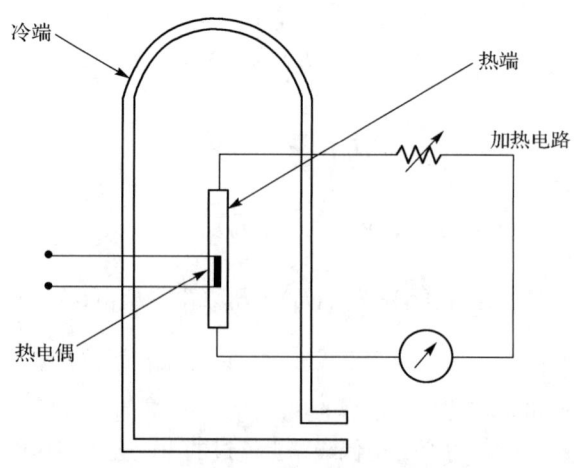

图 3.20　热电偶气压传感器工作原理图

2. 热电偶炉温测量系统

图 3.21 所示为常用炉温测量采用的热电偶测量系统图。图中由毫伏定值器给出设定温度的相应毫伏值,如热电偶的热电势与定值器的输出值有偏差,则说明炉温偏离给定值,此偏差经放大器送入调节器,再经过晶闸管触发器去推动晶闸管执行器,从而调整炉丝的加热功率,消除偏差,达到控温的目的。

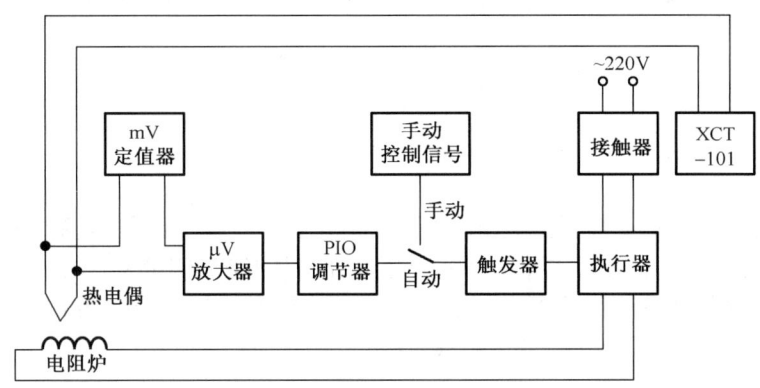

图 3.21 热电偶测量系统图

工业现场利用热电偶测量炉温产生误差的主要原因有安装不正确、热导率和时间滞后等,由此产生的误差是热电偶在使用中的主要误差。

(1) 安装不当引入的误差

① 热电偶安装的位置及插入深度不能反映炉膛的真实温度等,也就是说,热电偶不应装在太靠近门和加热的地方,插入的深度至少应为保护管直径的 8～10 倍。

② 热电偶的保护套管与壁间的间隔未填充绝热物质致使炉内热溢出或冷空气侵入,因此热电偶保护管和炉壁孔之间的空隙应用耐火泥或石棉绳等绝热物质堵塞,以免冷热空气对流而影响测温的准确性。

③ 热电偶冷端太靠近炉体使温度超过 100℃。

④ 热电偶的安装应尽可能避开强磁场和强电场,所以不应把热电偶和动力电缆线装在同一根导管内,以免引入干扰造成误差。

⑤ 热电偶不能安装在被测介质很少流动的区域内,当用热电偶测量管内气体温度时,必须使热电偶逆着流速方向安装,而且充分与气体接触。

(2) 绝缘变差而引入的误差

热电偶绝缘强度降低了,保护管和拉线板污垢或盐渣过多致使热电偶极间与炉壁间绝缘不良,在高温下更为严重,这不仅会引起热电势的损耗而且还会引入干扰,由此引起的误差有时可达上百度。

(3) 热惰性引入的误差

① 由于热电偶的热惰性使仪表的指示值落后于被测温度的变化,在进行快速测量时这种影响尤为突出。因此应尽可能采用热电极较细、保护管直径较小的热电偶。测温环境许可时,甚至可将保护管去掉。

② 由于存在测量滞后,用热电偶检测出的温度波动的振幅较炉温波动的振幅小。测量滞后越大,热电偶波动的振幅就越小,与实际炉温的差别也就越大。当用时间常数大的热电偶测温或控温时,仪表显示的温度虽然波动很小,但实际炉温的波动可能很大。为了准确地测量温度,应当选择时间常数小的热电偶。时间常数与传热系数成反比,与热电偶热端的直径、材料的密度及比热成正比,如果要减小时间常数,除增加传热系数外,最有效的办法就是尽量减小热端的尺寸。使用中,通常采用导热

性能好的材料，管壁薄、内径小的保护套管。在较精密的温度测量中，使用无保护套管的裸丝热电偶，但热电偶容易损坏，应及时校正及更换。

（4）热阻误差

高温时，如果保护管上有一层煤灰，尘埃附在上面，则热阻增加，阻碍热的传导，这时温度示值比被测温度的真值低。因此，应保持热电偶保护管外部的清洁，以减小误差。

3.3 电阻型温度传感器

3.3.1 热电阻

利用感温材料，把测量温度转化为测量电阻的测温系统，主要有金属热电阻式和半导体热电阻式两大类，前者简称热电阻，后者简称热敏电阻。它们的阻值随温度的升高，有的增加即属于正温度系数热敏电阻，有的减少即属于负温度系数热敏电阻。常用于测量在−200～500℃之间内的温度，同时在温度为500～1200℃时也有足够好的特性。

1．热电阻材料的特点

作为测量温度用的热电阻材料，必须具备以下特点。

① 电阻温度系数α要尽可能大，且稳定。

② 电阻率ρ要高。

③ 比热小，即热惯性小。

④ 电阻值随温度变化的关系最好是线性关系。

⑤ 在较宽的测量范围内具有稳定的物理化学性质。

⑥ 良好的工艺性，即特性的复现性好，便于批量生产。

2．电阻与温度的关系

大多数金属导体的电阻随温度变化而变化的关系可表示为

$$R_t = R_0[1+\alpha(t-t_0)] \tag{3.25}$$

式中，R_t、R_0分别为热电阻在t℃和t_0℃时的电阻值；α为热电阻的电阻温度系数（1/℃）；t为被测温度（℃）。从式（3.25）可见，只要α保持不变（常数），则金属电阻R_t将随温度线性地增加。其灵敏度为

$$K = \frac{1}{R_0}\frac{dR_t}{dt} = \frac{1}{R_0}R_0\alpha = \alpha \tag{3.26}$$

由此可见，α越大，灵敏度K就越大。纯金属的电阻温度系数α为（0.3%～0.6%）/℃。但是，绝大多数金属导体的α不是常数，它也随温度变化而变化，只能在一定的温度范围内，把它近似地视为一个常数。不同的金属导体，α保持常数所对应的温度也不相同，而且这个范围均小于该导体能够工作的温度范围。

常用的热电阻材料有铂、铜和镍。随着低温和超低温测量技术的发展，开始采用锰、铟和碳作为热电阻材料。常用金属热电阻的性能如表3.3所示。

3．其他热电阻

铁、镍电阻系数较铂和铜的高，电阻率比较大，可做成体积小、灵敏度高的电阻温度计，但它们易氧化，不易提纯，输出非线性，仅用于−50～100℃之间，目前应用比较少。

表 3.3 常用金属热电阻的性能

材料	铂	镍	铜
使用温度范围/℃	−200～+600	−60～+180	−50～+150
电阻丝直径/mm	0.03～0.07	0.05～3.0	0.1 左右
电阻率/($\Omega \cdot mm^2 \cdot m^{-1}$)	0.0981～0.106	0.118～0.13	0.017
0～100℃之间电阻温度系数平均值（×10^{-3}/℃）	3.92～3.98	6.15×10^{-3}～6.28×10^{-3}	4.25～4.28
化学稳定性	在氧化性介质中性能稳定,不宜在还原性介质中使用,尤其是高温	超过 180℃易氧化	超过 100℃易氧化
特性	近于线性,性能稳定,精度高	近于线性,性能一致性差,测温灵敏度高	线性
应用	可作为标准	一般测温用	适于低温,无水分、无浸蚀介质温度

近年来，对低温和超低温的测量越来越多，为此人们研究开发出铟热电阻、锰热电阻和碳热电阻等一些较为新颖的低温热电阻。

① 铟热电阻：用 99.999%高纯度铟丝制成的高精度低温热电阻。实验证明，温度为−269～−258℃时使用，其灵敏度比铂电阻高 10 倍。其缺点是材料软、重复性差。

② 锰热电阻：温度为−271～−210℃时使用，电阻随温度变化大，灵敏度高，但质脆、难拉成丝且易损坏。

③ 碳热电阻：温度为−273～−268℃时使用，适合于液氦温区的温度测量。其优点是热容量小，灵敏度高，价格低廉，操作简便，对磁场不敏感；缺点是稳定性较差。

4．热电阻测量电路

热电阻温度计的测量电路采用精度较高的电桥电路。为消除连接导线电阻随环境温度变化而造成的测量误差，常采用三线和四线连接法。

（1）三线式电桥连接法

三线式电桥连接法如图 3.22 所示。热电阻 R_t 作为一个臂接入测量电桥，r_1、r_2、r_3 为引线电阻，R_1、R_2 为两个桥臂电阻，且使 $R_1 = R_2$；R_3 为用来调整电桥平衡的精密电阻。

因为电压表的内阻很大，故流过 r_3 的电流很小，r_3 上的压降可不计，因此电压表的读数可认为等于电桥的不平衡输出。若使 $r_1 = r_2$，测量前，先通过调 R_1 使电桥输出为零，即电桥平衡，或 $U_A = U_B$，则 $R_3 = R_t$。这样，桥臂的引线电阻 r_1 和 r_2 相当于分别串入了 R_t 和 R_3 中。工作时，电桥的不平衡电压输出只与 R_t 的变化量成正比，引线电阻对该电压没有影响。

（2）四线式电阻测量电路

为了提高测量精度，可以将电阻测量电路设计成四线式电路，如图 3.23 所示。图中 R_t 为热电阻，r_1、r_2、r_3、r_4 为引线电阻。因为电压表的内阻很大，故 $I_V \ll I_M$，$I_V \approx 0$。

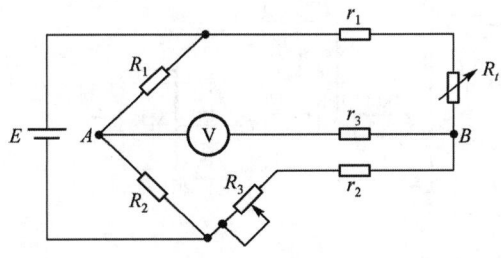

图 3.22 三线式电桥连接法

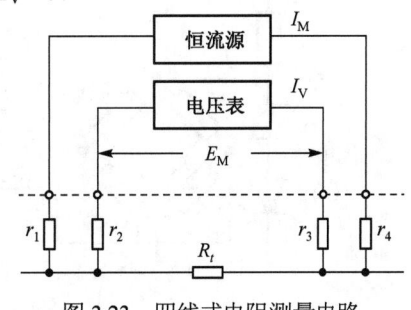

图 3.23 四线式电阻测量电路

因为电压表测得的电压为热电阻 R_t 和引线电阻 r_2、r_3 压降的和，即

$$E_M = E + I_V(r_2 + r_3) \tag{3.27}$$

式中，E 为热电阻 R_t 上的压降。所以

$$R_t = \frac{E}{I} = \frac{E_M - I_V(r_2 + r_3)}{I_M - I_V} \approx \frac{E_M}{I_M} \tag{3.28}$$

由式（3.28）可知，在四线式测量电路中，引线电阻 $r_1 \sim r_4$ 不会引起测量误差，即电压表的值 E_M 可以认为是热电阻 R_t 上的压降，据此可计算出微小温度变化。

5. 使用热电阻时应注意的事项

工业上广泛使用热电阻测量在 –200～600℃之间的温度，它的特点是精度高，适用于测低温。但在使用中要注意以下两点。

（1）自热误差在用热电阻测量时，电阻要消耗一定的功率，产生热量，同样会造成电阻值变化，产生测量误差。因此，使用中要限制电流，规定其值应不超过 6mA，以减少由于电阻器通电产生自热而引起的误差。

（2）引线电阻的影响。由于测温的热电阻总得有连接导线，但由于热电阻本身的电阻值很小，因此引线电阻值及其变化就不能忽略。比如，50Ω的热电阻、1Ω的导线电阻将产生约 5℃的温度误差，这是不允许的。为此，热电阻在测温电路中，通常采用上述三线式或四线式连接电路，以消除引线电阻带来的测量误差。

6. 热电阻温度传感器的典型应用

（1）测量真空度

如图 3.24 所示，铂电阻丝装在盛有被测介质的玻璃管内。测量时，用较大的恒定电流 I 对电阻丝加热，当环境温度与玻璃管内的被测介质导热而散失的热量相平衡时，铂丝就有一定的平衡温度，对应这个确定的温度有一定的阻值 R_t。当被测介质真空度升高时，玻璃管内气体变得稀少，导热能力下降，铂丝的平衡温度和电阻值都增大。因此，电阻值的大小反映了被测介质真空度的高低。通常为了避免环境温度的影响，测量是在恒温容器中进行的。该装置一般可测到 10^{-3}Pa。

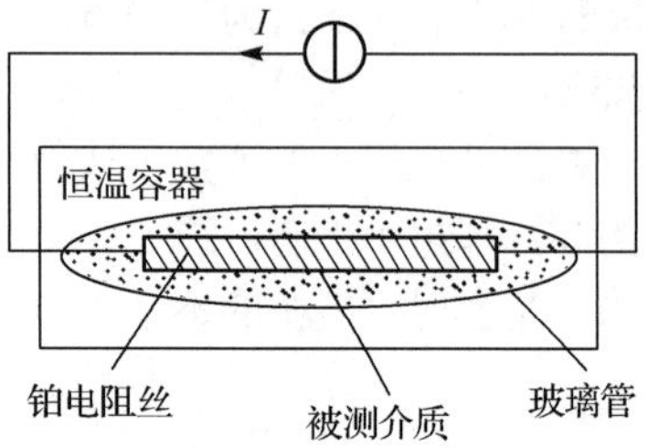

图 3.25 所示为电路用 BA-2 铂热电阻作为温度传感器，置于直流电桥中。当真空度升高时，温度升高，电桥处于不平衡状态，在 a、b 两端产生与温度相对应的电位差，电桥有直流输出，其输出电压 U_{ab} 为 0.73mV/℃。经放大器放大，其增量为 A/D 转换器所需要的 0～5V 直流电压。D_1、D_2 是直流放大器的输入保护二极管，R_{12} 用于调整放大倍数。放大后的信号经 A/D 转换器转换为相应的数字信号，以便与微机接口。

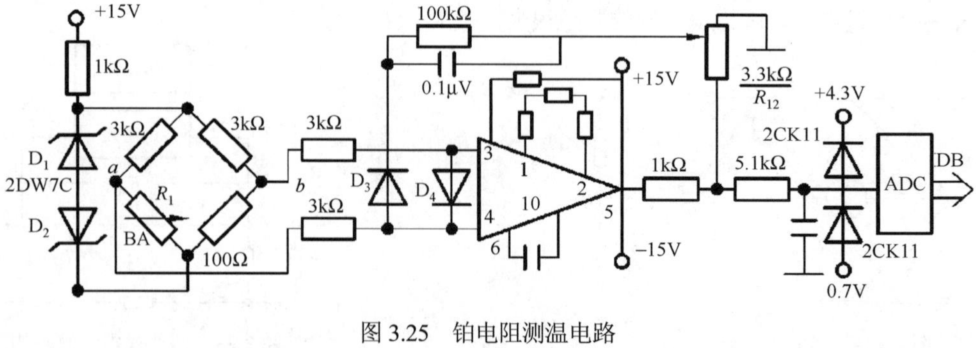

图 3.24　热电阻测量真空度

图 3.25　铂电阻测温电路

（2）气体成分分析

气体成分分析室的结构如图3.26所示，它是一个圆柱形装置，轴心上装有一根电阻丝，电阻丝用恒定的大电流加热。电阻丝达到的平衡温度取决于分析室内气体的导热系数，而气体的导热系数与气体成分的浓度有关。对于不相互发生化学反应的混合气体，其导热系数为各成分气体导热系数的平均值，即

$$\lambda = \sum_{i=1}^{n} \frac{n_i \lambda_i}{100}$$

式中，λ_i为分析室内第i种气体的导热系数；n_i为分析室内第i种气体的百分含量。

若分析室内只有两种气体混合，它们的导热系数分别是λ_1和λ_2，λ_1的百分含量为α，由上式可得

$$\lambda = \lambda_1 \alpha + \lambda_2 (1-\alpha)$$

若λ_1和λ_2已知，只要测出λ，就可以利用上式算出两种气体的百分含量。测量电阻丝的阻值就可以知道电阻丝的平衡温度，由此可得到混合气体的导热系数λ，从而求出气体的百分含量。

（3）流量测量

利用热电阻上的热量消耗和介质流速的关系还可以测量流量、流速、风速等。图3.27所示为利用铂热电阻测量气体流量的一个例子。图中热电阻探头R_{T1}放置在气体流路中央位置，它所耗散的热量与被测介质的平均流速成正比；另一热电阻R_{T2}放置在不受流动气体干扰的平静小室中，它们分别接在电桥的两个相邻桥臂上。测量电路在流体静止时处于平衡状态，桥路输出为零。当气体流动时，介质会将热量带走，从而使R_{T1}和R_{T2}的散热情况不一样，致使R_{T1}的阻值发生相应的变化，使电桥失去平衡，产生一个与流量变化相对应的不平衡信号，并由检流计G显示出来，检流计的刻度值可以做成气体流量的相应数值。

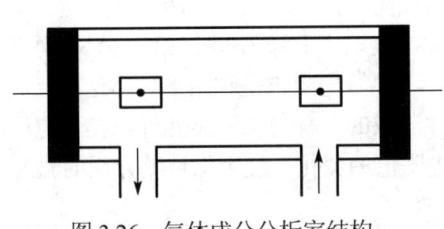

图3.26　气体成分分析室结构　　　　　　图3.27　热电阻式流量计

热电阻流量计是根据介质内部热传导现象制成的。如果将温度为t_n的热电阻放入温度为t_C的介质中，高热电阻与介质相接触的面积为A，则热电阻耗散的热量Q可用下式描述

$$Q = KA(t_n - t_C)$$

式中，K为热传导系数。实验证明，K与介质的密度、黏度、平均流速等参数有关。当其他参数为定值时，K仅与介质的平均流速有关。这样人们就可以通过测量热电阻耗散热量Q，获得介质的平均流速或流量。

3.3.2　热敏电阻

热敏电阻可分为两大类。一类是用某种金属氧化物为基体原料，加入一些添加剂，采用陶瓷工艺

制作的具有半导体特性的电阻,其电阻对温度变化很敏感。另一类是半导体材料的热敏电阻,包括纯半导体材料和杂质半导体材料热敏电阻,如硅电阻等。陶瓷热敏电阻分为三类:正温度系数(Positive Temperature Coefficient,PTC)、负温度系数(Negative Temperature Coefficient,NTC)、临界温度系数(Critical Temperature Coefficient,CTC)热敏电阻,这里可称为陶瓷半导体热敏电阻。

1. 热敏电阻主要特点

① 电阻温度系数大,灵敏度高。通常温度变化为1℃,阻值变化为1%~6%,电阻温度系数绝对值比一般金属电阻大10~100倍。

② 结构简单,体积小。珠形热敏电阻探头的最小尺寸为0.2mm,能测量热电偶和其他温度传感器无法测量的空隙、腔体、内孔等处的温度,如人体血管内的温度等。

③ 电阻率高,热惯性小,不像热电偶需要冷端补偿,适宜动态测量。

④ 使用方便。热敏电阻阻值范围在$10~10^5\Omega$之间可任意挑选,不必考虑线路引线电阻和接线方式,容易实现远距离测量,功耗小。

⑤ 阻值与温度变化呈非线性关系。

⑥ 稳定性和互换性较差。

2. 热敏电阻的工作原理

金属导电是靠自由电子在电场作用下做定向运动,当温度升高时,自由电子的数目基本不增加,

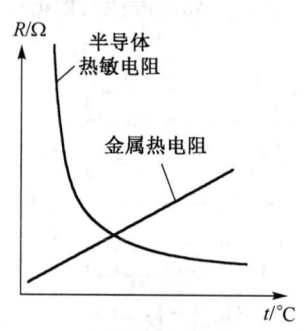

图3.28 热敏电阻与热电阻的温度特性

只有自由电子杂乱无章的动能增加了。因此,在一定电场作用下,使自由电子做定向运动时就会遇到更大的阻力,即电阻值增加了。而半导体导电的是载流子(为自由电子和空穴两种异性电荷),由于半导体中的载流子数目要比原子的数目少几千倍到几万倍,相邻自由电子之间的距离是原子之间距离的几十倍到几百倍,因此在一般情况下它的电阻值很大。当温度升高时,半导体中更多的价电子获得热能而激发,挣脱核束缚成为载流子,因而参加导电的载流子数目增加了,所以半导体的电阻值随温度升高而急剧减小,且按指数规律下降,呈非线性。热敏电阻与热电阻的温度特性如图3.28所示。热敏电阻正是利用半导体这种载流子数随温度变化而显著变化的特性制成的一种温度敏感元件。在一定的测温范围内,根据所测量的热敏电阻值的变化,便可知被测介质的温度变化。

3. 热敏电阻特性参数

(1)标称电阻值

标称电阻值是指热敏电阻在25℃时的零功率状态下的阻值,其大小主要取决于热敏电阻材料和几何尺寸。如果环境温度不是25℃,而在25~27℃之间,可计算为

$$R_T = R_{25}[1 + a_{25}(t - 25)] \tag{3.29}$$

(2)电阻温度系数

电阻温度系数是指在规定温度下,单位温度变化使热敏电阻的阻值变化的相对值,表明热敏电阻的灵敏度为

$$a_T = \frac{1}{R_T} \cdot \frac{dR_T}{dT} \times 100\% \tag{3.30}$$

式中,a_T决定了热敏电阻在全部工作范围内对温度的灵敏度,单位为%/℃。

（3）时间常数

时间常数（τ）是表征热敏电阻值惯性大小的参数，其数值等于热敏电阻在零功率测量状态下，当环境温度突变时，热敏电阻的阻值从起始变化到最终变化量的 63% 时所需的时间。

（4）额定功率

额定功率（P_E）是指在标准压力下和规定的最高环境温度下，热敏电阻长期连续工作所允许的最大耗散功率。

4. 热敏电阻的结构形式

热敏电阻是由一些金属氧化物，如钴、锰、镍等的氧化物，采用不同比例的配方，经高温烧结而成的，然后采用不同的封装形式制成珠状、片状、杆状、垫圈状等各种形状，其结构形式如图 3.29 所示。它主要由热敏元件、引线和壳体组成。

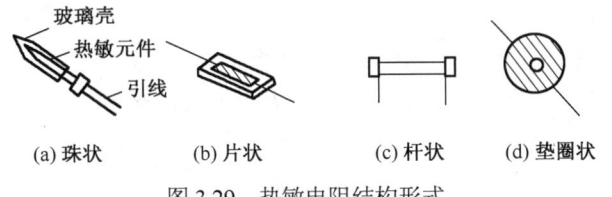

图 3.29 热敏电阻结构形式

3.3.3 陶瓷半导体热敏电阻

陶瓷半导体热敏电阻的电阻-温度特性如图 3.30 所示。

1. PTC 热敏电阻

PTC 热敏电阻具有正电阻-温度系数。在一确定的温度范围内，其电阻-温度对应关系呈非线性显著增加趋势。这种电阻-温度特性不仅可用作温度传感器，还被用作电阻加热元件和开关元件。所以，可同时兼有敏感元件、加热器、开关 3 种功能。

PTC 材料采用的是钛酸钡（$BaTiO_3$）系半导体。钛酸钡系材料具有很高的介电常数和电容率，所以被广泛用作电容材料。这些材料是强介电体，在居里点附近介电常数变化显著，其介电常数的倒数和温度的关系可用直线表示。利用此特性可制作温敏传感器。

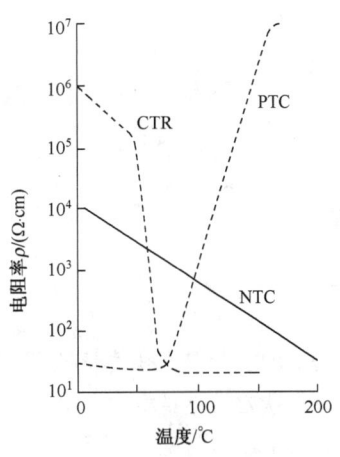

图 3.30 陶瓷半导体热敏电阻的电阻-温度特性

钛酸钡系材料，若掺入微量的 1 价、2 价、3 价和 6 价的金属氧化物，其电阻-温度对应关系有几个突变点。在居里温度以下是半导体，在居里温度附近电导率变化几个数量级，而在居里温度以上呈典型的绝缘体的情况。所谓居里温度，即电阻开始急剧增大的温度，可由改变化学成分控制。当钛酸钡系材料的 Ba 和 Ti 的位置分别有 2 价和 4 价的金属置换时，可自由改变居里温度。如图 3.31 所示，在所希望的温度范围内可做成电阻率呈正的大的变化的材料。此时是由 Sr 或 Pb 置换 Ba 的位置，还是用 Zr 或 Sn 置换 Ti 的位置，可由所需要的居里温度而定。电阻率的变化量，在急变温度区域的斜率等可因原始材料、混合方法、烧结条件、烧结气氛、电极材料等的影响而产生微妙的变化。

（1）PTC 的电阻-温度特性

图 3.32 所示为 PTC 热敏电阻的电阻值随温度变化的特性曲线。

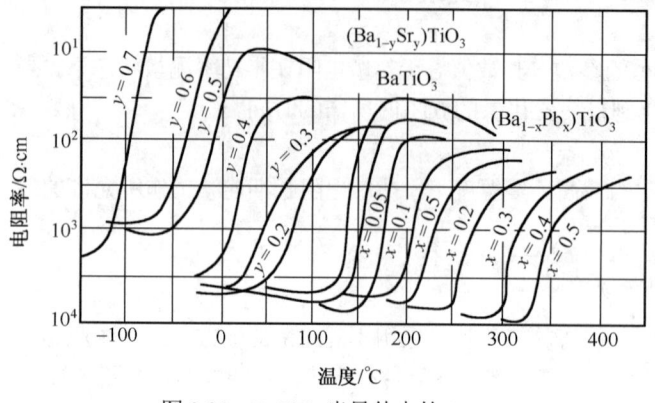
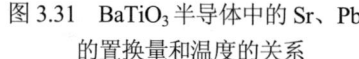

图 3.31　BaTiO₃ 半导体中的 Sr、Pb 的置换量和温度的关系

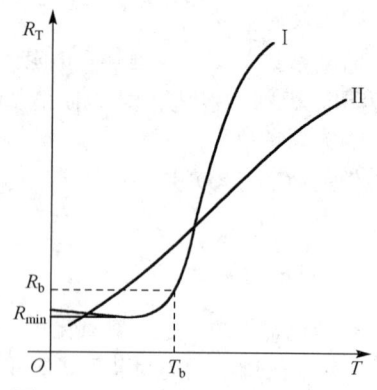

图 3.32　PTC 热敏电阻的电阻值随温度变化的特性曲线

曲线Ⅰ中电阻值随温度变化很快，曲线很陡，称为突变型（开关型）。曲线中出现一个电阻最小值 R_{min}。可以看出，当温度高于 T_b 后，阻值才开始随温度很快地变化，则把 T_b 称为开关温度，对应的阻值为开关电阻（R_b）。在开关温度以上，温度为 T 时的阻值 R_T 与温度 T 的关系近似为

$$R_T = R_0 \exp(AT) \tag{3.31}$$

式中，R_0 为常温下热敏电阻的阻值，A 为材料常数。其温度系数为

$$a_T = \frac{1}{R_T} \cdot \frac{dR_T}{dT} = A \times 100\% \tag{3.32}$$

从式（3.32）可知，对于突变型 PTC 热敏电阻，a_T 与温度无关。

图 3.32 中曲线Ⅱ的阻值随温度变化缓慢，这种电阻被称为缓变型 PTC 热敏电阻，其阻值 R_T 与温度 T 的关系近似为线性，即

$$R_T = A + BT \tag{3.33}$$

式中，A、B 为材料常数。其温度系数为

$$a_T = \frac{B}{A + BT} \times 100\% \tag{3.34}$$

从式（3.34）可知，对于缓变型 PTC 热敏电阻，a_T 随温度变化而变化，适于温度补偿。

（2）PTC 的静态伏安特性

静态伏安特性是指在一定温度下，于静止的空气中 PTC 热敏电阻两端的电压降与电阻体稳态电流之间的关系，如图 3.33 所示。

图 3.33 中曲线可分为 AB、BC、CD 三段。在 AB 段，由于所加电压不高（可以忽略），PTC 热敏电阻的温度升不高，此时流过 PTC 热敏电阻器的电流与所加的电压成正比，其特性与普通电阻相似，AB 段曲线基本上与电阻线（直线 1、2、3）平行，但此段的功耗是随电压的上升而增大的。随着电压升高，功耗进一步增大，温度随之上升，电阻值也急剧上升，电流将随电压的上升而下降，如图中 BC 段所示。从图中看出，BC 段曲线基本上是与功率线（直线 4、5、6）相平行的。电压继续增高，由于 PTC 热敏电阻的晶粒边界效应，使其电流值趋于平缓，阻体的功耗随之增加，因而阻体温度也随之提高，如图中 CD 段所示。若再增大电压，阻体温度将进一步提高，电流值将会回升，这种回升会造成 PTC 热敏电阻失去热自控作用，使元件烧坏。

热敏电阻的伏安特性曲线，可表征其工作状态的一个重要特性，它有助于正确选择热敏电阻的正常工作范围。通常，当热敏电阻工作在线性区时，用于测温、控制温度和对温度的变化进行补偿；当热敏电阻工作在负阻区时，用于测量流量、真空度和流速。

2. NTC 热敏电阻

NTC 热敏电阻具有较宽的变化范围。在很大的温度区域内其电阻值的对数随温度的倒数成正比关系变化。图 3.34 所示为 NTC 热敏电阻的各种材料的电阻-温度特性。

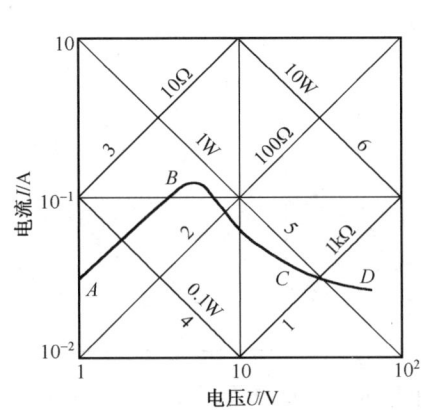

图 3.33　PTC 热敏电阻的静态伏安特性曲线

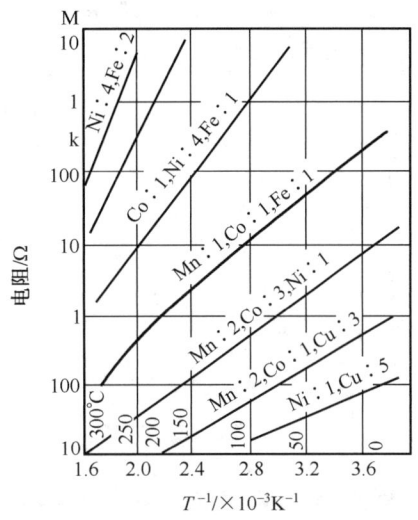

图 3.34　NTC 热敏电阻的各种材料的电阻-温度特性

组成 NTC 热敏电阻的材料主要是 Mn、Co、Ni 和 Fe 等过渡金属氧化物按一定比例混合，采用陶瓷工艺制备而成的。材料结构主要由具有尖晶石型、岩盐型、黑锰矿型、方铁锰矿型等晶型的化合物或它们的混合物组成。由于是金属氧化物，因此通常这些材料的阻温特性很稳定。化合物做成的热敏电阻材料整体受杂质的影响也较小。

由上述材料制作的热敏电阻，具有 P 型半导体的特性。按使用范围大致可分为低温（-60～300℃）、中温（300～600℃）及高温（大于 600℃）三种类型。由上述材料复合而成的热敏电阻材料随成分的变化，其电阻率为 10^3～10^8Ω·cm，热敏电阻常数为 1000～6000kΩ·cm。这两个特性之间有着明显的相关性，在确定的材料组分范围内，电阻率越大，则热敏电阻常数也越大。因此，通常采用在材料的组分中添加特定的氧化物以提高材料特性的稳定性。

（1）NTC 热敏电阻的温度特性

NTC 热敏电阻随温度 T 的近似表达式为

$$R_T = R_0 \exp(B/T) \tag{3.35}$$

式中，B 为材料常数；R_0 为 T 趋于 ∞ 时的阻值。

式子两边取对数得

$$\ln R_T = \ln R_0 + (B/T) \tag{3.36}$$

由式（3.36）可知，$\ln R_T$–$1/T$ 为直线关系，如图 3.35 所示，B 为 $\ln R_T$–$1/T$ 直线的斜率

$$B = \frac{\ln R_1 - \ln R_2}{1/T_1 - 1/T_2}$$

式中，R_1 是温度为 T_1 时的零功率电阻值；R_2 是温度为 T_2 时的零功率电阻值。标准规定

$$T_1 = 298\text{K}（25℃），T_2 = 358\text{K}（85℃）$$

由上述公式可得，NTC 电阻温度系数为

$$a_T = \frac{1}{R_T} \cdot \frac{dR_T}{dT} = -\frac{B}{T^2} \tag{3.37}$$

显然，a_T 并非常数，其值随温度升高而迅速减小。

（2）NTC 热敏电阻的静态伏安特性

图 3.36 所示为典型的 NTC 静态伏安曲线。温度为 T_0 时给 NTC 上通有电流 I，则电阻两端的电压 U_T 为

$$U_T = IR_T = IR_0 \exp\left(\frac{B}{T_0 + \Delta T}\right) \tag{3.38}$$

式中，ΔT 为热敏电阻的温度升高量；$R_0\exp(B/T_0)$ 为温度为 T_0 时 NTC 的阻值。

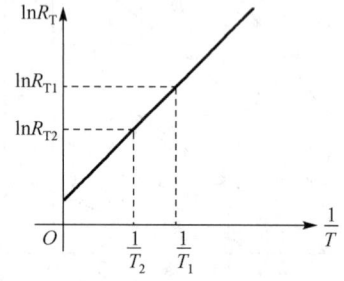
图 3.35 NTC 电阻的 $\ln R_T$—$1/T$ 关系曲线

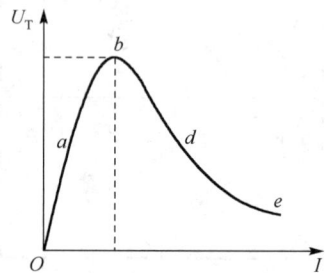
图 3.36 NTC 电阻的静态伏安曲线

当电流 I 很小时，电阻上的功耗 $P = I^2 R$ 很小，其引起的 ΔT 很小，可以忽略，即 $R_0\exp(B/T_0)$ 不变，电压随电流的增大而线性增大（Oa 段）；电流再增大，功耗使电阻-温度升高即 ΔT 增大，阻值下降，电压偏离线性，但是还随 I 增加（ab 段）；继续增大电流，电阻因升温而迅速下降，电压越过 b 点很快下降（bd 段）；温度很高时，电阻下降缓慢，电压也下降变缓（de 段），显然电压出现极大值（b 点）。

无论 NTC 热敏电阻能测量的温度范围是在低温区、中温区还是高温区，它们的阻值变化趋势都相同，都可用在温度检测、温度补偿和控温等各种电路中。

3．负温临界热敏电阻

负温临界热敏电阻（CTR）是指在某一温度附近电阻值发生突变，且于几度的狭小温区内随温度的增加阻值降低 3~4 个数量级的一类热敏元件。典型的 CTR 热敏电阻-温度特性曲线如图 3.37 所示。典型的 CTR 电阻材料 V_2O_3，其相变点可通过添加 Ge、Ni、W、Mn 等元素来调整。CRT 热敏电阻与相变温度对应的宏观开关温度（T_C）定义为电阻值下降到某一规定值（通常是标称电阻乘以一规定系数，如 80%）时所对应的温度，该规定值称为开关电阻（R_C）。通常，也可以按照曲线先求出切线在高阻端的交点 R_h 和切线在低阻端的交点 R_l，其经验算式为

$$R_C = (R_h + R_l)^{1/2}$$

因为在 T_C 处 CRT 的温度系数 α_T 的绝对值很大，但随温度的升高，温度系数的绝对值减小到某一规定值时所对应的温度称为最低温度，最低温度对应的电阻值称为最小电阻值 $R_{\min}$。因为 CRT 的阻值下降很快，用降值比 ψ 来描述下降的快慢，即标称电阻 R_{25} 与最小电阻比值 $R_{\min}$ 的对数，即

$$\psi = \lg \frac{R_{25}}{R_{\min}}$$

降值比越大，说明开关特性越好。

图 3.38 所示为一组不同开关温度（T_C）下，CTR 电阻的电阻-温度特性曲线，可以看出，不同配比的电阻器有不同的降值比。由于 CTR 电阻具有很大的负温度系数，因此可用于控温、报警及无触点开关等场合。

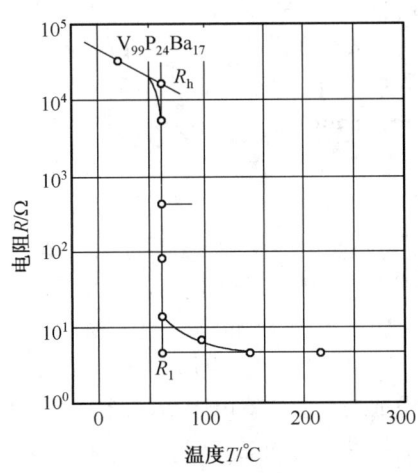
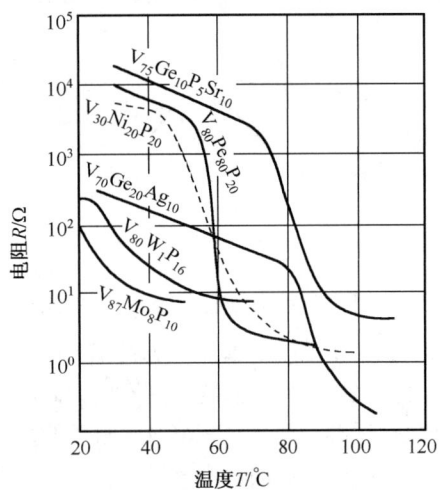

图 3.37 CTR 热敏电阻-温度特性曲线　　　图 3.38 不同 T_C 的 CTR 电阻的电阻-温度特性曲线

3.3.4 半导体热电阻温度传感器

半导体材料的电阻率对温度非常敏感，显然这对半导体器件的可靠性会产生不利影响，但是可以利用其电阻率随温度变化的特性制成温度传感器。

1. 半导体热电阻温度传感器工作原理

由半导体物理特性可知半导体材料的电阻率可表达为

$$\rho = \frac{1}{nq\mu_N + pq\mu_P} \tag{3.39}$$

式中，n、p 分别为材料中电子和空穴的浓度；μ_N、μ_P 分别为电子和空穴的迁移率；q 为电子的电量。

对于 P 型半导体，空穴浓度远远大于电子浓度，所以

$$\rho \approx \frac{1}{pq\mu_P} \tag{3.40}$$

对于 N 型半导体，电子浓度远远大于空穴浓度，所以

$$\rho \approx \frac{1}{nq\mu_N} \tag{3.41}$$

以上公式表示，半导体材料电阻率主要决定于载流子（电子或空穴）浓度和迁移率。而载流子浓度和迁移率都与温度密切相关。

由半导体物理特性可知，迁移率与温度的关系可表达为

$$\mu = \frac{q/m^*}{AT^{3/2} + BN_i T^{-3/2}} \tag{3.42}$$

式中，m^* 为载流子的有效质量；A 和 B 为与载流子有效质量相关的常数；N_i 为电离杂质浓度。

式（3.42）表明，迁移率随温度的变化与掺杂浓度 N_i 有关。

对于纯半导体材料，电阻率主要由本征载流子浓度 N_i 决定。N_i 随温度上升而急剧增加，室温附近温度每增加 8℃，硅的 N_i 就增加 1 倍，而迁移率（μ）仅稍有下降，所以电阻率将相应地降低一半左右；对锗来说，温度每增加 12℃，N_i 增加 1 倍，电阻率降低一半。本征半导体电阻率随温度增加而单调地下降，这是半导体区别于金属的一个重要特征。

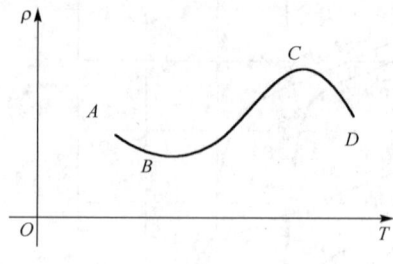

图 3.39 硅电阻率与温度的关系

对于杂质半导体，载流子浓度受杂质电离和本征激发两个因素的影响，有电离杂质散射和晶格散射两种散射机构，因而电阻率随温度的变化关系更为复杂。当硅的杂质浓度一定时，电阻率与温度的关系如图 3.39 所示。曲线大致分为三段：在 AB 段，温度很低，本征激发可忽略，载流子主要由杂质电离提供，它随温度的升高而增加，散射主要由电离杂质决定，迁移率也随温度升高而增大，所以电阻率随温度升高而下降。BC 段中，温度继续升高（包括室温），杂质已全部电离，本征激发还不十分显著，载流子浓度基本上不随温度变化，晶格振动散射上升为主要的影响因素，迁移率随温度升高而降低，所以电阻率随温度升高而增大。CD 段，温度继续升高，本征激发很快增加，大量本征载流子的产生远远超过迁移率减小对电阻率的影响，这时本征激发成为主要的影响因素，杂质半导体的电阻率将随温度的升高而急剧下降，表现出同本征半导体相似的特性。很明显，杂质浓度越高，进入本征导电占优势的温度也越高，材料的禁带宽度越大，同一温度下的本征载流子浓度就越低，进入本征导电的温度越高。温度高到本征导电起主要作用时，一般器件就不能正常工作了，这就是器件的最高工作温度。一般来说，锗器件的最高工作温度为 100℃，硅为 200℃，而砷化镓可达 450℃。

2. 硅热电阻的电阻-温度特性

硅热电阻的电阻-温度特性如图 3.40 所示，当硅热电阻处于正向偏置（上电极接正，下电极接负）时，保持偏置电流为 1mA。当温度为 55～175℃时，电阻值随温度升高而增大，误差小于 2%（实线），电阻值为 1000Ω，误差在 1% 以内。如果反向偏置，当温度上升到 120℃时，电阻值突然下降（虚线）。

3. 硅热电阻的温度系数

硅热电阻的温度系数可表达为

$$a_T = \ln \frac{R_T / R_{25}}{T - 25} \times 100\% \tag{3.43}$$

式（3.43）表明，随着温度的增加，电阻的温度系数减小。

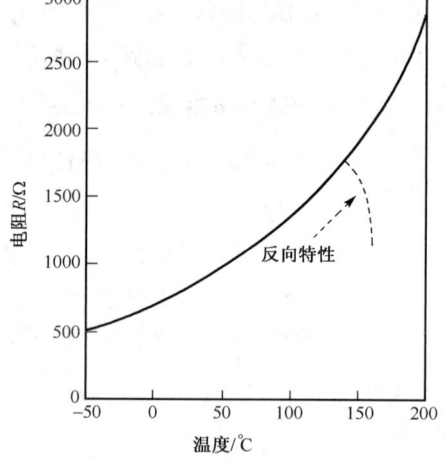

图 3.40 硅热电阻的电阻-温度特性

硅热电阻的温度系数与温度的关系如图 3.41 所示。

硅热电阻在不同温度下，电阻与电流的关系如图 3.42 所示。

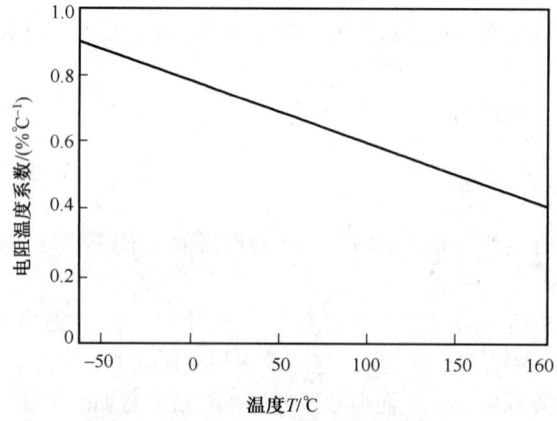

图 3.41 硅热电阻的温度系数与温度的关系

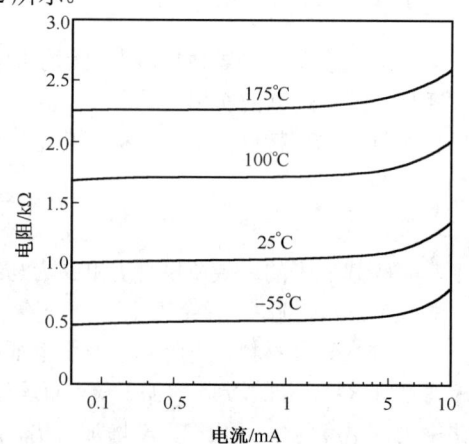

图 3.42 硅热电阻在不同温度下电阻与电流的关系

由图 3.43 可知，对于不同的温度，当电流超过 1mA 时，电阻就会出现非线性增加，这是由于电流自身的热效应使电阻增加。因此，硅温度传感器的工作电流应小于 1mA。

3.3.5 热敏电阻温度传感器的典型应用

（1）温度补偿电路

图 3.43 所示为利用热敏电阻的温度特性对各种晶体管、集成电路及其他电子电路和电子元器件进行温度补偿。图 3.43(a) 所示为 NTC 热敏电阻对晶体管进行补偿的电路。温度升高时，图中晶体管的 V_{be} 下降（详见晶体管温度传感器），而 R_T 下降，即 $R_T // R_G$ 减小，使 R_a 上压降增加，这样补偿了 V_{be} 的下降。图 3.43(b) 为对晶体管 I_e 的补偿，其中的温度补偿元件为缓变型 PTC 电阻，温度升高 R_T 增大，补偿了因 V_{be} 下降而使电流 I_e 的增加。

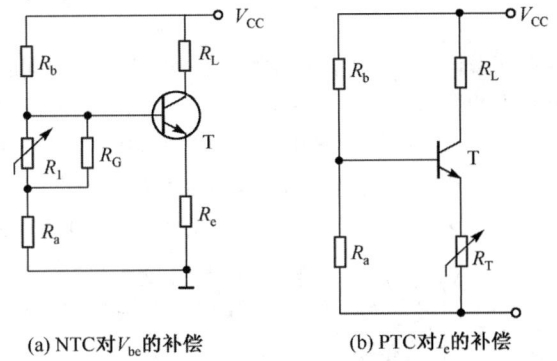

(a) NTC 对 V_{be} 的补偿   (b) PTC 对 I_e 的补偿

图 3.43 晶体管的温度补偿电路

（2）无触点恒温控制器

无触点自动温控电路如图 3.44 所示。其温控范围从室温到 150℃，精度为 ±0.1℃。正温度系数热敏电阻 R_T 作为偏置电阻接在 T_1、T_2 组成的差分放大器电路中，当温度变化时，热敏电阻阻值变化，引起 T_1 集电极电流变化，影响二极管支路电流，从而使电容 C 充电电流发生变化，则电容电压达到单结晶体管 BT 峰值电压的时刻发生变化，即单结晶体管的输出脉冲产生相移，改变了可控硅的导通角及加热丝的电源电压，从而达到自动控温的目的。图中电位器 R_W 用来调节不同的设定温度。

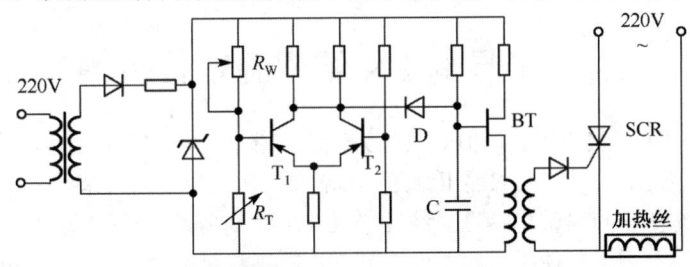

图 3.44 无触点自动温控电路

（3）CPU 过热报警器

PC 机上的中央处理器 CPU 在夏季高温季节或自带微风扇停转时，会出现过热现象。采用如图 3.45 所示的电路，可在 CPU 出现过热时发出报警声，提醒用户立即采取降温措施，以免烧坏计算机的核心部件 CPU。

电路中采用一只普通的锗二极管担任温度传感器，该传感器被强力胶粘贴在 CPU 芯片的散热器上。锗二极管 V_2 被反相偏置，在常温下，其阻值较大，相当于开路，V_1 导通，IC 的 4 脚的复位端处于低电位，使得接成自由振荡器 555 不起振，扬声器 B 不发声。当 CPU 芯片散热器的温度上升到超过经电位

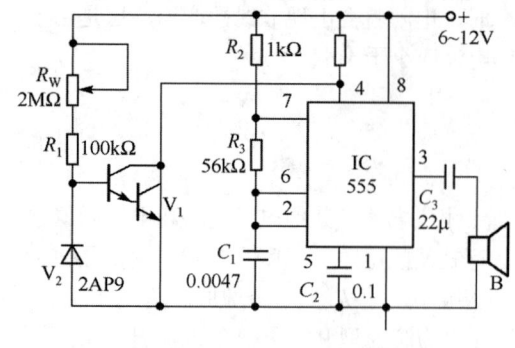

器 R_W 调定的温度值时，V_2 受热，结电阻阻值减小，并小到足以使 V_1 截止时，使 IC 复位端处于高电位而起振，扬声器发出报警声。调节 R_2、R_3 和 C_1 的时间常数，可改变声音的频率。

（4）热敏真空计

热敏真空计和前面的热电偶压力传感器工作原理一样，不同的是热敏真空计采用的是热敏电阻来实现温度的测量而不是通过热电偶来实现测量。它通常采用电子真空计的形式，采用发光二极管来对数值进行显示和输出切换。

图 3.45 CPU 过热报警器电路

（5）皮拉尼真空计

典型的皮拉尼真空计如图 3.46(a)所示，它同热敏真空计类似，所不同的是，它的热敏元件由 4 个并联连接的钨丝构成。两个通用的管材连接如图 3.46(b)所示，内部 4 根钨丝连接成电桥电路，其中一个管中抽真空至一个非常低的压力，另外一个管中是待测的未知压力。由于气体的热传导率，钨丝上有电流流过。钨丝上的电阻变化破坏了测量电桥的平衡，因此皮拉尼真空计避免了采用热敏元器件或热电偶来测量温度实现压力测定。这种方式可以测量的压力范围为 $10^{-5}M\sim 1MPa$。

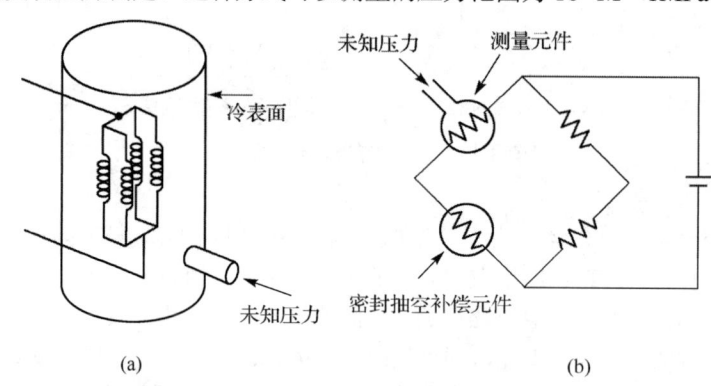

图 3.46 皮拉尼真空计

3.4 半导体 PN 结型温度传感器

热电偶虽然有测温范围宽的优点，但其热电势较低；热敏电阻的上升温度范围窄，但灵敏度高，有利于检测微小温度变化。由于它们的输出都是非线性的，因此给使用带来了一定的困难。PN 结温度传感器与它们相比，最大优点是输出特性呈线性，且测温精度高。

PN 结测温传感器利用半导体材料和器件的某些性能参数对温度的依赖性，实现对温度的检测、控制和补偿等功能。众所周知，半导体材料和器件的许多性能及参数，如电阻率、PN 结的反向漏电流和正向电压等都是与温度有密切关系的。在一般电路应用中，半导体材料和器件性能受温度影响是一种缺点，因为它会导致电路工作的不稳定，所以总是想方设法克服和避免它。然而与此相反，半导体测温元件正是利用半导体材料和器件的某些性能与温度的关系做成各种 PN 结温度传感器，实现对温度的检测、控制或补偿等功能的。

3.4.1 温敏二极管

随着半导体技术和测温技术的发展，人们发现，在一定的电流模式下，PN 结的正向电压与温度之间具有很好的线性关系。例如,砷化镓和硅温敏二极管在 1~400K 之间的温度表现为良好的线性。下面讨论以 PN 结正向电压温度特性制作的温敏二极管的基本工作原理、特性和应用。

1. 测温原理

根据半导体器件原理,流经晶体二极管的正向电流 I_{VD} 与这个 PN 结上的压降 V_{VD} 有以下关系

$$I_{VD} = I_{se} e^{\frac{qV_{VD}}{kT}} \tag{3.44}$$

式中,I_{VD} 为 PN 结的正向电流;V_{VD} 为 PN 结的正向压降;q 为电子电荷量;k 为玻耳兹曼常数;T 为热力学温度;I_{se} 为反向饱和电流。

$$I_{se} = BT\eta e^{\frac{-qV_{g_0}}{kT}} \frac{1}{2} \tag{3.45}$$

式中,qV_{g_0} 为半导体材料的禁带宽度;B 和 η 为常数,其数值与器件的结构和工艺有关。

对式(3.44)求对数有

$$V_{VD} = \frac{kT}{q} \ln \frac{I_{VD}}{I_{se}} \tag{3.46}$$

将式(3.45)代入式(3.44)中有

$$V_{VD} = \frac{kT}{q} \ln I_{VD} + V_{g_0} - \frac{kT}{q} \ln B - \frac{kT}{q} \ln(\eta T) \tag{3.47}$$

对式(3.47)取导数,得到 PN 结正向压降对温度的变化率为

$$\frac{dV_{VD}}{dT} = \frac{k}{q} \ln I_{VD} - \frac{k}{q} \ln B - \frac{k}{q} \ln(\eta T) - \frac{k}{q} \eta \tag{3.48}$$

根据式(3.47)和式(3.48),得到温度灵敏度为

$$\frac{dV_D}{dT} = -\left(\frac{V_{g_0} - V_D}{T} + \eta \frac{k}{g} \right)$$

式中,$k = 8.63 \times 10^{-5}$ eV/K,对硅半导体材料 $V_{g_0} = 1.172$V,如设 $V_{VD} = 0.65$V,$T = 300$K,$\eta = 3.5$,可得

$$\frac{dV_{VD}}{dT} = -2 (\text{mV/K}) \tag{3.49}$$

在此条件下,温度每升高 1 度,PN 结正向电压就下降 2mV。晶体二极管(PN 结)的这一特性可用来测温。

与传统的热电偶测温相比,该方法的灵敏度要高得多,一般热电偶的灵敏度仅为 3~5 μV/℃。

利用晶体管的正向压降来测温,在高温时受到载流子本征激发的限制,只能工作在 100~200℃ 之间,但低温可测量范围大,可测到接近于热力学零度。从式(3.48)还可以看出,晶体二极管正向压降的温度系数(灵敏度)并不是常数,它还决定于与工艺有关的常数 η。图 3.47 所示的硅二极管正向电压-温度特性曲线给出了硅二极管的温度与电压的关系。

2. PN 结晶体二极管测温电路

温敏二极管测温电路如图 3.48 所示。利用二极管 VD,R_1、R_2、R_3 和 R_W 组成一个电桥电路,再用运算放大器把电桥输出电压信号放大并起到阻抗变换作用,可提高信号的质量。

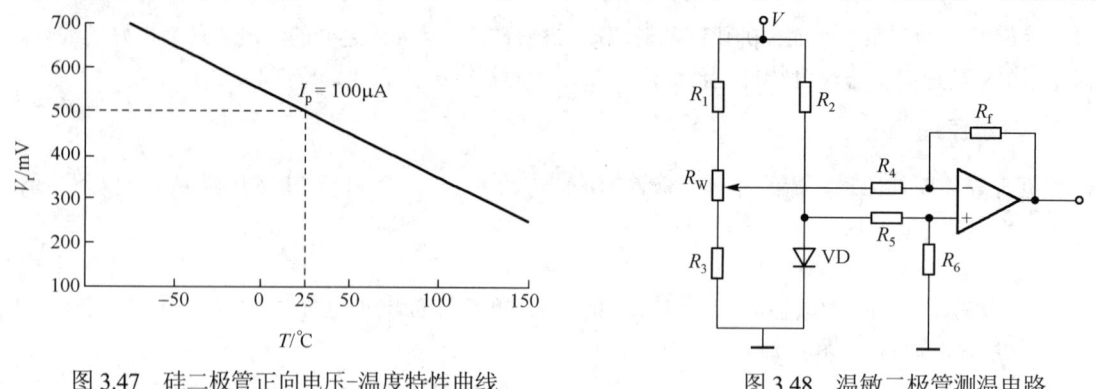

图 3.47 硅二极管正向电压-温度特性曲线

图 3.48 温敏二极管测温电路

3.4.2 温敏晶闸管（可控硅）

温敏晶闸管（可控硅）是温敏闸流晶体管（可控硅）的简称，主要用作大电流、大功率的开关闸。它是一个 4 层 PNPN 结构的三端半导体器件，如图 3.49(a)所示。包括 3 个 PN 结 J_1、J_2、J_3，由外层 P_1 区和 N_2 区引出两个电极分别作为阳极 A 和阴极 K，N_1 区和 P_2 区分别引出电极称为栅极 G_1 和 G_2。晶闸管的结构可以看作是由一个 PNP 和 NPN 晶体管组合而成的。PNP 晶体管的集电极总是和 NPN 晶体管的基区连接在一起的，如图 3.49(b)和图 3.49(c)所示。

1．温敏晶闸管的工作原理

当晶闸管处于正向工作过程时，阳极 A 和阴极 K 之间加正向电压，则 J_1 和 J_3 均为正偏，J_2 处于反向偏置，它流过很小的电流 I_A，晶闸管处于高阻态，此状态被称为晶闸管的正向阻断状态——断态。根据晶体管原理，如果以 P_2 为基极，注入的基极（栅极）电流为 I_g，则在 $N_1P_2N_2$ 的集电极会得到放大的电流 $\beta I_g = I_{c2}$。而 I_{c2} 是 $P_1N_1P_2$ 的 I_{B1}，转过来 I_{c2} 又注入 $N_1P_2N_2$ 的基极，这是一个正反馈过程。如果反馈回路的增益足够大，甚至在 P_2 不提供任何更大的控制极驱动电流时，电流也将增大，器件由正向阻断状态转变为正向导通状态——通态。可见，在正向偏置下工作的晶闸管，通过控制栅极电流，可使晶闸管由断态变为通态，可作为理想的开关元件。

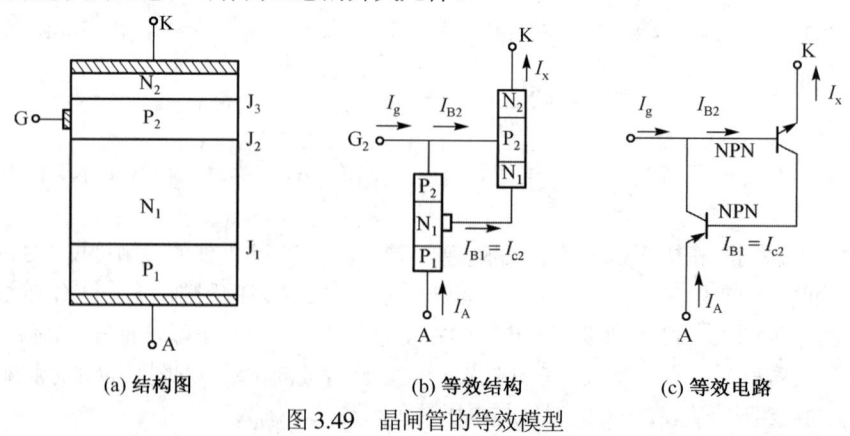

(a) 结构图　　　(b) 等效结构　　　(c) 等效电路

图 3.49 晶闸管的等效模型

当晶闸管处于反向工作时，J_1 和 J_3 处于反偏。由于 J_3 两侧的区域都是重掺杂区，则 J_1 几乎承受所有的反向电压，因而流过很小的反向电流，此时器件称为反向阻断状态。

晶闸管的电流-电压特性如图 3.50 所示。图中在正偏条件下，原点至（1）是正向阻断区，即关态（1），（1）至（3）为通态。处于通态的晶闸管即使去掉栅极偏置，只要电流电压大于保持点（2）所对

应的保持电流 I_h 和保持电压 V_h，那么晶闸管仍保持导通状态。只有电流低于 I_h 时，晶闸管才会由通态转换为断态。

2. 温敏晶闸管的温度特性

实验发现，晶闸管的电流-电压特性随温度的变化而改变，如图 3.51 所示。当温度升高时，晶闸管的正向翻转电压下降，而反向电压提高。温度对晶闸管正向特性的影响意味着晶闸管不仅可用栅触发，而且可用温度触发使其由断态变为通态。温敏晶闸管就是利用这种热导通特性实现温—电转换的。

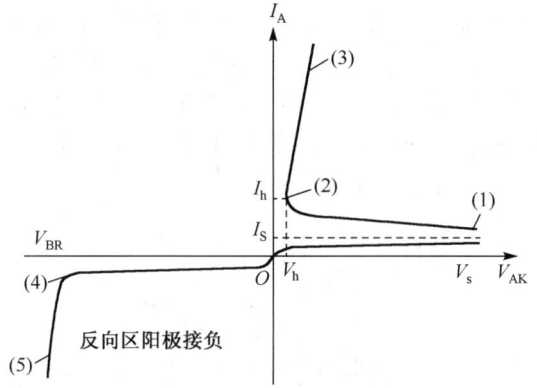

图 3.50　晶闸管的基本电流-电压特性　　　　图 3.51　温度对晶闸管特性的影响

当晶闸管处于正偏且无栅电流时，其阳极电流为

$$I_A = \frac{I_O}{1 - a_1 - a_2} \tag{3.50}$$

式中，a_1 和 a_2 分别为 PNP 和 NPN 管的小信号电流增益。

将式（3.50）对温度求导得

$$\frac{dI_A}{dT} = \frac{1}{1 - a_1 - a_2} \frac{dI_O}{dT} \tag{3.51}$$

当温度升高时，J_2 结的反向漏电流指数增加，这相当于在栅极注入电流。由于 PNP 管和 NPN 管之间的正反馈过程，便得到放大的阳极电流。温度越高，反向漏电流越大，阳极电流越大，因此电流增益 a 随温度升高而增加，当温度升高到使 $a_1 + a_2 = 1$ 时，由式（3.51）可知，温度的微小变化可引起 I_A 的巨大变化，即晶闸管由断态进入通态。这种情况发生时对应的温度称为开关温度或导通温度。由此可见，原来处于正向阻断区的晶闸管可在温度触发下实现状态翻转，从而实现温度开关作用。

3. 温敏晶闸管的开关温度控制

普通晶闸管的开关温度一般都做得很高，高于最高使用温度，以提高晶闸管的热稳定性，防止在使用过程中发生误操作。温敏晶闸管则不同，作为一种温度开关器件，它可能用于高温环境，也可能用于低温环境，因此它的开关温度应能在一个较宽的范围内进行调节。新型的温敏晶闸管的开关温度可在 $-30 \sim 120 ℃$ 之间变化。通常，可以从两个方面对温敏晶闸管的开关温度加以控制。

（1）增大反向漏电流和直流增益

由晶闸管的温度触发工作原理可知，为了降低开关温度，应设法增大反向漏电流和直流增益。根据 PN 结理论，反向漏电流的主要成分是空间电荷区的产生电流。因此，只要设法增加 J_2 结区的有效产生-复合中心密度，以降低载流子的寿命，便可增加 J_2 区的载流子产生过程。其方法是采用氮离子注入技术，在 J_2 结区引入晶格缺陷，形成有效的产生-复合中心。根据晶体管原理，要增大直流增益，就要在结构设计上减小 P 型和 N 型基区的宽度。

（2）利用栅极分路电阻

如图 3.52 所示，栅极分路电阻并联在晶闸管的 PNP 和 NPN 管的基极和发射极之间。由于栅极分路电阻并联在发射结上，一部分发射极电流将从这个电阻上流过，而不经过发射结到达基区，所以电阻的分流作用减小了发射极注入效率，从而减小了晶体管的电流增益，因此导致开关温度的升高。R_{GA} 的分流作用减小了 a_1，R_{GK} 的分流作用减小了 a_2，而且电阻越小，分流作用越强，开关温度将越高。通常，温敏闸流管本身的 a_1、a_2 相差比较大（$a_1 \ll a_2$），因此同一分路电阻接在 N 型栅极和 P 型栅极上的效果并不相同，将得到不同的开关电压值，前者小于后者。可以采用一个分路电阻，也可以接入两个分路电阻，同时改变 a_1 和 a_2。如果按图 3.53(c) 所示的接法接入分路电阻，则可以增加 $a_1 + a_2$，从而降低开关温度。分路电阻也可以用其他器件取代，如热敏电阻、二极管、晶体管和 MOS 场效应管等。

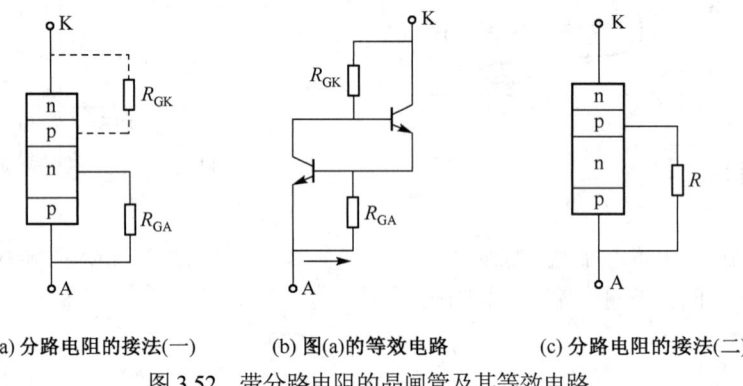

(a) 分路电阻的接法（一）　　(b) 图(a)的等效电路　　(c) 分路电阻的接法（二）

图 3.52　带分路电阻的晶闸管及其等效电路

3.4.3　温敏三极管

实际研究证明，晶体管发射结上的正向电压随温度上升而近似成线性下降，这种特性与二极管十分相似，且晶体管表现出比二极管更好的线性和互换性。

1. 基本原理

根据晶体管原理，处于正向工作状态的晶体三极管，其发射极电流和发射结电压能很好地符合以下关系

$$I_e = I_{se} \left(e^{\frac{qV_{be}}{kT}} - 1 \right) \tag{3.52}$$

式中，I_e 为发射极电流；V_{be} 为发射结压降；I_{se} 为发射结的反向饱和电流。

在室温时，$kT/q \approx 36 \text{mV}$，因此，一般发射结在正向偏置的条件下，都能满足 $V_{be} \gg kT/q$ 的条件，这时式（3.52）可以近似为

$$I_e = I_{se} e^{\frac{qV_{be}}{kT}} \tag{3.53}$$

对式（3.53）求对数得

$$V_{be} = \frac{kT}{q} \ln \frac{I_e}{I_{se}} \tag{3.54}$$

式中，I_e、I_{se} 为与材料及工艺有关的常数；K 和 q 为物理常数。V_{be} 只与温度相关，其灵敏度为

$$\frac{dV_{be}}{dT} = \frac{k}{q} \ln \frac{I_e}{I_{se}} \approx 常数 \tag{3.55}$$

2. 基本电路

温敏晶体管测温的最常用电路如图 3.53 所示。温敏晶体管作为负反馈元件跨接在运算放大器的反相输入端和输出端，基极接地。如此连接的目的是使发射结为正偏，而集电极几乎是零偏。零偏的集电极使得集电结的电流中不需要的空间电荷的复合电流和表面漏电流几乎为零，发射结电流中的空间复合电流和表面漏电流作为基极电流流入地，因此集电极电流只含有扩散电流成分，集电极电流 I_C 只取决于集电极电阻 R_c 和电源 E，保证了温敏晶体管的 I_C 恒定。电容 C 的作用是防止寄生振荡。图 3.53(b) 所示内在不同的 I_C 情况下，温敏晶体管的电压 U_{BE} 与温度 T 的实际结果。三条曲线对应着不同的集电极电流值，且小电流对应着较大的电压温度系数。由图中还可以看出，温度系数对电流的依赖性并不十分强烈，这是因为 U_{BE} 是 I_C 的对数函数。

3. 集成温敏三极管

由式（3.54）可知，发射结压降与反向饱和电流 I_{se} 有关，而 I_{se} 又决定于式（3.45），它是一个与温度有关的常数，为了消除 I_{se} 的影响，可以用接成对管的方式来解决，如图 3.54 所示。

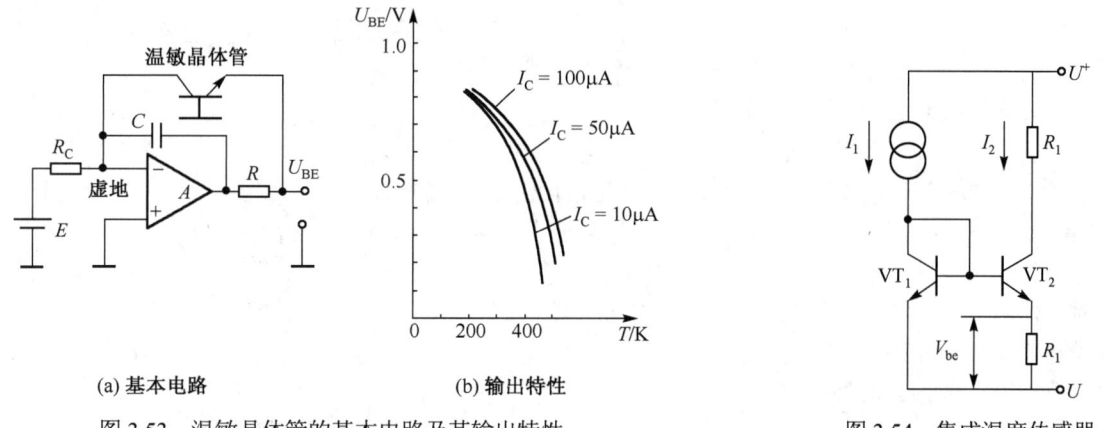

(a) 基本电路　　　　　(b) 输出特性

图 3.53　温敏晶体管的基本电路及其输出特性　　　　图 3.54　集成温度传感器

非常对称的对管 VT_1 和 VT_2 可以很容易制成。在此条件下，$I_{se1} = I_{se2}$，当两只晶体管处于同一温度场时，它们的发射结的正向压降由式（3.54）给出，分别为

$$\begin{aligned} V_{be1} &= \frac{kT}{q} \ln \frac{I_{e1}}{I_{se1}} \\ V_{be2} &= \frac{kT}{q} \ln \frac{I_{e2}}{I_{se2}} \end{aligned} \tag{3.56}$$

由于 $I_{se1} = I_{se2}$，则两只晶体管 be 结的压降差为

$$\Delta V_{be} = V_{be1} - V_{be2} = \frac{kT}{q} \ln \frac{I_{e1}}{I_{e2}} \tag{3.57}$$

由式（3.57）可见，在 I_{se1} 和 I_{se2} 比值一定的条件下，ΔV_{be} 与热力学温度 T 成正比。比例系数 $k/q\ln(I_{se1}/I_{se2})$ 是一个常数，与反向饱和电流 I_{se} 无关，也与三极管的制造工艺条件无关。可见，晶体三极管可以作为理想的测温元件。

3.4.4 半导体 PN 结型温度传感器典型应用

（1）温敏二极管的温度调节器

图 3.55 所示电路是一个典型应用实例。它可用于液氮气流式恒温器中，对 77～300K 之间的温度进行调节。D_T 是锗温敏二极管，通过调节 R_{w_1}，使流过 D_T 的电流保持在 50μA 左右。比较器采用 μA741 运算放入器，其正端输入电压 u_r 为参考电压，由 R_{w_2} 调整；负端电压 U 随温敏二极管变化。当 U 低于 u_r 时，比较器输出高电平，晶体管 BG_2、BG_3 导通，加热器加热；当 u 高于 u_r 时，比较器输出低电平，使 BG_2、BG_3 截止，加热器停止加热，该电路可以使温度恒定在某温度点上，其控制精度优于±0.1℃。

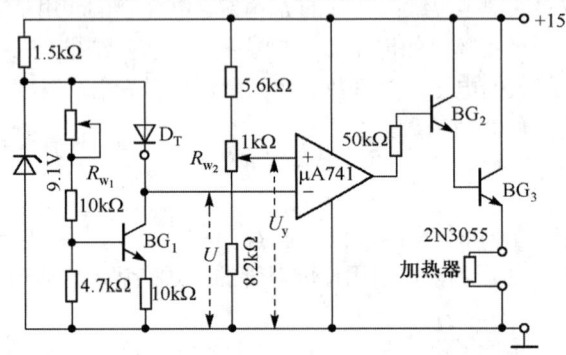

图 3.55 温度调节器电路

（2）温敏晶体管的温差检测电路

图 3.56 所示为一种温差实用检测电路。该电路的输出反映了两个待测点的温差，常常用于工业过程监视和控制场合。电路中使用了两只性能相同的温敏晶体管 MTS102 作为测温探头，分别置于待测温场中，两个不同温度所对应的 U 分别经过运算放大器 A_1、A_2 缓冲后，加到运算放大器 A_3 的输入端进行差分放大。

具体调整时，将两只温敏晶体管置于同一温度中，调节电位器 R_w（100kΩ），使 A_3 输出 u_0 为 0。这样就可以保证输出电压 u_0 正比于两点温差。灵敏度由 R_f 和 R 值决定。该电路可以测量 0～150℃范围内的温差，其精度可达±0.5℃。

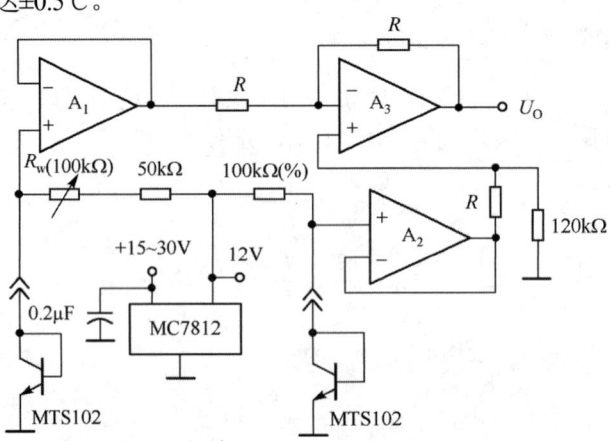

图 3.56 温差实用检测电路

（3）温敏晶体管温度控制器

图 3.57 所示为一种简单实用的温度控制电路。感温元件采用 NPN 晶体管的 be 结。运算放大器接成滞回电压比较器。电阻 R_1、R_2 和 R_w 上和晶体管，R_4 和 R_w 下组成测温电桥。初始温度较低时，晶体

管 V_{be} 电压较高,$V+$ 大于 $V-$,输出 V_O 为高电平 V_{OH},继电器 J 吸合进行加热。晶体管温度升高,其上 V_{be} 电压下降,使 $V+$ 下降,当温度升高到 T_{HL} 后,$V+$ 小于 $V-$,运放输出 V_O 低电平(图 3.57 右上角为比较器输出与温度的曲线),J 释放,停止加热。恒温器由于散热,温度又会下降,V_{be} 上升,$V+$ 升高,当温度下降到 T_{LH} 时,$V+$ 又大于 $V-$,输出 V_O 又为高电平,J 再次吸合,开始加热,周而复始,具有滞回特性,将温度控制在 T_O 处(T_{HL}-T_{LH})范围内。调节 R_w,改变设定温度,达到控温的目的。

(4)温度开关

温控晶闸管最简单的应用电路如图 3.58 所示。在温控晶闸管的阳极和阴极之间接入交流电源和负载。当温度超过设定的值时,温控晶闸管就导通,被整流的半波电流流过负载。当温度继续上升,温控晶闸管导通状态不变。温度下降到比温控晶闸管的开关温度 T 低时,在电源电压周期内,当电压到达零交叉点时,它就断开。电路中负载 R,可根据需要用温度指示灯、继电器和晶体管控制电路等。

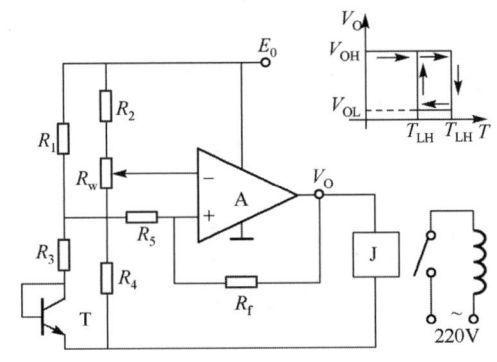

图 3.57 晶体管温控电路

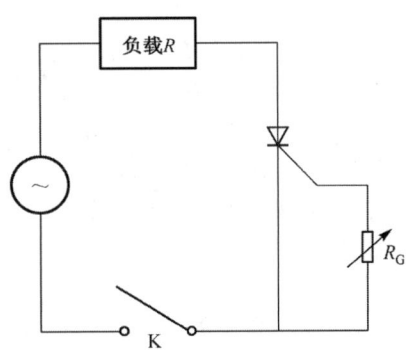

图 3.58 温控晶闸管应用电路

(5)客房火灾报警器

图 3.59 所示为客房火灾报警器原理电路图。在每个客房内安装有 TT201 温控晶闸管组成的火灾传感器,在每一路中又都串有发光二极管 LED,其总线串接报警电路再与电源相连。为及时了解灾情,发光二极管及报警电路均设置在总监控台。若某一房间发生火灾时,房内的环境温度升高,当环境温度升高到温控晶闸管的开启电压温度时,该路的温控晶闸管导通,相应发光二极管发光显示,同时,由于温控晶闸管导通会使总线路电流增大,产生报警信号,再经报警电路检测处理后,立即发出火灾报警笛声。

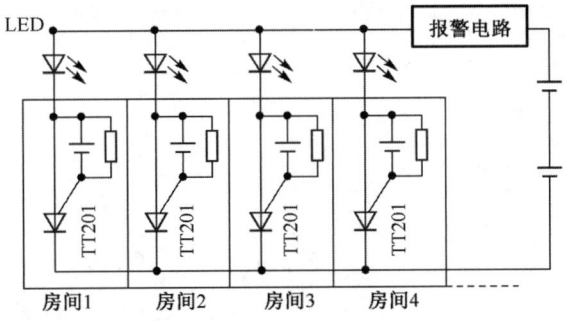

图 3.59 客房火灾报警器原理电路

习 题

1. 用热电偶测温时为什么要进行冷端温度补偿?其冷端温度补偿的方法有哪几种?
2. 热电偶结构由哪几部分组成?

3. 用热电偶理论说明关于热电偶的基本定律。
4. 试比较热电阻和半导体热敏电阻器的异同。
5. 在炼钢厂中，有时直接将廉价热电极（易耗品，如镍铬、镍硅热偶丝，时间稍长即熔化）放入钢水中测量钢水温度，如图 3.60 所示。试说明测量钢水温度的基本原理。为什么不必将工作端焊在一起？要满足哪些条件才不影响测量精度？采用上述方法是利用了热电偶的什么定律？如果被测物不是钢水，而是熔化的塑料，那么这可行吗？为什么？
6. 若被测温度点距离测温仪 500cm，应用哪种温度传感器？为什么？欲测量变化迅速的 200℃ 的温度，应选用哪种传感器？欲测量 2000℃ 的高温，又应选用哪种传感器？说明原理。
7. 为什么温敏晶体管的 U_{BE}–T 关系比温敏二极管的 U_{BE}–T 关系的线性度更好？

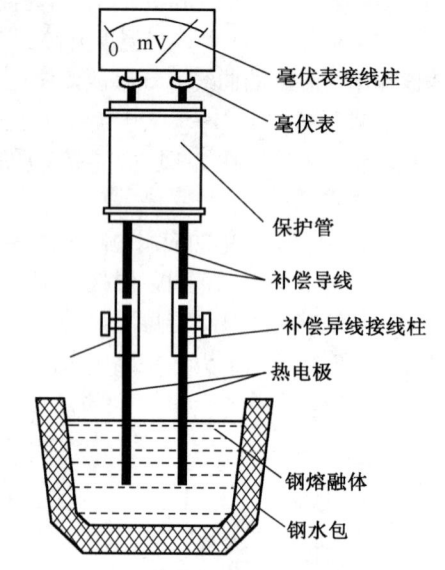

图 3.60 用浸入式热电偶测量熔融金属示意图

第 4 章　力敏传感器

力敏传感器是支撑工业过程自动化的四大传感器之一。力敏元件是指力敏传感器中能感受（或响应）力的元件。力包括重力、拉力、压力、力矩、压强等物理量。它们都与机械应力有关，所以把这类传感器称为力学量传感器。力敏元件及传感器广泛用于各工业生产部门和科学实验研究中。力敏元件及传感器品种规格繁多，可以按不同的方法进行分类，传统的、测量力的方法是利用弹性元件的形变和位移来表示的，其特点是成本低、不需要电源，但体积大、笨重、输出为非电量。后来发现了应变计，特别是随着微电子的技术发展，利用半导体材料的压阻效应和弹性与集成电路工艺，研制出了半导体力和压力传感器，使这类传感器有了长足的进步。普遍应用的力敏传感器有电阻式、压电式、电容式、变磁阻式、光纤式等。近几年又发展了声表面波压力传感器、磁致伸缩型压力传感器、电位式压力传感器等电气传感器。

4.1　应变式电阻传感器

应变式电阻传感器是一种由电阻应变片和弹性敏感元件组合起来的传感器。将应变片粘贴在各种弹性敏感元件上，当弹性敏感元件受到外作用力、力矩、压力、位移、加速度等各种参数作用时，将产生位移、应力和应变，此时电阻应变片就可将其转换为电阻的变化。这种传感器可用不同弹性的敏感元件形式完成多种参数的转换，构成检测各种参数的应变式传感器。电阻应变片就是传感器中的转换元件，它是电阻应变式传感器的核心元件。

4.1.1　电阻应变片的种类

电阻应变片的分类方法很多，常用的方法是按照制造应变片时所用的材料、工作温度范围及用途不同来进行分类的。

（1）按应变片敏感栅的材料分类，可分为金属应变片和半导体应变片两大类。

（2）按应变片的工作温度分类，可分为常温应变片（20～60℃）、中温应变片（60～300℃）、高温应变片（300℃以上）和低温应变片（低于20℃）等。

（3）按应变片的用途分类，可分为一般用途应变片和特殊用途应变片（水下、疲劳寿命、抗磁感应、裂缝扩展等）。

电阻应变片种类繁多，形式各样，但其基本构造大体相同。下面对金属电阻应变片和半导体应变片进行分析。

4.1.2　金属电阻应变片

1. 金属电阻应变片的结构

金属电阻应变片简称应变片，其结构大体相同，如图 4.1 所示。金属电阻应变片由敏感栅、基底、覆盖层、引线和黏结剂等部分组成。

（1）敏感栅

敏感栅是应变片中实现应变-电阻转换的敏感元件，由直

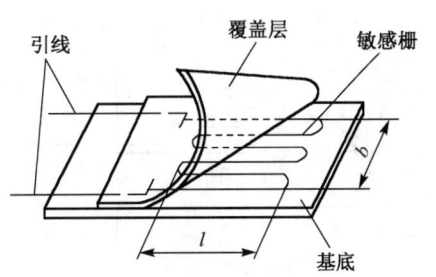

图 4.1　金属电阻应变片结构

径为 0.015～0.05mm 的高电阻率合金电阻丝弯成栅状，其电阻值一般在 100Ω 以上。图 4.1 中，l 为栅长，b 为栅宽。

（2）基底

为保证敏感栅形状、尺寸和位置不变，通常用黏结剂将它固定在纸质或胶质的基底上。应变片工作时，基底起着准确地将试件应变传递到敏感栅的作用。为此，基底必须很薄，一般为 0.02～0.04mm。

（3）覆盖层

覆盖层用纸或透明胶纸覆盖在敏感栅上，起着防潮、防尘、防蚀、防损等作用。

（4）引线

引线起着敏感栅与测量电路之间的过渡连接和引导作用。用直径为 0.1～0.15cm 的低阻镀锡或镀银铜线，并用钎焊与敏感栅端连接。

（5）黏结剂

在制造应变片时，用黏结剂分别把覆盖层和敏感栅固定在基底上；在使用应变片时，用黏结剂把应变片基底粘贴在试件表面的被测部位。因此，它起着传递应变的作用。

2. 金属电阻应变片的分类

（1）丝式应变片（分回线式和短接式两种）

① 回线式应变片。回线式应变片是将电阻丝绕制成栅粘在绝缘基片上制成的。敏感栅材料的直径为 0.012～0.050mm，通常选 0.025mm。基片也很薄，厚度约 0.03mm，易粘贴并能保证有效地传递变形。引线多用 0.10～0.30mm 直径的镀锡铜线，其结构如图 4.2(a)所示，特点是制作简单、性能稳定、价格便宜。

② 短接式应变片。短接式应变片是将数根等长的敏感金属丝平行放置，两端用直径比金属丝大 5～10 倍的镀银丝短接起来而构成的。此应变片的优点是克服了回线式应变片的横向效应。但因焊点多，在冲击振动实验时焊接点易出现疲劳破坏，其结构如图 4.2(b)所示。

（2）箔式应变片

箔式应变片是将很薄的金属片粘于基片上，经光刻、腐蚀等制成金属箔敏感栅。给箔敏感栅接上金属丝电极，再涂覆与基片同质料的覆盖层。常用的金属箔材料是（厚度为 0.003～0.010mm）康铜（Ni 55%，Cu 15%）。基片厚度为 0.03～0.05nm 的胶质膜或树脂薄膜具有尺寸准确、线条均匀、可按需要做成各种形状的优点，且器件的性能稳定、散热好、寿命长，但灵敏度较低。箔式应变片结构如图 4.3 所示。

（3）薄膜应变片

薄膜应变片是薄膜技术发展的产物。它是采用真空蒸发或真空沉积等方法，在薄的绝缘基片上形成厚度在 0.1μm 以下的金属电阻材料薄膜的敏感栅，最后加上保护层。其优点为应变灵敏系数大，允许电流密度大，工作范围广，温度可达197～371℃，但难以控制电阻与温度和时间的变化关系。

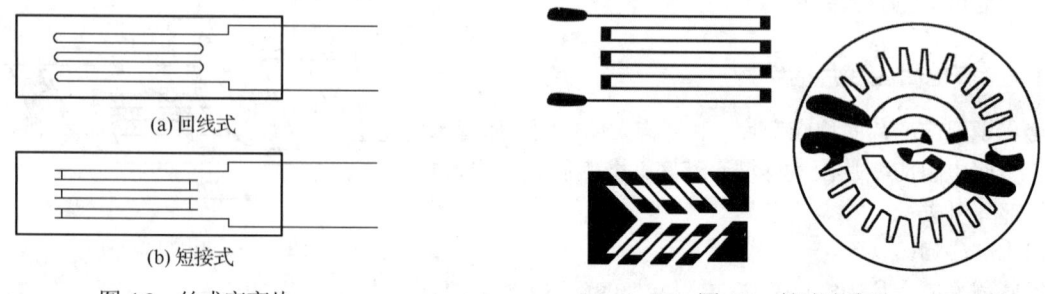

图 4.2　丝式应变片　　　　　　　　　图 4.3　箔式应变片

3. 金属应变片的工作原理

设有一根长度为 l、截面积为 s、电阻率为 ρ 的金属丝,其电阻 R 为

$$R = l\frac{\rho}{s} \tag{4.1}$$

对式两边取对数,得 $\ln R = \ln\rho + \ln l - \ln s$。等式两边微分,则得

$$\frac{\mathrm{d}R}{R} = \frac{\mathrm{d}\rho}{\rho} + \frac{\mathrm{d}l}{l} - \frac{\mathrm{d}s}{s} \tag{4.2}$$

式中,$\mathrm{d}R/R$ 为电阻的相对变化;$\mathrm{d}\rho/\rho$ 为电阻率的相对变化;$\mathrm{d}l/l$ 为金属丝长度的相对变化,$\varepsilon = \mathrm{d}l/l$ 称为金属丝长度方向的应变或轴向应变;$\mathrm{d}s/s$ 为截面积的相对变化,因为 $s = 4\pi r^2$,r 为金属丝的半径,则 $\mathrm{d}s = 2\pi r \mathrm{d}r$,$\mathrm{d}s/s = 2\mathrm{d}r/r$;$\mathrm{d}r/r$ 为金属丝半径的相对变化,即径向应变 ε_r。

由材料力学知道,在弹性范围内金属丝沿长度方向伸长时,径向(横向)尺寸缩小。反之亦然,即轴向应变 ε 与径向应变 ε_r 存在以下关系

$$\varepsilon_\mathrm{r} = -\mu\varepsilon \tag{4.3}$$

式中,μ 为金属材料的泊松比。

由勃底特兹明通过实验研究发现,金属材料的电阻率相对变化与其体积相对变化之间有以下关系

$$\frac{\mathrm{d}\rho}{\rho} = C\frac{\mathrm{d}V}{V} \tag{4.4}$$

式中,C 为由一定的材料和加工方式决定的常数;$V = Sl$,$\frac{\mathrm{d}V}{V} = \frac{\mathrm{d}l}{l} + \frac{\mathrm{d}s}{s} = (1-2\mu)\varepsilon$。由此可得

$$\frac{\mathrm{d}\rho}{\rho} = C\frac{\mathrm{d}V}{V} = C(1-2\mu)\varepsilon \tag{4.5}$$

将上述各关系式一并代入式(4.2)得

$$\frac{\mathrm{d}R}{R} = C(1-2\mu)\varepsilon + \varepsilon + 2\mu\varepsilon = [(1+2\mu) + C(1-2\mu)]\varepsilon = k \cdot \varepsilon \tag{4.6}$$

式中,$k = (1+2\mu) + C(1-2\mu)$,为金属丝材料的应变灵敏系数(简称灵敏系数)。

式(4.6)表明,金属材料的电阻相对变化与其线应变成正比。这就是金属材料的应变电阻效应。对于金属材料,$k = (1+2\mu) + C(1-2\mu)$。可见,它由两部分组成:$(1+2\mu)$ 为受力后金属丝几何尺寸变化所致,一般金属 $\mu \approx 0.3$,因此 $(1+2\mu) \approx 1.6$;$C(1-2\mu)$ 为电阻率随应变而变的部分。以康铜为例,$C \approx 1$,$C(1-2\mu) \approx 0.4$,所以此时 $k \approx 2.0$。显然,金属丝材料的应变电阻效应以结构尺寸变化为主。对其他金属或合金,k 值为 1.8~4.8。

4. 金属电阻应变片的参数

电阻应变片的工作特性是指用数据或曲线表达的应变片的性能和特点,应变片的主要参数是指能反映应变片性能优劣的指标。实际上,通过应变片的主要参数就能得知其工作特性。

(1)应变片电阻值 R

应变片在没有粘贴及未参与变形前,在室温下测定的电阻值称为初始电阻值(单位为Ω)。应变片阻值有一定的系列,如 60Ω、120Ω、250Ω、3500Ω 和 10000Ω,其中以 120Ω 最为常用。应变片电阻值的大小应与测量电路相配合。

(2) 灵敏系数 k

灵敏系数 k 是应变片的重要参数。k 值误差的大小也是衡量应变片质量的重要标志。电阻应变片的 k 值及其误差一般以平均灵敏系数值 $\bar{k}$ 及相对均方根差 σ 表示

$$k = \bar{k} + \sigma$$

(3) 机械滞后 Z_j

实际应用中，由于敏感栅基底和黏结剂材料性能，或者使用中的过载、过热，都会使应变计产生残余变形，导致应变片输出的不重合。这种不重合性用机械滞后（Z_j）来衡量。它是指粘贴在试件上的应变片，在恒温条件下增（加载）、减（卸载）试件应变的过程中，对应同一机械应变所指示应变量（输出）之差。通常，在室温条件下，要求机械滞后 $Z_j < 3 \sim 10 \mu\varepsilon$。实测中，可在测试前通过多次重复预加、卸载，来减小机械滞后产生的误差。

(4) 横向效应及横向效应系数 H

应变片在感受被测试件的应变时，横向应变将使其电阻变化率减小，从而降低灵敏系数，这种现象称为应变片的横向效应。

应变片横向效应的大小用横向效应系数 H 表示。它的定义为：在同一单向应变作用下垂直于单向应变方向安装的应变片的指示应变，与平行于单向应变方向安装的同批应变片的指示应变之比，以百分数表示。在一般情况下，H 都小于 2%，高精度应变片的 H 值可达到 0.2% 左右。

(5) 零漂 P 和蠕变 θ

零漂是指温度恒定、试件初始空载时，应变片电阻值随时间变化的特性。先将输出电阻值记录下来，隔一段时间再记录输出电阻值，两者之差即为零漂或稳定性误差。可用相对误差或绝对误差表示。

在一定温度下，粘贴好的应变片在一定的机械应变（ε 为 1000）长时间作用下，指示应变随时间的变化称为蠕变（$\Delta\varepsilon_t$），一般要求蠕变应小于 $3 \times 10^{-6} \varepsilon/h$，也可用变化率（$n = \Delta\varepsilon_t/\varepsilon$）来描述。零点漂移是粘贴好的应变片在一定温度和无机械应变时，指示应变随时间的变化。

零漂和蠕变都是衡量应变片时间稳定性的指标。

(6) 绝缘电阻 R_m

应变片的绝缘电阻是指粘贴好的应变片引线与测试试件之间的电阻，它是检查应变片的粘贴质量与黏结剂是否干燥或固化的重要指标。通常要求应变片的绝缘电阻为 500M～100MΩ。绝缘电阻过低，会造成应变片与试件之间漏电而产生测量误差。应变片绝缘电阻取决于黏结剂及基底材料的种类，以及它们的固化工艺。基底与胶层越厚，绝缘电阻越大，但会使应变片的灵敏系数减小，蠕变和滞后增加，因此基底与胶层不可太厚。对于任何一种结构的应变计，都有自己的参数，适合不同的测量精度。

5. 金属电阻应变片温度误差及其补偿

(1) 温度误差

讨论应变片特性，通常是以室温恒定为前提条件的。在实际应用时，环境（工作）温度经常会发生变化，使应变片上的条件改变，影响其输出特性。这种单纯由温度变化引起的应变片电阻值变化的现象，称为温度效应。

设环境引起的构件温度变化为 $\Delta t \degree C$ 时，粘贴在试件表面的应变片敏感栅材料的电阻温度系数为 a_t，则应变片产生的电阻相对变化为

$$\left(\frac{\Delta R}{R}\right)_1 = a_t \Delta t \tag{4.7}$$

同时，由于敏感栅材料和被测构件材料两者的线膨胀系数不同，当 Δt 存在时，引起应变片的附加

应变。其值为

$$\varepsilon_{2t} = (\beta_e - \beta_g)\Delta t \tag{4.8}$$

式中，β_e 为试件材料的线膨胀系数；β_g 为敏感栅材料的线膨胀系数。相应的电阻相对变化为

$$\left(\frac{\Delta R}{R}\right)_2 = K(\beta_e - \beta_g)\Delta t \tag{4.9}$$

因此，由温度变化形成的总电阻相对变化为

$$\left(\frac{\Delta R}{R}\right)_t = \left(\frac{\Delta R}{R}\right)_1 + \left(\frac{\Delta R}{R}\right)_2 = a_t\Delta t + K(\beta_e - \beta_g)\Delta t \tag{4.10}$$

则由温度变化所引起的总的输出应变为

$$\varepsilon_t = \frac{\left(\frac{\Delta R}{R}\right)_t}{K} = \frac{1}{K}a_t\Delta t + (\beta_e - \beta_g)\Delta t \tag{4.11}$$

由式（4.10）和式（4.11）可以看出，应变片因环境温度变化而引起的附加电阻变化或附加输出应变由两部分组成。一部分为敏感栅电阻变化所造成，大小为 $a_t\Delta t$；另一部分为敏感栅与试件热膨胀不匹配所引起，大小为 $K(\beta_e - \beta_g)\Delta t$。一般情况下，应变片由温度变化所引起的电阻变化与试件应变所造成的电阻变化几乎有相同的数量级。在工作温度变化较大时，这种误差必须加以补偿。

（2）温度补偿

① 单丝自补偿应变片。单丝自补偿应变片也称为选择式自补偿应变片。由式（4.11）可以看出，若使应变片在温度变化 Δt 时热输出值为零，必须满足条件

$$\varepsilon_t = \frac{1}{K}a_t\Delta t + (\beta_e - \beta_g)\Delta t = 0$$

则

$$a_t = K(\beta_g - \beta_e) \tag{4.12}$$

当被测试件材料确定后，就可以选择合适的应变片敏感栅材料满足式（4.12），以达到温度补偿的目的。其优点是结构简单，制造、使用方便；缺点是一种 a_t 值的应变片只能对应在一种材料上应用，局限性大。

② 双丝自补偿应变片。双丝自补偿应变片也称为组合式的补偿片或双金属敏感栅自补偿片。这种应变片的敏感栅是由电阻温度系数为一正一负的两种合金丝串联而成的。有丝绕式和短接式两种形式，如图 4.4 所示。

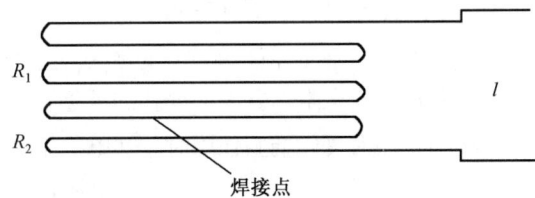

图 4.4 双丝自补偿法

工作温度变化时，若 R_1 和 R_2 产生的电阻变化为 ΔR_{1t}、ΔR_{2t}，其值大小相等而符号相反，即可实现温度补偿目的。电阻 R_1、R_2 的比值关系由式（4.13）决定

$$\frac{R_1}{R_2} = -\frac{\Delta R_{2t}/R_2}{\Delta R_{1t}/R_1} = -\varepsilon_{2t}/\varepsilon_{1t} \tag{4.13}$$

这种补偿效果比前者要好，在工作温度范围内一般可以达到 $\pm 0.14\mu\varepsilon/℃$。

③ 电桥补偿法。电桥补偿法是指利用电桥相邻相等二臂同时产生大小相等、符号相同的电阻量而不会破坏电桥平衡的特性来达到补偿的目的。利用测量电桥的特点来进行温度补偿，是最常用且

效果较好的补偿方法，如图 4.5 所示。图 4.5(a)中 R_1 为工作应变片，粘贴在试件上；R_2 为温度补偿应变片，粘贴在材料、温度与试件相同的补偿块上，补偿应变片 R_2 和工作应变片 R_1 完全相同，为同一批号生产。将 R_1 和 R_2 接入电桥的两个相邻桥臂，如图 4.5(b)所示（R_3 和 R_4 为固定电阻）。当温度变化时两个应变片的电阻变化ΔR_1 与ΔR_2 符号相同、数值相等，电桥仍然满足平衡条件，即 $R_1R_4 = R_2R_3$，电桥没有输出。工作时只有工作应变片 R_1 感受应变，电桥输出仅与被测试件的应变有关，而与环境温度无关。

通常，在被测试件结构允许的情况下，不用另设补偿块，而将补偿片直接粘贴在被测试件上，如图 4.5(c)所示。将 R_1 和 R_2 连接在电桥的两个相邻桥臂上，既能起到温度补偿作用，又能提高电桥灵敏度。

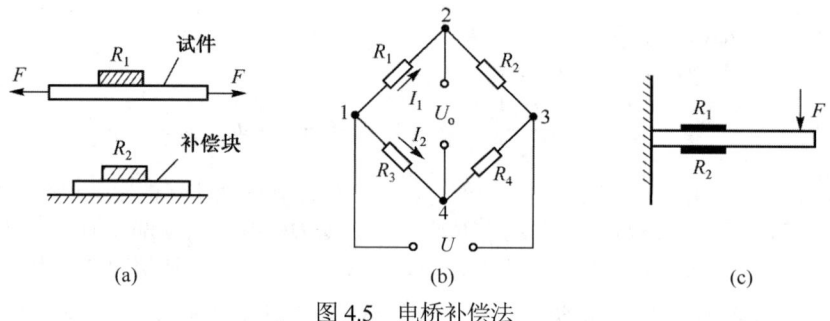

图 4.5　电桥补偿法

4.1.3　半导体应变片

依据半导体材料晶向的压阻系数的各向异性和应力与被测压力成正比，可以制备出许多类型的应变片。

1. 半导体应变片的分类和结构

半导体应变片按照材料类型分类，可分为 P 型硅应变片、N 型硅应变片、PN 互补型应变片；按照特性分类，可分为灵敏系数补偿型应变片和非线性补偿应变片；按照材料的化学成分分类，可分为硅、锗、锑化铟、磷化镓、磷化铟等应变片。目前应用较多的是按照结构分类的半导体应变片，包括体型应变片、扩散型应变片和薄膜型半导体应变片。

2. 半导体应变片的工作原理

半导体应变片的工作原理基于半导体材料的压阻效应。所谓压阻效应是指当半导体材料某一轴向受外力作用时，其电阻率 ρ 发生变化的现象。

半导体应变片受轴向力作用时，其电阻相对变化为

$$\frac{\Delta R}{R} = (1+2\mu)\varepsilon + \frac{\Delta \rho}{\rho} \tag{4.14}$$

式中，$\dfrac{\Delta \rho}{\rho}$ 为半导体应变片的电阻率相对变化，其值与半导体敏感条在轴向所受力的应变力之比为一常数，即

$$\frac{\Delta \rho}{\rho} = \pi\sigma = \pi E\varepsilon \tag{4.15}$$

式中，π 为半导体材料的压阻系数；ε 为轴向应变；σ 为半导体材料的泊松比；E 为材料弹性模量。

将式(4.15)代入式(4.14)中得

$$\frac{\Delta R}{R} = (1+2\mu+\pi E)\varepsilon$$

式中，$(1+2\mu)$项随几何形状而变化；πE项为压阻效应，随电阻率而变化。实验证明：πE比$(1+2\mu)$大近百倍，所以$(1+2\mu)$可忽略，因而半导体应变片的灵敏系数为

$$K_s = \frac{\Delta R/R}{\varepsilon} = \pi E$$

半导体应变片的优点是尺寸、横向效应、机械滞后都很小，灵敏系数极大，因而输出也大，可以不需要放大器直接与记录仪器连接，使得测量系统简化。它们的缺点是电阻值和灵敏系数的温度稳定性差；测量较大应变时非线性严重；灵敏系数随受拉或受压而变，且分散度大，一般为3%～5%，因而使测量结果有±(3%～5%)的误差。

4.1.4 电阻应变片的测量电路

电阻应变片把机械应变信号转换成$\Delta R/R$后，由于应变量及其应变电阻变化一般都很微小，既难以直接精确测量，又不便直接处理，因此，必须采用转换电路或仪器，把应变片的$\Delta R/R$变化转换为电压或电流变化。通常，采用电桥电路实现这种转换。

根据电源的不同，电桥分直流电桥和交流电桥。主要指标是桥路灵敏度、非线性和负载特性。为了能准确测出电阻的相对变化$\Delta R/R$而引起的电压或电流变化，下面具体讨论有关电路的这几项指标。

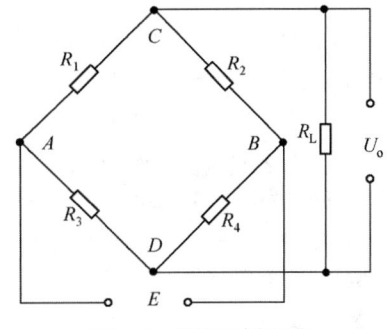

图4.6 直流电桥电路

1. 直流电桥电路

（1）直流电桥平衡条件

图4.6所示为直流电桥的基本电路，E为电桥电源电压，R_1、R_2、R_3、R_4为电桥的桥臂，R_L为其负载（可以是测量仪表的内阻或其他负载）。

当$R_L \to \infty$时，电桥的输出电压U_o表示为

$$U_o = E\left[\frac{R_1}{R_1+R_2} - \frac{R_3}{R_3+R_4}\right] = \frac{E(R_1R_4 - R_2R_3)}{(R_1+R_2)(R_3+R_4)} \tag{4.16}$$

在不考虑温度对电阻影响的前提下，如果电路中R_2、R_3、R_4的阻值固定，R_1为应变片电阻，其零应变电阻值能使电桥满足无压力时达到平衡，即输出电压$U_o = 0$。则由式(4.16)可以推导出无压力时的平衡条件

$$R_1R_4 = R_2R_3 \quad \text{或} \quad \frac{R_1}{R_2} = \frac{R_3}{R_4} \tag{4.17}$$

（2）电压灵敏度

当应变片电阻R_1承受ΔR_1的变化时，而其他桥臂固定不变，电桥处于不平衡状态，此时电桥的输出电压$U_o \neq 0$，不平衡电桥输出电压为

$$U_o = E\left(\frac{R_1+\Delta R_1}{R_1+\Delta R_1+R_2} - \frac{R_3}{R_3+R_4}\right) = E\frac{(R_4/R_3)(\Delta R_1/R_1)}{\left(1+\frac{\Delta R_1}{R_1}+\frac{R_2}{R_1}\right)\left(1+\frac{R_4}{R_3}\right)} \tag{4.18}$$

设桥臂比 $n = R_2/R_1$,由于 $\Delta R_1 \ll R_1$,分母中 $\Delta R_1/R_1$ 可忽略,并考虑到起始平衡条件式(4.17),式(4.18)可化简为

$$U_o \approx E \frac{n}{(1+n)^2} \cdot \Delta R_1/R_1 \tag{4.19}$$

电桥电压灵敏度定义为

$$S_V = \frac{U_o}{\Delta R_1/R_1} = E \frac{n}{(1+n)^2} \tag{4.20}$$

分析式(4.20)不难发现:

① 电桥的电压灵敏度正比于电桥电源电压。电源电压越高,电压灵敏度越高。但是,电源电压的提高,受到两方面的限制:一是应变片的允许温升,即应变片的允许功耗;二是应变片电阻的温度误差。所以,电源电压应适当选择,一般为 1~3V。

② 电桥电压灵敏度是桥臂电阻比值 n 的函数,即与电桥各桥臂的初始比值有关。令 $\frac{dS_V}{dn} = 0$,求得 $n = 1$,即 $R_1 = R_2$、$R_3 = R_4$ 时,S_V 有最大值 $E/4$,这时

$$U_o = \frac{E}{4} \cdot \frac{\Delta R_1}{R_1} \cdot \frac{1}{1 + \frac{1}{2}\frac{\Delta R_1}{R_1}} \approx \frac{E}{4} \cdot \frac{\Delta R_1}{R_1} \tag{4.21}$$

由上面的分析可知,当电源电压 E 和电阻相对变化 $\Delta R_1/R_1$ 一定时,电桥输出电压及其灵敏度也是定值,电桥输出电压与应变片电阻相对变化呈线性关系,且与各桥臂阻值大小无关。

(3) 非线性误差及其补偿方法

上面在研究电桥工作状态时,都假定应变片的参数变化很小,所以在分析电桥输出电流或电压与各参数的关系时,都忽略了分母中的 ΔR,最后得到的刻度特性 $U = \mathcal{F}(\varepsilon, R)$ 都是线性关系。但是若应变片所承受的应变太大,使它的阻值变化和本身的初始电阻可以比拟时,分母中的 ΔR 就不能忽略,此时得到的刻度特性 $U = \mathcal{F}(\varepsilon, R)$ 是非线性的。实际的非线性特性曲线与理想的线性特性曲线的偏差称为绝对非线性误差。下面以 $R_1 = R_2$、$R_3 = R_4$ 对称情况为例,求非线性误差 γ 的大小。

设在理想情况下电桥输出电压为

$$U_{理} = \frac{E}{4} \cdot \Delta R_1/R_1 \tag{4.22}$$

而实际情况下电桥输出电压为

$$U_o = E \cdot \frac{n(\Delta R_1/R_1)}{(1 + \Delta R_1/R_1 + n)(1+n)} = \frac{\Delta R_1/R_1}{2(2 + \Delta R_1/R_1)} E \tag{4.23}$$

则非线性误差为

$$\gamma = \frac{U_o - U_{理}}{U_o} = 1 - \frac{U_{理}}{U_o} = \frac{\Delta R_1}{2R_1} \tag{4.24}$$

对于一般应变片,其灵敏系数 $K = 2$,当承受的应变 $\varepsilon < 5000$ 微应变时,$\Delta R_1/R_1 = K\varepsilon = 0.01$,根据式(4.24)计算,非线性误差为 $\gamma = 0.5\%$,还不算太大。但是要求测量精度较高时,或者电阻的相对变化 $\Delta R_1/R_1$ 较大时,非线性误差就不能忽略了。例如,半导体应变片的应变灵敏系数 $K = 100$,当应变片承受 1000 微应变时,它的电阻相对变化为 $\Delta R_1/R_1 = K\varepsilon = 0.1$,此时电桥的非线性误差将达到 5%,所以对半导体应变片的测量电路要做特殊处理,以减小非线性误差。一般消除非线性误差的方法有以下几种。

① 提高桥臂比。从式（4.23）可以看出，提高桥臂比 $n = \dfrac{R_2}{R_1}$ 可减小非线性误差。但是从电压灵敏度 $S_V = \dfrac{nE}{(1+n)^2}$ 来考虑，提高桥臂比会降低电压灵敏度。因此，为达到既减小非线性误差又不降低电压灵敏度的目的，必须适当提高电源电压 E。

② 采用差动电桥。根据被测试件的受力情况，在同一试件上分别粘贴两个应变片，一个感受拉力，另一个感受压力，两者应变符号相反。测试时，将两个应变片接入电桥的相邻臂上，如图 4.7 所示，称此电桥电路为半桥差动电路。该电桥输出电压 U_o 为

$$U_o = E\left(\frac{R_1 + \Delta R_1}{R_1 + \Delta R_1 + R_2 - \Delta R_2} - \frac{R_3}{R_3 + R_4}\right) \tag{4.25}$$

若电桥初始时是平衡的，则 $R_1/R_2 = R_3/R_4$ 成立，在对称情况下，$\Delta R_1 = \Delta R_2$、$R_1 = R_2$、$R_3 = R_4$，得

$$U_o = \frac{1}{2} E \frac{\Delta R_1}{R_1} \tag{4.26}$$

由式（4.26）可知，U_o 与 $\dfrac{\Delta R_1}{R_1}$ 呈线性关系，差动电桥无非线性误差。而且电压灵敏度 $S_V = \dfrac{1}{2}E$，比使用一只应变片提高了 1 倍，同时可以起到温度补偿的作用。

给电桥的 4 个桥臂接入 4 片应变片，使 2 个桥臂应变片受到拉力，2 个桥臂应变片受到压力，将 2 个应变符号相同的接入相对应的桥臂上，则构成全桥差动电路，如图 4.8 所示。若电桥初始时是平衡的，在对称情况下有 $\Delta R_1 = \Delta R_2 = \Delta R_3 = \Delta R_4$，则输出电压为

$$U_o = E \frac{\Delta R_1}{R_1}$$

$$S_V = E$$

由此可知，差动桥路的输出电压 U_o 和电压灵敏度比单片提高了 4 倍，比半桥差动电路提高了 1 倍。

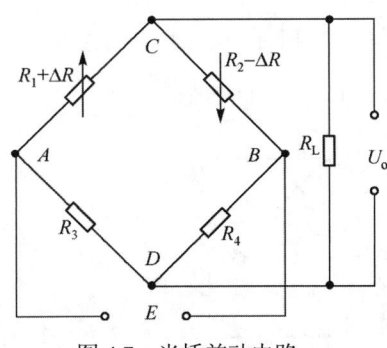

图 4.7 半桥差动电路

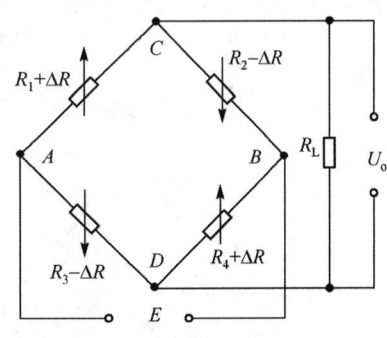

图 4.8 全桥差动电路

③ 采用高内阻的恒流源电桥。产生非线性的原因之一是在工作过程中通过桥臂的电流不恒定。所以有时用恒流电源供电，如图 4.9 所示。一般情况下，半导体应变电桥都采用恒流供电，供电电流为 I_0，通过各臂的电流分别为 I_1 和 I_2，如果测量电路的输入阻抗较高，则

$$I_1(R_1+R_2) = I_2(R_3+R_4)$$
$$I_0 = I_1 + I_2$$

解该方程组得

$$I_1 = \frac{R_3+R_4}{R_1+R_2+R_3+R_4} I_0$$

$$I_2 = \frac{R_1+R_2}{R_1+R_2+R_3+R_4} I_0$$

输出电压为

$$U = \frac{R_2R_3 - R_1R_4}{R_1+R_2+R_3+R_4} I_0$$

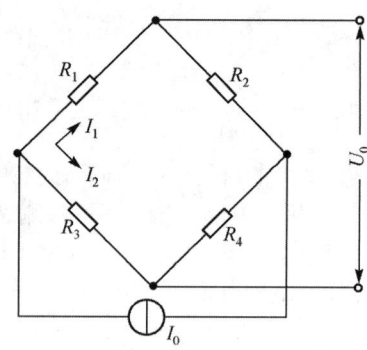

图 4.9 恒流源电桥

若电桥初始时处于平衡状态（$R_1R_4 = R_2R_3$），且 $R_1 = R_2 = R_3 = R_4 = R$，则输出电压为零。当受应变力时，桥臂电阻 R_1 变为 $R_1 + \Delta R_1$，R_2、R_3、R_4 保持不变，则电桥输出电压为

$$U_o = \frac{R\Delta R}{4R+\Delta R} I_0 = \frac{1}{4} I_0 \Delta R \frac{1}{1+\frac{1\Delta R}{4R}} \tag{4.27}$$

由式（4.27）可知，分母中的 ΔR 被 $4R$ 所除，与式（4.21）相比较，比前面的单臂供压电桥的非线性误差减少了 50%。

2. 交流电桥电路

（1）交流电桥的工作原理

交流电桥也称为不平衡电桥，是利用电桥输出电流或电压与电桥各参数间的关系进行工作的。此时，在电桥输出端接入电流计或放大器。在输出电流时，为了使电桥有最大的电流灵敏度，希望电桥的输出电阻应尽量和指示器内阻相等。实际上电桥后连接的放大器的输入阻抗都很高，比电桥的输出电阻大得多，此时电桥必须具有较高的电压灵敏度，即当 $\Delta R/R$ 变化时，就能产生较大的 ΔU 值。加上直流放大器易于产生零漂，因此应变电桥多采用交流电桥。

（2）交流电桥的平衡条件

交流电桥采用交流电源供电，如图 4.10(a)所示。图中 Z_1、Z_2、Z_3、Z_4 为复阻抗，u 为交流电压源，u_o 为开路输出电压。对于应变片构成的交流电桥，使桥臂为电阻应变片，但由于引线间存在分布电容，相当于在桥臂上并联了一个电容，半桥差动电路如图 4.10(b)所示。桥臂上的复阻抗分别为

$Z_1 = \dfrac{R_1}{1+j\omega R_1 C_1}$，$Z_2 = \dfrac{R_2}{1+j\omega R_2 C_2}$，$Z_3 = R_3$，$Z_4 = R_4$；$C_1$、$C_2$ 为分布电容。

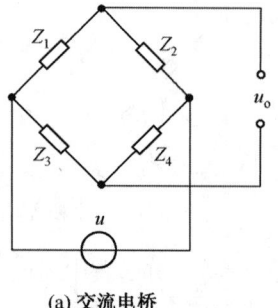   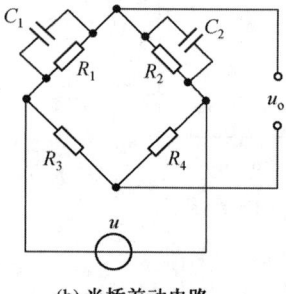

(a) 交流电桥　　　　　　　　(b) 半桥差动电路

图 4.10 交流电桥

交流电桥的输出电压为

$$u_o = u \frac{Z_1 Z_4 - Z_2 Z_3}{(Z_1 + Z_2)(Z_3 + Z_4)}$$

则交流电桥的平衡条件为

$$Z_1 Z_4 = Z_2 Z_3 \tag{4.28}$$

将桥臂上的复阻抗代入式（4.28）可得

$$\frac{R_2}{R_1} = \frac{R_4}{R_3} \quad \text{及} \quad \frac{R_2}{R_1} = \frac{C_1}{C_2}$$

由此可知，由应变片构成的交流电桥，除了满足电阻平衡条件外，还必须满足电容平衡条件。为此，交流电桥上设置有电阻平衡调节和电容平衡调节。交流电桥平衡调节电路如图 4.11 所示。

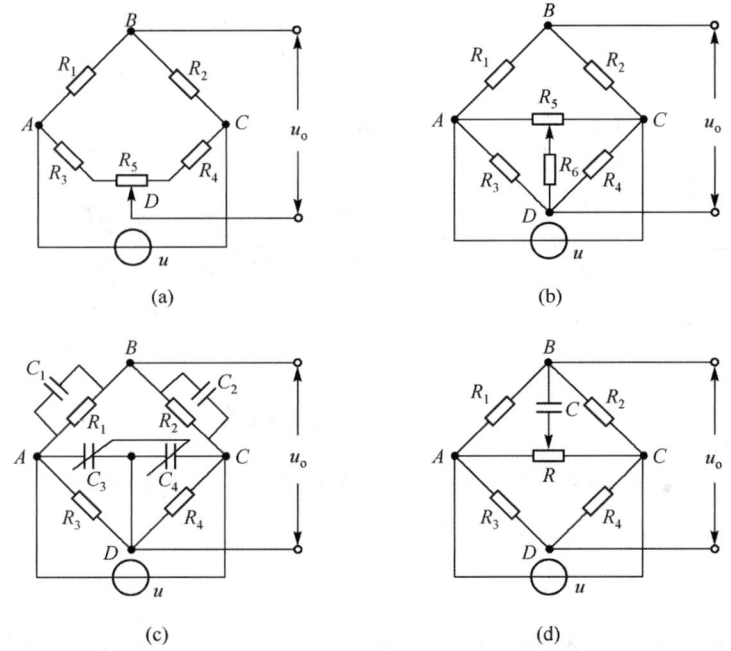

图 4.11　交流电桥平衡调节电路

4.1.5　电阻应变式传感器的应用

电阻应变片有两个方面的应用：一是作为敏感元件，直接用于被测试件的应变测量；二是作为转换元件，通过弹性元件构成传感器，用以对任何能转变为弹性元件应变的其他物理量做间接测量。

应变式传感包括三部分：一是弹性敏感元件，利用它将被测物理量（如力、扭矩、加速度、压力等）转换为弹性体的应变值；二是应变片作为转换元件，将应变转换为电阻的变化；三是测量转换电路，将电阻值转换为相应的电势信号输出给后续环节。

应变式传感器除直接测量应力应变外，还可以制成各种专用的应变式传感器。按其用途不同，可分为应变式力传感器、应变式压力传感器和应变式加速度传感器等。

1．应变式力传感器

应变式力传感器主要作为各种电子秤和材料实验机的测力元件，或者用于发动机推力测试及水坝体承载状况监视等，其弹性元件有柱（筒）式、环式、悬臂式等。

（1）柱（筒）式力传感器

图 4.12 为柱（筒）式力传感器，弹性敏感元件为实心或空心的柱体（截面积为 S，材料弹性模量为 E），当柱体轴向受拉（压）力 F 作用时，在弹性范围内，应力 σ 与应变 ε 呈正比关系。

轴向应变：

$$\varepsilon = \frac{\Delta \ell}{\ell} = \frac{\sigma}{E} = \frac{F}{SE}$$

横向应变：

$$\varepsilon_y = -\mu\varepsilon$$

应变片粘贴在弹性柱体外壁应力分布均匀的中间部分，沿轴向和周向对称地粘贴多片应变片。贴片在柱面上的展开位置及其在桥路中的连接如图 4.12(d) 和图 4.12(e) 所示。

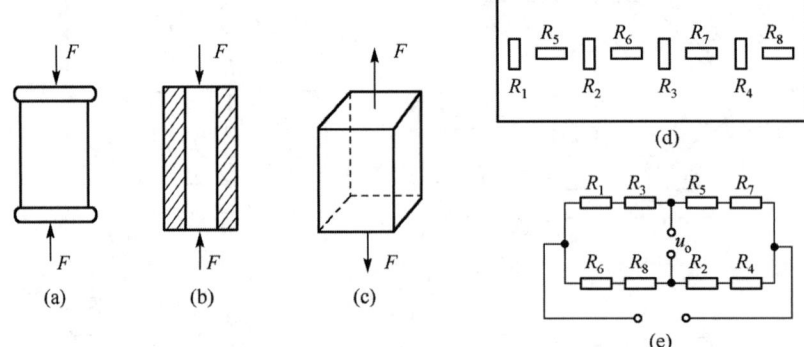

图 4.12　柱（筒）式力传感器

图 4.12 中，作用力 F 在各应变片上产生的应变分别为

$$\varepsilon_1 = \varepsilon + \varepsilon_t = \varepsilon_2 = \varepsilon_3 = \varepsilon_4$$
$$\varepsilon_5 = -\mu\varepsilon + \varepsilon_t = \varepsilon_6 = \varepsilon_7 = \varepsilon_8$$

式中，μ 为柱体材料的泊松比；ε_t 为温度 t 所引起的附加应变；ε 为柱体在 F 作用下的轴向应变 $\left(\varepsilon = \dfrac{F}{SE}\right)$。

全桥接法的总应变 ε_0 为

$$\varepsilon_0 = 2(1+\mu)\varepsilon$$

电桥的输出电压为

$$U_o = \frac{U}{4}K\varepsilon_0 = \frac{U}{2}K(1+\mu)\frac{F}{SE}$$

从而得到被测力 F 为

$$F = \frac{2ES}{K(1+\mu)U}U_o$$

（2）环式力传感器

环式力传感器的弹性元件如图 4.13(a) 所示。与柱式相比，环式弹性元件应力分布变化大，且有正有负，可以选择有利部位粘贴应变片，便于连接成差动电桥。对于 $r/h > 5$ 的小曲率圆环，可用下式计算 A、B 两点的应变：

$$\varepsilon_A = -\frac{1.09r}{bh^2E}F \qquad \varepsilon_B = -\frac{1.09r}{bh^2E}F$$

式中，E 为材料的弹性模量；b、h、r 分别为圆环的宽度、厚度和平均半径。

只要测出 A、B 两点处的应变，即可得到载荷 F。图 4.13(b)所示为环式弹性元件的应力分布曲线，从图中可以看出，应变片 R_2 所在位置应变为零，因此 R_2 只起温度补偿作用。

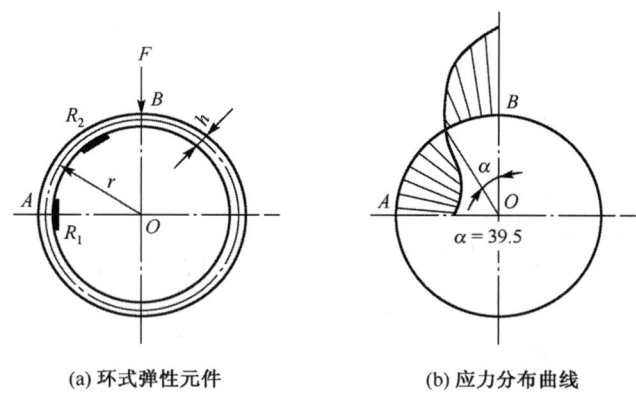

(a) 环式弹性元件　　　　(b) 应力分布曲线

图 4.13　环式力传感器

（3）悬臂梁式力传感器

悬臂梁式力传感器是一种结构简单、高精度、应变片容易粘贴、抗偏、抗侧性能优越的称重测力传感器。最小可以测几十克，最大可以测几十吨，精度可达到 0.02%FS。

悬臂梁式力传感器采用弹性梁及电阻应变片作为敏感转换元器件，组成全桥电路。当垂直正压力或拉力作用在弹性梁上时，应变片随弹性梁一起变形，其应变使应变片的阻值变化，应变电桥输出与拉力（或压力）成正比的电压信号。如果配以相应的应变仪、数字电压表或其他二次仪表，即可显示或记录质量（或力）。

悬臂梁有两种：一种为等截面梁，另一种为等强度梁。

等截面梁就是悬臂梁的横截面处处相等的梁，如图 4.14(a)所示。当外力 F 作用在梁的自由端时，在固定端产生的应变最大，粘贴了应变片处的应变为

$$\varepsilon = \frac{6Fl_0}{bh^2E}$$

因此，在距固定端较近的表面顺着梁的长度方向分别贴上 R_1、R_2、R_3、R_4（R_2、R_3 在底部图中未画出）4 个电阻应变片。若 R_1、R_4 受拉力，则 R_2、R_3 将受到压力，两者应变相等，但极性相反。将它们组成差动全桥，则电桥的灵敏度为单臂工作时的 4 倍。

等强度梁的结构如图 4.14(b)所示，这是一种特殊形式的悬臂梁，其特点是沿梁长度方向的截面按一定规律变化，当外力 F 作用在自由端时，距作用点任何距离的截面上的应力相等。在自由端有力 F 作用时，在梁表面整个长度方向上产生大小相等的应变。应变大小为

$$\varepsilon = \frac{6Fl}{bh^2E}$$

这种梁的优点是在长度方向上粘贴应变片的要求不严格。除等截面梁和等强度梁传感器外，还有剪切梁式力传感器、两端固定梁式力传感器等。

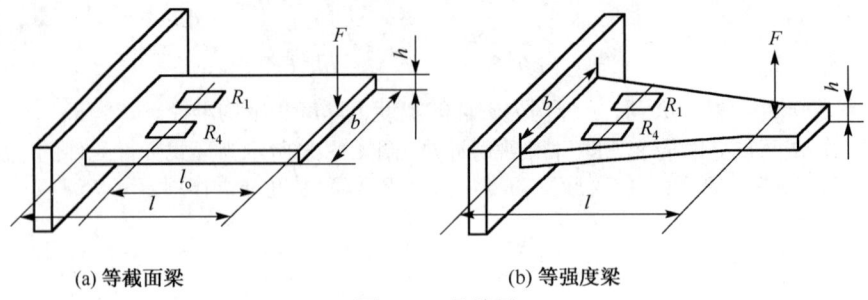

(a) 等截面梁　　　　　　(b) 等强度梁

图 4.14　悬臂梁

2. 应变式压力传感器

应变式压力传感器主要用于流体和气体压力的测量，其弹性元件有筒式、膜片式和组合式等形式。下面以筒式压力传感器为例进行分析。

如图 4.15 所示，当被测压力较小时，多采用筒式弹性元件，圆柱体内有一个盲孔。在圆筒外表面的筒壁和端部沿圆周方向各粘贴一个应变片，当被测压力 p 进入筒腔内时，筒体空心部分发生变形，圆筒外表面沿圆周方向产生的环向应变为

$$\varepsilon = \frac{p(2-\mu)}{E(n^2-1)}$$

式中，μ 为材料的泊松比；n 为圆筒的内径与外径之比，即 $n = D/D_0$。

对于薄壁圆筒，环向应变为

$$\varepsilon = \frac{pD}{E(D_0-D)}(1-0.5\mu)$$

端部粘贴的应变片 R_2 不产生应变，只起温度补偿作用。筒式压力传感器一般用来测量机床液压系统的管道压力和枪炮的膛内压力等。

3. 应变式加速度传感器

图 4.16 所示为应变式加速度传感器。它由端部固定并带有惯性质量块 m 的悬臂梁及贴在梁根部的应变片、基座及外壳等组成，是一种惯性式传感器。测量时，根据所测振动体加速度的方向，把传感器固定在被测部位。当被测点的加速度与图中箭头 a 所示方向一致时，悬臂梁自由端受惯性力 $F = ma$ 的作用，质量块向箭头 a 相反的方向相对于基座运动，使梁发生弯曲变形，应变片电阻发生变化，产生输出信号，输出信号大小与加速度成正比。

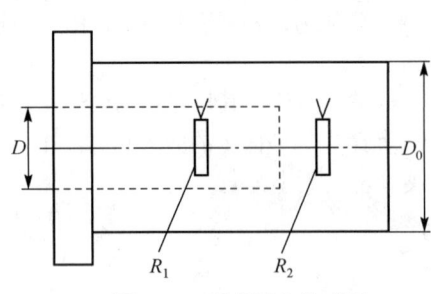

图 4.15　筒式压力传感器

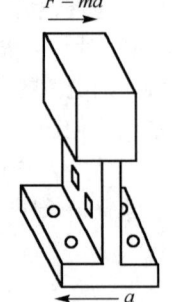

图 4.16　应变式加速度传感器

4. 波纹传感器

波纹传感器示意图如图 4.17 所示，是另一种非常类似弹性元件型的工作原理的膜片压力的传感

器。压力在波纹管内产生变化,在波纹管的端部的流体平移运动可通过电阻应变片、电容性、电感性(LVDT)或电位性的传感器来测量。这种传感器通常采用金属和金属合金制成的无缝管。不同类型的波纹传感器可以测量任意绝对压力高达 2.5bar(1bar=10^3Pa,下同)或表压高达 150bar 的压力。也有的双波纹传感器可设计用来测量高达 30bar 的压力差。

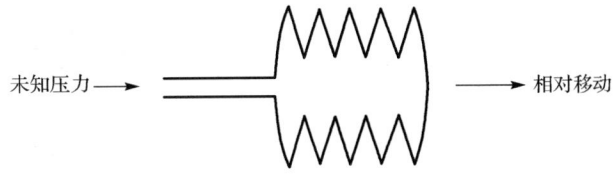

图 4.17 波纹传感器示意图

波纹管通常测量不确定度只有±0.5%,但相对制造成本较高,而且容易出现故障。从原理上讲,相对过去的薄膜传感器而言,波纹管具有较高的测量灵敏度。不过,现在先进的电子技术可以使薄膜型传感设备可以满足较高灵敏度的要求,因而波纹管的使用场合正在减少。

5. 高压测量仪器(大于 7000bar)

高于 7000bar 的压力测量通常使用特殊的耐压材料的导线,此类材料在高压下产生相应的电气性质的变化。这种耐压材料具有适当的线性特性和电学敏感特性,通常有锰铜和铬金合金。这样的导线被制成线圈密封在充满煤油的柔性波纹管中,其示意图如图 4.18 所示。在波纹管底端外加未知的压力,因而压力也外加到线圈上。外加的压力大小决定了测量线圈上的电阻大小。根据其使用的金属材料来命名其传感器名称,如锰铜导线压力传感器和铬金合金压力传感器。这种锰铜传感器构成测量仪器设备可以测量出高达 30000bar 的压力,通常误差为±0.5%。

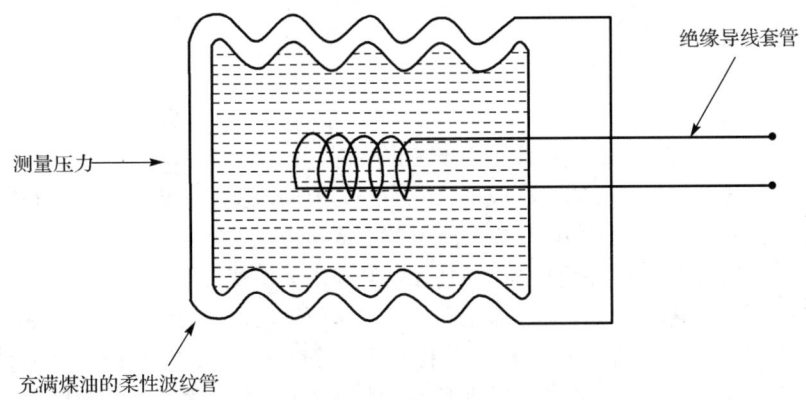

图 4.18 高压测量仪器示意图

6. 陶瓷压阻式压力传感器

陶瓷压阻式压力传感器是一种结构坚固、外形小、灵敏度高、热稳定性好、耐腐蚀的厚膜压阻式压力传感器,适合于温度范围要求较宽(−40~125℃)时做气体或液体压力测量使用。

图 4.19 所示为陶瓷膜片及其采用丝网印刷工艺印制并经过烧结的厚膜电阻示意图。其中,厚膜电阻器 R_1、R_2、R_3、R_4 用 Pd-Ag 导电带组成惠斯通电桥。图 4.20 所示为厚膜电阻式压力传感器侧面图,所测压力直接作用在陶瓷膜片前表面,膜片通过无机气密封接材料固定在陶瓷基座上。对于相对压力传感器,则在基座平板上有一个大气压力通孔。

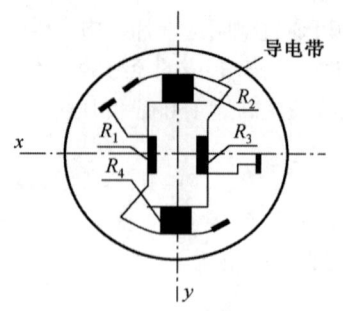 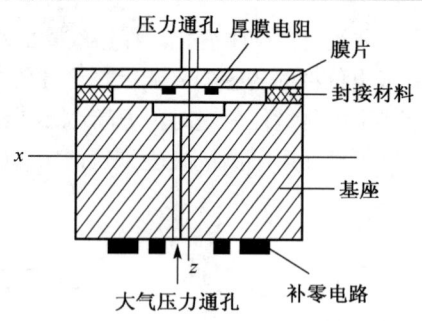

图 4.19 陶瓷膜片上的厚膜电阻示意图　　图 4.20 厚膜电阻式压力传感器侧面图

当测量介质（气体或液体）的压力作用于膜片时，使膜片产生偏移，正常偏移量在介质腔内，当超过测量压力太多时，膜片与基座接触，从而保护膜片不被损坏。膜片的偏移将使膜片中心受拉，压敏电阻器 R_1、R_3 由于受拉伸切应力电阻值增加，而靠近外侧的电阻器 R_2、R_4 则由于受到轴向压应力而阻值减小。

4.2 压电式力传感器

压电式力传感器是以压电材料的压电效应为工作原理，将力的变化转换为电信号输出，从而实现非电量信号检测的一种传感器。由于压电效应具有自发电和可逆性，因此压电器件是一种典型的双向无源传感器件。基于这一特性，压电器件已被广泛应用于超声、通信、宇航、雷达和引爆等领域，并与激光、红外、微波等技术相结合，成为发展新技术和高科技的重要器件。

另外，压电式力传感器具有体积小、重量轻、结构简单、工作可靠和灵敏度高等优点，被广泛应用于力、压力、振动、加速度等非电量信号的测量。

4.2.1 压电效应和压电材料

1. 压电效应

某些电介质在受到一定方向的外力作用下发生形变时，内部会产生极化现象，同时在其表面会产生电荷，且所产生的电荷量与外力的大小成正比。当外力方向改变时，电荷的极性也随之改变；当外力取消后，又恢复到原来状态。这种现象称为压电效应或正压电效应。如果在这些电介质的极化方向上施加交变电场，它们就会产生机械变形；当外加电场取消后，变形又随之消失。这种现象称为逆压电效应或电致伸缩效应。这两类现象统称为压电效应。压电效应具有可逆性，能实现机械能与电能的相互转换，如图 4.21 所示。衡量这些电介质压电效应强弱的参数为压电常数。压电常数(Piezoelectric Constant)是压电体把机械能转变为电能或把电能转变为机械能的转换系数。它反映压电材料弹性（机械）性能与介电性能之间的耦合关系，也是表征压电体机械参量(应力、应变)与电场(电场、电位移)之间耦合关系的参数。不同的机械边界条件和电子边界条件就可导出四类压电常数，即压电变形常数、压电应力常数、压电电压常数和压电劲度常数。压电体的压电效应与其极化强度的变化有关。因此，只有当在某些方向的力(或电场)作用下，沿某些特定方向才会产生压电效应。因此压电常数是一个不对称张量，压电陶瓷共有 3 个独立分量，如 d_{31}、d_{33}、d_{15}。其第一个足标代表电参量方向，第二个足标代表机械参量方向。在本书中统一用 d 表示。

天然石英晶体、某些人造压电陶瓷晶体及合成高分子材料的压电系数都不低，具有明显的压电效应。

在自然界中大多数晶体具有压电效应，但压电效应十分微弱。随着对材料的深入研究，发现石英晶体、钛酸钡、锆钛酸铅等材料是性能优良的压电材料。应用于压电式传感器中的压电元件材料一般有三类：压电晶体、经过极化处理的压电陶瓷、高分子压电材料。目前，国内外普遍应用的是压电单晶中的石英晶体和压电多晶中的钛酸钡、锆钛酸铅系列压电陶瓷。

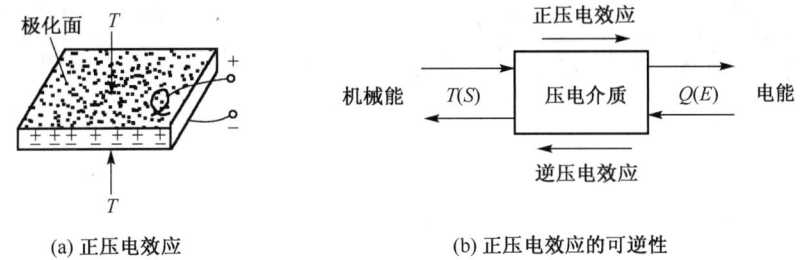

图 4.21　压电效应

（1）石英晶体的压电效应

石英晶体是单晶体，理想几何形状为正六面体晶柱，如图 4.22(a)所示。在晶体学中可用三条互相垂直的晶轴表示，其中纵轴 z 称为光轴，经过正六面体棱线且垂直于光轴的 x 轴称为电轴，垂直于正六面体棱面且与 x 轴和 z 轴同时垂直的 y 轴称为机械轴，如图 4.22(b)所示。沿电轴 x 方向施加力而产生电荷的压电效应称为"纵向压电效应"，沿机械轴 y 方向施加力而产生电荷的压电效应称为"横向压电效应"，沿 z 轴方向受力时不会产生压电效应。

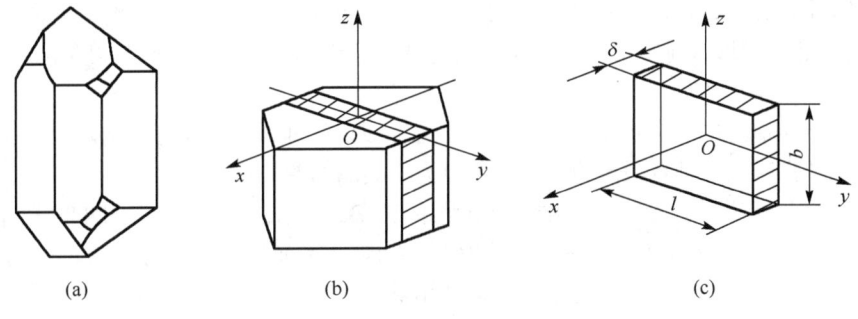

图 4.22　石英晶体

石英的化学式为 SiO_2，在每一个晶体单元中它有 3 个硅离子和 6 个氧离子，在 z 平面上的投影等效为正六边形排列，如图 4.23 所示。当不受外力时，正负六个离子（Si^+ 和 O^{2-}）分布在正六边形的顶点上，形成 3 个互成 120°夹角的电偶极矩 p_1、p_2 和 p_3。$p = qe$，q 为电荷量，e 为正负电荷之间的距离如图 4.23(a)所示。此时，正负电荷相互平衡，电偶极矩的矢量和等于零，即 $p_1 + p_2 + p_3 = 0$，晶体表面没有带电现象，整个晶体是中性的。

当石英晶体受到沿 x 轴方向的压力作用时，将产生压缩变形，正、负离子的相对位置随之变动，正、负电荷中心不再重合，如图 4.23(b)所示。电偶极矩在 x 轴方向的分量为 $(p_1 + p_2 + p_3)_x > 0$，在 x 轴的正方向的晶体表面上出现正荷；在 y 轴和 z 轴方向的分量均为零，即 $(p_1 + p_2 + p_3)_y = 0$，$(p_1 + p_2 + p_3)_z = 0$；在垂直于 y 轴和 z 轴的晶体表面上不出现电荷。这种沿 x 轴施加力，而在垂直于 x 轴的晶体表面上产生电荷的现象，称为纵向压电效应。

当石英晶体受到沿 y 轴方向的压力作用时，晶体变形如图 4.23(c)所示。电偶极矩在 x 轴方向的分量 $(p_1 + p_2 + p_3)_x < 0$，在 x 轴的正方向的晶体表面上出现负电荷。同样，在垂直于 y 轴和 z 轴的晶体表面上不出现电荷。这种沿 y 轴施加力，而在垂直于 x 轴的晶体表面上产生电荷的现象，称为横向压电效应。

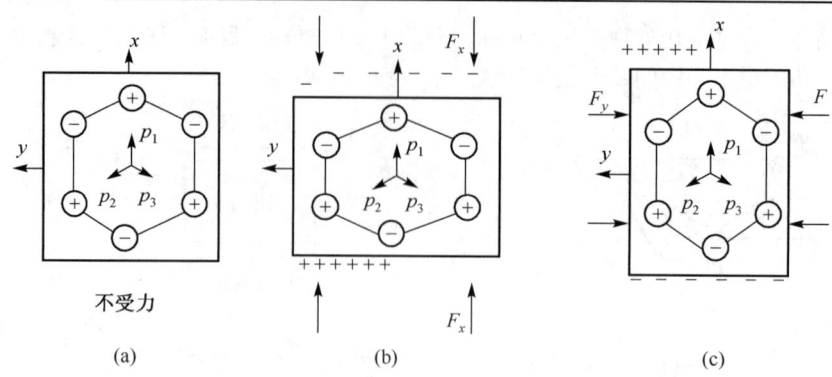

图 4.23 石英晶体压电效应机制示意图

当晶体受到沿 z 轴方向的力（无论是压力或拉力）作用时，因为晶体在 x 方向和 y 方向的变形相同，正、负电荷中心始终保持重合，电偶极矩在 x、y 方向的分量等于零。所以，沿 z 轴方向施加力，石英晶体不会产生压电效应。

当作用力 F_x、F_y 的方向相反时，电荷的极性也随之改变。

压电石英的主要性能特点是：①压电常数小，其时间和温度稳定性极好，常温下几乎不变，在 20～200℃ 之间其温度变化率仅为 $-0.016\%/℃$；②机械强度和品质因素高，许用应力高达 $(6.8～9.8)×10^7$ Pa，且刚度大，自然频率高，动态特性好；③居里点为 573℃，无热释电性，且绝缘性、重复性均好。天然石英的上述性能尤佳。因此，它们常用于精度和稳定性要求高的场合和制作标准传感器。

（2）压电陶瓷的压电效应

压电陶瓷是人工制造的多晶体压电材料，在未进行极化处理时，不具有压电效应。经过极化处理后，其压电效应非常明显，具有很高的压电常数，为石英晶体的几百倍。

压电陶瓷具有与铁磁材料磁畴结构类似的电畴结构，$BaTiO_3$ 的压电效应如图 4.24 所示。电畴实质上是自发形成的小区域，每个小区域有一定的极化方向，从而存在一定的电场，但由于电畴分布任意排列，因此在没有外加电场的情况下，极化作用被相互抵消，因此压电陶瓷不会产生压电效应，如图 4.24(a) 所示。

为了使压电陶瓷具有压电效应，就必须在一定温度下对其进行极化处理。所谓极化处理，就是给压电陶瓷施加外电场，使电畴规则排列，从而具有压电性能。外加电场的方向即为压电陶瓷的极化方向，如图 4.24(b) 所示。经过极化处理的压电陶瓷，当外加电场去掉后，电畴极化方向基本保持原极化方向，压电陶瓷的极化强度不恢复为零，而是存在着很强的剩余极化强度，仍具有压电性能，如图 4.24(c) 所示。

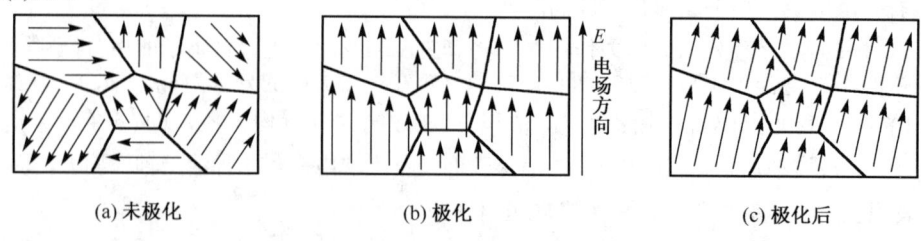

图 4.24 $BaTiO_3$ 的压电效应

传感器技术中应用的压电陶瓷，按其组成基本元素多少可分为以下几种。

① 二元系压电陶瓷主要包括钛酸钡 $BaTiO_2$、钛酸铅 $PbTiO_3$、锆钛酸铅系列 $PbTiO_3$～$PbZrO_3$ 和铌酸盐系列 $KNbO_3$～$PbNb_2O_3$。其中以钛酸钡，尤其以锆钛酸铅系列压电陶瓷应用最广。

② 三元系压电陶瓷，目前应用的有 PMN，它由铌镁酸铅 $PbMg_{1/3}Nb_{2/3}O_3$-钛酸铅 $PbTiO_3$-锆钛酸铅 $PbZrO_3$ 三种成分配比而成。另外还有专门制造耐高温、高压和电击穿性能的铌锰酸铅系、镁蹄酸铅等。

③ 综合性能更为优越的四元系压电陶瓷也已经研制成功。

压电陶瓷的特点是：压电常数大，灵敏度高；制造工艺成熟，可通过合理配方和掺杂等人工控制来达到所要求的性能；成型工艺性好，成本低廉，利于广泛应用。随着信息产业的飞速发展，压电陶瓷频率器件（滤波器、谐振器、陷波器、鉴频器等）已在音视频、通信、计算机等领域大量应用。在日常生活中，如电子打火机、煤气灶、热水器的点火都要用到压电点火器。但作为压电器件应用时，这会给压电传感器造成热干扰，降低稳定性。因此，对高稳定性的传感器，压电陶瓷的应用受到限制。

2. 新型压电材料

（1）压电半导体

压电半导体材料既有半导体特性，又有压电性能，如硫化锌 ZnS、硫化镉（CdS）、氧化锌（ZnO）、碲化镉（CaTe）、碲化锌（ZnTe）、砷化镓（GaAs）等。因此，压电半导体材料既可利用压电性能研制传感器，又可利用半导体特性制成电子器件，也可将两者结合起来，研制集转换元件和电子电路于一体的新型集成压电传感器测试系统。

（2）有机高分子压电材料

某些合成高分子聚合物（如聚偏二氟乙烯 PVF_2、聚氟乙烯 PVF、聚氯乙烯 PVC、聚甲基-L 谷氨酸酯 PMG 等），经延展拉伸和电场极化后可形成具有压电性高分子的压电材料。

聚偏二氟乙烯（PVF_2）是有机高分子半晶态聚合物，结晶度约 50%。（PVF_2）原料可制成薄膜、厚膜、管状和粉状等各种形状。当聚合物由 150℃熔融状态冷却时主要生成 α 晶型。α 晶型没有压电效应。若将 α 晶型定向拉伸，则得到 β 晶型。β 晶型的碳-氟偶极矩在垂直分子链取向，形成自发极化强度。再经一定的极化处理后，晶胞内部的偶极矩进一步旋转定向，形成垂直于薄膜平面的碳-氟偶极矩固定结构。当薄膜受外力作用时，剩余极化强度改变，薄膜呈现出压电效应。

PVF_2 压电薄膜的压电灵敏度极高，比 PZT 压电陶瓷大 17 倍，且在 $10^5Hz\sim500MHz$ 频率范围内具有平坦的响应特性，此外，它还有机械强度高、柔软、不脆、耐冲击、易加工成大面积元件和阵列元件、价格便宜等优点。

如果将压电陶瓷粉末加入高分子化合物中，可以制成高分子-压电陶瓷薄膜，它既保持了高分子压电薄膜的柔软性，又具有较高的压电系数，是一种很有发展前景的压电材料。

4.2.2 压电传感器的等效电路与测量线路

1. 等效电路

为了更进一步分析和更有效地使用压电元件，有必要引入压电元件的等效电路。

压电式传感器对被测量的变化是通过其压电元件产生电荷量的大小来反映的，因此它相当于一个电荷源。而压电元件电极表面聚集电荷时，它又相当于一个以压电材料为电介质的电容器，其电容量为

$$C_a = \frac{\varepsilon_r \varepsilon_0 S}{\delta} \tag{4.29}$$

式中，S 为极板面积；ε_r 为压电材料相对介电常数；ε_0 为真空介电常数；δ 为压电元件厚度。

当需要压电元件输出电荷时，可以把压电元件等效为一个电荷源 Q 和一个电容器 C_a 相并联的电荷等效电路，如图 4.25(a)所示。在开路状态，其输出端电荷为

$$Q = U_a C_a \tag{4.30}$$

当需要压电元件输出电压时,可以把它等效成一个电压源与一个电容相串联的电压等效电路,如图 4.25(b)所示。在开路状态,其输出端电压为

$$U_a = \frac{Q}{C_a} \tag{4.31}$$

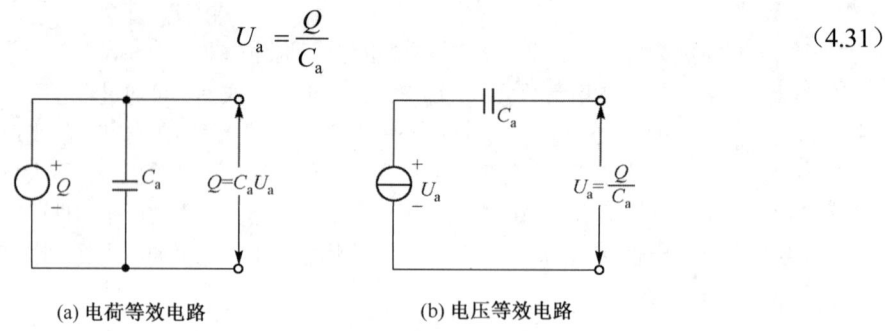

图 4.25 压电元件等效电路

必须指出,上述等效电路及其输出,只有在压电器件本身理想绝缘、无泄漏、输出端开路($R_i = R_L = \infty$)条件下才成立。实际工作中,压电元件与二次仪表配套使用,必定与测量电路相连,这就要考虑连接电缆电容 C_c、前置放大器的输入电阻 R_i 和输入电容 C_i。实际的等效电路如图 4.26 所示。图 4.26(a)所示为电压等效电路,图 4.26(b)所示为电荷等效电路,这两种电路是完全等效的。

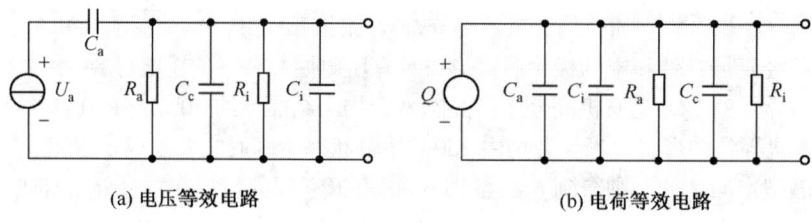

图 4.26 压电式传感器实际测试系统等效电路

压电式传感器的灵敏度有电压灵敏度 k_u 和电荷灵敏度 k_q 两种,它们分别表示单位力产生的电压和单位力产生的电荷。它们之间的关系为

$$k_u = \frac{k_q}{C_a} \tag{4.32}$$

2. 测量电路

压电式传感器的前置放大器有两个作用:一是把压电式传感器的高输出阻抗变换成低阻抗输出,二是放大压电式传感器输出的弱信号。根据压电式传感器的工作原理及其等效电路,它的输出可以是电压信号也可以是电荷信号。因此,设计前置放大器也有两种形式:一种是电压放大器,其输出电压与输入电压(传感器的输出电压)成正比;另一种是电荷放大器,其输出电压与输入电荷成正比。

(1)电压放大器

电压放大器又称阻抗变换器。它的主要作用是把压电器件的高输出阻抗变换为传感器的低输出阻抗,并保持输出电压与输入电压成正比。

压电式传感器与电压放大器连接的等效电路如图 4.27 所示。C_c 为连接电缆的分布电容,R_i 和 C_i 分别为放大器的输入电阻和电容,$R = R_a // R_i$,$C = C_i + C_c$。

假设石英晶体压电元件沿 x 轴方向受到正弦力 $F = F_m \sin \omega t$ 的作用,则在垂直 x 轴表面所产生的电荷 Q 与电压 U_a 均按正弦规律变化,即

$$U_\mathrm{a} = \frac{Q}{C_\mathrm{a}} = \frac{d}{C_\mathrm{a}} F_\mathrm{m} \sin \omega t = U_\mathrm{scm} \sin \omega t \tag{4.33}$$

式中，U_scm 为压电原件输出电压的幅值。则

$$U_\mathrm{scm} = \frac{d}{C_\mathrm{a}} F_\mathrm{m}$$

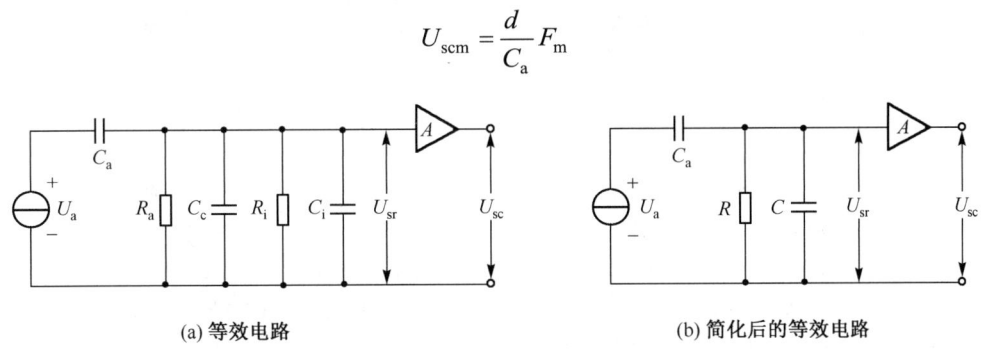

(a) 等效电路　　　　　　　　　　　(b) 简化后的等效电路

图 4.27　压电式传感器与电压放大器连接的等效电路

电压放大器输入端电压为

$$U_\mathrm{sr} = U_\mathrm{a} \frac{R // Z_\mathrm{c}}{Z_{C_\mathrm{a}} + R // Z_\mathrm{c}} = d_{11} F \frac{\mathrm{j}\omega R}{1 + \mathrm{j}\omega R(C + C_\mathrm{a})} \tag{4.34}$$

由式（4.34）可得 U_sr 的幅值 U_srm 为

$$U_\mathrm{srm}(\omega) = \frac{dF_\mathrm{m} \omega R}{\sqrt{1 + \omega^2 R^2 (C + C_\mathrm{a})^2}} \tag{4.35}$$

U_sr 与被测作用力 F 之间的相位差 φ 为

$$\varphi(\omega) = \frac{\pi}{2} - \arctan \omega R(C + C_\mathrm{a}) \tag{4.36}$$

设测量回路的时间常数 $\tau = R(C + C_\mathrm{a}) = R(C_\mathrm{c} + C_\mathrm{a} + C_\mathrm{i})$，当 $\omega \to \infty$，即 $\omega t \gg 1$ 时，则

$$U_\mathrm{srm}(\infty) = \frac{dF_\mathrm{m}}{C_\mathrm{c} + C_\mathrm{a} + C_\mathrm{i}} \tag{4.37}$$

式（4.37）表明，当 $\omega\tau \gg 1$ 时，传感器输出电压 U_srm 与作用力的角频率 ω 无关，一般取 $\omega\tau \gg 3$ 即可近似看作 U_srm 与 ω 无关，即测量回路时间常数 τ 一定时，压电式传感器高频响应很好。当 $\omega\tau < 3$，即被测作用力变化缓慢，测量回路时间常数也不大时，会造成传感器的灵敏度降低。下限截止频率 ω_L 与时间常数 τ 应满足

$$\tau \gg 1/\omega_\mathrm{L} \tag{4.38}$$

为了扩展传感器的低频响应范围，就必须提高测量回路的时间常数 τ。为此，常配置 R_i 值很大的前置放大器，但是要把放大器的输入电阻 R_i 提高到 10^9 以上是很困难的。压电元件的绝缘电阻 R_a 取决于材料，也不是轻易就能提高的。还有一点必须指出，由于输入阻抗很高，非常容易通过杂散电容拾取外界的交流 50Hz 干扰和其他干扰，因此引线要进行仔细的屏蔽。另外，想靠增大测量回路的电容来提高 τ 值是不合适的，因为这将导致灵敏度的降低。

压电式传感器接入电压放大器后的电压灵敏度 S 定义为

$$S = \frac{U_\mathrm{srm}}{F_\mathrm{m}} = \frac{d\omega R}{\sqrt{1 + (\omega\tau)^2}} \tag{4.39}$$

当 $\omega\tau \gg 1$ 时，电压灵敏度 S 近似为

$$S \approx \frac{d}{C_c + C_a + C_i} \tag{4.40}$$

式（4.40）表明，S 与压电元件的压电系数 d 成正比，与元件的等效电容 C_a、电压放大器的输入电容 C_i 及连接电缆 C_c 电容之和成反比。当传感器及电压放大器一经校正，仪器便不能更换，电缆长度不能改变，否则将导致电压灵敏度 S 的变化。

（2）电荷放大器

为改善压电式传感器的低频特性，常采用电荷放大器。电荷放大器是将高内阻的电荷源转换为低输出阻抗的电压源的压电传感器专用前置放大器，它的输出电压正比于输入电荷。电荷放大器同样起着阻抗变换的作用，其输入阻抗高达 $10^{10} \sim 10^{12}\Omega$，输出阻抗小于 100Ω。电荷放大器的等效电路如图 4.28 所示。图中 A 为运放增益（开环）；C_f 为反馈电容，用来改变放大器的输入阻抗；R_f 为反馈电阻，为放大器提供直流负反馈，以减小零点漂移，使工作点稳定。

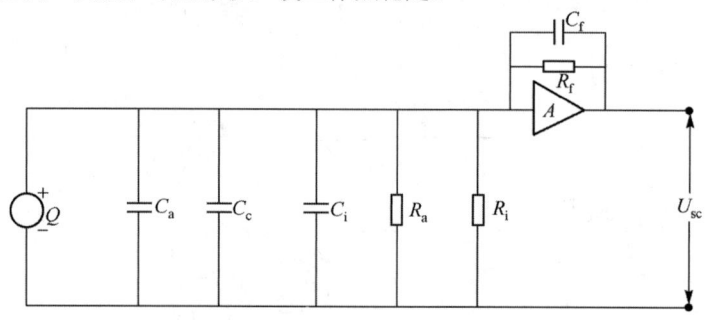

图 4.28 电荷放大器的等效电路

理想状态下，传感器的泄漏电阻 R_a 和放大器的输入电阻 R_i、反馈电阻 R_f 都很大，可认为开路；反馈电容 C_f 折合到放大器输入端的等效电容 $C_f' = (1+A)C_f$，C_f' 与传感器的泄漏电容 C_c、放大器的输入电容 C_i 并联。此时电荷放大器的输出电压 U_{sc} 为

$$U_{sc} = -AU_{sr} = -\frac{AQ}{C_a + C_c + C_i + (1+A)C_f} \tag{4.41}$$

式中，A 值一般很大，则 $(1+A)C_f \gg C_a + C_c + C_i$，于是式（4.41）可写成

$$U_{sc} \approx -\frac{Q}{C_f} \tag{4.42}$$

观察式（4.42），可以发现：电荷放大器的 U_{sc} 与 Q 成正比，而与电缆电容 C_c 无关。

电荷放大器频率上限主要取决于运算放大器的频率响应。若电缆太长，杂散电容和电缆电容增加，电缆的导线电阻 R_c 也增加，影响放大器的高频特性，它们决定电路的上限频率为

$$f_H = \frac{1}{2\pi R_c(C_a + C_c)} \tag{4.43}$$

它会影响电荷放大器的高频特性，但影响不大。例如，100m 电缆的电阻仅几欧到数十欧，因此对频率上限影响可以忽略。

由于 A 值相当大，通常 $(1+A)C_f \gg C_a + C_c + C_i$、$R_f/(1+A) \ll R_a$，因此，电荷放大器的低频下限只取决于反馈回路参数 R_f、C_f。

$$f_L = \frac{1}{2\pi R_f C_i} \tag{4.44}$$

它与电缆电容无关。由于运算放大器的时间常数 $R_f C_f$ 可做得很大，因此电荷放大器的低频下限 f_L 可低达 $10^{-1} \sim 10^{-4}$（准静态）。

由此可见，电荷放大器较之电压放大器的优点是突出的，缺点是线路较复杂，调整困难，成本较高。

【例】 如图 4.29 所示的电荷放大器电路，已知 $C_a = 100\text{pF}$，$R_a = \infty$，$C_f = 10\text{pF}$。若考虑引线分布电容 C_c 的影响，当 $A = 10^4$ 时，要求输出信号衰减小于 1%。求使用 90pF/m 的电缆，其最大允许长度为多少？

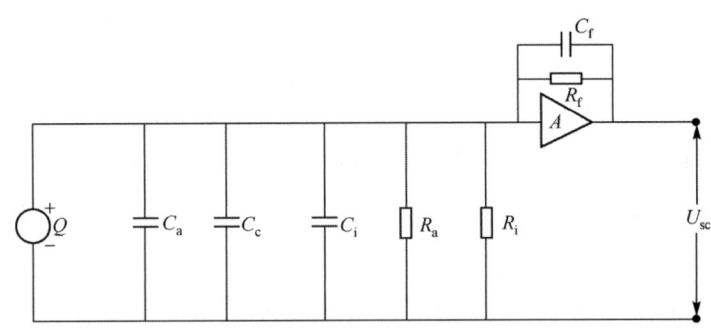

图 4.29 电荷放大器电路

解：由电荷前置放大器输出电压表达式 $U_{sc} = -AU_{sc} = -\dfrac{AQ}{C_a + C_c + C_i + (1+A)C_f}$ 可知，当运算放大器为理想状态 $A_0 \to \infty$ 时，上式可化简为 $U'_{sc} = Q/C_f$。则实际输出与理想输出信号的误差为

$$\delta = \frac{U'_{sc} - U_{sc}}{U'_{sc}} = \frac{C_a + C_c}{(1+A)C_f}$$

由题意已知要求 $\delta < 1\%$，并代入 A_0、C_a、C_f 得 $\delta = \dfrac{100 + C_c}{(1+10^4)10} < 1\%$，解出 $C_c = 9000\text{pF}$，所以电缆线最大允许长度 $L = 900/90 = 10\text{m}$。

4.2.3 压电式传感器的应用举例

从上述的介绍可以看出，压电元件是一种典型的力敏感元件，可用来测量最终能转换为力的多种物理量，如用来测量力和加速度。其中主要因素有横向灵敏度、环境温度、环境湿度。

1. 压电式测力传感器

压电式测力传感器是利用压电元件直接实现力电转换的传感器，在拉、压场合，通常较多采用双片或多片石英晶片作为压电元件。它刚度大，测量范围宽，线性及稳定性高，动态特性好。当采用大时间常数的电荷放大器时，可测量准静态力。压电式测力传感器按测力状态分为单向、双向和三向传感器，它们在结构上基本一样。

压电式测力传感器是利用压电材料所具有的压电效应所制成的。压电式测力传感器的基本结构如图 4.30 所示。由于压电材料的电荷量是一定的，因此在连接时要特别注意，避免漏电。压电效应是压电传感器的主要工作原理，压电传感器不能用于静态测量，由于外力作用在压电元件上产生的电荷只有在无泄漏的情况下才能保存，这实际上是不可能的，因此压电式传感器不能用于静态测量。压电元件在交变力的作用下，电荷可以不断补充，可以供给测量回路以一定的电流，因此只适用于动态测量。所以这决定了压电传感器只能够测量动态的压力。

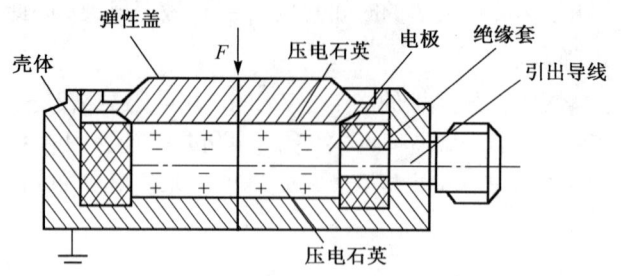

图 4.30 压电式测力传感器的基本结构

压电式测力传感器的优点是有自生信号，输出信号大，有较高的频率响应，体积小，结构坚固。其缺点是只能用于动能测量，需要特殊电缆，在受到突然振动或过大压力时，自我恢复较慢。

2．压电式加速度传感器

压电式加速度传感器又称压电加速度计，也属于惯性式传感器。压电式加速度传感器主要用于振动冲击测量，它具有量程大、频带宽、安装简单、适用于各种恶劣环境、体积小、重量轻等特点，被广泛应用于振动冲击测试、信号分析、故障诊断、振动校准等。

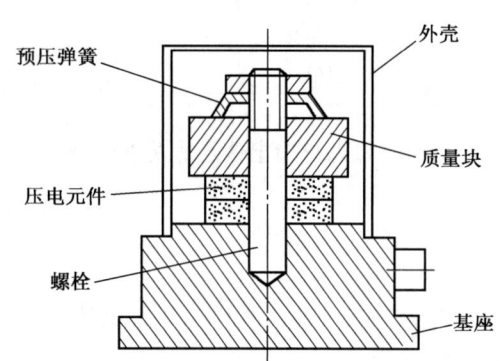

图 4.31 压电式加速度传感器的结构图

图 4.31 所示为一种压电式加速度传感器的结构图。它主要由压电元件、质量块、预压弹簧、基座及外壳等组成。整个部件装在外壳内，并用螺栓加以固定。压电式加速度传感器压电元件一般由两块压电晶片组成。在压电晶片的两个表面上镀有电极，并引出引线。在压电晶片上放置一个质量块，质量块一般由比较大的金属钨或高比重的合金制成。然后用硬弹簧或螺栓、螺帽对质量块预加载荷，整个组件就装在一个基座的金属壳体中。为了避免试件的任何应变传送到压电元件上，产生假信号输出，所以一般要加厚基座或选用由刚度较大的材料来制造。

测量时，通过基座底部的螺孔，将传感器与试件刚性地固定在一起，传感器感受与试件相同频率的振动。由于压紧在质量块上的弹簧刚度很大，质量块的质量相对较小，可认为质量块的惯性很小，因此质量块也感受与试件相同的振动。质量块以正比于加速度的交变力作用在压电元件上，压电元件的两个表面就有交变电荷产生，传感器的输出电荷（或电压）与作用力成正比，即与试件的加速度成正比。

假如使用前面介绍过的压缩型加速度传感器，则当传感器感受振动体的振动加速度时，质量块产生的惯性力 F 作用于压电元件上，从而产生电荷 Q 输出。通常，这种传感器输出 Q 与输入加速度成正比，因此就不难求出加速度 a。传感器电荷灵敏度为

$$K_q = \frac{Q}{a} = \frac{df}{a} = \frac{dma}{a} = dm(\text{C} \cdot \text{s}^2 / \text{m}) \tag{4.45}$$

随着电子技术的发展，目前大部分压电式加速度计在壳体内都集成有放大器，由它来完成阻抗变换的功能。这类内装集成放大器的加速度计可使用长电缆而无衰减，并可直接与大多数通用的仪表、

计算机等连接。一般采用二线制，即用两根电缆给传感器供 2～10A 的恒流电源，而输出信号也由这两根电缆输出，大大方便了现场的接线。

3．压电式金属加工切削力测量

图 4.32 所示为利用压电陶瓷传感器测量刀具切削力的示意图。

切削力是金属切削时，刀具切入工件，使被加工材料发生变形并成为切削所需的力。

切削力的来源：测力仪的测量原理是利用切削力作用在测力仪的弹性元件上所产生的变形，或者作用在压电晶体上产生的电荷经过转换处理后，读出 F_z、F_x 和 F_y 的值。由于压电陶瓷元件的自振频率高，特别适合测量变化剧烈的载荷。图中压电传感器位于车刀前部的下方，当进行切削加工时，切削力通过刀具传给压电传感器，压电传感器将切削力转换为电信号输出，记录下电信号的变化即可测得切削力的变化。

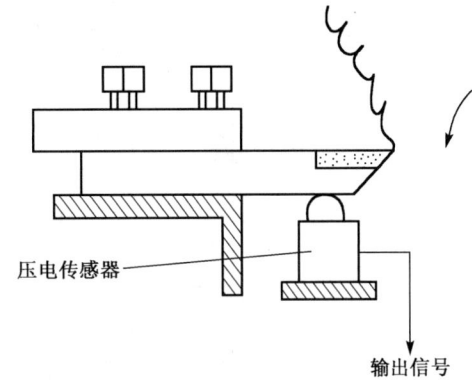

图 4.32 利用压电陶瓷传感器测量刀具切削力的示意图

4.2.4 压电式传感器的主要性能及其影响因素

1．压电式传感器的主要性能

（1）灵敏度

灵敏度是指输出量（电荷、电压）与输入量（力、压力、加速度、扭矩）的比值。若传感器与电压放大器联用时，需给出其电压灵敏度。传感器与电荷放大器联用时，需给出电荷灵敏度，电荷灵敏度为

$$K_Q = \frac{Q}{J}$$

式中，Q 为输入电荷；J 为输入力学量。

对于力 F 的测量，则

$$K_Q = \frac{Q}{F} = \frac{nd\,F}{F} = nd$$

式中，n 为晶体数目；d 为压电常数。

对于加速度传感器

$$K_Q = \frac{Q}{a} = \frac{dF}{a} = dm$$

则电压灵敏度为

$$K_u = \frac{U_{sc}}{J} = \frac{Q/C_a}{J} = \frac{K_Q}{C_a}$$

式中，U_{sc} 为输出电压；C_a 为压电原件的电容。例如，对于加速度传感器，$K_u = \frac{K_Q}{C_a} = \frac{dm}{C_a}$。

（2）频率响应

由于压电元件只用于测量一定频率的力学量，在电压放大电路中分析了输出值和灵敏度与频率的关系。若自然频率用 ω_0 表示，图 4.33 所示为压电式加速度传感器的相对灵敏度 $K(=Q/a)$ 与频率比

ω/ω_0 的关系曲线。可知振动频率 ω 很小时，K 接近常数，频率比在 1.0 附近时，灵敏度有极大值，说明压电式传感器具有很好的高频响应特性。

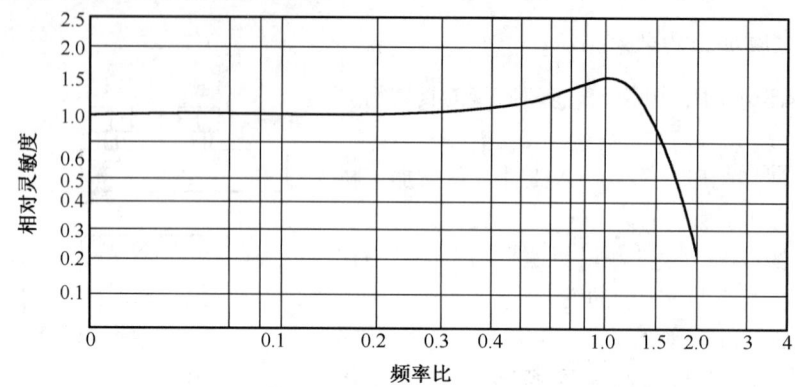

图 4.33 压电式加速度传感器的相对灵敏度与频率比关系曲线

例如，石英压电传感器体积小、重量轻、硬度高、性能稳定、寿命很长、工作范围宽（最大允许振动或冲压为 2000/2000g）、动态性能好（响应时间为 5s，高频截止频率为 500kHz，低频截止频率为 0.5Hz）、灵敏度高（25mV/PSI）、线性度好（0.001%fs）、无滞后性、分辨率 PSI 为 0.005、温域宽（100～273F）、受温度影响小（温度系数 0.03%），可在高温、冲击、振动等环境下测量动态压力（如压缩、冲击波、脉动、流体传递的噪声湍流和弹导力等）。

2. 压电式传感器的性能影响因素

基于压电效应的压电传感器，通常都需要接触测量，它的灵敏度、频响特性和重量，是衡量其工作性能的主要指标。影响压电传感器工作性能的因素很多，其中有系统的因素，如传感器重量的负载影响，谐振频率、高低频响应相移的影响，以及横向灵敏度、安装差异和某些温度影响等，也有随机的因素，如基座应变、噪声、电磁场等。其中主要因素有横向灵敏度、环境温度、环境温度。

（1）横向灵敏度

横向灵敏度是衡量横向干扰效应的指标。一只理想的单轴压电传感器，应该仅对其轴向的作用力敏感，而对横向作用力不敏感。如对于压缩式压电传感器，就要求压电元件的敏感轴（电极向）与传感器轴线（受力向）完全一致。但实际的压电传感器由于压电切片、极化方向的偏差，压电片各作用面的粗糙度或各作用面的不平行，以及装配、安装不精确等种种原因，都会造成如图 4.34 所示的压电传感器电轴 E 向与力轴 Z 向不重合。横向灵敏度用轴向灵敏度 K 的百分表示，即定义为

$$最大横向灵敏度 = \frac{K_y}{K_z} \times 100\% = \tan\theta \times 100\%$$

$$一般横向灵敏度 = \frac{K_t}{K_z} \times 100\% = \tan\theta \cdot \cos\varphi \times 100\%$$

产生横向灵敏度的必要条件：一是伴随轴向作用力的同时，存在横向力；二是压电元件本身具有横向压电效应。

因此，消除横向灵敏度的技术途径也相应有两方面：一是从设计、工艺和使用诸方面确保力与电轴的一致；二是尽量采用剪切型力-电转换方式。一只较好的压电传感器，最大横向灵敏度不大于 5%。

（2）环境温度的影响

环境温度的变化对压电材料的压电常数和介电常数的影响都很大，它将使传感器灵敏度发生变化，压电材料不同，温度影响的程度也不同。当温度低于 400℃时，其压电常数和介电常数都很稳定。

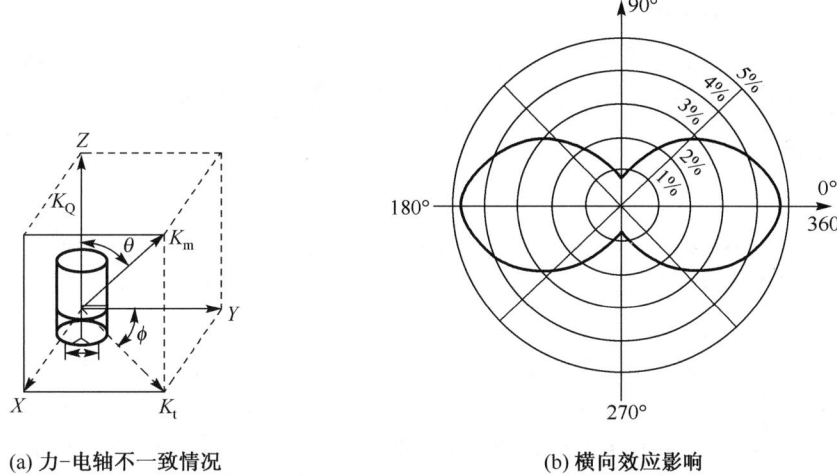

(a) 力-电轴不一致情况　　(b) 横向效应影响

图 4.34　压电传感器的横向灵敏度

人工极化的压电陶瓷温度的影响比石英要大得多，不同的压电陶瓷材料，压电常数和介电常数的温度特性比铁酸钡好得多。新型的压电材料的居里点比石英和压电陶瓷的居里点高，可用作耐高温传感器的转换元件。

为了提高压电陶瓷的温度稳定性和时间稳定性，一般应进行人工老化处理。但天然石英晶体无须做人工老化处理，其性能很稳定。

经人工老化后的压电陶瓷在常温条件下性能稳定，但在高温环境中使用时，性能仍会变化，为了减小这种影响，在设计传感器时就采取隔热措施。

为适应在高温环境下工作，除压电材料外，连接电缆也是一个重要的部件。普通电缆是不能耐 700℃ 以上高温的。目前，在高温传感器中大多采用无机绝缘电缆和含有无机绝缘材料的柔性电缆。

（3）环境湿度的影响

环境湿度对压电式传感器性能的影响也很大。如果传感器长期在高湿度环境下工作，其绝缘电阻将会减小，低频响应变坏。现在，压电式传感器的一个突出指标是绝缘电阻要高达 $10^{14}\Omega$。为了能达到这一指标，采取必要的措施是合格的结构设计。把转换元件组成一个密封式整体，有关部分一定要良好绝缘，严格的清洁处理和装配，电缆两端必须气密焊封。

4.3　电容式力传感器

4.3.1　电容式传感器的特点

与电阻式、电感式等传感器相比，电容式传感器有以下优点。

1. 温度稳定性好

电容式传感器的电容值一般与电极材料无关，有利于选择温度系数低的材料，又因本身发热很少，影响稳定性甚微。

2. 结构简单，适应性强

电容式传感器结构简单，易于制造，易于保证高的精度，可以做得非常小巧，以实现某些特殊的测量。电容式传感器一般用金属作为电极，以无机材料（如玻璃、石英、陶瓷等）作为绝缘支承，因此能工作在高低温、强辐射及强磁场等恶劣的环境中，可以承受很大的温度变化，承受高压力、高冲击、过载等，能测超高压和低压差，也能对带磁工件进行测量。

3．动态响应好

电容式传感器由于极板间的静电引力很小（约几个10^{-5}N），需要的作用能量极小，又由于它的可动部分可以做得很小、很薄，即质量很轻，因此其自然频率很高，动态响应时间短，能在几兆赫的频率下工作，特别适合动态测量。又由于其介质损耗小，可以用较高频率供电，因此系统工作频率高。它可用于测量高速变化的参数，如测量振动、瞬时压力等。

电容式传感器的不足之处为：① 输出阻抗高，负载能力差；② 寄生电容影响大。这些不足直接导致电容式传感器具有测量电路复杂的缺点。但随着材料、工艺、电子技术，特别是集成电路的高速发展，电容式传感器的优点得到发扬，而缺点也不断得到克服，成为一种大有发展前景的传感器，在测量力、压力、差压等参数中得到了广泛应用。

4.3.2 电容式压力传感器

1．电容式压力传感器工作原理和结构

（1）电容式压力传感器的工作原理

电容式传感器比压阻式传感器具有更高的温度稳定性，为避免其输出产生的寄生电容，在芯片上同时固化一个检测电路，这个电路的性能将影响整个传感器的精度。所以一般的电容式固态压力传感器由敏感电容器和检测电路两部分组成。一般可分为两类：一类是利用硅加工技术，取适当的晶向，在硅膜上蚀刻形成一薄硅膜片，将其与一温度系数相近的喷镀有金属电极的玻璃板采用静电方法焊接在一起形成的压敏电容器；另一类是利用硅加工技术在硅膜上蚀刻两个膜片，一个作为敏感膜片，另一个作为参考膜片。检测电路一般采用两类方法，一类是利用电容的变化量来控制正弦波弛张振荡器的频率；另一类是采用阻抗桥方式测量压敏电容器的交流阻抗变化。另外，按其敏感膜片形式又可分为圆形、方形和环形，也可制成双圆形、双方形和双环形。电容式压力传感器在结构上有单端式和差动式两种形式，因为差动式的灵敏度较高，非线性误差也较小，所以电容式压力传感器大都采取差动形式。

（2）电容式压力传感器的结构

图4.35所示为差动式电容压力传感器的结构图。它主要由一个膜式电极和两个在凹形玻璃上电镀成的固定电极组成。当被侧压力或压力差作用于膜片并产生位移时，两个电容器的电容量一个增大另一个减小。该电容值的变化经测量电路转换为与压力或压力差相对应的电流或电压的变化。

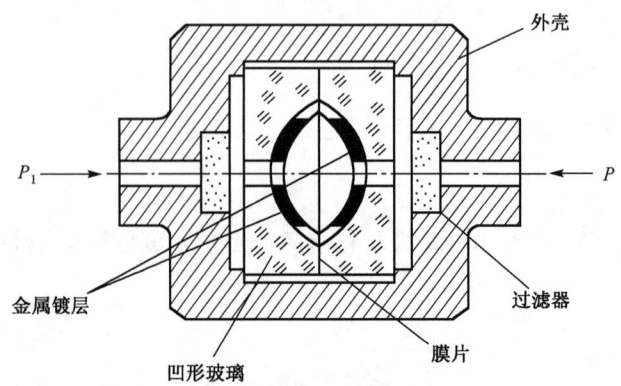

图4.35 差动式电容压力传感器的结构图

2. 测量电路

电容式压力传感器的测量电路常采用双 T 形电桥电路,如图 4.36(a)所示。其中,u 为对称方波的高频激励电源电压,C_1、C_2 为传感器差动电容,VD_1、VD_2 为特性完全相同的二极管,R_1、R_2 为阻值相等的固定电阻,R_L 为差动式电容传感器负载电阻。此电路因 C_1、VD_1、R_1 与 C_2、VD_2、R_2 分别构成 T 形充放电电路,因此得名为双 T 形充放电电路。

当电源电压 u 为正半周时,二极管 VD_1 导通、VD_2 截止,等效电路如图 4.36(b)所示。此时电容 C_1 充电,充电回路的电阻仅为导线电阻,因此很快被充电至电压 U,U 经 R_1 以电流 i_1 向负载电阻 R_L 供电。如果 C_2 初始已充电,则电容 C_2 以电流 i_2 经 R_2 和 R_L 放电。流经 R_L 的电流 i_L 为 i_1 与 i_2 的代数和。

当电源电压 u 为负半周时,VD_2 导通、VD_1 截止,等效电路如图 4.36(c)所示。此时,C_2 很快被充电至电压 U,而 C_2 经 R_1 和 R_L 放电,流经 R_L 的电流 i'_L 为 i'_1 和 i'_2 的代数和。

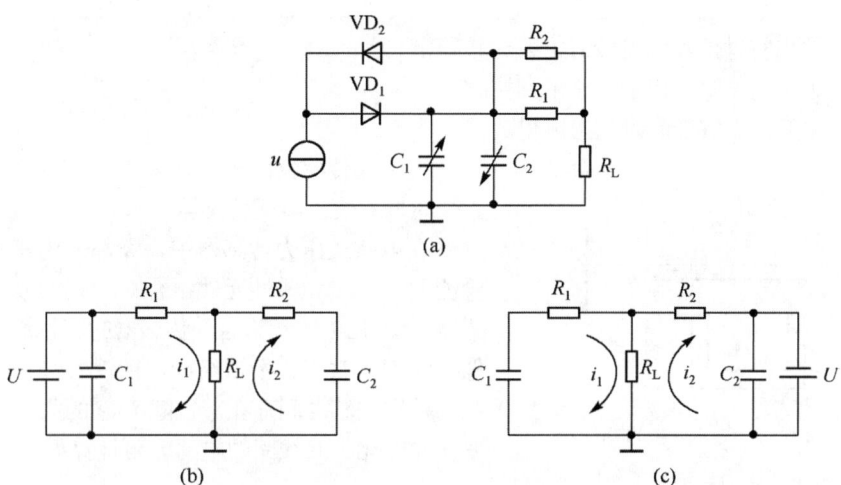

图 4.36 双 T 形电桥电路

由于 VD_1 和 VD_2 特性相同,$R_1 = R_2 = R$。当没有压力输给传感器时,差动电容 $C_1 = C_2$,即在 u 的一个周期内流过 R_L 的 i_L 与 i'_L 的平均值为零,即 R_L 上无信号输出。当有压力输给传感器时,$C_1 \neq C_2$,在 R_L 上产生的平均电流不为零,则有信号输出。此时 R_L 两端的平均电压为

$$U_o \approx \frac{R(R+2R_L)}{(R+R_L)^2} UR_L(C_1 - C_2)f$$

当 R、R_L、U、f 均为定值时,双 T 形电路的输出电压 U_o 与传感器 C_1 和 C_2 之差呈线性关系。当 R、R_L 为定值时,该电路的电压灵敏度 $S = U_o/(C_1 - C_2)$ 与 U 和 f 成正比。因此,要求电源电压必须是稳幅稳频和高幅高频的对称方波,以保证该电路具有较高的稳定性和灵敏度。

双 T 形电桥电路具有以下的特点。

① 电源、传感器电容、负载均可同时在一点接地。线路简单,可全部放在探头内,大大缩短了电容引线,减小了分布电容的影响。

② 电源周期、幅值直接影响灵敏度,要求它们高度稳定。

③ 输出阻抗与 R_1、R_2 和 R_L 有关,而与电容无关,只要适当选择电阻,可使输出阻抗控制在 1k~100kΩ之间,克服了电容式传感器高内阻的缺点。

④ 输出电压较高。

4.4 电感式压力传感器

电感式传感器利用电磁感应原理,把被测物理量(如位移、振动、压力、应变等)转换为线圈的自感或互感系数的变化,从而导致线圈电感量改变,再由测量电路转换为电压或电流的变化量的输出,来实现非电量的测量。因此,根据转换原理,电感式传感器可以分为自感式和互感式两大类。电感式传感器具有以下特点。

① 结构简单、可靠,测量力小。

② 灵敏度和分辨力高。能测出 $0.1\mu m$ 甚至更小的机械位移,输出信号强,电压灵敏度可达数百毫伏每毫米。

③ 重复性好,线性度优良。在几十微米到数百毫米的位移范围内,传感器的非线性误差可达到 $0.05\% \sim 0.1\%$,输出特性的线性度较好,且比较稳定。

④ 能实现远距离传输、记录、显示和控制。

⑤ 响应频率低,不宜于高频动态测量。

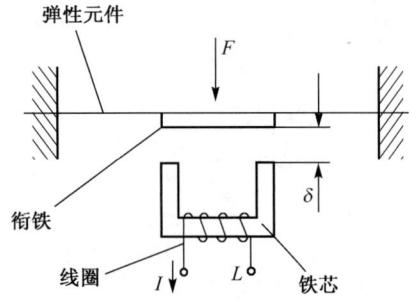

图 4.37 变隙式电感压力传感器工作原理图

电感式传感器的种类很多,本节主要论述电感式压力传感器和变压器式传感器。

在电感式压力传感器中,大都采用变隙式电感作为检测元件,它和弹性元件组合在一起构成电感式压力传感器。图 4.37 所示为这种传感器的工作原理图,检测元件由线圈、铁芯、衔铁组成,衔铁安装在弹性元件上。在衔铁和铁芯之间存在着气隙 δ,它的大小随着外力 F 的变化而变化。其线圈的电感 L 可计算如下

$$L = N^2 / R_m \quad (4.46)$$

式中,N 为线圈匝数;R_m 为磁路总磁阻($1/H$),表示物质对磁通量所呈现的阻力。磁通量的大小不但与磁势有关,而且也与磁阻的大小有关。当磁势一定时,磁路上的磁阻越大,则磁通量越小。磁路上气隙的磁阻比导体的磁阻大得多。假设气隙是均匀的,且导磁截面与铁芯的截面相同,在不考虑磁路中的铁损时,磁阻可表示为

$$R_m = \frac{l}{\mu A} + \frac{2\delta}{\mu_0 A} \quad (4.47)$$

式中,l 为磁路长度(m);μ 为导磁体的导磁率(H/m);A 为导磁体的截面积(m^2);δ 为气隙量(m);μ_0 为空气的导磁率($4\pi \times 10^{-7}$ H/m)。

由于 $\mu_0 \ll \mu$,因此式(4.47)中的第一项可以忽略,代入式(4.46)可得到

$$L = \frac{N^2 \mu_0}{2\delta} A \quad (4.48)$$

如果给传感器线圈通以交流电源,流过线圈的电流与气隙之间有以下关系

$$I = 2U\delta / (\mu_0 \omega N^2 A) \quad (4.49)$$

式中,U 为交流电压(V);ω 为交流电源的角频率(rad/s)。

从以上各式可以看出,当压力引起衔铁的位置变化时,衔铁与铁芯的气隙发生变化,传感器线圈的电感量会发生相应的变化,流过传感器的电流 I 也发生相应的变化。因此,通过测量线圈中电流的变化便可得知压力的大小。

1. 变隙电感式压力传感器

图 4.38 所示为变隙电感式压力传感器的结构图。它由膜盒、铁芯、衔铁及线圈等组成,衔铁与膜盒的上端连在一起。

当压力进入膜盒时,膜盒的顶端在压力 P 的作用下产生与压力 P 大小成正比的位移。于是衔铁也发生移动,从而使气隙发生变化,流过线圈的电流也发生相应的变化,电流表指示值反映了被测压力的大小。

2. 变隙式差动电感压力传感器

图 4.39 所示为变隙式差动电感压力传感器的结构图,它主要由 C 形弹簧管、衔铁、铁芯和线圈等组成。

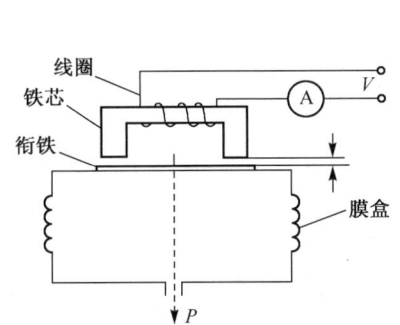

图 4.38 变隙电感式压力传感器结构图

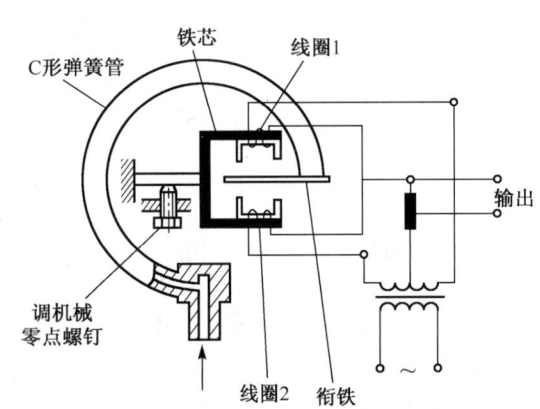

图 4.39 变隙式差动电感压力传感器结构图

当被测压力进入 C 形弹簧管时,C 形弹簧管产生变形,其自由端发生位移带动与自由端连接成一体的衔铁运动,使线圈 1 和线圈 2 中的电感发生大小相等、符号相反的变化,即一个电感量增大,另一个电感量减小。电感的这种变化通过电桥电路转换为电压输出。由于输出电压与被测压力之间呈比例关系,因此只要用检测仪表测量出输出电压,即可得知被测压力的大小。

3. 差动变压器式传感器

差动变压器式传感器也称为互感式传感器,它把被测位移转换为传感器线圈的互感变化。这种传感器是根据变压器的基本原理制成的,并且次级线圈绕组采用差动式结构,因此称为差动变压器式传感器,简称差动变压器。

差动变压器的结构多采用螺线管式,具有结构简单、灵敏度高和测量范围广等优点,广泛应用于位移及可转换为位移的测量中。

变压器式传感器可以进行力、压力、压力差等力学参数的测量。图 4.40 所示为差动变压器式压力传感器的结构原理图,主要由膜盒、随膜盒的膨胀与收缩而移动的衔铁、感应线圈等组成。初级线圈与振荡电路相连,产生交流激励电压,并在线圈周围产生磁场,在两个次级线圈中产生感应电势。

当被测压力为零时,膜盒处于初始状态。衔铁处于差动变压器线圈的中间位置,两个次级线圈的感应电势大小相等、方向相反,传感器输出电压为零。当被测压力经过接头传入膜盒时,使膜盒产生一定的位移,位移大小与被测压力成正比,并带动衔铁在线圈中移动,此时两个次级线圈的感应电势一个增大另一个减小,总输出电势为两个线圈感应电势的代数和,其大小取决于衔铁的移动距离。经相敏检波等电路处理后,输出电压反映被测压力的数值。这种传感器多用来测量微小压力。测量范围为 $-4 \times 10^4 \sim 6 \times 10^4 \mathrm{N/m^2}$,输出电压为 0~5mV,精度为 1.5 级。

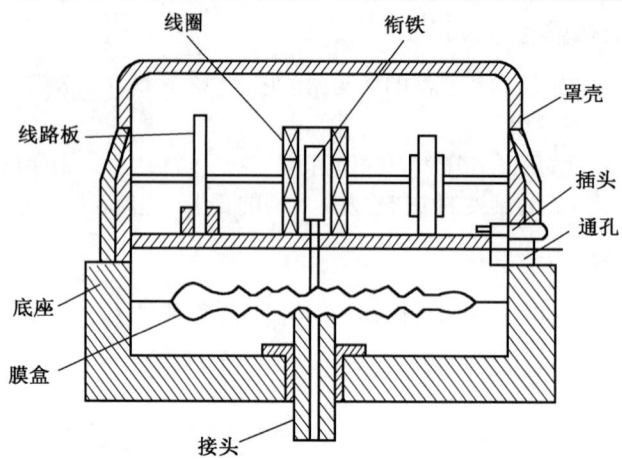

图 4.40 差动变压器式压力传感器的结构原理图

4.5 谐振式压力传感器

谐振式传感器是直接将被测量变化转换为物体谐振频率变化的装置,故又称为频率式传感器。

谐振式传感器具有精度高、分辨率高、稳定性高、可靠性高、抗干扰能力强、适于长距离传输及能直接与数字设备相连接等优点。其缺点是要求材料质量较高、加工工艺复杂、生产周期长、成本较高等。另外,其输出频率与被测量的关系往往是非线性的,必须进行线性化处理才能保证良好的精度。

本节将对谐振式压力传感器进行介绍。

4.5.1 工作原理和特性

谐振式压力传感器利用压力变化来改变物体的谐振频率,从而通过测量频率变化来间接测量压力。这种传感器在工作时要产生振动,所以这种传感器也称为振动式压力传感器。

谐振式压力传感器的工作原理如下。振子即机械振动系统的谐振频率 f 可近似表示为

$$f = \frac{1}{2\pi}\sqrt{\frac{k}{m_e}}$$

式中,k 为振子材料的刚度;m_e 为振子的等效振动质量。

可见,振子的谐振频率 f 与其刚度 k 和等效振动质量 m_e 有关,设其初始谐振频率为 f_0。那么,如果振子受力或其中的介质质量等发生变化,将导致振子的等效刚度或等效振动质量发生变化,从而使其谐振频率发生变化。这就是机械式谐振传感器的基本工作原理。但应注意,变化之间的关系一般是非线性的。

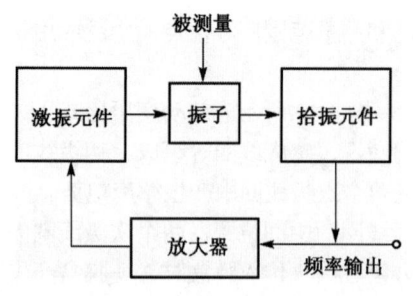

图 4.41 谐振式压力传感器的工作原理

要使振子产生振动,就要外加激振力(激振元件),要测量振子的振动频率则需要拾振元件,它们之间的关系如图 4.41 所示。由激振元件激发振子振动,由拾振元件检测振子的振动频率,另外将此信号经放大后输送到激振元件中形成闭环系统,以维持振子持续振动。

4.5.2 谐振式压力传感器的特性

按谐振子的结构来分,常见的谐振式传感器可分为振弦式传感器、振梁式传感器、振膜式传感器

和振筒式传感器，对应的振子形状分别为张丝状、梁状、膜片状和筒状，如图 4.42 所示。下面对振弦式传感器、振膜式传感器的特性分别加以介绍。

1. 振弦式谐振压力传感器特性

对于图 4.42(a)所示的振弦式传感器，当振弦受张力 T 作用时，其等效刚度发生变化，振弦的谐振频率 f 为

$$f = \frac{1}{2l}\sqrt{\frac{T}{\rho}} \tag{4.50}$$

式中，ρ 为振弦的线密度；l 为振弦的有效振动长度。

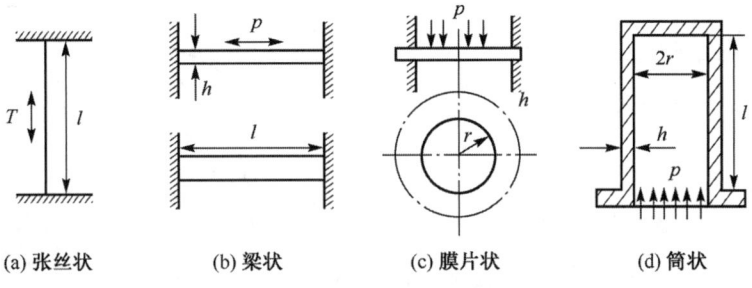

图 4.42　振子形状的基本类型

当弦的张力增加 ΔT 时，由式（4.50）可得弦的振动频率 f 为

$$f = \frac{1}{2l}\sqrt{\frac{T}{\rho}}\left(\sqrt{1+\frac{\Delta T}{T}}\right) \tag{4.51}$$

因为 $\Delta T / T \ll 1$，所以可将式（4.51）括号中的项展开为幂级数

$$f = f_0\left[1+\frac{1}{2}\frac{\Delta T}{T}-\frac{1}{8}\left(\frac{\Delta T}{T}\right)^2+\frac{1}{16}\left(\frac{\Delta T}{T}\right)^3-\cdots\right] \approx f_0\left[1+\frac{1}{2}\frac{\Delta T}{T}-\frac{1}{8}\left(\frac{\Delta T}{T}\right)^2\right] \tag{4.52}$$

单根振弦测压力时的非线性误差 δ 为

$$\delta = \frac{\frac{1}{8}\left(\frac{\Delta T}{T}\right)^2 f_0}{\left(\frac{1}{2}\frac{\Delta T}{T}\right)f_0} = -\frac{1}{4}\frac{\Delta T}{T} \tag{4.53}$$

为了得到良好的线性，常采用差动式结构，如图 4.43 所示。上下两弦对称，初始张力相等，当被测量力作用在膜片上时，两个弦张力变化大小相等、方向相反。通过差频电路测得两弦的频率差，则式（4.52）中的偶次幂项相抵消，使非线性误差大为减小，同时提高了灵敏度、减小了温度的影响。

通过对式（4.51）两边进行平方和求导，可得单根振弦测压力时的灵敏度 k 为

$$k = \frac{\mathrm{d}f}{\mathrm{d}T} = \frac{1}{8\rho l^2 f} \tag{4.54}$$

2. 振膜式谐振传感器特性

对于图 4.44 所示的振膜式传感器，当膜片受压力 p 作用而产生变形时，其等效刚度发生变化，膜片的谐振频率 f 变化。

膜片受力而产生静挠度，其谐振频率 f 与膜片的中心静挠度 W_p 的关系可表示为

$$f = f_0[1+c_1(W_p/h)]^{1/2} \tag{4.55}$$

而膜片的中心静挠度与压力 p 的关系可表示为

$$\frac{W_p}{h} + c(W_p/h)^3 = \frac{3(1-\mu^2)}{16}\frac{r^4}{Eh^4}p \tag{4.56}$$

式中，c_1、c 分别为与膜片尺寸、材料有关的常数；r、h、μ 分别为膜片的半径、厚度、泊松比。

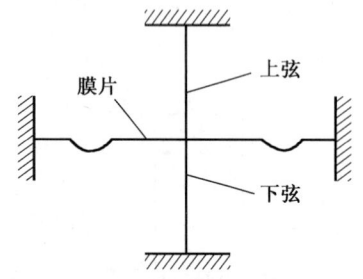

图 4.43 差动式振弦传感器原理

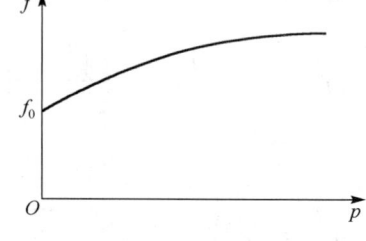

图 4.44 振膜压力传感器输入/输出特性

由式（4.54）和式（4.55）可得出振膜式压力传感器谐振频率 f 与压力 p 的关系。可见，其输入/输出特性是近似抛物线的非线性关系。

令 $\Delta f = f - f_0$，将式（4.54）两边平方之后整理得

$$\frac{2\Delta f}{f_0} + \left(\frac{\Delta f}{f_0}\right)^2 = c_1(W_p/h) \tag{4.57}$$

通常，$\Delta f / f_0 \ll 1$，所以式（4.57）中的偶次项可以忽略。实际中 $(W_p/h) \ll 1$，而 c 的值又不大，所以式（4.46）中的 $c(W_p/h)^2$ 项可以忽略，然后将 W_p/h 代入式（4.57），可得忽略高次项后的线性输入/输出关系为

$$\Delta f = \frac{3f_0 c_1(1-\mu^2)r^4}{32Eh^4}p$$

这时，它的非线性误差 δ 为

$$\delta \approx \frac{1}{2}\frac{\Delta f}{f_0}$$

灵敏度 k 为

$$k = \frac{df}{dP} = \frac{3f_0 c_1(1-\mu^2)r^4}{32Eh^4}$$

4.5.3 谐振式压力传感器的类型

1. 振弦式压力传感器

图 4.45 所示为测地层压力用的振弦式压力传感器。测量时，底座上的膜片与所要测量的地层面直接接触。地层压力作用到膜片上，膜片受压力作用发生挠曲，带动两支架向两侧拉开，振弦张力发生

改变,从而使振弦谐振频率改变。当压力变化 0.1MPa 时,该传感器频率变化 170Hz。该传感器的量程为 10MPa,精度约±1.5%。

2.振膜式压力传感器应用

振膜式压力传感器具有很好的稳定性、重复性和较高的分辨率(一般可达 0.3~0.5kPa/Hz),精度可达 0.01%,长期稳定性可达每年 0.01%~0.02%,重复性可达十万分之几的数量级,它的这些优异性能是一般模拟输出的压力传感器所不能比拟的。因此,在航空航天技术中常用振膜式压力传感器来测量大气参数(静压及动压),并通过计算机可求出飞行速度、飞行高度等飞行参数。它还常用来作为标准计量仪器,标定其他压力传感器或压力仪表。此外,它也可用来测量液体密度、液位等参数。

图 4.46 所示为一种振膜式压力传感器的结构。压力膜片的支架上固定着振动膜片,被测压力 p 进入空腔后,压力膜片发生变形,支架角度改变,使振动膜片张紧,刚度变化,自然频率也发生改变。

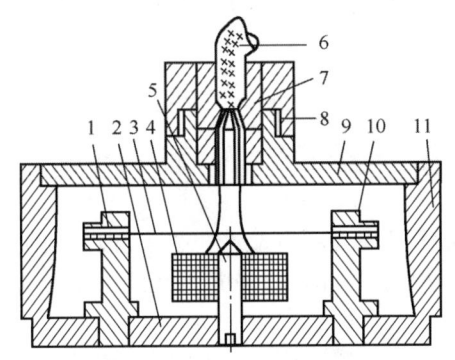

图 4.45 振弦式压力传感器

1—夹紧装置;2—膜片;3—振弦;4—线圈;5—铁芯;6—电缆;
7—绝缘材料;8—塞子;9—盖子;10—支架;11—底座

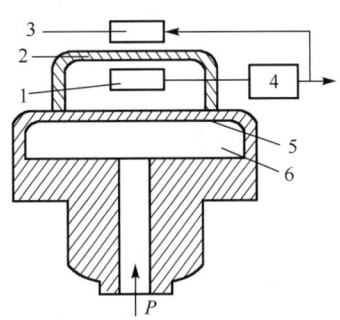

图 4.46 振膜式压力传感器

1—拾振线圈;2—振膜;3—激励线圈
4—振荡放大电路;5—压力膜片;6—空腔

3.振筒式压力传感器

振筒式压力传感器结构原理如图 4.47 所示。振筒 7 是一个薄壁金属圆筒,圆筒壁厚通常为 0.07~0.12mm,其一端与底座 2 固定,另一端密封可以自由运动。圆筒材料必须是能够构成闭合磁回路的磁性材料。保护罩 6 用来防止外磁场的干扰并起机械保护作用。振筒和外保护筒之间为真空室,作为参考标准。

振筒按电磁系统振动模式工作,激振线圈 5 和拾振线圈 8 分别通过振筒形成闭合磁路。为防止它们之间直接耦合,两线圈相隔一定距离垂直地放置在支柱 3 上。1 为线圈的引线孔,4 为励磁线圈的磁芯。

当被侧压力 P 通过压力入口 10 进入筒内壁时,筒在 P 的作用下产生变形,结果导致其谐振频率发生变化。振筒在激振线圈 5 作用下振动时,筒壁与永磁棒 9 之间的间隙随之变化,则在拾振线圈 8 中形成感生电动势,其频率即为振筒振动频率。

4.石英音叉谐振传感器

石英音叉谐振传感器是利用石英晶体的压电效应和谐振特性而构成的,其基本结构如图 4.48 所示。若将待测的压力 P 均匀地作用在膜上,则膜片会均匀地传给音叉使音叉的频率发生变化。在音叉的根部贴有两片压电元件,其中一个作为拾振器,而另一个作为激振器形成复合音叉。

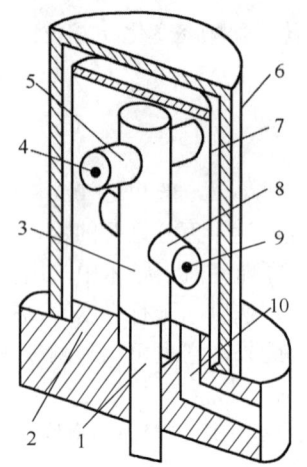
图 4.47 振筒式压力传感器结构原理

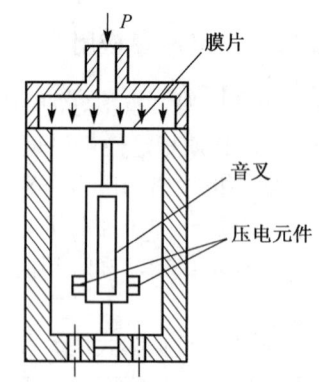
图 4.48 石英音叉谐振传感器基本结构

1—引线孔；2—底座；3—支柱；4—磁芯；5—激振线圈；6—保护罩；
7—振筒；8—拾振线圈；9—永磁棒；10—压力入口

4.6 光纤力学传感器

光导纤维传感器，简称光纤传感器，是一种新型传感器。它是利用光纤传输的光波量（如光强、相位、频率等）受到外界环境的影响（如温度、压力、电磁场等）而发生相应变化的原理在 20 世纪 70 年代迅速发展起来的。

光纤传感器与其他传感器相比，具有抗电磁干扰强（不怕电磁干扰）、灵敏度高（有的甚至高出几个数量级）、重量轻、体积小（光纤直径只有几十微米到几百微米）、柔软、成本低等优点。由光纤可实现的传感器物理量很多，现在已实现的传感物理量有力、温度、位移、角度、加速度、应变、电流、电压及某些化学量测量等，因此应用前景十分广阔，其中压力传感器是发展最快的一种。光纤压力传感器主要有强度调制型、相位调制型和偏振调制型三类。

① 强度调制型光纤压力传感器大多是基于弹性元件受压变形，将压力信号转换为位移信号来检测，因此常用于位移的光纤检测技术。

② 相位调制型光纤压力传感器则是利用光纤本身作为敏感元件。

③ 偏振调制型光纤压力传感器主要是利用晶体的光弹性效应。

1. 采用弹性元件的光纤压力传感器

这类形式的光纤压力传感器都是利用弹性体的受压变形，将压力信号转换为位移信号，从而对光强进行调制的。因此，只要设计好合理的弹性元件及结构，就可以实现压力的检测。图 4.49 所示为简单地利用 Y 形光纤束的光纤压力传感器。在 Y 形光纤束前端放置一感压膜片，当膜片受压变形时，使光纤束与膜片间的距离发生变化，从而使输出光强受到调制。

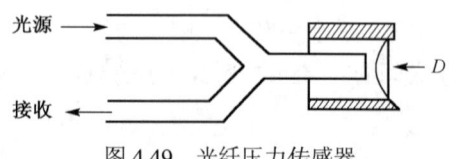
图 4.49 光纤压力传感器

弹性膜片材料可以是恒弹性金属，如殷钢、青铜等，但金属材料的弹性模量有一定的温度系数，因此要考虑温度补偿。若选用石英膜片，则可以减小温度变化带来的影响。

膜片的安装采用周边固定，焊接到外壳上。对于不同的测量范围，可选择不同的膜片尺寸。通常，膜片的厚度在 0.05～0.2mm 之间为宜。对于周边固定的膜片，在小挠度（$y<0.5t$，t 为膜片厚度）的条件下，膜片的中心挠度 y 可计算为

$$y = \frac{3(1-\mu^2)R^4}{16Et^3}p$$

式中，R 为膜片有效半径；t 为膜片厚度；E 为膜片材料的弹性模量；μ 为膜片的泊松比；p 为外加压力。

可见，在一定范围内，膜片中心挠度与所加的压力呈线性关系。如果利用 Y 形光纤束位移特性的线性区，传感器的输出光功率也与待测压力呈线性关系。

传感器的自然频率可表示为

$$f_r = \frac{2.56t}{\pi R^2}\sqrt{\frac{gE}{3\rho(1-\mu^2)}}$$

式中，ρ 为膜片材料的密度；g 为重力加速度。

这种光纤压力传感器结构简单、体积小、使用方便，但如果光源不够稳定或长期使用后膜片的反射率有所下降，其精度就要受到影响。

2．光纤微弯传感器

光纤微弯传感器是属于内强度调制器。微弯调制形式中光纤的光路是完全密封的，因此更适合在腐蚀性介质及污染等恶劣环境下进行测量。主要表现为纯弯损耗和传输损耗两种形式，当光纤受到弯曲扰动时，会产生微弯损耗。其中，纯弯损耗是由于光纤弯曲导致纤芯中的部分模场失速而耦合至包层引起的；传输损耗可以等效地看成是光纤弯曲改变了纤芯的折射率分布，使部分导模变成为辐射模而引起的。

图 4.50 所示为光纤微弯传感器示意图，图中的微弯结构由一对机械周期为 Λ 的齿形板组成，敏感光纤从齿形板中间穿过，在齿形板的作用下产生周期性的弯曲。当齿形板受外部扰动时，光纤的微弯程度随之变化，从而导致输出光功率的改变，因此可以通过测输出光功率变化来间接地测量外部扰动的大小，从而实现微弯传感器的功能。

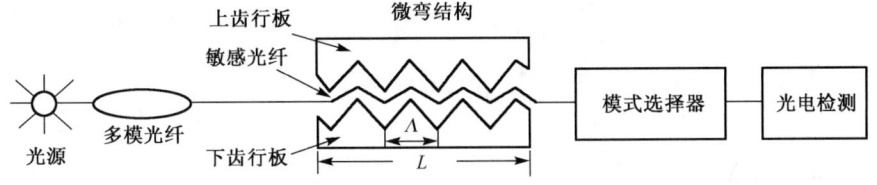

图 4.50　光纤微弯传感器示意图

L—敏感光纤长度；Λ—微弯机械周期

3．光弹性式光纤压力传感器

晶体在受压后其折射率发生变化，从而呈现双折射现象，这种效应称为光弹性效应。利用光弹性效应来测量压力的原理及传感器结构，如图 4.51 所示。发自 LED 的入射光经起偏器后成为直线偏振光。当有与入射光偏振方向呈 45°的压力作用于晶体时，使晶体呈双折射从而使出射光成为椭圆偏振光，由检偏器检测出与入射光偏振方向相垂直方向上的光强，即可测出压力的变化。其中，1/4 波长板用于提供一偏置，使系统获得最大灵敏度。

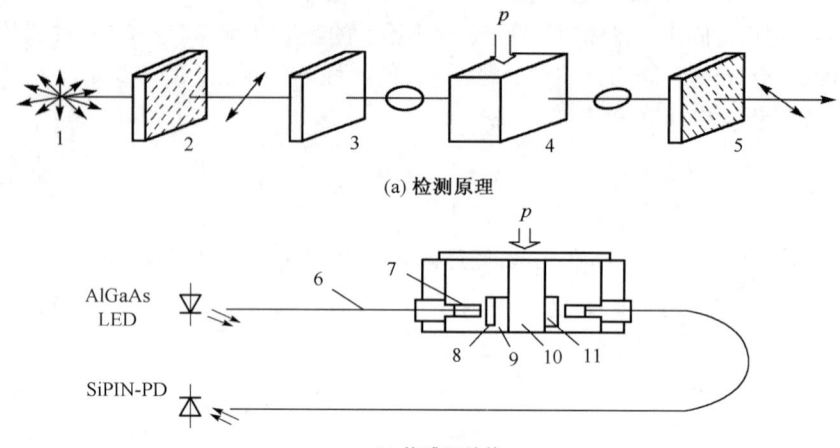

图 4.51 光弹性式光纤压力传感器检测原理及其结构

为了提高传感器的精度和稳定性,图 4.52 所示为另一种检测方法的结构。输出光用偏振分光镜分别检测出两个相互垂直方向的偏振分量,并将这两个分量经"差/和"电路处理,即可得到与光源强度及光纤损耗无关的输出。该传感器的测量范围为 $10^2 \sim 10^6$ Pa,精度为 ±1%,理论上分辨力可达 1.4Pa。

这种结构的传感器在光弹性元件上加上质量块后,也可用于测量振动、加速度。

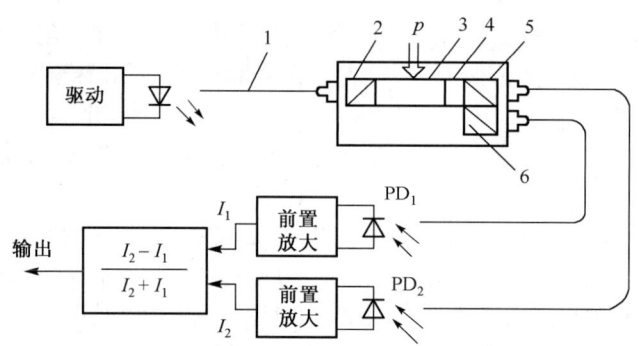

图 4.52 光弹性式光纤压力传感器的另一种结构
1—光纤;2—起偏器;3—光弹性元件;4—1/4 波长板;5—偏振分光镜;6—反射位

4.7 其他新型传感器

1. 压电涂层传感器

压电涂层传感器是一种新型的振动传感器。将压电功能材料与表面粘贴或内部嵌入有机集成传统结构,利用压电材料特有的压电效应,实现振动的测量与控制。实际中所采用的压电功能材料几乎均为压电陶瓷材料(PZT)和压电聚酯薄膜(PVDF)。它们不能应用于复杂曲面结构系统,与结构的耦合通常都采用黏结剂。压电涂层传感器概念是 1993 年由日本学者首先提出的。它的基本构成是把压电陶瓷 PZT 粉末作为填料,与环氧树脂胶液一起做充分搅拌,形成压电/环氧树脂融合涂料,涂刷在结构表面上,根据实际需要在涂层表面印制极化电极和传输信号导线,经极化处理后就可实现振动传感器,如图 4.53 所示。

压电涂层传感器的性能有以下两方面。

(1)压电效率

由于压电涂层传感器是一种压电混合物,因此压电效率就成为其主要技术指标。压电效率是指结构产生单位应变所能感应出的电荷多少。该性能指标与压电涂层组成成分、压电涂层厚度、极化电场强度及极化时间密切相关。

（2）阈值体积

一般令其所占有体积大于某个阈值 VPZT，当 PZT 填料组分小于该阈值时，由于微观上 PZT 颗粒是相互隔离的，因此，即使外加很强的极化电场也很难使其极化，压电效率很低。对给定组分的压电涂层，其厚度对压电效率的影响如图 4.54 所示。由图可知，压电效率随极化电场强度增大而增大。对给定电场强度，涂层越厚压电效率越高。在压电涂层击穿电场范围内，压电效率是随极化时间延长而缓慢增大的，对给定极化时间，极化电场强度越高，其压电效率也越高。

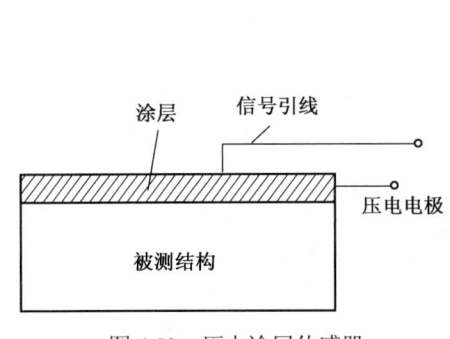

图 4.53　压电涂层传感器

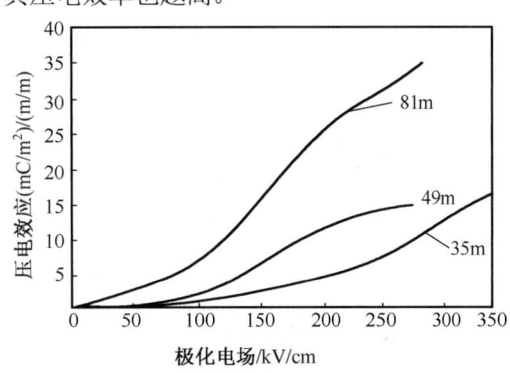

图 4.54　涂层厚度对压电效率的影响

2. 力敏 Z-元件及触觉传感器

Z-半导体敏感元件（简称 Z-元件）是 20 世纪末刚刚出现的高新技术前沿产品。由于它特性新颖、市场潜力大、具有广阔的应用前景，已引起国内外广泛的关注和极大的兴趣。由于它的应用电路极其简单，输出幅值大、灵敏度高、功耗低、抗干扰能力强，可分别输出模拟、开关或频率三种信号。当输出数字量信号时，它不需要前置放大和 A/D 转换就可与计算机直接通信，为传感器进一步智能化和网络化提供了方便。

Z-元件主要有温敏、光敏、磁敏和力敏 4 种。依据对 Z-元件工作机制的深入探讨，一些新型的半导体敏感元件正逐渐被开发出来。本节从力学的角度来介绍 Z-半导体敏感元件，即力敏 Z-元件，以及它在触觉传感器中的应用。

（1）力敏 Z-元件的伏安特性

力敏 Z-元件也是一种其 N 区被重掺杂补偿的改性 PN 结。力敏 Z-元件的半导体结构如图4.55(a)所示。其企业标准电路符号如图 4.55(b)所示，图中"+"表示 PN 结 P 区，即在 PN 结发生正偏时接电源正极。图 4.55(c)所示为正向型伏安特性，与其他 Z-元件一样该特性也分成 3 个工作区：M_1 高阻区、M_2 负阻区和 M_3 低阻区。描述这个特性有 4 个特征参数：U_{Th} 为阈值电压、I_{Th} 为阈值电流、U_f 为导通电压和 I_f 为导通电流。M_1 区动态电阻很大，M_3 区动态电阻很小（近于零），从 M_1 区到 M_3 区的转换时间很短（微秒级）。Z-元件具有两个稳定的工作状态："高阻态"和"低阻态"，工作的初始状态可按需要设定。若静态工作点设定在 M_1 区，Z-元件处于稳定的高阻状态，作为开关元件在电路中相当于"阻断"。若静态工作点设定在 M_3 区，Z-元件将处于稳定的低阻状态，作为开关元件在电路中相当于"导通"。在正向伏安特性上 P 点是一个特别值得关注的点，称为阈值点，其坐标为 $P(U_{Th}, I_{Th})$。P 点对外部力作用十分敏感，其灵敏度要比伏安特性上其他诸点要高许多。利用这一性质，可通过力作用，促成工作状态的一次性转换或周而复始的转换，即可分别输出开关信号或脉冲频率信号。

半导体元件具有压阻效应。若元件正偏置，当外力作用于 Z-元件的 P 端时，敏感层的电阻率变小，使得伏安特性曲线高阻区的斜率增大，达到阈值电流时的电压值小于静态下的 U_{Th}，所以曲线发生跳变时的电压小于 U_{Th}，从而使特性曲线向左移，施加的力值越大，左移的距离越大。反之，当外力作用于 Z-元件的 N 端时，敏感层的电阻率变大，使得伏安特性曲线高阻区的斜率减小，达到阈值电流时的电压值大于静态下的 U_{Th}，所以曲线发生跳变时的电压大于 U_{Th}，从而使特性曲线向右移，施加的力值越大，右移的距离越大。

（2）力敏 Z-元件在触觉传感器中的应用

由于 Z-元件很薄，也很脆，其能够承受的力有限，很容易碎裂，因此其传力机构的设计必须保证它的安全性。触觉传感器的结构示意图如图 4.56 所示。

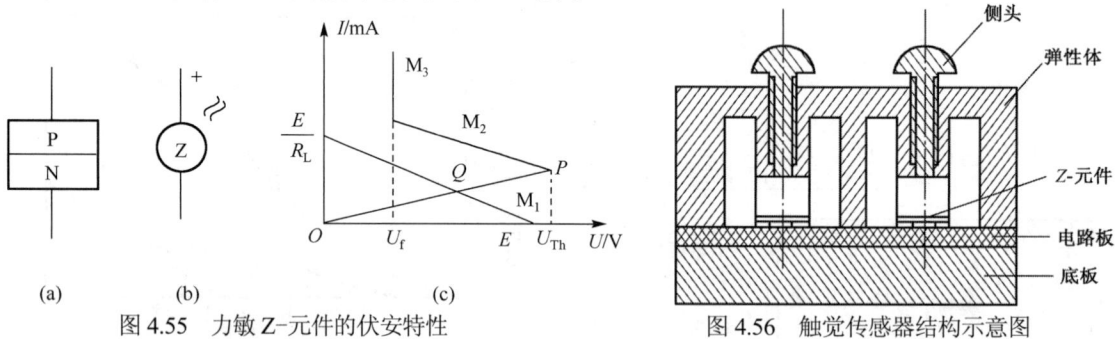

图 4.55　力敏 Z-元件的伏安特性　　　　图 4.56　触觉传感器结构示意图

触觉传感器的基本原理是通过平板结构的变形把力传递给力敏 Z-元件，这样，触点上很大的力就可以转换为力敏元件上很小的力。用 Z-元件的触觉传感器可减小传感器的体积，分辨力高，线性好，抗干扰能力强，而且转换电路非常简单，使触觉系统小型化，易于安装于机器人的手爪上。

习　题

1. 简述电阻应变片产生温度误差的原因及其补偿方法。
2. 试述应变电桥产生非线性的原因及降低非线性误差的措施。
3. 如何用电阻应变片构成应变式传感器？对其各组成部分有什么要求？
4. 什么是压阻效应？扩散硅压阻式传感器与贴片型电阻应变式传感器相比有什么优点？有什么缺点？
5. 对于箔式应变片，为什么增加两端各电阻条的横截面积便能减小横向灵敏度？
6. 电阻应变片式传感器测量转换电桥有哪 3 种工作方式？简述每种工作方式的特点。
7. 说明横向效应产生的原因及横向效应系数的定义。
8. 什么是交流电桥？其平衡条件是什么？
9. 什么是压电效应？什么是正压电效应和逆压电效应？
10. 为什么压电式传感器不宜测量静态或变化缓慢的信号？
11. 石英晶体的压电效应有什么特点？什么是石英晶体的纵向、横向压电效应？
12. 分析压电陶瓷的极化过程及压电机制。
13. 给出压电传感器在测量系统中的等效电路。
14. 分析压电传感器电压放大器的输出特性，分析电压幅值比、相角与频率比的关系。
15. 分析压电传感器电荷放大器的等效电路，并分析其输出特性。
16. 利用压电式传感器设计一个测量轴承支座受力情况的装置。
17. 设某石英晶片的输出电压幅值为 200mV，若要产生一个大于 500mV 的信号，需要采用什么样的连接方法和测量电路才能达到该要求？

第 5 章　磁敏传感器

5.1　概　　述

1. 国外磁敏传感器现状

国外磁敏传感器的常见种类，就市场占有情况来看，主要品种依然是霍尔元件、磁阻元件。近期的巨磁阻元件也有良好的发展空间。国外磁敏传感器的代表厂商主要有以下几家。

① 霍尔元件：日本旭化成、日本东芝、美国 Honeywell 公司、美国 Allegro 公司。

② 磁阻器件：日本 Sony 公司、荷兰 Philips 公司。

2. 国内磁敏传感器现状

目前国内磁敏传感器经过三十余年的发展，就基础器件的研究与开发情况来看，除巨磁阻器件存有差距以外，常用其他磁敏传感器如霍尔元件、磁阻元件等已经与国外同类产品的水平相当。市场上应用的国产磁敏传感器件的种类也与国外产品相当，依然是霍尔元件、磁阻元件。国内磁敏传感器件代表厂商有以下几家。

① 霍尔元件：中科院半导体所、沈阳仪表科学研究院、南京中旭微电子公司。

② 磁阻器件：沈阳仪表科学研究院（汇博思宾尼斯公司）。

3. 国内磁敏传感器的应用情况

① 电流传感器：国内包括沈阳仪表科学研究院（汇博思宾尼斯公司）、西南自动化所等二三十家大小不同的企业在生产和销售电流传感器/变送器，其市场竞争已经白热化。该领域是国内磁敏传感器应用最早、最普及、最成熟的领域。

直流无刷电机领域：以 InSb 霍尔元件为主，主要用于直流无刷电机转子位置检测，并提供定子线圈电流换向的激励信号。目前年需求量在几亿只，价格却仅为人民币 0.3 元左右。该领域是磁敏传感器用量最大的领域，但是目前在国内未形成工业化生产。

流量计量领域：用于电子水表、电子煤气表、流量计等流量发讯传感器的低功耗薄膜磁体磁阻器件。目前，该产品由沈阳仪表科学院汇博思宾尼斯传感技术有限公司生产，市场空间可观。该领域是磁敏传感器国内最具发展潜力的新兴应用领域，目前处于市场成长期。

② 专用测量仪表：高斯计，用于磁场检测，在磁性材料生产及应用方面用量较多，国内有沈阳仪表科学院汇博思宾尼斯公司、北京师范大学等几家公司生产，其中汇博思宾尼斯公司的高斯计已经批量出口美国。另外，国内的磁敏传感器在转速/转数测量、伪钞识别等领域，也均有应用，但没有形成规模。

磁敏传感器是能接受磁信号，并按一定规律转换为可用输出信号的器件或装置。磁敏传感器是伴随测磁仪器的进步而逐渐发展起来的，在众多的测磁方法中，大都将磁场信息变成电信号进行测量。近年来，磁敏传感器的应用范围日益扩大，地位越来越重要，按其结构主要分为体型和结型两大类。前者的代表有霍尔传感器，后者的代表有磁敏二极管、磁敏晶体管等，它们都是利用半导体材料内部的载流子（电子和空穴）随磁场改变运动方向这一特性而制成的一种磁传感器。另外还有利用电磁感应原理制备的磁电式传感器。自从磁传感作为一种独立的产品进入应用以来，迄今为止，从 10^{-14}T 的人体弱磁场到高达 25T 以上的强磁场，都可以找到相应的传感器来进行检测。

磁敏传感器应用的最大特点是无接触测量，磁敏传感器的典型应用情况如下。

（1）霍尔元件

① 磁场测量，做高斯计（特斯拉计）的检测探头。

② 电流检测，做电流传感器/变送器的一次元件。

③ 直流无刷电机，用于检测转子位置并提供激励信号。

④ 集成开关型霍尔器件的转速/转数测量。

（2）强磁体薄膜磁阻器件

① 位移传感器，主要用于磁尺的线性长距离位移测量。

② 角位移传感器，主要用于转动角度测量，广泛应用于汽车制造业。

③ 脉冲发讯传感器，主要用于流量检测和转速/转数测量，如电子水表和流量计的发讯传感器。

③ 半导体磁阻器件（主要是 InSb 磁阻器件）

④ 微弱磁场检测，主要用于伪钞识别。

⑤ 脉冲测量，主要用于转速/转数测量。

当今，磁敏传感器的发展具有以下特点。

① 集成电路技术应用于磁敏传感器。将硅集成电路技术应用于磁敏传感器，制成集成磁敏传感器。

② InSb 薄膜技术的开发成功，使得霍尔器件产能剧增，成本大幅度下降。

③ 强磁体合金薄膜得到广泛应用。各种磁阻器件出现，应用领域广泛。

④ 巨磁电阻多层薄膜的研究与开发。新器件的高灵敏度、高稳定性，引起研制高密度记录磁盘的科技人员的极大关注。

⑤ 非晶合金材料的应用。与基础器件配套应用，大大改善了磁传感器性能。

⑥ Ⅲ-Ⅴ族半导体异质结构材料的开发和应用。通过外延技术，形成异质结构，提高磁敏器件的性能。

5.2 霍尔元件

霍尔传感器是利用霍尔元件基于霍尔效应原理而将被测量转换为电动势输出的一种传感器。1879年，美国物理学家霍尔首先在金属材料中发现了霍尔效应，但由于金属材料的霍尔效应太弱而没有得到应用。随着半导体技术的发展，开始用半导体材料制成霍尔元件，由于它的霍尔效应显著而得到应用和发展。由于霍尔元件在静止状态下，具有感受磁场的独特能力，并且具有结构简单、体积小、噪声小、频率范围宽（从直流到微波）、动态范围大（输出电势变化范围可达 1000∶1）、寿命长等特点，因此获得了广泛应用。霍尔传感器广泛用于电磁、压力、加速度、振动等方面的测量。例如，在测量技术中用于将位移、力、加速度等量转换为电量的传感器；在计算技术中用于做加、减、乘、除、开方、乘方及微积分等运算的运算器等。1879 年，霍尔在约翰·霍普金斯大学攻读研究生。当他读到麦克斯韦的《电磁学》时，注意到麦克斯韦的论述："推动载流导体切割磁力线的力不是作用在电流上，在导线中的电流本身完全不受磁体或其他电流的影响。"霍尔对此感到奇怪。不久，他又读到瑞典物理学家爱德朗教授的一篇文章，文中假定：磁铁作用在固态导体中的电流上，恰如作用在自由运动的导体上一样。他发现了这两个学术权威的不一致后，带着这个问题去请教他的导师罗兰（H. A. Rowland）教授，罗兰教授自己也怀疑麦克斯韦论断的正确性，而且以前曾做过一个实验以检验他们谁是谁非，但没有成功。在导师罗兰教授的支持下，霍尔设计了一个实验来研究载流导体在磁场中受力的性质。首先，他假定：如果固定导体中的电流本身被磁铁吸引，那么电流会被拉向导线的一侧，因而电阻应该增加。他把绕成扁平的一根银质螺线放在电磁铁两磁极之间，使磁力线垂直穿过螺线，以电桥测螺线电阻的改变，结果显示磁铁的作用并不引起螺线电阻的变化。但是，这还不足以证明磁铁不能影响电流。接着，他重复了罗兰教授以前进行过的实验。用一个金属盘作为电路的一部分。将它放在电磁铁两极之间，让金属盘垂直切割磁力线，用灵敏电流计观测两端的相对电位有无改变，以确定磁场是否影响金属盘中的电位线。可能是由于金属盘太厚，当时实验没有给出任何肯定的结果，这时，他改用嵌在玻璃上的镀金箔金属盘（图 5.1），重复上述实验，他发现由于磁铁作用，电流计发生明显的偏转。

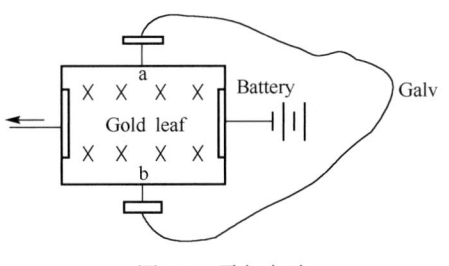

图 5.1 霍尔实验

5.2.1 霍尔效应

置于磁场中的静止载流导体，当它的电流方向与磁场方向不一致时，载流导体上平行于电流和磁场方向上的两个面之间产生电动势。该电势称为霍尔电势，这种物理现象称为霍尔效应。

如图 5.2 所示，在垂直于外磁场 B 的方向上放置一个导电板，导电板通以电流 I，方向如图所示。导电板中的电流是金属中自由电子在电场作用下的定向运动。此时，每个电子受洛伦兹力 f_l 的作用，f_l 的大小为

$$f_l = ev \times B \tag{5.1}$$

式中，e 为电子电荷；v 为电子运动平均速度；B 为磁场的磁感应强度。

此时，电子除了沿电流反方向做定向运动外，还在 f_l 的作用下向上漂移，结果使金属导电板上底面积累电子，而下底面积累正电荷，从而形成了附加内电场 E_H，称为霍尔电场，该电场强度为

$$E_H = \frac{U_H}{b} \tag{5.2}$$

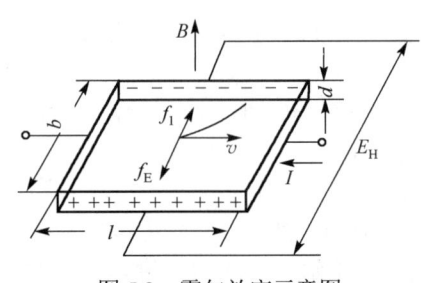

图 5.2 霍尔效应示意图

式中，U_H 为电位差。

霍尔电场的出现，使定向运动的电子除了受洛伦兹力作用外，还受到霍尔电场的作用力，其大小为 eE_H，此力阻止电荷继续积累。随着上、下底面积累电荷的增加，霍尔电场增加，电子受到的电场力也增加，当电子所受洛伦兹力与霍尔电场的作用力大小相等、方向相反时，即

$$eE_H = eBv \tag{5.3}$$

则

$$E_H = Bv \tag{5.4}$$

此时，电荷不再向两底面积累，达到平衡状态。

若金属导电板单位体积内电子数为 n，电子定向运动平均速度为 v，则激励电流 $I = nevbd$，从而

$$v = \frac{I}{bdne} \tag{5.5}$$

将式（5.5）代入式（5.4）得

$$E_H = \frac{IB}{bdne} \tag{5.6}$$

将式（5.6）代入式（5.2）得

$$U_H = \frac{IB}{ned} \tag{5.7}$$

式中，令 $R_H = 1/(ne)$，称为霍尔常数，其大小取决于导体载流子密度，则

$$U_H = R_H \frac{IB}{d} = K_H IB \tag{5.8}$$

式中，$K_H = R_H/d$，称为霍尔片的灵敏度。

由式（5.8）可见，霍尔电势正比于激励电流及磁感应强度，其灵敏度与霍尔常数 R_H 成正比而与霍尔片厚度 d 成反比。为了提高灵敏度，霍尔元件常制成薄片形状。

对霍尔片材料的要求，希望有较大的霍尔常数 R_H，霍尔元件激励极间电阻 $R = \rho l/(bd)$，同时

$$R = \frac{U_I}{I} = \frac{E_I l}{I} = \frac{vl}{(\mu nevbd)}$$

式中，U_I 为加在霍尔元件两端的激励电压；E_I 为霍尔元件激励极间内电场；v 为电子移动的平均速度；μ 为电子迁移率，$\mu = v/E$。则

$$\frac{\rho L}{bd} = \frac{L}{\mu nebd} \tag{5.9}$$

解得

$$R_H = \mu \rho \tag{5.10}$$

从式（5.10）可知，霍尔常数等于霍尔片材料的电阻率与电子迁移率 μ 的乘积。若要霍尔效应强，则 R_H 值大，因此要求霍尔片材料有较大的电阻率和载流子迁移率。

一般金属材料载流子迁移率很高，但电阻率很小，而绝缘材料电阻率极高，但载流子迁移率极低。因此只有半导体材料适于制造霍尔片。而且霍尔元件越薄（即 d 越小），霍尔片的灵敏度 K_H 就越大，所以一般霍尔元件都较薄，尤其薄膜霍尔元件的厚度只有 $1\mu m$ 左右。

目前，常用的霍尔元件材料有锗、硅、砷化铟、锑化铟等半导体材料。其中，N 型锗容易加工制造，其霍尔系数、温度性能和线性度都较好。N 型硅的线性度最好，其霍尔系数、温度性能与 N 型锗相近。锑化铟对温度最敏感，尤其在低温范围内温度系数大，但在室温时其霍尔系数较大。砷化铟的霍尔系数较小，温度系数也较小，输出特性线性度好。

5.2.2 影响霍尔效应的因素

1. 磁场与元件法线的夹角

如果磁场与薄片法线有一定夹角 α（0°～90°），那么霍尔电势的值会减小，变化关系式为

$$U_H = K_H IB \cos\alpha \tag{5.11}$$

2. 元件的几何形状

霍尔元件的几何形状对霍尔电势 U_H 也有一定的影响，式（5.8）仅表示霍尔片的长度 l 远大于宽度 b 时的 U_H，但实际上当 b 加大或 l/b 减小时，载流子在磁场偏转中的损失会加大，U_H 将下降。通常用形状效应因子 $f(l/b)$ 对式（5.8）加以修正，图 5.3 所示为元件尺寸 l/b 与 $f(l/b)$ 的关系曲线。于是 U_H

应表示为

$$U_H = K_H I B f(l/b) \tag{5.12}$$

3. 控制电极对 U_H 的短路作用

以沿霍尔元件的长度方向 l 自左向右为 x 轴，测量 $U_H(x)$，得到不同宽长比的曲线，如图 5.4 所示。由于控制电极的接触面积与其所在侧面的面积（$b \times d$）相比较大时，对霍尔电势具有短路作用，使因洛伦兹力积累的部分电荷与其对面感应的部分相反电荷中和，霍尔电势下降，因此离控制电极越近（0 和 l 两点），U_H 越小，在 $l/2$ 处 U_H 有最大值。这提示设计元件时，应尽量减小短路作用。

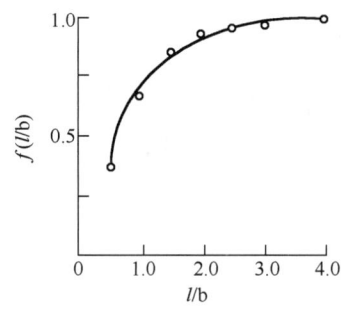

图 5.3 元件尺寸 l/b 与 $f(l/b)$ 的关系曲线

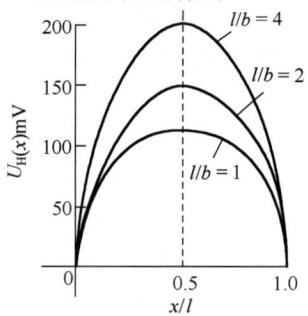

图 5.4 U_H 随 x 的变化曲线

由以上分析可知，控制电流（或磁场）方向改变时，霍尔电势的方向也将改变，但电流与磁场同时改变方向时，霍尔电势方向不变；当材料和几何尺寸确定后，霍尔电势的大小正比于控制电流 I 和磁感应强度 B，于是霍尔元件在 I 恒定时可用来测量磁场，B 恒定时可检测电流；当霍尔元件在一个线性梯度磁场中移动时，输出霍尔电势反映了磁场变化，由此可测微小位移及机械振动等。

5.2.3 霍尔元件基本结构

霍尔元件的结构很简单，它由霍尔片、引线和壳体组成，如图 5.5 所示。霍尔片是一块矩形半导体单晶薄片，引出 4 条引线。1、1′ 两根引线加激励电压或电流，称为激励电极；2、2′ 引线为霍尔输出引线，称为霍尔电极。霍尔元件壳体由非导磁金属、陶瓷或环氧树脂封装而成。在电路中霍尔元件可用两种符号表示，如图 5.5(c) 所示。

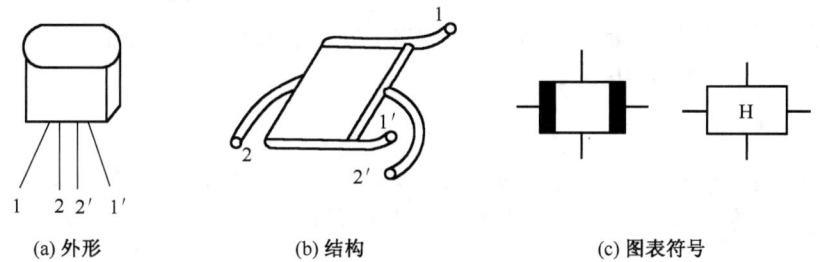

图 5.5 霍尔元件的基本结构
1、1′—激励电极；2、2′—霍尔电极

5.2.4 霍尔元件的基本特性

霍尔元件的基本特性主要有以下几种。

1. 额定激励电流和最大允许激励电流

当霍尔元件自身温升 10℃时所流过的激励电流称为额定激励电流。以元件允许最大温升为限制所对应的激励电流称为最大允许激励电流。因霍尔电势随激励电流增加而线性增加,所以使用中希望选用尽可能大的激励电流,因而需要知道元件的最大允许激励电流。改善霍尔元件的散热条件,可以使激励电流增加。

2. 输入电阻和输出电阻

激励电极间的电阻值称为输入电阻。霍尔电极输出电势对外电路来说相当于一个电压源,其电源内阻即为输出电阻。以上电阻值是在磁感应强度为零且环境温度为 20±5℃时确定的。

3. 不等位电势和不等位电阻

当霍尔元件的激励电流为 I 时,若元件所处位置磁感应强度为零,则它的霍尔电势应该为零,但实际不为零。这时测得的空载霍尔电势称为不等位电势。产生这一现象的原因如下。

① 霍尔电极安装位置不对称或不在同一等电位面上。
② 半导体材料不均匀造成了电阻率不均匀或几何尺寸不均匀。
③ 激励电极接触不良造成激励电流不均匀分布等。

不等位电势也可用不等位电阻表示

$$r_0 = \frac{U_0}{I_H} \tag{5.13}$$

式中,U_0 为不等位电势;r_0 为不等位电阻;I_H 为激励电流。

由式(5.13)可以看出,不等位电势就是激励电流流经不等位电阻 r_0 时所产生的电压。

4. 寄生直流电势

在外加磁场为零,霍尔元件用交流激励时,霍尔电极输出除了交流不等位电势外,还有一直流电势,称为寄生直流电势。其产生的原因如下。

① 激励电极与霍尔电极接触不良,形成非欧姆接触,造成整流效果。
② 两个霍尔电极大小不对称,则两个电极点的热容不同,散热状态不同形成极向温差电势。寄生直流电势一般在 1mV 以下,它是影响霍尔片温漂的原因之一。

5. 霍尔电势温度系数

在一定磁感应强度和激励电流下,温度每变化 1℃时,霍尔电势变化的百分率称为霍尔电势温度系数。它同时也是霍尔系数的温度系数。

6. 乘积灵敏度 K_H

在单位控制电流 I_c 和单位磁感应强度 B 的作用下,霍尔器件输出端开路时测得的霍尔电压,称为乘积灵敏度 K_H,其单位为 V/A·T。半导体材料的载流子迁移率越大,或者半导体片厚度越小,则乘积灵敏度就越高。

7. 磁灵敏度 S_B

在额定控制电流 I_c 和单位磁感应强度 B 的作用下,霍尔器件输出端开路时的霍尔电压 U_H 称为磁灵敏度,表示为 $S_B = U_H/B$(其单位为 V/T)。

5.2.5 霍尔元件的电磁特性

1. 霍尔输出电势与控制电流(直流或交流)之间的关系(即 U_H–I 特性)

若磁场恒定,在一定的环境温度下,控制电流 I 与霍尔输出电势 U_H 之间呈线性关系,如图 5.6

所示。直线的斜率称为控制电流灵敏度（用 K_I 表示），说明 $K_I = U_H/I$ 恒定，可知 $K_I = K_H B$。由此可见，霍尔元件的灵敏系数 K_H 越大，其 K_I 也越大。但 K_H 大的霍尔元件，其 U_H 并不一定比 K_H 小的元件大，因 K_H 低的元件可在较大的 I 下工作，同样能得到较大的霍尔输出。当控制电流采用交流电流时，由于建立霍尔电势所需时间极短（$10^{-12} \sim 10^{-14}$ s），因此交流电频率可高达几千兆赫，且信噪比较大。

2．霍尔输出电势与直流控制电压之间的关系（即 U_H–V 特性）

若给霍尔元件两端加上一个电压源 V，此时元件上流过的电流为

$$I = \frac{V}{R} = \frac{Vbd}{\rho l} \tag{5.14}$$

霍尔输出电压为

$$U_H = K_H I B f\left(\frac{l}{B}\right) = \mu\left(\frac{b}{l}\right) B V f\left(\frac{l}{b}\right) \tag{5.15}$$

式（5.15）说明，U_H 与外加电压 V 成正比，而且元件的几何宽长比 b/l 越大，U_H 越大，这与几何因子的变化趋势相反，实际中应选择适当，一般选择长宽比为 2。

3．霍尔输出与磁场（恒定或交变）之间的关系（即 U_H–B 特性）

当控制电流恒定时，霍尔元件的开路霍尔输出随磁感应强度增加并不完全呈线性关系，如图 5.7 所示。只有当 $B < 0.5$T（即 5000Gs）时，U_H–B 才呈较好的线性。当磁场为交变磁场，电流直流时，由于交变磁场在导体内产生涡流而输出附加霍尔电势，因此霍尔元件不能在高频下工作，交变磁场频率应限制在几千赫兹之内。

4．元件的输入或输出电阻与磁场之间的关系（即 R–B 特性）

R–B 特性是指霍尔元件的输入（或输出）电阻与磁场之间的关系。实验得出，霍尔元件的内阻随磁场的绝对值增加而增加这种现象称为磁阻效应，如图 5.8 所示。利用磁阻效应制成的磁阻元件也可用来测量各种机械量。但在霍尔式传感器中，霍尔元件的磁阻效应使霍尔输出降低，尤其在强磁场时，输出降低较多，需采取措施予以补偿。

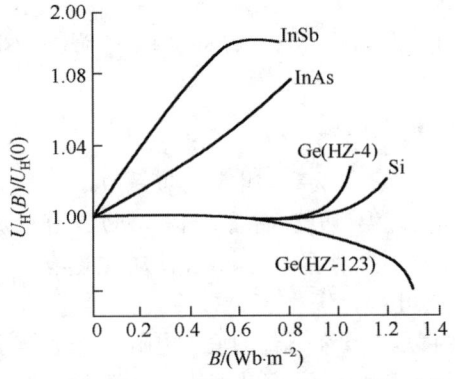

图 5.7 霍尔元件的开路输出与磁感应强度关系曲线

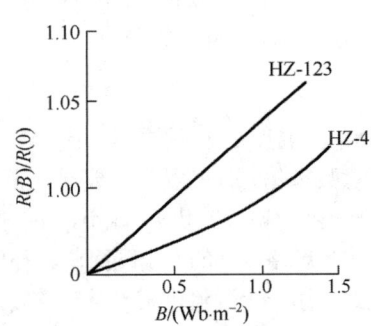

图 5.8 霍尔元件的输入（或输出）电阻与磁场关系曲线

5.2.6 霍尔元件不等位电势补偿

不等位电势与霍尔电势具有相同的数量级，有时甚至超过霍尔电势，而实用中要消除不等位电势是极其困难的，因而必须采用补偿的方法。由于不等位电势与不等位电阻是一致的，可以采用分析电阻的方法来找到不等位电势的补偿方法。如图 5.9 所示，其中 A、B 为激励电极，C、D 为霍尔电极，极分布电阻分别用 R_1、R_2、R_3、R_4 表示。理想状态下，$R_1 = R_2 = R_3 = R_4$，即可取得零位电势为零（或零位电阻为零）。实际上，由于不等位电阻的存在，说明此 4 个电阻值不相等，可将其视为电桥的 4 个桥臂，则电桥不平衡。为使其达到平衡，可在阻值较大的桥臂上并联电阻，如图 5.9(a)所示，或者在两个桥臂上同时并联电阻，如图 5.9(b)所示。

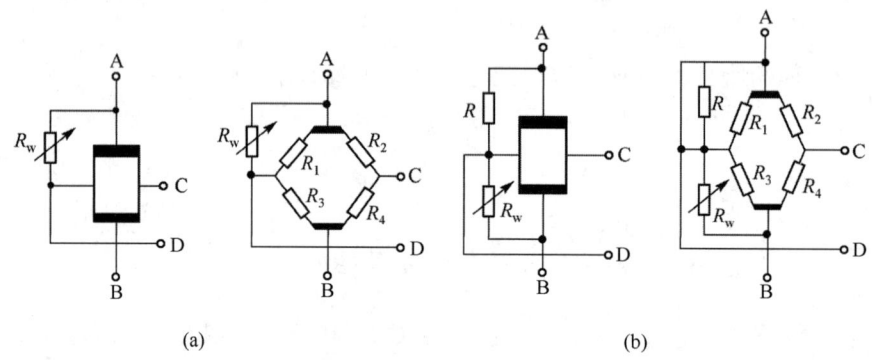

图 5.9　不等位电势补偿电路

5.2.7 霍尔元件温度补偿

霍尔元件是采用半导体材料制成的，因此它们的许多参数都具有较大的温度系数。当温度变化时，霍尔元件的载流子浓度、迁移率、电阻率及霍尔系数都将发生变化，从而使霍尔元件产生温度误差。

1. 霍尔元件输入电阻温度补偿

为了减小霍尔元件的温度误差，除选用温度系数小的元件或采用恒温措施外，还可以由 $U_H = K_H IB$ 看出，采用恒流源供电虽然有效，可以使霍尔电势稳定，但也只能减小由于输入电阻随温度变化而引起的激励电流 I 变化所带来的影响。

2. 霍尔元件灵敏系数 K_H 温度补偿

（1）热敏电阻补偿法

霍尔元件的灵敏系数 K_H 也是温度的函数，它随温度的变化引起霍尔电势的变化。霍尔元件的灵敏度系数与温度的关系可写成

$$K_H = K_{H0}(1 + \alpha \Delta T) \tag{5.16}$$

式中，K_{H0} 为温度是 T_0 时的 K_H 值；$\Delta T = T - T_0$，为温度变化量；α 为霍尔电势温度系数。

大多数霍尔元件的温度系数 α 是正值，它们的霍尔电势随温度升高而增加（$1 + \alpha \Delta T$）倍。如果，与此同时让激励电流 I 相应地减小，并能保持 $K_H I$ 乘积不变，也就抵消了灵敏系数 K_H 增加的影响。图 5.10 所示是按此思路设计的一个既简单、补偿效果又较好的补偿电路。

电路中用一个分流电阻 R_P 与霍尔元件的激励电极相并联。当霍尔元件的输入电阻随温度升高而增加时，旁路分流电阻 R_P 自动地加强分流，减少了霍尔元件的激励电流 I，从而达到补偿的目的。

在图 5.10 所示的温度补偿电路中，设初始温度为 T_0，霍尔元件输入电阻为 R_{i0}，灵敏系数为 K_{H1}，分流电阻为 R_{P0}，根据分流概念得

$$I_{H0} = \frac{R_{P0}I}{R_{P0} + R_{i0}} \quad (5.17)$$

当温度升至 T 时，电路中各参数变为

$$R_i = R_{i0}(1 + \delta\Delta T) \quad (5.18)$$
$$R_P = R_{P0}(1 + \beta\Delta T) \quad (5.19)$$

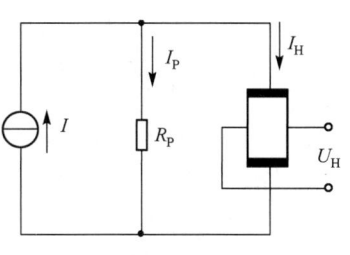

图 5.10 恒流温度补偿电路

式中，δ 为霍尔元件输入电阻温度系数；β 为分流电阻温度系数。则

$$I_H = \frac{R_P I}{R_P + R_i} = \frac{R_{P0}(1+\beta\Delta T)I}{R_{P0}(1+\beta\Delta T) + R_{i0}(1+\delta\Delta T)} \quad (5.20)$$

虽然温度升高ΔT，为使霍尔电势不变，补偿电路必须满足温升前、后的霍尔电势不变，即

$$U_{H0} = U_H \quad (5.21)$$
$$K_{H0}I_{H0}B = K_H I_H B \quad (5.22)$$

则

$$K_{H0}I_{H0} = K_H I_H \quad (5.23)$$

将式（5.16）、式（5.17）、式（5.20）代入式（5.23）经整理并略去α、β、$(\Delta T)^2$高次项后得

$$R_{P0} = \frac{(\delta - \beta - \alpha)R_{i0}}{\alpha} \quad (5.24)$$

当霍尔元件选定后，它的输入电阻 R_{i0}、温度系数 δ 及霍尔电势温度系数 α 为确定值。由式（5.24）即可计算出分流电阻 R_{P0} 及所需的温度系数 β 值。为满足 R_0 及 β 两个条件，分流电阻可取温度系数不同的两种电阻的串、并联组合，这样虽然麻烦但效果很好。

（2）双霍尔元件补偿法

由图 5.11 可知，霍尔元件 H_1 的输出电压为

$$U_{H1} = K_{H1}I_{H1}B \quad (5.25)$$

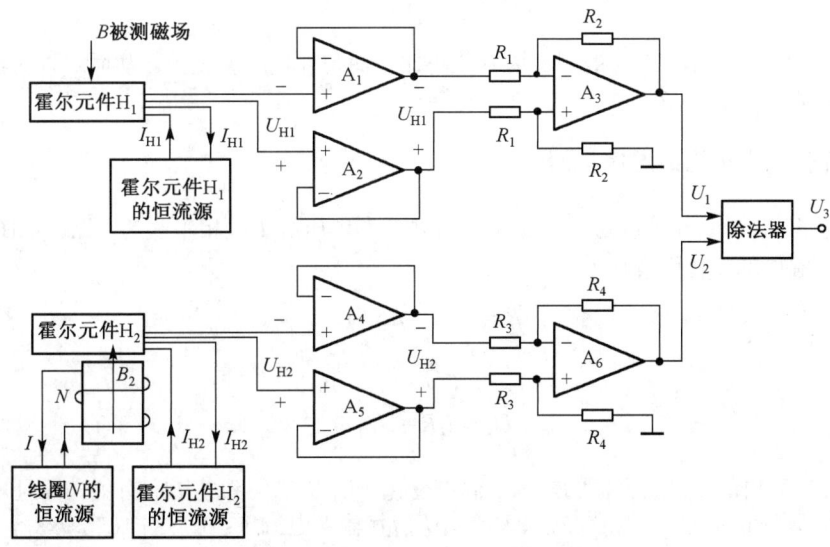

图 5.11 双霍尔元件温度补偿

霍尔元件 H_1、H_2 的灵敏度随着温度的变化而变化。设在初始温度 T_0 下，霍尔元件 H_1、H_2 的灵敏度为 K_{H10}，K_{H20}。当温度升为 T 时，霍尔元件 H_1、H_2 的灵敏度为 K_{H1}、K_{H2}，则

$$K_{H1} = K_{H10}(1+\alpha\Delta T) \tag{5.26}$$

$$K_{H2} = K_{H20}(1+\alpha\Delta T) \tag{5.27}$$

$$\Delta T = T - T_0 \tag{5.28}$$

霍尔元件 H_1、H_2 的输出电压分别为

$$U_{H1} = K_{H10}(1+\alpha\Delta T)I_{H1}B \tag{5.29}$$

$$U_{H2} = K_{H20}(1+\alpha\Delta T)I_{H2}B_2 \tag{5.30}$$

图 5.11 中

$$B_2 = KI \tag{5.31}$$

故

$$U_{H2} = K_{H20}(1+\alpha\Delta T)I_{H2}KI \tag{5.32}$$

将图中的电压送入除法器，则

$$U_3 = \frac{U_1}{U_2} = \frac{(-U_{H1})\left(-\dfrac{R_2}{R_1}\right)}{(-U_{H2})\left(-\dfrac{R_4}{R_3}\right)} = \frac{R_2 R_3}{R_1 R_4} \cdot \frac{U_{H1}}{U_{H2}} \tag{5.33}$$

综合上述几式

$$U_3 = \frac{R_2 R_3 K_{H10}(1+\alpha\Delta T)I_{H1}}{R_1 R_4 K_{H20}(1+\alpha\Delta T)I_{H2}IK}B = \frac{R_2 R_3 K_{H10} I_{H1}}{R_1 R_4 K_{H20} I_{H2}IK}B = C_1 B \tag{5.34}$$

式中

$$C_1 = \frac{R_2 R_3 K_{H10} I_{H1}}{R_1 R_4 K_{H20} I_{H2}IK} \quad （常数） \tag{5.35}$$

从式（5.34）可以看出，U_3 与被测磁场 B 成正比，而与环境温度无关，从而可以对霍尔元件的灵敏度进行温度补偿。

3. 霍尔元件输出电阻的温度补偿

理论上可将霍尔元件 H_1 等效为一个由输出电阻 R 和电压源 U_{H1} 相串联的电路，如图 5.12 所示。输出电阻 R 会随温度的变化而变化

$$R = R_0(1+\beta\Delta T) \tag{5.36}$$

所以

$$U_i = I_i R + U_{H1} \tag{5.37}$$

从式（5.37）可知，前置放大器的输入随温度变化，所以 U_i 不仅与 U_{H1} 有关，而且与 R 有关。如果设计如图 5.12 所示的高输入阻抗前置放大器，认为其输入电流 $I_i \approx 0$，这样 $U_i \approx U_{H1}$，因此 U_i 和输出电阻 R 无关，消除了霍尔元件的输出电阻 R 对测量的影响。

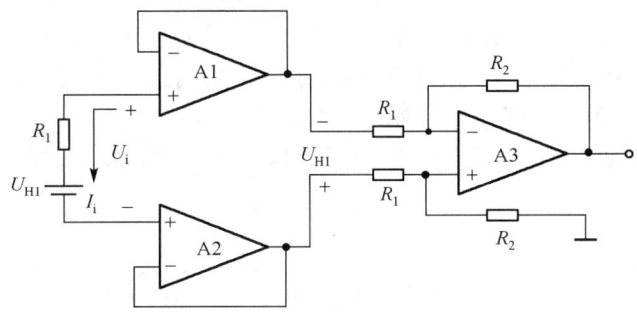

图 5.12 霍尔元件的输出电阻对测量的影响

5.2.8 霍尔式传感器的应用

霍尔式传感器具有结构简单、体积小、重量轻、频带宽、动态特性好和寿命长等许多优点，因而得到了广泛应用。在电磁测量中，用它测量恒定的或交变的磁感应强度、有功功率、无功功率、相位、电能等参数；在自动检测系统中，多用于位移、压力的测量，如微位移和压力的测量及磁场的测量。

（1）微位移和压力的测量

由式 $U_H = K_H IB$ 看出，当控制电流 I 恒定时，霍尔电势与磁感应强度成正比，若磁感应强度 B 是位置的函数，则霍尔电势的大小就可以用来反映霍尔传感器的位置。这就需要制造一个在某方向上磁感应强度 B 呈线性变化（增加或减小）的磁场。当霍尔传感器在这种磁场中移动时，其输出的 U_H 变化反映了霍尔传感器的位移 x。利用这个原理可以对位移进行电测量。以测量微位移为基础，可以测量许多与微位移有关的非电量，如力、压力、应变、机械振动、加速度等。显然，磁场的梯度越大测量的灵敏度越高。沿霍尔传感器移动方向的磁场梯度越均匀，霍尔电势与位移的关系越接近线性。

霍尔传感器组成的压力传感器基本包括两部分：一部分是弹性元件，如弹簧管或膜盒等，用它来感受压力，并把它转换为位移量，另一部分是霍尔传感器和磁路系统。图 5.13 所示为霍尔式压力传感器的结构示意图。其中，弹性元件是一个弹簧管，当被测压力发生变化时，弹簧管端部发生位移，带动霍尔片在均匀梯度磁场中移动，使作用在霍尔片上的磁场发生变化，输出的霍尔电势随之改变，由此知道压力的变化。并且霍尔电势与位移（压力）是线性关系，其位移量为 -1.5～1.5mm 时输出的霍尔电势值为 -20～20mV。

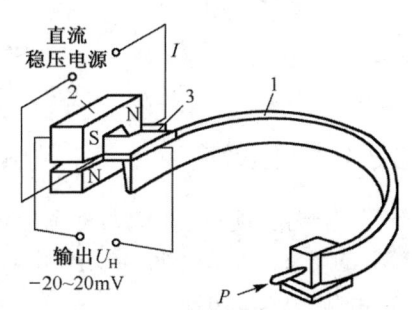

图 5.13 霍尔式压力传感器结构原理图
1—弹簧管；2—磁铁；3—霍尔片

图 5.14 所示为加速度传感器结构原理图。图中一个扁平长弹簧片一端固定在传感器壳体上，另一端是自由端装有霍尔传感器 H，中间嵌有惯性块 M。霍尔传感器的上下方装有一对极性相同的磁钢，它固定在壳体上。加速度传感器的壳体固定在被测物体上，当被测物体做垂直加速度运动时，在惯性力作用下，惯性块 M 使弹簧片自由端产生位移，从而使霍尔传感器产生霍尔电势输出。由其大小可以得出被测物体加速度的大小。

此外，还有霍尔式振动传感器，它的结构原理也很简单，将处于高梯度磁场中的霍尔传感器固定在顶杆上，让顶杆与被测对象接触，被测对象的振动经顶杆传到霍尔传感器上，变成霍尔传感器在磁场中的往复运动，则霍尔传感器的输出就反映了被测振动的频率和幅值。图 5.15 所示为一种霍尔机械振动传感器。图中，1 为霍尔元件，固定在非磁性材料的平板 2 上，平板 2 紧固在顶杆 3 上，顶杆 3 通过触点 4 与被测对象接触，随之做机械振动。元件 1 置于磁系统 6 中。当触点 4 靠在被测物体上时，经顶杆 3、平板 2 使霍尔元件在磁场中按被测物的振动频率振动，霍尔元件输出的霍尔电压的频率和幅度反映了被测物的振动规律。应当说明，在现代电子装置中，上述应力、压力、加速度、振动等传感器所得数据，都可经微机进行处理后直接显示出被测量数据或将被测量数据供各种控制系统使用。

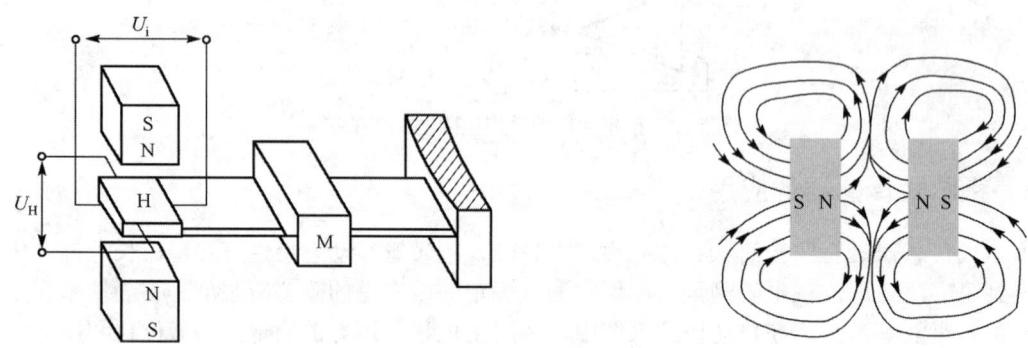

图 5.14 霍尔加速度传感器结构原理图

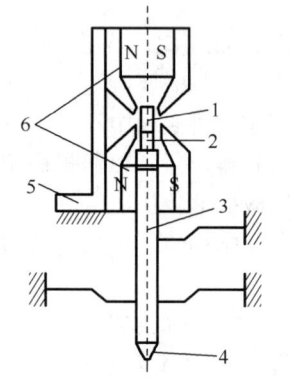

图 5.15 霍尔机械振动传感器结构

（2）磁场的测量

由式 $U_H = K_H BI$ 可知，在控制电流恒定的条件下，霍尔电势的大小与磁感应强度成正比，由于霍尔传感器的结构特点，它特别适用于微小气隙中的磁感应强度、高梯度磁场参数的测量。

若磁感应强度 B 方向与霍尔片法线方向成 α 角时，显然只有磁感应强度 B 在基片法线方向上的分量 $B_{\cos\alpha}$ 才产生霍尔电势，即

$$U_H = K_H B_{\cos\alpha} \tag{5.38}$$

式（5.38）表明，霍尔电势是磁场方向与霍尔基片法线方向之间夹角的函数。运用这一原理可以制成霍尔式磁罗盘、霍尔式方位传感器、霍尔式转速传感器等测量装置。

5.3 半导体磁阻器件

5.3.1 磁阻效应

当半导体受到与电流方向垂直的磁场作用时，不但产生霍尔效应，还出现电流密度下降、电阻率增大的现象。人们把外加磁场使电阻变化的现象称为磁阻效应，一般从原理上可以分为物理磁阻效应和几何磁阻效应两种。

1．物理磁阻效应

由热力学统计物理学可知，载流子的漂移速度服从统计分布规律。当通有电流的霍尔片放在与其垂直的磁场中经过一定时间后，产生了霍尔电场且 $qE_H = q\bar{v}B$（其中速度 $\bar{v}$ 为平均速度），在洛伦兹力和霍尔电场的共同作用下，只有载流子的速度正好使得其受到的洛伦兹力与霍尔电场力相同的载流子，即速度为平均速度的载流子的运动方向才不发生偏转；而速度大于或小于平均速度，载流子的运动方向都会发生偏转。载流子运动方向发生变化的直接结果是沿着 x 方向（未加电场之前的电流方向）的

电流密度减小，电阻率增大，这种现象称为物理磁阻效应。因为外磁场与外电场（x 方向）是互相垂直的，所以这种现象又称为横向磁阻效应。

对于物理磁阻效应，通常用磁场引起磁敏电阻率的相对变化表示

$$\frac{\Delta\rho}{\rho} = \frac{\rho_B - \rho_0}{\rho_0} = \frac{9\pi}{16}\left(1 - \frac{\pi}{4}\right)\mu^2 B^2 \tag{5.39}$$

式中，ρ_B 和 ρ_0 分别为有磁场 B 和无磁场时的电阻率；μ 为载流子迁移率。

2. 几何磁阻效应

在相同磁场作用下，由于半导体几何形状的不同而出现电阻值不同变化的现象称为几何磁阻效应。其原因是半导体内部电流分布受外磁场作用而发生变化。图 5.16 所示为几何磁阻效应的实验结果，可以看出长宽比越小，几何磁阻效应越强。对于几何磁电阻效应，则要考虑元件形状尺寸的影响。通常用电阻相对变化来表示

$$\frac{R_B}{R_0} = \frac{\rho_B}{\rho_0} G_r\left(\frac{l}{w}\tan\theta\right) \tag{5.40}$$

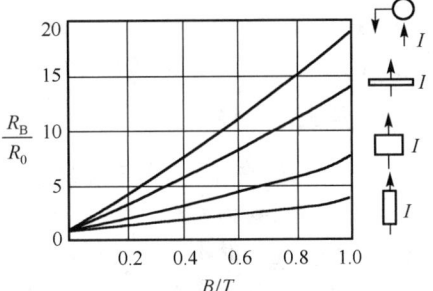

图 5.16 几何磁阻效应实验结果

式中，R_B、R_0 分别为有磁场 B 和无磁场时的电阻；l 和 w 是元件的长和宽；θ 为磁场作用下的载流子运动偏角（霍尔角）；G_r 为与磁场和元件样品形状有关的几何因子。

3. 作用机制

产生磁电阻效应的基本机制是磁场改变了导体载流子迁移的路径，致使与外界磁场同方向的电流分量减小，等价于电阻增大。因此，为获得显著的磁电阻效应，应选用电阻率和迁移率均大的半导体薄片。

物理磁电阻效应如图 5.17 所示，具有两种载流子的 P 型半导体薄片通电后，当无磁场时，总电流密度 J 为电子和空穴电流密度 J_N 与 J_P 之和，即 $J = J_N + J_P$；当外加磁场 B_z 时，J_N 与 J_P 在洛伦兹力作用下背向偏转，稳定后合成的电流密度矢量在 y 向出现了分量，而外电场方向的总电流降低了，相当于电阻率增大，表现出物理磁电阻效应。

受形状影响的磁电阻效应如图 5.18 所示的 3 种不同形状的 P 型半导体样品。图中的上部分是未加磁场时，电流密度矢量与外电场一致；下部分为外加磁场后产生了横向霍尔电场，使电流密度矢量相对合成电场方向 E 有一霍尔角 θ。由于在上下金属电极处的合成电场 E 与金属板面垂直，因此上下极面附近的电流密度出现偏转角 θ，由此电流路径增长，电阻增大。

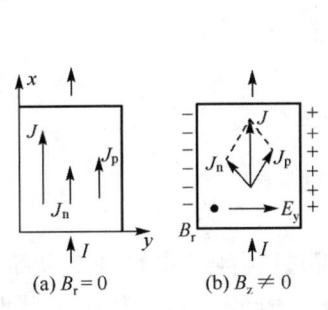

图 5.17 两种载流子的物理磁电阻效应图

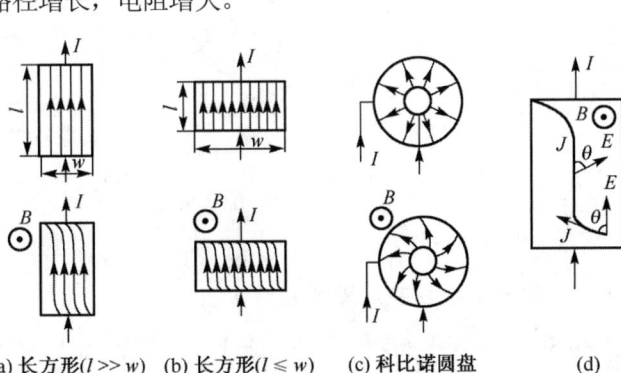

图 5.18 受形状影响的磁电阻效应图

5.3.2 磁阻元件

1. 长方形磁敏电阻元件

图 5.19 所示为长方形磁敏电阻元件的结构图，长度 l 大于宽度 b，在两端部制作上电极，构成两端器件。对于这样一个确定几何形状的磁阻元件，在外加磁场作用下，物理磁阻效应和几何磁阻效应同时存在。这种磁阻元件在弱磁场作用下磁敏电阻与磁场强度的平方呈线性关系。在强磁场作用下，磁敏电阻和磁场强度成正比。

2. 栅格磁敏电阻——高灵敏电阻

为提高磁阻效应，在一个长方形方向上沉积许多金属短路条，将它分割成宽度都为 b，长度 l 都较小，满足 $l/b \ll 1$ 条件的许多子元件，其结构如图 5.20 所示。

3. 科宾诺元件

科宾诺元件的结构如图 5.21 所示。在盘形元件的外圆周边和中心处，装上电流电极，将具有这种结构的磁阻元件称为科宾诺元件。由于科宾诺元件的盘中心部分有一个圆形电极，盘的外沿是一个环形电极。两个电极间构成一个电阻器，电流在两个电极间流动时，载流子的运动路径会因磁场作用而发生弯曲使电阻变大。在电流的横向，电阻是无头无尾的，因此霍尔电压无法建立，或者可以说霍尔电场被全部短路。由于不存在霍尔电场，几乎沿电场 E_0 方向的每个载流子都在磁场作用下做圆周运动，电阻会随磁场有很大的变化。由于霍尔电压被全部短路而不在外部出现，电场与无磁场时相同，仍呈放射形，电流和半径方向形成霍尔角，表现为涡旋形流动。这是可以获得最大磁阻效应的一种形状。其磁阻效应与长方形元件的 l/b 极限为零的情况相同。磁敏电阻与磁场强度的平方接近线性关系。

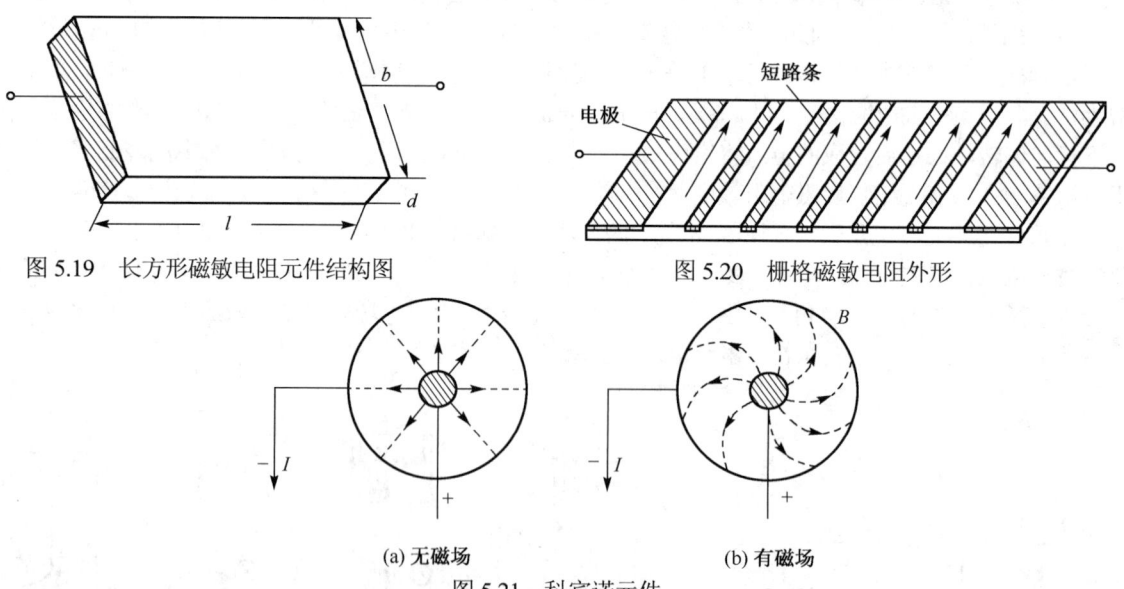

图 5.19 长方形磁敏电阻元件结构图　　图 5.20 栅格磁敏电阻外形

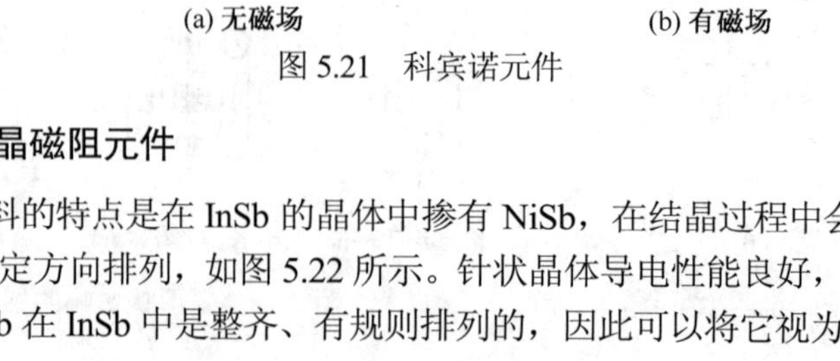

(a) 无磁场　　(b) 有磁场

图 5.21 科宾诺元件

4. InSb-NiSb 共晶磁阻元件

InSb-NiSb 共晶材料的特点是在 InSb 的晶体中掺有 NiSb，在结晶过程中会析出 NiSb 针状晶体。这些针状晶体都沿着一定方向排列，如图 5.22 所示。针状晶体导电性能良好，其直径为 1μm，长度为 100μm 左右。由于 NiSb 在 InSb 中是整齐、有规则排列的，因此可以将它视为栅格金属条，起着霍尔电压的短路作用。其作用相当于几何磁阻效应，其几何形状可视为扁条状磁阻元件的串联。图 5.22(b) 所示为三种元件的磁阻效应。其中未掺杂 InSb-NiSb 的磁阻元件称为 D 型，掺杂了 InSb-NiSb 的磁阻元件称为 L 型、N 型。

5．磁敏电阻的温度补偿

目前最常用的磁阻元件材料 InSb，是一种受温度影响极大的材料。图 5.23 所示为三种温度关系曲线。由图 5.23 可知，材料的磁场灵敏度越高，受温度的影响也越大，因此，必须根据用途进行有效的温度补偿。实际使用时，采用两个磁敏电阻串联或一个热敏电阻与磁敏电阻串联的方式进行温度补偿，其电路如图 5.24 所示。从图 5.22 和图 5.23 中可以看出，掺杂磁阻元件灵敏度下降，但温度特性得到改善。

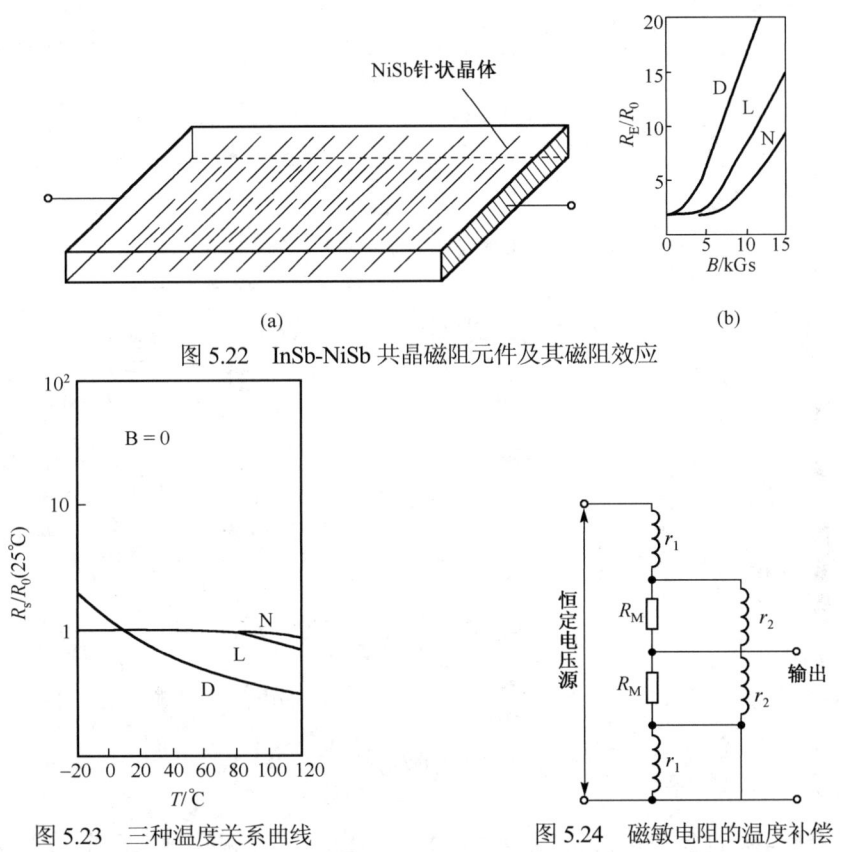

图 5.22 InSb-NiSb 共晶磁阻元件及其磁阻效应

图 5.23 三种温度关系曲线

图 5.24 磁敏电阻的温度补偿

5.3.3 磁敏电阻的应用

1．非接触式交流电流监视器

非接触式交流电流监视器电路如图 5.25 所示。交流电流检测传感器采用半导体磁敏电阻 MS-F06，放大器 A_1 的增益可以在 100～1000 倍之间调整，输出可接万用表。只要把传感器靠近被测的交流电源线，传感器就会输出与其电流大小成比例的电压，其具体接法如图 5.26 所示。

2．电机转速测量电路

图 5.27 所示为采用磁敏电阻测量电机转速的实例。电路中 a 点电压随转速而改变，用运放放大 a 点的变化电压（这时采用交流放大器），目的是减小放大器的零点漂移。另外，因磁敏电阻工作时加有

偏磁,可获得与转速随时间变化趋势相同的信号。在运放的输出端接入示波器或计数器,就可以测量电机的转速。

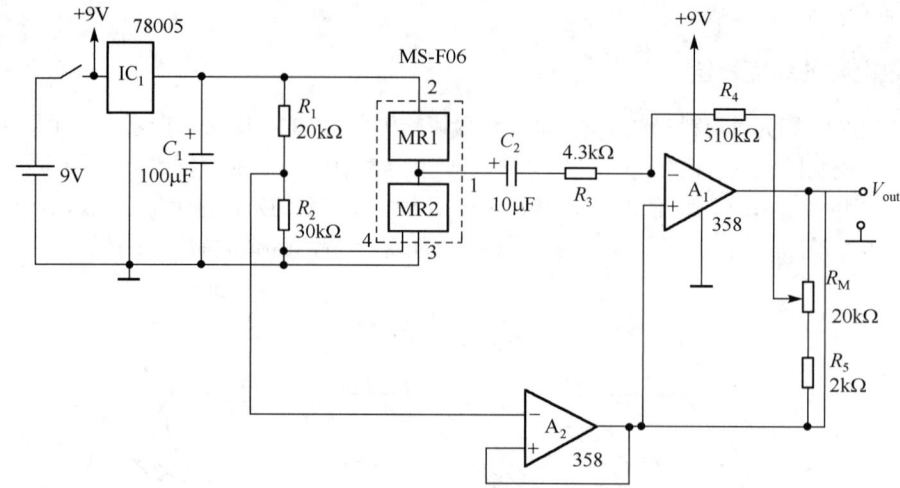

图 5.25　非接触式交流电流监视器电路

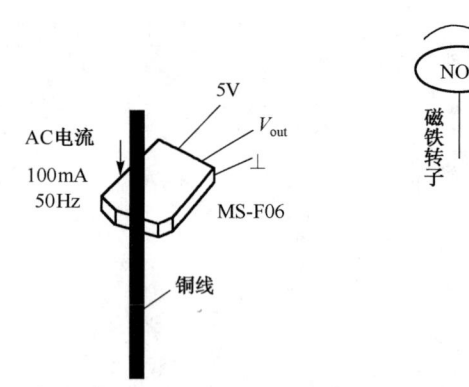

图 5.26　用 MS-F06 测量交流电流

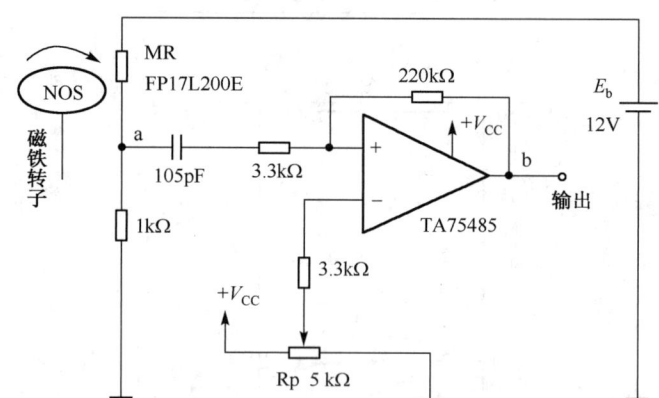

图 5.27　采用磁敏电阻测量电机转速电路

5.4　结型磁敏器件

结型磁敏器件是指包含 PN 结的磁敏器件,主要有磁敏二极管和磁敏三极管。这种器件的主要工作原理并不是 PN 结本身与输入外磁场有什么必然的联系,而是器件的某些性能对输入外磁场非常敏感。这种器件比霍尔器件灵敏度高,应用也非常广泛。

5.4.1　磁敏二极管

磁敏二极管、三极管是继霍尔元件和磁敏电阻之后迅速发展起来的新型磁电转换元件。它们具有磁灵敏度高（磁灵敏度比霍尔元件高数百甚至数千倍）、能识别磁场的极性、体积小、电路简单等特点,因而正日益得到重视,并在检测、控制等方面得到普遍应用。

1. 磁敏二极管的工作原理

（1）磁敏二极管的结构

磁敏二极管有硅磁敏二极管和锗磁敏二极管两种。与普通二极管的区别为:普通二极管 PN 结的基区很短,以避免载流子在基区里复合;磁敏二极管的 PN 结却有很长的基区,大于载流子的扩散长度,但基区是由接近本征半导体的高阻材料构成的。一般情况下,锗磁敏二极管用 $\rho = 40\Omega\cdot cm$ 左右的 P 型或 N 型单晶做基区(锗本征半导体的 $\rho = 50\Omega\cdot cm$),在它的两端有 P 型和 N 型锗,并引出,若 γ 代表长基区,则其 PN 结实际上由 Pγ 结和 Nγ 结共同组成。

以 2ACM-1A 为例,磁敏二极管的结构为 P$^+$-i-N$^+$ 型。

在高纯度锗半导体的两端用合金法制成高掺杂的 P 型和 N 型两个区域,并在本征区(i 区)的一个侧面上,设置高复合区(r 区),而与 r 区相对的另一侧面,保持为光滑无复合表面。这就构成了磁敏二极管的管芯,其结构如图 5.28 所示。

(2)磁敏二极管的工作原理

磁敏二极管的工作原理示意图如图 5.29 所示。

当磁敏二极管的 P 区接电源正极,N 区接电源负极即外加正向偏压时,随着磁敏二极管所受磁场的变化,流过二极管的电流也在变化,也就是说二极管等效电阻随着磁场的不同而不同。

随着磁场大小和方向的变化,可产生正负输出电压的变化,特别是在较弱的磁场作用下,可获得较大输出电压。r 区和 r 区之外的复合能力之差越大,磁敏二极管的灵敏度就越高。

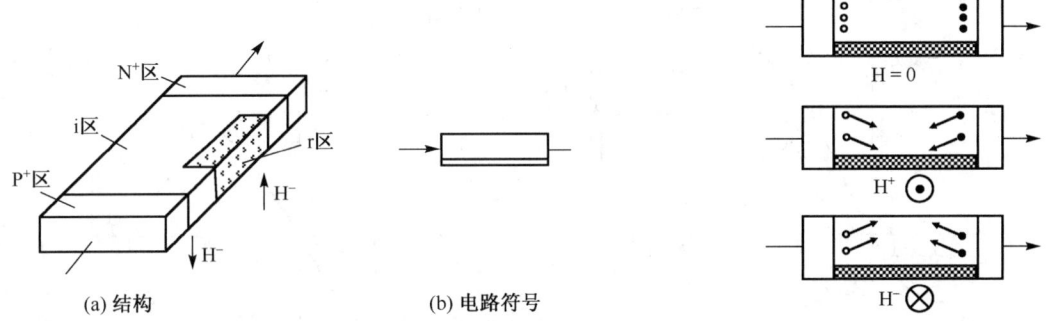

图 5.28 磁敏二极管的结构和电路符号   图 5.29 磁敏二极管的工作原理示意图

磁敏二极管反向偏置时,则在 r 区仅流过很微小的电流,显得几乎与磁场无关,因而二极管两端电压不会因受到磁场作用而有任何改变。

2. 磁敏二极管的主要特征

(1)伏安特性

在给定磁场情况下,磁敏二极管两端正向偏压和通过它的电流的关系曲线,称为伏安特性。

如图 5.30 所示,硅磁敏二极管的伏安特性有两种形式。一种形式如图 5.30(b)所示,开始在较大偏压范围内,电流变化比较平坦,随外加偏压的增加,电流逐渐增加,此后伏安特性曲线上升很快,表现出其动态电阻比较小;另一种形式如图 5.30(c)所示,硅磁敏二极管的伏安特性曲线上有负阻现象,即电流急增的同时,有偏压突然跌落的现象。产生负阻现象的原因是高阻硅的热平衡载流子较少,且注入的载流子未填满复合中心之前,不会产生较大的电流,当填满复合中心之后,电流才开始急增。

(2)磁电特性

在给定条件下,磁敏二极管的输出电压变化量与外加磁场间的变化关系,称为磁敏二极管的磁电特性。图 5.31 所示为磁敏二极管单个使用和互补使用时的磁电特性曲线。

(3)温度特性

温度特性是指在标准测试条件下,输出电压变化量 Δu(或无磁场作用时中点电压 u_m)随温度变化的规律,如图 5.32 所示。

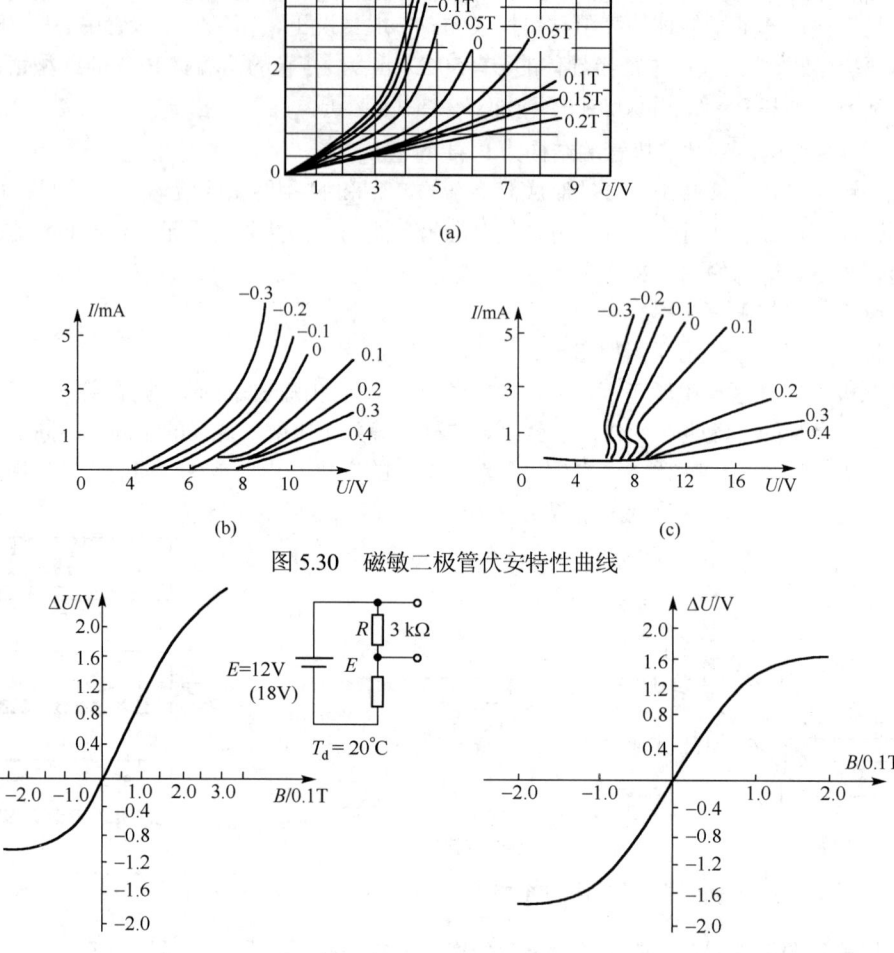

图 5.30 磁敏二极管伏安特性曲线

(a) 单个使用时　　　　　　　　　　(b) 互补使用时

图 5.31 磁敏二极管的磁电特性曲线

由图 5.32 可见，磁敏二极管受温度的影响较大。磁敏二极管的温度特性也可用温度系数来表示。硅磁敏二极管在标准测试条件下，u_0 的温度系数小于+20mV/℃，Δu 的温度系数小于 0.6%/℃。而锗磁敏二极管 u_0 的温度系数小于-60mV/℃，Δu 的温度系数小于 1.5%/℃。所以，规定硅管的使用温度为-40～+85℃，而锗管的使用温度为-40～+65℃。

（4）频率特性

硅磁敏二极管的响应时间，几乎等于注入载流子漂移过程中被复合并达到动态平衡的时间。所以，频率响应时间与载流子的有效寿命相当。硅管的响应时间小于 1，即响应频率高达 1MHz。锗磁敏二极管的响应频率小于 10kHz。图 5.33 所示为锗磁敏二极管频率特性。

（5）磁灵敏度

磁敏二极管的磁灵敏度有三种定义方法。

① 在恒流条件下，偏压随磁场变化的电压相对磁灵敏度（h_u），即

$$h_u = \frac{u_B - u_0}{u_0} \times 100\% \tag{5.41}$$

式中，u_0 为磁场强度为零时，二极管两端的电压；u_B 为磁场强度为 B 时，二极管两端的电压。

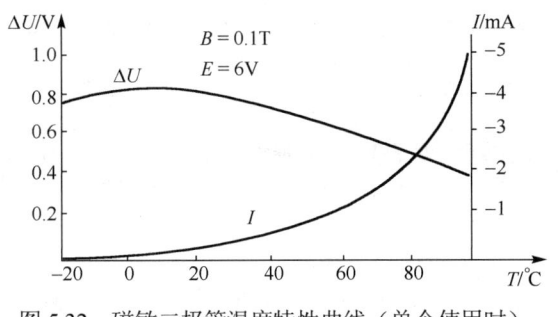

图 5.32 磁敏二极管温度特性曲线（单个使用时）

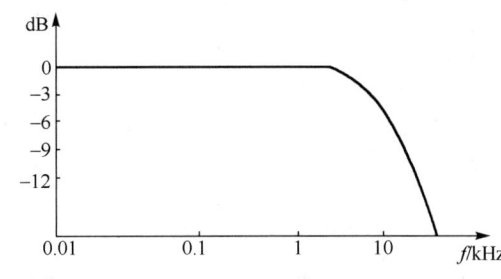

图 5.33 锗磁敏二极管频率特性

② 在恒压条件下，偏流随磁场变化的电流相对磁灵敏度（h_i），即

$$h_i = \frac{I_B - I_0}{I_0} \times 100\% \tag{5.42}$$

③ 在给定电压源 E 和负载电阻 R 的条件下，电压相对磁灵敏度和电流相对磁灵敏度定义如下。

$$h_{Ru} = \frac{u_B - u_0}{u_0} \times 100\% \tag{5.43}$$

$$h_{Ri} = \frac{I_B - I_0}{I_0} 100\% \tag{5.44}$$

应特别注意，如果使用磁敏二极管时的情况和元件出厂的测试条件不一致，则应重新测试其灵敏度。

3. 磁敏二极管的温度补偿电路

在实际使用中，必须对磁敏二极管进行温度补偿。常用的温度补偿电路有互补式、差分式、全桥式和热敏电阻式 4 种，如图 5.34 所示。

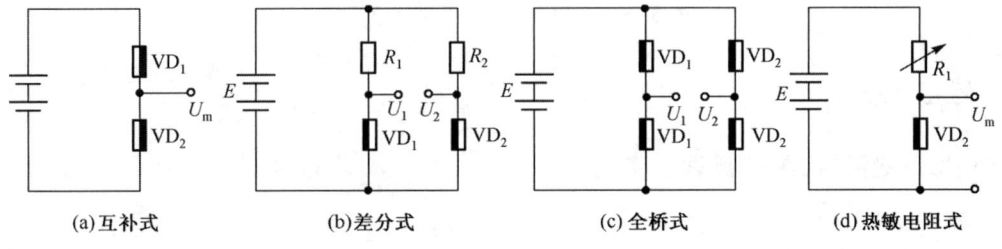

图 5.34 温度补偿电路

（1）互补式温度补偿电路

对于单只磁敏二极管的使用，互补电路选用两只性能相近的磁敏二极管，按相反磁极性组合，即将它们的磁敏面相对或背向放置，并把它们串接在电路中，就形成了互补电路，如图 5.34(a)所示。从图 5.34(a)中可知，无论温度如何变化，分压比总保持不变，输出电压随温度变化而始终保持不变，这样就达到了温度补偿的目的，并且可以提高磁灵敏度。

（2）差分式电路

差分式补偿电路如图 5.34(b)所示，不仅可以很好地实现温度补偿，提高灵敏度，而且还可以弥补互补电路不能对具有负阻现象的磁敏二极管温度补偿的不足。如果电路不平衡，可适当调节电阻 R_1 和 R_2。

（3）全桥式电路

全桥式电路是将两个互补电路并联而成的，如图 5.34(c)所示。与互补电路一样，其工作点只能选在小电流区,且不能使用有负阻特性的磁敏二极管。该电路在给定的磁场下,其输出电压是差分电路的两倍。

(4) 热敏电阻式补偿电路

热敏电阻式补偿电路如图 5.34(d)所示,利用热敏电阻随温度的变化而使磁敏二极管 VD 的分压系数不变,从而实现温度补偿。该电路成本比上述三类电路低,是常用的温度补偿电路。

4. 磁敏二极管的应用举例

磁敏二极管主要在磁场测量、大电流测量、直流无刷电机、磁力探伤、接近开关、程序控制、位置控制、转速测量、速度测量和各种工业过程自动控制等技术领域中应用。一般电位器在使用时由于触电的原因,常产生噪声,而且寿命不长。使用磁敏元件制作的无触点电位器可以克服该缺点。图 5.35 所示为无触点电位器的结构示意图。其中,磁敏元件可使用磁敏二极管或霍尔线性传感器。将磁敏元件放置在单个磁铁的下方或两个磁铁之间,当旋动电位器手柄时,磁铁跟着转动,从而使磁敏元件表面的磁感应强度也发生变化,这样,磁敏元件的输出电压将随着手柄的转动而变化,起到电位调节的作用。

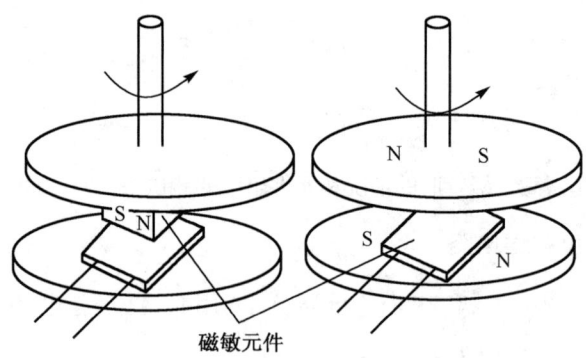

图 5.35　无触点电位器的结构示意图

5.4.2　磁敏三极管

1. 磁敏三极管的结构与原理

(1) 磁敏三极管的结构

NPN 型磁敏三极管是在弱 P 型本征半导体上,用合金法或扩散法形成三个结——发射结、基极结、集电结所形成的半导体元件,如图 5.36 所示。在长基区的侧面制成一个复合速率很高的高复合区 r。长基区分为输运基区和复合基区两部分。

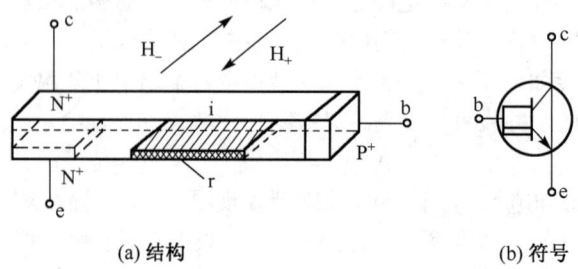

图 5.36　NPN 型磁敏三极管的结构和符号

（2）磁敏三极管的工作原理

当不受磁场作用时，由于磁敏三极管的基区宽度大于载流子有效扩散长度，因而注入的载流子除少部分输入到集电极 c 外，大部分通过 e-i-b 而形成基极电流，如图 5.37(a)所示。显而易见，基极电流大于集电极电流。所以，电流放大系数 $\beta = I_c/I_b < 1$。当受到 H_+ 磁场作用时，由于洛伦兹力作用，载流子向发射结一侧偏转，从而使集电极电流明显下降，如图 5.37(b)所示。当受 H_- 磁场作用时，载流子在洛伦兹力作用下，向集电结一侧偏转，使集电极电流增大，如图 5.37(c)所示。

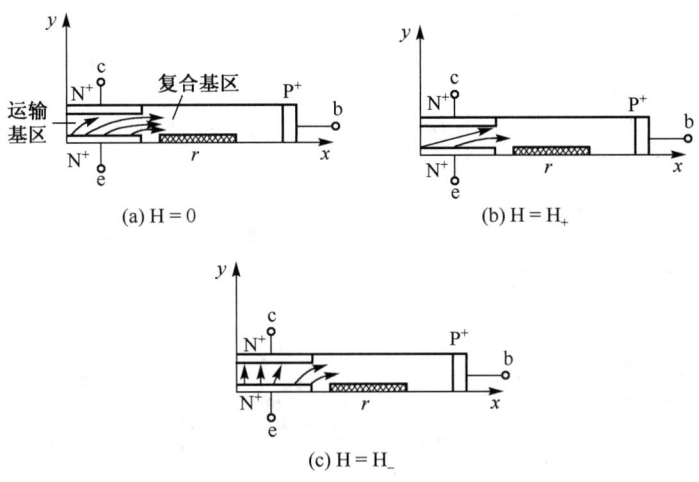

图 5.37　磁敏三极管工作原理示意图

2．磁敏三极管的主要特性

（1）伏安特性

图 5.38(b)所示为磁敏三极管在基极恒流条件下（$I_b = 3\text{mA}$），磁场为 0.1 T 时的集电极电流的变化；图 5.38(a)所示为不受磁场作用时磁敏三极管的伏安特性曲线。

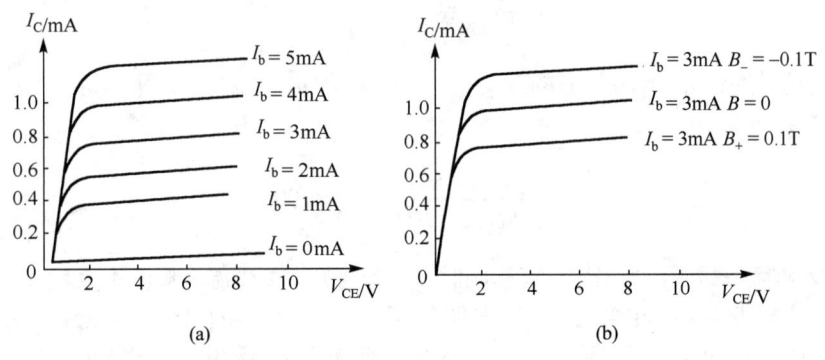

图 5.38　磁敏三极管伏安特性曲线

（2）磁电特性

磁电特性是磁敏三极管最重要的工作特性。3BCM（NPN 型）锗磁敏三极管的磁电特性曲线如图 5.39 所示。由图可见，在弱磁场作用时，曲线近似于一条直线。

（3）温度特性

磁敏三极管对温度也是敏感的。3ACM、3BCM 磁敏三极管的温度系数为 0.8%/℃；3CCM 磁敏三极管的温度系数为 –0.6%/℃。3BCM 磁敏三极管的温度特性曲线如图 5.40 所示。

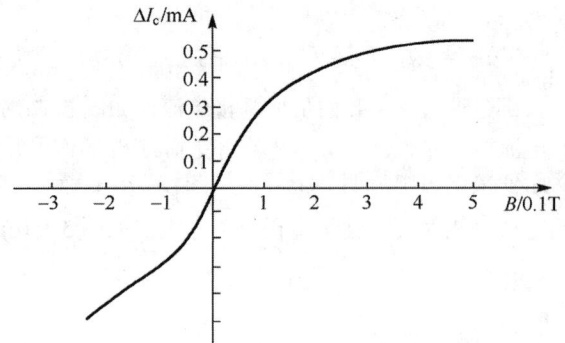

图 5.39 3BCM 锗磁敏三极管磁电特性

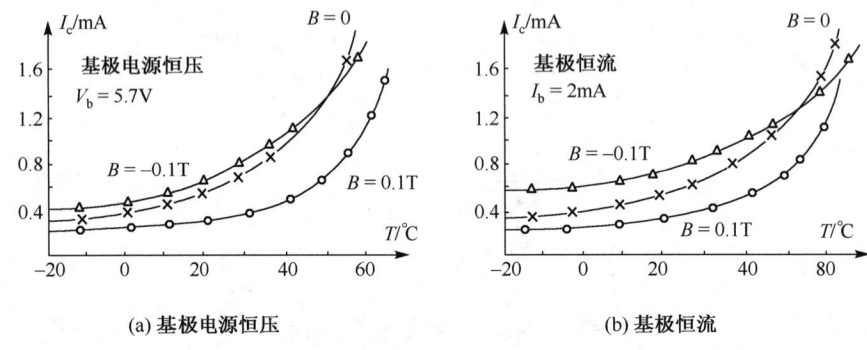

(a) 基极电源恒压   (b) 基极恒流

图 5.40 3BCM 磁敏三极管的温度特性曲线

温度系数有两种：一种是静态集电极电流 I_{c0} 的温度系数，另一种是磁灵敏度 $h_\pm$ 的温度系数。在使用温度为 $t_1 \sim t_2$ 时，I_{c0} 的改变量与常温（如 25℃）时的 I_{c0} 之比，即平均每度的相对变化量，被定义为 I_{c0} 的温度系数 I_{c0CT}

$$I_{c0CT} = \frac{I_{c0}(t_2) - I_{c0}(t_1)}{I_{c0}(25℃) \cdot (t_2 - t_1)} \times 100\% \tag{5.45}$$

同样，在使用温度为 $t_1 \sim t_2$ 时，$h_\pm$ 的改变量与 25℃时的 $h_\pm$ 值之比，即平均每度的相对变化量，被定义为 $h_\pm$ 的温度系数 $h_{\pm CT}$

$$h_{\pm CT} = \frac{h_\pm(t_2) - h_\pm(t_1)}{h_\pm(25℃) \cdot (t_2 - t_1)} \times 100\% \tag{5.46}$$

对于 3BCM 磁敏三极管，当采用补偿措施时，其正向灵敏度受温度影响不大。而负向灵敏度受温度影响比较大，主要表现为有相当大一部分器件存在一个无灵敏度的温度点，这个点的位置由所加基流（无磁场作用时）I_{b0} 的大小决定。当 $I_{b0} > 4$mA 时，此无灵敏度温度点处于 +40℃左右。当温度超过此点时，负向灵敏度变为正向灵敏度，即无论正、负向磁场，集电极电流都发生同样性质的变化。

因此，减小基极电流，无灵敏度的温度点将向较高温度方向移动。当 $I_{b0} = 2$mA 时，此温度点可达 50℃左右。但另一方面，若 I_{b0} 过小，则会影响磁灵敏度。所以，当需要同时使用正负灵敏度时，温度要选在无灵敏度温度点以下。

（4）频率特性

3BCM 锗磁敏三极管对于交变磁场的频率响应特性为 10kHz。

（5）磁灵敏度

磁敏三极管的磁灵敏度有正向灵敏度 h_+ 和负向灵敏度 h_- 两种。其定义如下

$$h_\pm = \left| \frac{I_{cB\pm} - I_{c0}}{I_{c0}} \right| \times 100\% / 0.1T \tag{5.47}$$

式中，I_{cB+} 为受正向磁场 $B+$ 作用时的集电极电流；I_{cB-} 为受反向磁场 $B-$ 作用时的集电极电流；I_{c0} 为不受磁场作用时，在给定基流情况下的集电极输出电流。

3．磁敏二极管和磁敏三极管的应用

磁敏管具有较高的磁灵敏度，体积和功耗都很小，且能识别磁极性等优点，是一种新型半导体磁敏元件，它有着广泛的应用前景。

利用磁敏管可以制成磁场探测仪器，如高斯计、漏磁测量仪、地磁测量仪等。用磁敏管制成的磁场探测仪，可测量 $10^{-7}T$ 左右的弱磁场。

根据通电导线周围具有磁场，且磁场的强弱又取决于通电导线中电流大小的原理，可利用磁敏管采用非接触方法来测量导线中的电流。而用这种装置来检测磁场还可以确定导线中的电流值大小，既安全又省电，因此是一种备受欢迎的电流表。

此外，利用磁敏管还可制成转速传感器（能测高达数万转时每分钟的转速）、无触点电位器和漏磁探伤仪等。

4．常用磁敏管的型号和参数

BCM 型锗磁敏三极管参数表如表 5.1 所示，CCM 型硅磁敏三极管参数表如表 5.2 所示。

表 5.1　BCM 型锗磁敏三极管参数表

参　数	单位	测试条件	规　范				
			A	B	C	D	E
磁灵敏度 $h = \frac{I_{c0} - I_{cB}}{I_{c0}} \times 100\%$	%	$E_c = 6V, R_L = 100\Omega$, $I_b = 2mA, B = \pm 0.1T$	5～10	10～15	15～20	20～25	>25
击穿电压 BU_{cco}	V	$I_c = 1.5mA$	20	20	25	25	25
漏电流 I_{cco}	mA	$V_{cs} = 6A$	≤200	≤200	≤200	≤200	≤200
最大基极电流	mA	$E_c = 6V$ $R_L = 5k\Omega$	4				
功耗 P_{cm}	mW		45				
使用温度	℃		−40～65℃				
最高温度	℃		75				

表 5.2　CCM 型硅磁敏三极管参数表

参　数	单　位	测　试　条　件	规　范
磁灵敏度 $h = \frac{I_{c0} - I_{cB}}{I_{c0}} \times 100\%$	%	$E_c = 6V$ $I_b = 3mA$ $B = \pm 0.1T$	>5%
击穿电压 BU_{cco}	V	$I_c = 10$	⩾20V
漏电流 I_{cco}	μA	$I_{ce} = 6A$	≤5μA
功耗	mW		20mW
使用温度	℃		−40～85℃
最高温度	℃		10℃
温度系数	%/℃		−0.25%～−0.10%/℃

5.5 铁磁性金属薄膜磁阻元件

因为铁磁体具有很小的温度系数,性能稳定,灵敏度高,且制备工艺简单,所以铁磁性金属薄膜磁阻元件是一种很有前途的磁敏元件。

5.5.1 铁磁体中的磁阻效应

在铁磁材料中存在两种磁阻效应。一种是电阻率随着磁场强度的变化而变化,但与磁场方向无关。另一种是铁磁材料电阻率的变化与电流密度和磁场的相对取向有关,称为磁电阻各向异性效应。磁敏元件所利用的是后一种效应,此时铁磁材料的电阻率可表示为

$$\rho = \rho_\perp \sin^2\theta + \rho_{//} \cos^2\theta \tag{5.48}$$

式中,$\rho_\perp$ 为电流方向与磁场方向互相垂直时材料的电阻率;$\rho_{//}$ 为电流方向与磁场方向平行时材料的电阻率;θ 为电流方向与磁场方向的夹角。

磁阻效应的大小可表示如下

$$\frac{\Delta\rho}{\rho_0} = \frac{\rho_{//} - \rho_\perp}{\rho_0} \tag{5.49}$$

式中,ρ_0 为零磁场时材料的电阻率。

理论研究认为,磁电阻各向异性效应与自发磁化强度在晶体内的取向和铁磁体内不同磁相体积浓度的分配有关。

5.5.2 铁磁薄膜磁敏电阻的结构与工作原理

铁磁薄膜磁敏电阻的结构如图 5.41 所示,器件是由两个几何结构及性能完全一样的磁敏电阻单元互相垂直排列组成的,图中 a、b、c 表示电极。由图中可以看出,a 和 b 电极间的电阻率用 $\rho_y(\theta)$ 表示,b 和 c 电极间的电阻率用 $\rho_x(\theta)$ 表示。外加磁场 B 在 xy 平面内与 y 轴成 θ 角。则 $\rho_y(\theta)$ 和 $\rho_x(\theta)$ 可分别表示为

$$\rho_x(\theta) = \rho_\perp \cos^2\theta + \rho_{//} \sin^2\theta \tag{5.50}$$

$$\rho_y(\theta) = \rho_\perp \sin^2\theta + \rho_{//} \cos^2\theta \tag{5.51}$$

若电源电压为 V_0,则由 b 电极输出的电压 $V(\theta)$ 为

$$V(\theta) = \frac{\rho_x(\theta)}{\rho_x(\theta) + \rho_y(\theta)} \cdot V_0 = \frac{V_0}{2} - \frac{\Delta\rho \cos 2\theta}{2(\rho_\perp + \rho_{//})} \cdot V_0 \tag{5.52}$$

式(5.52)表明,输出电压只与 θ 角有关,而与磁场的大小无关。

铁磁薄膜磁敏电阻通常采用真空蒸发薄膜工艺制造,电阻图形设计成迂回状是为了获得较高的电阻值并使器件小型化。我国生产的铁磁金属薄膜磁敏电阻除图 5.41 所示的三端分压型外,还有四端桥形,其几何结构类型如图 5.42 所示。

5.5.3 铁磁薄膜磁敏电阻的技术性能及特点

典型的三端分压型技术性能:全电阻最小值为 500Ω,最大值为 5000Ω,典型值为 1400Ω;中点电压最小值为 2.45V,最大值为 2.55V,典型值为 2.5V;输出电压峰值最小值为 60mV,典型值为 80mV;消耗功率为 150W。

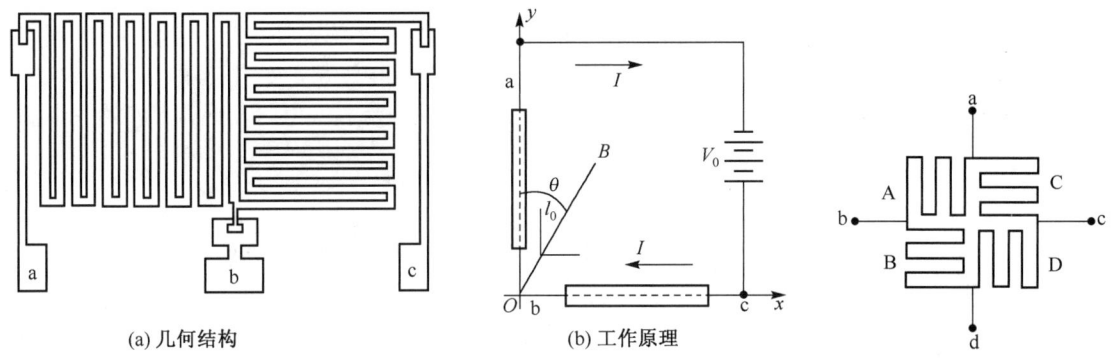

(a) 几何结构　　　　　(b) 工作原理

图 5.41　铁磁薄膜磁敏电阻结构及工作原理

图 5.42　强磁性金属薄膜四端桥型磁敏电阻结构

四端桥型技术性能：全电阻最小值为 1000Ω，最大值为 5000Ω，典型值为 2500Ω；中点电压最小值为 2.45V，最大值为 2.55V，典型值为 2.5V；输出电压峰值最小值为 120mV，典型值为 160mV；消耗功率为 300mV。

铁磁薄膜磁敏电阻与其他磁敏器件相比，具有以下优点。

① 灵敏度高且有选择性：它比霍尔元件的灵敏度高 1～2 个数量级，而且灵敏度具有方向性，磁场与金属膜平行时，灵敏度最好，磁场与金属膜垂直时，则无磁敏特性。

② 温度特性好：电阻值、输出电压与温度呈线性关系，容易进行温度补偿。

③ 频率特性好：由理论分析可知，保持铁磁薄膜磁敏电阻输出信号不变的截止频率是强磁性共振频率。但实际上频率小于 10MHz 就可保持输出不变。

④ 倍频特性：电压的频率正好等于磁场旋转频率的 2 倍，输出电压波形为正弦波。具有良好的倍频特性。

⑤ 饱和特性：当磁场强度小于临界磁场强度 H_s 时，电阻率与磁场有关。当磁场强度大于 H_s 时，电阻率达到饱和。显然，在饱和情况下检测磁场方向不用另外的限幅器即可获得稳定的输出。

5.6　压磁式传感器

压磁式传感器也称磁弹性传感器，是利用铁磁材料的压磁效应制成的传感器。压磁效应是指一些铁磁材料在受到外力作用后，其内部产生应力，因此引起铁磁材料磁导率变化的物理现象。具有压磁效应的磁弹性体称为压磁元件。受到力的作用后，磁弹性体的磁阻或磁导率的变化量与作用力成正比，通过特定的测量电路测出磁阻的变化量即可测出作用力的大小。压磁式力传感器可以实现力-电磁的变换，具有输出信号大、抗干扰性好、过载能力强、结构简单、经济实用、可在恶劣环境下工作等优点，可以进行大力值测量及大吨位称重，广泛用于重工业、矿山、化工部门。其缺点是反应速度较低，测量准确度不够高。

压磁式传感器的结构按照其工作的电磁原理可分为阻流因式、变压器式、桥式、应变式等。其中阻流因式、变压器式及桥式使用较多。

5.6.1　压磁式传感器的基本原理

压磁式测力传感器的压磁元件由硅钢片叠成，其上冲有 4 个对称孔。孔 1、2 的连线与孔 3、4 的连线相互垂直，如图 5.43 所示。孔 1、2 间绕有励磁线圈 N12，孔 3、4 间绕有输出线圈 N34，两个平面夹角成 45°。工作时，如果对压磁元件施加压力 F，A、B 区域将产生很大的应力，C、D 区域基本不变。于是 A、B 区域磁导率下降，磁阻增大；而 C、D 区域的磁导率基本不变。这样励磁线圈产生的磁力线有部分经过 C、D 区域闭合，而与 N34 线圈交链产生感应电动势，如图 5.43(c)所示。F 越大，与 N34 线圈交链的磁通量越多，e 值越大。通过测量电路可以用电流表或电压表测出力 F 的大小。

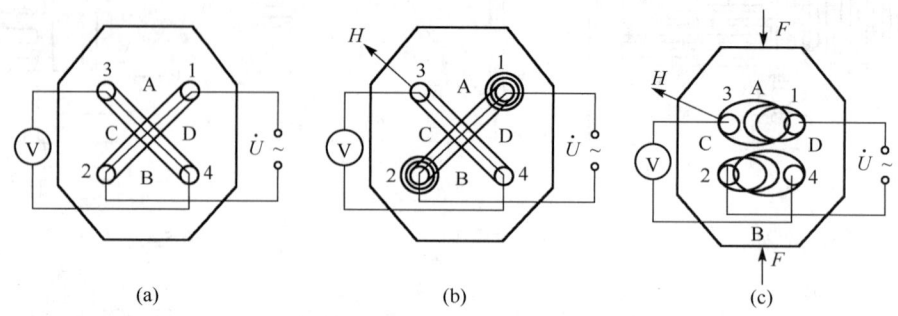

图 5.43　压磁式传感器工作原理

5.6.2　压磁式传感器的主要特性

1．激磁绕组的安匝特性

压磁传感器输出电压的灵敏度和线性度很大程度上取决于铁磁材料的磁场强度，而磁场强度又取决于激励线圈的匝数。激励过小或过大都会产生严重的非线性和灵敏度降低，这是因为在压磁式传感器中，铁磁材料的磁化现象不仅与外磁场的作用有关，还与各个磁畴内部磁矩的总和，以及外作用力在材料内部引起的应力有关。最佳条件是外加作用力所产生的磁能与外磁场产生的磁能之和接近相等，而且是工作在磁化曲线（B–H 曲线）的线性段，这样才可以获得较好的灵敏度和线性度。

2．输出特性

压磁传感器的输出电压 U_o 与作用力 F 之间的关系称为压磁传感器的输出特性。通常在额定压力下，磁导率的变化为 10%～20%，一般对测力范围为 10K～50kN 的压磁传感器，激磁绕组在 8 匝左右，测量绕组在 1 匝左右；对测力范围为 50K～500kN 的压磁传感器，激磁和测量绕组均在 10 匝左右。

3．频率响应

力在压磁元件（可以认为是一块铁芯柱）中的传播速度为声速，约为 5000m/s，铁磁芯柱的高度一般不超过 10cm，其传播时间约为 0.2ms。大多数铁磁芯柱可以视为整块矩形金属柱，其自然频率可以决定为

$$f_0 = \frac{nc}{2l} \tag{5.53}$$

式中，n 为谐波次数；l 为铁磁芯高度；c 为机械应力在磁芯柱中的传播速度。例如，当 $l=6$cm，$c=5000$m/s 时，则传感器的自然频率（基波 $n=1$）约为 40kHz，因此，传感器测的动态负荷的最大频率不应超过 10kHz。

4．测量误差

压磁传感器的测量精度不高，这是由以下测量误差影响所致的。

① 温度误差。这是压磁传感器的一项主要误差。主要原因是压磁材料的磁化特性受温度影响较大，使用时需加温度补偿。

② 磁弹性滞环。这是压磁材料的磁弹性后效和磁滞作用所引起的。对于压磁材料需选用软磁性材料并经老化处理来消除这种误差。

③ 电源影响。激励电源的电压幅值、频率波形及电源的内阻均是直接影响磁化特性的因素，因而对传感器的精度也有影响。对要求较高的场合，应选择稳频、稳压、恒流的电源。

5.6.3 压磁式传感器的应用举例

图 5.44 所示为一种典型的压磁式压力传感器的结构图。压磁式压力传感器具有输出功率大、抗干扰能力强、寿命长、维护方便、适应恶劣工作环境等优点，特别是寿命长、运行条件要求低的优点，与一般传感器相比显得更为突出。在工业领域的自动化控制系统中，压磁式压力传感器有着良好的应用前景。对于压磁式压力传感器，为了保证传感器有长期稳定性和良好的重复性，必须具有合理的机械结构。

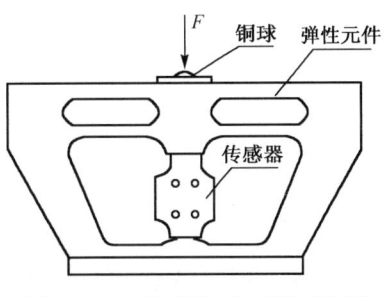

图 5.44 压磁式压力传感器结构图

5.7 新型磁敏传感器

5.7.1 MOS 磁敏器件

具有两个漏极的 MOS 管称为分漏 MOS 管，它是一种磁敏感器件。分漏磁敏 MOS 管的工作原理如图 5.45 所示。无磁场时，两个对称分布的漏极流过相等的漏电流。当垂直于器件表面的磁场不为零时，沟道中的载流子在洛伦兹力的作用下向其中的一个漏极偏转。这样就使一个漏极的电流增大，另一个漏极的电流减小，两个漏极的电流差与磁感应强度的大小及方向有关。CMOS 磁敏器件是由两个互补的分漏 MOS 管组成的，用标准的硅栅工艺制备，克服了单个分漏 MOS 管的缺点。在 100μA 的电流下，灵敏度可达 1.2V/T，比一般霍尔器件高两个数量级。CMOS 分漏磁敏器件的工作原理如图 5.46 所示。图 5.46(a)中，一个为 P 沟道增强型分漏 MOS 管，另一个为 N 沟道增强型 MOS 管，两个管子的分漏电极互相交叉耦合连接。图 5.46(b)中，当有磁场垂直于器件表面指向纸外时，P 沟道 MOS 管的载流子空穴和 N 沟通 MOS 管的载流子电子在洛伦兹力作用下偏转。交叉耦合就是一个管子中电流增加的漏极与另一个管子中电流减小的漏极相连或反之。

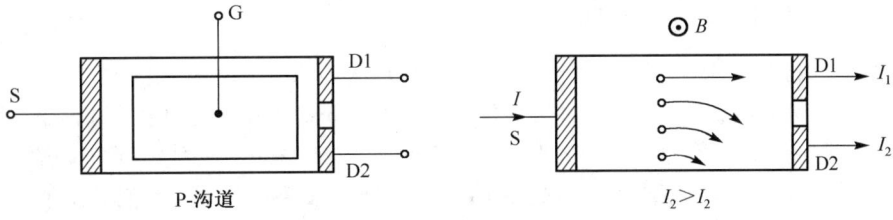

图 5.45 分漏磁敏 MOS 管工作原理图

CMOS 磁敏管的输出电压与磁感应强度的关系如图 5.47 所示，在 –0.3～0.7 T 之间有较好的线性。当电源电压由 10V 变为 20V 时，电流 I 从 0.1mA 变为 1mA，磁灵敏度由 1.2V/T 变为 1.4V/T，说明电源电压对器件性能影响不大。

CMOS 磁敏器件在灵敏度、线性度和功耗等性能方面大大优于体型结构，并与普通 IC 工艺相兼容，能方便地与其他 CMOS 功能电路集成在一起，拓宽其应用范围，因而日益受到人们的重视。CMOS 磁敏器件具有类似于 MOS 差分放大器的结构，它具有以下特点。

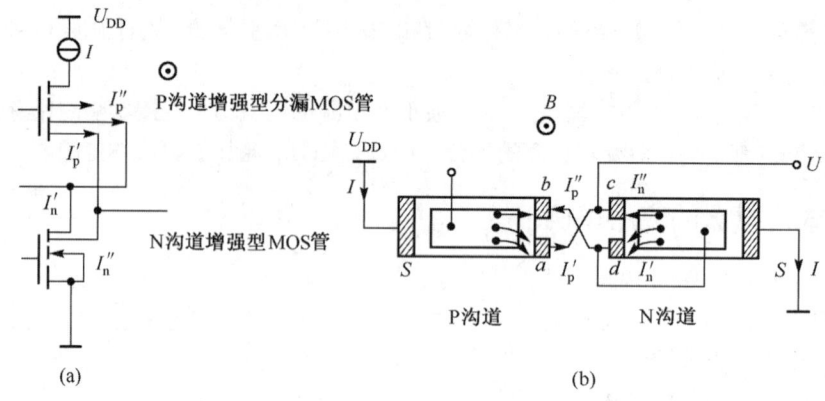

图 5.46 CMOS 分漏磁敏器件工作原理图

① 两只互补的 MOS 晶体管由两只劈裂漏极 MOS 晶体管（简称 SD-MOSFET）替代，结构如图 5.48 所示。

② 劈裂漏极相互交叉连接。当加上垂直于器件表面的磁场时，两只劈裂漏极 MOS 管中的电流会受到影响，由于洛伦兹力作用使载流子运动发生偏离，导致一个漏极电流增加，而另一个漏极电流减小。晶体管电流增加的漏极与一只配对晶体管电流下降的漏极相连，反之亦然。由于这种相互交叉和动态负载技术，漏极电流的较小变化就会引起输出电压的很大变化。

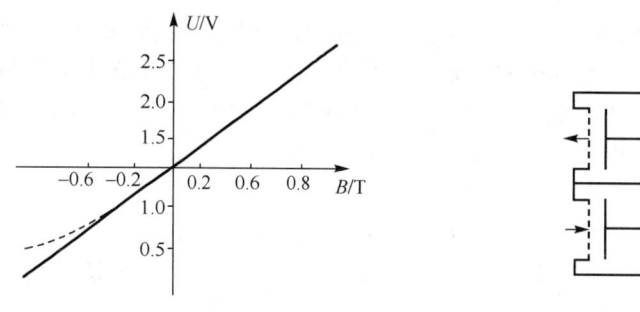

图 5.47 CMOS 管输出电压与磁感应强度关系曲线

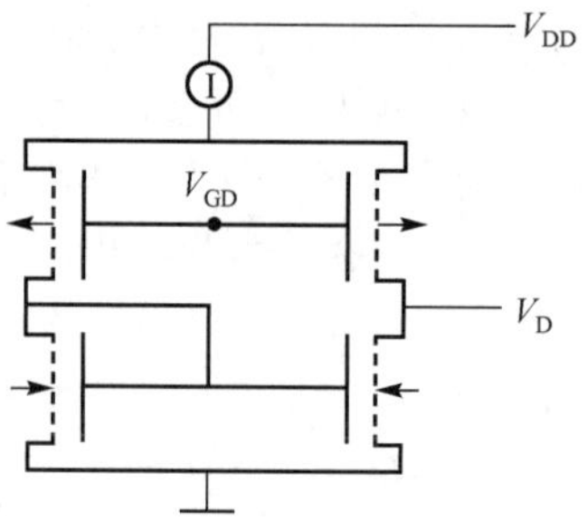

图 5.48 两只互补 SD-MOSFET 的 CMOS 磁敏器件等效电路

5.7.2 高分辨率磁性旋转编码器

随着电子技术的飞跃发展，从工业用机器人、数控机床等的位置控制、进给控制，到打印机磁盘驱动器等办公室自动化测量仪，所有这些领域使用各种编码器的情况日益增多。编码器按编码方式可分为增量式、绝对式；按工作原理可分为光电式、磁性线圈式、电磁感应式、静电电容式、磁阻式。而目前国内用得最多的是光电编码器。但是在国外，由于磁阻式磁性编码器具有结构紧凑，高速下仍能稳定工作，抗污染等环境能力强，易于制成绝对式编码器，抗震、抗爆能力强（尤其适宜于冲床），耗电少等优点得到迅速发展。

磁性旋转编码器外形尺寸为 $\phi 65\text{mm} \times \phi 55\text{mm}$，它包含磁鼓和磁阻传感器头，其结构原理如图 5.49 所示。磁鼓是用涂布或塑胶成型等工艺在铝合金上敷上一层磁性介质，并被磁化成具有偶数个长度为 λ 的磁极。磁阻头是在玻璃基片上镀上一层 $Ni_{18}Fe_{19}$ 合金薄膜，并经半导体光刻工艺制成。在磁鼓磁极数不变的情况下为提高编码器的分辨率，磁头上并列有 10 个用于检测增量信号的磁阻元件，4 个用于零道信号检测的磁阻元件，图 5.50 所示为磁阻元件与磁鼓的关系，图 5.51 所示为磁阻元件的电路连接图。

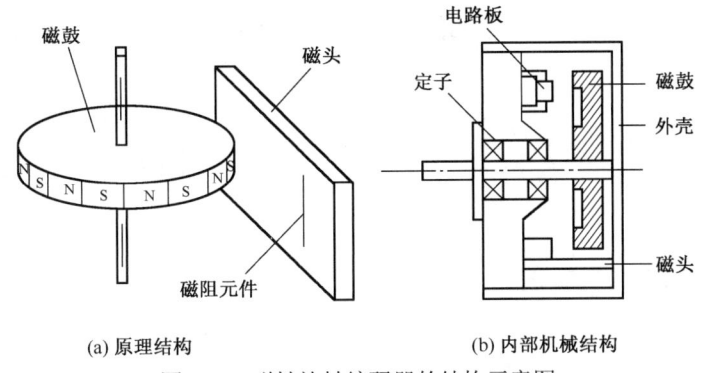

(a) 原理结构　　　　　(b) 内部机械结构

图 5.49　磁性旋转编码器的结构示意图

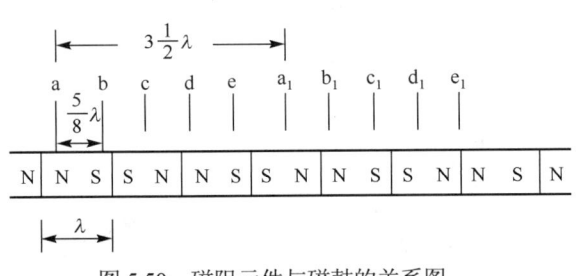

图 5.50　磁阻元件与磁鼓的关系图

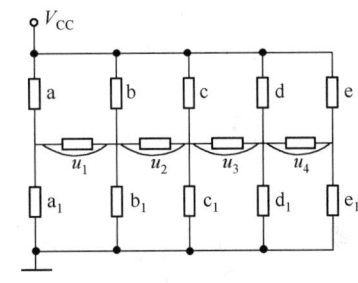

图 5.51　磁阻元件的电路连接图

5.7.3　涡流传感器

在一个磁棒上绕一组线圈，工作时加上振荡频率为 60kHz 的电信号，磁棒就具有增强电磁感应的作用。当磁棒和绕组平行接近被测导体时，振荡线圈产生的交变磁场作用于导体，被测导体表面会产生与激励磁场相交链的涡流，此涡流又产生一交变磁场反作用于线圈，以阻碍激励磁场的变化。同时，被测导体表面流动的电涡流产生热量消耗，使激励线圈的电感量 L、阻抗 Z 和品质因素 Q 发生变化，因此可以利用线圈这些参数的变化，把被测导体的参数变换成电学量来测量。在线圈两端并联一个电容组成谐振电路，如图 5.52 所示，没有金属导体时的振荡频率为 f_0，检测到导体时谐振频率偏离，若被测导体为非磁性材料，则谐振峰右移，若为软磁性材料，则谐振峰左移，这样就可以用涡流传感器探测隐蔽在地下、墙壁内等的金属管道、电缆或导线。由于回路的等效阻抗 Z 的变化，使输出电压变化，可用回路输出电压的大小来表示探测仪与被测物体的距离。

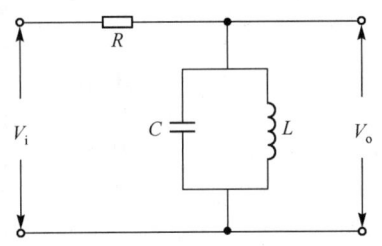

图 5.52　谐振电路

5.7.4　韦根德磁敏器件

韦根德磁敏器件是根据韦根德效应制成的磁敏器件。坡莫合金等强磁性金属合金丝经过特殊加工后，可使丝内外层的矫顽力出现显著差别：外层的矫顽力比内层大一个数量级。这种金属丝称为韦根德丝。

由于内外层矫顽力差别较大，韦根德丝具有两种稳定的磁化状态：一种为内外层被同方向磁化；另一种为内外层被反方向磁化，如图 5.53 所示。利用适当的外磁场作用，可使韦根德丝内层的磁化状态突然反转，从状态 a 突然转变为 b，或者从状态 b 突然转变为 a，这种在外磁场作用下发生状态反转的效应称为韦根德效应。图 5.54 所示为用韦根德丝制成的触觉传感器。韦根德丝上绕有探测线圈，其下方为一个使韦根德丝磁化的永久磁铁。当上面的键向下移动至与下面部分接触时，上面的磁铁更接近韦根德丝，但磁极极性与下面的磁铁相反，这就使得丝内层的磁化方向反转，探测线圈输出一个尖脉冲。韦根德丝一般长约几厘米,直径约为 0.3mm,磁敏元件线圈匝数为 1000~2000,输出脉冲电压为几伏数量级,脉冲宽度约 20μs。

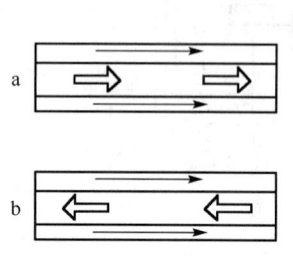

图 5.53 韦根德丝的两种磁化状态

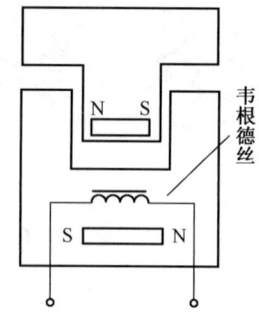

图 5.54 用韦根德丝制成的触觉传感器

5.7.5 磁通门传感器

磁通门是一种由高磁导率铁芯制作的磁调制器,用作测量磁场的探头。图 5.55 所示为由环形铁芯制成的磁通门。图中,W_e 为励磁线圈,W_e 在铁芯中产生的一个直流弱磁场,作为待测磁场 H_0 的线圈,W 为监测 H_0 的线圈。

磁通门探头除图 5.55 所示的环形铁芯结构外,还有许多其他结构的铁芯,但均不如环形铁芯的性能好。对于铁芯材料的要求为具有低矫顽力、低磁致伸缩、低损耗、高磁导率、高矩形比等。

表 5.3 所示为部分永磁材料的技术参数。

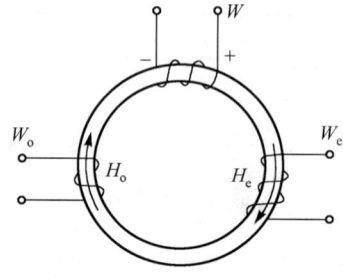

图 5.55 环形铁芯磁通门

表 5.3 部分永磁材料的技术参数

材料系列	型号	参数		
		剩磁 B_r(T)	矫顽力 H_c(A/m)	磁能积 B_H(T·A/m)
铁氧体	H_{22}	0.28~0.36	128 000~192 000	14 400~19 200
	H_{40}	0.38~0.44	176 000~224 000	30 400~33 600
	HC_{34}	≥0.36	264 000~280 000	≥25 600
	铁氧体 25	0.35~0.39	152 000~208 000	22 400~25600
铝镍钴	LNG-1	0.68	40 000	11 200
	LNG-2	0.75	48 000	14 400
	LNG-3	0.90	52 000	19 200
	LNG-4	1.20	40 000	32 000
	LNG-5A	1.28	56 000	48 000
	LNG-8A	0.90	104 000	64 000
	铝镍钴 13	0.68	48 000	12 800
	铝镍钴 32	1.20	44 000	32 000
	铝镍钴 52	1.30	56 000	52 000
	铝镍钴 25	1.05	46 400	24 800
铝镍	LN-1	0.62	32 000	7200
	LN-2	0.60	38 000	9600
	LN-3	0.54	38 400	9600

续表

材料系列	型号	参数		
		剩磁 B_r (T)	矫顽力 H_c (A/m)	磁能积 B_H (T·A/m)
稀钍钴	稀钍钴 60	0.55～0.70	272 000～400 000	60 000～80 000
	稀钍钴 120	0.82～0.95	502 400～664 000	125 600～160 000
铁镍钴	铁镍钴 15	0.85	44 000	13 600～16 000
	铁镍钴 30	0.10	48 000	27 200～35 200
铈钴		0.65	480 000	80 000～88 000
铂钴		0.63～0.68	400 000	72 000

习 题

1. 什么是霍尔效应?一个霍尔元件在一定的电流控制下,其霍尔电势与哪些因素有关?
2. 温度漂移在霍尔元件中是非常显著的,怎样消除霍尔元件中的温度漂移?
3. 举例说明霍尔元件为什么要引入形状修正函数。为什么说某些半导体材料是制造霍尔元件的最佳材料?
4. 分析磁阻效应产生的根本原因,设计一个高灵敏的实用磁阻元件,并说明如何应用。
5. 简述磁敏二极管的工作原理。
6. 磁敏二极管的温度特性是怎样的?如何进行补偿?
7. 简述磁敏三极管的结构和工作原理。
8. 磁敏二极管和磁敏三极管各有什么特点?适合在什么场合使用?

第6章 光敏传感器

6.1 概述

自然界中，光是重要的信息媒体。许多物体对光的反应是有规律的。通过一定方法把物体对光学量的反应测量出来，就可以直接或间接反映物体的一些特性。光敏传感器就是一种将被测量的变化转换为光学量的变化，再通过光电元件把光学量的变化转换为电信号的装置，光敏传感器的基本原理是物质的光电效应。在器件的性能方面，光敏传感器能对光信号的变化做出迅速反应，并将光信号转变为电信号。从原理上讲，光信号具有粒子性，由光子（$h\gamma$）组成，具有一定的能量。光敏传感器就是将光能转换为相应电能的装置，又称为光电式传感器。从目的上讲，它是探测光信号的器件，也可以称为光电探测器。

光敏传感器具有可靠性高、抗干扰能力强、不受电磁辐射影响，以及本身不辐射电磁波的特点，可以直接检测光信号，也可以传真彩色图像，测量温度、压力、速度、加速度、位移等，虽然它是一类发展较迟的传感器，但其发展速度很快，应用范围很广，具有很大的潜力。

光电传感器属于无损伤、非接触测量器件，具有体积小、质量轻、响应快、灵敏度高、功耗低、便于集成、可靠性高、适于批量生产等优点，广泛应用于自动控制、机器人、航空航天、家用电器、工农业生产等领域。

6.1.1 光谱

按通常定义，光谱是指频率为 10^{11}（远红外线）～10^{17}Hz（远紫外线）的电磁波谱，单个光子的能量 E 可由式（6.1）求出（h 为普朗克常数，γ 为光的频率）

$$E = h\gamma \quad （单位：J 或 eV） \tag{6.1}$$

波长与频率的关系如下（c 为光速，λ 是光的波长）

$$\lambda = c/\gamma \tag{6.2}$$

可见光是电磁波谱中人眼可以感知的部分。可见光谱没有精确的范围，一般人的眼睛可以感知的电磁波的波长在 400～700nm 之间，但还有一些人能够感知到波长在 380～780nm 之间的电磁波。正常视力的人眼对波长约为 555nm 的电磁波最为敏感，这种电磁波处于光学频谱的绿光区域。根据人眼对光的感应，把波长小于 380nm 的电磁波称为紫外线，而把波长大于 650nm 的电磁波称为红外线，如图 6.1 所示。

光波：波长为 10～1060μm 的电磁波。

可见光：波长为 380～780nm 的电磁波。

紫外线：波长为 10～380nm 的电磁波。其中，波长为 300～380nm 的称为近紫外线，波长为 200～300nm 的称为远紫外线，波长为 10～200nm 的称为极远紫外线。

红外线：波长为 780～106μm 的电磁波。其中，波长为 3μm（即 3000nm）以下的称为近红外线，波长超过 3μm 的红外线称为远红外线。

光谱分布图如图 6.2 所示。

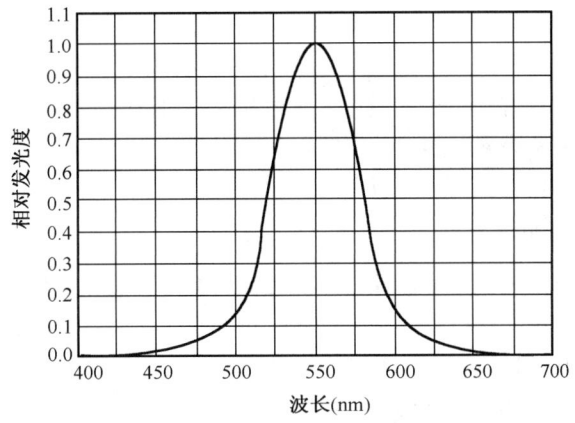

图 6.1　各种波长的相对发光度，在人眼最敏感的波长 555nm 处归一化

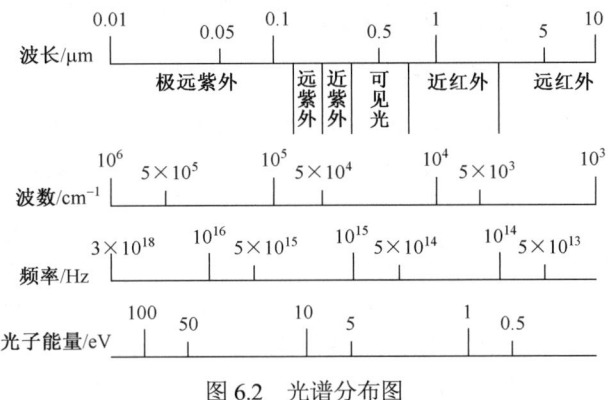

图 6.2　光谱分布图

光的波长与频率的关系由光速确定，真空中的光速 $c = 2.99793 \times 10^{10}$ cm/s，通常 $c \approx 3 \times 10^{10}$ cm/s。光的波长 γ 和频率 λ 的关系为

$$\gamma \times \lambda = 3 \times 10^{10} \text{cm/s} \tag{6.3}$$

式中，γ 的单位为 Hz；λ 的单位为 cm。

6.1.2　光学传感器的相关计量单位

在光学领域主要的计量单位和概念如下。

辐射度学：测量纯粹的、原始的能量流，与波长无关。单位为 W（瓦特）。

光度学：测量人眼可视的波长范围内的能量流。单位为 lm（流明）。

光强：单位面积上的辐射度。单位为 W/m^2。

发光强度：1 坎德拉（cd）是指在给定方向上，相应于人眼系统敏感最高峰（540×10^{12}Hz 辐射波长约为 555nm，它是人眼感觉最灵敏的波长）的光的强度，而且在此方向上的辐射强度为 1/683 瓦特每球面度。

光通量：光源在单位时间内向周围空间辐射的、能引起视觉反应的能量，即可见光的能量。它描述的是光源的有效辐射值，单位为 lm（流明）。同样功率的灯具的光通量可能完全不同，这是因为它们的光效不同的缘故。例如，普通照明灯泡只有 10lm/W，而金属卤素灯可以达到 80lm/W。

光的照度：在一个面上的光通密度，它是射入单位面积内的光通量，单位为 lx（勒克斯）。

6.1.3 光源

光是光电式传感器的测量媒介，光的质量好坏对测量结果具有决定性的影响。因此，无论哪一种光电式传感器，都必须仔细考虑光源的选用问题。

一般而言，光电式传感器对光源具有以下几方面的要求。

1. 光源必须具有足够的照度

光源发出的光必须具有足够的照度，保证被测目标具有足够的亮度和光通路具有足够的光通量，以利于获得高的灵敏度和信噪比，以及提高测量精度和可靠性。一方面，光源照度不足将影响测量的稳定性，甚至导致测量失败。另一方面，光源的照度还应当稳定，尽可能减小能量变化和方向漂移。

2. 光源应保证均匀、无遮挡或阴影

在很多场合下，光电传感器所测量的光应当保证亮度均匀、无遮光、无阴影，否则会产生额外的系统误差或随机误差。因此，光源的均匀性也是比较重要的一个指标。

3. 光源的照射方式应符合传感器的测量要求

为了实现对特定被测量的测量，传感器一般会要求光源发出的光具有一定的方向或角度，从而构成反射光、投射光、透射光、漫反射光、散射光等。此时，光源系统的设计显得尤为重要，对测量结果的影响较大。

4. 光源的发热量应尽可能小

一般各种光源都存在不同程度的发热，因而对测量结果可能产生不同程度的影响。因此，应尽可能采用发热量较小的冷光源，如发光二极管、光纤传输光源等，或者将发热较大的光源进行散热处理，并远离敏感单元。

5. 光源发出的光必须具有合适的光谱范围

光是电磁波谱中的一员，不同波长的分布如图 6.3 所示。其中，光电式传感器主要使用的光的波长范围处在紫外线至红外线之间的区域，一般多用可见光和近红外光。一般情况下，选择较大的光源光谱范围，保证包含光电器件的光谱范围（主要是峰值点）在内即可。

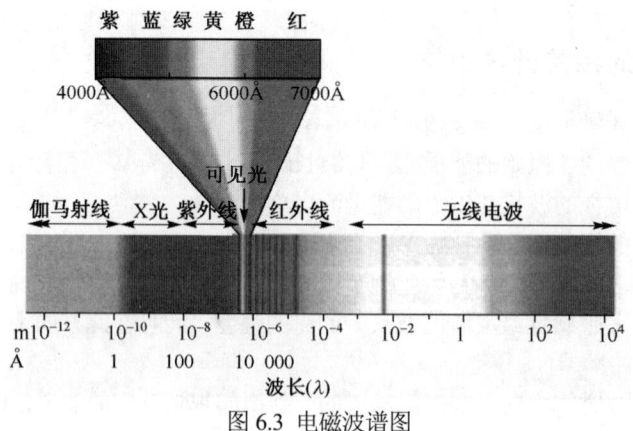

图 6.3 电磁波谱图

（1）热辐射光源

热辐射光源是通过将一些物体加热后产生热辐射来实现照明的。温度越高，光越亮。近年来，卤素灯的使用越来越普遍。它是钨丝灯内充入卤素气体（常用碘），同时在灯杯内壁镀以金属钨，用以补

充长期受热而产生的钨丝损耗,从而大大延长了灯的使用寿命。

热辐射光源的特点如下。

① 光源谱线丰富。主要涵盖可见光和红外光,峰值约在近红外区,适用于大部分光电传感器。

② 发光效率低,一般只有15%的光谱处在可见光区。

③ 发热大,约超过80%的能源转化为热能,属于典型的热光源。

④ 寿命短,一般为1000个小时左右。

⑤ 易碎,电压高,使用有一定的危险。

热辐射光源主要用作可见光光源,它具有较宽的光谱,适用性强。当需要窄光带光谱时,可以使用滤色片来实现,且可同时避免杂光干扰,尤其适合各种光电仪器。

(2) 气体放电光源

气体放电光源是通过气体分子受激发后,产生放电而发光的。气体放电光源光辐射的持续性,不仅需要维持其温度,而且有赖于气体的原子或分子的激发过程。原子辐射光谱呈现许多分离的明线条,称为线光谱。分子辐射光谱是一段一段的带,称为带光谱。线光谱和带光谱的结构与气体成分有关。

气体放电光源主要有碳弧灯、水银灯、钠弧灯等。这些灯的光色接近日光,而且发光效率高。另一种常用的气体放电光源就是荧光灯,它是在气体放电的基础上,加入荧光粉,从而使光强更高,波长更长。由于荧光粉的光谱相色温接近日光,因此被称为日光灯。荧光灯效率高、省电,因此也被称为节能灯,可以制成各种各样的形状。

气体放电光源的特点:效率高,省电,功率大;有些气体发电光源含有丰富的紫外线和频谱;有的其废弃物含有汞,容易污染环境,玻璃易碎,发光调制频率较低。气体放电光源主要应用于有强光要求,且色温接近日光的场合。

(3) 发光二极管

发光二极管(LED)是一种电致发光的半导体器件。发光二极管的种类很多,常用的材料和发光波长如表6.1所示。

表6.1 发光二极管的光波长

材料	Ge	Si	GaAs	GaAs$_{1-x}$P$_x$	GaP	SiC
λ	1850	1110	867	867~550	550	435

与热辐射光源和气体放电光源相比,发光二极管具有以下特点。

① 体积小、可平面封装,属于固体光源,耐振动。

② 无辐射,无污染,是真正的绿色光源。

③ 功耗低,仅为白炽灯的1/8,荧光灯的1/2,发热少,是典型的冷光源。

④ 寿命长,一般可达10万h。是荧光灯的数十倍。

⑤ 响应快,一般点亮只需1 ms,适于快速通断或光开关。

⑥ 供电电压低,易于数字控制,与电路和计算机系统连接方便。

⑦ 在达到相同照度的条件下,发光二极管价格较白炽灯贵,单只发光二极管的功率低,亮度小。

目前,发光二极管的应用越来越广泛。特别是随着白色LED的出现和价格的不断下降,发光二极管的应用将越来越多,越来越普遍。

(4) 激光器

激光是"受激辐射放大产生的光"。激光具有极为特殊而卓越的性能,其性能如下。

① 激光的方向性好,一般激光的发散角很小(约0.18°左右),比普通光小2~3个数量级。

② 激光的亮度高，能量高度集中，其亮度比普通光高几百万倍。

③ 激光的单色性好，光谱范围极小，频率几乎可以认为是单一的（例如 He-Ne 激光器的中心波长约为 632.8nm）。

④ 激光的相干性好，受激辐射后的光在传播方向、振动方向、频率、相位等参数的一致性极好，因而具有极佳的时间相干性和空间相干性，是干涉测量的最佳光源。

常用的激光器有氦氖激光器、半导体激光器、固体激光器等。其中，氦氖激光器由于亮度高、波长稳定而广泛使用。而半导体激光器由于体积小、使用方便，主要用于各种小型测量系统和传感器中。

6.2 光电效应传感器

6.2.1 外光电效应及器件

外光电效应器件主要有光电发射二极管和光电倍增管。

1. 外光电效应

光电传感器的工作原理基于光电效应。光电效应有外光电效应和内光电效应两大类。外光电效应是指物体吸收了光能后转换为该物体中某些电子的能量，从而产生的电效应。

在光线的作用下，物体内的电子逸出物体表面向外发射的现象称为外光电效应。向外发射的电子称为光电子。基于外光电效应的光电器件有光电管、光电倍增管等。

光子是具有能量的粒子，每个光子的能量为

$$E = h\nu \tag{6.4}$$

式中，h 为普朗克常数，即 6.626×10^{-34} J·s；ν 为光的频率（Hz）。

根据爱因斯坦假设，一个电子只能接受一个光子的能量，所以要使一个电子从物体表面逸出，必须使光子的能量大于该物体的表面逸出功，超过部分的能量表现为逸出电子的动能。外光电效应多发生于金属和金属氧化物中，从光开始照射至金属释放电子所需时间不超过 10^{-9} s。根据能量守恒定律有

$$h\nu = \frac{1}{2}mv_0^2 + A_0 \tag{6.5}$$

式中，m 为电子质量；v_0 为电子逸出速度。该方程称为爱因斯坦光电效应方程。

光电子能否产生，取决于光电子的能量是否大于该物体的表面电子逸出功 A_0。不同的物质具有不同的逸出功，即每一个物体都有一个对应的光频阈值，称为红限频率或波长限。光线频率低于红限频率，光子能量不足以使物体内的电子逸出，因而小于红限频率的入射光，光强再大也不会产生光电子发射；反之，入射光频率高于红限频率，即使光线微弱，也会有光电子射出。

当入射光的频谱成分不变时，产生的光电流与光强成正比，即光强越大，意味着入射光子数目越多，逸出的电子数也就越多。光电子逸出物体表面具有初始动能 $mv_0^2/2$，因此外光电效应器件（如光电管）即使没有加阳极电压，也会有光电子产生。为了使光电流为零，必须加负的截止电压，而且截止电压与入射光的频率成正比。

图 6.4 所示为测定逸出电子随光的强度和光频率变化的实验，图 6.5 所示为光电流随光强变化的曲线。在足够外加电压的作用下，当入射光的频率一定或频率成分不变时，饱和光电流的大小与光强成正比。这是由于入射光强越大，光电子数越多。光电效应存在一个极限频率，当光频率大于极限频率时，无论光强为多少都不产生光电流。

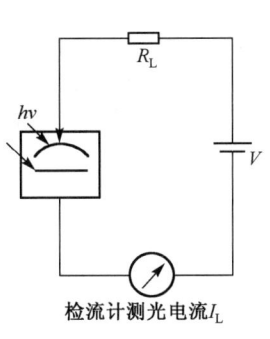

图 6.4 光电发射检测装置

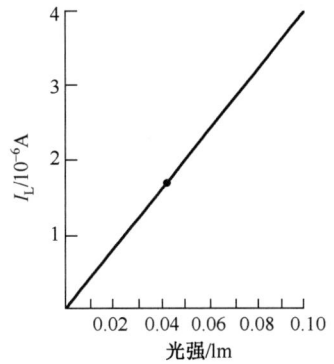

图 6.5 光电流随光强变化的曲线

2. 光电发射二极管

通常，在光电二极管中，发射电子的极板称为阴极，吸收电子的极板称为阳极。一般的光电二极管，是将阴极和阳极封于同一真空壳内，连上电极。按照光电发射二极管的原理可以分为真空光电二极管和充气光电二极管两类。

（1）真空光电二极管

将一个阳极和一个阴极同装于一个真空玻璃内，引出两个电极就构成一个真空光电二极管。一般阴极具有一定的几何形状，用以有效地吸收最大光强（如部分为球面或半圆筒状），其凹面上镀有光电发射材料。为使阳极既能吸收阴极发射的电子，又不妨碍照射到阴极上的光线，用细金属丝（或棒）做阳极。图 6.6 所示为两个典型的真空光电二极管结构示意图。

将真空光电二极管按照图 6.7 所示的测量电路连接，测得其 I–V 特性曲线如图 6.8 所示。由图 6.9 中可以看出，同一光强下 I_a–V_a 曲线中，在 0～20V 之间，阳极电压增大，光电子达到阳极的数目也增大，阳极电流急剧增大；当阳极电压大于 20V 后，几乎全部发射电子都已到达阳极，电压再增大，电流几乎不变，曲线平坦，此部分称为饱和区，一般工作电压选择在饱和区但要尽可能小一些。而随着光强的增加，产生的光电子数就增多，所以光电流与光强成正比。

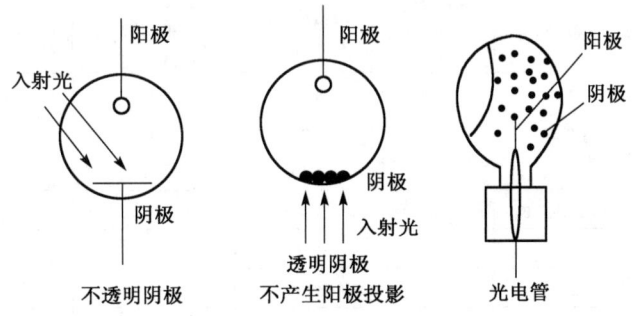

图 6.6 真空光电二极管结构示意图

在实际工作中应考虑频率限制，如阳极负载 R_L 为 10MΩ，电极间的杂散电容为 10pF，在光强改变时，这个杂散电容的充电常数 τ 约等于 $R_L C = 10^{-4}$ s，因此这种电路对于显著高于 10^4 Hz 的频率只有较小的响应，而且高频率响应可以通过降低 R_L 和 C 的方法加以改善。考虑到减小负载电阻热扰动会引起附加噪声，电阻不能降得太低，电容也不能太低，否则输出信号将太小。

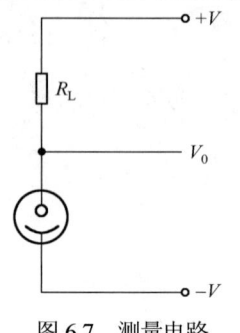
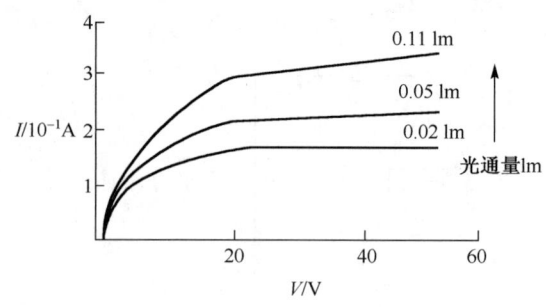

图 6.7　测量电路　　　　　　　图 6.8　I-V 特性曲线

（2）充气光电二极管

充气光电二极管结构与真空管相似，只是管壳内充有低压惰性气体（氩气和氖气）。充入惰性气体可以起到电子倍增效应，使达阳极的电子数目比真空二极管所产生的电子数目大得多，相当于具有一定的放大倍数，可达 10 倍左右。图 6.9 所示为充气光电二极管的伏安特性曲线。通过比较，可知充气光电二极管的灵敏度高，但是灵敏度随电压显著变化，使其稳定性和频率特性都比真空光电二极管差，所以在实际应用中应选择合适的电压。

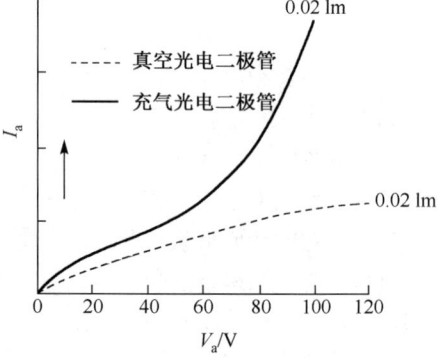

实用光电发射材料应该具备以下 3 个条件。

① 光吸收系数大。

② 光电子在体内传输到体外的过程中能量损失小，使逸出深度大。

③ 电子亲和势较低，使表面的逸出概率提高。

一般金属材料只适用于制作紫外灵敏的光电器件。半

图 6-9　充气光电二极管的伏安特性曲线

导体材料对可见光、红外光都很敏感，所以半导体被广泛用来制作光电阴极。表 6.2 所示为一些材料光电阴极的主要性能。

表 6.2　一些材料光电阴极的主要性能

光谱响应编号	光电发射材料	窗材料	半透射式(T)反射式(R)	峰值响应波长 λ_{max}/Å	典型光电积分灵敏度/($\mu A \cdot lm^2$)	λ_{max} 处的量子效率 η/(%)	在 25℃ 的暗电流/($A \cdot cm^2$)
S—1	Ag-O-Cs		T.R	8 000	30	0.43	9×10^{-13}
S—2	Cs_3Sb	玻璃	R	4 000	40	12.4	2×10^{-16}
S—3	Cs_3Sb	玻璃	R	3 400	50	18.2	3×10^{-16}
S—4	Cs_3Sb	透紫外玻璃	R	3 300	40	24.4	1.2×10^{-15}
S—5	Cs-Bi	石英	R	3 650	3	0.78	1.3×10^{-16}
S—6	Ag-Bi-O-Cs	玻璃	T	4 500	40	5.5	7×10^{-14}
S—7	Ge	玻璃		15 000	12 400	43	
S—8	CdSe	玻璃		7 300			
S—9	Na-K-Cs-Sb	玻璃	T	4 200	150	18.8	3×10^{-16}
S—10	Rb-Te	玻璃	T	2 400	2		1×10^{-18}
S—11	Na_2KSb	石英	T	3 800	45	21.8	3×10^{-19}
S—12	GaAs	玻璃	R	9 000	1 500	0.46	$<10^{-16}$
S—13	$In_{0.07}Ga_{0.93}As$	玻璃	R	13 000	540	1.15	$<10^{-16}$

3. 光电倍增管

（1）光电倍增管原理

光电倍增管的结构如图 6.10 所示。光照射到阴极上产生光电子，光电子在真空中电场的作用下被加速投射到倍增极上，一个光电子可以多次加速，使激发倍增极后的电子数目得到倍增。一般有 11 个左右的倍增极。其原理为：当具有足够动能的电子轰击倍增极时，该倍增极表面将有电子发射出来，这种现象称为二次电子发射。一般二次电子发射率与材料相关。

（2）光电倍增管的结构分类

根据倍增系统的工作原理可分为两类：聚焦型和非聚焦型。聚焦型是指由前一级倍增极来的电子被加速后聚在下一级倍增极上，在两个倍增极之间可能发生电子束轨迹的交叉。非聚焦的电子轨迹多是平行的。聚焦型倍增系统有圆环瓦式和直线瓦片式，非聚焦型倍增系统有盒栅和百叶窗式。

① 直线瓦片式倍增系统（聚焦型）。直线瓦片式倍增系统是一种聚焦式倍增系统，其单个电极形似圆柱状的瓦片，形成的电场使电子轨迹在极间会聚交叉，交叉点落在下一级的靠近中心处，如图 6.11 所示。这种结构几乎能使全部二次电子得到利用，放大倍率很高。

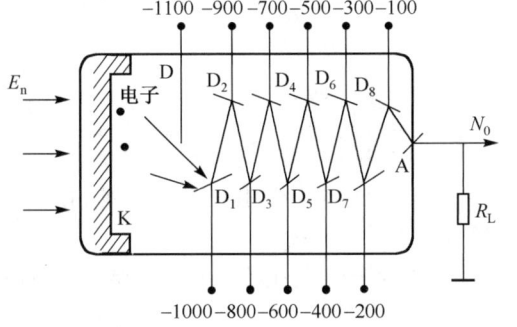

图 6.10 光电倍增管的结构

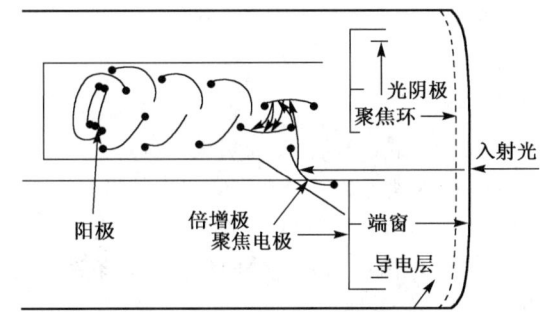

图 6.11 直线瓦片式倍增系统示意图

② 圆环瓦片式倍增系统（聚焦型）。圆环瓦片式倍增系统的电极形式与直线瓦片一样，但各倍增极的排列方式是圆环状的，如图 6.12 所示。

③ 盒栅式倍增系统（非聚焦型）。盒栅式倍增系统电极结构如图 6.13 所示。每个倍增极是一个圆柱面的 1/4。为提高电子收集效率，防止二次电子的逸散，在电子入口加一个与盒子具有相同电位的金属栅网。该系统的优点是收集效率高、结构紧凑，多用于噪声较低、增益较高的光电倍增管。

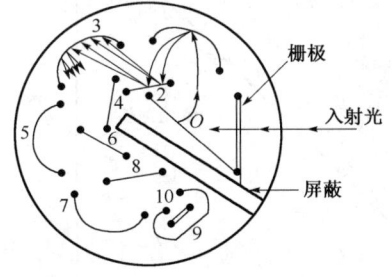

图 6.12 圆环瓦片式倍增系统示意图

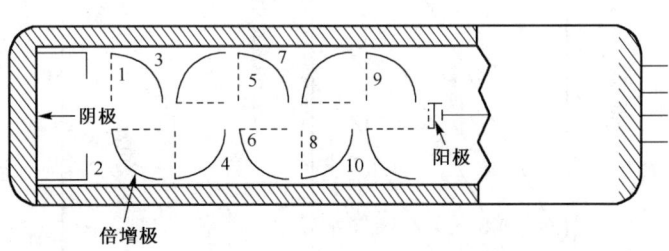

图 6.13 盒栅式倍增系统示意图

④ 百叶窗式倍增系统（非聚焦型）。图 6.14 所示为百叶窗式倍增系统结构示意图。每一倍增极由一组互相平行并有一定倾斜的同电位叶片组成。由于电子经多级倍增造成电流密度增加时，电子之间的相互排斥力使电子打在较多的叶片上，倍增极的工作面积便增大了，因此与大面积光电阴极配合可以用来探测微弱信号，加之增减级数灵活，适当增减级数可使放大倍数达到 $10^8 \sim 10^9$。

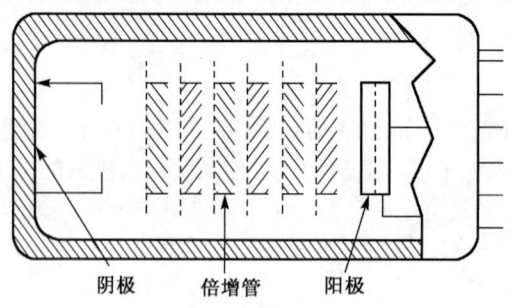

图 6.14 百叶窗式倍增系统结构示意图

（3）光电倍增管的性能参数

① 灵敏度：光电倍增管将光辐射转换为电信号能力的一个重要参数。阳极灵敏度 S_A 是指在一定工作电压下阳极输出电流与照射到阴极面上光通量的比值。阴极灵敏度 S_K 是指光电阴极本身的积分灵敏度。

② 放大倍数（电流增益 G）：在一定工作电压下，光电倍增管的阳极电流和阴极电流的比值称为该管的放大倍数或电流增益，即

$$G = \frac{i_A}{i_K} = \frac{S_A}{S_K} \tag{6.6}$$

式中，i_A 为阳极电流；i_K 为阴极电流。

图 6.15 所示为一个典型的光电倍增管阳极灵敏度和放大倍数随工作电压变化的关系曲线，使用时只要知道工作电压就可以从曲线中粗略地求出该管的阳极灵敏度和放大倍数。

③ 暗电流：当光电倍增管在全暗条件下时，阳极上也会收集到一定的电流，其输出电流的直流成分称为该管的暗电流。

④ 光电特性：图 6.16 所示为光电倍增管的光电特性，可以看出阳极电流随光通量而增加，而且在很宽范围内是线性的，所以适合测量辐射光通量较大的场合。

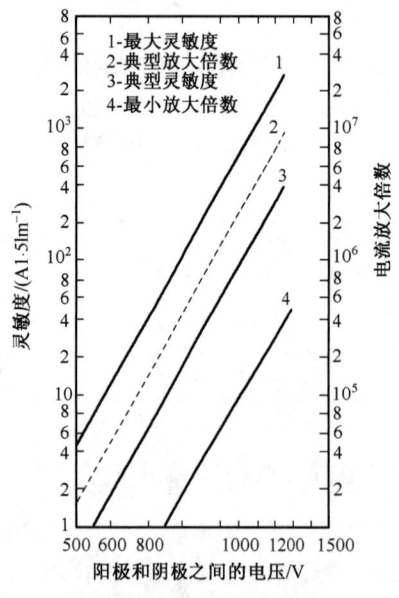

图 6.15 光电倍增管阳极灵敏度和放大倍数随工作电压变化曲线

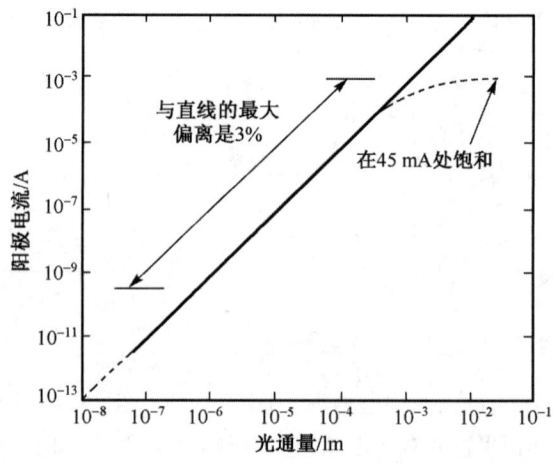

图 6.16 光电倍增管的光电特性

（4）光电倍增管的应用领域

光电倍增管的应用领域非常广泛，主要有以下十几种。

① 光谱学：紫外/可见/近红外分光光度计，原子吸收分光光度计，发光分光光度计，荧光分光光度计，拉曼分光光度计，其他液相或气相色谱，如 X 光衍射仪、X 光荧光分析和电子显微镜等。

② 质量光谱学与固体表面分析：固体表面分析，这种技术在半导体工业领域被用于半导体的检查中，如缺陷、表面分析、吸附等。电子、离子、X 射线一般采用电子倍增器或 MCP 来测定。

③ 环境监测：尘埃粒子计数器，浊度计，NO_x、SO_x 检测。

④ 生物技术：细胞分类计数和用于对细胞、化学物质进行解析的荧光计。

⑤ 医疗应用：γ 相机，正电子 CT，液体闪烁计数，血液、尿液检查，用同位素、酶、荧光、化学发光、生物发光物质等标定的抗原体的定量测定。其他应用，如 X 光时间计，用以保证胶片得到准确的曝光量。

⑥ 射线测定：低水平的 α 射线，β 射线和 γ 射线的检测。

⑦ 资源调查：石油测井，用于判断油井周围的地层类型及密度。

⑧ 工业计测：厚度计，半导体检查系统。

⑨ 摄影印刷：彩色扫描，把彩色分解成三原色（红、绿、蓝）和黑色，作为图像数据读出。

⑩ 高能物理——加速器实验：辐射计数器，TOF 计数器，契伦柯夫计数器，热量计。

⑪ 中微子、正电子衰变实验，宇宙线检测：中微子实验，空气浴计数器，天体 X 线探测，恒星及星际尘埃散乱光的测定。

⑫ 激光：激光雷达，荧光寿命测定。

⑬ 等离子体：等离子体探测，使用光电倍增管用来检测等离子中的杂质。

4. 光电倍增管和半导体光电器件应用举例

位于日本神冈的 Super-Kamiokande（其前身为 Kamiokande），原是为了测量质子衰变所建造的实验装置，不过至今尚未测量到衰变的实例，可是其设计同样相当适合用来观测中微子。身处地底 1000m 深的神冈矿山下，注入了 50 000t 纯水的超大水缸，其内层布满了 11 200 颗光电倍增管（PMT，Photomultiplier Tubes）。当中微子与水中的电子发生电子散射（Electron Scattering，ES）时，中微子的能量便会传给电子或经反应制造出的粒子，而这些带电粒子因为其行进速度超过光在水中的速度，使得它们会在行进方向辐射出一锥状的电磁波，也就是所谓的 Cerenkov 光锥，而这些光锥就会在表面的探测器上留下一圈圈的信号。Super-Kamiokande 于 1998 年所发表的论文之中，首度凭借测量大气层中微子的比例而间接验证了中微子振荡的效应，并给出大气层中微子的质量平方差。东京大学教授小柴昌俊因为领导此实验而荣获 2002 年诺贝尔物理奖。

6.2.2 内光电效应（光电导）及器件

当光照射在物体上时，会使物体的电阻率 ρ 发生变化，或者产生光生电动势的现象，这称为内光电效应，它多发生于半导体内。根据工作原理的不同，内光电效应可分为光电导效应和光生伏特效应两类。

1. 光电导效应

光照射半导体材料时，材料吸收光子而产生电子-空穴对，使导电性能加强，电导率增加，这种现象被称为光电导效应（内光电效应）。半导体发生光电导效应的实质可以用其能带结构解释，相关解释可参考有关文献，下面做简要的介绍。

当光照射到半导体材料上时，价带中的电子受到能量大于或等于禁带宽度的光子轰击，并使其由价带越过禁带跃入导带，如图6.17所示，使材料中导带内的电子和价带内的空穴浓度增加，从而使电导率变大。

为了实现能级的跃迁，入射光的能量必须大于光电导材料的禁带宽度 E_g，即

$$h\nu = \frac{hc}{\lambda} = \frac{1.24}{\lambda} \geq E_g \qquad (6.7)$$

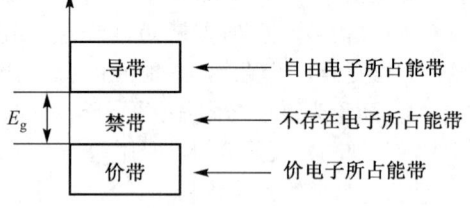

图6.17 光电导效应示意图

式中，ν、λ 分别为入射光的频率和波长。

材料的光导性能决定于禁带宽度，对于一种光电导材料，总存在一个照射光波长限 λ_0，只有波长小于 λ_0 的光照射在光电导体上，才能产生电子能级间的跃迁，从而使光电导体的电导率增加。

2．内光电效应（光电导）器件——光敏电阻

（1）光敏电阻的结构与工作原理

光敏电阻又称为光导管，它几乎都是用半导体材料制成的光电器件。光敏电阻没有极性，纯粹是一个电阻器件，使用时既可加直流电压，也可以加交流电压。无光照时，光敏电阻值（暗电阻）很大，电路中的电流（暗电流）很小。

当光敏电阻受到一定波长范围的光照时，它的阻值（亮电阻）急剧减少，电路中电流迅速增大。一般希望暗电阻越大越好，亮电阻越小越好，此时光敏电阻的灵敏度高。实际光敏电阻的暗电阻值一般在兆欧级，亮电阻在几千欧以下。图6.18所示为光敏电阻的原理结构及其图形情况。它是涂于玻璃底板上的一薄层半导体物质，半导体的两端装有金属电极，金属电极与引出线端相连接，光敏电阻通过引出线端接入电路。为了防止周围介质的影响，在半导体光敏层上覆盖了一层漆膜，漆膜的成分应使它在光敏层最敏感的波长范围内透射率最大。

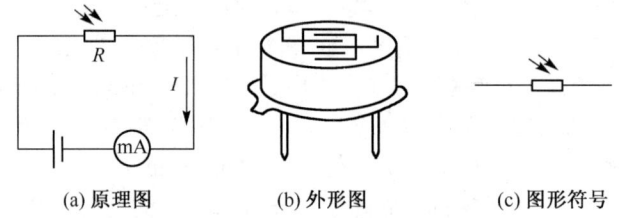

(a) 原理图　　(b) 外形图　　(c) 图形符号

图6.18 光敏电阻的原理结构及其图形情况

（2）光敏电阻的主要参数

① 暗电阻：光敏电阻在不受光照射时的阻值。此时流过的电流称为暗电流。

② 亮电阻：光敏电阻在受到光照射时的阻值。此时流过的电流称为亮电流。

③ 光电流：亮电流与暗电流之差。

（3）光敏电阻的基本特性

① 伏安特性。在一定照度下，流过光敏电阻的电流与光敏电阻两端的电压的关系称为光敏电阻的伏安特性。图6.19所示为硫化镉光敏电阻的伏安特性曲线。由图中可见，光敏电阻在一定的电压范围内，其 I–U 曲线为直线，说明其阻值与入射光量有关，而与电压、电流无关。在实际使用中，光敏电阻受耗散功率的限制，其工作电压不能超过最高工作电压，图中功耗虚线是最大连续耗散功率为 500mW 的允许功耗曲线，一般光敏电阻的工作点选在该曲线以内。

② 光谱特性。光敏电阻的相对光敏灵敏度与入射波长的关系称为光谱特性，也称为光谱响应。图 6.20 所示为几种不同材料光敏电阻的光谱特性。对应于不同波长，光敏电阻的灵敏度是不同的。从图 6.20 中可知硫化镉光敏电阻的光谱响应的峰值在可见光区域，常被用作光度量测量（照度计）的探头。而硫化铅光敏电阻响应于近红外和中红外区，常用作火焰探测器的探头。

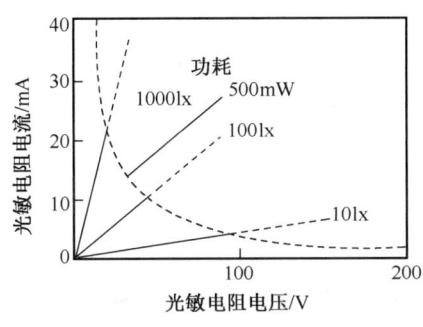

图 6.19　硫化镉光敏电阻的伏安特性曲线

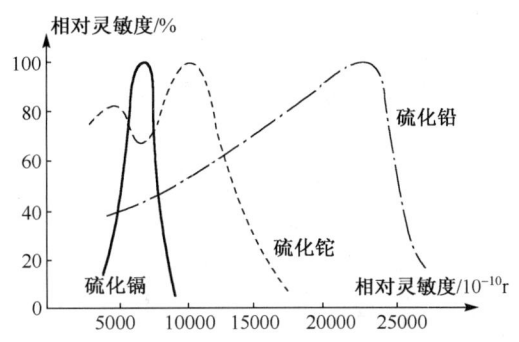

图 6.20　光敏电阻的光谱特性

③ 温度特性。温度变化影响光敏电阻的光谱响应，同时，光敏电阻的灵敏度和暗电阻都要改变，尤其是响应于红外区的硫化铅光敏电阻受温度影响更大。图 6.21 所示为硫化铅光敏电阻的光谱温度特性曲线，它的峰值随着温度上升向波长短的方向移动。因此，硫化铅光敏电阻要在低温、恒温的条件下使用。对于可见光的光敏电阻，其温度影响要小一些。

④ 光照特性。图 6.22 所示为 CdS 光敏电阻的光照特性，即在一定外加电压下，光敏电阻的光电流和光通量之间的关系。不同类型光敏电阻的光照特性不同，但光照特性曲线均呈非线性。因此它不宜用作定量检测元件，这是光敏电阻的不足之处。一般在自动控制系统中用作光电开关。

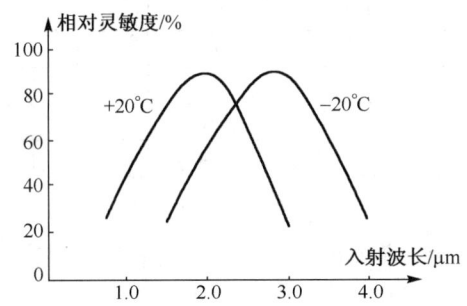

图 6.21　硫化铅光敏电阻的光谱温度特性曲线

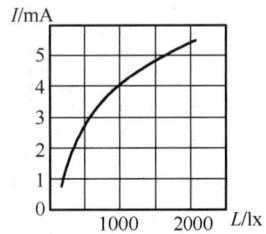

图 6.22　CdS 光敏电阻的光照特性

⑤ 频率特性。当光敏电阻受到脉冲光照射时，光电流要经过一段时间才能达到稳定值，而在停止光照后，光电流也不立刻为零，这就是光敏电阻的时延特性。由于不同材料的光敏电阻时延特性不同，因此它们的频率特性也不同，如图 6.23 所示。硫化铅的使用频率比硫化镉高得多，但多数光敏电阻的时延都比较大，所以它不能用在要求快速响应的场合。

⑥ 稳定性。图 6.24 中所示曲线 1、2 分别表示两种型号 CdS 光敏电阻的稳定性。初制成的光敏电阻，由于体内机构工作不稳定，以及电阻体与其介质的作用还没有达到平衡，因此性能是不够稳定的。但在人为地加温、光照及加负载情况下，经过 1～2 周的老化，性能可达稳定。光敏电阻在开始一段时间的老化过程中，有些样品阻值上升，有些样品阻值下降，但最后达到一个稳定值后就不再变了。这就是光敏电阻的主要优点。光敏电阻的使用寿命在密封良好、使用合理的情况下，几乎是无限长的。

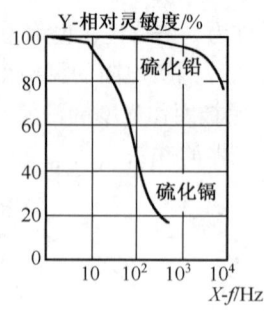

图 6.23 不同材料的频率特性

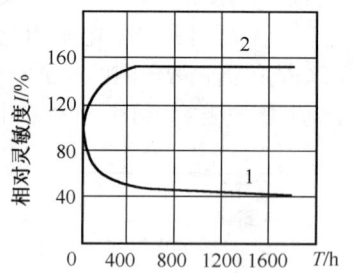

图 6.24 CdS 光敏电阻稳定性

几种光敏电阻的特性参数如表 6.3 所示。

表 6.3 几种光敏电阻的特性参数

型　号	材料	面积 mm²	工作温度/K	长波限/μm	峰值探测率/(cmHz$^{1/2}$/W)	响应时间/s	暗电阻值/MΩ	亮电阻值(100lx)/kΩ
MG41-21	CdS	ϕ9.2	233～343	0.8		≤2×10^{-2}	≥0.1	≤1
MG42-04	CdS	ϕ7	248～328	0.4		≥5×10^{-2}	≥1	≤10
P397	PbS	5×5	298	298	2×10^{10}[1300, 100, 1]	1～4×10^{-4}	2	
P791	PbSe	1×5	298		1×10^9[λ_m, 100, 1]	2×10^{-6}	2	
9903	PbSe	1×3	263		3×10^9[λ_m, 100, 1]	10^{-5}	3	
OE-10	PbSe	10×10	298		2.5×10^9	1.5×10^{-6}	4	
OTC-3MT	InSb	2×2	253		6×10^8[λ_m, 100, 1]	4×10^{-6}	4	
Ge（Au）	Ge		77	8.0	1×10^{10}	5×10^{-8}		
Ge（Hg）	Ge		38	14	4×10^{10}	1×10^{-9}		
Ge（Cd）	Ge		20	23	4×10^{10}	5×10^{-8}		
Ge（Zn）	Ge		4.2	40	5×10^{10}	<10^{-6}		
Ge-Si（Au）			50	10.3	8×10^9	<10^{-6}		
Ge-Si（Zn）			50	13.8	10^{10}	<10^{-6}		

（4）应用实例

① 自动照明灯。自动照明灯广泛适用于医院、学生宿舍及公共场所。它白天不会亮而晚上自动亮，应用电路如图 6.25 所示。

图 6.25 中 VD 为双向触发二极管，触发电压约为 30V 左右；VT 为双向晶闸管。在白天，光敏电阻的阻值低，其分压低于 30V（A 点），触发二极管截止，双向晶闸管无触发电流，呈断开状态。晚上天黑，光敏电阻阻值增加，A 点电压大于 30V，触发极 G 导通，双向晶闸管呈导通状态，电灯亮。R_1、C_1 为保护双向晶闸管的电路。

② 亮光报警器。图 6.26 所示为亮光报警电路，当有光照射光敏电阻 CdS 时其阻值减小，VT_1 的基极电位高于发射板，则 VT_1 导通，VT_2 和 VT_3 也导通，蜂鸣器 B 鸣叫。U_s 的大小可由电位器 Rp 设定，它与光照度的电平相对应。此电路可用于各种防盗装置。如果用继电器替代蜂鸣器 B 就可构成路灯自动亮灭电路。

③ 标识灯。图 6.27 所示为标识灯电路。在白天，光照射在光敏电阻 CdS 上其阻值变低，VT_2 的基极电位下降，因此，VT_2 截止，VT_3 和 VT_4 都截止，灯 H 不亮。在夜晚，CdS 无光照射，其电阻值非常高，相当于开路，VT_1 和 VT_2 构成的多谐振荡器工作，标识灯 H 交替亮灭。

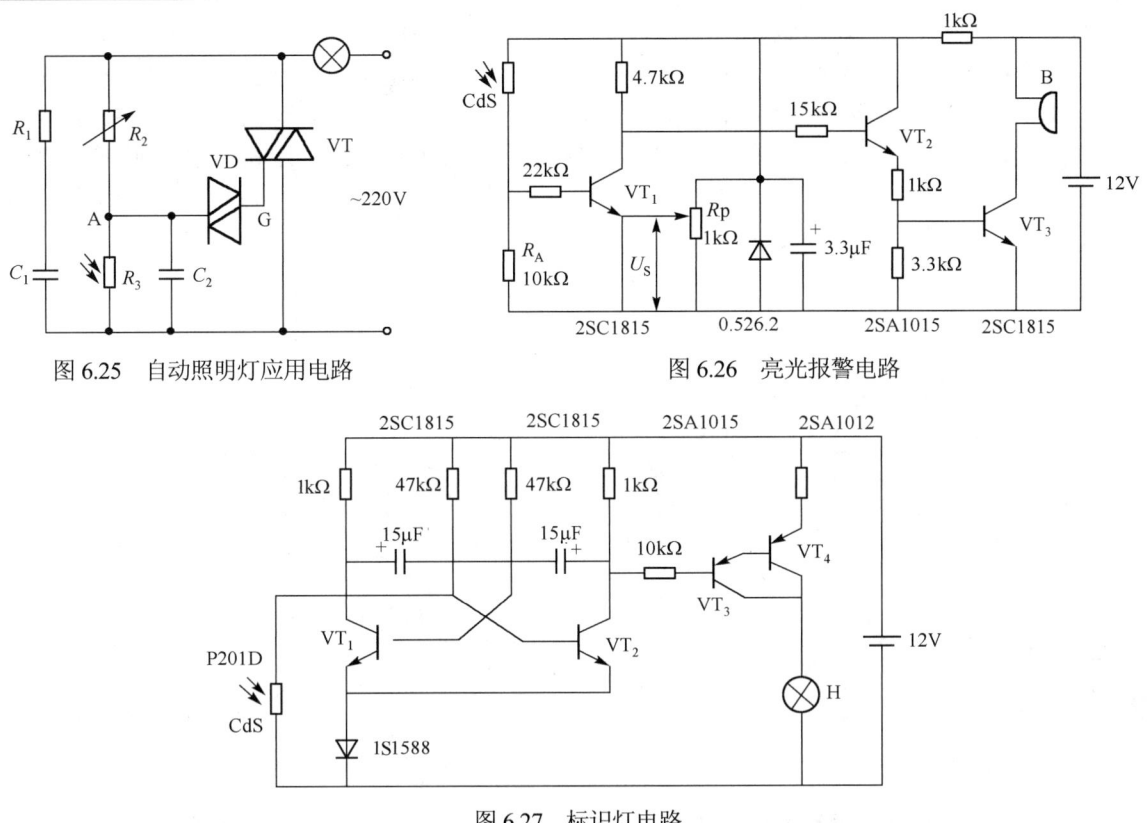

图 6.25 自动照明灯应用电路　　　图 6.26 亮光报警电路

图 6.27 标识灯电路

6.3 光生伏特效应器件

在光线作用下能够使物体产生一定方向的电动势的现象称为光生伏特效应。基于该效应的光电器件有光电池、光敏二极管和光敏三极管。

6.3.1 光生伏特效应

光生伏特效应包括势垒效应（结光电效应）和侧向光电效应。

1. 势垒效应

接触半导体和 PN 结中，当光线照射其接触区域时，便引起光电动势，这称为结光电效应。以 PN 结为例，光线照射 PN 结时，设光子能量大于禁带宽度 E_g，使价带中的电子跃迁到导带，而产生电子-空穴对，在阻挡层内电场的作用下，被光激发的电子移向 N 区外侧，被光激发的空穴移向 P 区外侧，从而使 P 区带正电，N 区带负电，形成光电动势。

2. 侧向光电效应

当半导体光电器件受光照不均匀时，载流子浓度梯度将会产生侧向光电效应。当光照部分吸收入射光子的能量产生电子-空穴对时，光照部分的载流子浓度比未受光照部分的载流子浓度大，就出现了载流子浓度梯度，因而载流子就要扩散。如果电子迁移率比空穴的大，那么空穴的扩散不明显，则电子向未被光照部分扩散，就造成光照射的部分带正电，未被光照射的部分带负电，光照部分与未被光照部分产生光电动势。半导体光电位置敏感器件（PSD）是基于该效应的光电器件。

早期利用光照射半导体材料在两端可以测量到电位差的光生伏特效应现象，制成光生伏特器件。目前应用较多的是利用光照 PN 结两端产生电动势（可作为电压源）的光生伏特效应现象，制成很多光生伏特效应器件。光生伏特相关理论可以在固体物理学中得到解释，这里不做详细推导。PN 结光电检测电路如图 6.28 所示，其电流-电压特性曲线如图 6.29 所示。从图 6.28 和图 6.29 中可知，有光照时反向电流增加且增加量是光电流。这样就可以在 PN 结两端并联一个电压表，测量光照时 PN 结两端形成的电势差。这样就验证了光生伏特效应。

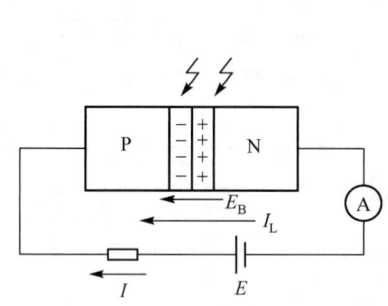

图 6.28　PN 结光电检测电路

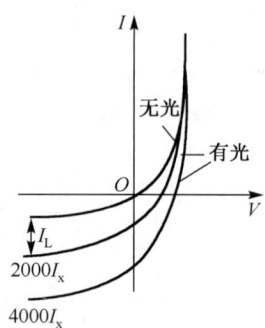

图 6.29　PN 结光电检测电路电流-电压特性曲线

6.3.2　光电池

1. 原理与结构

光电池的工作原理基于光生伏特效应。当光照射在光电池上时可以直接输出电动势及光电流。图 6.30 所示为硅光电池结构示意图。

通常，在 N 型衬底上制造一薄层 P 型区作为光照敏感面。当入射光子的数量足够大时，P 型区每吸收一个光子就产生一对光生电子-空穴对，光生电子-空穴对的浓度从表面向内部迅速下降，形成由表及里扩散的自然趋势。PN 结的内电场使扩散到 PN 结附近的电子-空穴对分离，电子被拉到 N 型区，空穴被拉到 P 型区，因此 N 型区带负电，P 型区带正电。如果光照是连续的，经短暂的时间（微秒数量级），新的平衡状态建立后，PN 结两侧就有一个稳定的光生电动势输出。

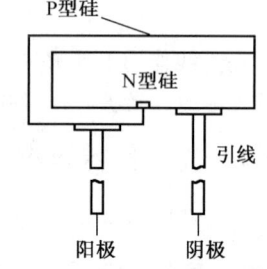

图 6-30　硅光电池结构示意图

光电池的种类很多，有硅、砷化镓、硒、氧化铜、锗、硫化镉光电池等。其中，应用最多的是硅光电池，因为它有一系列优点：性能稳定、光谱范围宽、频率特性好、传递效率高、能耐高温辐射和价格便宜等。砷化镓光电池是光电池中的后起之秀，它在效率、光谱特性、稳定性、响应时间等多方面均有优势，今后会逐渐得到推广应用。

2. 应用实例

光电池主要有两大类型的应用。

将光电池作为光伏器件使用，利用光伏作用直接将太阳能转换成电能，即太阳能电池。这是全世界范围内人们所追求、探索新能源的一个重要研究课题。太阳能电池已在宇宙开发、航空、通信设施、太阳能电池地面发电站、日常生活和交通事业中得到广泛应用。目前太阳能电池由于发电成本比较高，尚不能与常规能源竞争，但是随着太阳能电池技术不断发展，成本会逐渐下降，太阳能电池定将获得更广泛的应用。

将光电池作为光电转换器件应用，需要光电池具有灵敏度高、响应时间短等特性，但不需要像太阳能电池那样的光电转换效率。这一类光电池需要特殊的制造工艺，主要用于光电检测和自动控制系统中。

光电池应用举例如下。

（1）太阳能电池电源

太阳能电池电源系统主要由太阳电池方阵、蓄电池组、调节控制和阻塞二极管组成。如果还需要向交流负载供电，则加一个直流-交流变换器，太阳能电池电源系统框图如图6.31所示。

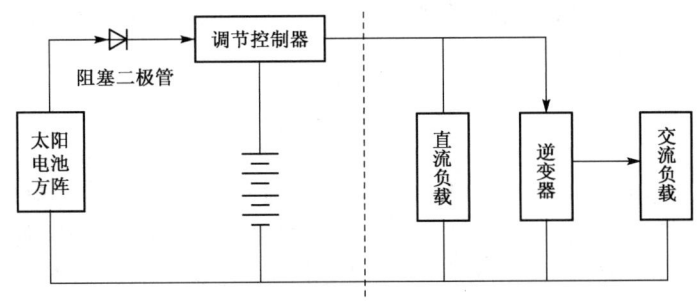

图6.31　太阳能电池电源系统框图

（2）光电池在光电检测和自动控制方面的应用

光电池作为光电探测使用时，其基本原理与光敏二极管相同，但它们的基本结构和制造工艺不完全相同。由于光电池工作时有不需要外加电压、光电转换效率高、光谱范围宽、频率特性好、噪声低等优点，已广泛地用于光电读出、光电耦合、光栅测距、激光准直、电影还音、紫外光监视器和燃气轮机的熄火保护装置等。

6.4　光敏二极管

6.4.1　结构原理

1. 光敏二极管

光敏二极管的结构与一般二极管相似。它装在透明玻璃外壳中，其PN结装在管的顶部，可以直接受到光照射，如图6.32所示。光敏二极管在电路中一般处于反向工作状态，在没有光照射时，反向电阻很大，反向电流很小，该反向电流称为暗电流。当光照射在PN结上时，光子打在PN结附近，使PN结附近产生光生电子和光生空穴对。它们在PN结处的内电场作用下做定向运动，形成光电流。光的照度越大，光电流越大。因此光敏二极管在不受光照射时，处于截止状态，受光照射时，处于导通状态。

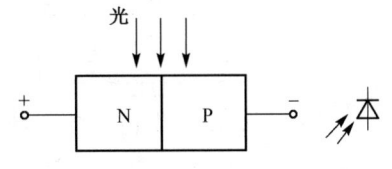

图6.32　典型光敏二极管示意图

2. 雪崩光电二极管

雪崩光电二极管（Avalanche Photoelectric Diode，APD）是利用PN结加上高的反向偏压时，发生的雪崩效应而获得电流增益的光电器件，如图6.33所示。由于PN结加高反向偏置电压，使耗尽层加厚，在无光入射时，PN结中无电子-空穴对，不会发生雪崩现象。当光入射到PN结并产生电子—空穴对时，强电场使光生载流子加速获得足够能量，它们与晶格原子碰撞产生新的电子-空穴对，新载流子对在强电场中又被加速,再次与晶格碰撞,又一次产生电子-空穴对,这样连锁反应,获得载流子的雪崩效应,从而使光电流增多。对于1.06μm以下的波长,硅APD是光纤通信系统的理想探测器;对于长波长光纤通信中应使用低噪声的APD,采用Ⅲ～Ⅴ族和Ⅱ～Ⅳ族半导体材料制备阶梯带隙的APD,可称为固态光电倍增管;另外还有多PN结异质结构APD、渐变带隙APD（能带由P^+宽渐变到N^+窄）、超晶格APD（由交替生长共25个周期的GaAs层/$Al_{0.45}Ga_{0.55}As$层组成）、渐变带隙超晶格高速APD（渐变带隙材料有AlInGaAs和InGaAs）和沟道型APD（交错梳状多层PN异质结构）等。

通常,用倍增因子来描述雪崩二极管的特性。雪崩二极管的倍增因子定义为雪崩倍增光电流与无雪崩时的反向饱和电流之比。实验证明

$$M = \frac{1}{1-(V/V_B)^d} \tag{6.8}$$

式中,V为外加电压;V_B为击穿电压;d为与材料和器件结构有关的常数,一般为1～3。

APD工作电压很高,在100～200V,接近于反向击穿电压。结区内电场极强,光生电子在这种强电场中可得到极大的加速,同时与晶格碰撞而产生电离雪崩反应。因此,这种管子有很高的内增益,可达到几百。当电压等于反向击穿电压时,电流增益可达10^6,即产生所谓的雪崩。这种管子响应速度特别快,带宽可达100GHz,是目前响应速度最快的一种光电二极管。噪声大是这种管子目前的一个主要缺点。由于雪崩反应是随机的,因此它的噪声较大,特别是工作电压接近或等于反向击穿电压时,噪声可增大到放大器的噪声水平,以致无法使用。但由于APD的响应时间极短,灵敏度很高,它在光通信中应用前景广阔。

3. 结光电二极管（PIN管）

PIN管是光电二极管中的一种,其结构如图6.34所示。它的结构特点是在P型半导体和N型半导体之间夹着一层（相对）很厚的本征半导体。这样,PN结的内电场就基本上全集中于I层中,从而使PN结双电层的间距加宽,结电容变小。

由

$$\tau = C_j R_L \tag{6.9}$$

与

$$f = 1/2\pi\tau \tag{6.10}$$

因此C_j小,τ则小,频带将变宽。

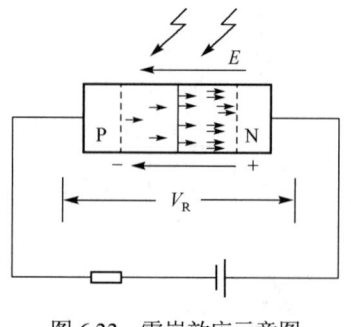

图6.33 雪崩效应示意图

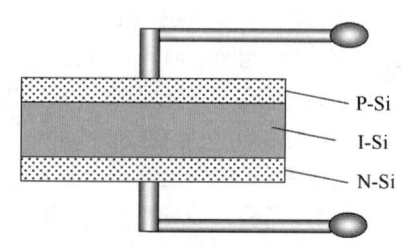

图6.34 PIN管结构示意图

PIN管的最大特点是频带宽,可达10GHz。另一个特点是因为I层很厚,在反偏压下运用可承受较高的反向电压,线性输出范围宽。由耗尽层宽度与外加电压的关系可知,增加反向偏压会使耗尽层宽度增加,从而结电容要进一步减小,使频带宽度变宽。不足之处是I层电阻很大,管子的输出电流小,一般多为零点几微安至数微安。目前,有将PIN管与前置运算放大器集成在同一硅片上并封装在一个管壳内的商品出售。

6.4.2 光电二极管应用实例

1. 光照度测量器

图 6.35 所示为由光敏二极管 VD 与运算放大器 A 组成的光照度测量电路。图 6.35(a)所示为无偏置电路,可以用于测量宽范围的入射光,但响应特性比不上图 6.35(b)所示的反向偏置电路,可用反馈电阻 R_f 调整输出电压,如果 R_f 用对数二极管替代,则可以输出对数压缩的电压。反向偏置电路的响应速度快,且输出信号与输入信号同相位。

2. 心率测量仪

手指光反射测量心率方法如图 6.36 所示。

光发生器向手指发射光,光检测器放在手指的同一侧,接收手指反射的光。医学研究表明,当脉搏跳动时,血流流经血管,人体生物组织的血液量会发生变化,该变化会引起生物组织传输和反射光的性能发生变化。由于手指反射的光的强度及其变化会随血液脉搏的变化而变化,因此经光检测器检测到手指反射的光,并对其强度变化速率进行计数,即可测得被测人的心率。

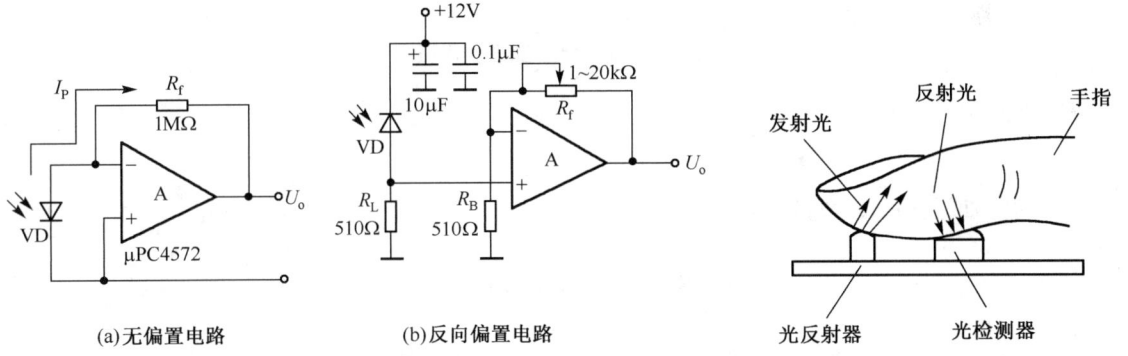

图 6.35 光照度测量电路　　　　图 6.36 手指光反射测量心率方法示意图

手指光反射测量心率电路组成如图 6.37 所示。光发生器采用超亮度发光二极管（LED）,光检测器使用光敏电阻。它们安装在一个小长条的绝缘板上,两元件相距 10.5mm 组成光传感器。当食指前端接触光传感器时,从光传感器输出可得到约 100μV 的电压变化,该信号经电容器 C 加到放大器的输入端,经放大、信号变换处理后,便可从显示器上直接看到心率的测量结果。

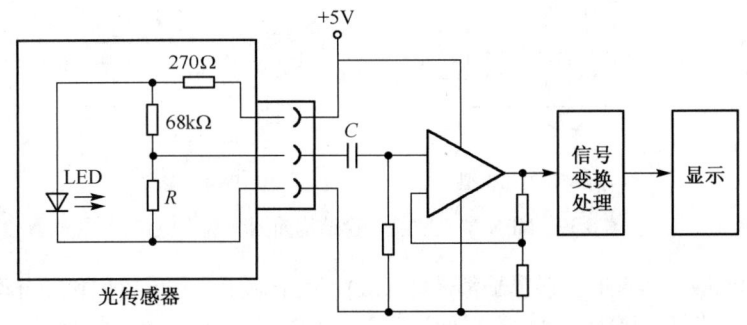

图 6.37 手指光反射测量心率电路组成

3. 光电式数字转速表

图 6.38 所示为光电式数字转速表的工作原理图。

图 6.38(a)所示的是在电动机的转轴上涂上黑白相间的两色条纹，当电动机轴转动时，反光与不反光交替出现，所以光敏元件间断地接收光的反射信号，输出电脉冲。再经过放大整形电路输出整齐的方波信号，由数字频率计测出电动机的转速。图 6.38(b)所示的是在电动机轴上固定一个调制盘，当电动机转轴转动时将发光二极管发出的恒定光调制成随时间变化的调制光。同样经光敏元件接收，放大整形后输出整齐的脉冲信号，转速可由该脉冲信号的频率来测定。

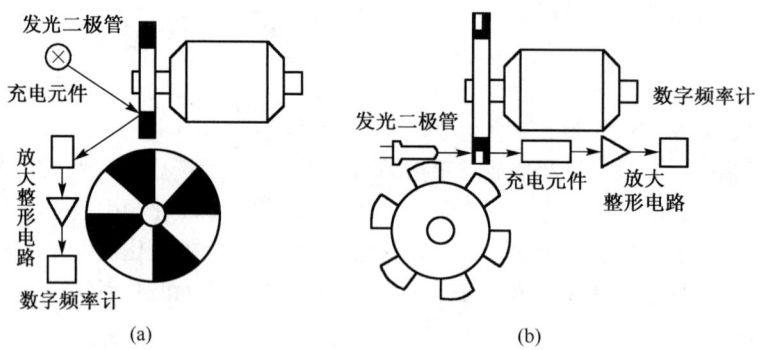

图 6.38　光电式数字转速表工作原理

每分钟的转速 n 与频率 f 的关系为

$$n = 60f/N$$

式中，N 为孔数或黑白条纹数目。

6.5　光敏晶体管

光敏晶体管与一般晶体管很相似，具有两个 PN 结，只是它的发射极一侧做得很大，以扩大光的照射面积。图 6.39 所示为 NPN 型光敏晶体管的结构简图和基本电路。大多数光敏晶体管的基极无引出线，当集电极加上相对于发射极为正的电压而不接基极时，集电结就是反向偏置；当光照射在集电结上时，就会在结附近产生电子-空穴对，从而形成光电流，相当于三极管的基极电流。由于基极电流的增加，集电极电流是光生电流的 β 倍，因此光敏晶体管有放大作用。

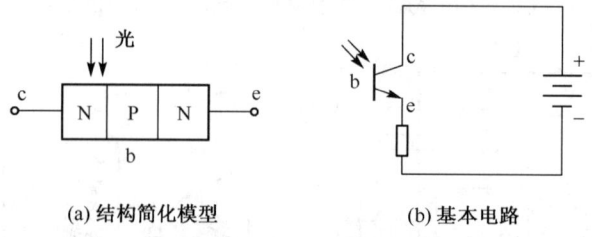

图 6.39　NPN 型光敏晶体管结构简图和基本电路

光敏二极管和光敏晶体管的材料几乎都是硅（Si）。在形态上，有单体型和集合型。集合型是在一块基片上有两个以上光敏二极管，比如在后面讲到的 CCD 图像传感器中的光电耦合器件，就是由光敏晶体管和其他发光元件组合而成的。

6.5.1 光敏晶体管和光敏二极管基本特性

1. 光谱特性

光敏二极管和光敏晶体管的光谱特性曲线如图 6.40 所示。从曲线可以看出，硅的峰值波长约为 0.9μm，锗的峰值波长约为 1.5μm，此时灵敏度最大，而当入射光的波长增加或缩短时，相对灵敏度也下降。一般来讲，锗管的暗电流较大，因此性能较差，因此在可见光或探测赤热状态物体时，一般都用硅管。但对红外光进行探测时，锗管较为适宜。

2. 伏安特性

图 6.41 所示为硅光敏管在不同照度下的伏安特性曲线。从图中可见，硅光敏晶体管的光电流比相同管型的二极管大上百倍。

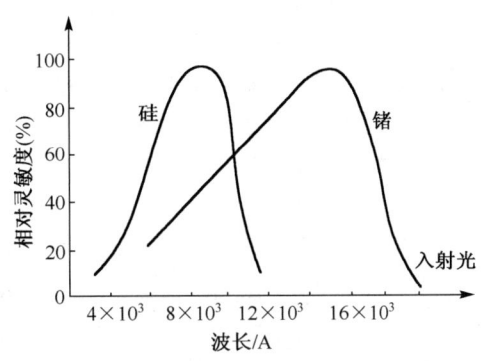

图 6.40 光敏二极管和光敏晶体管的光谱特性曲线

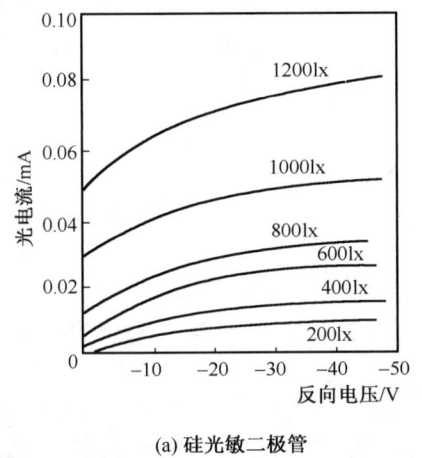

(a) 硅光敏二极管

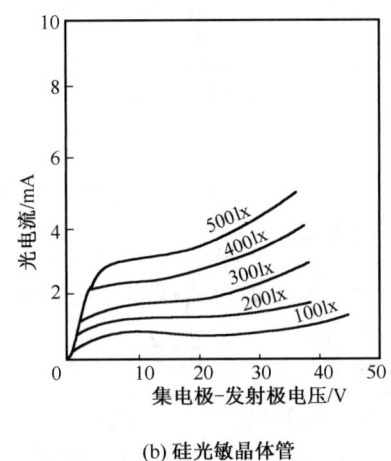

(b) 硅光敏晶体管

图 6.41 硅光敏管在不同照度下的伏安特性曲线

3. 温度特性

光敏晶体管的温度特性是指其暗电流及光电流与温度的关系。光敏晶体管的温度特性曲线如图 6.42 所示。从特性曲线可以看出，温度变化对光电流影响很小，而对暗电流影响很大，所以在电子线路中应该对暗电流进行温度补偿，否则将会导致输出误差。

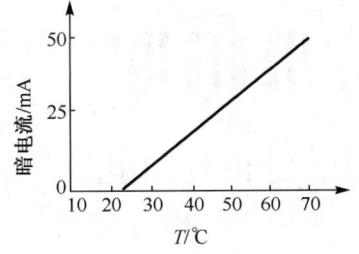
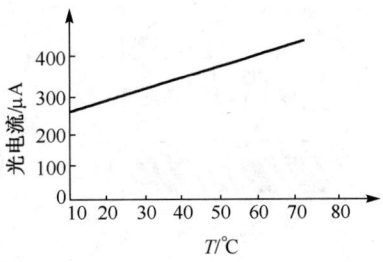

图 6.42 光敏晶体管的温度特性曲线

6.5.2 光敏三极管应用实例

1. 光电开关

图 6.43 所示为光信号控制的开关电路，图 6.43(a)所示为截止型一级放大器，将接在光敏晶体管 VT_1 集电极的二极管 VD 接到晶体管 VT_2 的基极。因此，当 VT_1 导通时，VT_2 截止，VT_1 截止时，VT_2 导通，即光敏晶体管截止才有输出信号。该电路对光电流无放大作用，若前级光敏晶体管 VT_1 不能完全导通，则后级晶体管 VT_2 就不能做开关工作。为此，在 VT_1 与 VT_3 之间接入二极管 VD 后，便可改善其开关特性，这种电路的脉冲前沿特性一般都较好。

图 6.43(b)所示为光信号控制电动机的转/停电路，电路由光敏晶体管 VT_1、小信号放大晶体管 VT_2 及功率晶体管 VT_3 等组成。当光敏晶体管 VT_1 导通时，电动机运行。

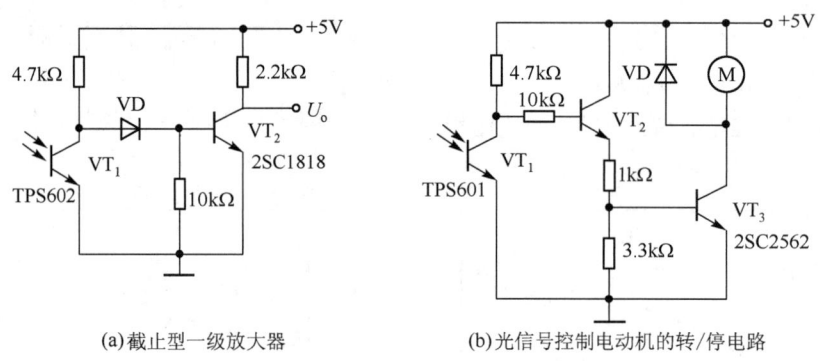

图 6.43 光信号控制的开关电路

2. 条形码扫描笔

现在越来越多的商品的外包装上都印有条形码符号。条形码是由黑白相间、粗细不同的线条组成的，它上面带有国家、厂家、商品型号、规格、价格等许多信息。对这些信息的检测是通过光电扫描笔来实现数据读入的。

扫描笔的前方为光电读入头，它由一个发光二极管和一个光敏三极管组成，如图 6.44(a)所示。

当扫描笔头在条形码向上移动时，若遇到黑色线条，发光二极管发出的光线将被黑线吸收，光敏三极管接收不到反射光，呈现高阻抗，处于截止状态。当遇到白色间隔时，发光二极管所发出的光线，被反射到光敏三极管的基极，光敏三极管产生光电流而导通。

整个条形码被扫描笔扫过之后，光敏三极管将条形码变成了一个个电脉冲信号，该信号经放大、整形后便形成了脉冲序列，脉冲序列的宽窄与条形码线的宽窄及间隔呈对应关系，如图 6.44(b)所示。脉冲序列再经计算机处理后，完成对条形码信息的识读。

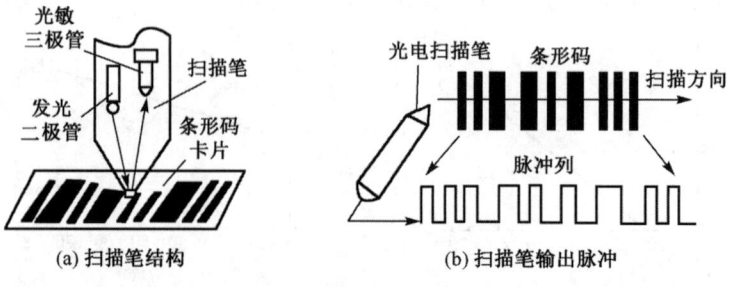

图 6.44 条形码扫描笔笔头结构

6.6 色敏光电传感器

物体的颜色是由照射物体的光源和物体本身的光谱反射率决定的。在光源一定的条件下，物体的颜色取决于反射的光谱（波长）。能测定物体反射的波长，就可以测定物体的颜色。目前较成熟的半导体色彩传感器有两种：双 PN 结光敏二极管（简称双结型）及非晶态集成色彩传感器。

6.6.1 双结型色彩传感器

在一块单晶硅基片上做两个 PN 结的三层结构，如图 6.45(a)所示，其等效电路如图 6.45(b)所示。这三层 PNP 形成的两个光敏二极管 VD_1 及 VD_2 反向连接。

光敏二极管的光谱特性与 PN 结的厚薄有很大关系。PN 结的面做得薄一点，蓝光的灵敏度就会提高。VD_1 代表浅结二极管，VD_2 代表深结二极管，VD_1 与 VD_2 的厚薄不同，光谱特性也不同，如图 6.45 所示。

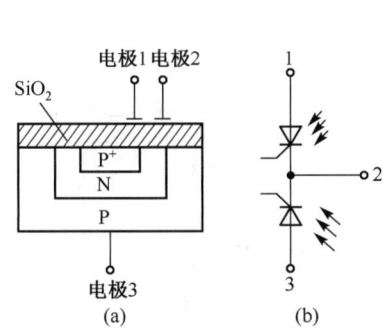

图 6.45 双结型色敏光电传感器和等效电路

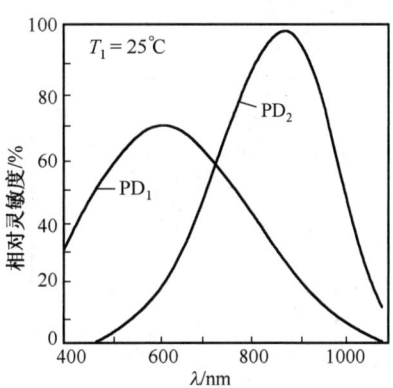

图 6.46 双结型色彩传感器光谱特性

由图 6.46 所示可知，VD_1 接近表面，所以对蓝光（波长为 430～460nm）、绿光（波长为 490～570nm）有较高的灵敏度，而 VD_2 则对红光（波长为 650～760nm）及红外线有较高的灵敏度。如果分别测 VD_1 及 VD_2 的短路电流，并求出其比值，则可得出如图 6.47 所示的特性。

根据色彩传感器检测的短路电流比，按照图 6.47 所示的特性可以求出对应的波长，即可分辨出不同的颜色；并且由图 6.47 可以知道在不同的温度下，其特性有所变动，因此在做精密测量时要在电路上加温度补偿，或者在计算机中用软件进行补偿。

6.6.2 非晶态集成色彩传感器

在非晶态的硅的基片上，并排做 3 个光敏二极管，并在各个光敏二极管上分别加上红（R）、绿（G）、蓝（B）滤色镜，将来自物体的反射光分解为 3 种颜色。根据 R、G、B 的短路电流输出

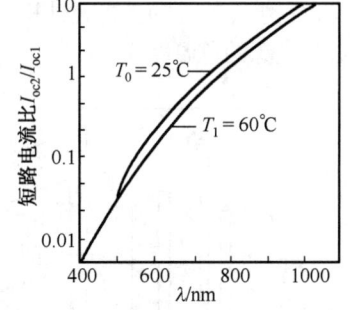

图 6.47 短路电流比与波长特性

大小，通过电子电路及计算机，可以识别 12 种以上的颜色。传感器的结构如图 6.48 所示。

AM3301 系列集成色彩传感器的三色相对灵敏度与波长特性如图 6.49 所示。当传感器上有入射光时，输出端若连接小负荷电阻，则所取出的电流称为短路电流；当输出端开路时，其两端间的电压为开路电压。通常色彩传感器是以短路电流的大小来识别的。

非晶态集成色彩传感器的入射光照度与输出电压的关系如图 6.50 所示。

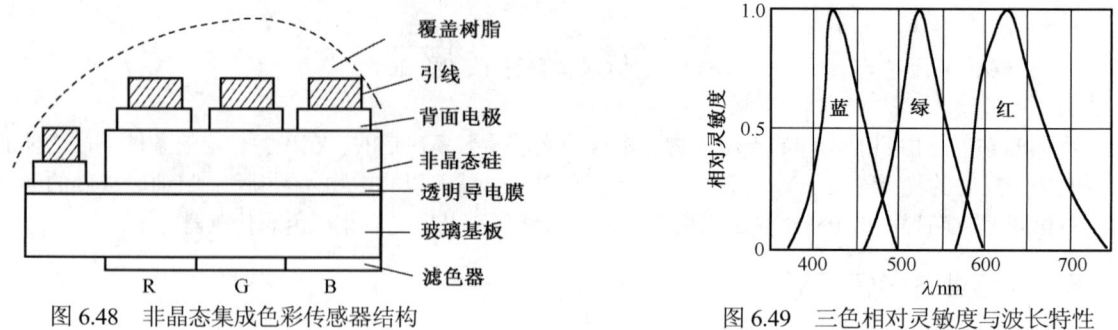

图 6.48 非晶态集成色彩传感器结构　　　　图 6.49 三色相对灵敏度与波长特性

在负载电阻为 100kΩ 时,其照度与输出电压用对数刻度时具有良好的线性度,并且其斜率几乎为 1。当将负载电阻接成 1MΩ 以上时,电压几乎成开路状态,其输出呈非线性,并进入饱和状态。因此,传感器上有时并联一个 100kΩ 电阻,以保证良好的线性度。其放大电路如图 6.51 所示,其短路输出电流与并联 100kΩ 电阻时的输出电流几乎无差别。

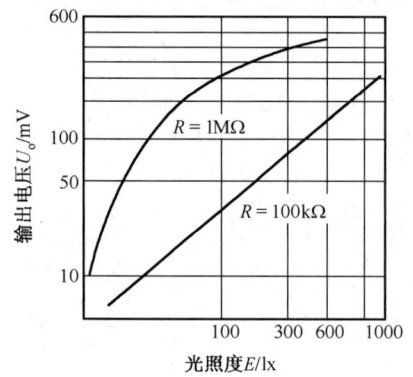
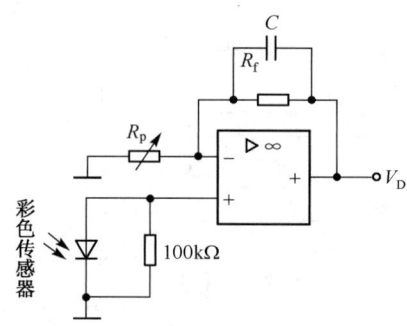

图 6.50 非晶态集成色彩传感器入射光照度与输出电压关系　　　图 6.51 非晶态集成色彩传感器放大电路

6.6.3 应用实例

图 6.52 所示为采用色敏传感器 GP1W04 构成的色温度计。根据普朗克辐射法则,对于由两个不同光谱灵敏度特性的受光元件构成的色敏传感器,在受到光源照射时,受光元件各自输出电流之比的对数与光源的色温度成反比。

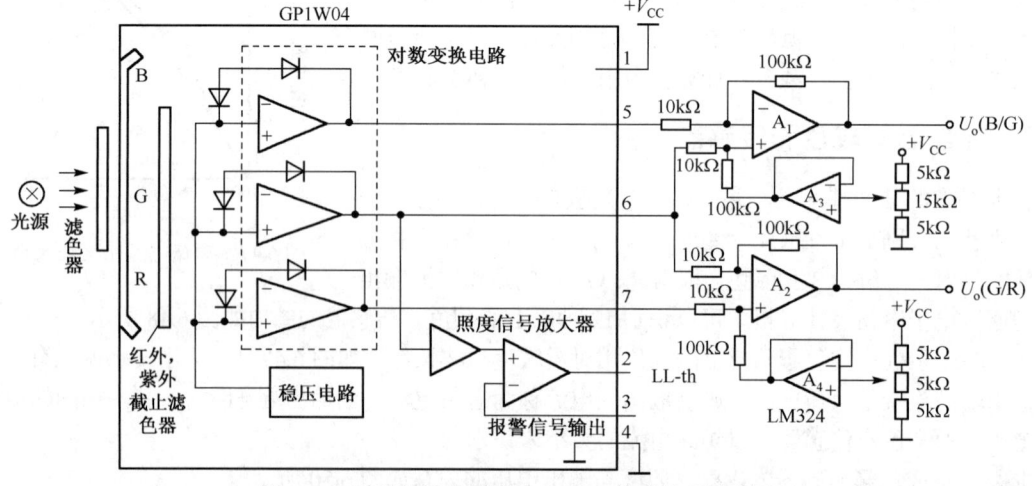

图 6.52 采用色敏传感器 GP1W04 构成的色温度计

这样，输出色敏传感器中光谱灵敏度特性不同的两个受光元件的输出电流之比，就可构成简单的色温度计。

如图 6.52 所示，GP1W04 内有对红（R）、绿（G）、蓝（B）三色敏感的元件。

6.7 光电耦合器件

光电耦合器件是由发光元件（如发光二极管）和光电接收元件合并使用，以光作为媒介传递信号的光电器件。光电耦合器中的发光元件通常是半导体的发光二极管，光电接收元件有光敏电阻、光敏二极管、光敏三极管或光可控硅等。根据其结构和用途不同，又可分为用于实现电隔离的光电耦合器和用于检测有无物体的光电开关。

6.7.1 光电耦合器

光电耦合器的发光和接收元件都封装在一个外壳内，一般有金属封装和塑料封装两种。耦合器常见的组合形式如图 6.53 所示。

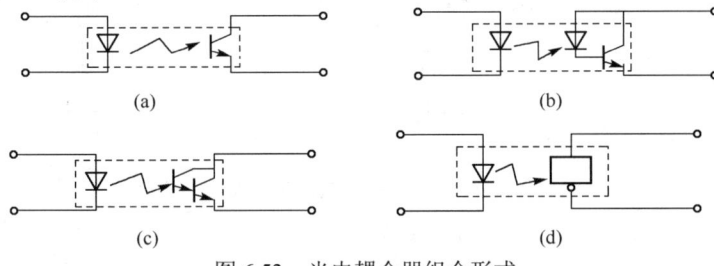

图 6.53 光电耦合器组合形式

图 6.53(a)所示的组合形式结构简单、成本较低，且输出电流较大，可达 100mA，响应时间为 3～4μs。图 6.53(b)所示的组合形式结构简单、成本较低，响应时间快，约为 1μs，但输出电流小，在 50～300μA 之间。图 6.53(c)所示的组合形式传输效率高，但只适用于较低频率的装置中。图 6.53(d)所示的组合形式是一种高速、高传输效率的新颖器件。对图中所示的任何一种组合形式，为保证其有较佳的灵敏度，都考虑了发光与接收波长的匹配。

光电耦合器实际上是一个电量隔离转换器，它具有抗干扰性能和单向信号传输功能，广泛应用在电路隔离、电平转换、噪声抑制、无触点开关及固态继电器等场合。

6.7.2 光电开关

光电开关是一种利用感光元件对变化的入射光加以接收，并进行光电转换，同时加以某种形式的放大和控制，从而获得最终的控制输出"开""关"信号的器件。

图 6.54 所示为典型的光电开关结构图。图 6.54(a)所示为一种透射式的光电开关，它的发光元件和接收元件的光轴是重合的。当不透明的物体位于或经过它们之间时，会阻断光路，使接收元件接收不到来自发光元件的光，这样起到检测作用。图 6.54(b)所示为一种反射式的光电开关，它的发光元件和接收元件的光轴在同一平面且以某一角度相交，交点一般即为待测物所在处。当有物体经过时，接收元件将接收到从物体表面反射的光，没有物体时则接收不到。光电开关的特点是小型、高速、非接触，而且与 TTL、MOS 等电路容易结合。

用光电开关检测物体时，大部分只要求其输出信号有"高-低"之分即可。图 6.55 所示为光电开关基本电路。图 6.55(a)和图 6.55(b)所示负载为 CMOS 比较器等高输入阻抗电路时的情况，图 6.55(c)所示为用晶体管放大光电流的情况。

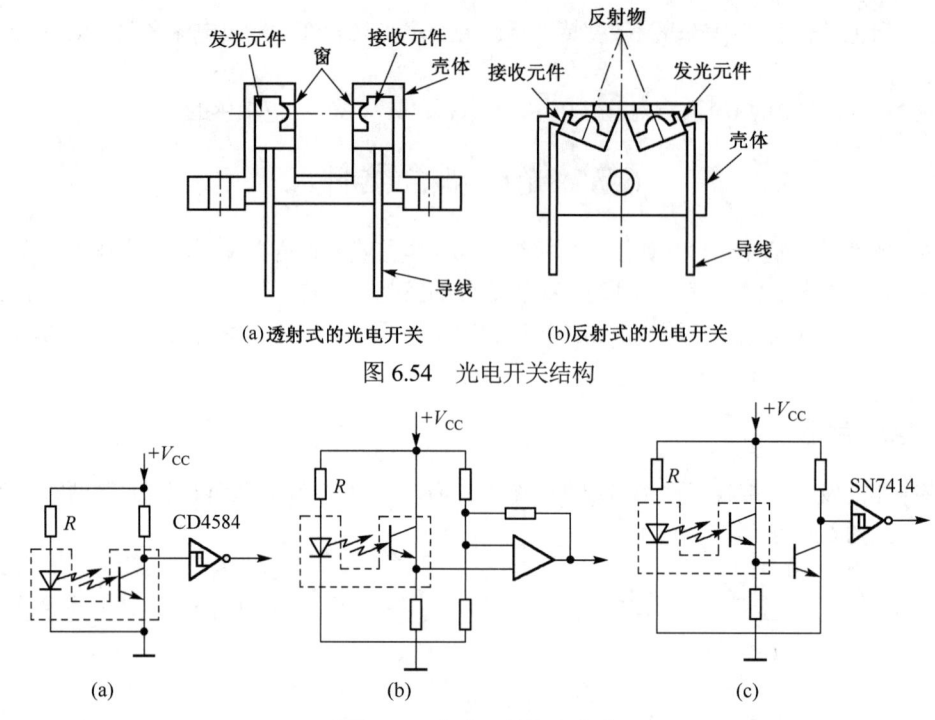

(a)透射式的光电开关　　　(b)反射式的光电开关

图 6.54　光电开关结构

图 6.55　光电开关基本电路

光电开关广泛应用于工业控制、自动化包装线及安全装置中,主要用作光控制和光探测装置,也可在自控系统中用于物体检测、产品计数、料位检测、尺寸控制、安全报警及计算机输入接口等。

6.8　热释电红外光敏器件

6.8.1　热释电红外光敏效应

热释电红外传感器是一种被动式调制型温度敏感器件,利用热释电效应工作,它是通过目标与背景的温差来探测目标的。其响应速度虽不如光子型,但由于它可在室温下使用、光谱响应宽、工作频率宽、灵敏度与波长无关,因而容易使用。这种探测器,灵敏度高、探测面广,是一种可靠性很强的探测器。因此广泛应用于各类入侵报警器、自动开关、非接触测温、火焰报警器等,目前生产有单元、双元、四元、180°等传感器和带有 PCB 控制电路的传感器。常用的热释电探测器有硫酸三甘钛(TGS)探测器、铌酸锶钡(SBN)探测器、钽酸锂($LiTaO_3$)探测器、锆钛酸铅(PZT)探测器等。

热释电红外探测器由具有极化现象的热晶体或被称为"铁电体"的材料制作。"铁电体"的极化强度(单位面积上的电荷)与温度有关。

当红外辐射照射到已经极化的铁电体薄片表面上时,引起薄片温度升高,使其极化强度降低,表面电荷减少,这相当于释放一部分电荷,所以称为热释电型传感器。热释电材料在温度改变时,微观的电偶极距的长短发生改变,其取向从无序排列向有序排列过渡。这一微观改变的宏观表现是整体的电极化,在材料表面出现与温度改变幅度相关的电荷。材料的电极化的改变也影响其介电常数。对于不同的热释电和铁电材料来说,其微观的电偶极矩可以是分子本身的电偶极矩,也可以是微晶的电偶极矩。实用的热释电及铁电效应红外材料都必须是绝缘体。图 6.56(a)所示为热释电效应的示意图。

如果将负载电阻与铁电体薄片相连,则负载电阻上便产生一个电信号输出。输出信号的强弱取决于薄片温度变化的快慢,从而反映出入射的红外辐射的强弱,热释电型红外传感器的电压响应率正比于入射光辐射率变化的速率。这种因温度变化引起自发极化值变化的现象称为热释电效应。其测量电路如图 6.56(b)所示。

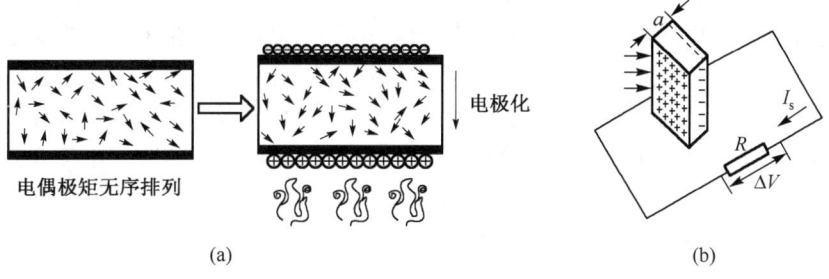

图 6.56 热释电效应和测量电路

已知的具有热释电效应的材料超过 1000 种。其中最早观察到的材料是名为电气石(Tourmaline)的天然单晶体矿物。它的名称来源与奇特的电性质有关。电气石的热释电效应发现于 1703 年。无机热释电材料有陶瓷、多晶、单晶三种形式。对于分子没有电偶极矩的材料来说,热释电效应是由于材料微观结构(晶格或微晶)中的正电荷的对称中心与负电荷的对称中心受到挤压或拉伸时变形量不一样而产生的。材料的电极化的发生不但会影响表面电荷,也同时会改变材料的相对介电常数,无机材料的热释电现象在靠近居里温度时尤为明显。红外辐射传感器中敏感元件一般工作在室温下,所以要选择居里温度稍微高于室温的热释电材料。有机热释电材料的分子大多是具有相当大的电偶极矩的大分子。当其沿某一个轴向由于温度的改变而发生形变时,分子的电偶极矩从无序排列到有序排列过渡,产生了受温度影响的电极化。

6.8.2 热释电传感器的结构

常见的热释电红外传感器的外形如图 6.57 所示。

热释电红外传感器由敏感元、场效应管、高阻电阻等组成,并向壳内充入氮气封装起来,其结构如图 6.58(a)所示,其等效电路如图 6.58(b)所示。图中 FET 是场效应管,作用是进行阻抗变换和信号放大。为提高热释电元件对红外线等电磁波的吸收,在元件表面覆上一层黑化膜。实用的热释电材料有 $LiTaO_3$、$Sr_{0.48}Ba_{0.52}Nb_2O_6$、$Pb[Sn_{0.5}Sb_{0.5}]$、$Pb[Ti, Zr]$、$ZnO$ 和 $TiAsSe_4$ 等。

图 6.57 常见的热释电红外传感器的外形

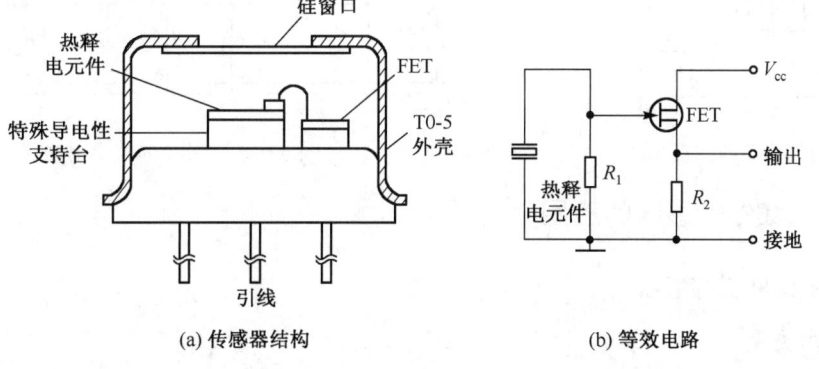

(a) 传感器结构　　　　　(b) 等效电路

图 6.58 热释电红外传感器的结构和等效电路

1. 敏感元

敏感元用红外热释电材料锆钛酸铅（PZT）制成，经极化处理后，其剩余极化强度随温度升高而下降。制作敏感元件时，将热释电材料制成很小的薄片，再在薄片两面镀上电极，构成两个串联的、有极性的小电容。把两个极性相反的热释电敏感元制作在同一晶片上，由于温度的变化影响，整个晶片产生温度变化时，两个敏感元产生的热释电信号互相抵消，起到补偿作用。使用热释电传感器时，通常要使用菲涅尔透镜将外来红外辐射通过透镜会聚光于一个传感元上，它产生的信号不会被抵消。热释电传感器的特点是，它只在由于外界的辐射而引起它本身的温度变化时，才会给出一个相应的电信号，当温度的变化趋于稳定后，就再没有信号输出，即热释电信号与它本身的温度的变化率成正比。因此，热释电传感器只对运动的人体或物体敏感。

2. 场效应管及高阻值电阻 R_g

敏感元的阻值可达 $10^{13}\Omega$，因此需用场效应管进行阻抗变换才能应用。场效应管常用 2SK303V3、2SK94X3 等型号来构成源极跟随器。高阻值电阻 R_g 的作用是释放栅极电荷，使场效应管安全正常工作。源极输出接地时，源极电压为 $0.4\sim1.0V$。热释电传感器内部接线图如图 6.59 所示。

3. 滤光片（FT）

PZT 制成的敏感元件是一种广谱材料，能探测各种波长辐射。为了使传感器对人体最敏感而对太阳、电灯光等有抗干扰性，传感器采用了滤光片作为窗口。滤光片是在 Si 基片上镀多层膜制成的。每个物体都能发出红外辐射，其辐射峰值波长满足维恩位移定律。对于人体体温（约 36℃），辐射的最长波长 $\lambda_m = 2898/309 = 9.4\mu m$，也就是说，人体辐射在 $9.4\mu m$ 处最强，红外滤光片选取了 $7.5\sim14\mu m$ 波段，能有效地选取人体的红外辐射。红外滤光片透射曲线如图 6.60 所示。由图中可见，小于 $6.5\mu m$ 的光锐减至 0，则 $6.5\sim15.0\mu m$ 的辐射，其透射率达 60%以上，因此，FT 可以有效地防止和抑制电灯、太阳光的干扰，但对电灯发热引起的红外辐射光有时也能产生错误动作。热释电传感器常用于防盗报警、自动门、自动灯等。

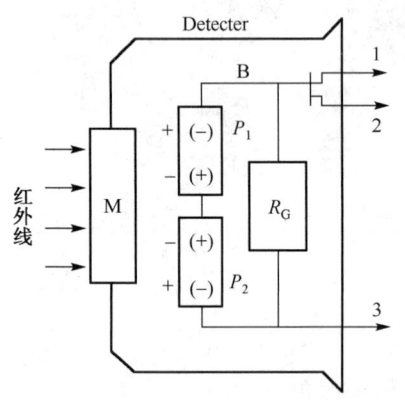

图 6.59 热释电传感器内部接线图

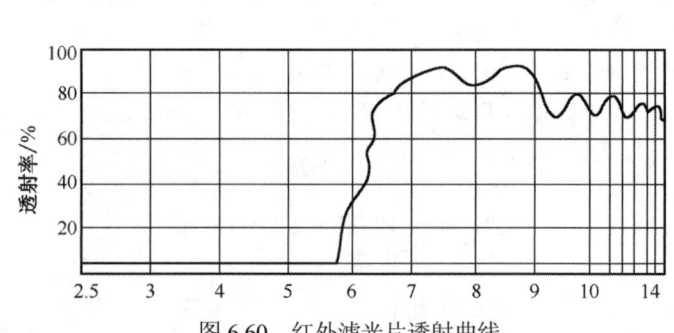

图 6.60 红外滤光片透射曲线

6.8.3 热释电红外传感器的应用

1. 人体探测/防盗报警器

（1）菲涅尔透镜

热释电传感器的前面要加菲涅尔透镜（Fresnel Lens）才能增加探测距离。菲涅尔透镜是一种由塑料制成的特殊设计的透镜组，它上面的每个单元透镜一般都只有一个不大的视场，而相邻的两个单元透镜的视场既不连续，也不重叠，都相隔一个盲区。它的外形如图 6.61 所示。

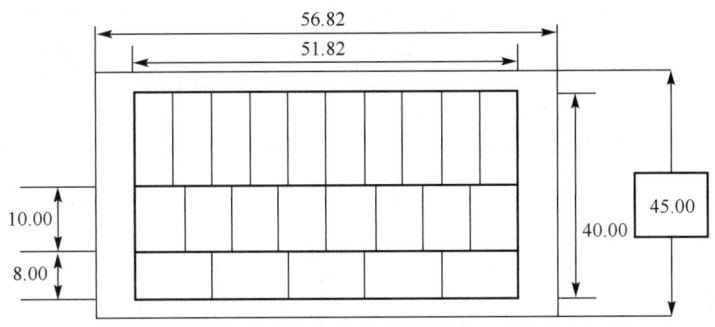

图 6.61 菲涅尔透镜外形

CE-024 型菲涅尔透镜视场的外形和俯视图如图 6.62 所示。当人体在这一监视范围内运动时，依次地进入某一单元透镜的视场，又走出这一视场，热释电传感器对运动的人体一会儿看到，一会儿看不到，再过一会儿又看到，之后又看不到，于是人体的红外辐射不断地改变热释电的温度，使它输出一个又一个相应的信号。传感器的安装示意图如图 6.63 所示，从图中所示的视场图可以看出，菲涅尔透镜是有防盗盲区的，安装在 2m 高处的菲涅尔透镜存在着小于 1m 的盲区，在图中所示的黑影之下，不加菲涅尔透镜，探测距离仅为 2m 左右，加上菲涅尔透镜后，其探测距离可达 10m，若采用双重反射型菲涅尔透镜，其探测距离可达 20m 以上。

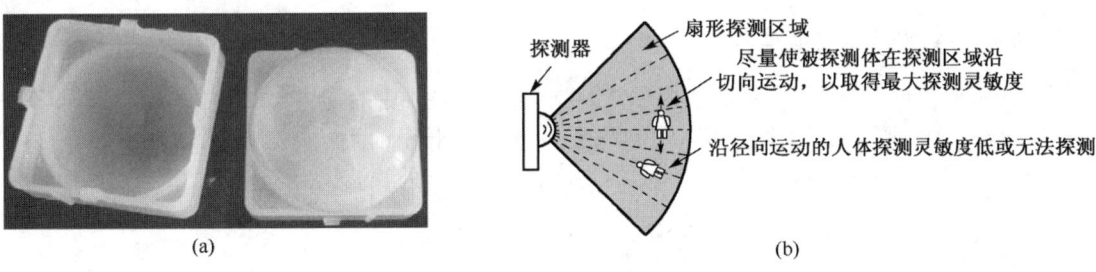

图 6.62 菲涅尔透镜视场的外形和俯视图

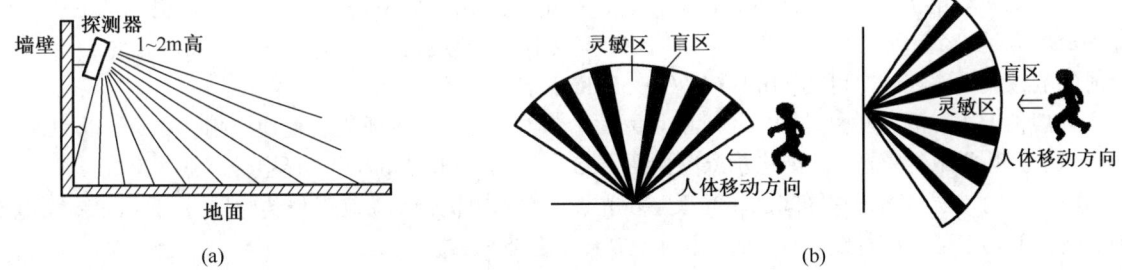

图 6.63 传感器的安装示意图

（2）红外热释电处理芯片 BISS0001

BISS0001 是由运算放大器、电压比较器、状态控制器、延迟时间定时器及封锁时间定时器等构成的数模混合专用集成电路，具有较高性能的传感信号处理功能，它配以热释电红外传感器和少量外接元器件构成被动式的热释电红外开关，能自动快速开启报警装置。

如图 6.64 所示，运算放大器 OP1 将热释电红外传感器的输出信号做第一级放大，然后由 C3 耦合给运算放大器 OP2 进行第二级放大，再经由电压比较器 COP1 和 COP2 构成的双向鉴幅器处理后，检出有效触发信号 VS 去启动延迟时间定时器，输出信号 VO 经放大驱动继电器去接通负载。

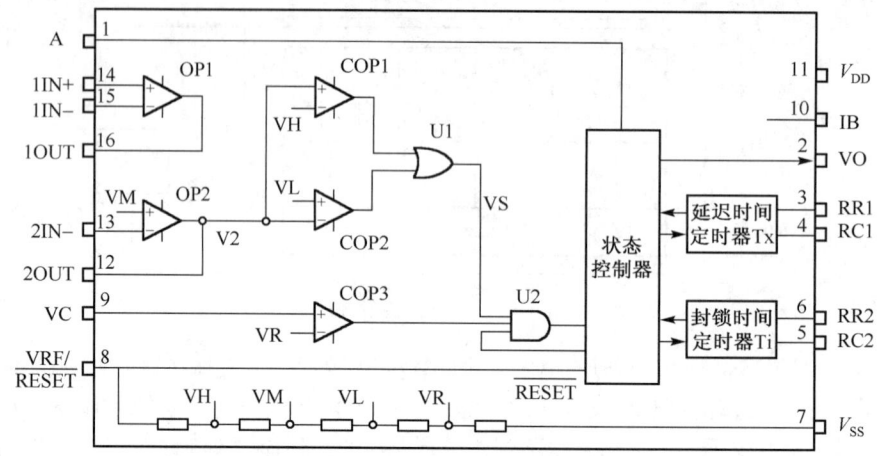

图 6.64　红外热释电处理芯片 BISS0001 内部电路

（3）电路设计及实现

电路构成：传感器 PIR 采集信号后，输出经 BISS0001 放大、选频滤波后，通过音频 KD-56014 芯片驱动喇叭发出声音。

2．热释电红外热辐射温度计

热释电红外热辐射温度计是一种非接触式测温仪器。自然界中的物体，如人体、火焰、机器设备、房屋、岩石、冰等，都能辐射出红外线，只是辐射的红外线波长不同而已。例如，人体温度（36～37℃）放射的红外线波长为 9～10μm，400～700℃的物体放射出的红外线波长为 3～5μm。

3．传感器

热释电红外热辐射温度计使用的是 LN-206P 或 IRAE001S 热释电红外传感器，它能接收物体辐射出的红外线并使之转换为电压信号。

一般的热释电传感器多用于入侵防盗报警，只能对移动的人体或热源做出反应，也就是说它们的探测对象应是一个超低频红外辐射源。LN-206P 型热释电传感器在 7Hz 以下工作，特别是对 1Hz 频率辐射的响应灵敏度较高，可达 1100V/W（在 500K 以下）。

一般情况下，测温对象是固定不动的，因此本辐射温度计采用斩光装置使被测"热源"以 1Hz 的频率入射到热释电传感器，其结构示意图如图 6.65 所示。将 LN-206P 型热释电传感器固定在一个开有窗口的盒子内，窗口到传感器间加斩光板。斩光板由慢速电机带动旋转，使传感器按 1Hz 的频率接收被测物体的辐射能（红外线）。此外，盒内还放置温度补偿二极管。

4．测量电路

传感器输出的信号需经放大器放大、滤波器滤波，传感单元中的二极管温度补偿，即被测物体的温度是通过加法器来实现的。热辐射温度计测量电路图如图 6.66 所示。图中，A_1 为一同相放大器，A_2 为一低通滤波器，它能把高于 7Hz 的信号滤掉，闭环增益为 1。温度补偿采用负温度系数（-2mv/℃）的硅二极管，它的温度补偿信号经差动放大器 A_4 放大，送到加法器 A_3，将 A_2 的输出与 A_4 的输出相加。A_3 的输出与温度基本呈线性关系，可用模拟或数字方法显示出来。本红外线测温仪，最高温度可测 200℃，仅适于近距离的非接触测温的场合。

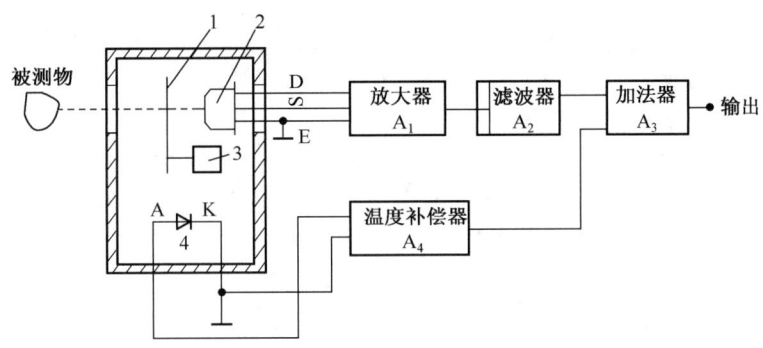

图 6.65　传感器单元及热辐射温度仪框图

1—遮光器；2—传感器；3—慢速电机；4—温度补偿二极管

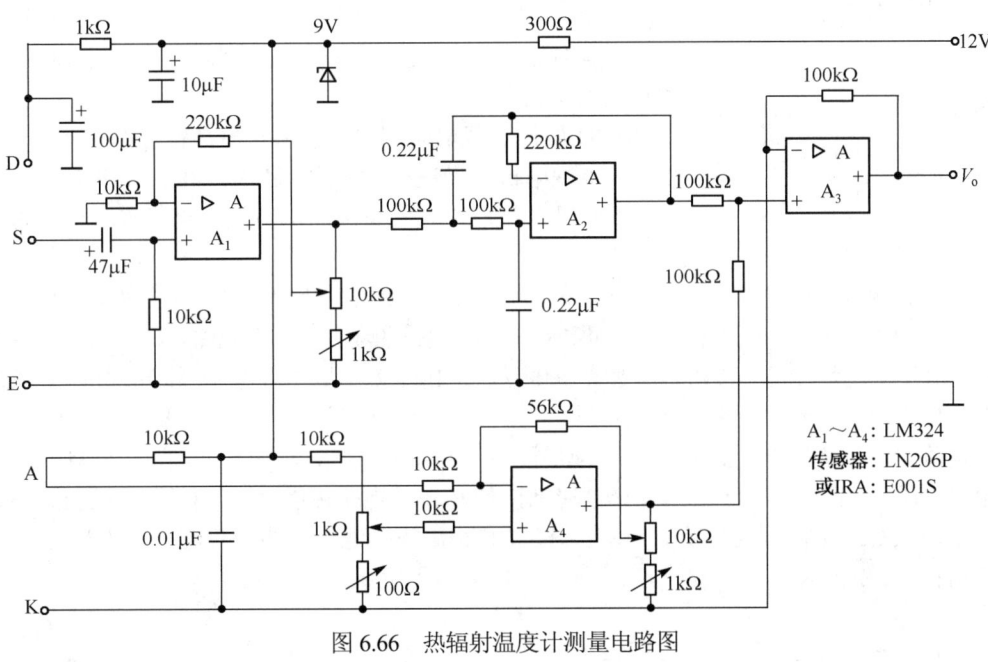

图 6.66　热辐射温度计测量电路图

6.9　固态图像传感器

6.9.1　CCD 图像传感器

固态图像传感器由光敏元件阵列和电荷转移器件集合而成。它的核心是电荷转移器件（Charge Transfer Device，CTD），最常用的是电荷耦合器件（Charge Coupled Device，CCD）。由于它具有光电转换、信息存储、延时和将电信号按顺序传送等功能，以及集成度高、功耗低的优点，因此被广泛地应用。

1. CCD 基本原理

CCD 是由若干电荷耦合单元组成的，它的最小单元是在 P 型（或 N 型）硅衬底上生长一层厚度约为 120nm 的 SiO_2，再在 SiO_2 层上依次沉积铝电极而构成 MOS 的电容式转移器的。将 MOS 阵列加上输入端、输出端，便构成了 CCD，如图 6.67 所示。

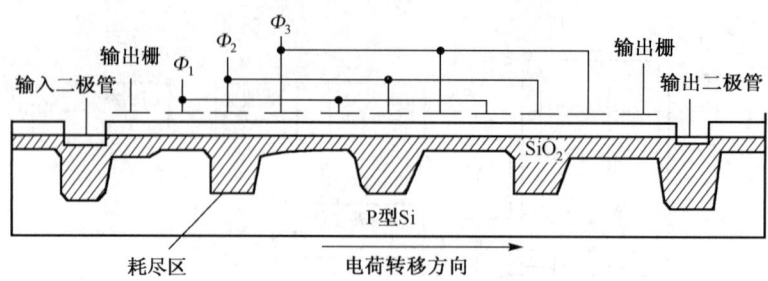

图 6.67 CCD 的 MOS 结构

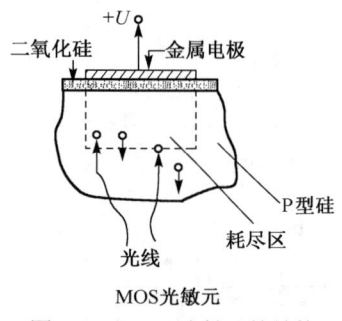

图 6.68 MOS 光敏元的结构

当向 SiO_2 表面的电极加正偏压时，P 型硅衬底中形成耗尽区（势阱），耗尽区的深度随正偏压升高而加大。其中的少数载流子（电子）被吸收到最高正偏压电极下的区域内，形成电荷包（势阱）。对于 N 型硅衬底的 CCD 器件，电极加正偏压时，少数载流子为空穴。MOS 光敏元的结构如图 6.68 所示。

CCD 如何实现电荷定向转移呢？电荷转移的控制方法，非常类似于步进电机的步进控制方式。也有二相、三相等控制方式之分。下面以三相控制方式为例，说明控制电荷定向转移的过程，如图 6.69 所示。

CCD 的线阵列的每一个像素上有 3 个金属电极 P_1、P_2、P_3，三相控制是依次在其上施加 3 个相位不同的控制脉冲 Φ_1、Φ_2、Φ_3，如图 6.69(b)所示。CCD 电荷的注入通常有光注入、电注入和热注入等方式。图中采用电注入方式。当 P_1 极施加高电压时，在 P_1 下方产生电荷包（$t=t_0$）；当 P_2 极加上同样的电压时，由于两电势下面势阱间的耦合，原来在 P_1 下的电荷将在 P_1、P_2 两电极下分布（$t=t_1$）；当 P_1 回到低电位时，电荷包全部流入 P_2 下的势阱中（$t=t_2$）。然后，P_3 的电位升高，P_2 回到低电位，电荷包从 P_2 下转到 P_3 下的势阱（$t=t_3$），依次来控制，使 P_1 下的电荷转移到 P_3 下。随着控制脉冲的分配，少数载流子便从 CCD 的一端转移到最终端。终端的输出二极管搜集了少数载流子，送入放大器处理，便实现电荷移动。

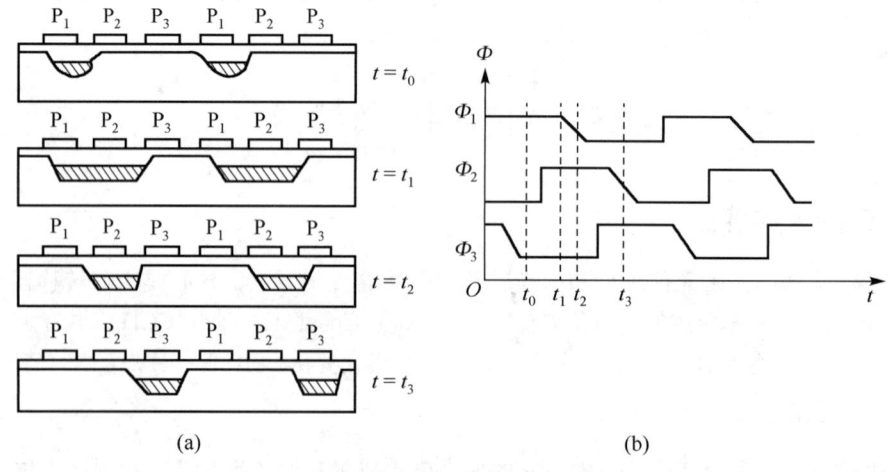

图 6.69 电荷定向转移过程

2. CCD 基本结构

CCD 图像传感器从结构上可分为线形和面形两种。

（1）线形 CCD 图像传感器

线形 CCD 图像传感器由一列光敏元件与一列 CCD 并行且对应地构成，在它们之间设有一个转移控制栅，如图 6.70(a)所示。在每一个光敏元件上都有一个梳状公共电极，由一个 P 型沟阻使其在电气上隔开。当入射光照射在光敏元件阵列上，梳状电极施加高电压时，光敏元件聚集光电荷，进行光积分，光电荷与光照强度和光积分时间成正比。在光积分时间结束时，转移控制栅上的电压提高（平时为低电压），与 CCD 对应的电极也同时处于高电压状态。然后，降低梳状电极电压，各光敏元件中所积累的光电电荷并行地转移到移位寄存器中。当转移完毕，转移栅电压降低，梳状电极电压恢复原来的高电压状态，准备下一次光积分周期。同时，在电荷耦合移位寄存器上加上时钟脉冲，将存储的电荷从 CCD 中转移，由输出端输出。这个过程重复地进行就得到相继的行输出，从而读出电荷图形。

目前，实用的线形 CCD 图像传感器为双行结构，如图 6.70(b)所示。单、双数光敏元件中的信号电荷分别转移到上、下方的移位寄存器中，然后在控制脉冲的作用下，自左向右移动，在输出端交替合并输出，这样就形成了原来光敏信号电荷的顺序。

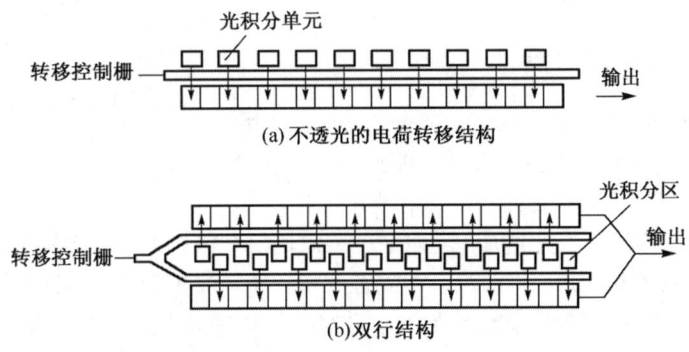

图 6.70 线形 CCD 图像传感器

（2）面形 CCD 图像传感器

面形 CCD 图像传感器由感光区、信号存储区和输出转移部分组成。目前存在 3 种典型结构形式，如图 6.71 所示。

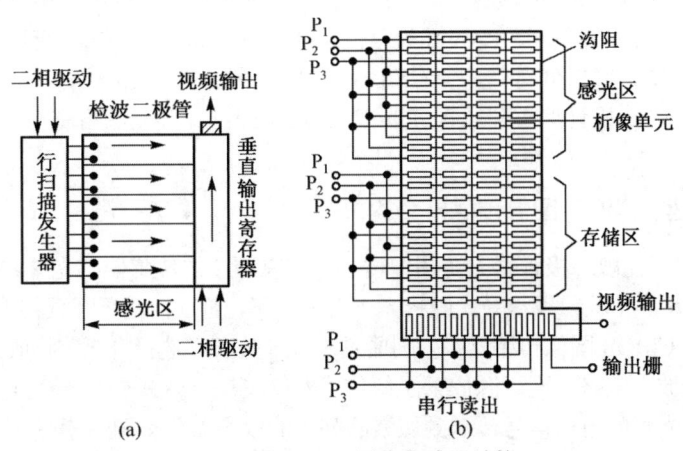

图 6.71 面形 CCD 图像传感器结构 1

图 6.71(a)所示结构由行扫描发生器、垂直输出寄存器、感光区和检波二极管组成。行扫描发生器

将光敏元件内的信息转移到水平（行）方向上，由垂直方向的寄存器将信息转移到输出二极管，输出信号由信号处理电路转换为视频图像信号。这种结构易引起图像模糊。

图6.71(b)所示结构增加了具有公共水平方向电极的不透光的信息存储区。在正常垂直回扫周期内，具有公共水平方向电极的感光区所积累的电荷同样迅速下移到信息存储区。在垂直回扫结束后，感光区回复到积光状态。在水平消隐周期内，存储区的整个电荷图像向下移动，每次总是将存储区最底部一行的电荷信号移到水平读出器，该行电荷在读出移位寄存器中向右移动以视频信号输出。当整帧视频信号自存储移出后，就开始下一帧信号的形成。该 CCD 结构具有单元密度高、电极简单等优点，但增加了存储器。图 6.72 所示结构是用得最多的一种结构形式。它将图 6.71(b)中的感光元件与存储元件相隔排列，即一列感光单元，一列不透光的存储单元交替排列。在感光区光敏元件积分结束时，转移控制栅打开，电荷信号进入存储区。随后，在每个水平回扫周期内，存储区中整个电荷图像一次一行地向上移到水平读出移位寄存器中。接着这一行电荷信号在读出移位寄存器中向右移位到输出器件，形成视频信号输出。这种结构的器件操作简单，但单元设计复杂，感光单元面积减小，图像清晰。

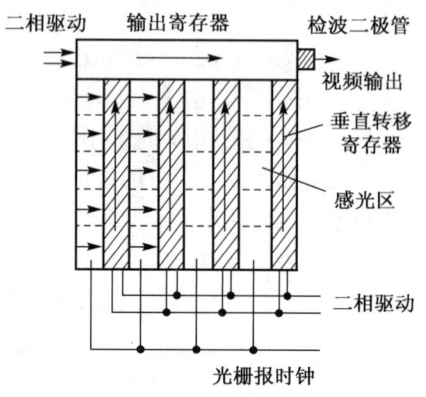

图 6.72　面形 CCD 图像传感器结构 2

6.9.2　MOS 固态图像传感器

CMOS（Complementary Metal Oxide Semiconductor，互补金属氧化物半导体）与 CCD 传感器的研究几乎是同时起步的，两者都利用感光二极管（Photodiode）进行光电转换，将光图像转换为电子数据。但由于受当时工艺水平的限制，CMOS 图像传感器图像质量差、分辨率低、噪声降不下来和光照灵敏度不够，因而没有得到重视和发展。而 CCD 器件因为有光照灵敏度高、噪声低、像素少等优点一直主宰着图像传感器市场。CCD 于 1969 年研制成功，发展于 20 世纪八九十年代，现在被广泛应用于广播电视领域。CMOS 传感器则到了 20 世纪 80 年代，随着集成电路设计技术和工艺水平的提高，为克服 CCD 生产工艺复杂、功耗较大、价格高、不能单片集成和有光晕、拖尾等不足之处而再次成为研究热点。目前，CMOS 传感器已成为消费类数码相机、计算机摄像头、可视电话等多功能产品的理想之物，随着技术的发展，已逐步应用于高端数码相机和电视领域。

CMOS 图像传感器和 CCD 传感器类似，在光检测方面都利用了硅的光电效应原理。不同之处在于光电转换后信息传送的方式不同。CMOS 具有信息读取方式简单、输出信息速率快、耗电少、体积小、重量轻、集成度高、价格低等特点。CMOS 图像传感器的像元结构有光敏二极管型无源像素（CMOS-PPS）结构、光敏二极管型有源像素（PD-CMOS-APS）结构和光栅型有源像素（PG-CMOS-APS）结构 3 种类型。

1. 光敏二极管型 CMOS 图像传感器结构

图 6.73 所示说明了光敏二极管型无源图像传感器和有源图像传感器感光单元的结构。在光敏二极管型无源图像传感器中，光敏二极管受光照将光子变成电子，通过行选择开关将电荷读到列输出线上；在光敏二极管型有源 CMOS 图像传感器中，则通过复位开关和行选择开关，将放大后的光生电荷读到感光阵列外部的信号放大电路。而无源像素图像传感器仅仅是一种具有行选择开关的光电二极管，通过控制行选择开关把光生的电荷信号传送到像素阵列外的放大器；有源像素图像传感器的每个像元内部都包含一个有源单元，即包含由一个或多个晶体管组成的放大电路，在像元内部先进行电荷放大再被读出到外部电路。

光敏二极管型 CMOS 无源像素传感器（CMOS-PPS）的结构自 1967 年 Weckler 首次提出以来，实质上一直没有变化，其结构如图 6.73(a)所示。它由一个反向偏置的光敏二极管和一个开关管构成。当开关管开启时，光敏二极管与垂直的列线连通。位于列线末端的电荷积分放大器读出电路保持列线电压为一常数。光敏二极管受光照将光子变成电子电荷，通过行选择开关将电荷读到列输出线上。当光敏二极管存储的信号电荷被读出时，其电压被复位到列线电压水平。与此同时，与光信号成正比的电荷由电荷积分放大器转换为电荷输出。无源像素图像传感器仅仅是一种具有行选择开关的光敏二极管，通过控制行选择开关把光电产生的电荷信号传送到像素阵列外的放大器。无源像素本身不进行信号放大。其优点是能降低芯片的体积，可通过标准的 CMOS 集成工艺制造，易进行数字或模拟处理，便于集成。

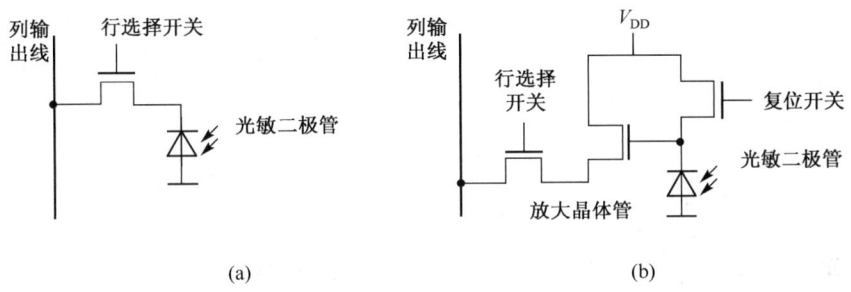

图 6.73　光敏二极管型无源、有源像素图像传感器感光单元结构

单管的光敏二极管型 CMOS-PPS 允许在给定的像元尺寸下有最高的设计填充系数，或者在给定的设计填充系数下，可以设计出最小的像元尺寸。由于填充系数高和没有许多 CCD 中的多晶硅层叠，CMOS-PPS 像素结构量子效率较高。但是，由于传输线电容较大，CMOS-PPS 读出噪声较高，典型值为 250 个均方根电子电荷，这是其致命的弱点。CMOS-PPS 成像质量低，局部漏电流在视场中形成白点。另外存在的一个特殊问题是"固定模式噪声"，这是由于当直接把电荷从感光单元读到列总线时，总线不可避免地具有高电容值和热复位噪声。就像透过玻璃窗观察景物，无论怎样，看到的景物总是具有相同的"弊病"。MSHS（或 MSHR）/电容 CS（或 CR）、列源极跟随器 MPI（或 MPZ）及驱动高容量总线的列选择晶体管 MYI（或 MYZ），整个像素共用列源极跟随器的负载晶体管 MLPI 或 MLPZ。P 沟道源极跟随器被用来补偿由于在电路中使用 N 沟道源极跟随器所造成的信号电平转移。光生信号电荷积累在光栅下，输出端、浮置扩散点复位（电压为 V_{DD}），然后改变光栅脉冲，收集在光栅下的信号电荷转移到扩散点，复位电压水平与信号电压水平之差就是传感器的输出信号。当采用双层多晶硅工艺时，光栅与转移栅之间要恰当交叠。在光栅与转移栅之间插入扩散桥，可以采用单层多晶硅工艺，这种扩散桥要引起大约 100 个电子电荷的拖影。光栅型 CMOS-APS 的每个像元采用 5 个晶体管，典型的像元间距为 20μm。采用 0.25μm CMOS 工艺将允许达到 5μm 的像元间距。浮置扩散电容典型值为 10fF 量级，读出噪声一般为 10～20 个均方根电子电荷。

2. 光电栅型有源像素图像 CMOS 传感器

光电栅型 APS CMOS 像素单元结构如图 6.74 所示。像素单元包括光电栅 PG（Photogate）、浮置扩散输出 FD（Floating Diffusion）、传输电栅 TX（Transfer Gate）、复位晶体管 MR（Reset Transistor）、作为源极跟随器的输入晶体管 MIN，以及行晶体管 MX，实际上，每个像元内部就是一个小小的表面沟道 CCD。每列单元共用一个读出电路，它包括第一源极跟随器的负载晶体管 MLN 及两个用于存储信号电平和复位电平的双采样和保持电路。这种对复位和信号电平同时采样的相关双采样电路 CDS 能抑制来自像元浮置节点的复位噪声。

CMOS 图像传感器的一个很大优点是它只要求一个单电压来驱动整个装置。不过设计者仍应谨慎地布置电路板以驱动芯片。根据一般的实际要求，数字电压和模拟电压之间应尽可能地分离开，以防止有害的串扰。因此，良好的电路板设计、接地和屏蔽就显得非常重要。尽管这种图像传感器是一个 CMOS 装置并具有标准的输入/输出电压，但它实际的输入信号相当小，而且对噪声也很敏感。目前已经设计出高集成度的单芯片 CMOS 图像传感器，并且扩展了许多功能，包括自动增益控制（AGC）、自动曝光控制（AEC）、伽马校正、背景补偿和自动黑电平校正等，使有关图像的应用更容易实现。此外，所有的彩色矩阵处理功能都被集成在芯片上。CMOS 图像传感器允许芯片上的寄存器功能通过 I^2C 总线来编程摄像功能，具有动态范围宽、抗图像浮散且几乎没有拖影等优点。

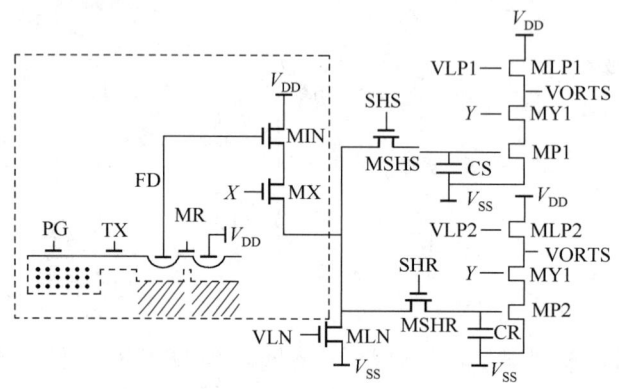

图 6.74　PG-CMOS-PPS 像素单元结构

CMOS 图像传感器芯片的整体结构如图 6.75 所示。由于大规模集成电路的设计与制造技术已经进入亚微米阶段，CMOS 图像传感器芯片可将图像传感部分、信号读出电路、信号处理电路和控制电路高度集成在一块芯片上，再加上镜头等其他配件就构成了一个完整的摄像系统。性能完整的 CMOS 芯片内部结构主要由感光阵列、帧（行）控制电路和时序电路、模拟信号读出电路、A/D 转换电路、数字信号处理电路和接口电路等组成。CMOS 图像传感器的支持电路包括一个晶体振荡器和电源去耦合电路。这些组件安装在 PCB 板的背面，占据很小的空间。微处理器通过 I^2C 串行总线直接控制传感器寄存器的内部参数。

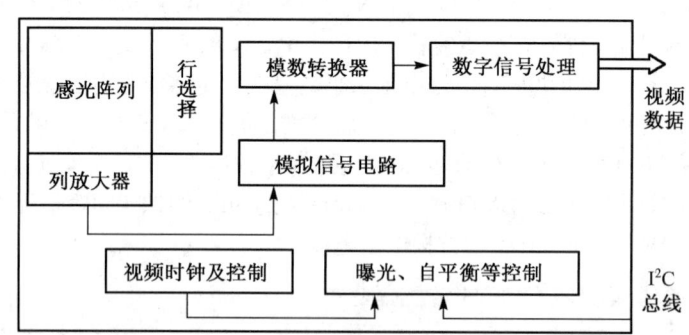

图 6.75　CMOS 图像传感器整体结构

6.9.3　CCD 与 CMOS 图像传感器的性能比较

从成本上看，由于 CMOS 传感器采用半导体电路最常用的 CMOS 工艺，可以轻易地将周边电路（如 AGC、CDS、时钟、DSP 等）集成到传感器芯片中，因此可以节省外围芯片的成本。而 CCD 传感器采用电荷传递的方式传送数据，其中有一个像素不能运行，将会导致一整排的数据不能传送，控制CCD传感器的成品率会比CMOS传感器困难得多，因此，CCD传感器的成本要高于CMOS传感器。从功耗上看，CMOS传感器的图像采集方式为主动式，即感光二极管所产生的电荷会直接由晶体管放大输出。而CCD传感器为被动式采集，需外加电压让每个像素中的电荷移动，除了在电源管理电路设计上的难度更高之外，高驱动电压更使其功耗远高于CMOS传感器。

在灵敏度方面，CCD的感光信号以行为单位传输，电路占据像素的面积比较小，这样像素点对光的敏感度就高一些。而CMOS传感器的每个像素由多个晶体管与一个感光二极管构成（含放大器与A/D转换电路），使得每个像素的感光区域只占据像素本身很小的表面积，像素点对光的敏感度相应低一些。因此，在像素尺寸相同的情况下，CCD传感器的灵敏度要高于CMOS传感器。此外，CMOS传感器上集成有放大器、定时、ADC等电路，每个像素都比CCD传感器复杂，因而电路所占像素的面积也大，所以相同尺寸的传感器，CCD可以做得更密。通常CCD传感器的分辨率会优于CMOS传感器。

CCD传感器的特色在于充分保持信号在传输时不失真（有专属通道设计），透过每一个像素集合至单一放大器上做统一处理，可以保证资料的完整性。相对地，CMOS传感器的设计中每个像素旁就直接连着ADC（放大兼模拟/数字信号转换器），信号直接放大并转换为数字信号。CMOS的制造工艺较简单，没有专属通道的设计，因此必须先放大再整合各个像素的信息。所以CMOS计算出的噪声要比CCD多，将会影响到图像品质。此外，由于CCD采用串行连续扫描的工作方式，必须一次性地读出整行或整列的像素数据。而CMOS由于采用单点信号传输，通过简单的XY寻址技术，允许从整个排列、部分甚至单元来读出数据，从而可提高寻址速度，实现更快的信号传输。CCD和CMOS使用相同的光敏材料，因而受光后产生电子的原理相同，并且具有相同的灵敏度和光谱特性，但是读取过程不同：CCD是在同步信号和时钟信号的配合下以帧或行的方式转移的，整个电路非常复杂；CMOS则以类似DRAM的方式读出信号，电路简单。CCD的时钟驱动、逻辑时序和信号处理等其他辅助功能难以与CCD集成到一块芯片上，这些功能可由3~8个芯片组合实现，同时还需要一个多通道非标准供电电压来满足特殊时钟驱动的需要；而借助于大规模集成制造工艺，CMOS图像传感器能容易地把上述功能集成到单一芯片上。CCD大多需要3种电源供电，功耗较大，体积也比较大，而CMOS只需一个3~5V的单电源，其功耗相当于CCD的1/10。

6.10 光纤传感器

6.10.1 概述

光纤传感器是20世纪70年代中期发展起来的一项新技术，它是伴随着光纤及光通信技术的发展而逐步形成的。光纤传感器与传统的各类传感器相比有一系列优点，如不受电磁干扰、体积小、重量轻、可挠曲、灵敏度高、耐腐蚀、电绝缘、防爆性好、易与微机连接、便于遥测等。它能用于温度、压力、应变、位移、速度、加速度、磁、电、声和pH等各种物理量的测量，具有极为广泛的应用前景。

光纤传感器可以分为两大类：一类是功能型（传感型）传感器，另一类是非功能型（传光型）传感器。功能型传感器利用光纤本身的特性把光纤作为敏感元件，被测量对光纤内传输的光进行调制，使传输的光的强度、相位、频率或偏振态等特性发生变化，再通过对被调制过的信号进行解调，从而得出被测信号。非功能型传感器利用其他敏感元件感受被测量的变化，光纤仅作为信息的传输介质。

光纤传感器所用光纤有单模光纤和多模光纤。单模光纤的纤芯直径通常为2~12μm，很细的纤芯半径接近于光源波长的长度，仅能维持一种模式传播。一般相位调制型和偏振调制型的光纤传感器采用单模光纤；光强度调制型或传光型光纤传感器多采用多模光纤。为了满足特殊要求，出现了保偏光纤、低双折射光纤、高双折射光纤等。所以采用新材料研制特殊结构的专用光纤是光纤传感技术发展的方向。

6.10.2 光纤的结构和传输原理

1. 光纤的结构

光导纤维简称为光纤，目前基本上还是采用石英玻璃，其结构示意图如图 6.76 所示。中心的圆柱体称为纤芯，围绕着纤芯的圆形外层称为包层。纤芯和包层主要由不同掺杂的石英玻璃制成。纤芯的折射率 n_1 略大于包层的折射率 n_2，在包层外面还常有一层保护套，多为尼龙材料。光纤的导光能力取决于纤芯和包层的性质，而光纤的机械强度由保护套维持。

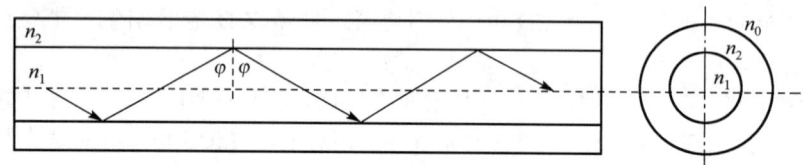

图 6.76 光纤的结构示意图

2. 光纤的传输原理

众所周知，光在真空中是直线传播的。在光纤中，光的传输限制在光纤中，并能随光纤传送到很远的距离，光纤的传输则基于光的全内反射。

当光纤的直径比光的波长大很多时，可以用几何光学的方法来说明光在光纤内的传播。设有一段圆柱形光纤，如图 6.77 所示，它的两个端面均为光滑的平面。当光线射入一个端面并与圆柱的轴线成 θ 角时，根据斯涅耳光的折射定律，在光纤内折射成 θ'，然后以 φ 角入射至纤芯与包层的界面。若要在界面上发生全反射，则纤芯与界面的光线入射角 φ 应大于临界角 φ_c，即 $\varphi \geq \varphi_c = \arcsin \dfrac{n_2}{n_1}$，并在光纤内部以同样的角度反复逐次反射，直至传播到另一端面。

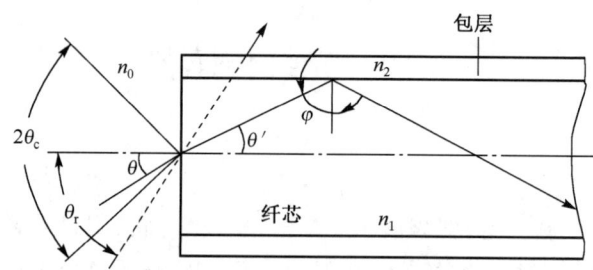

图 6.77 光纤的传光结构

为满足光在光纤内的全内反射，光入射到光纤端面的临界入射角 θ_c 应满足下式

$$n_1 \sin \theta' = n_1 \sin\left(\frac{\pi}{2} - \theta_c\right) = n_1 \cos \theta_c = n_1 (1 - \sin^2 \theta_c)^{1/2} = (n_1^2 - n_2^2)^{1/2} \tag{6.11}$$

所以

$$n_0 \sin \theta_c = (n_1^2 - n_2^2)^{1/2} \tag{6.12}$$

实际工作时需要光纤弯曲，但只要满足全反射条件，光线仍继续前进。可见这里的光线"转弯"实际上是由光的全反射所形成的。

一般光纤所处环境为空气，则 $n_0 = 1$。这样在界面上产生全反射，在光纤端面上的光线入射角为

$$\theta \leqslant \theta_c = \arcsin(n_1^2 - n_2^2)^{1/2} \tag{6.13}$$

说明光纤集光本领的术语称为数值孔径（NA），即

$$NA = \sin\theta_c = (n_1^2 - n_2^2)^{1/2} \tag{6.14}$$

数值孔径反映纤芯接收光量的多少。其意义是，无论光源发射功率有多大，只有入射光处于 $2\theta_c$ 的光锥内，光纤才能导光。如果入射角过大，如图 6.77 中角 θ_r，经折射后不能满足式（6.14）的要求，光线便从包层逸出而产生漏光，所以 NA 是光纤的一个重要参数。一般希望有大的数值孔径，这有利于耦合效率的提高，但数值孔径过大，会造成光信号畸变，所以要适当选择数值孔径的值。

6.10.3 光纤传感器

光纤传感器由于其独特的性能而受到广泛重视，它的应用正在迅速地展开。下面介绍几种主要的光纤传感器。

1. 光纤加速度传感器

光纤加速度传感器的结构简图如图 6.78 所示。它是一种简谐振子的结构形式。激光束通过分光板后分为两束光，透射光作为参考光束，反射光作为测量光束。当传感器感受加速度时，由于质量块对光纤的作用，从而使光纤被拉伸，引起光程差的改变。相位改变的激光束由单模光纤射出后与参考光束会合产生干涉效应。激光干涉仪的干涉条纹的移动可由光电接收装置转换为电信号，经过处理电路处理后便可正确地测出加速度值。

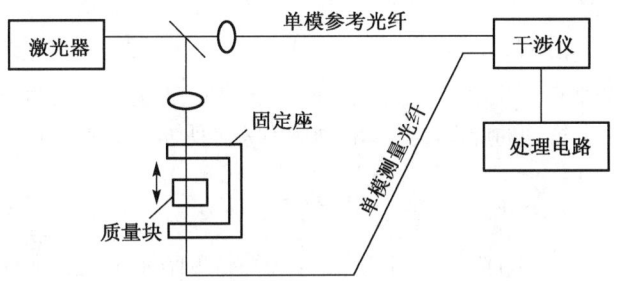

图 6.78 光纤加速度传感器结构简图

2. 光纤温度传感器

光纤温度传感器是目前仅次于加速度、压力传感器而广泛使用的光纤传感器。根据工作原理可分为相位调制型、光强调制型和偏振光型等。这里仅介绍一种光强调制型的半导体光吸收型光纤温度传感器，图 6.79 所示为这种传感器的结构原理图，它的敏感元件是一个半导体光吸收器，光纤用来传输信号。传感器是由半导体光吸收器、光纤、发射光源和包括光控制器在内的信号处理系统等组成的。它体积小、灵敏度高、工作可靠，广泛应用于高压电力装置中的温度测量等特殊场合。

这种传感器的基本原理是利用了多数半导体的能带随温度的升高而减小的特性，如图 6.80 所示。材料的吸收光波长将随温度增加而向长波方向移动，如果适当地选定一种波长在该材料工作范围内的光源，那么就可以使透射过半导体材料的光强随温度而变化，从而达到测量温度的目的。这种光纤温

度传感器结构简单、制造容易、成本低、便于推广应用，可在温度为-10～300℃时进行测量，响应时间约为2s。

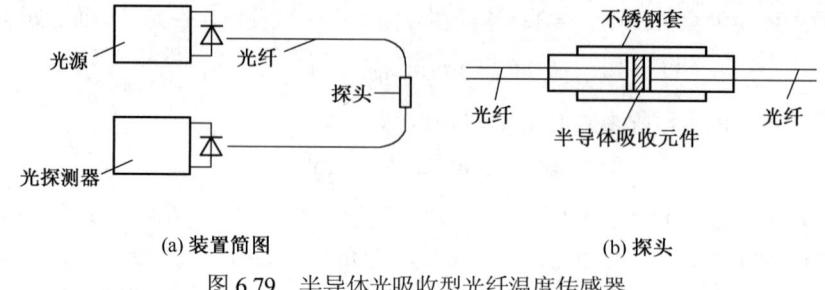

(a) 装置简图　　　　　　　　　(b) 探头

图 6.79　半导体光吸收型光纤温度传感器

3. 光纤旋涡流量传感器

光纤旋涡流量传感器是将一根多模光纤垂直地装入流管，当液体或气体流经与其垂直的光纤时，光纤受到流体涡流的作用而振动，振动的频率与流速有关系，测出频率便可知流速。这种流量传感器结构示意图如图 6.81 所示。

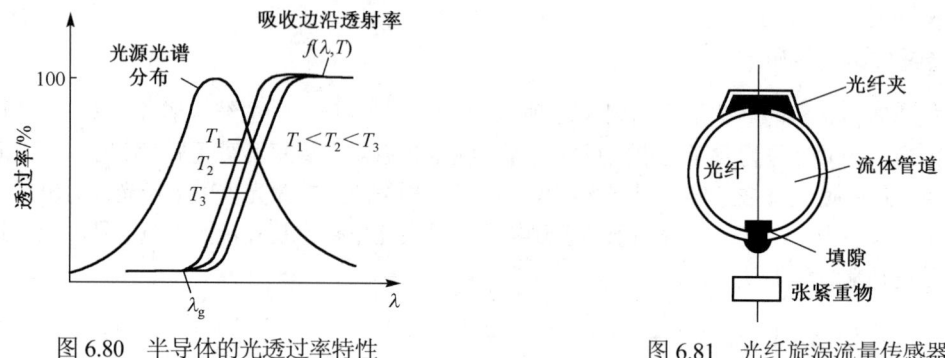

图 6.80　半导体的光透过率特性　　　　图 6.81　光纤旋涡流量传感器

当流体流动受到一个垂直于流动方向的非流线体阻碍时，根据流体力学原理，在某些条件下，在非流线体的下游两侧产生有规则的旋涡，其旋涡的频率 f 近似与流体的流速成正比，即

$$f = \frac{sv}{d} \tag{6.15}$$

式中，v 为流速；d 为流体中物体的横向尺寸大小；s 为斯特罗哈（Strouhal）数，它是一个无量纲的常数，仅与雷诺数有关。

式（6.15）是旋涡流体流量计测量流量的基本理论依据。由此可见，流体流速与涡流频率呈线性关系。

在多模光纤中，光以多种模式进行传输，在光纤的输出端，各模式的光就形成了干涉图样，这就是光斑。一根没有外界扰动的光纤所产生的干涉图样是稳定的，当光纤受到外界扰动时，干涉图样的明暗相间的斑纹或斑点发生移动。如果外界扰动是由流体的涡流引起的，那么干涉图样的斑纹或斑点就会随着振动的周期变化来回移动，这时测出斑纹或斑点移动，即可获得对应于振动频率 f 的信号，根据式（6.15）推算流体的流速。

这种流量传感器可测量液体和气体的流量，因为传感器没有活动部件，测量可靠，而且对流体流动不产生阻碍作用，所以压力损耗非常小。这些特点是孔板、涡轮等许多传统流量计所无法比拟的。

4. 光纤气敏传感器

采用近红外线低损耗光纤系统、低功率激光器甚至非激光光源及其低成本低损耗光纤耦合，研究被测气体分子对近红外光的吸收或差动吸收,可实现大气远距离在线检测与控制。它的主要优点是全光学的、经济、实时,防燃防爆,不受电磁干扰,而且可以对多种气体分子进行检测。

(1) 差动吸收法光纤远距离测量系统

图 6.82 所示为基于分子差动吸收法光纤远距离测量系统的组成框图。图中光源为气体激光器或激光二极管,也可以用非激光光源,如发光二极管或多波长放电管。将光源用长光纤连接到被测气体多次反射吸收盒即气敏传感器(称为怀特盒)。被调谐的激光器的两个频率 f_A、f_W 分别取在被测气体分子吸收频率和非吸收频率上。怀特盒输出光信号经透镜到光劈 B.S.(1),光劈把光分为两束,这两束光分别经滤光片 L_1、L_2 得到 λ_1、λ_2 两波长光信号,由硅光电二极管 PD_1、PD_2 转换为电信号 $I_f(\lambda_1)$、$I_f(\lambda_2)$,为了消除光源发光不稳定性带来的测量误差,把氩离子激光器输出信号直接用光劈 B.S.(2)分出一部分,然后用衍射光栅把 λ_1、λ_2 分别送至两硅光电二极管 PD_3、PD_4,变为电信号 $I_r(\lambda_1)$、$I_r(\lambda_2)$,4 个电流信号在模拟处理单元进行信号处理,并显示记录被测气体浓度、补偿光纤传输损失、激光器发光不稳定性及系统系数的标定。由于大气环境中各种气体分子的吸收与光波波长有关,选用的光源发光光谱和光纤传输波谱要与被测气体分子的吸收波长相匹配。

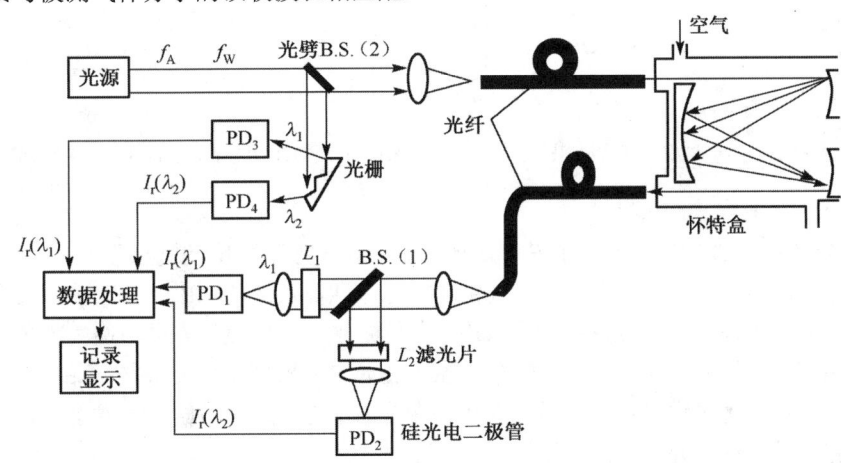

图 6.82 光纤传输远距离测量气体分子的传感系统组成框图

(2) 用可见光吸收遥测 NO_2 浓度

在可见光谱范围内,空气污染中只有 NO_2 分子呈现很大的吸收特性;氩离子激光器具有 476.5nm、455.0nm、496.5nm、501.5nm 和 514.5nm 等多个发光谱线,选择 λ_1 = 496.5nm 为最小吸收波长,λ_2= 514.5nm 为最大吸收波长。因此可以用氢离子激光器为光源,实现两者的差动测量以表征空气中 NO_2 的含量。两波谱上的差动吸收系数为 Δa = 5.9×10²/m。由光纤传送的怀特传感器光信号通过差动信号检测与处理,显示和记录空气中被测 NO_2 浓度。把摩托车排出的废气引进测量气室,发动机速度由低速(约 500 r/m)到高速(约 3000 r/m)变化进行测试,所得实时测量结果如图 6.83 所示。A 区为低速区,B 区为高速区。实验表明,如采用 20dB/km 低损耗光纤(在激光波长上),怀特盒的反射系数 R = 0.99,光路长度 L_c = 1km,光纤长度 L_f = 1.3km 时,探测 NO_2 浓度的灵敏度可达 N_{min} = 3×10⁻⁸。这种灵敏度指标完全可以满足一般城市环境大气中 NO_2 浓度的检测要求。

(3) 用近红外光遥测 CH_4 浓度

由于硅光纤对可见光传输损失太大,对近红外光波段的传输损失可小于 1dB/km;大气中的一些污染气体,如 CH_4、HCl、CO_2 等都在近红外区分布有吸收谱线,因此用波长为 0.92~1.65μm 的近红外光 InGaAsP 或 InGaSbP 半导体激光二极管(LD)或发光二极管(LED)做光源,可实现这些分子浓度的远距离遥测。

吸收测量 CH_4 浓度的光纤系统中，光源采用 1.3μm 频带、100nm 带宽、0.1mW 功率的 LED；发送和接收硅光纤芯径为 50μm，包层为 125μm，在 1.3μm 处的传输损失为 1dB/km；用 Ge 光电二极管做光探测器，用干冰-甲醇混合物制冷以提高温度稳定性和限制噪声，用锁相放大器和微机以提高其分辨率，抑制噪声。

图 6.84 所示为 CH_4 的浓度为 6.5%时 CH_4–N_2 混合气体的测量结果，在 1.33μm 处的吸收是由 CH_4 产生的。实验证明空气中 CH_4 分子浓度检测极限低于 10^{-3}，仅为防爆限额浓度的 1/50，完全可以满足测量精度的要求。另外在 1.66μm 谱线 CH_4 分子吸收系数比在 1.33μm 时更大，吸收波谱也较宽，所以选择 1.66μm 的 LD 做光源，更有利于提高探测灵敏度。

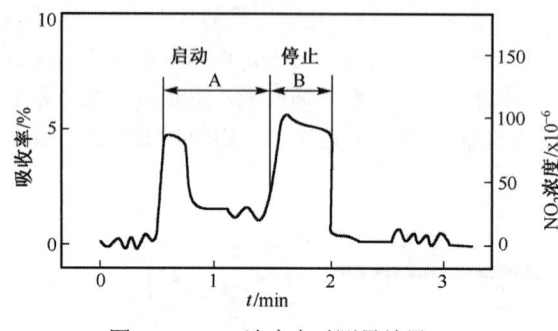
图 6.83 NO_2 浓度实时测量结果

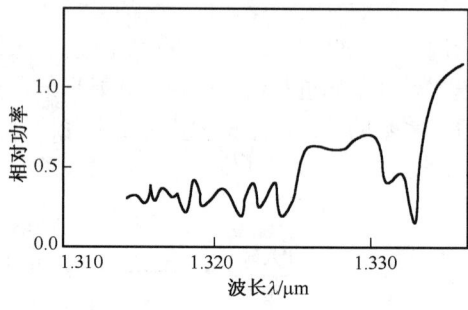
图 6.84 CH_4 浓度为 6.5%时的 CH_4–N_2 混合气体测量结果

（4）光纤 NH_3（氨气）气敏传感器

光纤 NH_3 气敏传感器的探头结构如图 6.85 所示。将指示剂直接溶于内充液中，且被吸附于阴离子交换膜上，敏感膜固定于光纤末端并置于内充液中。用聚四氟乙烯防水膜密封。疏水性透气膜将内充液密封在 PVC 外套管与光纤末端形成的空腔内，用固定螺钉调节光纤末端与透气膜之间充液层的厚度。透气膜采用疏水性好的聚四氟乙烯（PTFE）微孔过滤膜，既能把内充液与样品溶液分开，又能使 NH_3 的极性气体透过。气体穿过透气膜进入探头使探头内部电解质溶液的 pH 发生变化，从而改变了内充液中指示剂的共轭酸碱异构体的浓度比。

在双探头结构的光纤传感器中是由两束光经不同的光纤、不同路径传输的，由光纤本身或光路上的变化造成的漂移将无法补偿。用双光束补偿光学系统可以实现更好的补偿，如图 6.86 所示。两个 LED 发出的光经过半透半反镜和透镜系统以同样的平行光束馈送到入射光纤，来自探头的信号经出射光纤直接由光电二极管接收。这样，参比光和信号光经过的路径相同，补偿了光路上的变化。整个系统结构紧凑，光学布局合理，所用器件便宜，检测灵敏度高，检测限达几 mol/L 级。

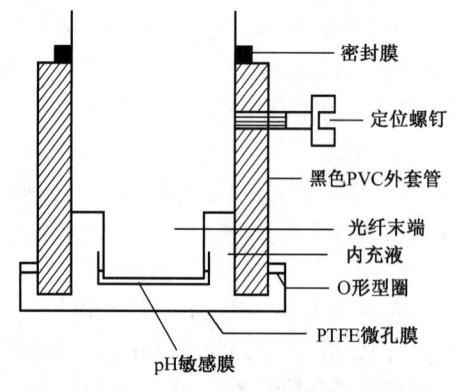
图 6.85 光纤 NH_3 气体传感器的探头结构

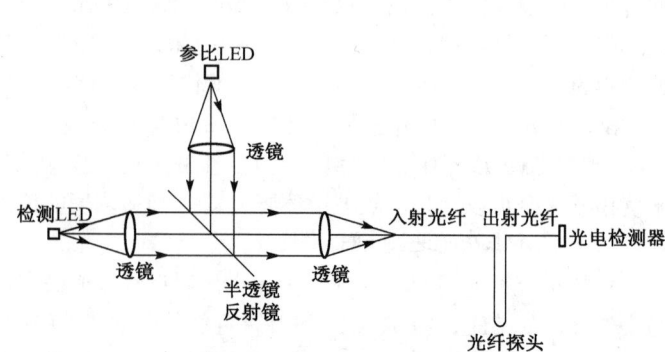
图 6.86 双光束光学系统示意图

习 题

1. 什么是光电效应？光电效应有哪几种？什么是外光电效应、内光电效应、光电导效应、光生伏特效应？光生伏特效应又有哪几种？
2. 试比较光敏电阻、光电池、光敏二极管和光敏三极管的性能差异，给出在什么情况下应选用哪种器件最为合适的评述。试分别使用光敏电阻、光电池、光敏二极管和光敏三极管设计一种适合 TTL 电平输出的光电开关电路，并叙述其工作原理。
3. 试述外光电效应的光电倍增管的工作原理。若单位时间入射到单位面积上的光子为 10 个（一个光子等效于一个电子电量），光电倍增管共有 16 个倍增极，输出阳极电流为 20A，且 16 个倍增极二次发射电子系数按自然数的平方递增，试求光电倍增管的电流放大倍数和倍增系数。
4. 试述电荷耦合器件的工作原理。
5. 试述光纤的结构和传光原理。光纤传感器有哪些类型？它们之间有什么区别？
6. 光电倍增管产生暗电流的原因是什么？如何减小或消除？
7. 光敏三极管与普通三极管有什么异同？
8. 如何实现线型 CCD 电荷的四相定向转移？试画出定向转移图。

第7章 声敏传感器

7.1 声波的基本性质

机械振动在空气中的传播称为声波，更广泛地将物体振动发生的并能通过听觉产生印象的波都称为声波，人耳可闻的声波频率范围为20Hz～20kHz；而超过可听声频率范围的声波（即超过20kHz）称为超声波，超声波具有很好的定向性和贯穿能力。

声波是一种机械波，将理想流体媒质中声振动传播的方向与质点振动方向一致的声波称为纵声波，与质点振动方向垂直的声波称为横声波。传播声波的连续媒质可以视为由许多紧密相连的微小体积元dV组成的物质系统，体积元内的媒质可以视为集中在一点，质量等于ρdV的质点（ρ为媒质的密度）。在平衡状态时系统可以用体积V_0（或密度ρ_0）、压强P_0和温度T_0等状态参数来描述，此时组成媒质的分子在不停地运动着，在时间t内体积元中流入的质量和流出的质量相同，即质量不变。例如，有声波作用时，在组成媒质微粒的杂乱运动中附加上一个有规律的运动，使得体积元内有时流入的质量大于流出的质量，有时又反过来，即体积元内媒质一会儿稠密，一会儿稀疏，所以声波的传播过程实际上是媒质内稠密和稀疏的交替过程，可以用体积元内压强、密度、温度和质点的速度等变化量来描述。一般将单位体积内的声能量称为声能密度，单位为焦每立方米（J/m^3）。将单位时间内通过垂直于声传播方向面积s的平均声能量称为平均声能量流或平均声功率，单位为W。将单位时间内通过垂直于声传播方向的单位面积的平均声能量称为平均声能量流密度或声强。声强也可以用单位时间、单位面积的声波向前进方向毗邻媒质所做的功表示。声强的单位是瓦每平方米（W/m^2）。通常人们讲话的声功率只有10^{-5}W左右，而强力火箭的噪声声功率高达10^9W，二者相差十几个数量级，所以使用对数标度要比绝对标度方便，声学中普遍用对数来度量声压和声强，称为声压级和声强级，其单位用分贝（dB）表示。

7.1.1 声压及其描述

设体积元受声扰动后压强由p_0变为p，则由声扰动产生的逾量压强（简称逾压，$p = p - p_0$）就称为声压。因为声传播过程中，同一时刻不同体积元内的压强p都不同，同一体积元的压强p又随时间变化，所以声压p是空间和时间的函数。同样，由声扰动引起的密度变化量也是空间和时间的函数，此外，通过声压的测量可以间接求得媒质质点的振动速度等其他物理量，所以声压成为普遍地描述声波性质的物理量。

将存在声压的空间称为声场，声场中某一瞬时的声压值称为瞬时声压，在一定时间间隔中最大的瞬时声压值称为峰值声压或巅值声压。如果声压随时间的变化是简谐规律的，则峰值声压就是声压的振幅，瞬时声压对时间取均方根的值称为有效声压p_e。

$$p_e = \sqrt{\frac{1}{T}\int_0^T p^2 dt} \tag{7.1}$$

式中，T为取平均的时间间隔，可以是一个周期或比周期大很多的间隔。

声压的大小反映了声波的强弱，其单位为帕（Pa），$1Pa = 1N/m^2$。一般电子仪表测得的往往是有效声压，人们习惯上将其称为声压。人耳对1kHz声压的可听阈（即刚刚能觉察到它的存在时的声压）约为2×10^{-5}Pa，微风轻轻吹动树叶的声音约为2×10^{-4}Pa，在房间高声谈话的声压（相距1m处）为0.05～0.1Pa，交响乐演奏声压（相距5～10m处）约为0.3Pa，飞机的强力发动机发出的声压（相距5m处）约为10^2Pa。

声压随空间位置的变化和随时间的变化之间联系的数学表达式就是声波动方程。理想流体媒质的3个基本方程如下。

有声扰动时的运动方程描述了声场中压强（声压）p与质点速度v之间的关系，即

$$\rho \frac{dv}{dt} = -\frac{\partial p}{\partial x} \tag{7.2}$$

式中，ρ为媒质密度；v为质点振速；p为声压。

声场中媒质的连续性方程描述了媒质质点速度v与密度ρ之间的关系，即

$$-\frac{\partial}{\partial x}(\rho v) = \frac{\partial \rho}{\partial t} \tag{7.3}$$

有声扰动时的物态方程，即声场中压强p的微小变化与密度ρ的微小变化之间的关系为

$$dp = \left(\frac{dp}{d\rho}\right)_s d\rho \tag{7.4}$$

式中，下标s为绝热过程。由于媒质被压缩时压强和密度都增加，膨胀时二者都降低，则系数$\left(\frac{dp}{d\rho}\right)_s$恒大于0，用$c^2$表示，即$c^2 = \left(\frac{dp}{d\rho}\right)_s$。实际上，$c$代表声振动在媒质中的传播速度。对于平衡态时的理想气体为

$$C_0^2 = \left(\frac{dp}{d\rho}\right)_{s,0} = \frac{\gamma P_0}{\rho_0}$$

式中，c_0为0℃时声振动的传播速度。

若气体是空气，$\gamma = 1.402$，温度为0℃的标准大气压$P_0 = 1.013$N/cm^2，$\rho = 1.293$kg/m^2，可计算得$c_0 = 331.6$m/s。对于平衡态时的一般流体为

$$C_0^2 = \left(\frac{dp}{d\rho}\right)_{s,0} = \frac{1}{\beta_s \rho_0}$$

式中，β_s为绝热体积压缩系数。

上述结论来源于声学物理，由于篇幅所限本书不做详细推导，直接引用结论。

7.1.2 声功率和声强

当声波传播到原来静止的媒质时，一方面质点在平衡位置附近来回振动，使媒质具有了振动动能，同时媒质中产生了压缩和膨胀过程，使媒质具有了形变位能，两部分之和就是声扰动使媒质得到的能量。声扰动传播走了，声能量也随着转移，可以说声波的过程就是声能量的传播过程。由于篇幅所限本书对以下公式不做详细推导，直接引用结论。

体积元V_0中总的声能量为动能ΔE_K和势能ΔE_P之和，即

$$\Delta E = \Delta E_K + \Delta E_P = \frac{V_0}{2}\rho_0\left(v^2 + \frac{1}{\rho_0^2 c_0^2}p^2\right) \tag{7.5}$$

单位体积内的声能量称为声能密度ε，即

$$\varepsilon = \frac{\Delta E}{V_0} = \frac{1}{2}\rho_0\left(v^2 + \frac{1}{\rho_0^2 c_0^2}p^2\right) \tag{7.6}$$

若声波为平面波，则

$$\varepsilon = \frac{p_A^2}{\rho_0 c_0^2}\cos^2(\omega t - kx) \tag{7.7}$$

式中，ω 为声源简谐振动的角频率；$k = \frac{\omega}{c_0} = \frac{1}{\lambda}$ 为波数。

将 ε 对一个周期取平均就得到平均声能密度值，即

$$\bar{\varepsilon} = \frac{1}{T}\int_0^T \varepsilon \mathrm{d}t = \frac{p_A^2}{2\rho_0 c_0^2} = \frac{p_e^2}{\rho_0 c_0^2} \tag{7.8}$$

式中，p_A 为声压幅值；$p_e = p_A/\sqrt{2}$ 为有效声压。由于声压幅值不随位置改变，因此对于理想媒质中的平面声场，平均声能密度处处相等。

将单位时间内通过垂直于声传播方向面积 S 的平均声能量称为平均声能量流或平均声功率，即 $\overline{W} = \bar{\varepsilon}C_0 S$，单位为 W。将单位时间内通过垂直于声传播方向的单位面积的平均声能量称为平均声能量流密度或声强，即

$$I = \bar{\varepsilon}\ C_0 S \tag{7.9}$$

声压级（SPL）定义为待测有效声压 p_e 与参考声压 p_{ref} 比值的常用对数的 20 倍，即

$$\text{SPL} = 20\lg\frac{p_e}{p_{\text{ref}}}(\text{dB}) \tag{7.10}$$

通常，空气中的参考声压取人耳能觉察的阈声压，即 2×10^{-5}Pa，低于这一声压值的声音人耳就听不见了，阈声压的声压级为 0dB。在房间中高声谈话声（相距 1m 处）为 68～74dB，飞机强力发动机的声音（相距 5m 处）约为 140dB，通常人耳对声音强弱的分辨能力大于 0.5dB。

声强级 SIL 定义为待测声强 I_e 与参考声强 I_{ref} 比值的常用对数的 10 倍，即

$$\text{SIL} = 10\lg\frac{I_e}{I_{\text{ref}}} \tag{7.11}$$

声压级与声强级的关系式为

$$\text{SIL} = 10\lg\frac{I_e}{I_{\text{ref}}} = 10\left(\frac{p_e^2}{\rho_0 C_0}\cdot\frac{400}{p_{\text{ref}}^2}\right) = \text{SPL} + 10\lg\frac{400}{\rho_0 c_0} \tag{7.12}$$

如果测量时恰好 $\rho_0 C_0 = 400$，SIL = SPL；在一般情况下，声强级与声压级相差一个修正项，且它通常很小。

7.1.3 声波的反射、折射、透射和吸收

声波在传播过程中常常会遇到各种各样的障碍物，会有一部分声波反射回来，同时也有一部分声波会透射过去。声波在分界面上的反射和透射的大小仅决定于媒质的特性阻抗。由于篇幅所限本书对以下公式不做详细推导，直接引用结论。

当平面声波垂直从媒质 I 入射到媒质 II 的界面上时，反射波声压 p_{rA} 与入射波声压 p_{iA} 之比 γ_p、反射质点速度 v_{rA} 与入射波质点速度 v_{iA} 之比 γ_v、透射波声压 p_{tA} 与入射波声压 p_{iA} 之比 t_p、透射波质点速

度 v_{tA} 与入射波质点速度 v_{iA} 之比 t_v 分别为

$$\gamma_p = \frac{p_{rA}}{p_{iA}} = \frac{R_2 - R_1}{R_2 + R_1} = \frac{R_{12} - 1}{R_{12} + 1} \tag{7.13}$$

$$\gamma_v = \frac{v_{rA}}{v_{iA}} = \frac{-R_2 + R_1}{R_2 + R_1} = \frac{-R_{12} + R_1}{R_{12} + 1} \tag{7.14}$$

$$t_p = \frac{p_{tA}}{p_{iA}} = \frac{2R_2}{R_2 + R_1} = \frac{2R_{12}}{R_{12} + 1} \tag{7.15}$$

$$t_v = \frac{v_{tA}}{v_{iA}} = \frac{2R_1}{R_2 + R_1} = \frac{2}{R_{12} + 1} \tag{7.16}$$

式中，$R_1 = \rho_1 c_1$ 和 $R_2 = \rho_2 c_2$ 分别为媒质Ⅰ和媒质Ⅱ的特性阻抗，$R_{12} = R_2/R_1$，$R_{21} = R_1/R_2$。

由此可见，声波在分界面上的反射和透射的大小仅决定于媒质的特性阻抗。当 $R_2 = R_1$ 时，$\gamma_p = \gamma_v = 0$，$t_p = t_v = 1$，表明没有反射，即全部透射，即只要两种媒质的特性阻抗相同，它们之间的分界面就像不存在一样。当 $R_2 > R_1$ 时，媒质Ⅱ比媒质Ⅰ在声学性质上更"硬"，这种界面称为硬界面，$\gamma_v < 0$，反射波质点的速度与入射波质点的位相改变 180°。当 $R_2 < R_1$ 时，媒质Ⅱ比媒质Ⅰ在声学性质上更"软"，这种界面称为软界面，$\gamma_p < 0$，反射波的声压与入射波的声压相位改变 180°。当 $R_2 \gg R_1$ 时，$\gamma_p \approx 1$，$\gamma_v \approx -1$，$t_v \approx 0$，$t_p \approx 2$，入射波质点碰到分界面后完全弹回媒质Ⅰ，反射波质点的速度与入射波质点的速度大小相等，相位相反，界面上合成质点速度为 0。反射波声压与入射波声压大小相等，相位相同，界面上合成声压为入射声压的 2 倍。实际上发生的是全反射，在媒质Ⅰ中叠加形成驻波，分界面为速度波节和声压波腹，媒质Ⅱ中没有声波传播。

当平面声波斜入射时会出现反射和折射，反射波与折射波的大小不仅与分界面两边媒质的特性阻抗有关，而且与声波的入射角有关。当入射角为 θ_i、反射角为 θ_r、折射角为 θ_t 时，它们之间的关系满足著名的斯涅尔声波反射与折射定律，即

$$\theta_i = \theta_r \tag{7.17}$$

$$\frac{\sin \theta_i}{\sin \theta_t} = \frac{c_1}{c_2} \tag{7.18}$$

分界面上反射波声压与入射波声压之比 γ_p、透射波声压与入射波声压之比 t_p 分别为

$$\gamma_p = \frac{p_{rA}}{p_{iA}} = \frac{Z_2 - Z_1}{Z_2 + Z_1} \tag{7.19}$$

$$t_p = \frac{p_{tA}}{p_{iA}} = \frac{2Z_2}{Z_2 + Z_1} \tag{7.20}$$

式中，$Z_1 = \frac{p_i}{v_{ix}} = \frac{\rho_1 c_1}{\cos \theta_i}$ 和 $Z_2 = \frac{p_t}{v_{tx}} = \frac{\rho_2 c_2}{\cos \theta_t}$ 分别为入射波和折射波的声压与相应质点速度的法向分量的比值，称为法向声阻抗率，它既与媒质特性阻抗有关，又与声波传播方向有关。

若测量透过一定厚度 D 的媒质的声强，将透射波声强与入射波声强之比定义为声强透射系数，即

$$t_I = \frac{I_t}{I_i} = \frac{|p_{tA}|^2/2\rho_1 c_1}{|p_{iA}|^2/2\rho_2 c_2} = \frac{4}{4\cos^2 k_2 D + (R_{12} + R_{21})^2 \sin^2 k_2 D} \tag{7.21}$$

式中，$k_2 = \frac{\omega}{c_2} = \frac{1}{\lambda_2}$。

反射波声强与入射波声强大小之比称为声强反射系数，即

$$\gamma_I = \frac{I_r}{I_i} = \frac{|p_{rA}|^2/2\rho_1 c_1}{|p_{iA}|^2/2\rho_2 c_2} = 1 - t_I \tag{7.22}$$

式（7.21）和式（7.22）表明，声波通过中间层时的反射波和透射波的大小，不仅与两种媒质的特性阻抗有关，而且与中间层的厚度与波长之比 D/λ_2 有关。

声波在非理想媒质中传播时，会出现声波随距离而逐渐衰减的物理现象，产生声能变为热能耗散的过程。将这种耗散称为媒质中的声衰减或声波的吸收。引起媒质声吸收的原因很多。在纯媒质中，媒质的黏滞、热传导和媒质的微观过程引起的弛豫效应等都会引起声吸收；在非纯媒质中，如空气中的灰尘粒子对媒质做相对运动的摩擦损耗和声波对粒子的散射引起附加的能量耗散是声吸收的主要原因。

两列声波合成声场的声压等于每列声波的声压之和，这就是声波的叠加原理。两列具有相同频率、固定位相差的声波叠加时会发生干涉现象，且合成声压仍然是相同频率的声振动，但合成的振幅与两列声波的振幅和位相差都有关。若两列声波的频率不同，即使具有固定的位相差也不可能发生干涉现象。

7.2 声敏传感器

声敏传感器是一种将在气体、液体或固体中传播的机械振动转换为电信号的器件或装置，它用接触或非接触的方法检出信号。本书中声敏传感器主要是指人耳可闻的声波传感器，在现实应用中主要是各种传声器。下面对主要的声敏传感器原理进行简要介绍，其应用主要是针对不同实际运用场合设计的专用传感器。

7.2.1 电阻变换型声敏传感器

按照转换原理可将这类传感器分为接触阻抗型和阻抗变换型两种。接触阻抗型声敏传感器的一个典型实例是碳粒式送话器，其工作原理图如图 7.1 所示，当声波经空气传播至膜片时，膜片产生振动，使膜片和电极之间碳粒的接触电阻发生变化，从而调制通过送话器的电流，该电流经变压器耦合至放大器经放大后输出。阻抗变换型声敏传感器是由电阻丝应变片或半导体应变片粘贴在膜片上构成的，当声压作用在膜片上时膜片产生形变，使应变片的阻抗发生变化，检测电路将这种变化转换为电压信号输出从而完成声—电的转换。图 7.2 所示为小型碳粒送话器实物照片。

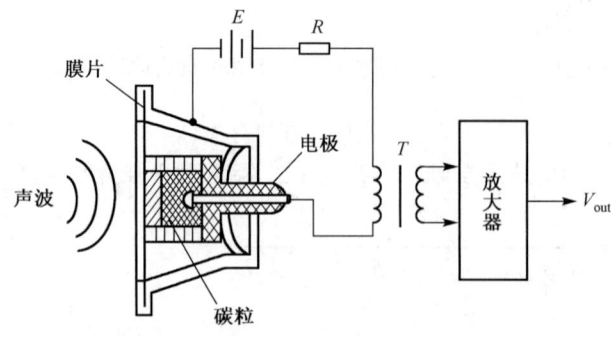

图 7.1 碳粒式送话器的工作原理图

图 7.2 小型碳粒送话器

7.2.2 压电声敏传感器

压电声敏传感器是利用压电晶体的压电效应制成的。图 7.3 所示为压电声敏传感器的结构图。压电晶体的一个极面和膜片相连接，当声压作用在膜片上使其振动时，膜片带动压电晶体产生机械振动，压电晶体在机械应力的作用下产生随声压大小变化而变化的电压，从而完成声—电的转换。压电声敏传感器可广泛用于水声器件、微音器和噪声计等方面。图 7.4 所示为典型压电送话器实物照片，图 7.5 所示为压电微音器电路图。

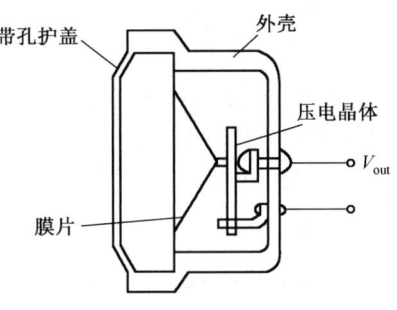

图 7.3 压电声敏传感器结构图

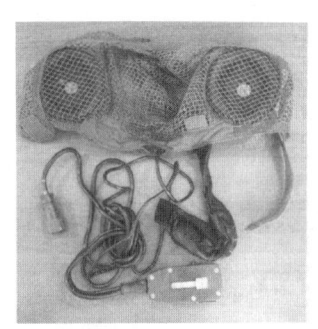

图 7.4 典型压电送话器

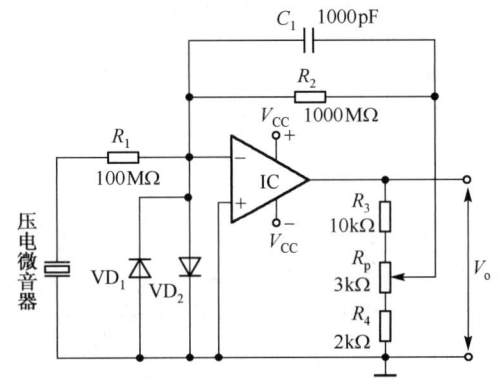

图 7.5 压电微音器电路图

7.2.3 电容式声敏传感器（静电型）

图 7.6 所示为电容式送话器的结构示意图。它由膜片、外壳及固定电极等组成，膜片为一片质轻而弹性好的金属薄片，它与固定电极组成一个间距很小的可变电容器。当膜片在声波作用下振动时，膜片与固定电极间的距离发生变化，从而引起电容量的变化。如果在传感器的两极间串接负载电阻 R_L 和直流电流极化电压 E，在电容量随声波的振动变化时，在 R_L 的两端就会产生交变电压。

电容式声敏传感器的输出阻抗呈容性，由于其容量小，在低频情况下容抗很大，为保证低频时的灵敏度，必须有一个输入阻抗很大的变换器与其相连，经阻抗变换后，再由放大器进行放大。图 7.7 所示为电容式送话器实物图。

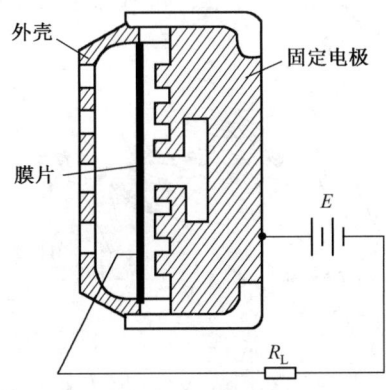

图 7.6 电容式送话器结构示意图

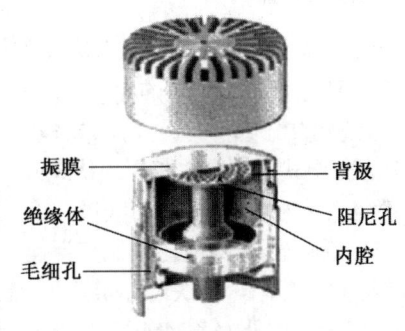

图 7.7 电容式送话器实物图

7.2.4 音响传感器

音响传感器有将声音载于通信网的电话话筒,是将可听频带范围(20Hz~20kHz)的声音真实地进行电变换的放音、录音话筒,从媒质所记录的信号还原成声音的各种传感器等。根据不同的工作原理(有电磁变换、静电变换、电阻变换和光电变换等),可制成多种音响传感器。下面介绍几种音响传感器。

1. 驻极体话筒

驻极体是以聚酯、聚碳酸酯和氟化乙烯树脂作为材料的电介质薄膜,使其内部极化,并将电荷固定在薄膜的表面。将薄膜的一个面做成电极,如图 7.8 所示,与固定电极保持一定的间隙 d_0,并配置于固定电极的对面。在薄膜的单位电极表面上所感应的电荷为

$$Q = \frac{\varepsilon_1 d_0 \sigma}{\varepsilon_1 d_0 + \varepsilon_0 d_1} \tag{7.23}$$

$$Q = \frac{\varepsilon_1 d_1 \sigma}{\varepsilon_1 d_0 + \varepsilon_0 d_1} \tag{7.24}$$

式中,ε_0、ε_1 分别为各部分的介电常数;σ 为电荷密度。

设图 7.8 中系统的合成电容为 C 时,驻极体膜片(或固定电极)以角频率 ω 振动,若 $R \gg \omega C$,则来自外部的电荷不能移动,从而在电极间产生电位差,即

$$V = \frac{d_0}{\varepsilon_0} \sin \omega t = \frac{\sigma d_1}{\varepsilon_1 d_0 + \varepsilon_0 d_1} \sin \omega t \tag{7.25}$$

式(7.25)表明输出电压与位移成比例,即短路电流与振动速度成比例。驻极式话筒体积小,重量轻,多用于电视讲话节目方面。图 7.9 所示为驻极体声—电传感器实物图。

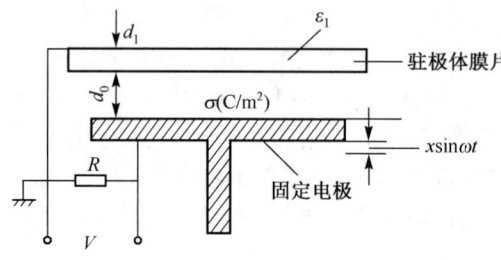

图 7.8 驻极体话筒的结构示意图　　图 7.9 驻极体声—电传感器实物图

2. 录音拾音器

录音拾音器由机—电变换部分和支架构成,它可以检测在录音机 V 形沟槽中记录的上下、左右振动。拾音器芯大致可分为速度比例式(分为电动式和电磁式)与位移比例式(分为静电式、压电式和半导体式)。在拾音器芯片的线圈中都包含有磁芯,由振动线圈本身交链磁通的变化($d\varphi/dt$)产生输出电压,其磁芯材料广泛使用合金材料。电磁式有动磁式(MM 型)、动铁式(MI 型)、磁感应式(IM 型)和可变磁阻式等。国外大多 MM 型结构的示意图如图 7.10 所示,随着磁铁移动速度的变化,从被固定的线圈左、右端子即可获得输出结果。

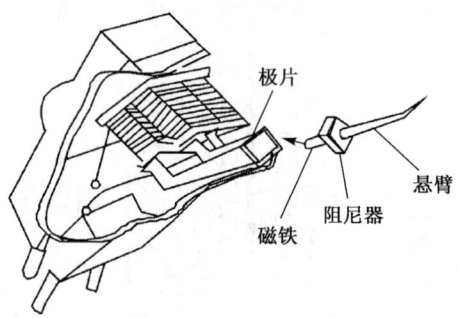

图 7.10 MM 型拾音器芯

3. 动圈式传声器

动圈式传声器的结构如图 7.11 所示。主要由振动膜片、音圈、永久磁铁和升压变压器等组成。工作原理是对着传声器讲话时，膜片就随着声音前后颤动，从而带动音圈在磁场中做切割磁力线的运动。根据电磁感应原理，在线圈两端就会产生感应音频电动势，从而完成了声电转换。由于线圈的圈数很少，因而在输出端还接有升压变压器，以提高输出电压。图 7.12 所示为动圈式传声器的工作实物图。

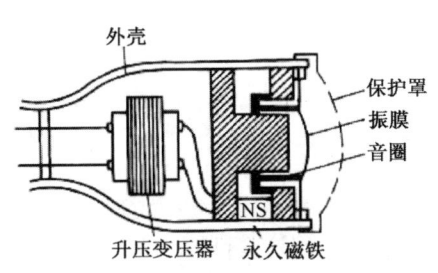

图 7.11 动圈式传声器的结构

图 7.12 动圈式传声器的工作实物图

4. 医用音响传感器

为了诊断疾病，通常采用检测体内诸器官所发出的声音，如心脏的跳动声、心杂音、由血管的狭窄部分所发出的杂音、伴随着呼吸的支气管与肺膜发出的声音、肠杂音、胎儿心脏的跳动声等。用于检测身体内所发出的各种声音的传感器有以下几种。

（1）心音计

检测向胸腔壁传播的心脏跳动声、心脏杂音的信号，并通过放大器和滤波器加以组合，就可获得胸部的特定部位随时间而变化的波形，根据波形的形状进行诊断。心音变换器有空气传导式和直接传导式两种。空气传导式由气室与一般的传感器组合而成，易于使用，但输出小，还易于受到周围杂音的干扰。直接传导式分为加速度型、悬挂型、放置型三种，如图 7.13 所示。直接传导式必须与胸腔壁接触，通过胸腔壁上心音的伸缩振动，可在薄膜厚度方向输出电压。但是输出信号与接触部分的面积和重量有关，即使对同一被检测者来说，接触面积和重量不同，其响应也不一样。

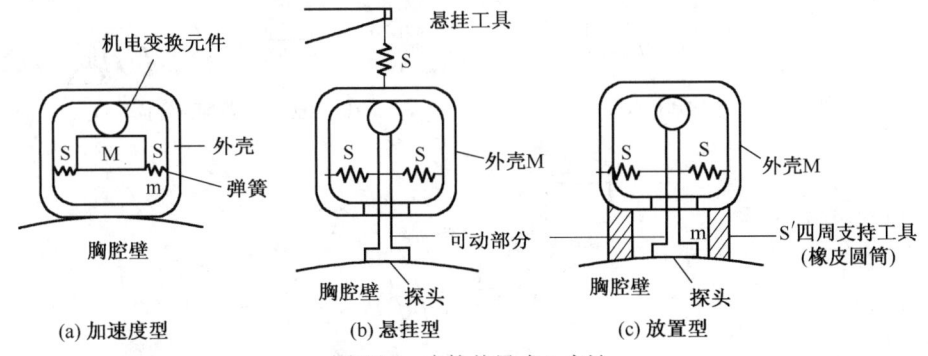

图 7.13 直接传导式心音计

（2）心音导管尖端式传感器

心音导管尖端式传感器是将压力检测元件配置在心音导管端部的、小型的探头形的传感器，用于测定血压、检测心音和心杂音的发生部位。压力检测元件可使用电磁式、应变片（电阻丝和半导体）式、压电陶瓷式等，其工作原理是用光导纤维束来传输光，将端部压力元件（振动片）的位移由振动片反射回来，从而引起光量的变化，然后由光量变化读出压力值，如图 7.14 所示。

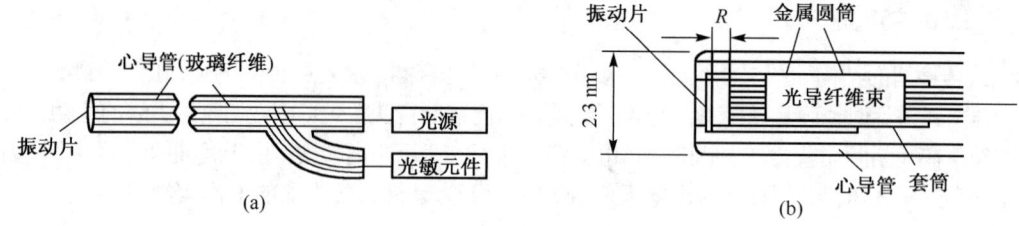

图 7.14 心音导管尖端式传感器

7.3 水声传感器

电磁波在水中传播时衰减很大，所以雷达和无线电设备不能有效地完成水下观察、通信和探测的任务，但是利用声波能在水中传播的特性，借助于水声设备可以实现这些目的。

通常，水声设备可以分为两大部分：一是电子设备，用于产生、放大、接收和指示电信号，它包括发射机、接收机、信号处理器和显示器等多种电子设备；二是声系统，用于电—声信号的相互转换，它是由水声接收器或按照一定规律排列的换能器矩阵组成的，如图 7.15 所示。

随着水文物理研究的不断深入，电子技术、信号处理和换能器技术的不断发展，水声设备的进展极为迅速。目前，海洋的开发和利用正越来越引起人们的重视，水声设备也越来越普遍地应用于海洋地质地貌探测、海事工程，以及救捞、渔业生产及水中目标物的探测与识别等方面。

由于多晶压电陶瓷的出现和在水声方面的应用取得了重大的进展，水声用的压电陶瓷材料迅速地进入了商品化。这类材料要求在大功率驱动下损耗要小，承受的功率密度要大，对稳定性的要求就更为突出。压电陶瓷的参数是时间、温度、应力和电场等多种因素的函数，就水声换能器而言，尤其如此。随着低频大功率及深水换能器的发展和应用，开展对材料参数随静压力的变化、材料参数随电功率密度的变化、材料参数随时间或温度的变化等问题的研究，是换能器设计者十分关心的问题。

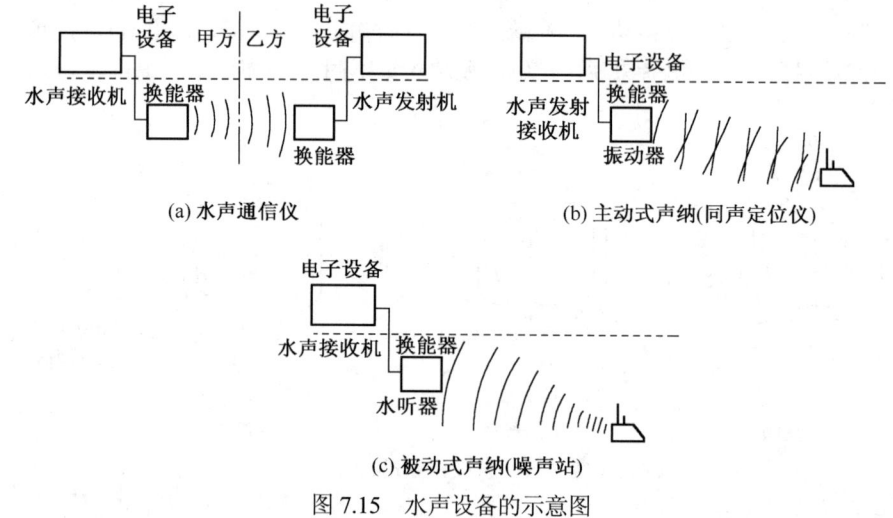

图 7.15 水声设备的示意图

7.3.1 水声传感器的性能指标

压电式换能器是目前水声技术领域应用最广泛的一类换能器。水声换能器的性能指标主要有工作频率、机电耦合系数、机电转换系数、品质因数、频率特性、阻抗特性、方向特性、振幅特性、发射灵敏度、接收灵敏度、发射器功率、温度和时间稳定性、机械强度及质量等。对做发射用的换能器与做接收用的换能器，有不同的指标要求。

1. 发射换能器主要技术指标

（1）发射声功率

发射声功率是标志发射器在单位时间内向介质辐射声能大小的物理量。发射声功率一般随工作频率而变化，在其机械谐振频率下可获得最大的发射声功率。根据用途不同，水声换能器的发射声功率一般在几瓦至几十千瓦。目前发射换能器正向着低频大功率和高可靠性的方向发展。

（2）发射效率

作为能量传输网络，效率的概念有三个，即机电效率、机声效率和电声效率。机电效率是指换能器中将电能转换为机械能的效率，它等于机械振动系统所取得的全部有功功率与输入换能器的总信号电功率之比；机声效率是指换能器的机械振动系统将机械能转换为声能的效率，它等于发射器的发射功率与机械振动系统所消耗的有用机械功率之比；电声效率是指换能器中将电能转换为声能的总效率，它等于发射声功率与输入换能器的总信号电功率之比。所以，换能器的电声效率等于它的机电效率与机声效率的乘积。换能器的效率与换能器的类型、结构和材料等多方面的因素有关，且与工作频率有关。一般来说，压电换能器的电声效率最高可达90%以上，一般在40%～75%之间；磁致伸缩换能器的电声效率很低，一般在20%～60%之间。

（3）发射器的灵敏度

发射器的灵敏度有电压灵敏度和电流灵敏度之分，是在换能器测量中常用的一个指标。发射电压灵敏度是指在给定的方向上，离发射器有效声中心1m处所产生的声压与输入端的信号电压的比值。发射电流灵敏度是指在某一指定方向上，离发射器有效声中心1m处所产生的声压与输入端的工作电流的比值。在不同的方向上，距发射器的有效声中心均为1m远时所产生的声压大小是不同的，通常在测量换能器的性能时，都是测量换能器轴线方向上1m远处的声压与输入电流之比，它的单位为Pa/A。发射换能器的指标还有很多，如发射器表面的振幅分布和非线性失真系数等。

2. 接收换能器主要技术指标

（1）接收器的灵敏度

接收器的灵敏度与发射换能器中一样，有电压灵敏度和电流灵敏度之分。电压灵敏度即自由场电压响应，是指接收器的输出电压与在声场中引入换能器前该点的自由声场的声压的比值。接收电压灵敏度的单位为mV/0.1Pa或V/0.1Pa，有时也用分贝（dB）表示。目前，一般水声换能器的接收灵敏度为$10^{-3}\sim 10^{2}$mV/0.1Pa，即40～60dB。电流灵敏度即自由场电流响应，是指接收器的输出电流与声场中引入接收器前该点的自由声场的声压的比值。

（2）接收器的振幅特性

振幅特性是指当所接收的声信号的幅度从小逐渐增大时，相应的信号电压幅度的变化。图7.16所示为接收器的输出电压U与自由声压P_0的振幅特性曲线。从图7.16中可以看出，在小信号接收情况下，接收器可以有良好的线性转换关系，很容易求出线性部分的接收电压灵敏度；而到大信号接收情况时，则非线性转换关系就比较显著了。

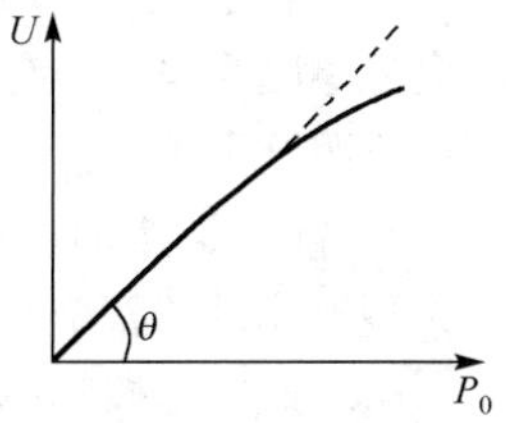

图7.16　接收器的振幅特性

3. 发射、接收及收发兼用的水声换能器共同的技术指标

（1）工作频率

对换能器工作频率的选取应该与整个水声设备的工作频率相适应。对发射用的换能器而言，工作

频率一般都选取在其本身的谐振基频上。这样可以获得最佳工作状态，取得最大的发射功率和效率。一般主动式声呐换能器的工作频率在几千赫到几十千赫之间，而对专做接收用的被动式声呐换能器（即水听器），其工作频率一般要求有一个较宽的频带，以保证换能器能有平坦的接收特性。

（2）频率特性

换能器的一些重要指标参数均参照其随工作频率变化的特性，例如，接收用的换能器要看它的灵敏度随工作频率的变化特性，一般都希望它的曲线尽可能平滑些；而对于发射用的换能器，要看它的发射功率和效率随工作频率变化的特性；对不同用途的换能器要提出不同的频率特性要求。

（3）机电耦合系数

所谓换能器的机电耦合系数 K，是指换能器在能量转换过程中能量相互耦合程度的一个物理量，其定义为

$$K^2 = \frac{\text{机械振动系统因"力效应"获得的交变机械能}}{\text{电磁系统所储存的交变电磁能}} \quad \text{（对发生器）} \tag{7.26}$$

$$K^2 = \frac{\text{电磁系统因"电效应"获得的交变电磁能}}{\text{机械振动系统因声场信号作用而储存的交变机械能}} \quad \text{（对接收器）} \tag{7.27}$$

对各种具体形式的换能器，K 均有具体的表达式。在研究压电水声换能器时，人们习惯用 K 来描述和评价其性能。

（4）品质因数

换能器的品质因数 Q_m 值的大小不仅与换能器的材料、结构和机械损耗大小有关，还与其辐射声阻抗有关，所以同一个换能器处于水中与处于空气中的 Q_m 值是不相同的。各种类型的换能器在各种具体振动形式下的 Q_m 值均有不同的计算方法。

（5）阻抗特性

由于换能器在电路上要与发射机的末级回路和接收机的输入电路相匹配，因此求出换能器的等效输入阻抗是很重要的。根据换能器的等效机械图和等效电路图，可以很容易地求出换能器的等效电阻抗和等效机械阻抗。换能器的输入阻抗大小一般为几个欧姆到数千欧姆。

对于换能器，共同要求的指标有很多，如换能器的方向特性、温度稳定性、时间稳定性、机械强度和质量等。

7.3.2 水声传感器用郎之万型换能器

从压电陶瓷材料的机电耦合系数来看，其纵向机电耦合系数为最大，即利用沿极化方向的伸缩振动的效果为最好。

水声传播的频率一般都比较低，如果采用圆柱形压电陶瓷，制得频率为 50kHz 的换能器，其沿极化方向的厚度为 42~45mm。制作厚度很大的电压陶瓷在工艺和技术上都十分困难，而郎之万型换能器可以克服这类困难。

在一片电压陶瓷片两侧（极化方向与厚度方向平行）各黏结一个金属圆柱，就构成了郎之万型换能器，郎之万型换能器的整个厚度等于基波半波长。这种结构的优点在于既利用了压电陶瓷的纵向效应，又利于获得较低的谐振频率，而且阻抗也可做得比较低。郎之万型换能器的温度系数很小，换能器在负载情况下的 Q_m 值随金属圆柱的材料不同而改变；当使用钢之类相对密度较大的金属圆柱时，Q_m 值将变高；而使用像铝之类的轻金属圆柱时，Q_m 值将下降到用钢圆柱时的 1/2 以下。

郎之万型换能器，实质上是复合棒式的振子。郎之万型换能器的振幅波形如图 7.17 所示，在基波振动时，辐射面中部振幅最大，由中心到四周振幅逐渐衰减；二次谐波振动的情况则相反，辐射面边缘的振幅为最大，而中心部位振幅最小。

最早付诸实施并使用于鱼群探测仪的郎之万型换能器，是由外径为 60mm、厚度为 5mm 的压电陶瓷片与厚度为 14mm 的两个钢柱黏结而成的，质量约为 700g，谐振频率为 50kHz。

当把它作为发射、接收换能器使用时，其实际结构如图 7.18 所示，它用橡胶把换能器与电缆包封起来。声波通过厚度约为 1cm 的透声橡胶向水中辐射信号（橡胶引起的损失仅为 1dB，影响可以忽略）；辐射面以外的换能器部分均用海绵橡胶包封，使声波仅向一个方向辐射。郎之万型换能器的有关参数如表 7.1 所示。

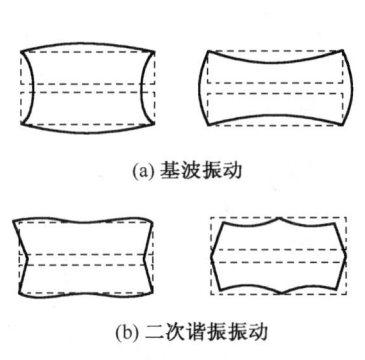

(a) 基波振动

(b) 二次谐振振动

图 7.17 郎之万型换能器的振幅波形

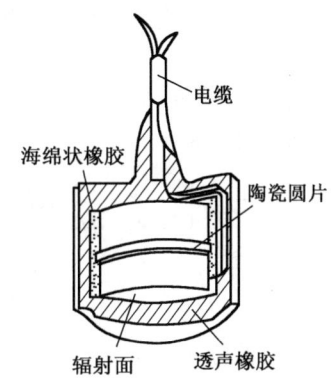

图 7.18 郎之万型换能器的结构

表 7.1 郎之万型换能器的参数

振子情况	f_0/kHz	f_a/kHz	Δf/kHz	V_{ma}/mV	V_d/mV	$k/\%$
裸振子（空气中）	51.10	52.00	0.05	77	2.6	21.0
橡胶包封后（空气中）	51.27	51.81	0.10	22	—	16.3
橡胶包封后（水中）	51.22	52.14	0.16	5.1	—	23.5

7.3.3 海底地貌仪

海底地貌仪也称为侧扫声呐或旁视声呐，是一种高分辨率的海底地貌测量设备。它采用一个长条形基阵，在水平方向内具有很窄的波束宽度（1°～2°），在垂直方向内具有较宽的波束宽度（十多度）。发射几毫秒的声脉冲，记录海底回波。当海底地形起伏时，回波信号的强度产生相应的加强或减弱，从而在记录纸上获得图像。现代的海底地貌仪采用微处理机，修正了声线弯曲和斜距带来的图像的畸变，移去了水深的高度，并可以拼嵌出比较直观完整的海区地貌图。海底地貌仪是一种走航式的遥测仪器，图 7.19 所示为海底地貌仪的工作原理图，能测得航船下方几十米之内的地层剖面图。地层分辨率的理论极限可达 0.1～0.15m。换能器基阵采用两个不同的频率，分别发射和接收左右两侧的声波。每侧探测距离为 750m，每侧的频率分别为 38kHz 和 43kHz，发射功率为 2kW，图像用记录纸记录并保存。

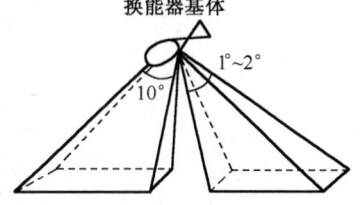

图 7.19 海底地貌仪的工作原理图

它垂直向下发射宽频带声脉冲信号，接收来自不同地层界面的反射，在记录纸上记录下来。为了有利于获得最佳的分辨能力，接收机可采用时变滤波器，使接收机带宽与来自不同深浅的信号频谱相匹配。为了减小发射器的全振对浅海"软底"回波的干扰，接收机中还采用数字余振抵消技术，提高了浅水的探测能力。地层剖面仪还可以同时用作测探仪或海底反射系统的测量。

7.3.4 多普勒计程仪

多普勒计程仪也称多普勒声呐。它在船上装置 2～4 个波束，在船体的前、后、左、右倾斜地向水中发射高频声脉冲，测量每个波束回波的多普勒频移，从而计算得到舰船的航行速度。在仪器性能允许的条件下，它能测得船只对海底的绝对速度；在探测能力不及的海区中，它测出船只相对某一水层的速度。导航计算机利用多普勒声呐的测量结果，可以精确地测出舰船航迹，大型游船往往利用多普勒声呐提供的数据，精确地掌握本船不同部位的运动情况。

图 7.20 所示为多普勒声呐的工作原理图。它给出了一个前后两种波束的多普勒声呐工作方式。

设声呐系统的发射频率为 f_0，向前、后两个波束所接收到的频率分别为 f_F 和 f_A，船速为 v_0，两个波束与垂直方向的斜角为 α，则由多普勒原理可得到

$$f_F = f_0 \frac{v_a + v_0 \sin a}{v_a - v_0 \sin a} \quad (v_a \text{ 为声速}) \quad (7.28)$$

$$f_A = f_0 \frac{v_a - v_0 \sin a}{v_a + v_0 \sin a} \quad (7.29)$$

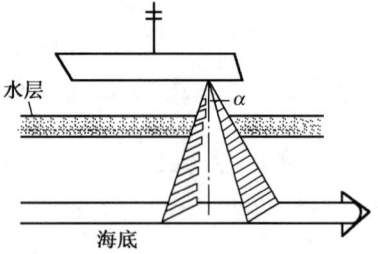

两个波束信号的频率差为

$$\Delta f = f_F - f_A = f_0 \frac{4 v_a v_0 \sin a}{v_a^2 - v_a^2 \sin a} \approx f_0 \frac{4 v_0 \sin a}{v_a} \quad (7.30)$$

图 7.20 多普勒声呐工作原理图

因此，只要测出前后波束接收到的信号频率差，即可得到船速 v_0。

可见，多普勒声呐测速时，其精度与声速 v_a 有关。当声速 v_a 随不同水域而发生变化时，测量就可能出现误差。目前的多普勒声呐都采取措施来补偿声速的误差。

7.3.5 相关计程仪

相关计程仪也称为相关测速声呐，是近几年来出现的一种新型声学计程仪。图 7.21 所示为船用相关测速声呐的原理图。

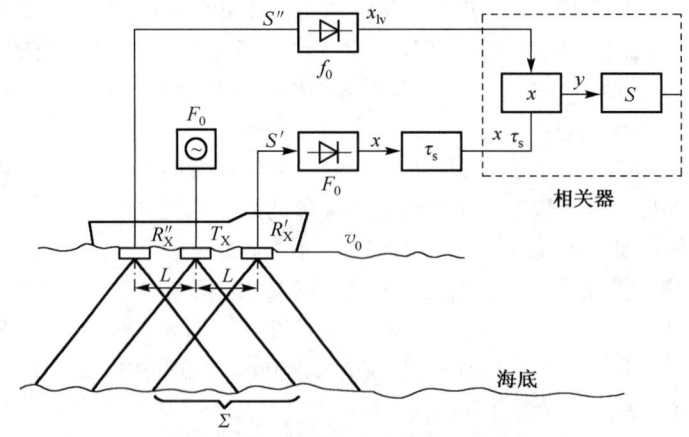

图 7.21 船用相关测速声呐原理图

发射换能器 T_X 和接收换能器 R'_X、R''_X 沿船的首尾方向安装在船底。R'_X 和 R''_X 到 T_X 的距离为 L，T_X 向海底发射频率为 f_0 的等幅连续波，两个接收换能器同时接收到来自海底的散射波。若航船以速度 v_0 向前航行。则 R'_X 接收到的散射信号 $S'(t)$ 可视为一个正弦波被随机信号 $x(t)$ 的调制，即

$$S'(t) = x(t)\sin 2\pi f_0 t \tag{7.31}$$

式中，$x(t)$反映了海底散射的随机起伏性，它是 t 时刻由 R'_X 和 T_X 共同照射的一块海底区域 Σ 所做的贡献。显然，经过一段时间（$\tau = L/v_0$）之后，Σ 将成为 R''_X 和 T_X 的共同照射区域，因此 R''_X 接收到的信号可以写成

$$S''(t) = x(t-\tau_0)\sin 2\pi f_0 t \tag{7.32}$$

接收机使前后通道的接收信号 $S'(t)$ 和 $S''(t)$ 分别通过变频器，给出 $x(t)$ 和 $x(t-\tau_0)$。这时，相关函数为

$$R_{XX} = \frac{1}{T}\int x(t)x(t-\tau)dt \tag{7.33}$$

取得最大值时所对应的 τ 值，从而航船速度 $v_0 = L/\tau$。显然，整个原理与声速无关，而仅与 L 和 τ 的大小有关。

与多普勒计程仪相同，当水域深度较浅时，仪器测出对海底的绝对速度；当水域较深时，仪器可测得相对某一水层的航速。由于相关计程仪测量原理与声波在水介质中的传播速度完全无关，测量精度不受声速变化的影响，因此受到了普遍的重视。

7.4 超声波传感器

7.4.1 超声波及其物理性质

振动在弹性介质内的传播称为波动，简称波。频率在 20Hz～20kHz 之间，能为人耳所听到的机械波，称为声波；低于 20Hz 的机械波，称为次声波；高于 20kHz 的机械波，称为超声波，如图 7.22 所示。当超声波由一种介质入射到另一种介质时，由于在两种介质中传播速度不同，在介面上会产生反射、折射和波形转换等现象。

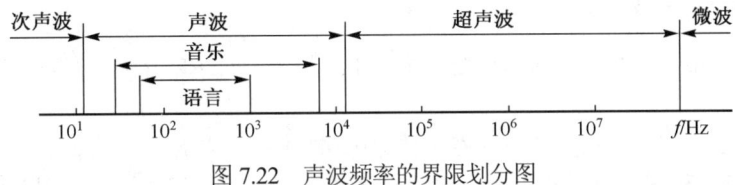

图 7.22 声波频率的界限划分图

1. 超声波的波形及其转换

由于声源在介质中的施力方向与波在介质中的传播方向不同，声波的波形也不同。通常有以下几种。

① 纵波：质点振动方向与波的传播方向一致的波。
② 横波：质点振动方向垂直于传播方向的波。
③ 表面波：质点的振动介于横波与纵波之间，沿着表面传播的波。

横波只能在固体中传播，纵波能在固体、液体和气体中传播，表面波随深度增加衰减很快。

纵波、横波及其表面波的传播速度取决于介质的弹性常数及介质密度，气体中声速为 344m/s，液体中声速为 900～1900m/s。

当纵波以某一角度入射到第二介质（固体）的界面上时，除有纵波的反射、折射外，还发生横波的反射和折射，在某种情况下，还能产生表面波。

2. 超声波的反射和折射

声波从一种介质传播到另一种介质，在两个介质的分界面上一部分声波被反射，另一部分透射过界面，在另一种介质内部继续传播。这样的两种情况称为超声波的反射和折射，如图7.23所示。

由物理学可知，当波在界面上产生反射时，入射角 α 的正弦与反射角 α' 的正弦之比等于波速之比。当波在界面处产生折射时，入射角 α 的正弦与折射角的正弦之比，等于入射波在第一介质中的波速 c_1 与折射波在第二介质中的波速 c_2 之比，即

$$\frac{\sin \alpha}{\sin \beta} = \frac{c_1}{c_2} \quad (7.34)$$

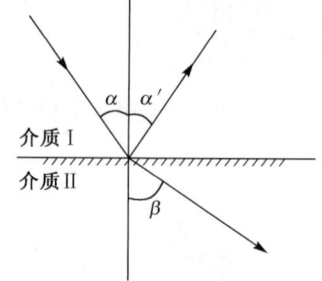

图7.23 超声波的反射和折射

3. 超声波的衰减

声波在介质中传播时，随着传播距离的增加，能量逐渐衰减，其衰减的程度与声波的扩散、散射及吸收等因素有关。其声压和声强的衰减规律为

$$p_x = p_0 e^{-\alpha x} \quad (7.35)$$

$$I_x = I_0 e^{-2\alpha x} \quad (7.36)$$

式中，p_x、I_x 为距声源 x 处的声压和声强；x 为声波与声源间的距离；α 为衰减系数，单位为 Np/m（奈培/米）。

声波在介质中传播时，能量的衰减决定于声波的扩散、散射和吸收，在理想介质中，声波的衰减仅来自于声波的扩散，即随声波传播距离增加而引起声能的减弱。散射衰减是固体介质中的颗粒界面或流体介质中的悬浮粒子使声波散射。吸收衰减是由介质的导热性、黏滞性及弹性滞后造成的，介质吸收声能并转换为热能。

7.4.2 超声波对超声场产生的作用（效应）

超声波在超声场中传播时，会对超声场产生以下几种十分有用的作用（效应）。

（1）机械作用

超声波在传播过程中，会引起介质质点交替地压缩与伸张，构成了压力的变化，这种压力的变化将引起机械效应。超声波引起的介质质点运动，虽然产生的位移和速度不大，但与超声振动频率的平方成正比的质点加速度却很大。有时超过重力加速度的数万倍，这么大的加速度足以造成对介质的强大机械效应，甚至能达到破坏介质的程度。

（2）空化作用

在流体动力学中指出，存在于液体中的微气泡（空化核）在声场的作用下振动，当声压达到一定值时，气泡将迅速膨胀，然后突然闭合，在气泡闭合时产生冲击波，这种膨胀、闭合、振动等一系列动力学过程称为声空化（Acoustic Cavitation）。这种声空化现象是超声学及其应用的基础。

液体形成空化作用与介质的温度、压力、空化核半径、含气量、声强、黏滞性、频率等因素有关。一般情况下，温度高易于空化；液体中含气高、空化阈值低，易于空化；声强高，也易于空化；频率高，空化阈值高，不易于空化。例如，在15kHz 时，产生空化的声强只需要 $0.16 \sim 2.6 \text{W/cm}^2$；而频率在500kHz 时，所需要的声强则为 $100 \sim 400 \text{W/cm}^2$。

在空化中，当气泡闭合时所产生的冲击波强度最大，局部压力可达到上千个大气压，由此足以看出空化的巨大作用和应用前景。

（3）热学作用

如果超声波作用于介质时被介质所吸收，实际上也就是有能量吸收。同时，由于超声波的振动，使介质产生强烈的高频振荡，介质间互相摩擦而发热，这种能量能使液体、固体温度升高。超声波在穿透两种不同介质的分界面时，温度升高值更大，这是因为分界面上特性阻抗不同，将产生反射，形成驻波引起分子间的相对摩擦而发热。超声波的热效应在工业、医疗上都得到了广泛应用。超声波除了上述几种作用（效应）外，还有声流效应、触发效应和弥散效应，它们都有很好的应用价值。

7.4.3 超声波传感器概述

利用超声波在超声场中的物理特性和各种效应而研制的装置可称为超声波换能器、探测器或传感器。

超声波探头按其工作原理可分为压电式、磁致伸缩式、电磁式等，而以压电式最为常用。压电式超声波探头常用的材料是压电晶体和压电陶瓷，这种传感器统称为压电式超声波探头。它是利用压电材料的压电效应来工作的。逆压电效应将高频电振动转换为高频机械振动，从而产生超声波，可作为发射探头；而利用正压电效应，将超声振动波转换为电信号，可作为接收探头。

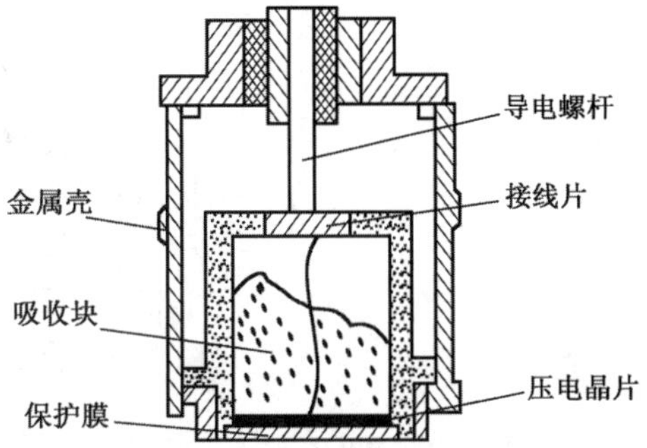

1. 压电式探头

压电式超声波探头结构如图7.24所示，主要由压电晶片、吸收块（阻尼块）、保护膜组成。压电晶片多为圆板形，厚度为δ。超声波频率f与其厚度δ成反比。压电晶片的两面镀有银层，作为导电的极板。阻尼块的作用是降低晶片的机械品质，吸收声能量。如果没有阻尼块，当激励的电脉冲信号停止时，晶片将会继续振荡，加长超声波的脉冲宽度，使分辨率变差。

图7.24 压电式超声波探头结构

2. 磁致伸缩换能器（探头）

铁磁物质在交变的磁场中沿着磁场方向产生伸缩的现象，称为磁致伸缩效应。磁致伸缩效应的强弱即伸长缩短的程度，因铁磁物质的不同而不同。镍的磁致伸缩效应最大，它在一切磁场中都是缩短的。如果先加一定的直流磁场，再通以交流电流时，它可工作在特性最好的区域。

磁致伸缩换能器（探头）是把铁磁材料置于交变磁场中，使它产生机械尺寸的交替变化即机械振动，从而产生出超声波的。它是用几个厚为0.1～0.4mm的镍片叠加而成的，片间绝缘以减少涡流损失，其结构形状有矩形、窗形等。磁致伸缩换能器（探头）的材料除镍外，还有铁钴钒合金和含锌、镍的铁氧体，其工作效率范围较窄，仅在几万赫兹范围内，但功率可达十万瓦，声强可达几千瓦/平方厘米，能耐较高的温度。

磁致伸缩超声波接收器是利用磁致伸缩效应工作的。当超声波作用到磁致伸缩材料上时，使磁致材料伸缩，引起它的内部磁场（即导磁特性）的变化。根据电磁感应，磁致伸缩材料上所绕的线圈里便获得感应电动势，此电动势送到测量电路及记录显示设备，它的结构也与发生器差不多。

7.4.4 超声波传感器的应用

1. 超声波产生电路图

图7.25所示为数字式超声波振荡电路。图中，H1和H2组成振荡器，调节R可改变振荡频率：$t = \dfrac{2h}{v}$

（Hz）；H3～H6 进行功率放大；C_P 为耦合电容，以避免超声波振子 MA40S2S 长时间加直流电压而使特性变差。图 7.26 所示为采用脉冲变压器的超声波振荡电路实例。振荡器 OSC 输出 40kHz 的脉冲信号，频率可通过 R_r 调节，经放大和脉冲变压器 VT 升压后激励超声波传感器 MA40S2S。

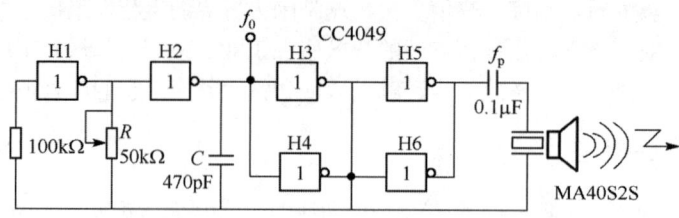

图 7.25　数字式超声波振荡电路

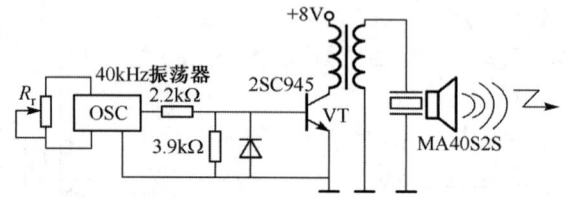

图 7.26　采用脉冲变压器的超声波震荡电路实例

2. 超声波接收电路

由于超声波传感器接收到的信号极其微弱，因此，一般要接几十分贝以上的高增益放大器。如图 7.27 所示，超声波接收电路采用 MA40S2S，放大器采用晶体管。超声波传感器一般离超声波发生源较远，能量衰减较大，信号微弱（几毫伏），因此，实际使用时需要加多级放大器。

图 7.28 所示为采用运放的超声波接收电路，电路增益较高。电路输出为高频电压，实际上后面还要接检波电路、放大电路和开关电路等。

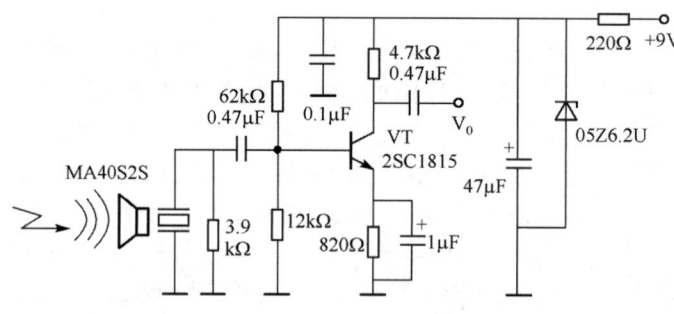

图 7.27　晶体超声波接收电路

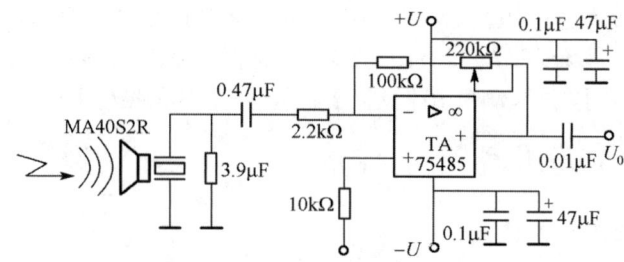

图 7.28　采用运放的超声波接收电路

3. 超声波物位传感器

超声波物位传感器是利用超声波在两种介质分界面上的反射特性而制成的。如果从发射超声脉冲开始到接收换能器接收到反射波为止的这个时间间隔为已知,就可以求出分界面的位置,利用这种方法可以对物位进行测量。根据发射和接收换能器的功能,传感器又可分为单换能器和双换能器。单换能器的传感器发射和接收超声波均使用一个换能器,而双换能器的传感器发射和接收各由一个换能器担任。

图 7.29 所示为几种超声物位传感器的结构示意图。超声波发射和接收换能器可设置于水中,让超声波在液体中传播。由于超声波在液体中衰减比较小,因此即使发生的超声脉冲幅度较小也可以传播。超声波发射和接收换能器也可以安装在液面的上方,让超声波在空气中传播,这种方式便于安装和维修,但超声波在空气中的衰减比较厉害。对于单换能器来说,超声波从发射到液面,又从液面反射到换能器的时间为

$$t = \frac{2h}{v} \tag{7.37}$$

$$h = \frac{vt}{2} \tag{7.38}$$

式中,h 为换能器距液面的距离;v 为超声波在介质中传播的速度。

对于双换能器来说,超声波从发射到被接收经过的路程为 $2s$,即

$$s = \frac{vt}{2} \tag{7.39}$$

因此,液位高度为

$$h = \frac{\sqrt{s^2 - a^2}}{2} \tag{7.40}$$

式中,s 为超声波反射点到换能器的距离;a 为两个换能器间距的一半。

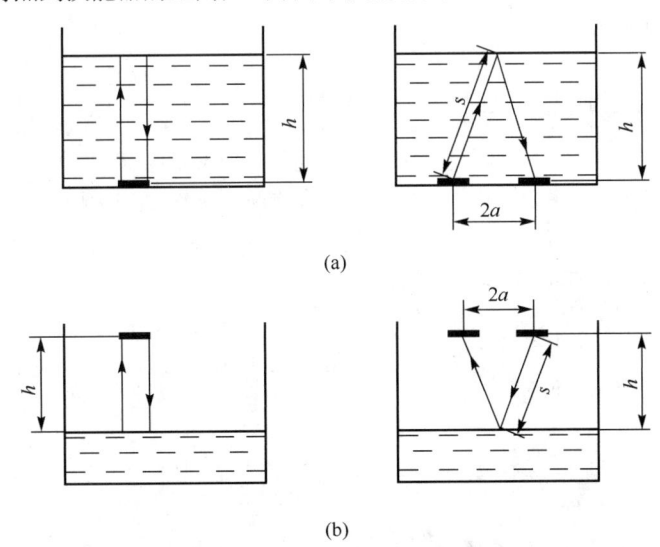

图 7.29 几种超声波物位传感器的结构示意图

从以上公式中可以看出,只要测得超声波脉冲从发射到接收的间隔时间,便可以求得待测的物位。

超声物位传感器具有精度高和使用寿命长的特点,但若液体中有气泡或液面发生波动,便会有较大的误差。在一般使用条件下,它的测量误差为 ±0.1%,检测物位的范围为 $10^{-2} \sim 10^4$ m。

4. 超声波流量传感器

超声波流量传感器的测定原理是多样的,如传播速度变化法、波速移动法、多普勒效应法、流动听声法等。但目前应用较广的主要是超声波传输时间差法。

超声波在流体中传输时,在静止流体和流动流体中的传输速度是不同的,利用这一特点可以求出流体的速度,再根据管道流体的截面积,便可知道流体的流量。

如果在流体中设置两个超声波传感器,它们既可以发射超声波又可以接收超声波,一个装在上游,另一个装在下游,其距离为 L,如图 7.30 所示。如设顺流方向的传输时间为 t_1,逆流方向的传输时间为 t_2,流体静止时的超声波传输速度为 c,流体的流动速度为 v,则

$$t_1 = \frac{L}{c+v} \quad (7.41)$$

$$t_2 = \frac{L}{c-v} \quad (7.42)$$

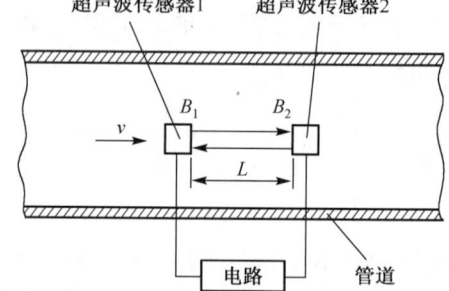

图 7.30 超声波测流量原理图

一般来说,流体的流速远小于超声波在流体中的传播速度,那么超声波传播时间差为

$$\Delta t = t_2 - t_1 = \frac{2Lv}{c^2 - v^2} \quad (7.43)$$

由于 $c \gg v$,因此可以近似得到

$$\Delta t = t_2 - t_1 \approx \frac{2Lv}{c^2} \quad (7.44)$$

从式(7.44)可得到流体的流速,即

$$v = \frac{c^2}{2L} \cdot \Delta t \quad (7.45)$$

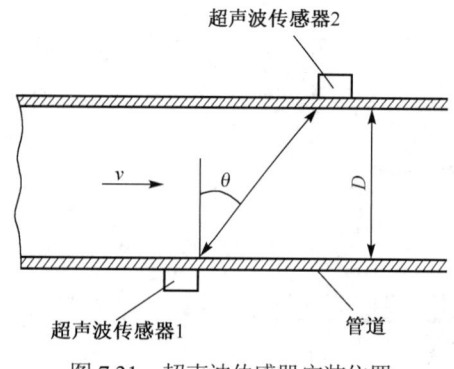

图 7.31 超声波传感器安装位置

在实际应用中,超声波传感器安装在管道的外部,从管道的外面透过管壁发射和接收超声波不会给管道内流动的流体带来影响,如图 7.31 所示。

超声波流量传感器具有不阻碍流体流动的特点,可测的流体种类很多,无论是非导电的流体,还是高黏度的流体、浆状流体,只要能传输超声波的流体都可以进行测量。超声波流量计可用来对自来水、工业用水、农业用水等进行测量,还可用于下水道、农业灌溉、河流等流速的测量。

7.5 表面声波传感器

表面声波(Surface Acoustic Wave,SAW)是一种很特殊的声波。大家在池塘边就可以观察到典型的表面声波:扰动会在液体的表面上产生波动,这种波动的一个突出特点就在于能量基本集中在液体的表面。类似的波动也能在固体的表面上传播。SAW 是英国物理学家瑞利在 19 世纪 80 年代研究地震波过程中发现的一种能量集中于地表面传播的声波。近几十年来,人们对 SAW 基本性质的认识越来越深入,特别是在 1965 年,美国的 R. M. White 和 F. M. Voltmov 发明了能在压电材料表面激励 SAW

的金属叉指换能器（IDT）之后，大大加速了声表面波技术的发展，相继出现了许多各具特色的 SAW 器件，使这门年轻的学科逐步发展成为新兴的声学和电子学相结合的边缘学科。现在 SAW 技术的应用已涉及许多学科领域，如地震学、天文学、雷达通信及广播电视中的信号处理、航空航天、石油勘探、无损检测等。

然而，用 SAW 器件研制、开发新一代传感器还是 20 世纪 80 年代的事。起初，人们发现外界因素（如温度、压力、磁场、电场、某种气体等）对 SAW 传播特性会造成影响，进而研究这些影响与外界因素的关系。根据这些函数关系，设计了各种所需结构，用于测量各种化学的、物理的被测参数。声表面波传感器是继陶瓷、半导体和光纤等传感器之后发展起来的一种新型传感器。到目前为止，这类传感器的实用程度还不是很高，大部分的研究尚处于实验室阶段。但这类传感器可以对电学、热学、力学、声学、光学及生物等各种因素敏感，且大部分传感器工作时信号以频率形式输出，不需要 A/D 变换器即可与计算机连接，因此在测量方面具有得天独厚的优越性。此外，SAW 传感器还具有尺寸小、价格低、精度高、灵敏度高及分辨率高等优点，并且其制作工艺可与集成电路工艺兼容，可将传感器与信号处理电路制作在同一芯片上，这样不但可靠性、重复性好，而且适宜大规模生产。SAW 器件传统上大量应用于信号处理、模拟和数字滤波器的谐振器，已广泛应用在声表面波带通滤波器、匹配滤波器、振荡器、雷达、通信及家用电器等方面。

7.5.1 表面声波的类型

不同的边界和介质条件下会产生不同类型的表面声波。从传感器的角度来看，在各种类型的 SAW 中，那些在表面附近声波密度比较大的器件更适合作为传感器的敏感元件：声波能量越集中于器件表面，对表面扰动的灵敏度越高。下面对几种 SAW 的特点进行介绍。

1. 瑞利波

纯模的瑞利波是一种沿固体基片表面传播的二维波。1885 年，Lord Rayleigh 发现在半无限弹性介质中，声波是沿着介质的表面传播的。以其名字命名的瑞利波在垂直器件表面的平面内的传播方式及位移如图 7.32 所示。

瑞利波沿着 z 轴传播，而靠近表面的介质粒子在包含表面法线和波矢的平面（图中的 Oyz 平面）内做椭圆轨道运动。瑞利波在器件的表面与接触的介质发生耦合，这种耦合强烈地影响了表面波的振幅和传播速度。这种特性使得表面声波可用来制备探测质量和机械性能的传感器，而其在表面的运动又可用来制作执行器。声波的传播速度要比电磁波的传播速度慢 5 个数量级，从而使瑞利表面波成为固体中传播速度最慢的一个波。瑞利波振幅的典型值为 1nm，而波长范围为 1～100 μm。

图 7.33 所示为 SAW 传播引起的介质表面沿 y 轴的形变及相应的势能分布。很明显，瑞利波将它的所有能量都集中在离开表面约一个波长的深度范围内，这个特性使得 SAW 传感器在所有的声波传感器中具有最高的对表面互作用的灵敏度。典型的瑞利波 SAW 传感器的工作频率范围为 25M～500MHz。

2. 切变水平声平板波（SH-APM）

由于瑞利波是一种与表面垂直的波，因此瑞利波传感器的最大缺点是它不能在液体环境下测量，因为当它与液体接触时，液体将产生压缩波从而造成瑞利波波幅的极度衰减。但如果适当地改变压电晶体的切割方向，就可使声波的传播模式由原来的垂直剪切传播换成水平剪切传播，即由原来的 SAW 波成为 SH-SAW 波。ST 切型石英晶体的切变水平（Shear Horizontal，SH）声平板模（Acoustic Plate Mode，APM）传感器是针对液体检测的。SH 波的粒子位移与基片表面平行且与传播方向垂直，如图 7.34 所示。

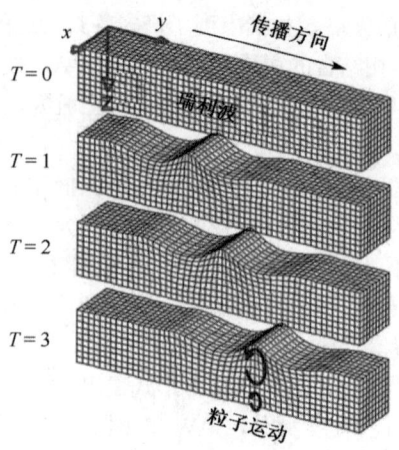
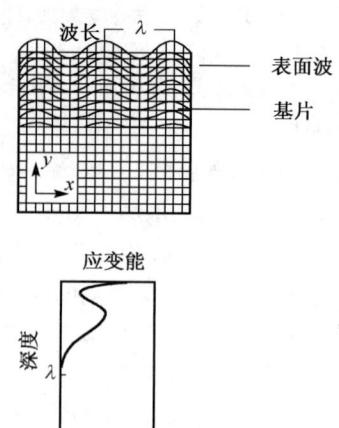

图 7.32　瑞利波在垂直器件表面的平面内的传播方式及位移

图 7.33　SAW 传播引起的介质表面沿 y 轴的形变及相应的势能分布

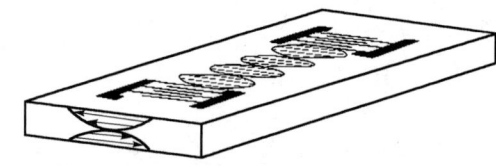

图 7.34　SH 波的粒子位移与基片表面平行且与传播方向垂直

　　SH-APM 的能量不是集中在表面，而是分布在整个基片体中的。基片成为声波波导，波的能量分布在基片上下表面所限定的范围内。由于粒子位移中缺少垂直于表面的分量，不会有压缩波发散到液体中去。然而，由于表面存在阻尼负载，波的传播过程中仍然会出现能量损耗。由于液体的黏度，在器件表面的一薄层液体会随着基片产生切变位移。这种位移会随着与振动表面距离的增大而衰减。

　　这种器件的灵敏度强烈依赖于基片的厚度。基片两表面之间的距离越小，在基片表面附近的声能量越高，因而对表面扰动的灵敏度越高。由于基片的两个表面都具有敏感性，因此这种器件可以像石英晶体微量天平（QCM）那样，利用一面与液体接触进行检测，另一面则与液体隔离，以保证 SAW 的稳定性。所不同的是，这种器件的敏感电极是制作在单一表面的，所以测量表面不带有金属电极，为测量带来了很多方便。而利用 SH-SAW 波制成的传感器在与液体接触时就避免了 SAW 波的波幅极度衰减问题，从而可用作液体或生物传感器。图 7.35 所示为 SH-SAW 的工作原理及波的传播方式。

　　当半无限基体由各向异性材料组成或类似平板和多层结构等无限基体时，还可得到包括 SH-SAW 极化表面波在内的其他一些复杂的传播模式。所有各种不同的模式都各有其优缺点。一般来说，每一种模式都具有其自身的某些特性，因此最适合于某一种应用，从而表面声波传感器的设计也就各种各样。

　　SH-APM 器件在真空中的质量灵敏度为

$$S_\mathrm{m} = -1/\rho d \tag{7.46}$$

式中，d 为基片的厚度。当检测真空蒸镀银膜时，可得到 $-20\mathrm{cm}^2/\mathrm{g}$ 的灵敏度，为同样频率瑞利波器件的 1/6～1/7。这种器件的主要应用在于液体黏度的测量及生物传感器。

3. 拉姆波

　　拉姆波（Lamb wave）与瑞利波有关，拉姆波可认为是由沿平板的两个表面传播的瑞利波组成的。

如前所述，瑞利波的透射深度仅为一个波长，因此，如果平板厚度大于波长的两倍，两个瑞利波就可以分别自由传播。两个波对称或不对称，相应的平板变形如图 7.36 所示。

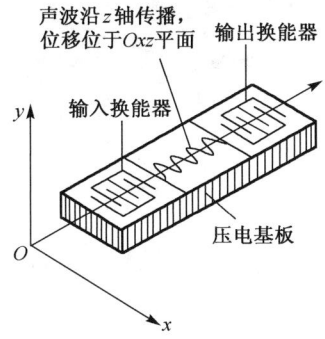

图 7.35　SH-SAW 波的工作原理及波的传播方式

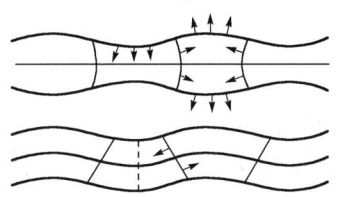

图 7.36　对称与不对称的拉姆波

平板厚度为 h、频率为 ω 时，可存在无数个对称及不对称的波，各自具有不同的相位及群速度。然而，当平板厚度减小时，仅不对称零阶模态（A_0）的速度会单调减小。这一特性在液体检测方面非常具有优势，如 A_0 波的相速度低于液体中的压缩波的波速，A_0 波不会在负载液体中激发起压缩波。因此，平板可认为是 A_0 波的波导。这一现象仅当平板非常薄时才会发生。由于声能量集中在平板表面附近，因此对表面扰动的灵敏度很高。

当浸入液体中时，表面附近液体层的衰减振动会对波的相速度产生影响，则

$$v = k\sqrt{\frac{D}{m + \rho_\mathrm{f}\delta_\mathrm{f}}} \tag{7.47}$$

$$\delta_\mathrm{f} = \frac{1}{k\sqrt{1 - \dfrac{v^2}{v_\mathrm{f}^2}}} \tag{7.48}$$

式中，D 为平板的弯曲刚度；k 为波数；m 为平板每单位表面积的质量；ρ_f 为液体密度；δ_f 为所影响到的液体层厚度；v_f 为液体中的声速度；v 为空气中的声速度。对于黏性液体，公式中还应该增加一项，反映液体黏度的影响部分。对于大部分水溶液，则可忽略液体黏度的影响。

为实现波在传播中的低损耗，需要比较低的相速度。因此这种器件的工作频率比起其他类型的 SAW 器件低很多，典型的工作频率在 5M～20MHz 之间。器件的质量灵敏度为

$$S_\mathrm{m} = -\frac{1}{2\rho d} \tag{7.49}$$

式中，d 为平板的厚度。由于平板厚度很小，因此灵敏度非常高，典型值为 $-20\mathrm{cm}^2/\mathrm{g}$。在 10MHz 时，灵敏度可达到 $-5\mathrm{Hz}/(\mathrm{ng/cm}^2)$。

正如波速方程中所体现的，拉姆波传感器的突出特点在于对液体质量的灵敏度。10MHz 器件密度灵敏度的典型值为 $-2400\sim5\mathrm{Hz}/(\mathrm{kg/m}^2)$。如果短期稳定性优于 1Hz，取最低可检测信号为短期稳定性的 3 倍，可得到约为 $1\mathrm{g/m}^3$ 的分辨率。

4．表面横波

利用周期性表面扰动，如采用金属栅，可将表面滑移体波（Surface Skimming Bulk Wave，SSBW）能量限制在表面，得到表面横波（Surface Transverse Wave，STW）。由于表面金属的质量负载、金属

条内波速较慢、金属条的电短路等因素，导致金属栅对波起到一种减速作用。与 APM 相比，STW 是剪切平行极化的。但由于 STW 的能量集中在表面附近，所得到的质量灵敏度更高一些。STW 器件的结构如图 7.37 所示，在旋转 Y 切型（如 ST 切型）石英晶片上制作金属栅格时，金属条的方向与 x 轴平行。

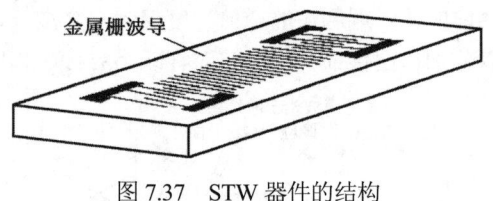

图 7.37　STW 器件的结构

同样，这种波的质量灵敏度约为

$$S_\mathrm{m} = -1/\rho b \tag{7.50}$$

式中，b 为波导层的有效厚度；ρ 为晶体的密度。用 250MHz 的这种器件检测人体免疫球蛋白 HIgG，可敏感的表面质量达 $18\mathrm{g/cm^2}$，检测下限为 $0.2\mathrm{ng/cm^2}$。

5. 乐甫波

乐甫波（Love wave）是在基片表面所沉积的一薄层内传导的声模。声能量集中在波导层内，因此可得到高的质量灵敏度。相比于薄而易碎的 SH-APM 器件，这种器件由于波导层制作在基片上，因此更坚固。

可用作传感器的乐甫波器件有多种形式。一种是采用沉积的二氧化硅作为波导层。波导层沉积在石英晶体上，IDT 则介于波导层与石英晶体之间。当用作液体中测量的生物化学传感器时，化学敏感薄膜覆盖在波导层之上。另一种方式是采用化学活性薄膜作为波导层。尽管这种器件的制作过程中省去了二氧化硅薄膜的制作工艺，但化学高分子薄膜本身的声特性对器件的性能有不利影响，尤其是弹性损耗及高分子薄膜的重复性，是影响器件性能的重要因素。

乐甫波的质量灵敏度取决于具体的工作频率、波导材料及波导层厚度与波长的比值。随着质量灵敏度的提高，这种器件对黏度的灵敏度也得到提升。相比 APM 器件，这种器件的黏度灵敏度约高出 10 倍。

表 7.2 所示为上述几种延迟线型声表面波传感器在质量灵敏度、噪声、气体或液体工作环境、器件的牢固性、加工工艺的复杂性及应用方面的对比。

表 7.2　几种延迟型线声表面波传感器特性对照

波的类型	灵敏度/噪声灵敏度典型值	工作环境	器件的牢固性	工艺复杂性	典型应用
瑞利波	高/低 $100\sim200\mathrm{cm^2/g}$	气体	高	低 平面工艺 金属到晶体	气体、电压
APM	中/低 $20\sim40\mathrm{cm^2/g}$	气体、液体	中	低 平面工艺 金属到晶体	气体 生物化学
拉姆波	高/中 $200\sim1000\mathrm{cm^2/g}$	气体、液体	低/中	高 硅土的平面工艺	生物化学 密度、声速
STW	高/低 $100\sim200\mathrm{cm^2/g}$	气体、液体	高	低 平面工艺 金属到晶体	气体 生物化学
乐甫波	高/低 $150\sim500\mathrm{cm^2/g}$	气体、液体	高	中 平面工艺，金属到晶体，薄膜	气体 生物化学、黏度

正如前面所分析的，质量灵敏度强烈依赖于声能量在基片表面的集中程度。从表 7.2 中可见，拉姆波器件具有较高的质量灵敏度。然而，这种器件对液体的密度同样表现出很高的灵敏度。这一特性虽然也可用来进行密度检测，但当该器件用于质量吸附式化学传感器时，这一特性就成为不希望的干

扰量。此外，拉姆波器件的制作工艺比其他基于压电晶体的器件要复杂一些。

乐甫波同样对质量吸附具有高灵敏度。制作工艺比瑞利波、APM 或 STM 器件略复杂一些。然而，STM 器件的质量灵敏度较低，瑞利波器件则不能用于液体检测。APM 器件的质量灵敏度虽然也不是很高，但由于这种器件两面都具有质量敏感性，因此可避免叉指换能器接触液体的问题。

在考虑器件的性能时，需要将器件的灵敏度与振荡器的噪声或频率稳定度一起考虑。伴随较高噪声的较高灵敏度实际上并不会提高传感器的性能。有些器件的灵敏度会随频率上升而提高，然而高频电子电路往往噪声也比较高，因此工作频率应该选择一个合适的数值。同时，对于 SAW 传感器而言，由于工作频率都很高，连线、焊点的阻抗都可能给检测系统带来噪声干扰。因此，在设计这类传感器时，需要考虑的指标应该是灵敏度与噪声的比值。

7.5.2 SAW 传感器的结构与工作原理

SAW 传感器的关键是 SAW 振荡器，它由压电材料基片和沉积在基片上的不同功能的叉指换能器组成，有延迟线型和振子型两种振荡器，延迟线型 SAW 振荡器基本结构如图 7.38 所示，其由一组 SAW 发射接收电极（IDT）和反馈放大器组成，其振荡频率为

$$f_0 = \frac{V_R}{L}\left(n - \frac{\phi_E}{2\pi}\right) \tag{7.51}$$

式中，V_R 为 SAW 传播速度；L 为两个 IDT 之间的距离；ϕ_E 为放大器相移量；n 为正整数（与电极形状及 L 值有关）。当 ϕ_E 值不变，外界被测参量变化时，会引起 V_R、L 值发生变化，从而引起振荡频率改变。

$$\Delta f/f_0 = \Delta V_R/V_R - \Delta L/L \tag{7.52}$$

因此，根据 Δf 的大小即可测出外界参量的变化量。图 7.39 所示为声表面波（SAW）器件的工作原理。

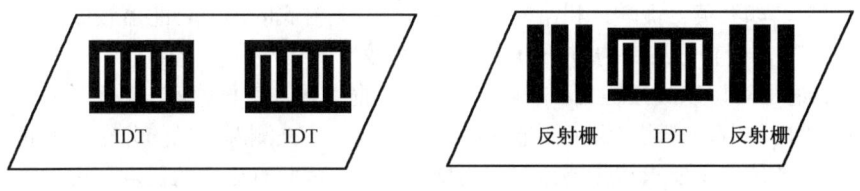

图 7.38 SAW 振荡器基本结构

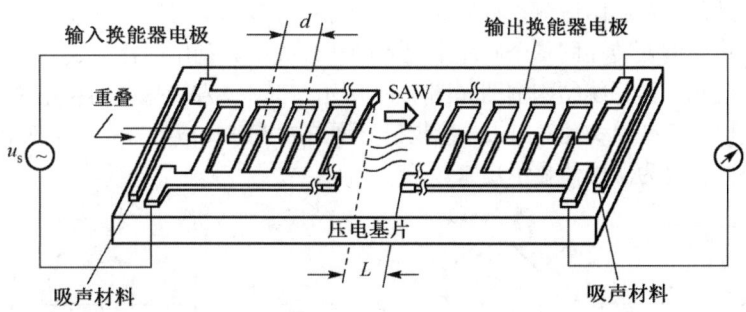

图 7.39 声表面波（SAW）器件的工作原理图

振子型 SAW 振荡器是在基片材料表面中央做成叉指换能器，并在其两侧配置两组反射栅阵构成，基本结构如图 7.40 所示。其振荡频率 f_0 与叉指电极周期长度 T 及声表面波传播速度 v_R 有关，$f_0 = v_R/T$。

外界待测参量变化时会引起 v_R 和 T 变化，从而引起振荡频率改变。

$$\Delta f/f_0 = \Delta v_R/v_R - \Delta T/T \tag{7.53}$$

因此，测出振荡频率的改变量即可求出待测参量的变化，这是 SAW 传感器的基本原理。根据基片材料（压电晶体）的逆压电效应，可制成 SAW 温度、压力、电压、加速度、流量和化学传感器，通过测量振荡频率的变化而获得待测参量值，适合于高精度遥测、遥控系统。

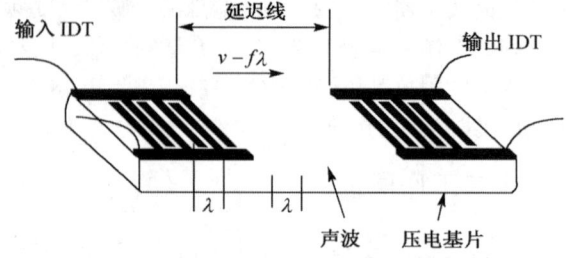

图 7.40　振子型 SAW 振荡器结构

7.5.3　高分辨率 SAW 温度传感器

SAW 温度传感器是根据温度变化会引起表面波速度改变从而引起振荡频率变化的原理设计而成的。其关系式为

$$\frac{\Delta f}{f_0} = \frac{v_R(T) - v_R(T_0)}{v_R(T_0)} = \frac{1}{v_R(T_0)} \cdot \frac{v_R}{T} \cdot (T - T_0) \tag{7.54}$$

即振荡频率变化量与温度变化率之间呈线性关系，若预先测出频率-温度特性，则由振荡频率的变化量可检测出温度变化量，从而得到待测温度 T。为获得较高的灵敏度，应选择延迟温度系数大、表面波速度小的基片材料，如石英、铌酸锂和锗酸铋等单晶。石英衬底的温度传感器较成熟，其灵敏度可达 2.2kH/℃ 和 3.4kH/℃。固有分辨率约为 0.0001℃，具有较好的线性度和较高的灵敏度。

SAW 温度传感器可以制成接触式和非接触式两种。前者要求将传感器与被测物体直接接触，由于基片、电池与元件的限制，其测量温度不能太高，同时会破坏被测温度场的分布，因此有一定的局限性。非接触式温度传感器不要求将传感器与被测物体接触，因此有更大的优点，它主要利用被测物体辐射出的红外线使 SAW 振荡器的传播通路的表面温度升高，伴随振荡频率发生变化，通过测量振荡频率的变化来获得温度变化值。由于采用遥测辐射温升方式，接收红外辐射部分的热容必须很小，否则灵敏度不高；另外，在室温附近测量温度时，易受环境温度影响，所以应使用两个振荡频率相同的元件进行差分，并将它们安装在同一个底座上封入同一外壳中。利用非接触式 SAW 温度传感器可制成远距离温度无线遥测，其系统结构框图如图 7.41 所示，其中 SAW 振荡器和振荡元件构成温度传感器，输出信号通过小型简易天线发射出去。接收信号通过外差法变成低频，并用 IC 计算器计频，计数器的输出送入微机并转化为温度值显示出来。

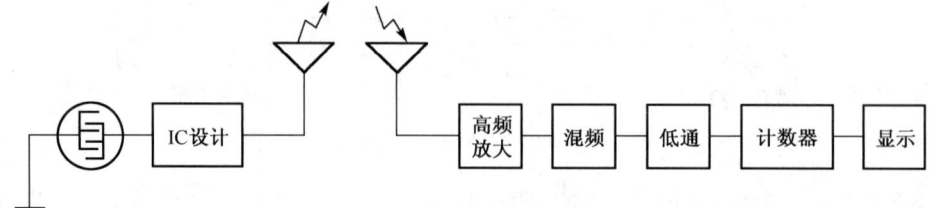

图 7.41　SAW 温度遥测系统框图

7.5.4 SAW 气敏传感器

SAW 气敏传感器是以 SAW 元件为基底材料,在其上形成选择性气体敏感膜并配以外部电路而构成的,其结构如图 7.42 所示。敏感膜在 SAW 传播通道上,当敏感膜吸附气体分子与气体结合时,会引起膜密度和弹性性质等发生变化,从而使表面波速度 V_R 发生变化,结果导致振荡频率 f_0 变化,通过检侧振荡频率的变化量即可测出被吸附气体的浓度。

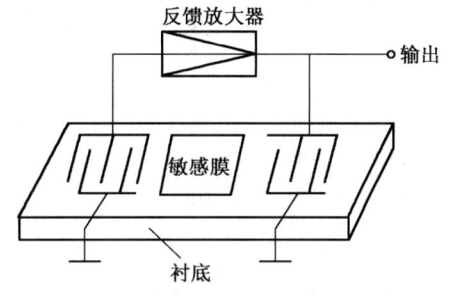

图 7.42 SAW 气敏传感器结构

图 7.43 所示为一个双通道 SAW 气敏传感器的结构示意图。基片用 yx 切向的石英晶体,x 方向为 SAW 传播方向。一个延迟线型振荡器(即一个通道)由两个叉指换能器组成。一个通道的 SAW 传播路径即在一个延迟线的两个叉指换能器中间,被气体选择性吸附膜覆盖,吸附了气体的薄膜会导致 SAW 振荡器振荡频率发生变化,由精确测量频率的变化就可测得气体浓度。另一通道未覆盖薄膜用于参考,以实现对环境温度变化的补偿。两个振荡器的频率经混频取差频输出,以实现对共模干扰的补偿。

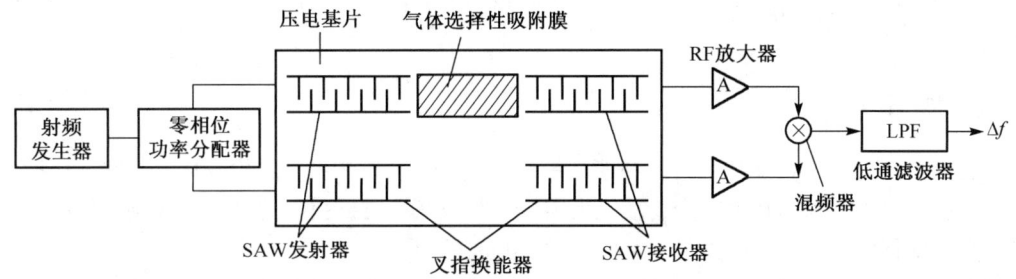

图 7.43 双通道 SAW 气敏传感器的结构示意图

图 7.44 所示为 SAW 振荡器的原理图。当 SAW 元件发射器的两个电极上加有射频电压时,因逆压电效应产生与射频信号相同频率的瑞利波 SAW,并随射频电压的周期变化而沿着压电基片的表面经延迟线向外传播,直至接收器,接收器因正压电效应将 SAW 转换为相同频率的电信号。当 SAW 在压电基片上传播时,其振幅及传播速度将受到基片上气体吸附膜性质(膜厚、质量密度、黏度、介电常数和应变模量等)的影响。如果气敏膜吸附有一定浓度的气体,改变了其性质,则会对 SAW 的振幅及速度的影响发生变化,输出的射频信号将随之改变。

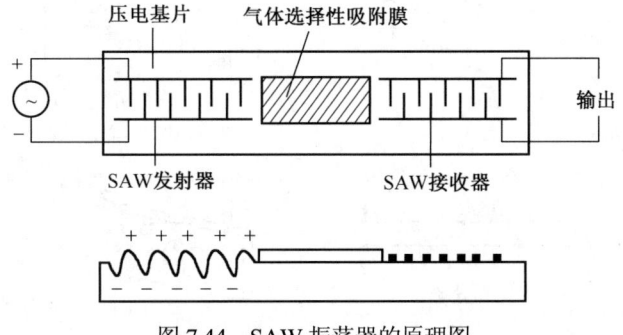

图 7.44 SAW 振荡器的原理图

当 SAW 气敏传感器的气敏膜对气体的吸附作用转变为覆盖层的密度变化时,延迟线传播路径上的质量负载效应使 SAW 的波速发生变化，进而引起振荡频率的偏移；当薄膜的电导率随所吸附气体的浓度而变化时，会引起 SAW 的波速漂移和衰减；这两种情况都使振荡频率发生变化。这样，只需改变敏感膜的种类就能制成对不同气体敏感的传感器，如用三乙醇胺（TEA）为敏感膜对 SO_2 的响应相当大，达到 $1400Hz/10^{-6}$。

图 7.45 薄膜型 SAW 气敏传感器的工艺结构

薄膜型 SAW 气敏传感器的工艺结构如图 7.45 所示。在基底材料背面淀积一层加热膜，基底正面淀积一层掺催化金属的敏感膜（或在形成敏感膜后再采用淀积一层薄的催化金属）。敏感材料和催化金属材料视具体要检测的气体情况而定，如 SnO_2 掺 ThO_2 可提高对 CO 的灵敏度而降低对 H_2 的灵敏度；SnO_2 掺 1.5%的钯时，传感器对甲烷的灵敏度高于 CO，而当钯含量为 0.2%时，对 CO 的敏感度高于甲烷。若将一些相同的或不同的多种 SAW 传感器集成在同一芯片上构成传感器阵列，则有利于提高传感器的可靠性和多功能性，能快速定量地分析有毒、有害、易燃、易爆的混合气体。SAW 气敏传感器的基片材料可采用 ST-石英、YZ-LiNbO₃、YX-LiNbO₃、ZnO-Si，器件结构有双延迟线振荡器、单延迟线振荡器和谐振器振荡器，可探测 SO_2、NO_2、NH_3、CO、CH_4、H_2、蒸气、水和丙酮等。利用气相层析装置可检测出低浓度违禁品，如三硝基甲苯、季戊四醇-四硝酸醋、可卡因、海洛因和大麻等毒品，也可用于监测大气中 CO_2 的浓度，以及化工过程控制、监测汽车尾气排放等。

7.5.5 SAW 压力传感器

当某种外力加到 SAW 基片上时，会使基片材料的弹性系数和密度发生变化，表面波传播的速度也发生变化；同时应力引起基片应变会使叉指电极间距改变，结果引起 SAW 振荡频率偏移。通过测量振荡频率的偏移值即可求出应力值，从而获得待测的外力。

图 7.46(a)所示为振子型、结构为独石型的 SAW 膜片式压力传感器的原理图。它在一块压电基片上用超声波加工出一薄膜敏感区，上面是由换能器与电路组合成的振荡器。为了提高测量精度，补偿温度对基片的影响，采用双换能器形式，即薄膜区中间和边缘各放置一只性能相同的换能器。当膜片中间的换能器受到拉力作用时，边缘的那一只受到压力作用，传感器的输出为差频信号。由于两只换能器对温度的影响相同，但作用相反，因此可使传感器的分辨率达到 0.001%。

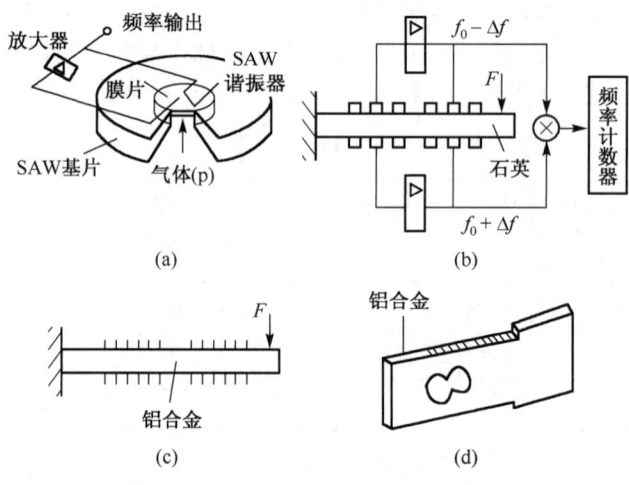

图 7.46 SAW 膜片式压力传感器原理图

图 7.46(b)和 7.46(c)所示为悬臂梁式结构,其中图 7.46(b)是用 38°Y 切石英基片的原理图,基片正反面都光刻有叉指换能器,因此输出为差频信号且与温度变化无关,也不受电源电压变化的影响。它用于数字电子秤时,可省去 A/D 转换器,满量程为 3kg 时误差小于 0.69。图 7.46(c)是用漂移小的铝合金代替石英来作为梁,梁的正反面粘贴着石英晶片 SAW 振子,工作频率为 100MHz,也是输出差频信号,其精度和用途与上述石英梁相似。

图 7.46(d)所示的压力传感器敏感元件是在铝合金块上开有眼镜状的双孔,孔上面贴有石英基片 SAW 振子。受力后左孔上的振子基片受拉伸,而右孔上的振子基片受压缩,其效果等同于悬臂梁,但灵敏度高。

7.5.6 声板波传感器

声板波(APM)传感器具有 SAW 传感器的所有优点,且由于 APM 与液体介质只在界面发生作用,不会向液体介质中辐射能量,它不像 SAW 在液体环境下会引起较高的能量损耗。同时在 APM 传感器中液体介质和电极分别位于晶体的两个相对晶面上,因此,液体介质不会对电极产生腐蚀作用。

1. APM 传感器原理

由叉指电极激发出的 APM,位移方向与声波传播方向一致的称为纵向 APM(L-APM),垂直的称为剪切 APM,在剪切型 APM 中,位移方向垂直于晶面的为垂直剪切 APM(SV-APM),平行于晶面的为水平剪切 APM(SH-APM)。目前人们普遍使用的 APM 传感器有两种,即兰姆波(Lamb)传感器和水平剪切型声板波(SH-APM)传感器。图 7.47 所示为 Lamb 传感器的结构,兰姆波是一种柔性板波,用作 Lamb 传感器的压电基体目前普遍使用 ZnO/Al/SiO$_2$/Si 多层结构形成的一种复合材料,实际上也是一种复合薄膜。

图 7.48 所示为 APM 传感器结构,位于晶体底面的叉指电极激励和接收声波,根据电极周期、板厚及所加电信号频率的不同,一般可激发出表面波(SAW)与体声波(BAW),如浅表体波(SSBW)和声板波(APM)。首先激励频率低时出现的是 SAW,当频率增至高于表面波频率时,最先出现的是 SH-APM,紧接着才是 SAW、SV-APM 和 L-APM。此外,与叉指电极激励声波、声模式和晶体板厚也有很大关系。其中 SAW 和 SSBW 均不能到达和液体接触的界面,输出 IDT 检测出的 SAW 和 SSBW 信号中不会含有有关液体性质的任何信息。在 APM 传感器中,因为 SH-APM 模式的 APM 在晶体和液体界面反射时,不会发生声的模式转换,也不会在液体介质中产生压缩波。可以将 SH-APM 看作是在基体的上下面之间以某一角度多次反射的 SH 平面波的叠加,上下面施加了一个横向的谐振条件,使得每个 APM 在表面处的位移最大。因此,SH-APM 和液体介质接触时,能量损耗很小;同时,在这种情况下可将基体板近似看做是各向同性材料,使得对 APM 传感器的分析大大简化。在 APM 传感器中,声波在晶体和外部介质的界面处发生反射,介质特性的微小变化,会改变界面处的机械和电学性能,引起 SH-APM 的反射特性变化。在界面处,声场和相邻介质存在多种作用机制,包括电效应、质量负载效应及黏性传输效应。

石英晶体中板厚对 IDT 激励声波模式的影响:当板厚和波长之比大于 7 时,激发出的主要是 SAW;当板厚和波长之比小于 7 时,才能激发出 APM,且传感器耦合为板波的效率与板厚和波长之比成反比。LiNbO$_3$ 或其他晶体也具有类似性质,合理地选择板厚与波长之比,使 APM 模式之间的间距拉大,也就是使 APM 的波谱变得稀疏,可激发出单一模式的 APM,避免了各种模式 APM 之间的相互干扰。

当 APM 器件和电解质接触时,与声波相互作用的电场和相邻介质中的离子或偶极子相互作用,产生电负载效应,引起边界条件变化。当周围介质是黏性液体时,板表面的振动会引起相邻介质的黏性运动,产生黏性输出效应,使声波特性发生变化。可见,通过电负载、质量负载和黏性传输三种效应的作用，相邻介质的特性产生的微小变化，会引起边界条件变化，从而使得 APM 传播的相速度、群速度、群延时、插损、频率和相位等发生变化，通过测量 APM 信号的频率、相位、相速度、群延时及插损等的变化，即可得出相邻介质特性的变化。

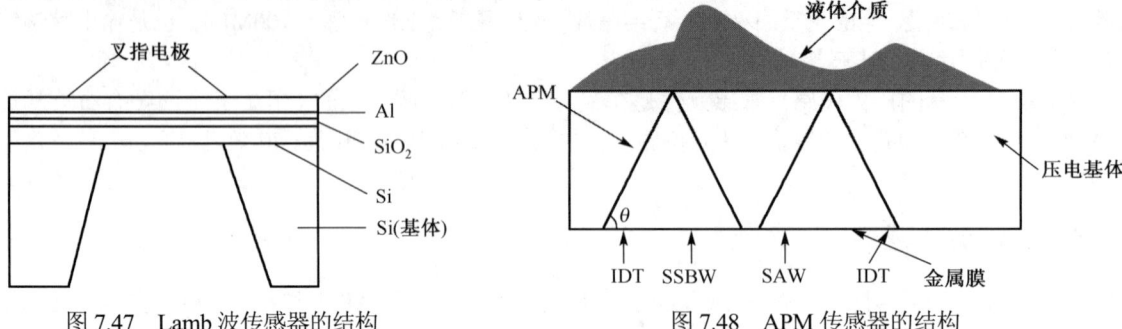

图 7.47 Lamb 波传感器的结构　　　　　图 7.48 APM 传感器的结构

2. APM 传感器的应用

（1）APM 生物传感器

一个完整的 APM 生物传感器由 APM 压电基体和生物感受膜组成。生物膜实际上是一个对特定生化反应具有特殊敏感性的受体，它必须黏附在基体的表面上，可以将膜及生物液体都看作是各向同性黏弹性导电介质。生物液体中生化反应的某些产物或一些其他物质与膜选择性吸附，造成界面质量负载变化，引起声波响应。Andle 等用 ZX-LiNbO₃ APM 传感器研究了抗体和抗原发生免疫反应的生物动力学机制，使用双延迟线结构可以检测出低于 20ng 量级的抗体。Andle 等还用类似的 APM 器件研究了脱氧核糖核酸（DNA）杂化问题，表明 APM 传感器可以检测出 ng 量级的特定 DNA 序列，其灵敏度可以和当前所用的放射性同位素、荧光标记及酶增强技术等相媲美。此外，APM 传感器还可广泛用于临床医学诊断中，如血型鉴定、快速检测病毒等。

（2）APM 化学传感器

APM 化学传感器主要用来检测溶液中某些金属离子的浓度。APM 器件用作化学传感器时，需要使用一些分子（配位体）对器件与介质接触的一面的化学特性进行修饰，这些分子（配位体）可以与溶液中金属离子结合形成金属—配位体复合物，这种复合物与基体表面结合，使表面质量负载增加，引起器件响应。其次，溶液中离子浓度变化引起与声场相关的电场变化，也会引起器件响应。Martin 等用乙二胺作为配位体对 ST-石英晶体表面的化学特性进行了修饰，激发 SH-APM 来检测溶液中的铜离子浓度，结果质量负载效应起主要作用；Liew 等用 ZX-LiNbO₃ APM 器件研究了电解质溶液的导电性与金属离子浓度的关系，通过测量导电性也可以测量溶液中金属离子的浓度电负载效应起主要作用，结果表明使用 LiNbO₃ APM 的检测灵敏度和分辨率至少比使用石英晶体 APM 高 2 个数量级。此外，该传感器还可用于测量溶液的介电常数，监测金属薄膜上的电沉积、非电沉积及金属膜的腐蚀性等。

（3）APM 物理量传感器

APM 物理量传感器主要用来测量液体物质的黏度、密度和相变等。Martin 等用氧化硅薄膜 Lamb 波传感器对甘油和蒸馏水溶液的密度和黏度进行了测量，发现密度变化主要影响声波的传播速度，而黏度变化主要影响声波的衰减，同时也影响声波的传播速度；对低黏性（黏度小于 10^{-3} Pa·s）液体，测量密度时可不考虑黏度；对高黏性液体，测量密度时必须同时测量黏度。Hoummady 等用 Y 切割石英晶体 APM 传感器研究了黏弹性液体介质的密度和黏度与 APM 特性之间的关系，以及蒸馏水冷却相变过程中声特性的变化。Rajendran 等采用 ZnO-Al 复合材料 Lamb 波传感器测量了几种含水溶液的密度。由于 APM 传感器只考虑界面作用，均匀介质（如血清）的密度和黏度可以测量，对非均匀介质（如全血）的密度和黏度则很难测量。

习 题

1. 什么是声波的反射、折射、透射和吸收？
2. 常用的声敏传感器有哪些？分别阐述其特点及应用范围。
3. 水声传感器有哪些？主要有什么应用及特点？
4. 什么是超声波？其衰减特点是什么？
5. 超声场的主要效应是什么？
6. 简述超声波传感器的结构及超声波产生/接收电路的原理。

第8章 气敏传感器

8.1 概 述

随着科学技术的发展和社会的进步,生产过程控制、环保、安全、办公、家庭等各方面的自动化正在迅速发展。作为感官或信息输入部分之一的气敏传感器是不可缺少的。气敏传感器是对气体(多为空气)中所含特定气体成分(即待测气体)的物理或化学性质迅速感应,并把这一感应状态转换为适当的电信号,从而提供有关待测气体是否存在及其浓度大小信息的传感器。

气敏传感器有各种不同的分类方法。从检测对象来分,可分为可燃性气敏传感器、毒气传感器、氧气传感器和水蒸气传感器等。从测量信号的方式来分,可分为电流测定型、电位测定型等。从气体分子与传感器检测元件间的相互作用来分类,可分为以下几种。

(1) 利用待测气体的化学吸附与反应的气敏元件,属于这一类的主要是对可燃气体敏感的气敏半导体元件。它利用吸附分子的表面化学反应引起表面附近的电子或空穴浓度变化使表面电导发生变化。这类敏感元件有 ZnO、SnO_2 等,用于检测可燃气、CO、N_2、烃类等气体。

(2) 利用气体成分的反应性,如催化燃烧式可燃性气敏传感器。它利用可燃气在元件表面氧化燃烧时因温升而引起的铂丝电阻变化,测出可燃气体的浓度。

(3) 利用待测气体对固体的分配平衡,如半导体氧敏元件和体电导型半导体可燃性气体敏感元件。属于这类的有 TiO 和 CoO 等,可用于氧、煤气、液化气、酒精等的检测。

(4) 利用气体成分的选择性透过,如固体电解质氧敏元件。当元件两侧的氧浓度不同时,形成的浓差电池电动势也不同,可用来检测氧浓度的变化。这类元件有 $ZrO_2\text{-}CaO$、$ZrO_2\text{-}Y_2O_3$、$ZrO_2\text{-}MgO$、$TrO_2\text{-}Y_2O_3$ 等。气敏传感器还可以根据材料的不同分为半导体气敏元件、固体电解质气敏元件及其他材料的气敏元件。

气敏传感器的研究涉及面广、难度大,属于多学科交叉的研究内容。气敏材料的开发和根据不同原理进行传感器结构的合理设计,是未来气敏传感器发展的主要内容。气敏材料的进一步开发,一方面是寻找新的添加剂对已开发的气敏材料性能进行进一步提高;另一方面是充分利用纳米、薄膜等新材料制备技术寻找性能更加优越的气敏材料。近年来表面声波气敏传感器、光学式气敏传感器、石英振子式气敏传感器等新型传感器的开发成功,进一步开阔了设计者的视野。目前,仿生气敏传感器也在研究中,警犬的鼻子就是一种灵敏度和选择性都非常好的理想气敏传感器,结合仿生学和传感器技术研究类似犬鼻子的"电子鼻",将是气敏传感器发展的重要方向之一。另一方面,气敏传感器的智能化生产和生活日新月异的发展对气敏传感器提出了更高的要求,气敏传感器智能化是其发展的必由之路。智能气敏传感器将在充分利用微机械与微电子技术、计算机技术、信号处理技术、电路与系统、传感技术、神经网络技术、模糊理论等多学科综合技术的基础上得到发展。

8.2 气敏传感器的主要参数与特性

1. 灵敏度

灵敏度(s)是气敏元件的一个重要参数,标志着气敏元件对气体的敏感程度,决定了其测量精度。

可用其阻值变化量ΔR与气体浓度变化量ΔP之比来表示，即

$$s = \frac{\Delta R}{\Delta P} \tag{8.1}$$

或者用气敏元件在空气中的阻值R_0与在被测气体中的阻值R之比表示，即

$$k = \frac{R_0}{R} \tag{8.2}$$

2．响应时间

从气敏元件与被测气体接触，到气敏元件的特性达到新的恒定值所需要的时间，称为响应时间，它是反映气敏元件对被测气体浓度反应速度的参数。

3．选择性

在多种气体共存的条件下，气敏元件区分气体种类的能力称为选择性。对某种气体的选择性好，就表示气敏元件对该气体有较高的灵敏度。选择性是气敏元件的重要参数，也是目前较难解决的问题之一。

4．稳定性

气体浓度不变时，若其他条件发生变化，在规定的时间内气敏元件输出特性维持不变的能力，称为稳定性。稳定性表示气敏元件对于气体浓度以外的各种因素的抵抗能力。

5．温度特性

气敏元件灵敏度随温度变化的特性称为温度特性。温度有元件自身温度与环境温度之分。这两种温度对灵敏度都有影响。元件自身温度对灵敏度的影响相当大，解决这个问题的措施之一就是采用温度补偿方法。

6．湿度特性

气敏元件的灵敏度随环境湿度变化的特性称为湿度特性。湿度特性是影响检测精度的另一个因素，解决这个问题的措施之一就是采用湿度补偿方法。

7．电源电压特性

气敏元件的灵敏度随电源电压变化的特性称为电源电压特性，为改善这种特性，需采用恒压源。

8．气体浓度特性

传感器的气体浓度特性表示被测气体浓度与传感器输出之间的确定关系。

9．初始稳定、气敏响应和恢复特性

无论哪种类型（薄膜、厚膜、集成片或陶瓷）的气敏元件，其内部均有加热器，一方面用作烧灼元件表面油垢或污物，另一方面可起加速被测气体的吸、脱过程的作用。加热温度一般为200~400℃。

气敏传感器按设计规定的电压值对加热丝通电加热后，敏感元件电阻值首先急剧地下降，一般约经2~10min过渡过程后达到稳定的电阻值输出状态，这一状态称为初始稳定状态。达到初始稳定状态的时间及输出电阻值，除与元件材料有关外，还与元件所处大气环境条件有关。达到初始稳定状态以后的敏感元件才能用于气体检测。

当加热的气敏元件表面接触并吸附被测气体时，首先是被吸附的分子在表面自由扩散（称为物理性吸附）而失去动能，这期间，一部分分子被蒸发掉，剩下的一部分分子则因热分解而固定在吸附位

置上（称为化学性吸附）。若元件材料的功函数比被吸气体分子的电子亲和力小，则被吸气体分子就会从元件表面夺取电子而以阴离子形式吸附。具有阴离子吸附性质的气体称为氧化性气体，如 NO_x、O_2 等。若气敏元件材料的功函数大于被吸附气体的离子化能量，则被吸气体将把电子给予元件而以阳离子形式吸附。具有阳离子吸附性质的气体称为还原性气体，如 H_2、CO、HC 和乙醇等。

氧化性气体吸附于 N 型半导体或还原性气体吸附于 P 型半导体的气敏材料，都会使载流子数目减少而表现出元件电阻值增加的特性；相反，还原性气体吸附于 N 型半导体或氧化性气体吸附于 P 型半导体的气敏材料，都会使载流子数目增加而表现出元件电阻值减少的特性，如图 8.1 所示。

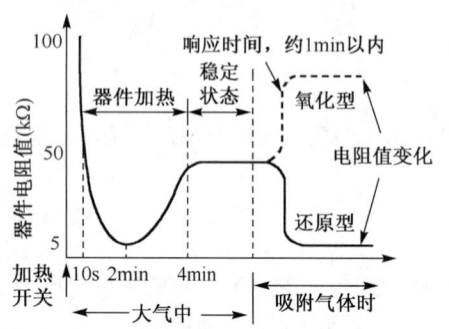

图 8.1 N 型半导体吸附气体时的器件阻值变化

达到初始稳定状态的元件，迅速置入被测气体之后，其电阻值减少（或增加）的速度称为气敏响应速度特性。各种元件响应特性不同，一般情况是元件通电 20s 后才能出现阻值变化后的稳定状态。

测试完毕，把传感器置于大气环境中，其阻值复原到保存状态数值的速度称为元件的复原特性。它与敏感元件的材料及结构有关，当然也与大气环境条件有关。一般约 1min 便可复原到不用时保存电阻值的 90%。

8.3　半导体气敏传感器

8.3.1　电阻型半导体气敏元件

半导体气敏传感器是利用气体在半导体表面的氧化和还原反应导致敏感元件阻值变化而制成的。当半导体器件被加热到稳定状态，在气体接触半导体表面而被吸附时，被吸附的分子首先在物体表面自由扩散，失去运动能量，一部分分子被蒸发掉，另一部分残留分子产生热分解而化学吸附在吸附处。半导体表面态理论认为，当气体分子的亲和能（电势能）大于半导体表面的电子逸出功时，则这种气体吸附后从半导体表面夺取电子而形成负离子吸附，如氧气、氧化氮。若在 N 型半导体表面形成负离子吸附，则表面多数载流子（导带电子）浓度减少，电阻增加；若在 P 型半导体表面形成负离子吸附，表面多数载流子（价带空穴）浓度增大，电阻减小。若气体分子的电离能小于半导体表面的电子逸出功，则气体供给半导体表面电子，形成正离子吸附，如 H_2、CO、C_2H_3OH 及各种碳氢化合物。当 N 型半导体表面形成正离子吸附时，多数载流子（导带电子）浓度增加，电阻减小；当 P 型半导体表面形成正离子吸附时，多数载流子（价带空穴）浓度减少，电阻增加。因此，认为产生气敏性。

图 8.1 所示为气体接触 N 型半导体时所产生的器件阻值变化情况。由于空气中的含氧量大体上是恒定的，器件阻值也相对固定。若气体浓度发生变化，其阻值也会变化。根据这一特性，可以从阻值变化得知吸附气体的种类和浓度。半导体气敏时间（响应时间）一般不超过 1min。N 型材料有 SnO_2、ZnO、TiO 等，P 型材料有 MoO_2、CrO_3 等。

目前使用最多的是半导体气敏传感器。半导体气敏传感器按照半导体与气体的相互作用是在其表面还是在其内部，可分为表面控制型和体相控制型两大类，如表 8.1 所示；按照半导体的物理性质，又可分为电阻型和非电阻型两种，如表 8.2 所示。电阻型半导体气敏传感器利用半导体接触气体时，气体在半导体表面的氧化和还原反应导致敏感元件阻值的改变来检测气体的成分和浓度；非电阻型半导体气敏传感器根据其对气体的吸附和反应，使其某些特性变化对气体进行直接或间接检测。

表 8.1 两大类型的半导体气敏传感器

类 型	利用的物性	敏感器件举例	工作温度	待测气体
表面控制型（表面上吸附与反应）	电导率整流特性（二极管）、阈值电压（晶体管）	SnO_2、Pd/SnO_2、ZnO、Pd/ZnO、Pd/CdS、Pd/TiO_2、Pd/MOSFET	室温~450℃ 室温~200℃ 室温~150℃	可燃气、NO_2、H_2、CO、乙醇、H_2、H_2S、NH_3
体相控制型（晶格缺陷）	电导率	La_{1-x}、S、CoO_2、$\gamma\text{-}Fe_2O_3$、TiO_2、CoO-MgO、SnO_2	300~450℃ 700℃以上	乙醇、可燃气、O_2

表 8.2 电阻型和非电阻型气敏传感器

	主要物理特性	类 型	传感器举例	工作温度	检测气体
电阻型	电阻	表面控制型	SnO_2、ZnO	室温~450℃	可燃气
		体控制型	La_{1-x}、S、CoO_2、$\gamma\text{-}Fe_2O_3$、TiO_2、CoO、MgO、SnO_2	300~450℃ 700℃以上	乙醇、可燃气
非电阻型	二极管整流特性	表面控制型	铂—硫化镉、铂—氧化钛	室温~220℃	H_2、CO、乙醇
	晶体管特性		铂栅、钯栅 MOS 场效应管	150℃	H_2、H_2S
	表面电位		氧化银	室温	

1. 表面电阻控制型气敏传感器

N 型半导体气敏器件的表面在空气中吸附氧分子并从半导体表面获得电子而形成 O_2^-、O^-、O^{2-} 等的受主型表面能级，使表面电阻增加。当 H_2 或 CO 等还原性气体作为被检测气体与气敏器件表面接触时，这些气体与氧进行以下反应，则

$$O^{n-}_{吸附} + H_2 \longrightarrow H_2O + ne \tag{8.3}$$

$$O^{n-}_{吸附} + CO \longrightarrow C_2O_2 + ne \tag{8.4}$$

因此，被氧原子捕获的电子重新回到半导体中去，表面电阻下降。利用这种表面电阻的变化来检测各种气体的敏感器件，称为表面电阻控制型气敏器件。这种器件的表面电阻大于体电阻时方能得到应用。因此，目前这类器件大部分都做成多孔质烧结体、薄膜、厚膜等形状。多孔质烧结体、薄膜和厚膜器件都是多晶体，它们由很多晶粒组合而成，晶粒接触部分的形状对气敏特性有很大的影响。当吸附引起的电子浓度变化与每个晶粒表面空间电荷层厚度 d 的两倍差不多时，器件的电阻变化率最大。

另外，在晶粒接触部分如果存在由于晶轴之间的偏离产生的错位，它们将形成妨碍载流子运动的势垒，这种势垒也因吸附气体而改变其高度，由此也改变了器件的电阻。

对于表面电阻控制型气敏器件及其他类型的半导体气敏器件，为了加快气体分子在表面上的吸附/脱附作用，多数器件都在加热到 150℃以上的温度下工作。因此目前实际应用的表面电阻控制型气敏器件大多是由禁带宽度比较大、耐高温的金属氧化物半导体材料制备的。为了提高器件的灵敏度，常常在这些材料中添加 Pd、Pt 等催化剂。

所谓的表面电阻控制型气敏传感器，是利用半导体表面因吸附气体引起半导体元件电阻值变化的特性制成的，多数是以可燃性气体为检测对象，但如果吸附能力很强，即使是非可燃性气体也能作为检测对象。此类传感器具有气体检测灵敏度高、响应速度比一般传感器快、实用价值大等优点。其开发研究工作很早就已着手进行。此类传感器的材料多数采用氧化锡和氧化锌等较难还原的氧化物，也有研究用有机半导体材料的。这类传感器一般均掺有少量的贵重金属（如 Pt 等）作为激活剂。SnO_2、ZnO、WO_3 等都属于表面控制型半导体气敏元件，它们无论是在空气中还是在惰性气体中，当表面吸附某种气体时都会引起电导率的变化。

(1) SnO_2 系气敏元件

以 SnO_2 为基础材料制备的气敏元件是目前应用范围最广泛的一种气敏元件。与其他氧化物半导体气敏元件相比具有以下特点。

① 工作温度低，工作温度在 300℃ 以下。

② 在一般检测范围内，其电阻率变化范围大，输出信号强。

SnO_2 的熔点为 1625℃，性能稳定。其晶体属四方晶系，具有金红石结构，是一种 N 型半导体。SnO_2 元件能与空气中电子亲和性大的气体（如 O_2 和 NO_2 等）发生反应，形成吸附氧会束缚晶体中的电子，使 N 型材料的表面空间电荷层的传导电子减少，从而使器件处于高阻状态。而与被测气体（如 H_2、CO）接触时，气体与吸附氧发生反应，将被氧束缚的电子释放出来，表面电导增加，使器件电阻减小。为了改善 SnO_2 气敏元件的性能，常在 SnO_2 材料中加入一些添加剂，如添加 2%～5%（质量百分比）的贵金属（铂、钯等）可提高其灵敏度，添加微量的稀土元素可以大大提高其气体识别能力；添加适量的氧化银及少量的四氯化锡、酸洗石棉对乙炔有很好的选择性；添加少量的氧化物（如 Sb_2O_3、VO_5、MgO 和氧化铅等）可以改善其热稳定性和响应特性等。

气敏传感器通常由气敏元件、加热器和封装体三部分组成。气敏元件从制造工艺来分有烧结型、薄膜型和厚膜型三类。

(2) 烧结型 SnO_2 气敏元件

图 8.2 所示为烧结型气敏元件。烧结型 SnO_2 气敏元件，是目前工艺最成熟的气敏元件，其敏感体使用粒径很小（平均粒径≤1μm）的 SnO_2 粉体为基本材料，晶粒的大小对电阻有一定影响，但对气体检测灵敏度则无很大的影响，与不同的添加剂混合均匀，采用典型的陶瓷工艺制备，工艺简单，成本低廉。因此，被称为半导体导瓷，简称半导瓷，主要用于检测可燃的还原性气体，

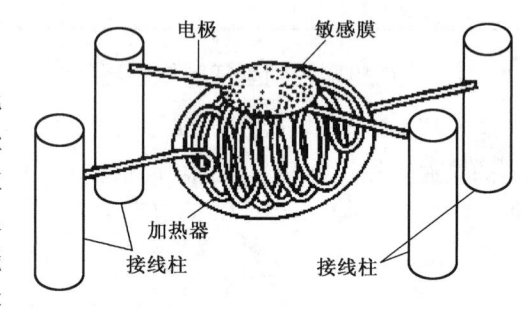

图 8.2 烧结型气敏元件

敏感元件的工作温度约为 300℃。烧结型器件制作方法简单，器件寿命长；但由于烧结不充分，器件机械强度不高，电极材料较贵重，电性能一致性较差，应用受到一定限制。按照其加热方式，可以分为直热式与旁热式两种类型。

① 直热式 SnO_2 气敏元件。直接加热式 SnO_2 气敏元件，又称为内热式器件，其结构与符号如图 8.3 所示，由芯片（包括敏感体和加热器）、基座和金属防爆网罩三部分组成。芯片结构的特点是在以 SnO_2 为主要成分的烧结体中，埋设两根作为电极并兼作加热器的螺旋形铂—铱合金线（阻值约为 2～5Ω）。虽然结构简单，成本低廉，但因其热容量小，易受环境气流的影响，稳定性差。测量时 3 和 4 短接成一个电极，并与 1 组成测量电阻，即与加热电路之间没有隔离，容易相互干扰，加热器与 SnO_2 基体之间由于热膨胀系数的差异而导致接触不良，最终可能造成元件的失效。因此生产和使用减少。

② 旁热式 SnO_2 气敏元件。旁热式 SnO_2 气敏元件严格地讲是一种厚膜型元件，其结构与符号如图 8.4 所示。在一根内径为 0.8μm、外径为 1.2μm 的薄壁陶瓷管（大多用含三氧化二铝 75% 的瓷管）的两端设置一对金电极及铂—铱合金丝（ϕ≤80μm）引出线，然后在瓷管的外壁涂敷以 SnO_2 为基础材料配制的浆料层，经烧结后形成厚膜气体敏感层（厚度<100μm）。在陶瓷管内放入一根螺旋形高阻金属丝（如 Ni-Cr 丝）作为加热器（加热器电阻值一般为 30～40Ω）。这种管芯的测量电极与加热器分离，避免了相互干扰，而且元件的热容量较大，减少了环境温度变化对敏感元件特性的影响。其可靠性和使用寿命都较直热式气敏元件高。目前市售的 SnO_2 系气敏元件大多为这种结构形式。

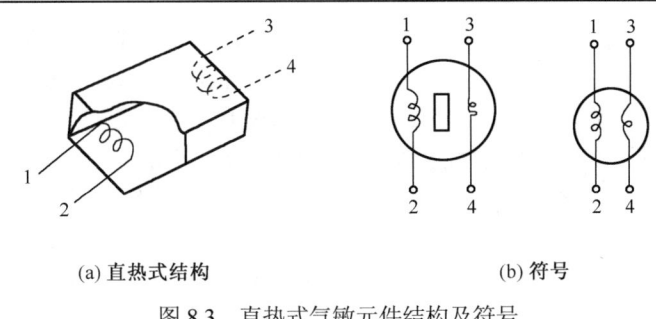

图 8.3 直热式气敏元件结构及符号

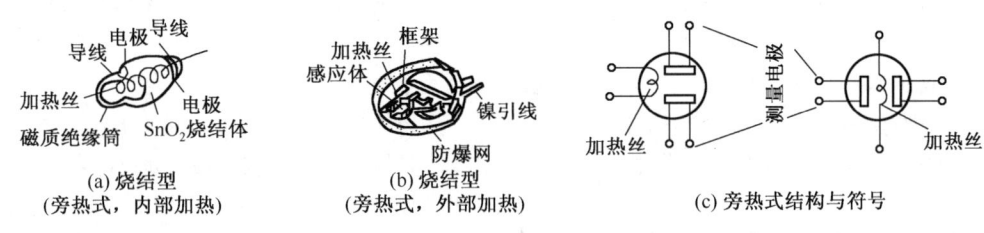

图 8.4 旁热式气敏元件结构及符号

③ 厚膜型 SnO_2 气敏元件。图 8.5 所示为厚膜型气敏元件结构。这种元件是将 SnO_2 或 ZnO 等材料与 3%~15%（重量）的硅凝胶混合制成能印制的厚膜胶，把厚膜胶用丝网印刷到装有铂电极的氧化铝（Al_2O_3）或氧化硅（SiO_2）等绝缘基片上，再经 400~800℃的温度烧结 1h 制成。由于这种工艺制成的元件离散度小、机械强度高，适合大批量生产，因此是一种很有前途的器件。SnO_2 厚膜气敏传感器特性如图 8.6 所示。

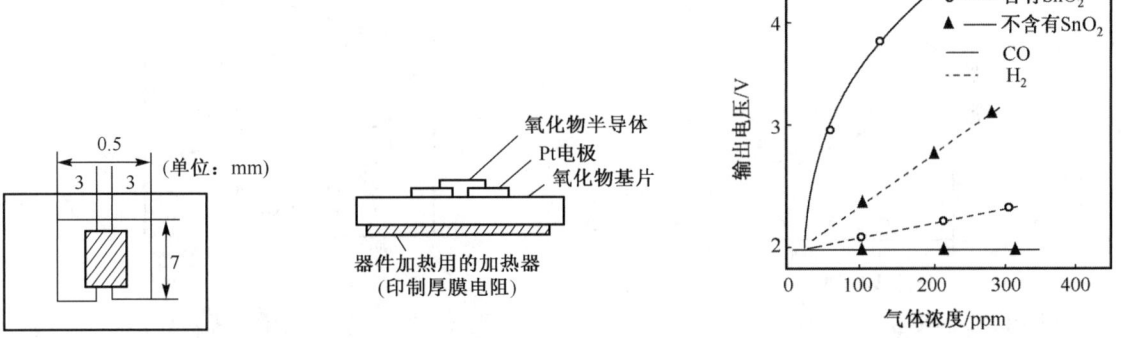

图 8.5 厚膜型气敏元件结构示意图

图 8.6 SnO_2 厚膜气敏传感器特性

④ 薄膜型 SnO_2 气敏元件。图 8.7 所示为薄膜型气敏元件结构。采用蒸发或溅射工艺，在石英基片上形成氧化物半导体薄膜（其厚度约在 100Å 以下）。制作方法也很简单。实验证明，SnO_2 半导体薄膜的气敏特性最好，但这种半导体薄膜为物理性附着，元件间性能差异较大。

由于烧结型 SnO_2 气敏元件的工作温度约为 300℃，此温度下的贵金属与环境中的有害气体（如 SO_2 类）作用会发生"中毒"现象，使其活性大幅度下降，因

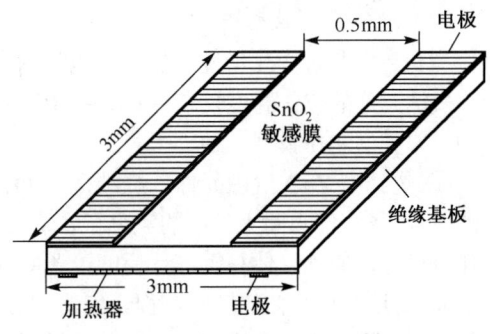

图 8.7 薄膜型气敏元件结构

而造成 SnO_2 气敏元件的气敏性能下降，长期稳定性、气体识别能力等降低。薄膜型 SnO_2 气敏元件的工作温度较低（约为250℃），并且这种元件具有很大的比表面积，自身的活性较高，本身气敏性很好，且催化剂"中毒"不十分明显。这种元件一般是在绝缘基板上，蒸发或溅射一层 SnO_2 薄膜，再引出电极，具体结构如图8.7所示。元件对不同气体敏感特性如图8.8所示，图中 R_0 表示元件在洁净空气中的阻值。可以看出，该元件对乙醇气体的灵敏度很高，而对丁烷气体不灵敏。图8.9所示为不同温度下元件的气体灵敏度，可以看出元件对于乙醇气体在350~400℃时灵敏度最高，而对CO则在250℃时灵敏度最高，利用这一特性可实现对不同气体的选择性检测。另外，元件的响应时间和恢复时间亦受加热温度的影响，随着温度升高，响应和恢复时间变短。

⑤ 超微粒薄膜 SnO_2 气敏元件。将 SnO_2 微粒尺寸在100nm以下的薄膜称为超微粒薄膜。在高频下使反应室中氧气形成等离子体，同时蒸发金属锡，使锡蒸气与氧等离子体作用生成 SnO_2 微粒，淀积在基片上形成薄膜；或者用CVD方法将 O_2 和含金属化合物通入反应室，形成等离子体沉积 SnO_2 薄膜。超微粒薄膜型 SnO_2 气敏元件结构如图8.10所示。基片用N型硅，左边是气体敏感元件部分，它由半导体平面工艺制成的加热电阻器、电极、SnO_2 超微粒薄膜等部分组成；右边是一个用来测量气敏元件工作温度的PN结热敏元件；在加热电阻器与测量电极之间有一层 SnO_2 绝缘层。该气敏元件将工作温度降低，其温度特性如图8.11所示。超微粒 SnO_2 薄膜具有巨大的比表面积和很高的表面活性，在较低温度下就能与吸附气体发生化学吸附。因而其功耗小，灵敏度高，并且这种元件以硅片为基片，与半导体集成电路的制作有较好的工艺相容性，可与配套电路制作在同一基片上，便于推广应用。而且选择性好，灵敏度高，响应恢复时间快。另外，采用溶胶—凝胶—超临界流体干燥法制成 SnO_2 超细粉体，按照涂敷工艺制成低功耗 C_2H_5OH（乙醇）及CO气敏元件，简化工艺，具有开发潜力。

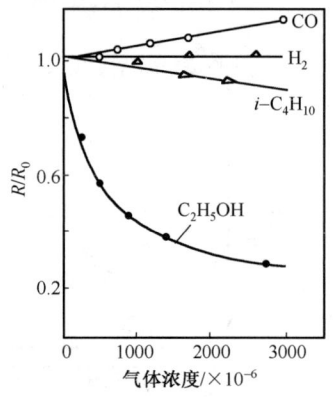

图 8.8 SnO_2 薄膜气敏元件的灵敏度特性

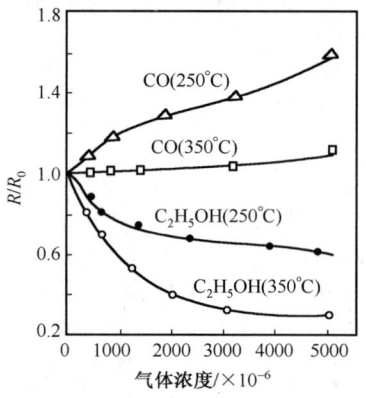

图 8.9 SnO_2 薄膜气敏传感器对CO和 C_2H_5OH 的灵敏度特性

（3）ZnO系气敏元件

氧化锌的物理、化学性能稳定，也是N型半导体，具有六方晶系铅锌矿型和立方晶系NaCl型结构。气敏元件的工作温度较高（400~450℃），因此其发展没有 SnO_2 快，ZnO气敏元件也可以分为烧结型、厚膜型和薄膜型三种。

① 烧结型ZnO气敏元件。烧结型ZnO气敏元件的工作原理与 SnO_2 相似。ZnO半导体因存在过剩的Zn离子，能吸附大气中的氧分子，氧会夺取电子使气敏元件的电阻值上升。若导入还原性气体，催化剂促进还原性气体与氧进行反应，还原性气体被氧化，吸附的氧脱离半导体，其电阻下降。这就是ZnO对还原性气体的敏感过程。催化剂对ZnO的气敏特性同样有极大的影响，如图8.12和表8.3所示。当使用铂作为催化剂时，ZnO气敏元件对乙醇、丙烷、丁烷等有较高的灵敏度，而对氢、一氧

化碳等的灵敏度却较低。以钯作为催化剂时，对氢、一氧化碳等的灵敏度较高，而对烷类气体的灵敏度较低。实验表明，在 ZnO 中加入 2% 的三氧化二铬，可以使其稳定性获得改善。

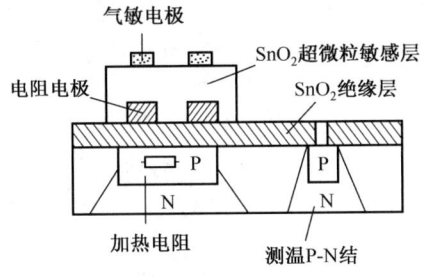

图 8.10　超微粒薄膜 SnO_2 型气敏元件结构

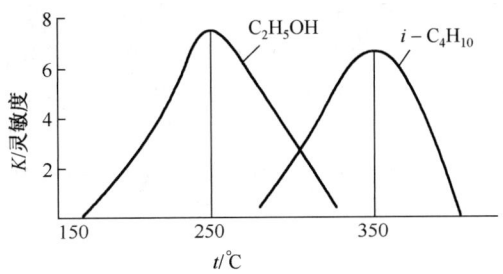

图 8.11　超微粒薄膜型 SnO_2 气敏元件温度特性

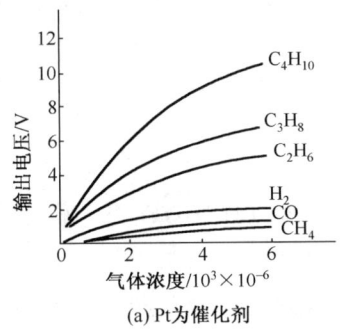

(a) Pt 为催化剂

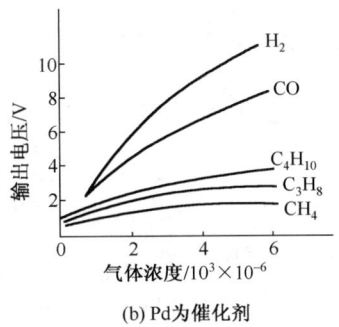

(b) Pd 为催化剂

图 8.12　催化剂对 ZnO 气敏特性的影响

表 8.3　催化剂 ZnO[①] 对灵敏度的影响

催化剂 \ 灵敏度 R_a/R_g \ 被测气体	$i\text{-}C_4H_{10}$	C_3H_8	CO	H_2	C_2H_5OH
无	1.8	1.6	1.1	1.8	12
Pt	14	12	1.8	2.0	18
Pd	6.2	5.1	11	13	18
Rn	13	11	1.4	2.0	19
Pt-P	17	15	1.2	1.4	2.9
Rn-P	16	15	1.5	2.2	2.6

注：① 气体浓度为 2000×10^{-6}，工作温度为 350℃

② 薄膜型 ZnO 气敏元件。图 8.13 所示为氧化锌薄膜型气敏元件的结构。在 Al_2O_3 基片上先做叉指金电极，并在基片的背面制作阻值约为 20Ω 的能耐受高温的薄膜电阻作为加热器。使用磁控溅射法，在 $Ar+O_2$ 混合气体中以高纯的锌板（99.99%）为靶材，在氧化铝基片上反应溅射 ZnO 薄膜，同时在 ZnO 薄膜表面掺杂镧、镨、钇、镝和钆等稀土元素的一种或数种，以提高其灵敏度和选择性，可以获得对乙醇特别敏感，对甲烷、一氧化碳及汽油等灵敏度较高的气敏元件。成膜后在 500～600℃ 的空气中热处理约 2h，可以减少薄膜中活性较大的缺陷和内应力，还可以使 ZnO 薄膜的晶粒间隔减少。这样，虽然会导致元件的灵敏度略有下降，但其稳定性会明显改善。此工艺制备的氧化锌薄膜的晶粒尺寸为 600nm 左右，对乙醇的灵敏度比对汽油的灵敏度高出近一倍，再配合适当的辅助电路，就可以避免汽油对检测酒精的干扰。ZnO 酒精敏感元件的主要参数为：工作电压 1～6V，响应时间 < 10s，工作温度 320℃，在乙醇蒸气浓度为 75×10^{-6} 时测定灵敏度 $R_a/R_g > 6$。

③ 多层式 ZnO 气敏元件。多层式 ZnO 气敏元件的结构是先在绝缘基片上涂敷或沉积 ZnO 薄膜，再给 ZnO 层上涂敷一层作为催化剂层，一般用适量的黏合剂与经钯、铂、铑等贵金属盐浸渍的 Al_2O_3 微粉构成多孔覆盖层，以促进对气体的吸附，提高气敏性。图 8.14 所示为与多层气敏元件结构类似的铂铱复合型 ZnO 气敏元件的结构图。该元件以铂铱合金为基片，采用印制制膜法在其正面制作 RuO_2 电极（图 8.14 中的 A 和 B）和敏感材料 ZnO，在背面制作 RuO_2 电极（图 8.14 中的 C），在乙醇气体中测量电极 A 与 B 之间的电阻变化，同时还可以利用电极 A（或 B）与电极 C 来测定元件与温度的关系。铂铱促进对氧和乙醇的吸附，RuO_2 促进乙醇的氧化作用，因此这种复合型电极传感器乙醇的灵敏度较高。

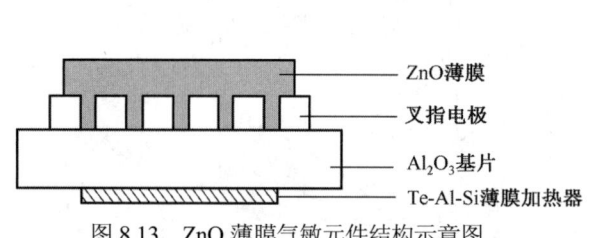

图 8.13 ZnO 薄膜气敏元件结构示意图

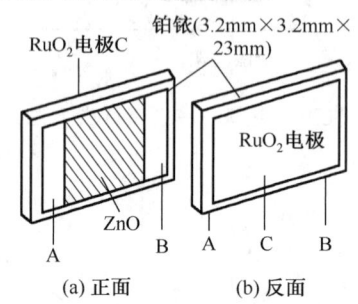

图 8.14 ZnO 铂铱复合型传感器结构图

④ 其他半导体氧化物气敏元件。其他半导体氧化物气敏元件有 WO_3 系气敏元件、非晶态 SiO_2 等。

2. 体电阻控制型气敏传感器

体电阻控制型气敏传感器是利用体电阻的变化来检测气体的半导体气敏传感器。很多氧化物半导体由于化学计量比的偏离，尤其是化学反应性强而容易还原的氧化物半导体，在比较低的温度下与气体接触，使电阻改变。因此利用这种机制可检测各种气体。例如，γ-Fe_2O_3 气敏元件，当它与气体接触时，随着气体浓度的增加，形成 Fe^{2+} 离子，它们之间的氧化还原反应为

$$\gamma\text{-}Fe_2O_3 \underset{\text{氧化}}{\overset{\text{还原}}{\rightleftharpoons}} Fe_3O_4 \qquad (8.5)$$

γ-Fe_2O_3 和 Fe_3O_4 都属于尖晶石结构。进行这种转变时，晶体结构并不发生变化。这种转变又是可逆的，当被测气体脱离后又恢复到原状态。这就是 γ-Fe_2O_3 气敏元件的工作原理。

又如，尖晶石结构的氧化物 ABO_3 的 A 位置或 B 位置进行置换或部分置换而产生晶格缺陷。以 $Ln_{1-x}SrCoO_3$（Ln 为镧系元素）为例，加热到 800℃以下时放出大量的氧而形成氧空位来改变器件电阻。

关于体电阻控制型气敏元件的工作原理，另一种理论认为，由于添加物和吸附气体的存在，在半导体能带中形成新的能级的同时，母体晶格也发生变化而改变其电导率。

一般将材料的体电阻随某种气体的浓度发生变化的传感器称为体电阻控制型气敏传感器，目前应用得最多的主要是 Fe_2O_3 和 TiO_2 等氧化物半导体气敏元件。

（1）氧化铁系气敏元件

Fe_2O_3 的晶体结构有亚稳态的尖晶石 γ-Fe_2O_3 和稳定态的刚玉结构 α-Fe_2O_3 两种，γ-Fe_2O_3、α-Fe_2O_3 是 ABO_3 型化合物等材料制成的气敏元件，都属于体控制型。这类气敏元件都与 O_2 密切相关，如 γ-Fe_2O_3 只有在空气或氧气中才对其他还原性气体有气敏性，而在惰性气体中就没有气敏性。

① γ-Fe_2O_3 气敏元件。γ-Fe_2O_3 气敏元件是 N 型半导体，结构如图 8.15 所示。其在高温下吸附还原性气体后，会使得部分三价铁离子（Fe^{3+}）获得电子，进而还原成二价铁离子（$Fe^{3+}+e \to Fe^{2+}$），致使电阻率很高的尖晶石 γ-Fe_2O_3 转变为电阻率很低的尖晶石结构 Fe_3O_4，其离子分布可表示为 $Fe^{3+}[Fe^{3+} \cdot Fe^{2+}]O_4$，因 Fe^{3+} 和 Fe^{2+} 之间进行电子交换，故使得 Fe_3O_4 具有较高的导电性。同时 Fe_3O_4 和 γ-Fe_2O_3 的相似结构之间可以形成连续固溶体，固溶体的电阻率取决于 Fe^{2+} 的数量。随着气敏元件表面吸附的还

原性气体数量的增加，二价铁离子相应增多，故气敏元件的电阻率下降。当吸附在元件上的还原性气体解吸后，Fe^{2+}被空气中的氧所氧化，成为Fe^{3+}，又转变为电阻率很高的$\gamma\text{-}Fe_2O_3$，元件的阻值相应增加。图 8.16 所示为$\gamma\text{-}Fe_2O_3$气敏元件对不同气体的响应特性。

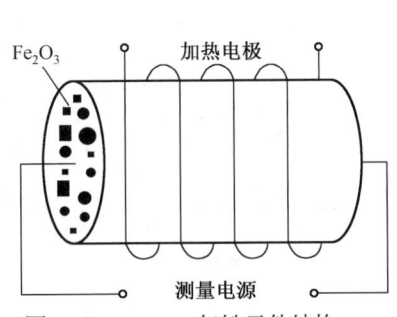

图 8.15　$\gamma\text{-}Fe_2O_3$气敏元件结构

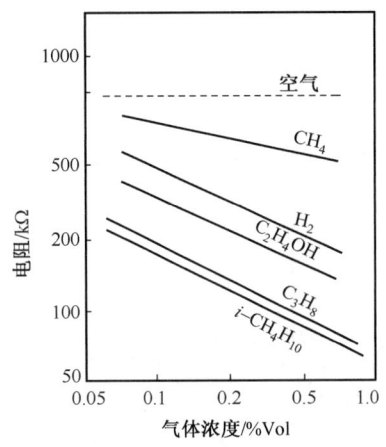

图 8.16　$\gamma\text{-}Fe_2O_3$气敏元件对不同气体的响应特性

$\gamma\text{-}Fe_2O_3$气敏元件缺点为：$\gamma\text{-}Fe_2O_3$气敏元件需要在较高温度（400～420℃）下工作，且此温度下$\gamma\text{-}Fe_2O_3$会发生不可逆相变（转变温度范围为 370～650℃），转变为$\alpha\text{-}Fe_2O_3$，实验中还发现由$\gamma\text{-}Fe_2O_3$相变所生成的$\alpha\text{-}Fe_2O_3$几乎没有气敏特性。因此，$\gamma\text{-}Fe_2O_3$一旦发生相变后，其气敏特性会明显下降，这种灵敏度的降低称为老化。为防止不可逆相变加入Al_2O_3和稀土添加剂，同时严格控制工艺使$\gamma\text{-}Fe_2O_3$烧结体的微观结构均匀，可将相变温度提高到 680℃左右，改善了元件的稳定性。由于铁是过渡金属元素，是一种良好的催化剂，因此$\gamma\text{-}Fe_2O_3$半导体不需要加入添加剂就可直接作为气敏元件。另外，$\gamma\text{-}Fe_2O_3$气敏元件对丙烷（C_3H_8）和异丁烷（$i\text{-}C_4H_{10}$）的灵敏度较高，这两种烷类正是液化石油气（LPG）的主要成分。因此，$\gamma\text{-}Fe_2O_3$气敏元件又称为"城市煤气传感器"。

② $\alpha\text{-}Fe_2O_3$气敏元件。$\alpha\text{-}Fe_2O_3$气敏元件是 N 型半导体材料，其结构如图 8.17 所示。其气敏元件对碳氢化合物的气敏特性如图 8.18 所示，对其他被检测气体的气敏特性如图 8.19 所示，从图中可以看到，除了乙醇外，其他气体的浓度范围为 1000～10000ppm，其电导率随着可燃气体浓度的增加而增加，几乎都有以下的近似关系，即

$$R_s \propto C^{-n} \tag{8.6}$$

式中，R_s为器件的电阻值；C为气体浓度；n为与不同气体浓度有关的常数。

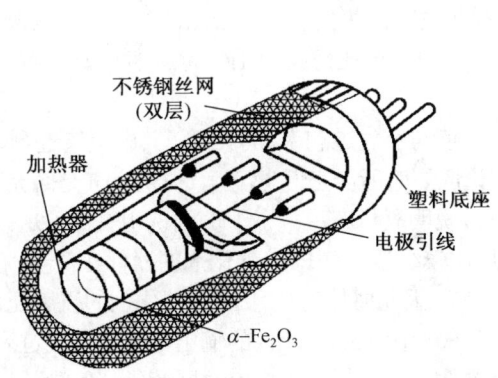

图 8.17　$\alpha\text{-}Fe_2O_3$气敏元件结构

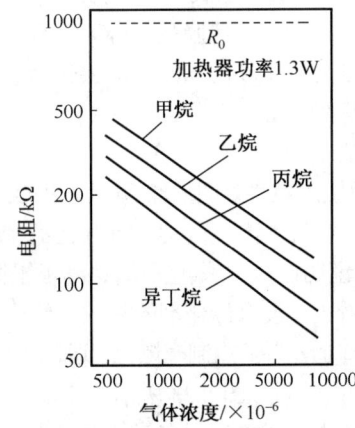

图 8.18　$\alpha\text{-}Fe_2O_3$气敏元件对碳氢化合物的气敏特性

另外，α-Fe_2O_3 气敏元件的电阻随环境温度的上升而下降，如图 8.20 所示。元件阻值 R_s 也会随湿度而变化，且对不同种类气体其变化也不同。

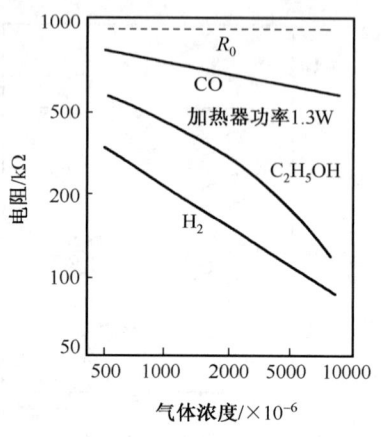

图 8.19　α-Fe_2O_3 气敏元件对 H_2、CO 及 C_2H_5OH 的气敏特性

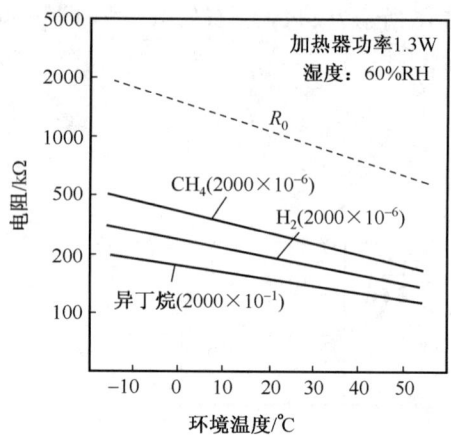

图 8.20　α-Fe_2O_3 气敏元件的温度特性

实验表明，掺 Zr 使 α-Fe_2O_3 薄膜敏感材料具有更好的选择性，并降低薄膜在洁净空气中的电阻。掺 Zr 的氧化铁薄膜和未掺杂 Zr 的氧化铁薄膜，在选择性、工作温度及响应恢复特性等方面，均好于烧结型 γ-Fe_2O_3 气敏传感器和厚膜型 α-Fe_2O_3 气敏传感器。掺 Zr 是改善 α-Fe_2O_3 薄膜气敏特性的一种有效途径。

（2）TiO_2、Nb_2O_5 氧敏元件

TiO_2 是具有金红石结构的 N 型半导体，在常温下难以和空气中的氧发生化学吸附而不显示氧敏特性，在高温下才有明显的氧敏特性。为了提高 TiO_2 的氧敏特性，通常添加贵金属铂作为催化剂，元件工作时环境中的氧首先在铂上吸附形成原子态氧，再与 TiO_2 发生化学吸附。实验表明，添加铂催化剂后 TiO_2 元件在 300℃ 以上对氧具有较好的响应特性。但是，由于 TiO_2 的电阻率随温度升高而下降的现象与元件吸附氧后电阻率变化现象混淆，造成测量误差。为此，通常在测试中使用一个用氧化钴—氧化镁二元系材料制作的其阻值与氧敏元件一致的温度补偿元件，消除温度变化所引起的误差，如图 8.21 所示。另外，TiO_2、Y_2O_3、Al_2O_3 和 CeO_2 等也可作为温度补偿材料。薄膜型 TiO_2 系氧敏元件由于体积小可满足集成化技术的要求，且响应速度比 ZrO_2 和 TiO_2 陶瓷氧敏元件快，具有发展前景。

在材料微观结构相同条件下，氧空位在 Nb_2O_5 中的扩散速度比 TiO_2 中大一些。若制备出晶粒较小的 Nb_2O_5，响应特性就比 TiO_2 陶瓷好。但一般陶瓷工艺制成的 Nb_2O_5 烧结体大多是柱状微晶粒，其响应特性不是很理想，薄膜型 Nb_2O_5 氧敏元件用设置有叉指电极（Pt 电极）的氧化铝作为基片，在基片上溅射厚度为数千埃的 Nb_2O_5 膜层作为感应层，在基片背面设置铂薄膜加热供给元件工作所需的温度。Nb_2O_5 薄膜氧敏元件的尺寸较小（1.5mm×1.5mm×0.2mm），灵敏度比薄膜型 TiO_2 系元件的高，越来越受到人们的重视。

① 灵敏度特性。图 8.22 所示为 TiO_2 氧敏元件的电阻值与空气过剩率 λ 的关系。其中空气过剩率 λ 是空燃比（空气/燃料）与化学计量比的空燃比之比（理论燃烧时所需空气/燃料），说明空气是否充足。λ 等于 1，说明 TiO_2 中氧化还原达到了平衡态；λ 大于 1，说明氧量充足；小于 1 则说明氧量不足。从图中可以看出，没有催化剂的氧敏元件电阻值随 λ 的增加比较缓慢。有 Pt 等催化剂的器件在 $\lambda=1$ 附近电阻急剧增加。为了控制空燃比，通常需要检验 λ 值（$\lambda=1$），因此要使用具有 Pt 等催化剂的氧敏元件。

② 静态特性。图 8.23 所示为 TiO_2 和 Nb_2O_5 氧敏元件的电阻、ZrO_2 元件的输出电压与空气过剩率特性。从图中可以看出，在气体温度为 400℃ 时，所有器件在 $\lambda=1$ 时输出值急剧变化。但是，只有

Nb$_2$O$_5$器件的阻值在气体温度为200℃时几乎与400℃时的差不多,同时阻值的急剧变化也在$\lambda = 1$时发生。TiO$_2$ 和 ZrO$_2$ 元件的特性曲线在气体温度为 200℃时向上偏离,对λ的输出值急变点也向燃料不足的方向偏离。

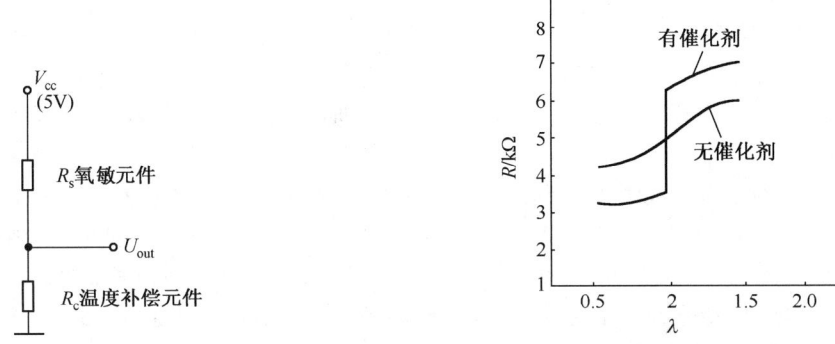

图 8.21　温度补偿原理图　　图 8.22　TiO$_2$氧敏元件的电阻值(R)与空气过剩(λ)的关系

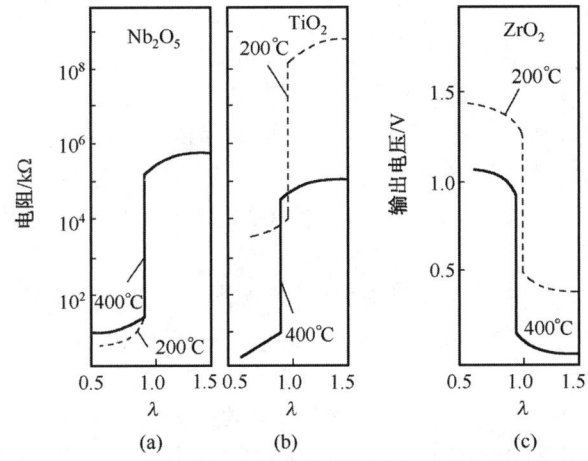

图 8.23　TiO$_2$ 和 Nb$_2$O$_5$ 电阻、电压与空气过剩率的静态特性

③ 动态响应特性。图 8.24 所示为输入阶梯形变化时 TiO$_2$ 等氧敏元件的输出波形。在气体温度为 400℃时所有氧敏元件的输出值比λ变化稍许延迟一点,响应还是很快的。但在气体温度为 200℃时,Nb$_2$O$_5$氧敏元件具有良好的响应特性,TiO$_2$ 和 ZrO$_2$ 元件的输出值几乎没有变化。

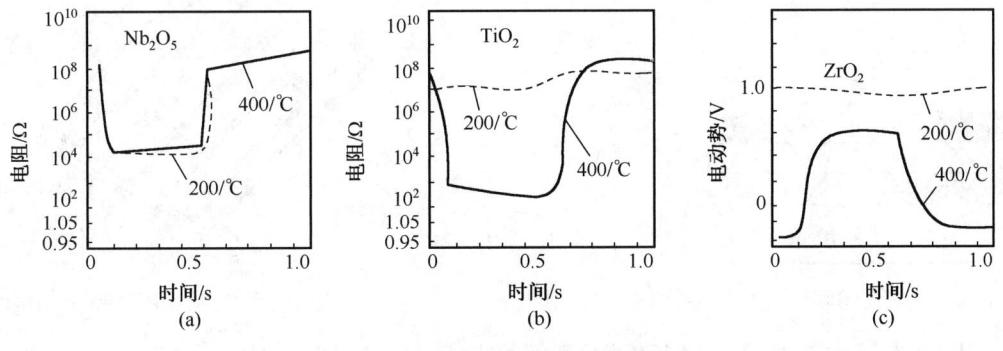

图 8.24　TiO$_2$ 等氧敏元件的输出波形

在发动机控制中,把基准电压设定在氧敏元件输出值的平均值附近(如 0.5V 附近)来判断空气过

剩或不足。一般把氧敏元件输出值变化到 50%的时间定义为响应时间。从图 8.24 中可以测出 Nb_2O_5 氧敏元件的响应最好，响应时间小于 50s，且随着气体温度的升高而有所减低，温度依赖性不大，这种响应特征对控制发动机非常有利；TiO_2 和 ZrO_2 元件响应时间较长，且温度依赖性较大。

（3）其他气敏元件

其他气敏元件还有多层薄膜气敏传感器、混合厚膜型气敏传感器和复合氧化物气敏传感器等。

① 多层薄膜气敏传感器。图 8.25 所示为采用多层薄膜的气敏传感器的结构示意图。第一层作为导电层，第二层作为敏感层。选择不同气敏材料作为第二层，则有可能实现对气体选择性检测。若用 SnO_2 薄膜对 H_2 和 CO 灵敏度高，若用 WO_3 薄膜则对异丁烷灵敏度高，这种结构对乙醇有很高的灵敏度与选择性。主要性能指标优于单层或烧结型气敏传感器，随着材料和层数、层次的不同具有其独特的性质；多层薄膜之间存在着一定程度的过渡区，起到电导调制作用，与掺杂、表面修饰的增感作用相当，自然地克服了贵金属表面修饰所存在的中毒现象和其他弊病，如内阻高、工作电流小、稳定性好、降低了功耗。

② 混合厚膜型气敏传感器。在瓷基片上，用丝网印刷技术制成混合型厚膜器件，结构如图 8.26 所示。有三种金属氧化物半导体敏感膜，分别为测量 CH_4 的 SnO_2 膜、测量 CO 的 WO_3 膜和测量 C_2H_5OH 的 $LaNiO_3$ 膜。该元件的优点是：可通过不同的敏感膜对气体进行选择性检测；易实现器件敏感膜和加热器的集成化；可做成小型化、低电压工作的器件，温度特性好；易于组装；成本低，易于批量生产。该器件加热到 400℃，就可以实现对 C_2H_5OH 的选择性检测。

③ 复合氧化物气敏传感器。钙钛矿型稀土金属氧化物（LnM）BO_2（式中，Ln 为镧系元素 La、Pr、Sm 和 Gd 等；M 为 Ca、Sr、Ba；B 为 Fe、CO、Ni），如 $LaNiO_3$ 等是主要的复合氧化物系气敏材料，它们随环境气氛中氧分压的变化迅速发生氧化还原反应，电导率也随之发生变化。可以检测乙醇、CO 及烟雾等，与还原性气体接触时电导率变小。实验结果表明，$LaNiO_3$ 气敏器件对乙醇灵敏度高，而响应时间比较慢。

复合氧化物（$ZnSnO_3$、Zn_2SnO_4）是性能优良的气敏材料。采用化学共沉淀和固相反应相结合的方法，选择合适的锌、锡比，严格控制沉淀的 PH 值、洗涤温度及时间，才能制得相应组分的锌、锡复合氧化物 $ZnSnO_3$ 和 Zn_2SnO_4。对 Zn：Sn=1.3：1 的沉淀物，生成的 $ZnSnO_3$ 经 600℃处理对乙醇气有较高的灵敏度和选择性；800℃处理对气体的灵敏度虽没有 650℃的高，但其电导温度稳定性好。用 $(NH_4)CO_3$ 作沉淀剂制得 Cd：Sn=1：1 粉料，经 750℃ 15h 热处理可得单相钛铁型 β-$CdSnO_3$，其为典型的表面电阻控制型气敏材料，对 C_2H_2、C_2H_5OH 及 LPG 有很高的灵敏度，无须掺贵金属催化剂就对还原性气体有很高的灵敏度。因此，β-$CdSnO_3$ 很有希望作为一种新的气敏材料体系。但其对不同气体达到灵敏度最大值所对应的工作温度不同，因而限制了其应用范围和程度。

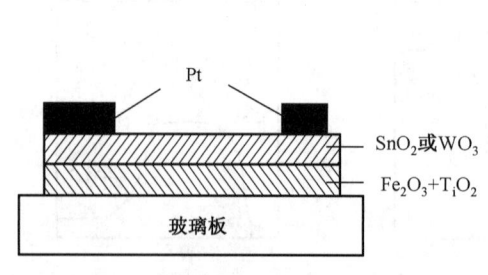

图 8.25 多层薄膜气敏传感器结构图

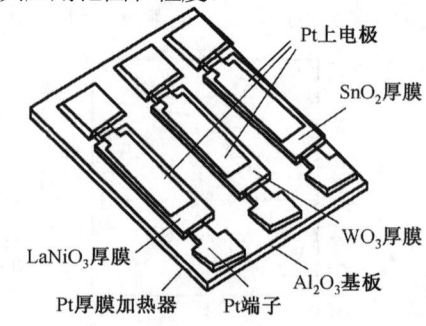

图 8.26 混合厚膜气敏传感器结构图

8.3.2 半导体气敏二极管和 MOSFET 气敏传感器

金属半导体三极管、金属氧化物半导体（MOS）二极管及金属—氧化物—半导体场效应管

（MOSFET）等气敏器件，都属于外电阻型半导体气敏传感器器件。它们的工作原理仍然是利用半导体表面的空间电荷层或金属半导体接势垒的变化。但它并不测量电阻变化，而是利用其他参数的变化，如利用二极管和场效应管的伏安特性的变化检测被测气体的存在。

金属和半导体接触时形成肖特基势垒，当在金属和半导体接触部分吸附某种气体时，如果对半导体能带或金属的功函数有影响，那么它的整流特性就发生变化，如 Pd-CdS 肖特基势垒能检测 H_2。目前已推出的有 Pb-TiO$_2$、Pb-ZnO、Pt-TiO$_2$、Au-TiO$_2$ 等肖特基势垒二极管气敏器件。

金属氧化物半导体结构的气敏器件的金属栅极材料为 Pd 或 Pt 薄膜，厚度为 500～2000 Å，SiO$_2$ 层厚度为 500～1000 Å。当这种器件的金属栅极接触 H_2 时，金属的功函数下降。因此，这种器件的电容—电压特性（C–V 特性）发生变化。

对于 Pd-MOSFET，其金属栅为 Pd，约为 100 Å，而 SiO$_2$ 也大约有 100 Å。管的漏极电流 I_D 由栅偏压控制。在栅极和漏极之间短路的情况下，源极和漏极之间加偏压 U_{DS} 时 I_D 为

$$I_D = \beta(U_{DS} - U_T)^2 \tag{8.7}$$

式中，β 为常数；U_T 为阈值电压。

在 Pd-MOSFET 中，随着空气中的氢气浓度的增加，U_T 减小，人们就是利用这种机制检测氢气浓度的。关于阈值电压 U_T 降低的原因有这样的说法：在 Pd 栅极上被解离的原子氢通过 Pd 薄膜到达 Pd-SiO$_2$ 界面处，并在 Pd 一侧形成偶极层而降低 Pd 的功函数。这种类型的气敏器件可利用平面工艺制造，将对器件的稳定性、重复性和集成化很有好处。

1．气敏二极管

（1）金属/半导体结型二极管传感器

将金属与半导体结合做成整流二极管，其整流作用来源于金属和半导体功函数的差异，随着功函数因吸附气体而变化，其整流作用也随之发生变化。目前常用的这种传感器有 Pd-CdS、Pd-TiO$_2$、Pt-TiO$_2$ 等。

① Pd-TiO$_2$ 结型气敏传感器。Pd-TiO$_2$ 结型气敏传感器的结构如图 8.27 所示，该器件在正向偏压下，电流随着气体浓度的增加而变大。可以从一定偏置电压下的电流或产生一定电流时的偏压来测定气体的浓度，其电流电压特性如图 8.28 所示，a、b、c、d、e、f、g 分别为不同氢气浓度时的曲线。正向电流变大，是因为空气中氧的吸附使 Pd 的功函数变大，而 Pd/TiO$_2$ 界面的肖特基势垒就会增高；当遇到氢气时，吸附的氧就会消失，Pd 的功函数随之降低，因而势垒也降低，正向电流变大。

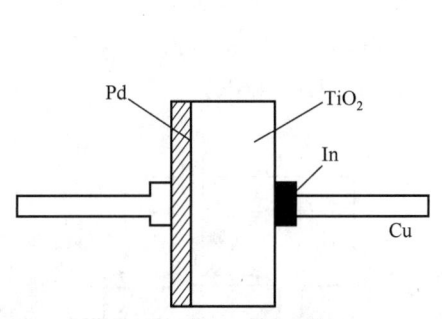
图 8.27 Pd-TiO$_2$ 结型气敏传感器

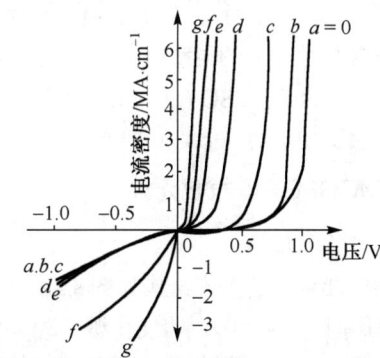
图 8.28 Pd-TiO$_2$ 结型气敏传感器电压—电流曲线（25℃）

② Au-TiO$_2$ 结型气敏元件。如图 8.29 所示，Au-TiO$_2$ 二极管在常温下选择性地对硅烷（SiH$_4$）响应，而且灵敏度高。也有实验用金属酞菁代替金属氧化物制成金属有机半导体二极管元件。

(2) MOS 二极管气敏元件

Pd-MOS 二极管结构和等效电路如图 8.30 所示。它是利用 MOS 二极管的电容—电压特性的变化制成的 MOS 气敏元件。在 P 型硅芯片上，采用热氧化工艺生长一层厚度为 50~100nm 的 SiO_2 层，然后再在其上蒸发一层钯金属薄膜，作为栅电极。SiO_2 层的电容 C_{OX} 是固定不变的，Si-SiO_2 界面电容 C_X 是外加电压的函数。所以总电容 C 是栅极偏压的函数，其函数关系称为该 MOS 管的电容—电压 (C–V) 特性，如图 8.31 所示。由于钯在吸附 H_2 以后，会使钯的功函数降低，且所吸附气体的浓度不同，功函数变化量也不同，这将引起 MOS 管的 C–V 特性向负偏压方向平移，由此可测定 H_2 的浓度。

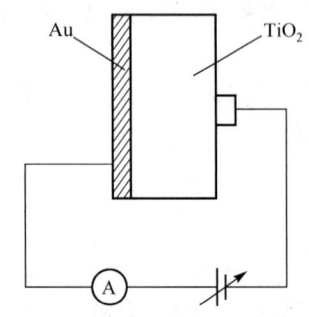

图 8.29 Au-TiO_2 二极管结型气敏传感器

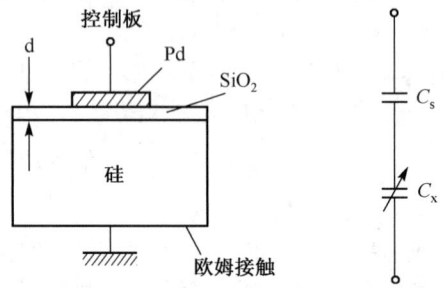

图 8.30 Pd-MOS 二极管结构和等效电路

(3) 肖特基二极管

肖特基二极管气敏传感器在抛光过的钨基（2cm×2cm）上沉积重硼 P 型金刚石膜，然后再镀上一层无杂质金刚石，在 850℃下退火，最后在金刚石表面热蒸发金属钯形成钯电极。该器件对氢气的灵敏度高，在 55℃下，0~0.01Torr 之间，灵敏度为 170Ma/Torr。在 85℃空气中，可在 1s 内完全响应，6s 后恢复。

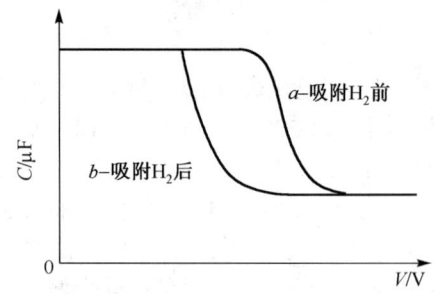

图 8.31 MOS 二极管的 C–V 特性

4. 异质结 H_2S 传感器

将 CuO 和 SnO_2 粉料均匀混合烧结制成元件，由于 CuO 是 P 型半导体，SnO_2 是 N 型半导体，CuO-SnO_2 元件是异质 PN 结器件，当元件暴露在含 H_2S 的气体中时，CuO 与 H_2S 发生反应，即 CuO+H_2S——CuS+H_2O，P 型半导体 CuO 转变成良导体 CuS，元件电阻显著下降，因而这种传感器对 H_2S 的灵敏度高。当元件从 H_2S 气体中回到空气中时，CuS 与 O_2 发生反应，即 2CuS + 3O_2(g)——2CuO + 2SO_2(g)，元件恢复到初始状态，适当选择 CuO/SnO_2 的重量比，可使这种 H_2S 传感器的灵敏度高，功耗低。实验表明，CuO/SnO_2 最佳重量比为 2.4%~4.6%。

2. MOSFET 型气敏元件

(1) 工作原理

场效应晶体管的基本结构如图 8.32 所示。当栅极（G）上未加电压时（$V_{GS}=0$），即使在源（S）极和漏（D）极间加上电压 V_{DS}，也因源极和漏极相互绝缘而没有电流通过（$I_D=0$）。如果在栅极上加一个正电压 V_{GS}，在栅极下面的 SiO_2 绝缘层中，就会形成一个电场。在此电场的作用下，P 型硅衬底内的电子，被吸引到 SiO_2 层下面的硅表面，形成一个有一定电子浓度的薄层。这个薄层与衬

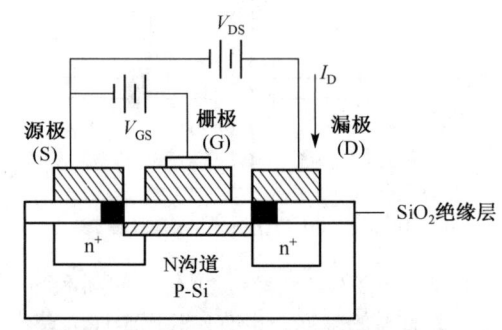

图 8.32 增强型 MOSFET 结构示意图

底 P 型硅的导电类型相反，称为反型层，它像一条沟道，将 N 型源区（S）与 N 型漏区（D）连接起来，故又称为 N 型沟道。如果在源区和漏区之间加上一个电压 V_{DS}，就会产生漏电流 I_D。显然，通过改变栅极电压 V_{DS} 的大小，可以改变 N 型沟道的宽度，从而控制漏电流 I_D 的大小。

MOSFET 气敏元件是利用阈值电压 V_T 对栅极材料表面吸附的气体非常敏感这一特性而发展起来的，是一种电压控制元件。在漏电压 V_{DS} 一定时，改变栅电压 V_{GS} 的大小来控制漏电流 I_D。

（2）Pd-MOSFET 气敏元件

Pd-MOSFET 气敏元件是将原来普通的 MOSFET 器件的铝栅改为对氢有较强吸附能力的钯栅，并将沟道的宽长比（w/L）增大到 50～100，又称为钯栅场效应晶体管，其结构如图 8.33 所示。

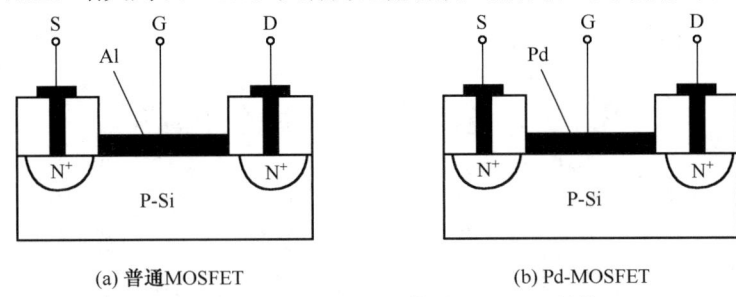

(a) 普通MOSFET　　　　　　(b) Pd-MOSFET

图 8.33　Pd-MOSFET 和普通 MOSFET 结构

3．其他结型气敏传感器

（1）氨敏元件

在食品工业中，制造尿素、肥料和亚硝酸的化学等工业中，都需要对环境中的氨气含量进行检测。由于纯净的金属钯对氨分解反应的催化活性很低，用普通的 MOSFET 气敏元件检测氨气，其灵敏度并不理想。如果在制作钯栅之前，先在作为绝缘层的 SiO_2 上淀积一层过渡金属作为衬底层（厚度约为 30×10^{-10}m），然后再形成钯栅，就可使氨在钯栅表面的分解速度增大，氨的分解反应可表示为

$$NH_3（环境中的氨）\to NH_3（吸附在 Pd 表面的氨）\to N^{-3}H（吸附在 Pd 表面） \qquad (8.8)$$

氨分解产生的氢原子，透过栅极扩散进入下面的 Pd-SiO_2 界面，使 Pd 的功函数下降。不同衬底材料（如 La、Ir、Pt）都可使 MOSFET 气敏元件对 NH_3 的响应特性获得改善。另外，NH_3 在钯表面的分解速度与温度的关系十分密切，随着温度的升高，气敏元件的响应特性也相应增加。

（2）CO 气敏元件

MOSFET 型气敏元件的栅极不仅可以用 Pd、Pt 等金属材料，也可以用半导体材料（如 SnO_2）。以 SnO_2 为栅极材料的气敏元件（SnO_2-MOSFET）是一种新型的气敏元件，它不仅对一氧化碳有较好的响应特性，而且在高浓度的氢或一氧化碳环境中的使用寿命也较长。

（3）H_2S 气敏元件

采用低真空钯溅射试制成了 Pd 栅 MOS 晶体管。测试结果表明，这种器件在室温下对 H_2S 气体具有很高的灵敏度及极好的选择性，响应速度也很快。它既降低了功耗，又能克服高温使用导致的种种不良效应，提高了器件的寿命。同时，这种器件无论是制作还是使用条件均与集成电路芯片相容，从而为集成系统的实现提供了方便。

（4）孔栅 Pd-MOSFET

如图 8.34 所示，"孔栅"结构即是在普通 MOS 管的金属栅上开出许多孔洞。孔钯栅 MOS 器件对 CO 具有敏感性能。孔栅允许 CO 分子渗入并到达洞底的 SiO_2 表面。CO 分子再沿着孔洞周界层隙向 Pd-SiO_2 界面扩散进去。因为钯对氢的"离析溶解"特性，这种结构对氢的灵敏度大于对 CO 的灵敏度。为了改善元件对 CO 的灵敏度和选择性，采取了 PdO-Pd 双层孔栅结构，即将钯栅氧化得到如图 8.35

所示的双层孔栅结构和保护层金属 Pd 双层"孔栅"结构。用金属 Pd 作保护层的带孔双层栅结构，既可以抑制对 H_2 的灵敏度，又能保持较好的 CO 灵敏度，从而有提高 CO 选择性的功效。

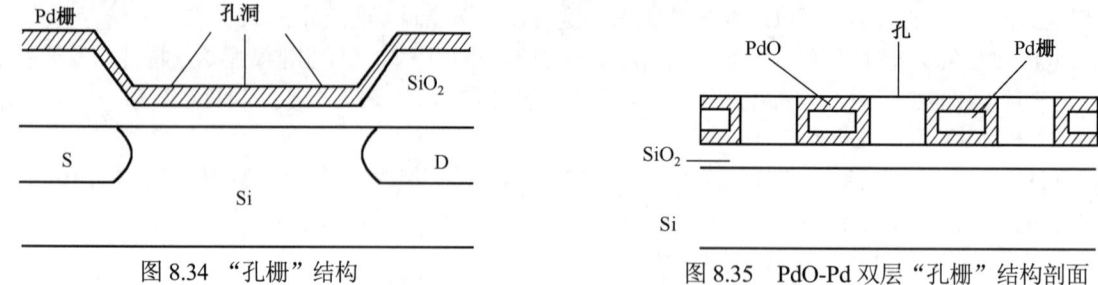

图 8.34 "孔栅"结构　　　　　图 8.35 PdO-Pd 双层"孔栅"结构剖面

8.4　固态电解质气敏传感器

固体电解质气敏传感器依靠在低于其熔点温度下的阴离子或阳离子导电，如 ZrO_2 固体电解质的氧离子、$LiSO_4$ 的 Li^+ 离子都有传导性。按电导载体分类，主要的固体电解有 O^{2-}、F^-、Cl^-、Br^-、Na^+、NH_4^+ 等。目前，已开发出 S、SO_2、SO_3、NO_2、卤素等多种气敏传感器。

ZrO_2 氧传感器采用具有氧离子传导性的 ZrO_2 固体电解质为工作介质，此介质是给 ZrO_2 晶体中添

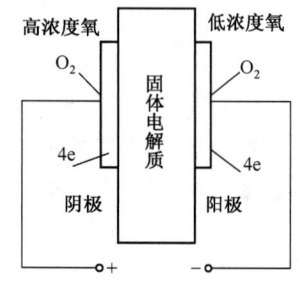

图 8.36　氧浓差电池

加适量的 CaO 或 Y_2O_3 等经高温形成萤石型立方晶系固溶体，或者称为稳定化 ZrO_2，其中 Ca^{2+} 和 y^{3+} 置换了 Zr^{4+} 的部分位置，为保持电中性晶体中存在氧的空位（O^{2-}），在一定高温下，当稳定化 ZrO_2 介质两侧有多孔性金属电极且两侧氧浓度不同时，便会出现高浓度侧氧通过固体中的氧空位以 O^{2-} 离子状态向浓度低氧一侧迁移，从而形成氧离子电导，使稳定化 ZrO_2 显示出氧离子导电特性。这样在固体电解质两侧电极上产生氧浓差电势，形成一种新型的浓差电池结构，其工作原理如图 8.36 所示。图中参比电极和测量电极都是金属 Pt，且结构有让氧离子通过的多孔，这样一个氧分子吸附在参比电极上与 4 个电子形成两个 O^{2-} 离子进入固体电解质，使参比电极带正电位，而两个 O^{2-} 离子经高温受热后通过固体电解质到达测量电极给出 4 个电子，使测量电极带负电，即高浓度侧参比电极上 $O_2+4e \rightarrow 2O^{2-}$；在低浓度侧测量电极上 $2O^{2-} \rightarrow O_2 + 4e$。图 8.37 所示为氧浓差电池结构的示意图。图 8.38 所示为氧浓差电池氧气浓度和电动势之间的关系曲线。

1. 实用浓差电池 ZrO_2 氧传感器

控制空燃比的 ZrO_2 氧传感器的实际结构如图 8.39 所示，它一般由产生电动势的 ZrO_2 电解质管、起电极作用的衬套，以及防止 ZrO_2 管损坏和导入汽车排气的进气孔组成。ZrO_2 管的内、外表面均涂敷有薄薄一层铂，除起电极作用外，对 CO 与 O_2 的反应起催化作用。当空燃比接近理论值时，铂的表面从 O_2 与 CO 完全进行化学反应（CO 过剩，O_2 为零）的状态急剧变化为氧过剩（CO 为零，O_2 过剩）的状态，电解质两边氧浓度之比急剧变化，电动势也急剧变化，如图 8.40 所示。

实用浓差电池 ZrO_2 氧传感器的工作温度较高（一般在 800℃ 以上），因而不利于在某些领域（如医药、生物研究及汽车传感器）的推广应用。而且电解质及电极材料的物理化学性能受高温的影响，使用寿命也相应缩短。大量研究发现，通过升高温度和提高电极材料的催化性都可以增大离子的运动，用催化性强的二氧化钌（RuO_2）代替催化性弱的铂（Pt）作为电极，使工作温度降至 300℃，电池内阻减小和响应速度加快，因此可以延长电池的使用寿命，扩大应用范围（如控制汽车的空气/燃料比；

在锅炉和内燃机中测量和控制燃烧过程以减少污染；控制高温炼钢的质量；用于环境保护，分析和监控大气污染）。

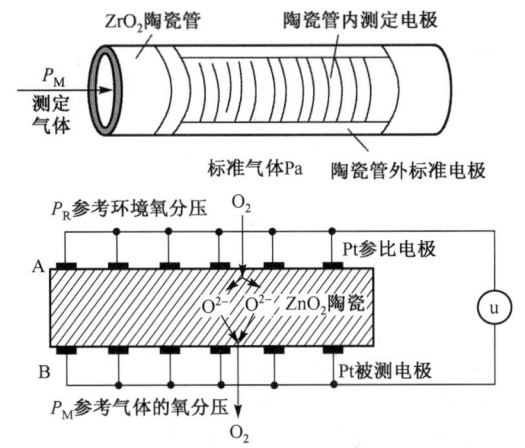

图 8.37　氧浓差电池结构及原理图

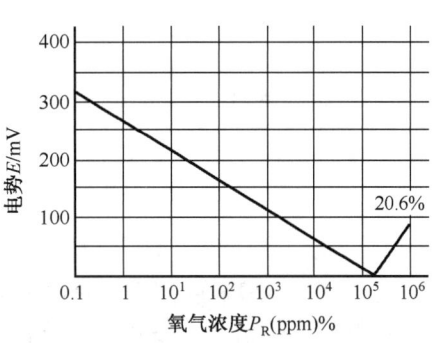

图 8.38　氧浓差电池氧气浓度和电动势之间的关系曲线

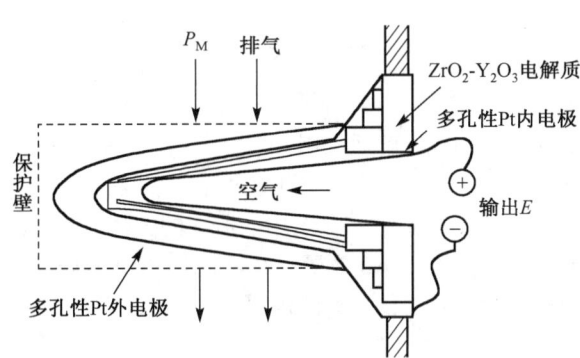

图 8.39　控制空燃比的 ZrO_2 氧传感器的结构

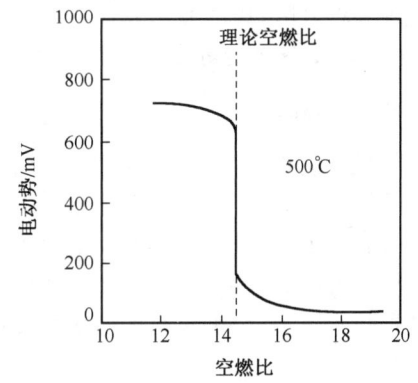

图 8.40　浓差电池 ZrO_2 氧传感器的输出特性

2. 极限电流式 ZrO_2 氧传感器

当有电压加在固体电解质电池上时，氧通过固体电解质被从电池的阴极泵到阳极，泵电流通过电池引起电极极化，使单位外电压的增加所产生的泵电流的增加会逐渐减小，最后出现电流在一定的电压范围内不变或变化很小的现象，这个泵电流称为极限电流。为了获得与环境气体中氧气浓度有关且比较稳定的极限电流，在 ZrO_2 电池的阴极表面上加上一个扩散障，限制氧气向铂电极的传输，由此产生的极限电流与环境气体氧分压有稳定的线性关系。用这种方法构成的氧传感器称为阴极扩散控制型极限电流氧传感器，简称极限电流氧传感器。

极限电流氧传感器结构和特征如图 8.41 所示。图中在 ZrO_2 固体电解质上施加适当电压时，与待测气体有小孔相连的小室内氧形成氧负离子（O_2^-）被抽到另一侧，这时在电极电路中有电流流过；增大电压，流经回路的电流随之增大；待电压超过某一数值时，电流不再增大而达到极限值。

图 8.42 所示为在不同氧分压下的极限电流与外电压之间的关系曲线。该极限电流的大小 I_L 与继续增加的电压值无关，而与被测环境中氧气的含量成正比，并且完全决定于氧向小室内扩散的速率（由扩散孔的面积和长度所决定），表示为

$$I_L = (4FD_{O_2} \times S/RTL) \times p_{O_2} \tag{8.9}$$

式中，D_{O_2} 为从 N_2 中氧的扩散系数；S 为扩散孔面积；L 为扩散孔长度；p_{O_2} 为待测气体的氧分压值。

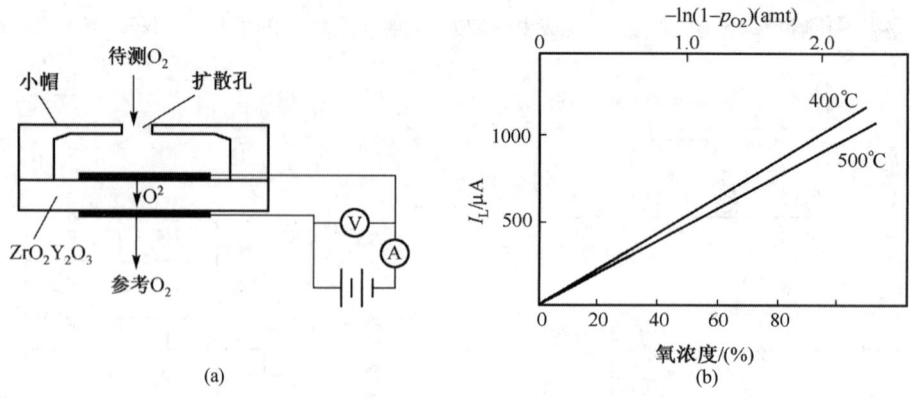

图 8.41 极限电流式 ZrO_2 氧传感器结构与特征

极限电流型氧传感器的结构和传统浓差电池传感器的结构类似,其电流被镀在 ZrO_2 电解质管外部的涂敷层所限制。应用时管子外部暴露在汽车尾气中直接和尾气接触,而内电极则与空气接触。它不需要参比气体,可在较低温度下工作(400℃),氧浓度测量范围宽,有利于小型化,寿命长。传感器的极限电流随氧分压的增大而成正比地增加,主要应用于缺氧报警、环境氧浓度测定与监控及汽车发动机燃烧室的空燃比测控等。

3. SO_2 传感器

测量固定燃烧排气中的 SO_2 传感器结构如图 8.43 所示。固体电解质采用 Li^+ 离子导体,即 $LiSO_4$。由于 SO_2 和氧共存并反应生成 SO_3,这样就形成一个电化学电池。如果在一侧流过已知浓度的 SO_2,由电动势 E 就可求得另一侧的 SO_2 浓度。可采用以 5%的 Ag_2SO_4 固溶于 Li_2SO_4 中而制成的固体电解质,用于电化学电池:Au、Ag/Li_2SO_4(5%的 Ag_2SO_4)/SO_3、SO_2、O_2、Au 效果较好。如果用硫酸盐和碳酸盐作为固体电解质,根据同样的办法可做成测量 NO、NO_2、CO 和 CO_2 的传感器。

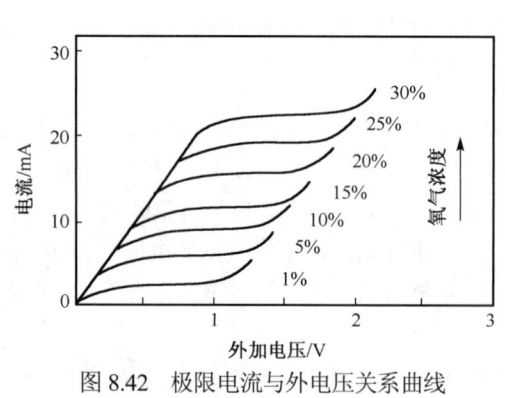

图 8.42 极限电流与外电压关系曲线

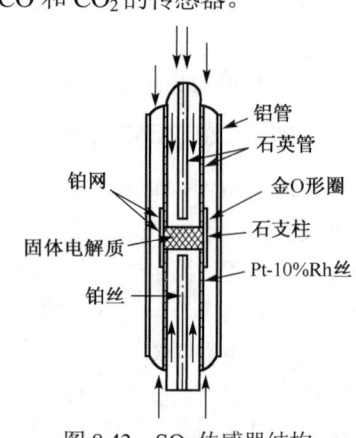

图 8.43 SO_2 传感器结构

8.5 接触燃烧式气敏传感器

8.5.1 检测原理与结构

可燃性气体(H_2、CO、CH_4 和 LPG 液化石油气体等)与空气中的氧接触,会发生氧化反应,产生反应热(无焰接触燃烧热),使得作为敏感材料的铂丝温度升高,具有正的温度系数的金属铂的电阻值相应增加，并且在温度不太高时，电阻率与温度的关系具有良好的线性关系。一般情况下，空气中可燃性气体的浓度都不太高（低于 10%），可以完全燃烧，其发热量与可燃性气体的浓度成正比。这样，铂电阻值的增大量就与可燃性气体浓度成正比。因此，只要测定铂丝的电阻变化值（ΔR），就可以检测到空气中可燃性气体的浓度。但是，使用单纯的铂丝线圈作为检测元件，其使用寿命较短。所以实际应用的检测元件，都是在铂丝圈外面涂敷一层氧化物触媒，以延长其寿命，提高其响应特性。

图 8.44(a)所示为接触燃烧式气敏元件的结构图。用直径 50～60μm 的高纯（99.999%）铂丝，绕制成直径约为 0.5mm 的线圈，为了使线圈具有适当的阻值（1～2Ω），一般应绕 10 圈以上，在线圈外面涂以氧化铝（或氧化铝和氧化硅混合物）的膏状涂敷层，干燥后在一定温度下烧结成球状多孔体。烧结后，放在贵金属铂、钯等的盐溶液中，充分浸渍后取出烘干，然后经过高温热处理，在氧化铝载体上形成贵金属接触媒层，最后组装成气体敏感元件。除此之外，也可以将贵金属触媒粉体与氧化铝等载体充分混合后配成膏状，涂敷在铂丝绕成的线圈上，直接烧成后备用。

图 8.44(b)所示为接触燃烧式气敏元件的检测电路。图中 F_1 是气敏元件，F_2 是补偿元件，其作用是补偿可燃性气体接触燃烧以外的环境温度变化、电源电压变化等因素所引起的偏差。另外，作为补偿元件铂线圈的尺寸、阻值均应与检测元件相同，并且也应涂敷氧化铝或氧化硅载体层，只是无须浸渍于贵金属盐溶液或混入贵金属触媒粉体，形成触媒层而已。这种气敏传感器工作时要求在 F_1 和 F_2 上应保持一定的电流通过（一般为 100～200mA），以供给可燃性气体在检测元件 F_1 上发生氧化反应（接触燃烧）所需的热量。当气敏元件 F_1 与可燃性气体接触时，由于剧烈的氧化作用释放出热量，使得气敏元件的温度上升，电阻值相应增大，电桥不再平衡，在 A、B 之间产生电位差 E。

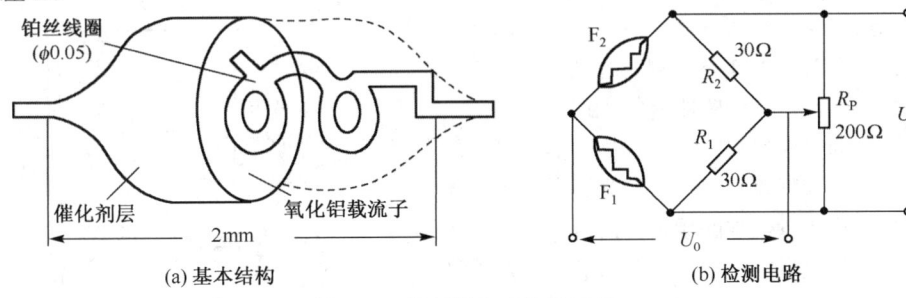

(a) 基本结构　　　　　　　　(b) 检测电路

图 8.44　接触燃烧式气敏元件

8.5.2　气敏特性

图 8.45 所示为接触燃烧式气敏元件的感应特性曲线。图中横坐标气体浓度的单位是可燃性气体各自的爆炸下限（Lower Explosion Limit，LEL）浓度，对于不同的可燃性气体其值也不同，表明输出电压与浓度成正比。虽然这类器件的响应速度比半导体气敏元件稍慢，但它具有以下优点：其输出信号与可燃性气体浓度之间具有良好的线性关系；除少数可燃性气体外，大多数可燃性气体的摩尔燃烧热(Q)与可燃性气体的爆炸下限浓度(m)的乘积（mQ）大体上是一个常数。这样，与之配套的二次仪表设计制作都可简化；同时在检测可燃性气体时不受空气中水蒸气的影响；因此，接触燃烧式气敏传感器可以作为定量检测元件。

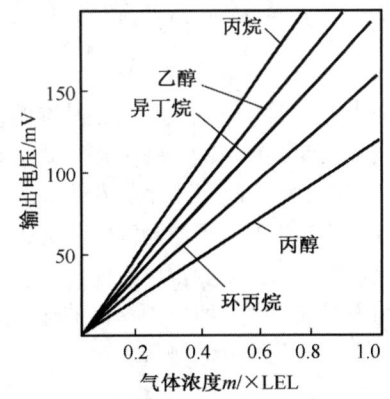

图 8.45　接触燃烧式气敏元件的感应特性曲线

接触燃烧式气敏元件的长期稳定性及其寿命与触媒的寿命密切相关。触媒的寿命又与敏感元件的工作温度、空气中的粉尘和烟雾等有害物质的浓度、空气中是否存在能使触媒出现"中毒"现象的气体（如 SO_2）等因素有关。虽然敏感元件的高灵敏度工作（可燃性气体在铂丝上的氧化反应）必须有一定的温度，但希望其工作温度越低越好，以提高其长期稳定性。为了减轻空气中粉尘和烟雾等的危害，可以设置过滤器等装置。实验发现，对于铂、钯等贵金属触媒毒害最大的物质是硫化物、硅化物、卤化物和硫酸盐，用 $Cu:Pt = 8:92$ 的二元合金触媒，可以明显改善其长期稳定性。另外，改变触媒的配方，可以在一定程度上提高敏感元件的选择性。例如，使用混合触媒（$Pt:Pd = 1:1$）可以提高对甲烷的识别能力；使用掺有氧化铜的复合触媒，可以降低空气中的酒精对敏感元件的干扰。

8.6 新型气敏传感器

8.6.1 红外吸收式传感器

当红外波段的光线照射到具有偶极矩的气体分子时，由于能量的吸收产生核间隔振动性的变化运动和整个分子绕一个轴做回转运动的能级迁移。吸收取决于该气体分子结构的特定波长的光，测量这种吸收光谱，便可判别气体分子的种类，并根据吸收强度就可推定被测气体的浓度，红外线气敏传感器就是根据这样的原理制成的传感器。红外线气敏传感器结构如图 8.46 所示，它由两个并列的结构相同的光学系统组成。这两个系统分别称为比较腔和测量腔，以一定的周期通过或交替开闭光路。在测量腔的光路中导入被测气体，由于被测气体特有的波长吸收，使这一光路进入红外检测器的光通量减少。气体浓度增高，透过并入射到传感器内的光通量就减小。因为透过比较腔一侧的光通量一定，进入传感器的光通量也一定，因此被测气体浓度越高，两腔体光通量的差就越大。由于测量腔和比较腔以一定的周期同时开闭，使这个光通量的差形成一个光通量的波动入射到传感器。这一光通量的波动经放大、整理，以电的形式进行显示。

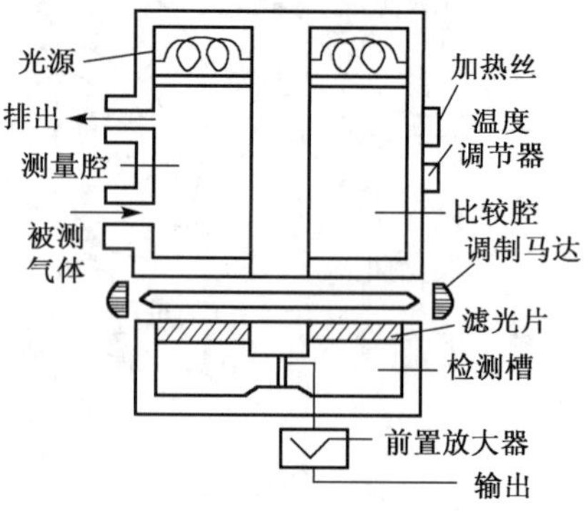

图 8.46 红外气敏传感器结构

8.6.2 热导率变化式气敏传感器

每种气体都有固定的热导率，混合气体的热导率也可以近似求得。因为以空气为比较基准的校正比较容易实现，所以用热导率变化法测气体浓度时，往往以空气为基准比较被测气体。热导式半导体气敏元件结构如图 8.47 所示，其基本测量电路如图 8.48 所示，其中，F_1、F_2 可用不带催化剂的白金线圈制作，也可用热敏电阻制作。F_2 内封入已知的比较气体，F_1 与外界相通，当被测气体与其相接触时，由于热导率相异而使 F_1 温度变化，F_1 的阻值也发生相应变化，电桥失去平衡，电桥输出信号的大小与被测气体的种类或浓度有确定的关系。这类气敏传感器因为不用催化剂，所以不存在催化剂影响而使特性变坏的问题，它除用于测量可燃性气体外，还可用于无机气体及浓度的测量。

8.6.3 气敏半导体材料吸附机制及器件

气敏材料对气体吸附可分为物理吸附和化学吸附两种。物理吸附是指气体在气敏材料表面上的分子吸附状态，气体和材料表面之间的结合力主要是范德华力，它们之间没有电子交换，不形成化学键。

化学吸附是离子吸附。气体和材料表面之间的结合主要是化学键力，它们之间有电子交换。在一般情况下，物理吸附和化学吸附同时存在。在常温下物理吸附是吸附的主要形式；随着温度的增加，化学吸附也相应增加，在某一温度达到最大值。超过最大值后，气体解吸的概率增加，物理吸附和化学吸附同时减少。

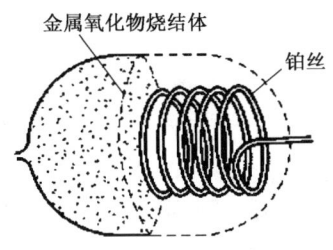

图 8.47 热导式半导体气敏元件结构

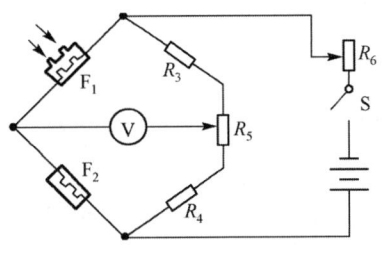

图 8.48 热导率基本测量电路原理图

利用敏感材料对特定气体的选择性吸附能力及其吸附强弱和气体浓度的特性，制成与吸附相关的负荷效应的气敏器件。目前主要有两种：一种是利用有敏感材料的压电晶体，其振荡频率由吸附有气体后的变化来检测；另一种是利用 SAW 延迟线间隔中涂有的敏感材料对气体吸附引起 SAW 振荡频率的变化来检测。

SAW 气敏传感器原理如图 8.49 所示。图中采用双延迟线原理，延迟线 A 中间涂有对特定气体敏感的材料，其振荡频率 $f_测$ 随气体的浓度而变化。延迟线 B 主要起温度补偿作用，

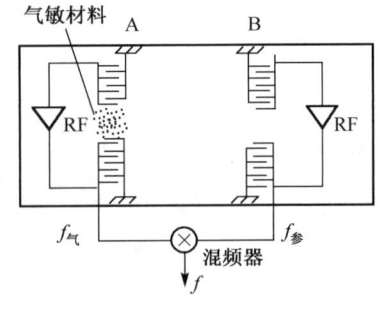

图 8.49 SAW 气敏传感器原理

其 $f_参$ 主要随温度而改变，通过混频器可把内部气体浓度调制的 f 分离出去。

8.6.4 气-磁传感器

当前国内外研制的气敏传感器多采用半导体气敏材料与气体接触，伴随表面吸附或化学反应，而导致其导电性能变化来检测气体浓度。然而，它们不适于测量腐蚀性气体和在高温下使用；而气—磁传感器，供磁性能测定的感应线圈是与测量气体和气敏材料通过石英管隔开的，可在高温和腐蚀性气体中长期使用，适于有毒气体的检测。气—磁传感器的结构如图 8.50 所示，是由一个微粒氧化铁经烧结而成的多孔性芯子和一支绕有感应线圈的石英反应管所组成的。在一定温度下，待测气体通过反应管与氧化铁芯子发生反应，从而引起芯子的磁性能发生变化，通过测量感应线圈的电感量变化来确定气流中活性组分的浓度。对 H_2 和其他还原性气体采用 $\alpha\text{-}Fe_2O_3$ 芯子，而 O_2 和其他氧化性气体则采用 Fe_3O_4 芯子。

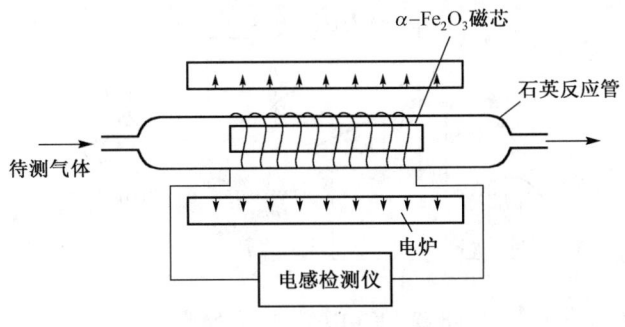

图 8.50 气—磁传感器结构图

8.7 气敏传感器的应用

气敏传感器的应用领域有家用煤气、液化石油气泄漏报警器、自动换气扇、自动抽油烟机、酒精检测报警器、缺氧检测等。

8.7.1 家用煤气、液化石油气泄漏报警器

这种家用煤气、液化石油气泄漏报警器有不少型号可供选择。图 8.51 所示为一种简单、廉价的家用煤气、液化石油气报警电路。该电路能承受较高的交流电压,因此,可直接由 220V 市电供给,且不需要再加复杂的放大电路,就能驱动蜂鸣器等来报警。由该电路的组成可见,蜂鸣器与气敏传感器 QM-N6 的等效电阻构成了简单串联电路。当气敏传感器探测到泄漏气体(如煤气、液化石油气)时,随着气体浓度的增大,气敏传感器 QM-N6 的等效电阻降低,回路电流增大,超过危险的浓度时,蜂鸣器发出报警声。

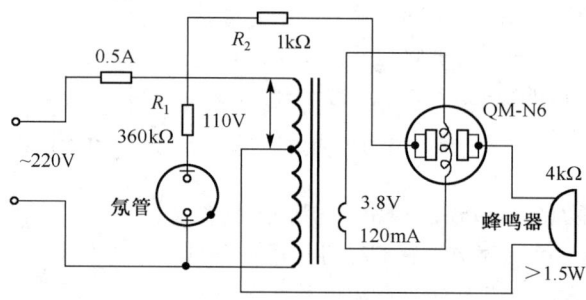

图 8.51 家用煤气、液化石油气报警器电路

8.7.2 自动换气扇

自动换气扇是采用气敏传感器对厨房内的可燃性气体进行检测,根据检测结果对换气扇进行控制的一种自动装置。它由气敏传感器、TWH8751 开关集成电路、电源及换气扇等组成,如图 8.52 所示。气敏传感器接触可燃性气体时其阻值自动下降,当厨房内可燃性气体达到一定浓度时,IC_1 第 2 脚由原来的高电平降为低电平,第 4 脚输出转为高电平,使继电器 K 工作,继电器的常开触点闭合,使换气扇电机转动,排换厨房内的空气。电位器 R_P 为灵敏度调节器,用来选择需要换气时的可燃性气体浓度。

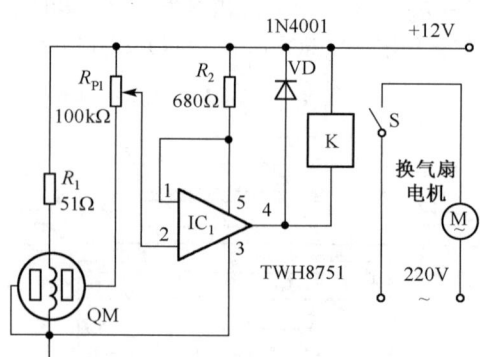

图 8.52 自动换气扇电路原理图

8.7.3 自动抽油烟机

自动抽油烟机能感知厨房的油烟等所造成的室内空气污染，并自动开启排风扇，排除油烟等有害气体，净化室内空气。它是现代家庭生活中应用最广泛的厨房清洁装置，实现了排油烟和报警自动控制化。自动抽油烟机的电气部分主要由排油烟风扇控制电路和气敏监控电路组成，电路如图 8.53 和图 8.54 所示。自动抽油烟机有手动和自动两种功能。将功能开关 S_1 置于手动位置时，开关 S_3 和 S_4 可分别对左右排风扇的工作状态用手进行控制。Q_1 和 Q_2 是排风扇的过热保护开关。若将功能开关 S_1 置于自动位置时，排风扇的工作状态由气敏监控电路进行控制。

气敏监控电路主要由气敏传感器 QM-211 和运算放大器 LM324（4 个运放集成放大器）组成，如图 8.54 所示。4 个运算放大器均工作在比较器状态。IC_1 和气敏传感器组成抽油烟机的检测电路，气敏传感器采用 QM-211 气敏元件，在工作状态，传感器通电使电热丝保持一定的温度，随着油烟浓度的增大或减小，QM 的 B 端输出电压也随着升高或降低，经电位器 R_{P1} 送入 IC_1 组成的比较器进行电压比较。当环境的油烟浓度大于设定值时，IC_1 输出端输出高电平，使由 IC_2 组成的报警电路工作发出报警声，同时也使由 IC_3 组成的限制误动作电路用来防止开机后预热气敏传感器过程中产生误动作。

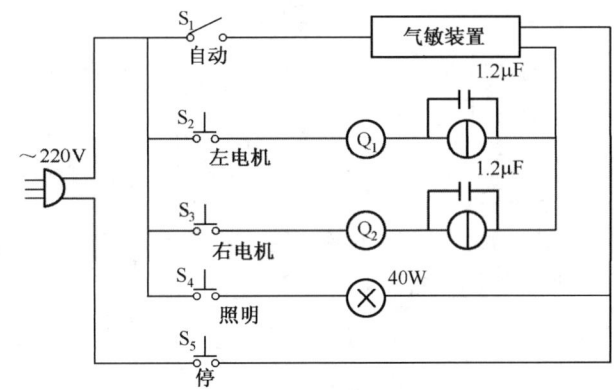

图 8.53 排油烟风扇控制电路图

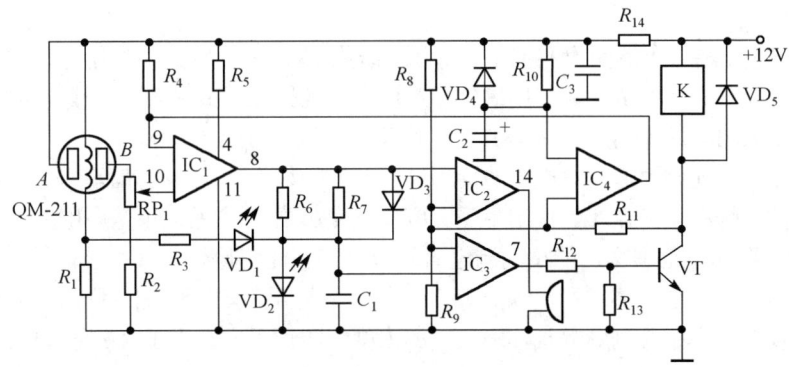

图 8.54 气敏监控电路原理图

8.7.4 酒精检测报警器

由于 SnO_2 气敏元件不仅对酒精敏感，而且对于汽油、香烟也敏感，经常造成检测驾驶员是否饮酒的报警器发生误动作而不能普遍推广使用。必须选用只对酒精敏感的 QM-NJ9 型酒精传感器，要求当检测器接触到酒精气味后立即发出连续不断的"酒后别开车"的响亮语音报警声，并切断车辆的点火电路，强制车辆熄火。图 8.55 所示为酒精检测报警控制器电路原理图。图中三端稳压器 7805 将传感器的加热电压稳定在 5V±0.2V，保证该传感器工作稳定性和具有高的灵敏度。当酒精气敏元件接触到酒精气味后，B 点电压升高，且升高值随检测到的酒精浓度增大而升高，当该电压达到 1.6V 时，使 IC_2 导通，语音报警电路 IC_3 和功率放大器 IC_4 组成语言声光报警器，IC_3 得电后即输出连续不断的"酒后别开车"的语音报警声，经 C_6 输入到 IC_4 放大后，由扬声器发出响亮的报警声，并驱动 LED 闪光报警。同时继电器 J 动作，其常闭触点断开切断点火电路，强制发动机熄火。该报警器既可安装在各种机动车上用来限制酒后开车，又可安装成便携式供交通人员用于交通现场检测。

该电路的消耗功率小于 0.75W，响应时间小于 10s，恢复时间小于 60s，适合-200～+50℃的环境条件。测试前应接通电源，预热 5～10min，待其工作稳定后测一下 A 与 B 之间的电阻，看其在洁净空气中的阻值和含有酒精空气中的阻值差别是否明显，一般要求越大越好。全部元件装好后，应开机预热 3～5min，然后调节 BP，使报警器处于报警临界状态，再将低于 39 度的白酒接近探头，此时应发出声光报警，否则应重新调试。

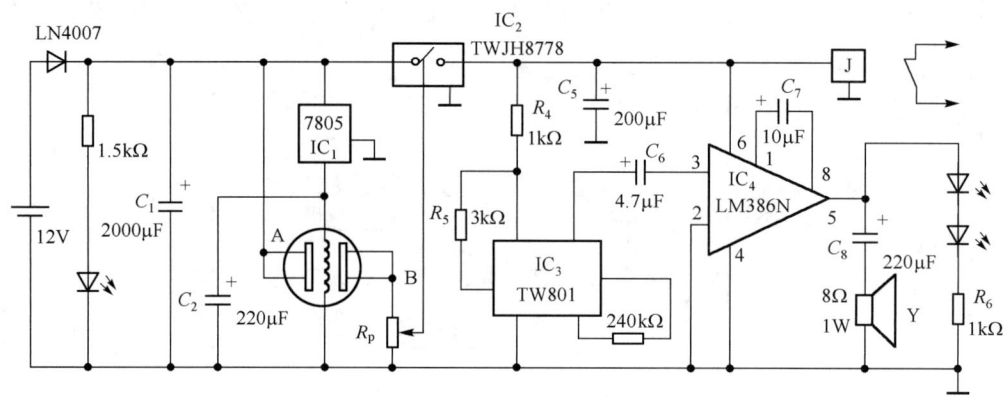

图 8.55 酒精检测报警控制器电路原理图

8.7.5 缺氧检测

电池式氧气传感器是一种湿式气敏传感器，其结构如图 8.56 所示。负极用金、铂等贵金属制成，正极用铅等普通易氧化金属制成，隔膜用氧气穿透性良好的聚乙烯或氟烯酯做成厚度为 10～20μm 的薄膜，电解液采用 $HClO_4$ 等酸性电解液。其工作原理是氧气穿过隔膜，起化学反应而形成电流，电流的大小与氧气的浓度成比例，通过对电流的检测知道氧气的浓度。这种传感器可检测 0～100%氧的浓度，并具有良好的线性关系。在实际使用中受温度及湿度影响，可采用热敏电阻进行温度补偿。

由于这种传感器测量范围宽，能精确测定氧气浓度，因此用途较广（报警器或检测仪）。它主要用于换气不良的地方，如地下隧道和较深的矿井、仓库等人员密集的地方，用于测定燃烧废气中氧气的浓度，检测燃烧的效率；检测麻醉气体中氧气的浓度，防止手术时由于麻醉气体中的氧气不足而造成事故。

应用电路（便携式缺氧监视器）如图 8.56 所示。一般空气中氧气浓度为 21%，但在地下矿井、隧道中，氧气浓度往往较低，在这些场合作业时，为了防止缺氧（不低于 18%），必须使用缺氧监视器。缺氧监视器可以检测空气中氧气的浓度，并且在氧气浓度低于 18%时能够报警。本仪器采用 4 节可充电电池供电，携带方便。

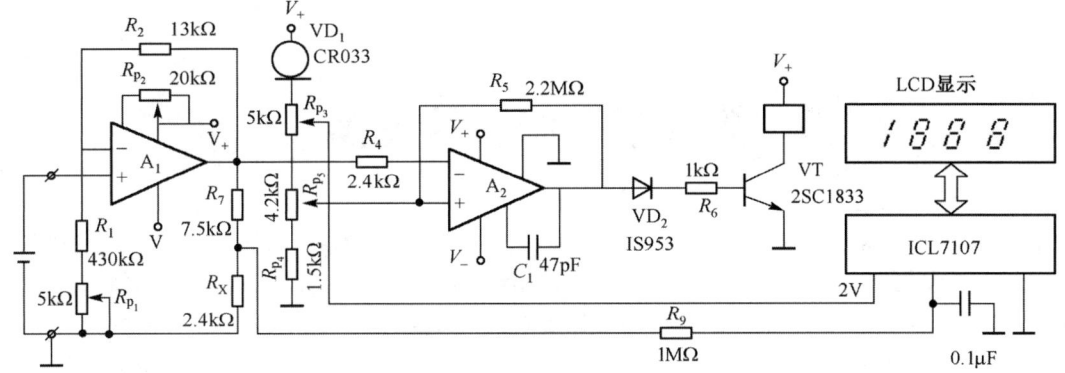

图 8.56 便携式缺氧监视器电路

A_1 是直流放大器,通过调节 R_P 改变增益,输出的信号一路经 R_7 和 R_8 分压后送 3.5 位液晶显示 A/D 变换器。A/D 变换器的基准电压由恒流二极管 VD_1 提供,调节 R_{p_3} 可得 2V 基准电压,另一路送比较器 A_2,调节 R_{p_4} 可设定氧气浓度小于 18%时比较器输出高电平,通过三极管 VT,驱动蜂鸣器报警。

由于采用液晶显示,因此 4 节 450mA·h 的充电电池可连续工作 100h。

习 题

1. 半导体气敏传感器有哪几种类型?
2. 试叙述表面控制型半导体气敏传感器的工作原理。
3. 为什么多数气敏器件都附有加热器?
4. 如何提高半导体气敏传感器的气体选择性和气体检测灵敏度?
5. 利用热导率式气敏传感器原理,设计一个真空检测仪表,并说明其工作原理。
6. 简述 Pd-MOSFET 管的器件原理。
7. 如何提高 ZnO 气敏传感器对 H_2 和 CO 气体的选择性?

第9章 湿敏传感器

湿度及对湿度的测量和控制对人类日常生活、工业生产、气象预报、物资仓储等都起着极其重要的作用。湿度是纺织行业五大检控技术指标之一，相对湿度过高、过低均影响纺织品的质量。湿度是气象观测的基本参数之一，其测量准确性直接决定着天气预报的准确性。因此进行湿度传感器及信号变送器的研究十分重要。

9.1 湿度的基本概念

9.1.1 相对湿度和绝对湿度

大气的干湿程度通常用绝对湿度和相对湿度来表示，绝对湿度指的是大气中水汽的密度，即单位大气中所含水汽的质量，由于直接测量水汽的密度比较复杂，而在一般情况下水汽的密度与大气中水汽的压强数值十分接近，因此通常大气的绝对湿度用大气的压强来表示，符号为 D，单位为 mmHg。空气的绝对湿度（P_s）表示单位体积内空气里所含水蒸气的质量。如果把待测空气视为由水蒸气和干燥空气组成的理想混合气体，根据道尔顿分压定律和理想气体状态方程，得出以下关系，即

$$P_v = eM/RT \tag{9.1}$$

式中，e 为在一定温度下空气中水蒸气的分压；M 为水蒸气的摩尔质量；R 为理想气体常数；T 为空气的热力学温度。

在日常生活中，人们对空气的干湿程度的感觉与绝对湿度没有太大的关系，而是与相对湿度密切相关，如水汽的压强远离当时的饱和水气压时，人就会感觉空气非常干燥，接近当时的饱和水气压时，人会感觉非常潮湿。因此通常把大气的绝对湿度与当时气温下的饱和水气压的百分比称为大气的相对湿度，相对湿度描述比较方便，因此，一般采用相对湿度来描述空气的干湿程度。空气湿度与空气中水蒸气压和同一温度下水的饱和蒸气压之间的差值相关。饱和蒸气压是指在一定温度下混合气体中所含水蒸气压的最大值（e_s），温度越高，饱和水蒸气压越大，将在某一温度下水蒸气压同饱和蒸气压的百分比称为相对湿度（Relative Humidity），表示为

$$RH = e/e_s \times 100\% \tag{9.2}$$

由于绝对湿度有单位（一般用%RH 表示），而相对湿度描述较方便，因此常常使用相对湿度。当大气中所含水汽的压强等于当时气温下的饱和水汽压强时，这时大气的相对湿度等于 100%RH。

9.1.2 露点

由于水的饱和蒸气压是随着温度的降低而降低的，因此降低温度可以使未饱和水汽变成饱和水汽。露点就是指使原来未饱和的水汽变成饱和水汽所必须降低到的温度。当大气中的未饱和水汽接触到温度较低的物体时，就会使大气中的未饱和水汽达到或接近饱和状态，凝结成水滴，这时相对湿度为 100%RH，这种现象称为结露。

湿度传感器用来检阅大气中的湿度，它种类繁多，按照结构分类法，可分为电阻式和电容式两种，产品的基本形式都为在基片上涂敷感湿材料形成感湿膜。由于水的饱和蒸气压是随着环境温度的降低而逐渐下降的，则空气温度越低时，其水蒸气压与同温度下的饱和蒸气压差值就越小。当温度下降到某一温度时，其水蒸气压与同温度下的饱和蒸气压相等，此时空气中的水蒸气将向液相转化而凝结为露珠，其相对湿度为 100%RH，这一特定的温度被称为空气的露点温度（简称露点）；如果这一特定温度低于 0℃，水蒸气将会结霜，因此又称为霜点温度，通常两者统称为露点。空气中水蒸气压越小，露点越低，因而可以用露点表示空气湿度的大小。露点与相对湿度的对应关系如图 9.1 所示。

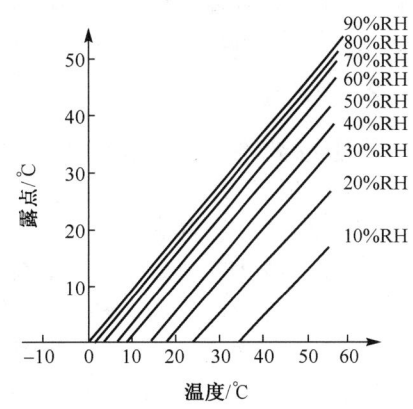

图 9.1　温度-相对湿度-露点的对应关系

9.2　湿度传感器的特性参数

湿度传感器是基于其功能材料能发生与湿度有关的物理效应或化学反应的基础上制造的。它具有可将湿度物理量转换为电信号的功能，这些功能可以通过与湿度有关的电阻或电容的变化、长度或体积的胀缩，以及结型器件或 MOS 器件的某些电参数的变化，如 PN 结击穿电压、电流放大系数、反向漏电流、MOS 器件的沟道电阻等变化而得以实现。因此，湿度传感器的特性参数主要有湿度量程、灵敏度、湿度温度系数、响应时间、湿滞回差、感湿特征量——相对湿度特性曲线等。

1．湿度量程

湿度传感器能够比较精确测量的环境相对湿度（或绝对湿度）的最大范围，称为湿度敏感器件的湿度量程。由于各种湿度敏感器件所使用的功能材料不同，以及器件工作所依据的物理效应或化学反应的不同，致使器件不一定能够在整个相对湿度范围内（0～100%RH）都具有可供使用的湿度敏感特性。某些湿度传感器就只能适用于某一段相对湿度范围，如目前使用较普遍的氯化锂湿度敏感器件的每片使用范围就只有 20%RH 左右，因此使用时就需要多片组合。此外，在生产实践中，不同的生产或生活条件要求湿度敏感器件在不同的相对湿度范围内工作。例如，木材的干燥系统中，湿度敏感器件工作的湿度范围主要为 0～40%RH，而在室内的空气调节系统中，湿度敏感器件工作的湿度范围则主要为 40～70%RH，用于气象探测的湿度敏感器件则应能在 0～100%RH 范围内工作。因此，湿度敏感器件的湿度量程是表示器件使用范围的特性参数。显然，器件的湿度量程以 0～100%RH 为最佳，湿度量程越大，器件实用价值就越大。

2．感湿特征量——相对湿度特性曲线

湿度传感器都有其自身的感湿特征量，如电阻、电容、击穿电压、沟道电阻等。湿度敏感器件的感湿特征量随环境相对湿度（或绝对湿度）的变化曲线，称为器件的感湿特征量——环境湿度特性曲线（简称感湿特性曲线）。图 9.2 所示为 TiO_2-V_2O_5 湿度敏感器件的感湿特性曲线。

湿度敏感器件的感湿特性曲线表示器件的感湿特征量随环境相对湿度的变化规律。从感湿特性曲线可以确定器件的最佳使用范围及其灵敏度。通过器件的感湿特性曲线还可以去探讨改进器件性能的途径和工作机制。性能良好的湿度敏感器件的感湿特性曲线，应当在整个相对湿度范围内变化连续，

其斜率一致（即线性）而且大小适中。斜率过小，曲线平坦，灵敏度降低；斜率过大则曲线太陡，将造成测量上的困难。

3. 灵敏度

湿度敏感器件的灵敏度就其物理含义而言，应当反映相对于环境湿度的变化器件感湿特征量的变化程度，因此，它应当是器件的感湿特性曲线的斜率。在器件感湿特性曲线是直线的情况下，用直线的斜率来表示湿度敏感器件的灵敏度是恰当而可行的。

然而，多数湿度敏感器件的感湿特性曲线是非线性的，在不同的相对湿度范围内曲线具有不同的斜率。因此，这就造成用湿度敏感器件感湿特性曲线的斜率来表示器件灵敏度的困难。

目前，虽然关于湿度传感器灵敏度的表示方法尚未得到统一，但较为普遍采用的方法是用器件在不同环境湿度下的感湿特征量之比来表示器件灵敏度。例如，日本生产的 $MgCr_2O_4$-TiO_2 湿度敏感器件的灵敏度，用一组器件电阻比 $R_{1\%}/R_{20\%}$、$R_{1\%}/R_{40\%}$、$R_{1\%}/R_{60\%}$、$R_{1\%}/R_{80\%}$、$R_{1\%}/R_{100\%}$ 表示，其中 $R_{1\%}$、$R_{20\%}$、$R_{40\%}$、$R_{60\%}$、$R_{80\%}$ 及 $R_{100\%}$ 分别为相对湿度在 1%、20%、40%、60%、80% 及 100% 时器件的电阻值。

4. 湿度温度系数

湿度敏感器件的湿度温度系数是表示器件的感湿特性曲线随环境温度而变化的特性参数。在不同的环境温度下，器件的感湿特性曲线是不同的。显然，器件感湿特性曲线随环境温度的变化越大，由感湿特征量所表示的环境相对湿度与实际上的环境相对湿度之间的误差就越大。因此，环境温度的不同直接影响器件的测湿误差。图 9.3 所示为 Co_3O_4-TiO_2 湿度敏感器件的感湿特性曲线随环境温度的变化情况。

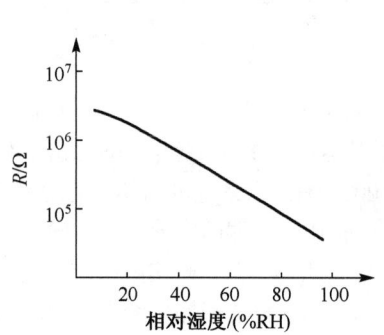

图 9.2　TiO_2-V_2O_5 湿度敏感器件的感湿特性曲线

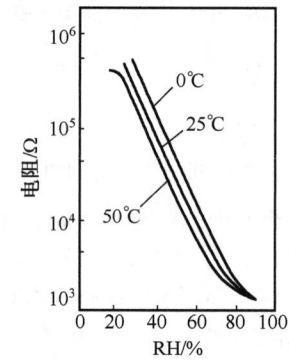

图 9.3　Co_3O_4-TiO_2 湿敏传感器的温度特性

湿度敏感器件的湿度温度系数定义为：在器件感湿特征量恒定的条件下，该感湿特征量值所表示的环境相对湿度随环境温度的变化率。若以 a 表示器件的湿度温度系数，则有

$$a = \frac{\mathrm{d}(RH)}{\mathrm{d}T}\bigg|_{a=常数} \tag{9.3}$$

式中，单位为 %RHC^{-1}。

由器件的湿度温度系数 a 值，即可得知器件由于环境温度的变化所引起的测湿误差。例如，器件的 $a = 0.3\%$RHC^{-1} 时，如果环境的温度变化 20℃，那么就将引起 6%RH 的测湿误差。

5. 响应时间

湿度敏感器件的感湿特征量是随环境相对湿度而变化的。当环境湿度发生变化时，湿度敏感器件将随之而发生吸湿或脱湿及动态平衡过程。完成这一过程需要一定的时间，不同的湿度敏感器件完成这一过程所需要的时间是不同的。湿度敏感器件的响应时间就是表示器件完成这一过程所需时间的特性参数。感湿特征量的变化滞后于环境湿度的变化，这一现象称为滞后现象。

湿度敏感器件的响应时间，就其含义而言，应当是在规定的环境温度下，环境由起始相对湿度瞬时达到终止相对湿度时，器件的感湿特征量由起始值改变到终止相对湿度时的对应值所需要的时间。显然，一个性能良好的器件，其响应时间越短越好。

实践证明，当环境相对湿度改变 $\Delta(RH)$ 时，如果湿度敏感器件感湿特征量相应的改变量为 ΔK 时，那么在响应过程中某个时刻 t 感湿特征量的改变量 ΔK_t 为

$$\Delta K_t = \Delta K(1-e^{-t/\tau}) \tag{9.4}$$

其中，τ 为时间常数。

由式（9.4）可知，当 $t=\tau$ 时，则

$$\Delta K_t = \Delta K(1-1/e) \approx 0.632\Delta K \tag{9.5}$$

因此把 τ 作为湿度敏感器件的响应时间的量度。

在实际生产中，通常对响应时间 τ 做以下规定：如果器件由某起始相对湿度环境瞬时置入某终止相对湿度环境，其感湿特征量的改变量应为 ΔK，当感湿特征量由起始值变化到改变量为 $0.632\Delta K$ 时，所经过的时间是与起始和终止相对湿度密切相关的，即定义为器件的响应时间。器件的响应时间是与环境的起始和终止相对湿度密切相关的，否则响应时间就失去其应有的意义。

图 9.4 所示为 $K_2O\text{-}Fe_2O_3$ 湿度敏感器件的响应特性曲线。由图 9.4 可知，器件在吸湿和脱湿两种情况下的响应时间是不一样的。因此，在标明器件的响应时间时，除指明起始和终止相对湿度外，还应区别吸湿和脱湿情况，最好分别予以注明。当二者差别其微时，方可统一表示。

6．湿滞回线和湿滞回差

一个湿度敏感器件，不仅在吸湿和脱湿两种情况下的响应时间有所不同，而且其感湿特性曲线也不相重复。在吸湿和脱湿情况下，两个感湿特性曲线一般可形成一个回线。湿度敏感器件的这一特性称为湿滞特性，而将上述回线称为湿滞回线。图 9.5 所示为氯化锂（LiCl）湿敏电阻在 15℃时的湿滞回线。

表示器件湿滞特性的特性参数是湿滞回差。湿滞回差表示器件在吸湿和脱湿两种情况下，其感湿特征量的同一数值所指示的环境相对湿度的最大差值。显然，器件的湿滞回差越小越好。

上面介绍了表示湿度敏感器件性能的几种特性参数。除此之外，对于一个湿度敏感器件，还应标明其使用条件、可靠性指标，以及其他参数（如加热清洗参数）等。

综上所述，可以得知一个理想化的湿度敏感器件所应具备的性能和参数。

① 使用寿命长，长期稳定性好。
② 灵敏度高，感湿特性曲线的线性度好。
③ 使用范围宽，湿度温度系数小。
④ 响应时间短。
⑤ 湿滞回差小。
⑥ 能在有害气体的恶劣环境中使用。
⑦ 器件的一致性和互换性好，易于批量生产，成本低廉。
⑧ 器件感湿特征量应在易测范围以内。

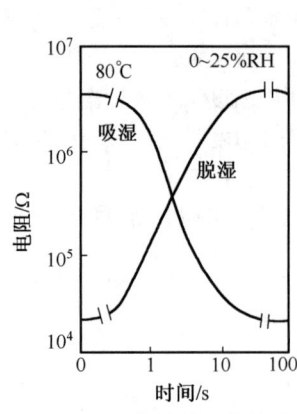 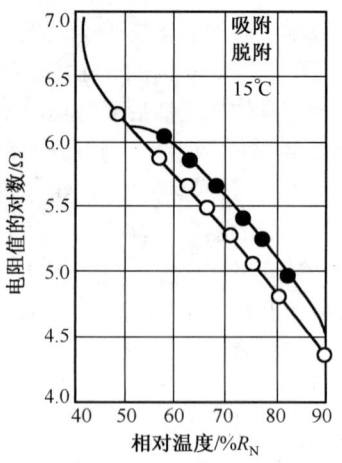

图9.4 K$_2$O-Fe$_2$O$_3$湿度敏感器件的响应特性曲线　　图9.5 氯化锂（LiCl）湿敏电阻在15℃时的湿滞回线

9.3　湿度传感器的分类

湿度传感器的种类很多，原理和特性也各异。测量干湿空气的重量可以分析空气的绝对湿度，这一原理还用来制造高精度的湿度基准。动物毛发随湿度增加而伸长，这是毛发式湿度计的原理，根据这一原理选择两片随湿度膨胀特性不同的材料叠加，可制成双片式湿度传感器。这种原理还被应用于光纤式湿度传感器。根据微波在不同湿度的空气中衰减的不同，研制了微波湿度传感器；根据不同湿度的空气对红外的吸收不同可制成红外湿度传感器。此外，还有干湿球式湿度传感器、双压式湿度传感器等。

湿度传感器按信号转换方式可以分为电阻式、电容式、频率式等；按敏感材料的性质可分为电解质型、陶瓷式、有机高分子型、半导体型。

还应注意，水蒸气容易发生三态变化。水汽在材料表面吸附或结露变成液态时，水会使一些高分子材料、电解质材料溶解。也有一部分水电离成氢根和氢氧根离子，与溶入水中的许多空气中的杂质结合成酸或碱，使湿敏器件受到腐蚀、老化，逐渐丧失原有的性能。当水汽在敏感器件表面结冰时，敏感器件的检测性能也会变坏。另外，湿敏信息的传递不同于温度、磁力、压力等信息的传递，它必须靠信息的载体——水对湿敏元件直接接触才能完成。因此，湿敏元件不能密封、隔离，必须直接暴露于待测的空气中。因此，制成长期性能稳定、可靠的湿敏器件是比较困难的。

9.4　陶瓷式湿度传感器

陶瓷式湿度传感器主要使用多孔状金属氧化物材料。它具有良好的热稳定性及物理化学稳定性。通过控制合理的组织和结构，则可制成稳定性好、灵敏度高、响应快、湿滞小的高质量湿度传感器。

9.4.1　陶瓷电阻式湿度传感器

金属氧化物半导体陶瓷湿敏组件以其表面状态稳定（即化学稳定性、热稳定好）、固有阻值适中（$10^3 \sim 10^8 \Omega$）、制作工艺简单、生产成本低等优点而受到普遍重视。

1. TiO$_2$-SnO$_2$系复合氧化物半导体陶瓷湿度传感器

TiO$_2$-SnO$_2$湿敏组件多为厚膜组件，具有灵敏度高、响应快、稳定性好、工艺过程实现简单等特点。其制备方法是将TiO$_2$、SnO$_2$按一定摩尔比配料，掺入适量的Ta$_2$O$_5$或Sb$_2$O$_5$（锑）、V$_2$O$_5$等少量杂质以改善烧结体特性和机械强度，经研磨细化、加水悬浮、过滤使氧化物颗粒逐渐沉淀到绝缘陶瓷衬底上，烘干后放入炉中加热至 950～1200℃，在缺氧环境中烧结即可。制作的 TiO_2 湿敏材料为金红石结构的 N 型半导体多孔陶瓷，其湿敏特性主要由表面和界面特性决定。实验中测得，随着 Ta_2O_5 和 Sb_2O_5 含量的增加，电阻下降，可通过调整 TiO_2、SnO_2 的配比和掺入杂质的量来控制湿阻特性。组件中毒后可用加热清洗的方法来恢复，是一类值得重视的湿敏组件，其阻值随湿度而减小。同时它具有气敏性能，可制成多功能传感器。

2. TiO_2 系陶瓷湿敏组件

由于水分子吸附在 N 型的 TiO_2 表面，会引起表面空间电荷区内受主态增加，空穴浓度增加，导致电阻率下降，TiO_2 陶瓷的电阻率随湿度增加而显著下降。TiO_2 材料可采用 Ti 的热氟化法或 $TiCl_4$ 的还原性制作，由于非化学量存在氧缺陷，可表示成 TiO_{2-x}。TiO_2 湿敏组件的湿滞特性如图 9.6 所示，显然其湿滞现象可忽略不计，响应速度快。

TiO_2-V_2O_5 湿敏组件在 1000～1350℃下采用典型陶瓷工艺在烧结后自然冷却，随后使用 RuO_2 或 Ag 制作电极。其中 V_2O_5 添加剂使材料半导体化，V^{5+}取代 Ti^{4+}改变材料的微孔参数和形状使电导增大。测试时的湿度环境用过饱和盐溶液在 11～98%RH 之间进行。为避免直流极化的影响，采用交流法测量，电压为 8V，频率为 150Hz，湿阻特性如图 9.7 所示。组件的主要性能参数是：响应时间（吸、脱湿）< 20s；阻抗范围为 10^4～10^7Ω；温度系数为 0.3%RH/℃。该组件具有成本低、灵敏度高、响应时间短、湿度量程宽、耐热性能好等优点，因此，得到了广泛的应用。

3. $BaTiO_3$-$SrTiO_3$ 系多功能陶瓷材料湿度—温度传感器

随着控制装置越来越系统化，对能够以电信号的形式检测两种或两种以上物理或化学量而且互不干扰的多功能传感器需求日益增长。利用 $BaTiO_3$-$SrTiO_3$ 多孔陶瓷材料的介电常数随环境温度变化，电阻率则随周围湿度的变化来制备湿度—温度传感器，可同时检测环境湿度和温度的变化，测量速度快，互不干扰、灵敏度高。

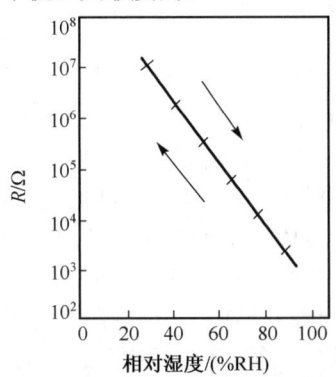
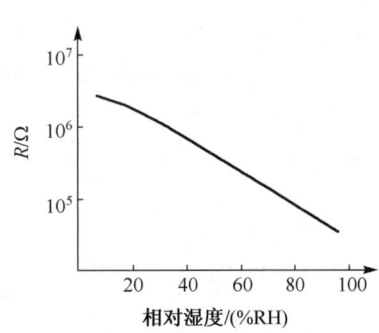

图 9.6　TiO_2 湿敏组件的湿滞特性　　图 9.7　TiO_2-V_2O_5 湿敏组件的湿阻特性

4. $MgCr_2O_4$-TiO_2（MCT）系湿敏元件

氧化镁复合氧化物——二氧化钛（$MgCr_2O_4$-TiO_2）湿敏材料通常制成多孔陶瓷型"湿—电"转换器件，它是负特性半导瓷，$MgCr_2O_4$ 为 P 型半导体，它的电阻率低，其阻值—温度特性好，结构如图 9.8 所示，在 $MgCr_2O_4$-TiO_2 陶瓷片的两面涂敷有多孔金电极。金电极与引出线烧结在一起，为了减少测量误差，在陶瓷片外设置由镍铬丝制成的加热线圈，以便对器件加热清洗，排除恶劣环境对器件的污染。整个器件安装在陶瓷基片上，电极引线一般采用铂—铱合金。$MgCr_2O_4$-TiO_2 半导体陶瓷的电阻率随温度的升高而按指数函数关系下降，即

$$\rho = \rho_0 e^{B/T} \tag{9.6}$$

式中，ρ_0 为起始电阻率；B 为与材料有关的常数；T 为热力学温度。

$MgCr_2O_4$-TiO_2 陶瓷湿度传感器的相对湿度与电阻之间的关系，如图 9.9 所示。传感器的电阻值既随所处环境的相对湿度的增加而减少，又随周围环境温度的变化而有所变化。

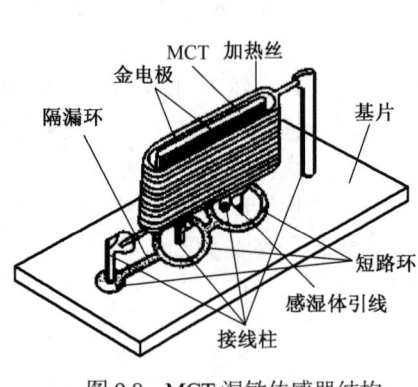

图 9.8 MCT 湿敏传感器结构

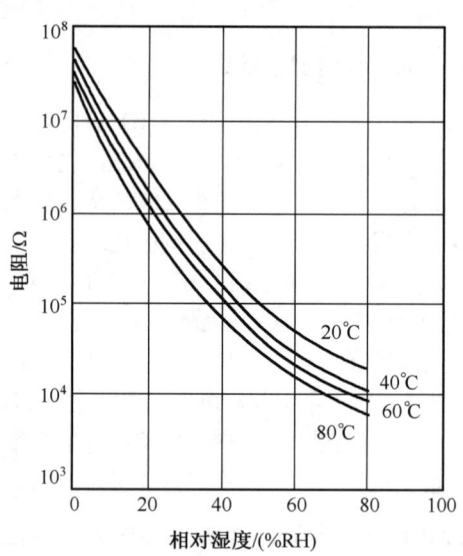

图 9.9 $MgCr_2O_4$-TiO_2 陶瓷湿度传感器相对湿度与电阻之间的关系

9.4.2 陶瓷电容式湿度传感器

1. 多孔 Al_2O_3 陶瓷电容式湿度传感器

多孔 Al_2O_3 湿度传感器是利用器件的电容随环境湿度的变化制成的。基于单元气孔的平行板电容器效应，结合理想结构模型和吸附模型，建立不同湿度下的湿敏电容模型。在建模时忽略气孔底与下面金属之间的电容和水吸附产生两相界面电容，也没有建立对毛细管凝聚的修正。因此，该模型只能定性分析一些湿敏现象。一般而言，在低湿度的条件下，电容是与相对湿度成正比变化的，因而多孔 Al_2O_3 湿度传感器在低湿范围内具有较好的线性。在高湿范围内电容与吸附分子的体积 V 成正比，电容 C 与相对湿度之间关系是非线性的。在实际应用中，这正是多孔 Al_2O_3 湿度传感器的一个重要的不足。

当 Al_2O_3 薄膜的气孔中有一定水汽吸附时，其电特性既不是一个纯等效电阻，也不是一个纯等效电容，随着环境湿度的变化，膜电阻和膜电容都将改变。图 9.10 所示为多孔 Al_2O_3 湿度传感器的电容—相对湿度曲线。可以看出，对于电容—相对湿度特性的模型分析与实际

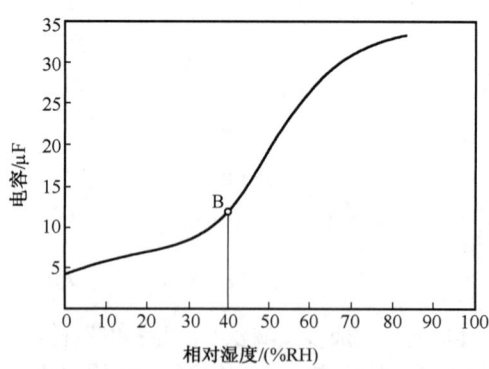

图 9.10 多孔 Al_2O_3 湿度传感器的电容-湿度曲线

测量曲线有着非常好的吻合。随着环境相对湿度的增加，多孔 Al_2O_3 湿度传感器的电容值是增加的。在低湿度范围有好的线性，到高湿范围内线性变差，若湿度进一步提高，特性曲线渐渐变得平缓。随着孔的个数 M 的增加，电容值是增大的。由于该模型中的吸附体积参数可以用孔径和孔高等参数来表示，

因此可以用这个模型来解释制备工艺对多孔 Al_2O_3 薄膜结构的影响，进而解释对其湿敏特性（灵敏度、温度特性和滞后特性等）的影响。

2. 钽电容湿敏元件

目前，以铝为基础的湿敏元件在有腐蚀剂和氧化剂的环境中使用时，都不能保证长期稳定性。但以钽作为基片，利用阳极氧化法形成的氧化钽多孔薄膜，是一种介电常数高、电特性和化学特性较稳定的薄膜。以此薄膜制成的电容式湿敏元件可大大提高元件的长期稳定性。电容式湿敏元件采用氧化钽作为感湿材料。它是在钽丝上的阳极氧化一层氧化钽薄膜；膜上还有一层含防水剂的二氧化锰层，作为一对电极的导电层；考虑到对油烟、灰尘等应用环境的适应性，还装有活性碳纸过滤器，使之适于测量腐蚀性气体的湿度。

9.5　有机物及高分子聚合物湿度传感器

随着高分子化学和有机合成技术的发展，用高分子材料制作化学感湿膜的湿敏元件日益增多，并已成为目前湿敏元件生产中的一个重要分支。

9.5.1　高分子电阻式湿度传感器

高分子电阻式湿度传感器可以分为两类：一类是高分子结构效应式湿度传感器；另一类是高分子尺寸效应式湿度传感器。由于它们的检测范围不同，因而在实用上各自有着不同的用途。

1. 高分子结构效应式湿度传感器

通常将含有强极性基的高分子电解质及其盐类等高分子材料制成感湿电阻式膜。水吸附在强极性基的高分子上，随着湿度的增大吸附量增加，吸附水之间凝聚化呈液态水状态。测定这种湿度传感器的电阻值时，在低湿吸附量少的情况下，由于没有电荷电离子产生，电阻值很高。当相对湿度增加时，凝聚化的吸附水就成为导电通道，高分子电解质的成对离子主要起载流子作用。此外，由吸附水自身离解出来的质子（H^+）及水和氢离子（H_3O^+）也起电荷载流子作用，这就使传感器的电阻急剧下降。利用高分子电解质在不同湿度条件下电离产生的导电离子数量不等使阻值变化，就可测定环境中的湿度。

利用导电性高分子对水蒸气的物理吸附作用引起电导率变化的高分子湿度传感器，其优点是测量湿度范围大，工作温度为 0～50℃，响应时间短（< 30s），可作为湿度检测和控制用。图 9.11 所示为元件结构图，感湿膜是由 PVA（聚乙烯醇）和 PSS（聚苯乙烯磺酸铵）组成的。基极用厚为 0.6mm 的氧化铝，电极用 Au 做成叉指形。图 9.12 所示为感湿膜湿度特性曲线，图中存在温度影响，其温度系数为 0.5～0.6%RH/℃，故需要温度补偿。图 9.13 所示为湿度检测控制系统方块图，为了防止加直流电压时产生极化，组件用 50～60Hz 交流电源供电，同时温度补偿的热敏电阻与湿敏电阻适当匹配，起到温度补偿作用，此外，组件外面用发泡体聚丙烯包封构成过滤器，以防止灰尘、水和油等直接与感湿膜接触。

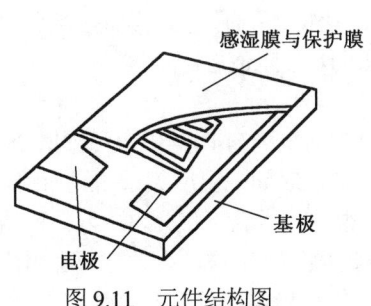

图 9.11　元件结构图

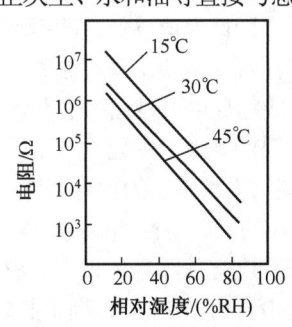

图 9.12　感湿膜湿度特性曲线

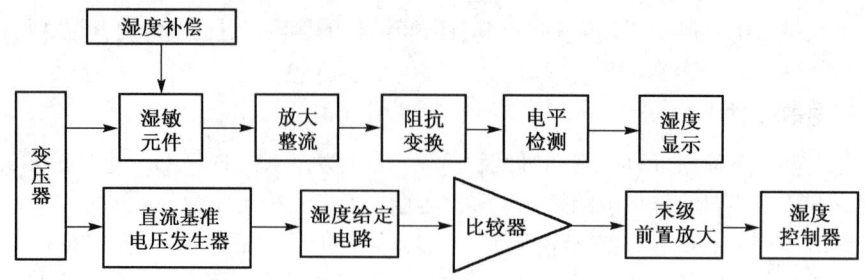

图9.13 湿度检测控制系统方块图

2. 高分子胀缩式结露传感器

结露是一种普遍产生的自然现象，检测和控制结露是非常必要的，特别是在涉及电气设备安全和视频电子产品质量方面。结露传感器（dew Sensor）不同于露点传感器（dew Point Sensor），它主要用于结露状态检测。

结露传感器的结构如图9.14所示。在氧化铝基板上制作梳状电极，在其上覆盖一层以感湿性高分子为主体的感湿膜，感湿膜材料吸湿后产生体积变化，它由亲水性树脂掺入导电性微粉，利用溶液聚合方法，使作为三维化学材料的特殊反应性树脂和溶剂中聚合物官能团进行聚合反应，生成具有胀缩物黏合剂的聚合物。因此，可通过改变感湿功能聚合物与三维化学材料的比率，来满足灵敏度、耐湿性、稳定性要求及阻值的调整。

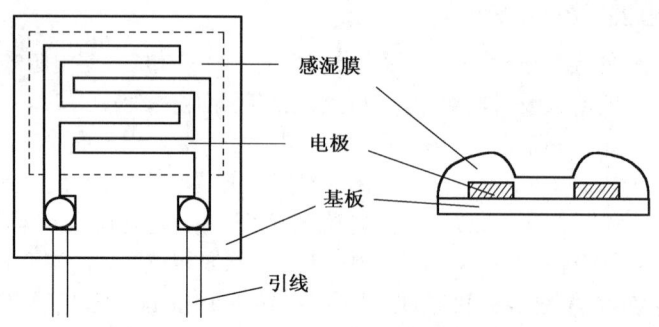

图9.14 结露传感器的结构

在使用一定的树脂及导电性微粉的情况下，感湿膜的电阻变化规律表示为

$$R_H = e(a/c)p \tag{9.7}$$

式中，R_H为感湿膜的体电阻；C为导电微粉浓度；a、p为由树脂、导电微粉决定的系数。

在低湿时，感湿膜吸附的水分较少，亲水性树脂处于一种收缩状态，导电微粉浓度相对较高，微粉间距较小，因而阻值较低。随着环境湿度的增加，感湿膜吸收的水分增多，微粉间距增大，阻值相应增加。在高湿区出现结露现象时，亲水性树脂吸湿量大大增加，感湿膜急剧膨胀，微粉浓度迅速下降，微粉构成的导电链越过"临界状态"，此时微粉间连接极弱，使阻值急剧增大，从而在结露点附近产生组件电阻的开关型变化。

HDP型结露传感器的相对湿度—阻值特性曲线如图9.15所示，结露时其阻值可骤增2～3个数量级，具有优良的开关特性，所以结露传感器工作点变化很小。响应时间—温度关系曲线如图9.16所示，由于与周围温度有关，且体积小，感温膜很薄，故响应速度很快，常温下仅为1～2s。该结露传感器最高的使用电压为5.5V，远高于其他品种（0.8V），可在直流电压下工作，大大方便了用户。正常使用温度范围为1～60℃，但在85℃条件下放置2000h后特性仍很稳定，具有耐热性。在40℃、90～

95%RH 状态下放置 2000h 后特性比较稳定，且膜面牢固，无起皱、脱落现象，具有耐高湿性。总之，HDP 型结露传感器是一种可在其他高分子湿敏组件难以突破的高湿领域使用，且在高湿高温下长期使用仍能保持稳定特性的优良传感器。

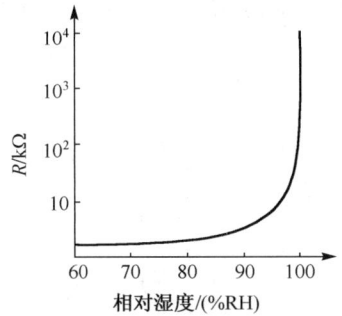

图 9.15 HDP 型结露传感器的湿度—阻值特性曲线

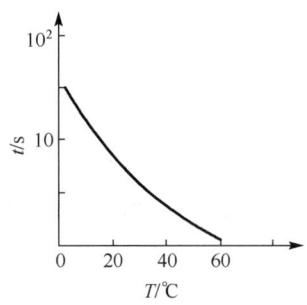

图 9.16 响应时间—温度关系曲线

9.5.2 高分子电容式湿度传感器

基于电极间的高分子感湿材料吸附环境中的水分子时介电常数的变化，制成高分子电容式湿度传感器，其电容量与环境中水蒸气相对压（P/P_0）的关系可由下式表示：

$$C_{p_u} = \varepsilon_0 \varepsilon_u \frac{S}{d} \tag{9.8}$$

式中，ε_0 为真空介电常数；ε_u 为相对湿度为 u%RH 时高分子的介电常数；S 为有效电极面积；d 为高分子感湿膜厚度。其中

$$\varepsilon_u = \varepsilon_r + aW_u \varepsilon_{H_2O} \tag{9.9}$$

$$W_u = b(P/P_0) = bU/100 \tag{9.10}$$

式中，ε_r 为 0%RH 时高分子的介电常数；a、b 为常数；W_u 为 u%RH 时高分子单位质量所吸附的水分子质量；ε_{H_2O} 为高分子中吸附水的介电常数。

1. 感湿电容及其特性

电容式高分子感湿材料设计应符合下列要求：从低湿到高湿灵敏度对应于相对湿度变化；在吸湿和脱湿过程中传感器输出湿滞要小；温度系数小，长期稳定；输出不受其他气体影响。含有较弱的极性基（醚键、拨基、琉基）等的疏水性高分子材料在吸附量小且为物理吸附时，吸附水分子的量与平衡相对压（P/P_0）呈线性关系。这种吸湿脱湿平衡速度快，湿滞小。而较大偶极矩的极性基与水分子有较强的作用形成氯键结合，称为化学吸附。这种吸附很难脱附，这也是传感器产生湿滞的主要原因。

影响湿滞的原因还有被吸附的水分子之间相互作用产生凝聚。防止或减弱水分子的凝聚是减小湿滞的关键之一，通常用醋酸丁酸纤维素（CAB）及聚酰亚胺（PI）等类亲水性较弱的聚合物高分子，吸附水分子量少，且吸附的水分子在膜中基本单独存在，水分子间不易凝聚。可以用较大的疏水基将极性基分隔开来，防止吸附水分子凝聚，有代表性的疏水基有烷基、苯基等碳氢和碳氟化物。另外，可以利用高分子中加入交联剂来封闭多余的吸水基，形成微孔结构，利用交联形成的三维网状微孔结构，控制微孔尺寸以阻止吸附水分子之间的相互作用。

图 9.17 所示为高分子电容式湿度传感器结构图，图 9.18 所示为感湿特性曲线。MSR-1 型电容式湿度传感器的基本特性为：使用温度范围为 –10～60℃，湿度工作量程为 0～100%RH，使用频率范围

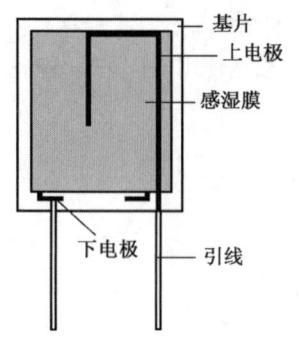

图 9.17 高分子电容式湿度传感器结构图

为 10~200kHz，灵敏度约为 0.1 pF/%RH（20℃），电容量为 45±5pF（12%RH、20℃），湿滞回差为 0→100→0%RH<3%RH，温度系数为 0.1%RH/℃，响应时间<55s（90%变化率）。改善传感器的长期稳定性应减少其他气体的影响。

高分子湿度传感器的温度系数 α 值是非线性的，在 10~30℃之间接近于常数（0.05~0.5%RH/℃），在−5~+20℃范围内有 5%的漂移，而在−40~−5℃之间漂移达 35%。影响温度特性的主要因素是感湿材料中极性基结构及周边结构，在某些温区介电常数 ε 随温度呈上升趋势，某些温区 ε 则下降。选择极性基位于主链中的高分子聚合物，其 ε_r（如聚酰亚胺在低湿时 ε_r 较小，为 3.0~3.8，是水分子介电常数的几十分之一）随温度变化要小，玻璃化温度 T_g 要高。所吸附水分子的 ε 受温度影响较大，在 5℃时 ε 为 78.36，20℃时为 79.63。因此高分子介质在吸湿后，由于水分子偶极矩的存在，加之多相介质的复合 ε 具有加和性，大大提高了吸水异质层的 ε_r，使湿敏电容 C 与相对湿度成正比。另外组件的几何尺寸受热膨胀系数影响，高分子聚合物的平均热线胀率可达 10^{-4} 数量级。随着温度上升，介质膜厚 d 增加，对 C 呈负值贡献；但感湿膜的膨胀又使介质对水的吸附量增加，又呈正值贡献。可见湿敏电容的温度特性受多种因素支配，在不同的湿度范围内温漂不同，在不同的温区呈不同的温度系数，不同的感湿材料温度特性不同。总之，高分子湿度传感器的温度系数并非常数，而是个变量。图 9.19 所示为 Vaisala 湿度传感器的温度特性。

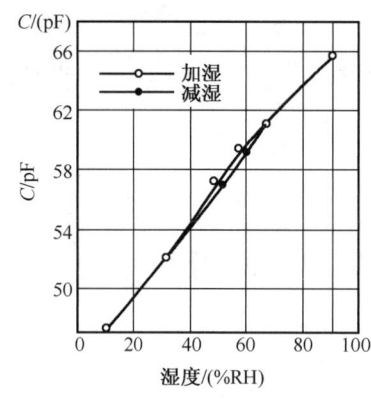

图 9.18 感湿特性曲线

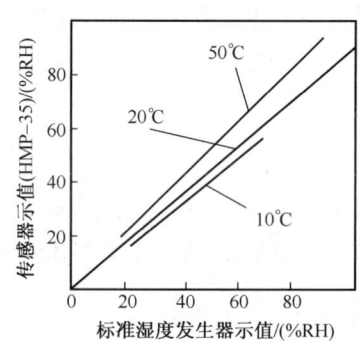

图 9.19 Vaisala 湿度传感器的温度特性

2. NK-Humirel 相对湿度电容传感器

NK-Humirel 相对湿度电容传感器采用了多层聚合物结构，如图 9.20 所示。第一层为多孔海绵状电容电极，其具有一定的抗机械及抗化学侵蚀能力，并作为环境过滤器能够使水汽充分快速通过而阻止尘埃及化学物质通过，还有自动校准功能（电荷分布、温度分布等）。第二层为电容器的电介质（多分子聚合物夹层），具有良好的厚度均匀性，对水汽具有良好的敏感性。第三层为超薄聚合物层，作用是与衬底形成良好接触，并与衬底一起构成电容器的另一个电极。第四层是用低孔率（即高密度）材料做成的金属衬底电极。当测量环境湿度时，水汽通过多孔海绵状电极到达电介质层，该层将吸收或释放水分使介电常数发生改变，导致电容器输出值升高或降低，通过相关测量即可得到湿度与电容的函数关系。

NK-Humirel 相对湿度传感器具有不需要校准的完全互换性，适宜于自动插件，具有较高的可靠比和长期稳定性，适用于线性电压输出和频率输出电路。它有两种封装形式，一种是顶面接触 MHS1100，另一种是侧面接触 MHS1101，传感器长期处于饱和状态后可瞬间恢复。由于采用固态多聚物使其可适用于包括浸在水中的自动装配过程，其电容-湿度曲线如图 9.21 所示，可以看出属于线性关系。图 9.22 所示为湿度传感器的线性输出应用电路，先接入运放 IC_1 的反向输入端，经 VT_1 放大后接入运放 IC_2 的同相端，选择适当的电阻电容参数，可得到 V_{OUT}-湿度的线性曲线。

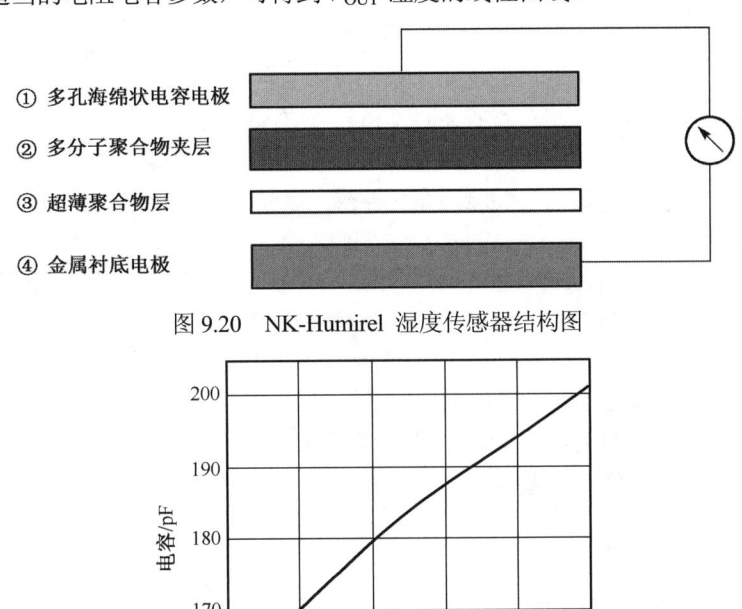

图 9.20　NK-Humirel 湿度传感器结构图

图 9.21　MHS1100 电容-湿度的关系曲线

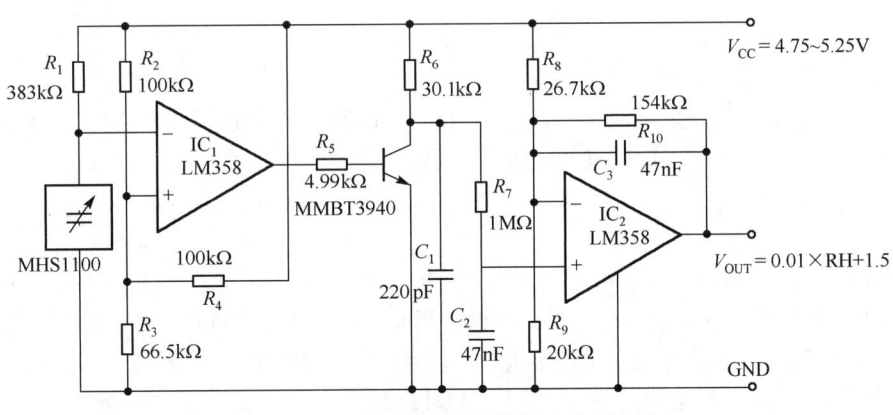

图 9.22　湿度传感器的线性输出应用电路

9.6　半导体结型和 MOS 型湿度传感器

用陶瓷、LiCl 电解质和聚合物材料等制成的多种湿度传感器均为体型结构，传感器和处理电路不能都集成在同一硅衬底上，因此，这类传感器不宜作为智能传感器。用半导体工艺制成的硅结型和硅 MOS 型湿敏器件，有利于传感器的集成化和微型化，是一种很有前途和研究价值的湿度传感器。

9.6.1 湿敏二极管

SnO_2 湿敏二极管的结构如图 9.23 所示。它采用尺寸为 2mm × 2mm、厚约 200μm、电阻率为 5Ω·cm 的 N 型硅单晶材料，放入石英管道炉中通入氧气和水汽氧化 10nm 厚的 SiO_2 层。再通入携带着二甲基二氯化锡蒸气的惰性气体，与通入的氧气发生热解和氧化反应，即

$$(CH_3)SnCl_2 + O_2 \longrightarrow SnO_2 + 2SH_3Cl \tag{9.11}$$

在 SiO_2 层上淀积一层 0.6μm 左右厚的 SnO_2，SnO_2 具有良好的导电性，还可在二甲基二氯化锡中掺入少量的 $SbCl_3$ 而进一步提高导电性，这类似于半导体中的 N 型掺杂。在硅片的背面和 SnO_2 层上制作金属铝电极，为了使 SnO_2 层的表面能够充分裸露，以便和空气中的水蒸气直接接触，SnO_2 层上的电极不宜过大，可用化学刻蚀的方法去除多余的铝膜。

当 SnO_2 湿敏二极管加恒定反向偏置电压和负载时，会使二极管处在雪崩区附近，其反向电流的大小与环境湿度直接相关，因此 SnO_2 二极管具有感湿特性。感湿特征量是反向电流与湿度的关系，如图 9.24 所示，从图中可以看出，随着相对湿度的增加，反向电流减小。这是由于湿敏二极管处于待测湿度环境时，二极管的结区边缘处将吸附有水分子，必然使耗尽层展宽，主要向硅衬底方面扩展，这将有利于二极管雪崩电压的提高。如果保持反向偏置电压和负载电阻不变，那么随着相对湿度的增加，会使二极管雪崩击穿电压提高，进而导致二极管反向电流的减小。

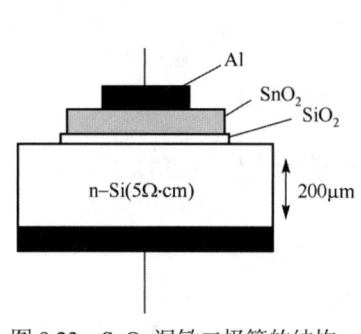
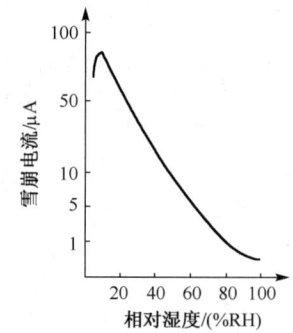

图 9.23 SnO_2 湿敏二极管的结构　　图 9.24 SnO_2 湿敏二极管感湿特性曲线

这种湿敏二极管具有很快的响应速度，从 0～100%RH 的湿度变化，其响应时间仅为 15s。且从低湿到高湿的各个湿度范围内都有比较高的灵敏度。

9.6.2 湿敏 MOS 场效应管

在 MOS 场效应管的栅极上，涂敷一层感湿薄膜，同时在感湿薄膜上增设一电极，就可构成一种 MOS 场效应管湿敏器件。聚合物湿敏材料具有机械强度高、耐高温等特点，是制备 MOSFET 湿敏器件的理想感湿膜材料，感湿膜材料和几何形状直接影响器件的灵敏度和响应时间。

采用标准的 IC 工艺，把湿敏器件和热敏器件都集成在同一衬底上，其横截面图如图 9.25 所示。在下电极和上电极之间沉淀醋酸纤维素作为湿度敏感膜，图 9.26 所示为这种湿敏器件的等效电路图。施加一个直流电压 V_0 和一个交流电压 u_0 于上栅电极，上栅极和下栅极用一个足够大的电阻 R_B 连接起来。其输出电压 V_{out} 与膜的电容 C_s 有以下关系，即

$$V_{out} = V_0 R_L g_m / (1 + C_i / C_s) \tag{9.12}$$

式中，R_L 为与漏极相连接的负载电阻；g_m 为 FET 的跨导；C_i 为绝缘层的电容；C_s 为取决于环境的相对湿度和其他适当常数的电容。

输出电压 V_{out} 几乎与相对湿度呈线性关系，如图 9.27 所示。实验表明，这种湿敏器件具有良好的精度（湿滞小于 3%RH），响应时间小于 30s。在高湿（90～95%RH）或结露情况下，也可获得长期稳定性。

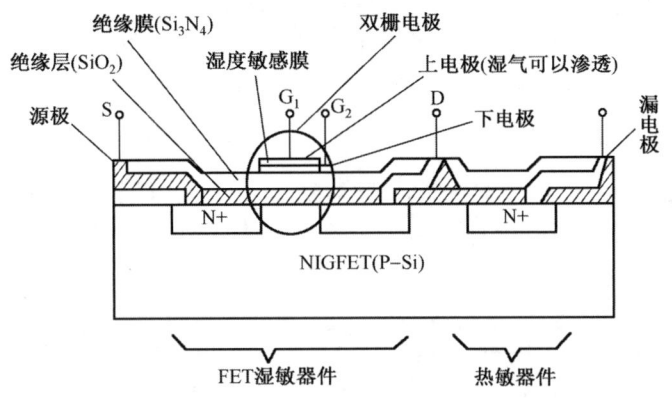

图 9.25　MOSFET 湿敏器件和热敏器件的横截面图

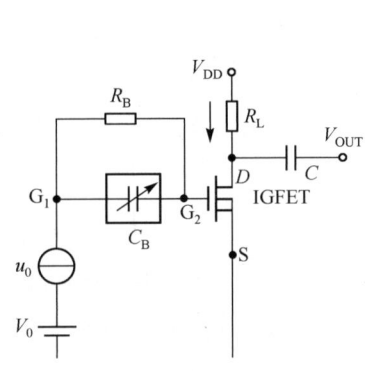

图 9.26　湿敏器件的等效电路图

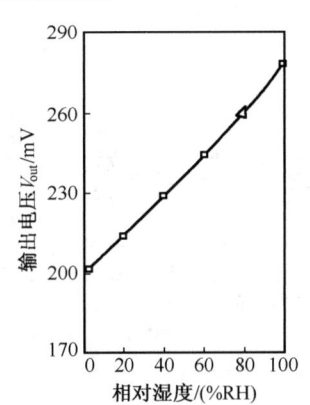

图 9.27　输出电压 V_{out} 与相对湿度呈线性关系

9.7　固体电解质界限电流式高温湿度传感器

由于传统的湿度传感器难以满足对高温下湿度测定的要求，而当给 ZrO_2 固体电解质界限电流氧传感器施加 1.4V 以上的工作电压时，在高温环境下水分子的分解会导致与氧含量有关的界限电流值的改变，这样就可有效测定出高温下水蒸气的含量，从而成为新型高温湿度敏感组件。

9.7.1　固体电解质界限电流式湿度传感器的结构与工作原理

界限电流式湿度传感器的结构与界限电流式 ZrO_2 氧敏组件的结构完全一样，如图 9.28 所示。它是利用二氧化锆陶瓷氧泵作用原理进行工作的，即在阴极一侧所形成的极小孔洞起对流入气体的限制作用，而在氧浓度一定时，输出电流值不再随外加电压的增加而增大，达到在该氧浓度时的界限电流值。将该传感器置于含水蒸气的环境中并进一步提高传感器的工作电压，就能测量到很显著的第二界限电流值，如图 9.29 所示。第一台阶 I_1 值和第二台阶 I_2 值分别与氧分压和含有水蒸气的氧分压成比例，其在阴极与阳极的反应为：

阴极侧：　　　　　　　　$O_2 + 4e^- \rightarrow 2O^{2-} \longrightarrow H_2O + 2e^- \longrightarrow H_2^+$　　　　　　　　（9.13）

阳极侧: $O^{2-} + 2e^- \longrightarrow H_2 + O^{2-}$ (9.14)

按照传感器的气体扩散孔限制 Ficks 法则，在假定氧的扩散系数与水蒸气的扩散系数相等的情况下，第一界限电流 I_1 值与第二界限电流 I_2 值可分别表示为：

$$I_1 = [-4FDSP/(RTL)]L_n(1 - p_{O_2}/p) \tag{9.15}$$

$$I_2 = [-4FDSP/(RTL)][1 + p_{H_2O}/(2p_{O_2})] \tag{9.16}$$

$$p_{O_2} = 0.21(p - p_{H_2O}) \tag{9.17}$$

式中，F 为法拉第常数；D 为混合气体分子的扩散系数；S 为气体扩散孔的面积；P 为混合气体总压强；p_{O_2} 为氧分压强；p_{H_2O} 为水蒸气分压强；R 为气体常数；T 为热力学温度；L 为气体扩散孔的长度；0.21 为空气中氧气含量。

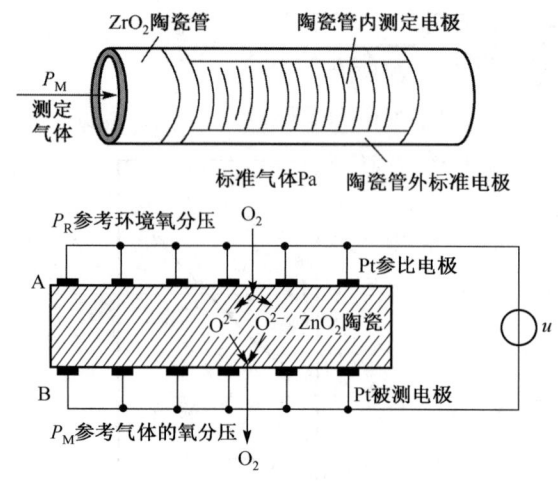

图 9.28 界限电流式传感器结构及原理图

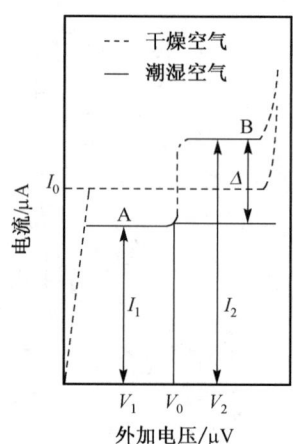

图 9.29 有水蒸气的界限电流特性的变化

9.7.2 固体电解质界限电流式湿度传感器的特性

该传感器具有界限电流式氧传感器的全部特性。其中最突出的优点是，它可在室温至 100℃ 以上的温度环境下工作，最高工作温度为 400℃，填补了目前市场上高分子类、半导体类、陶瓷类及电解质类湿度传感器不能工作在 100℃ 以上环境下的空白。其在干燥空气和含有水蒸气的空气中的特性曲线如图 9.29 所示。在干燥空气中，界限电流呈现一定的数值，而在含有水蒸气的空气中则出现两段台阶，在区域 A，由于水蒸气的存在，使环境气氛中的氧分压（浓度）减少，输出下降；在区域 B 段，含有水蒸气的空气中的界限电流值比在干燥空气中的界限电流值大，这是因为环境气氛中的水蒸气在阴极上发生了前述的电解反应，产生了新的氧离子的缘故。因此，通过测量两段界限电流值的差值 ΔI，便可检测出相应的湿度值。

图 9.30 所示为在环境温度为 80℃，大气中的相对湿度变化时，传感器的电流与电压特性。由该测试结果可以看出，随着相对湿度的变化，A、B 两段的临界电流值变化增大。图 9.31 所示为水蒸气分压 p_{H_2O} 与 ΔI 的关系，水蒸气分压在 5.26×10^{-2}MPa 附近，几乎与 ΔI 呈线性关系，在这个范围内测量精度可达满量程的 ±1%，且在 80℃ 时，水蒸气分压在 1×10^{-2}MPa 和 1.7×10^{-2}MPa 范围内重复性也小于 1%。

另外，ZrO_2 固体电解质界限电流式湿度传感器具有优良的耐温特性（该组件工作时自身工作温度已在400℃以上），因此，可在从室温至100℃以上的高温环境气氛下使用，因而具有优良的选择性和较长的使用寿命（三年以上）。

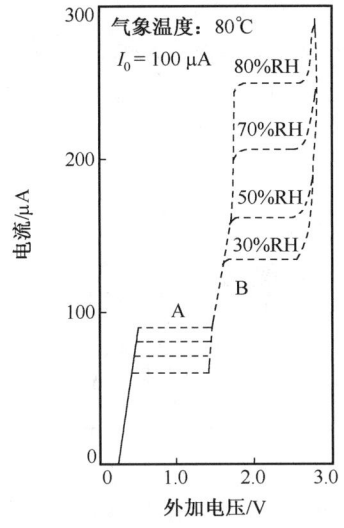

图9.30 随相对湿度变化的电流—电压特性

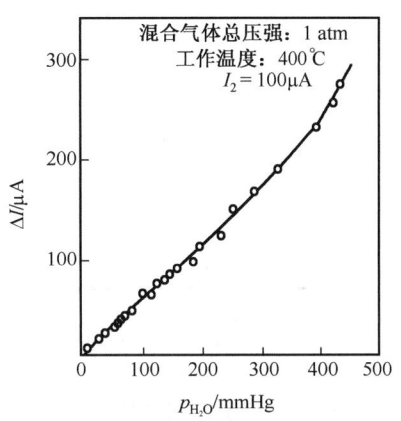

图9.31 水蒸气分压 p_{H_2O} 与 ΔI 的关系

9.8 溶性电解质湿度传感器

电解质溶入水后，全部或部分离解为能自由移动的正负离子，因而具有导电能力。电解质的导电能力与电解质的性质和浓度有关。

大多数电解质具有吸水性，将电解质的饱和溶液置于一定温度的环境中，若环境的湿度高于溶液的水蒸气压时，电解质将从环境中吸水，降低溶液表面上的水蒸气压，也使电解质溶液的浓度降低，电导升高。反之，环境湿度低于溶液中的水蒸气压时，溶液将脱湿，向环境中释放水分，使溶液的浓度增加，甚至有固相析出，有固相析出的溶液是饱和溶液。当温度一定时，其浓度不变，其电导也不变。利用电解质溶液吸湿和脱湿性可制成电解质湿敏材料。

LiCl（氯化锂）是一种强吸湿类无机盐。将纯净的氯化锂置于潮湿环境中，在水合分子 $LiCl \cdot 3H_2O$ 形成以前，由于氯化锂还不能形成溶液，也就不能导电。此后，氯化锂吸湿形成氯化锂饱和溶液。在30℃时，其对应的水蒸气压为480Pa，湿度为11.8%RH。

目前，氯化锂湿敏元件有以下三类典型产品。

1. 登莫式

登莫（Dunmore）式传感器是在聚苯乙烯圆管上做出两条相互平行的钯引线作为电极，在该聚苯乙烯管上涂敷一层经过适当碱化处理的聚乙烯醋酸盐和氯化锂水溶液的混合液，以形成均匀薄膜。若只采用一个传感器，则其检测范围狭窄。因此，设法将氯化锂含量不同的几种传感器组合使用，使其检测范围能达到20%～90%的相对湿度。图9.32所示为登莫式传感器的结构。图中，A为用聚苯乙烯包封的铝管，B为用聚乙烯醋酸盐覆盖在A上的钯丝，这种聚乙烯醋酸盐中加有氯化锂。图9.33所示为登莫式传感器的电阻—湿度特性。

2. 浸渍式

浸渍式传感器是在基片材料上直接浸渍氯化锂溶液构成的。这类传感器的浸渍基片材料为天然树皮，在基片上浸渍氯化锂溶液。这种方式与登莫式不同，它部分地避免了高湿度下所产生的湿敏膜的误差。并且，由于采用了表面积大的基片材料，并直接在基片上浸渍氯化锂溶液，因此这种传感器具有小型化的特点，它适用于微小空间的湿度检测。但是，与登莫式传感器一样，若仅使用一个传感器，则所能检测的湿度范围狭窄。因此，为了能够对传感器材料所能检测的整个湿度范围（20%～90%的相对湿度）都能进行检测，就必须使用几个特性不同（改变氯化锂溶液浓度的器件）的传感器。

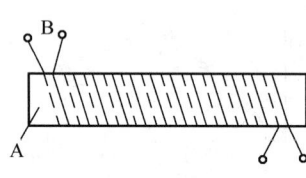
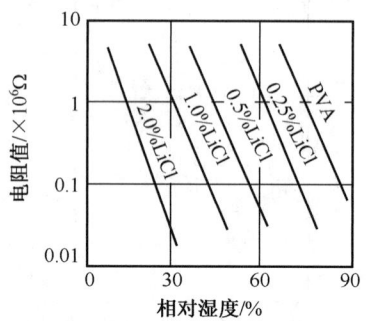

图9.32　登莫式传感器结构　　　图9.33　登莫式传感器电阻—湿度特性

在这种方式的传感器中，还有在玻璃带上浸有氯化锂溶液的另一类浸渍式湿度传感器。这种传感器的优点是，采用两种不同氯化锂溶液浓度的传感器，就能够检测出20%～90%的相对湿度。图9.34所示为该传感器的结构示意图及成品实例。图9.35所示为该湿度传感器的电阻—湿度特性。如图9.35所示，阻值的对数与相对湿度50%～80%呈线性关系。同样，若仅采用一个传感器，则所能检测的湿度范围也较窄。应设法用1%～1.5%的不同浓度的氯化锂来检测20%～50%的湿度，用0.5%浓度的氯化锂来检测40%～80%的湿度。这样就能完成整个20%～80%湿度的检测。

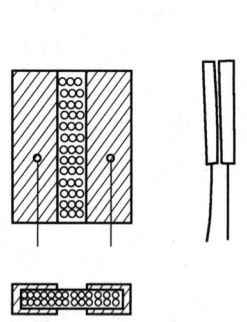

图9.34　玻璃带上浸LiCl的湿度传感器的结构　　图9.35　玻璃带上浸LiCl的湿度传感器的电阻—湿度特性曲线

3. 光硬化树脂电解质湿敏元件

登莫元件中的胶合剂——聚乙烯醇（PVA）不耐高温高湿的性质，限制了元件的使用范围。采用光硬化树脂代替PVA，即将树脂、氯化锂、感光剂、助膜剂和水按一定比例配成胶体溶液，浸涂在蒸镀有电极的塑料基片上，干燥后放置在紫外线下曝光并热处理，即可形成耐高温、耐高湿的感湿膜。它可在80℃下使用，并且有较好的耐水性，不怕"冲蚀"，从而提高了元件的性能。典型氯化锂湿敏元件的主要特性如表9.1所示。

表9.1 典型氯化锂湿敏元件主要特性

名称 参数	型号	精度/%RH	测湿范围/%RH	工作温度/℃	响应时间/s
氯化锂湿敏元件	MSK-1 MSK-1A	2~3 5	20~95 30~90	−5~+40 −10~+40	<60
氯化锂湿敏电阻器	MS	2~4	40~90	0~40	
光硬化树脂电解质湿度传感器		1~2	15~100	−10~+80	10~40
氯化锂湿敏元件	PL-1	5	20~100	−10~+40	
氯化锂湿敏元件	SL-2 SL-3	2	10~95 40~90	5~50 10~40	
氯化锂湿敏元件	PSB-1 PSB-2 PSB-3 PSB-4	2-3	45~65 55~75 30~70 40~80 30~90 15~90	5-50	

习 题

1. 什么是绝对湿度和相对湿度？
2. 什么是水分子亲和力？这类传感器的半导体湿敏元件的工作原理是什么？
3. 试叙述电容式和石英振动式湿敏元件的工作原理。
4. 设计一个恒湿控制装置，且恒湿的值可任意设定。

第10章 生物传感器

生物传感器是利用各种生物物质做成的、用于检测与识别生物体内化学成分的传感器。生物或生物物质是指酶、微生物和抗体等，它们的高分子具有特殊的性能，能够精确地识别特定的原子和分子。例如，酶是蛋白质形成的，并作为生物体的催化剂，在生物体内仅能对特定的反应进行催化，这就是酶的特殊性能。对免疫反应，抗体仅能识别抗原体，并且有与它形成复合体的特殊性能。生物传感器就是利用这种特殊性能来检测特定的化学物质的（主要是生物物质）。生物传感器是分子生物学与微生物学、电化学、光学相结合的结合体，是在传统传感器上增加一个生物敏感基元而形成的新型传感器，是生命科学与信息科学的产物。生物传感器技术与纳米技术相结合，将是生物传感器领域新的生长点，其中以生物芯片为主的微阵列技术是当今研究的重点。

近年来，生物分子传感器在电分析化学、临床化学、微电子学、生物医学、生命科学等领域深受重视。从1962年Clark和Lyons最先提出生物传感器至今已有40余年的历史，20世纪70年代以来，生物医学工程迅猛发展，作为检测生物体内化学成分的各种生物传感器不断出现。20世纪60年代中期起，首先利用酶的催化作用和它的催化专一性开发了酶传感器，并达到实用阶段。20世纪70年代又研制出微生物传感器、免疫传感器等。20世纪80年代以来，生物传感器的概念得到公认，作为传感器的一个分支，它从化学传感器中独立出来，并且得到了发展，使生物工程与半导体技术相结合，进入了生物电子学传感器时代。

随着技术的不断发展，生物传感器已在国民经济的许多领域得到了广泛的应用。在临床医学中，用于诊断、检测疾病，如诊断糖尿病、乙肝、血吸虫病、肿瘤，用于检测血液、尿液中的药物浓度等；在生命基础科学中，用于研究生理过程，如用于研究NO的生理过程，用于研究酶的活力，测定DNA、RNA、IgG含量等；在药物分析中，用于分析药物的成分、药物的浓度，如用于测定药物洗必泰含量的传感器；在有机合成中的应用，如用于二苯基环丙烷的还原，用于进行芳基烃基硫化物的氧化等；在化学分析中，用于分析物质的各种成分，如蛋白质含量和各种金属离子，测定血液中、血浆中的半胱氨酸，还原谷胱甘肽等；在农业科学中，用于检测各种农药，如用于检测敌敌畏、焦磷酸四乙酯等农药；在食品安全监测中，用于监测食品的pH值、亚硝酸含量等；在环境科学中，用于检测环境污染物，如用于检测环境中的重金属、苯、二氧化碳、硫化氢、氢气等；在军事科学中，用于检测各种生物致毒剂，如用于检测神经剧毒剂沙林、棱曼等；在生物自动化工程中，用于控制生产过程，如用于对发酵过程二氧化碳的监测、对干燥过程的监测等。

生物传感器以其高选择性、高灵敏度、快速提取生物信息的独特功能，还将被应用于越来越多的领域。西方发达的工业国家及不少发展中国家都投入巨大的人力和物力研究生命科学及其获取生命信息的生物分子传感器。仅日本就有5个管理部门和50多家公司从事生物传感器的研究。欧洲把生物传感器的研究列为尤里卡计划，美国各大学均有该方面的研究机构。这种研究的新高潮的形成，说明各国都充分认识到生物传感器在微电子学、生物医学、生命科学研究中的重要地位。

10.1 生物传感器的基本概念

用固定化生物成分或生物体作为敏感元件的传感器称为生物传感器（Biosensor）。生物传感器并不专指用于生物技术领域的传感器，它的应用领域还包括环境监测、医疗卫生和食品检验等。

生物传感器是用生物活性材料（如酶、蛋白质、DNA、抗体、抗原、生物膜等）与物理化学换能器有机结合的一门交叉学科，是发展生物技术必不可少的一种先进的检测方法与监控方法，也是物质分子水平的快速、微量分析方法。在 21 世纪的知识经济发展中，生物传感器技术必将是介于信息和生物技术之间的新增长点，在临床诊断、工业控制、食品和药物分析（包括生物药物研究开发）、环境保护及生物技术、生物芯片等研究中有着广泛的应用前景。各种生物传感器有以下共同的结构：包括一种或数种相关生物活性材料（生物膜），以及能把生物活性表达的信号转换为电信号的物理或化学换能器（传感器），二者组合在一起，用现代微电子和自动化仪表技术进行生物信号的再加工，构成各种可以使用的生物传感器分析装置、仪器和系统。

10.2　生物传感器的特点

生物传感器可巧妙地利用生物特有的生化反应，有针对性地对有机物进行简便而迅速的测定。它与通常的化学分析法相比，具有以下特点。

（1）对被测物有极好的选择性，噪声低。
（2）操作简单，需用样品少，能直接完成测定。
（3）经固化处理后，能长期保持其生理活性，传感器可反复使用。
（4）能在短时间内完成测定。
（5）不要求样品具备光学透明度。
（6）信息是以电信号方式直接输出的，容易实现检测自动化。

生物传感器的主要缺点是使用寿命短。

10.3　生物反应基本知识

生物传感器的基本原理就是利用生物反应。而生物反应实际上包括了生理生化、新陈代谢、遗传变异等一切形式的生命活动。生物传感器研究的任务就是如何将生物反应与传感器技术恰当地结合起来。

10.3.1　酶反应

1. 酶的定义

在 19 世纪，人们对酶的认识产生了一个飞跃。1854—1864 年，Pasteur 证明发酵作用是由微生物引起的，推翻了"自生论"观点。当时曾给出"活体酵素"和"非活体酵素"的名词。到 1877 年，Kuhne 提出使用"enzyme"（酶）这个词，将酶与微生物两者区分开。Liebig 等认为发酵不一定要和酵母细胞相联系，而是由酵母细胞中所分泌的某些化学物质（酶）引起的。这一假设于 1897 年被 Buchner 兄弟所证实，他们用酵母细胞滤液成功地进行了糖至乙醇和二氧化碳的转化，一般认为，这项实验是酶学研究的开始。此后近一个世纪中，酶学研究获得了一系列重大突破。现在可以说，酶是生物体产生的具有催化能力的蛋白质，它与生命活动息息相关。

2. 酶的蛋白质性质

"酶是蛋白质"这一论断最早由 Sumenr 提出，他在 1926 年首次从刀豆中提取了脲酶结晶，并证明了这个结晶具有蛋白质的一切性质。后来人们又陆续获得了多种结晶酶，在已经鉴定的 2000 余种酶中，约有 300 多种已被结晶或纯化，并作为商品。这些酶几乎无一例外地被证明是蛋白质。证明酶是蛋白质有 4 点依据。

① 蛋白质是由氨基酸组成的，而酶的水解产物都是氨基酸，即酶是由氨基酸组成的。
② 酶具有蛋白质所具有的颜色反应，如双缩脲反应、茚三酮反应等。
③ 一切可使蛋白质变性的因素，如热、酸、碱、紫外线等，同样可以使酶变性失活。
④ 酶同样具有蛋白质所具有的大分子性质，如不能透过半透膜、可以电泳、并有一定等电位点。

3．酶的催化性质

酶是生物催化剂。新陈代谢是由无数的复杂化学反应组成的，这些反应大都在酶的催化下进行。与一般催化剂相比较，酶催化具有以下特点。

① 高度专一性。一种酶只能作用于某一种或某一类物质（被酶作用的物质称为底物），因而有"一种酶，一种（类）底物"之说。
② 催化效率高。每分钟每个酶分子转换 $10^3 \sim 10^6$ 个底物分子，以分子比为基础，其催化效率是其他催化剂的 $10^7 \sim 10^{13}$ 倍。
③ 因为酶是蛋白质，其催化一般在温和条件下进行，极端的环境条件（如高温、酸碱）会使酶失活。
④ 有些酶（如脱氢酶）需要辅酶或辅基。若从酶蛋白分子中除去辅助成分，酶便不具有催化活性。
⑤ 酶在体内的活力常常受多种方式调控。这包括基因水平调控、反馈调节、激素控制、酶原激活等。

4．酶的作用机制

（1）降低反应活化能

在一个反应开始时，反应底物分子的平均能量水平较低为初态，只有少数分子具有比初态高一些的能量，高出初态的能量称为活化能，使分子进入活化状态，才能开始反应。这些活泼的分子称为活化分子。酶能够大幅度降低反应所需的活化能，这样，大量的反应物分子就能比较容易地进入活化态，从而使反应在常温下极快地进行。

（2）结构专一性

酶催化的专一性是由酶蛋白分子（特别是分子中的活性部位）结构所决定的，根据酶对底物专一性程度的不同，大致可分为三种类型。

第一种类型的酶专一性较低，能作用结构类似的一系列底物，又分为族专一性和键专一性两种。族专一性酶对底物的化学键及其一端有绝对要求，对键的另一端只有相对要求。键专一性酶对底物分子的化学键有绝对要求，而对键的两端只有相对要求。

第二种类型的酶仅对一种物质有催化作用，它们对底物的化学键及其两端均有绝对要求。

第三种类型的酶具有立体专一性，这类酶不仅要求底物有一定的化学结构，而且要求有一定的立体结构。

（3）酶的活性中心

实验证明，酶的特殊催化能力只局限在它的大分子的一定区域，这个区域就是酶的活性中心，它往往位于分子表面的凹穴中。一般认为活性中心有两个功能部位：结合部位和催化部位，这样一个特定的结构才能与一定的底物结合，并催化其发生化学变化。活性中心空间结构的任何细微的改变，都可能影响酶的活性。

（4）"邻近""定向"效应

"邻近"效应是指两个反应分子的反应基团要互相靠近才能反应。仅仅"邻近"还不够，两个将要反应的基团的分子轨道还要交叉，而交叉的方向性极强，称为"定向"。这样就使得两个分子间的反应变为分子内的反应，提高了反应速率。

生物体系中的许多反应属于双分子反应，在酶的作用下，原游离存在的反应物分子被结合在活性中心，彼此靠得很近，并且分子轨道也按确定的方向发生一定的偏转，使反应易于进行。据估计，"邻近"和"定向"效应可能使反应速度增长 10^3 倍。

（5）"诱导契合"与"底物变形"

当酶分子与底物分子接近时，酶蛋白受底物分子的诱导，其构象发生有利于底物结合的变化，酶与底物在此基础上互补契合，这种现象被称为诱导契合，它说明了酶作用的专一性。经诱导契合形成酶-底物复合物，这种特性被人们用来设计以质量变化为指标的生物传感器。

"底物变形"是指当酶分子与底物结合后，一部分结合能被用来使底物发生变形，使敏感键更易于破裂而发生反应。

"诱导契合"和"底物变形"常常是同时发生的，即当酶发生构象改变时，底物分子也发生形变，形成相互契合的复合物。

（6）催化的化学形式

酶催化的化学形式主要包括共价催化和酸碱催化。

在共价催化中，酶与底物形成反应活性很高的共价中间物，这个中间物很容易变成转变态，故反应的活化能大大降低，底物可以越过较低的"能阈"而形成产物。

10.3.2 微生物反应

1. 微生物反应的特点

微生物反应过程是利用生长微生物进行生物化学反应的过程。也就是说，微生物反应是将微生物作为生物催化剂进行的反应。酶在微生物反应中起最基本的催化作用。然而，每个微生物细胞都是一个极其复杂的完整的生命系统，数以千计的酶在系统中高度协调地行使功能。设想一下，一个大肠杆菌细胞能在 20min 内制造另一个新的生命细胞，人类的智慧至今还没有设计这个系统的能力。

微生物反应与酶促反应有以下几个共同点。

① 同属生化反应，都在温和条件下进行。
② 凡是酶能催化的反应，微生物也可以催化。
③ 催化速度接近，反应动力学模式近似。

微生物反应在以下方面又有其特殊性。

① 微生物细胞的膜系统为酶反应提供了天然的适宜环境，细胞可以在相当长的时间内保持一定的催化活性。
② 在多底物反应时，微生物显然比单纯酶更适宜作为催化剂。
③ 细胞本身能提供酶促反应所需的各种辅酶和辅基。
④ 更重要的是微生物细胞比酶的来源更方便，更廉价。

利用微生物作为生物敏感膜时也有以下不利因素。

① 微生物反应通常伴随自身生长，不容易建立分析标准。
② 细胞是多酶系统，许多代谢途径并存，难以排除不必要的反应。

③ 环境条件变化会引起微生物生理状态的复杂化，不适当的操作会导致代谢转换现象，出现不期望有的反应。

2. 微生物反应的类型

(1) 同化与异化

根据微生物代谢流向可以分为同化作用和异化作用。

在微生物反应过程中，细胞同环境不断地进行物质和能量的交换，其方向和速度受各种因素的调节，以适应体内外环境的变化。细胞将底物摄入并通过一系列生化反应转变为自身的组成物质，并储存能量，称为同化作用或组成代谢（Assimilation）；反之，细胞将自身的组成物质分解以释放能量或排出体外，称为异化作用或分解代谢（Disassimilation）。

(2) 自养与异养

根据微生物对营养的要求，微生物反应又可分为自养型与异养型。自养微生物以 CO_2 作为主要碳源，无机氮化物作为氮源，通过细菌的光合作用或化能合成作用获得能量；异养微生物以有机物作为碳源，无机物或有机物作为氮源，通过氧化有机物获得能量；绝大多数微生物种类都属于异养型。

(3) 好气性与厌气性

根据微生物反应对氧的需求与否，可以分为好氧反应和厌氧反应。

微生物反应生长过程中需要氧气的称为好氧反应；微生物反应生长过程中不需要氧气，而需要 CO_2（碳酸气）的称为厌氧反应。有的地方也称二者为好气性和厌气性。

(4) 细胞能量的产生与转移

微生物反应所产生的能量大部分转移为高能化合物。所谓高能化合物是指含转移势高的基团的化合物，其中以 ATP（三磷酸腺苷）最为重要，它不仅潜能高，而且是生物体能量转移的关键物质，直接参与各种代谢反应的能量转移。

10.3.3 免疫学反应

1. 抗原

(1) 抗原的定义

抗原是指能够刺激动物体产生免疫反应的物质，从广义的生物学观点来看，凡是具有引起免疫反应性能的物质，都可以称为抗原。抗原有两种功能：一种是刺激机体产生免疫应答反应；另一种是与相应免疫反应产物发生异性结合反应。前一种性能称为免疫原性，后一种性能称为反应原性。

(2) 抗原的种类

① 天然抗原。它来源于微生物和动植物，包括细菌、病毒、血细胞、花粉、可溶性抗原毒素、类毒素、血清蛋、蛋白质、糖蛋白、脂蛋白等。

② 人工抗原。经化学或其他方法变性的天然抗原，如碘化蛋白、偶氮蛋白和半抗原结合蛋白。

③ 合成抗原。合成抗原是化学合成的多肽分子。

(3) 抗原的理化性状

① 物理性状。完全抗原的分子量较大，通常在 1 万以上。分子量越大，其表面积相应扩大，接触免疫系统细胞的机会增多，因而免疫原性也就增强。抗原均具有一定的分子构型，或者为直线，或者为立体构型。一般认为环状构型比直线排列的分子免疫性强，聚合态分子比单体分子强。

② 化学组成。自然界中绝大多数抗原都是蛋白质，既可是纯蛋白，也可是结合蛋白，后者包括

脂蛋白、核蛋白、糖蛋白等。此外还有血清蛋白、微生物蛋白、植物蛋白和酶类。近年来证明核酸也有抗原性。

2. 抗体

抗体是由抗原刺激机体产生的特异性免疫功能的球蛋白，又称免疫球蛋白。

免疫球蛋白都由一至几个单体组成，每一个单体由两条相同的分子量较大的重链和两条相同分子量较小的轻链组成，链与链之间通过非共价链相连接。

3. 抗原-抗体反应

抗原-抗体结合时将发生凝聚、沉淀、溶解反应和促进吞噬抗原颗粒的作用。

抗原与抗体的特异性结合点位于 Eabl 链及 H 链的高变区，又称抗体活性中心，其构型取决于抗原决定簇的空间位置，两者可形成互补性构型。在溶液中，抗原和抗体两个分子的表面电荷与介质中的离子形成双层离子云，内层和外层之间的电荷密度差形成静电位和分子间引力。由于这种引力仅在近距离上发生作用，因此抗原与抗体分子结合时对位需要十分准确，其条件如下：一是结合部位的形状要互补于抗原的形状，二是抗体活性中心带有与抗原决定簇相反的电荷。

抗原与抗体结合尽管是稳固的，但也是可逆的。某些酶能促使逆反应，抗原抗体复合物解离时，都保持自己本来的特性。

4. 生物学反应中的物理量变化

在生物学反应中，常常伴随一系列物理量变化，如焓变化、生物发光、颜色反应和抗阻变化等，利用这些物理变化与物理现象能够设计一些更为精美的传感器。

10.3.4 生物传感器膜技术和固定化技术

1. 生物敏感膜

生物传感器的各种基础反应，都是在一种称为膜的表面或中间进行的，反应过程即识别过程。生物传感器性能的优劣决定于分子识别部分的生物敏感膜和信号转换部分的转换器。在这两部分中，前者是生物传感器最为关键的部分。这里所指的不是天然的生物膜，而是人工制造的，是通过一种固定化技术把识别物固定在某些材料中，形成具有识别被测物质功能的人工膜，称为生物敏感膜（Biosense Membrane）。生物敏感膜是基于伴有物理与化学变化的生化反应分子识别膜，研究生物传感器的主要任务就是研究这种膜。

生物敏感膜按所选材料不同，有酶膜、全细胞膜、组织膜等。生物敏感膜是采用固定化技术制作的。另外，在少数情况下，分子识别元件采用填充柱形式，但其微观催化环境仍可以认为是膜或液膜态。

生物敏感膜按其分子识别原理可分为三种不同类型。

（1）基于生物催化反应的生物敏感膜

此类敏感膜基于敏感膜中的特定酶在接触生物物质或有机物质后，催化其反应，从而生成某些化学产物，其中一种产物可由传感元件所感知。这种膜结构的特点为：保护膜+生物活性物质+渗析膜，或者生物活性物质直接固定在内敏感探头上成膜。

组成这类生物敏感膜的活性物质除纯净酶外，还有含酶的活性物质，如微生物、细胞器、动植物组织等。这些物质为此种酶底物敏感膜开辟了一个新来源。

（2）基于生物吸附的生物敏感膜

此类敏感膜基于生物体内存在相互亲和性的物质（如抗体-抗原、结合蛋白质-生物素、激素-激素受体、DNA-RNA、植物凝血素-糖链等)。把它们的一方固定在膜上作为分子识别元件,当被测溶液中存在它们的配体时,发生特异性反应,形成稳定的复合体,测定反应前后膜电位的变化,即可得知配体浓度。其中一些生物传感器为提高灵敏度,不直接测定膜电位,而利用酶的放大作用,通过测定酶活性来确定待测物浓度。

(3) 基于天然生物膜和人工生物膜的生物敏感膜

此类敏感膜直接利用具有生物活性的天然生物膜或人工生物膜。人体嗅觉器官是通过生物膜(嗅觉膜)实现对外界信息传感的。在嗅觉细胞膜表面的一液体层中截留有某种特殊的有机化合物,可任意扩散进入细胞表面。通过选择性化学识别,镶嵌蛋白伸出表面与外来物反应,生成的复合物影响到膜结构,改变了膜的物理化学性质,使膜的通透性发生变化,进而感知外界信息。一些组织电极就是直接使用了天然生物膜的这种特性。在人工膜方面以脂质双分子膜(BLM)的制作及应用较成功。在 BLM 膜上掺入一些有生物亲和性的物质,可实现传感功能。BLM 膜相对于其他敏感膜具有更好的选择性、更高的灵敏度和可逆性,且价格低廉、体积小、使用方便,但稳定性尚待改善。

2. 固定化技术

酶、抗体、微生物等具有识别功能的物质通常是水溶性的,如果把它们与适当的载体结合起来变得不溶于水并制成传感器用的识别功能膜,这种技术称为固定化技术。固定化的方法大体上分为化学方法和物理方法。

(1) 化学方法

将识别功能物质受体与载体之间,或者受体相互间至少形成一个共价键以进行固定,使受体的活性高度稳定的固定方法称为化学方法,如图 10.1(a)所示。使用具有很多共价键原子团的试剂(如戊二醛等)在感受体之间形成"架桥"膜,加上蛋白质和醋酸纤维素等作为增强材料,这种方法称为架桥固定法,如图 10.1(b)所示。这种方法虽然较简单,但必须严格控制反应条件。

(2) 物理方法

将受体与载体之间或受体之间,利用物理吸附作用进行固定的方法称为物理方法,如在离子交换树脂膜、聚氯乙烯膜等表面上物理吸附感受体就是物理方法。此法虽然能够在不损害敏感物质性质的情况下进行固定,但由于固定程度减弱,因此多采用赛璐玢膜等进行保护,如图 10.1(c)所示。

将感受体包裹于聚丙烯酰胺等高分子三位网络结构中进行固定的方法称为包裹法,如图 10.1(d)所示,这种方法最初使用于酶传感器,到目前还在广泛使用。

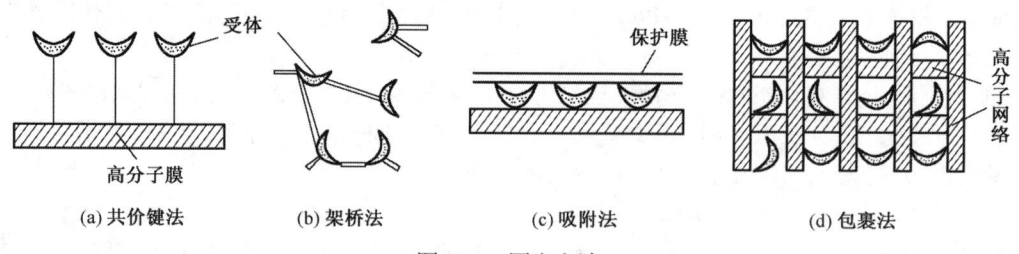

图 10.1 固定方法

(3) LB 膜技术

智能超分子体系是新型的智能生物材料,它的性能是其组成、结构、形态与环境的函数,它具有环境响应性。智能超分子体系本质上是超分子膜,即人工膜,它是对生物膜功能的模拟。生物膜是指由糖类、脂类、蛋白质组装而成的一种薄膜结构,其厚度约为 7~10nm,包括所有细胞都含有的细胞膜和真核细胞所特有的细胞器膜。生物膜是与细胞起源、生命本质密切相关的重要结构，它以界面的形式把生命活动的各个区域划分开来，并保持和调节着各区内外环境，使各区内生命活动得以正常进行，是进行物质代谢、能量转换、神经传导、信息传递等生理活动的场所。生物膜的各种功能是由膜脂、蛋白质、多糖等组成，中间通过精密而完美的组装及协同作用完成的。生物膜是由蛋白质、脂类等组装而成的超分子复合物，某些生物膜上还含有多糖。生物膜的基本结构是由膜脂和膜蛋白等组成的基本性质决定的。构成生物膜的膜脂都是两亲性分子，是由一个头部和两条尾巴组成的，头部相连处是亲水的甘油基团，尾部是疏水的脂肪酸链。脂质双分子层构成了生物膜的基质。蛋白质等物质就嵌入在这种脂质双分子层内或附着在其表面，通过与脂质的协同作用，完成生物膜的生理功能。膜的性质主要由膜的结构所决定，而分子间相互作用、分子与基底的相互作用及组装条件等是影响膜结构的主要因素。生物膜上的受体可识别结合细胞外分子，并将此过程转变为信号，引起细胞内分子变化。作为敏感材料，在发展新型传感器过程中经常用人工膜来模拟其功能。人工膜就是人造的具有可替代或协助完成人体部分器官生理功能的高分子膜或膜器件。

现代生物技术在生物体外尚无法以自组装方式形成复杂的生物超分子。即使在某种程度上能够形成这些复杂分子，由于蛋白质的不稳定性，这些复杂分子也很难直接应用于工业生产的目的。因此，人们发展了蛋白质人工组装技术。把具有特定功能的一种或几种蛋白质在某种程度上组装起来，提高其稳定性，便于直接把它们应用于各个领域。

蛋白质的人工组装，即把溶液状态的蛋白质分子形成具有一定自由度的二维定向分子。方法有：在水界面上的亲和配体间 Langmuir-Blodgett（LB）分子定向法，以及在固体表面定向蛋白质的固化技术等。

超分子 LB 膜是人工利用分子间相互作用而设计和建立的特殊的超分子体系，是有机高分子单分子膜的一种堆积技术。用来制备 LB 膜的技术称为 LB 膜技术。LB 膜技术是一种把气-液界面上的单分子膜转移到固体表面的成膜技术。聚合物单分子膜具有较高的稳定性和机械性能，是一类重要的 LB 膜材料。LB 膜的研究起始于 20 世纪 30 年代，首先是由 L.Langmuir 及其学生 K.Blodgett 提出的。但由于当时使用的制膜材料多为简单的二嗜性分子，因而在很大程度上限制了膜功能的开发。20 世纪 60 年代初期，H.Kuhn 首先用 LB 膜技术通过单分子膜的组装来构造分子有序体系，并首次把具有光活性的二嗜性染料分子引入 LB 膜，这对 LB 膜研究的发展产生了重大影响。到了 20 世纪 80 年代，LB 膜技术已经引起物理学、生物学、电子学、光学、化学、材料学等领域学者的普遍关注，并在许多方面得到了应用，取得较大的进展。

LB 膜的特点有以下几种。

① 膜厚为分子级水平（纳米级），具有特殊的物理化学性质。
② 可以一层一层累积起来，形成多层分子层或各种超晶格结构；
③ 可人为选择各种不同的高分子材料，累积不同的分子层，从而使它具有多种功能。
④ 可在常温常压下形成，需要的生成能量小，又不破坏高分子结构。
⑤ 所有的分子都能形成 LB 膜，并且在次序上可以任意安排。
⑥ 可有效地利用 LB 膜分子自身的组装能力，形成新的化合物。且 LB 膜具有均匀、超薄、分子层次排列有序、结构灵活可变等优点。

LB 膜的主要性质如下。

LB 膜的物理性质随其化学成分与含量、分子结构、合成路线及组装排列形式的不同，在物理特性上有很大差别。当然，它作为一种有机分子膜，除具有一般有机材料的共同特点外，LB 膜作为一种高度有序的分子膜，经过功能组装之后，还显示出某些独特的力学、热学、电学或光学等的物理特性，展示出巨大的应用前景。

① LB 膜力学性能。LB 膜在转移过程中，单分子层同固态衬底间的结合机制、膜的机械强度等一直是 LB 膜实用的关键问题之一。由于单分子层同固态衬底之间界面结合力是范德瓦尔斯力，因此较弱。为提高机械强度，可利用分子间的库仑力结合、采用高分子聚合及在 LB 膜中引入纳米颗粒等措施。

② LB 膜能量转移体系。LB 膜能量转移体系的研究是光物理学中研究的新课题。例如，将光活性染料分子引入 LB 膜中，把染料同硬脂酸混合来组装功能 LB 膜。如果含荧光染料 X 的 LB 膜吸收紫外光而发出蓝色荧光，含荧光染料 Y 的 LB 膜吸收蓝光而发出黄色荧光，那么，在两种荧光材料的单分子膜之间夹着一种简单酸的单分子膜，当其间距低于某一阈值时，紫外光激发的 X 染料的辐射能量转移到含荧光染料 Y 的 LB 膜，使之发黄色的荧光。这种能量的转移是穿过间隙单分子层的离子隧道效应所致。

③ LB 膜电子转移体系。许多双亲分子可以作为电子施主和受主，其功能在于亲水端。一般花菁染料可以作为施主，而长链紫精衍生物是典型的电子受主。将电子施主和受主以适当的形式组装进 LB 膜中，可以制成各种电子转移体系。人们对这种体系的研究、在研究模拟光合作用、研制太阳能分子电池，以及多种高灵敏度传感器都有重要意义。

人们正是利用 LB 膜技术可以在分子水平上进行设计，制备出具有特定功能的结构排列分子组合体系。超分子 LB 膜技术作为一种传感器功能设计的有力手段，在光、电、磁、生物信息转换及气体敏感器件领域中开始得到重要应用。例如，其绝缘功能用于 MISC（金属-绝缘体-半导体）和隧道效应元件；导电功能用于各向异性导体；半导体性用于色素 PN 结；非线性光用于光调制和混合开关；压电、热电性用于红外线探测；敏感性用于气体、生物、离子检测；抗蚀性用于电子束、X 射线光刻；存储、记录功能用于光盘或解决磁记录中的润滑问题。

10.3.5 基本电极

生物传感器通常利用物理化学装置把识别信息以电信号的形式从识别功能膜上取出来，最常用的是电极测量法，常用电极有 O_2 电极、H_2O_2 电极、PH 电极、CO_2 电极、NH_3 电极和 NH_4^+ 电极。用电极将被测物浓度转换为电信号的方式可分为电流法和电位法两种。电流法是测量生物化学反应中所消耗或生成的电极活性物质的电极反应所产生的电流的方法，所用电极有 O_2 电极、H_2O_2 电极等。电位法是测量与生物化学反应有关的各种粒子在识别功能膜上产生的膜电位的方法，所用电极有 CO_2 电极、NH_3 电极和 NH_4^+ 电极等。当把生物传感器插入某一试液时，由于电极活性物质被消耗或形成，对应得到一个恒定的电流值或电位值，从它们与被测物浓度之间的关系就可测量被测对象的浓度。

10.3.6 测量方式

按测量方式可将电极测量法分为静态测量法和动态测量法，如图 10.2 所示。静态测量法与普通 pH 等电极的使用方法相同，把生物传感器插入试液中，边搅拌边测量。动态测量法较为普遍，使用时把传感器插入测量池中，让缓冲液连续流过测量池，在一定时间内将试液注入进行测量。当识别功能物质活性低的情况下输入信号较小时，可以采用反应器式测量法，如图 10.2(c)所示，即把识别功能物质与表面积大的颗粒状载体结合起来，装在一个反应器中，构成反应器与电极分离的传感器，让缓冲液连续流过这一体系，然后把试液注入，试液通过装有固定化识别功能物质的反应器，生成电极活性物质，然后用电极测量这些电极活性物质。

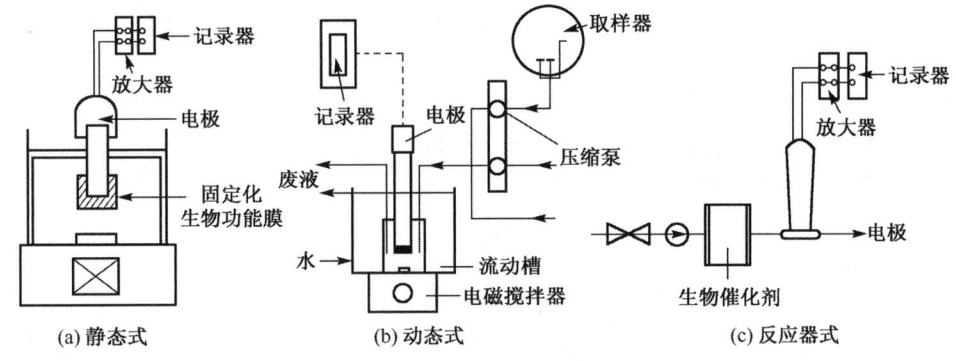

图 10.2　生物传感器测量方式

10.4　生物传感器的工作原理及类型

生物传感器是在基础传感器上再耦合一个生物敏感膜而形成的，其工作原理如图 10.3 所示。图中生物功能膜上（或膜中）附着有生物传感器的敏感物质，被测量溶液中待测定的物质经扩散作用进入生物敏感膜层，经分子识别或发生生物学反应，其所产生的信息可通过相应的化学或物理原理转变为可定量和可显示的电信号，通过电信号的分析就可知道被测物质的成分或浓度。

生物传感器从工作原理上来看，大致有以下几种。

① 将化学变化转变为电信号的生物传感器。
② 将热变化转换为电信号的生物传感器。
③ 将光效应转变为电信号的生物传感器。
④ 直接产生电信号的生物传感器。

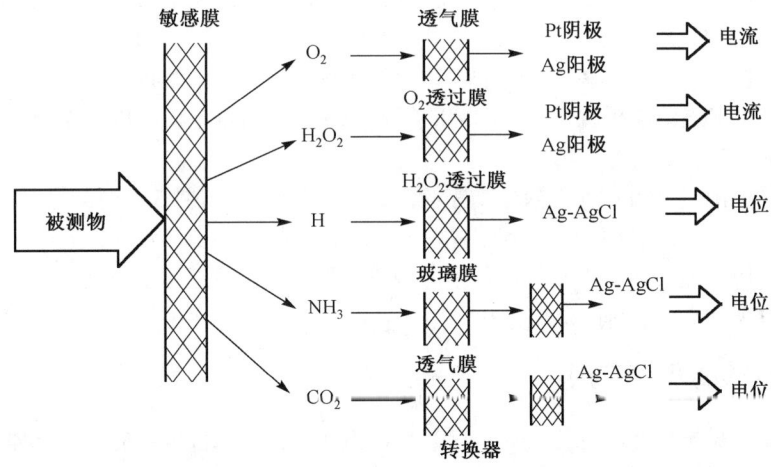

图 10.3　生物传感器的工作原理图

10.4.1　酶传感器及其应用

酶是生物体内具有催化作用的活性蛋白质，与其他蛋白质一样，具有特异的催化功能，因此酶被称为生物催化剂。酶的理化性质即为蛋白质的理化性质。酶蛋白属两性电解质，在等电位点易发生聚沉，在电场中则发生电泳。酶是大分子化合物，分子量从一万到几十万。酶可分为单纯蛋白酶和结合蛋白酶两大类。单纯蛋白酶除蛋白质以外不含其他成分，如胃蛋白酶、胰蛋白酶和脲酶等。结合蛋白酶由蛋白和非蛋白两部分组成。两者结合得牢固的则称为辅基，如细胞色素氧化酶中的铁卟啉部分（即为铁卟啉的辅基）等；两者结合不牢固的则称为辅酶，如烟酰胺腺嘌呤二核苷酸（NAD，辅酶Ⅰ）和烟酰胺腺嘌呤二核苷酸磷酸（NADP，辅酶Ⅱ），两者均称为脱氯酶的辅酶。

由于酶在生物体内具有催化作用，它在生命活动中起着极为重要的作用。它参加新陈代谢过程中的所有生化反应，并以极高的速度和明显的方向性维持生命的代谢活动，包括生长、发育、繁殖与运动，可以说没有酶就没有生命。

目前已鉴定出的酶有 2000 余种，酶与一般催化剂相同。在相对浓度较低时，仅能影响化学反应的速度，而不改变反应的平衡点，反应前后不发生明显改变。但酶又不同于一般催化剂，酶的催化效率比一般催化剂高 $10^6 \sim 10^{13}$ 倍。酶催化反应所需要的条件较为温和，在常温、常压、近中性条件下均可进行。而这一特性也反映在工业上，若以非酶催化，则需要在 300 个大气压、500℃温度的条件下方可进行。酶的催化具有高度的专一性，即一种酶只能作用于一种或一类物质，产生一定的产物，即特异催化功能。正因为酶有如此的特性，才被用作对某种物质的敏感材料，而制造成传感器。

10.4.2　微生物传感器及其应用

酶作为生物传感器的敏感材料虽然已有很多应用，但因酶的价格昂贵且不够稳定，因此这些应用受到一定限制。微生物具有利用其本体酵素反应的复杂的化学反应系统，若将微生物固定于膜上并将它与电化学器件相组合，则可组成微生物传感器。

近来微生物固定化技术在不断发展，从而固定化微生物越来越多地被用作生物传感器的分子识别元件，产生了微生物电极。

微生物传感器大致可分为呼吸测量型（利用微生物物质呼吸功能受到被测物体的促进或抑制作用）和电极活性物质测定型。前者是利用电化学器件测定固定化生物的呼吸性变化；后者是利用电化学器件测定由微生物产生的电极活性物质。微生物传感器所用的微生物将根据测定目的做适当的选择，然后进行固化处理。常用的电化学器件为氧电极、燃料电池型电极、pH 电极、碳酸气体电极或离子电极等。

微生物包括细菌、酵母、霉菌等，它们在适宜的条件下，分裂增殖很快，故活体微生物是生物电极的优良酶源。有很多细菌电极就是利用细菌的特殊脱氧酶，与氨电极联用来测定某种氨基酸的，如用大肠杆菌不定期测定谷氨酸等。

环境保护工作中测量 BOD（5 天内生物需氧量），传统的方法需要 5 天时间进行监测且操作复杂。现在用 BOD（浓度）的微生物传感器，只需要 15min 即能测出结果。

此外，微生物电极尤其适合于发酵过程中的测量。因为在发酵过程中也常存在对酶的干扰物质，所以应用微生物电极则有可能排除这些干扰。

10.4.3　免疫传感器及其应用

免疫传感器是根据抗体（一种免疫球蛋白）与抗原（一种进入机体后能刺激机体产生免疫反应的物质）反应来测定物质的，所以抗体对抗原具有很强的选择性。

免疫传感器是活性单元（抗体或抗原）与电子信号转换元件（换能器）的结合。一方面，免疫传感器以抗体-抗原亲和反应为识别基础，所以具有很高的选择性；另一方面，免疫活性单元是用一定的基体固定在检测仪器上的，基体和附在其上的共存物引入的非专一性反应就可能影响免疫反应的专一性。这种来自于基体和共存物的干扰仍是免疫传感器研究中有待解决的问题。

抗体敏感性与可逆性是免疫传感器技术的另一个重要问题。快速的可逆性与高度的敏感性相互制约，这在平衡反应中显而易见。作为受体应能进行可逆性结合，否则当受体与配基结合后，只有采用新合成的受体。解决办法之一是附以另外的生化装置，使受体与配基的结合复原。例如，对于受体与配基结合形成的乙酰胆碱，通过加入胆碱醋酶可将乙酰胆碱分解成乙酸和胆碱，使受体恢复原态。此外，免疫传感器发展的另一趋势是供一次性使用的传感器，这就要求将研究的重点放在能大规模、廉价生产和使用简便的技术上。

随着免疫传感器技术应用范围的扩大，传统的抗体生产已不能满足要求。抗体的产生取决于免疫技术，传统技术费时费力，且难以保证每次都能成功。因而寄希望于用重组方法生产抗体，以缩短免疫时间。重组抗体生产的一般过程为：医学上为治疗过敏反应，采用重组抗体（rAb）生产技术得到了人源化的抗体。目前，抗体生产技术正逐渐从传统的单克隆技术转变为现代基因工程技术。后者因为无须进行极其复杂的细胞培养而显示出其突出的优越性。

免疫传感器相对于一般免疫检测方法的主要优势在于，它不但能弥补目前常规免疫检测方法不能进行定量测量的缺点，而且还能实时地监测抗原-抗体反应，不需要分离步骤，即在抗原-抗体反应的同时，就可把反应信号动态而连续地记录下来，有利于抗原-抗体反应的动力学分析；另外，它还可以使免疫检测手段朝自动化、简便化和快速化方向发展。

总之，集生物学、物理学、化学及医学为一体的免疫传感技术，是近年来生物传感器研究中的前沿课题，它不但能推动传统免疫测试法的发展，而且将对临床检验和环境监测等许多领域产生深远影响。

10.4.4 半导体生物传感器及其应用

半导体生物传感器（Semiconductive Biosensor）是由半导体器件和生物分子识别元件组成的。通常用的半导体器件是场效应晶体管（Field-Effect Transistor，FET），因此，半导体生物传感器又称为生物场效应晶体管（BioFET）。BioFET 源于两种成熟技术：固态集成电路和离子选择性电极。20 世纪 70 年代初开始将绝缘栅场效应晶体管（Insulate Gate Field-Effect Transistor，IGFET）用于氢的检测。离子选择性电极又称为膜电极（Ion-Selective Electrode，ISE）技术中的关键部分——离子选择性膜直接与 FET 相结合，出现了所谓的离子敏感场效应晶体管（Ion-Selective Field-Effect Transistor，ISFET）。自然地，就像酶电极起源于离子选择性电极，催化蛋白质便被引到 FET 的栅极成为所谓的 BioFET。

根据 Bergveld 的回忆，斯坦福大学的 Wise 等首先将硅基材料用于微电极的制作，来测量动作电位。结合刻蚀法和金喷法制作了长 5mm、宽 0.2mm 的针型电极，并将电极的工作电路也制作到同一硅片上。当他读到这篇报道以后，认为该装置是他两年以前的设计，不够"聪明"，因为电极与工作电路在同一硅片上使用十分不方便。而他同期报道的可用于神经生理测量的离子选择性固态装置是真正的 ISFET 的开始。

最早的 BioFET 是 Janata 提出的设计方案（U. S. Patent 4020830.1977），在他的专利中将固定化酶与 ISFET 结合，称为酶场效应晶体管（EnFET）。由于氢离子酶的 FET 器件最为成熟，与 H^+ 变化有关的生化反应自然首先被用到 BioFET 方面，随后出现免疫 FET 和细菌 FET。

10.4.5 组织传感器

组织传感器也称为组织电极。它由敏感膜和传感元件组成，以动植物组织薄片作为敏感膜，传感元件多采用气敏电极。它利用动植物组织中的酶作为反应催化剂，故其结构及工作原理也类似酶电极。与酶电极相比，组织电极有以下优点。

（1）组织电极中酶活性比酶电极所用的离析酶活性高。这是因为天然动植物组织中除酶分子外，还存在辅酶及酶促反应的其他必要成分，酶促反应处于最佳环境中，能保存与诱导酶的催化活性。

（2）组织电极中酶的稳定性增强。由于酶处在适宜的自然环境中，同时又被"固定化"了不易流失，可反复使用，寿命较长。

(3) 所用生物材料易于获取，且制作简单。但目前组织电极的选择性、灵敏度、响应时间等还不够理想。例如，动植物组织中会有许多酶，可催化多种底物而使选择性变坏。

此外，还存在难以均一制作、动植物材料不易保存等问题，特别是有关的理论研究还不够，有关的响应机制还知之甚少。因此，距实用化、商品化还有一定的距离。

组织电极制作的关键之一是选择酶活性高、含量丰富的组织，而且在选取时还应考虑容易获取、固定和保存，注意成熟度、季节性及切片部位。切片越薄，电极响应速度越快，但膜内酶含量减少，影响电极使用寿命，一般厚度为 0.3～0.5mm。对于特别松软的组织，可用戊二醛交联固定。此外，测试与保存温度应合适，一般在 20～30℃之间操作。动物组织可在−25℃下冷冻保存，植物组织可在 4℃下保存。和微生物电极一样，组织电极也要解决细胞多酶对测定的干扰，需考虑选择适当的抑制剂。

组织电极的传感元件采用气敏电极是因为气敏电极有较好的选择性，可避免测定体系中金属离子及某些有机分子的干扰，而且气敏电极膜是便于装卸的片状结构，有利于组织电极组装。

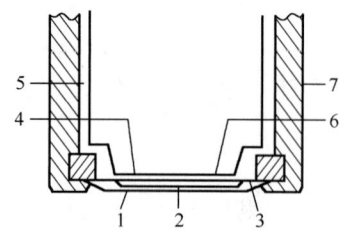

图 10.4 肾组织电极结构示意图
1—动物组织薄片；2—尼龙网；3—防护透析膜；4—透气膜；
5—内电解质溶液；6—pH 敏感玻璃膜；7—塑料电极体

图 10.4 所示为以 NH_3 电极为传感元件的动物组织电极结构示意图。组织电极结构为夹层式，内层为气敏电极敏感膜，中层为生物组织敏感膜，外层用尼龙网对组织切片膜起机械固定及保护作用。组织电极按敏感膜材料可分为动物组织电极和植物组织电极两大类。由于人类对哺乳动物的代谢途径及动物组织生理生化作用的研究较详尽，可以预见动物组织的生物催化性质，可以有目的地选动物组织完成所需测量，因此，动物组织电极有较强的实用性。植物组织虽然细胞代谢缓慢，但机械强度较高，其繁殖生长部位的组织和储藏养料广泛易得，制备简单，成本低廉，易于保存，其发展也较快。下面介绍猪肾-谷氨酰胺组织电极。

猪肾-谷氨酰胺传感器利用肾组织中含有的谷氨酰胺水解酶催化试样中的谷氨酰胺原理。其酶促反应式为

$$谷氨酰胺 + H_2O \xrightarrow{EC_3, 5, 1, 2} 谷氨酸 + NH_3$$

酶促反应生成的氨通过氨气敏电极的透气膜扩散到内充液中，破坏了内充液的化学平衡，使反应向左移动，改变了内充液的 pH 值。用干板 pH 玻璃电极测定 H^+ 离子的活性变化，进而推算出谷氨酰胺的含量：

$$NH_4^+ + OH^- \rightleftharpoons NH_3 + H_2O$$

用标准曲线法测定样品中的谷氨酰胺含量。电极的测量范围为 $1×10^{-4}$～$5×10^{-3}$mol/L，测量下限为 $5×10^{-5}$mol/L，斜率为 49.8mV，响应时间为 8min。使用寿命大于 1 个月。在有十几种可能存在的物质共存的条件下，有良好选择性。该电极可应用于脑膜炎及肝昏迷患者脑脊液中谷胺酰胺的测量，比临床上所用分光光度法简便、省时、消耗试剂少。此外，用同一肾组织还可以测定葡萄糖-6-磷酸。其依据是肾组织中不仅含有谷氨酰胺水解酶，也含有葡萄糖-6-磷酸脱氢异构酶，两种酶在不同 pH 值下活性不同。当 pH 值为 9.25 时，前者活性被强烈抑制，而后者显示出高的活性，故可用来测定葡萄糖-6-磷酸。表 10.1 所示为组织（电极）传感器研制实例。

表 10.1 组织电极研制实例

类别	组织膜用材料	检测对象	气体电极	测量范围/(mol·L^{-1})	响应时间	寿命/d
动物组织电极	猪肾	谷氨酰胺	NH$_3$	$1\times10^{-4}\sim5\times10^{-3}$	8min	30
	猪肾	葡萄糖胺-6-磷酸盐	NH$_3$	$5\times10^{-5}\sim1\times10^{-3}$	—	21
	猪肾	细胞色素C	O$_2$	—	—	—
	羊肾	D-氨基酸	NH$_3$	$3\times10^{-5}\sim1\times10^{-3}$	—	12
	牛肝	H$_2$O$_2$	O$_2$	1×10^{-5}	1.5min	—
	牛肝-HRP	地戈辛、胰岛素	O$_2$	适用与临床实验范围	—	90
	兔肝	鸟嘌呤	NH$_3$	$1.3\times10^{-5}\sim2.8\times10^{-4}$	6～7.5min	14
	猪肝	抗坏血酸(VC)、H$_2$O$_2$	O$_2$	—	—	—
	鼠小肠	腺苷	NH$_3$	1.9×10^{-5}	—	—
	兔胸腺	腺苷	NH$_3$	$3.2\times10^{-5}\sim5.6\times10^{-3}$	5～7min	28
	兔肌	AMP	NH$_3$	$1.4\times10^{-4}\sim1\times10^{-2}$	3～9min	28
植物组织电极	黄南瓜	L-谷氨酸	CO$_2$	$4.4\times10^{-4}\sim1.3\times10^{-2}$	10min	7
	玉米芯	丙酮酸	CO$_2$	$2.5\times10^{-4}\sim1\times10^{-3}$	10～25min	7
	黄瓜叶	L-半胱氨酸	NH$_3$	$1\times10^{-5}\sim1\times10^{-3}$	25min	28
	菠菜叶	NO^{2-}	NH$_3$	$5\times10^{-4}\sim1\times10^{-2}$	—	—
	夹壳斗	尿素	NH$_3$	$3.4\times10^{-5}\sim1.5\times10^{-2}$	1～5min	94
	菊花	L-精胺酸	NH$_3$	$5\times10^{-5}\sim1\times10^{-3}$	3～5min	10
	紫玉兰	L-精胺酸	NH$_3$	—	—	—
	蘑菇	多酚	O$_2$	$1\times10^{-5}\sim2.5\times10^{-4}$	1～3min	60
	香蕉片	多巴胺	O$_2$	$2\times10^{-4}\sim1.2\times10^{-3}$	30～40s	—
	香蕉浆	多巴胺	O$_2$	$8.0\times10^{-6}\sim2.0\times10^{-2}$	6～10min	—
	土豆	葡萄糖胺-6-磷酸盐	O$_2$	1.25×10^{-3}	25s	28
	土豆	PO$_4^{3-}$	O$_2$	2.5×10^{-5}	30s	28
	土豆	F$^-$	O$_2$	1×10^{-4}	40s	28

10.4.6 细胞传感器

1. 细胞传感器概论

近几年，随着半导体微细加工技术的发展，分析技术的微型化为细胞微环境分析提供了强有力的手段，以活细胞作为敏感元件已成为生物传感器研究领域的一大热点。细胞传感器（Cell-Basd Biosensor）是以活细胞作为探测单元的生物传感器。

细胞传感器能定性定量测量分析未知物质的信息，即确定某类物质存在与否及浓度大小。例如，把具有某一类型受体的细胞当作传感器，由受体-配体的结合常数可推导出该传感器对某类激动剂的敏感度，测量该传感器的响应就可以定量测量该激动剂的浓度。更重要的是，细胞传感器能够测量功能性信息，即监测被分析物对活细胞生理功能的影响，从而能解决一些与功能性信息相关的问题。例如，复合药物各成分对生理系统的影响是什么；被分析物相对于给定的受体是否为抑制剂或激动剂（这是现代药物筛选和开发的核心问题）；被分析物是否以其他方式来影响细胞的新陈代谢，如第二信使或酶；待测物是否对细胞有毒副作用；环境是否受到污染。

总之，利用细胞传感器可以连续检测和分析细胞在外界刺激下的生理性能。从生物学角度来看，它能够探求细胞的状态功能和基本生命活动；从被分析物的角度来看，它能够研究和评价被分析物的功能。尽管使用活细胞作为传感器的敏感元件会产生很多复杂的问题，如细胞类型的选择、细胞的培养、细胞活性的保持、细胞与传感器的耦合等；但该类生物传感器能够完成实时动态快速和微量的生物测量，在生物医学、环境监测和药物开发等领域具有十分广阔的应用前景。

2. 细胞传感器的发展趋势

尽管细胞传感器从生理研究到药物筛选都得到了很广泛的应用,但是还有几个主要的因素限制了细胞传感器的进一步应用,如再生性和细胞的选择等。随机培养的可兴奋细胞尽管寿命长且黏附性好,增强了细胞与微电极的耦合,然而缺少载体理化因素的影响,随机培养的神经元形成一个随机的神经网络,以致难以分析。微电极阵列上的氧化层可能会限制培养在它上面的神经元的神经传导。近年来,细胞模式识别的进展或许能成功引导可兴奋细胞的生长,提高细胞传感器的可重复性。显然,不可能使用细胞传感器来研究所有的细胞和所有的生物活性物质。可兴奋细胞虽然比较通用,但仍需探讨其他类型的细胞。只有全面了解细胞传感器的适用范围,才能更好地设计和使用细胞传感器。细胞传感器要真正进入市场,还需要解决许多问题。例如,微电极阵列中有效的电极数量仍然偏少,信噪比偏小,数据分析量大,对复杂的神经生物响应机制认识不够,在实验室以外的环境中难以有效地应用。

细胞拥有并表达着一系列潜在的分子识别元件,如受体离子通道酶等,这些分子都可以作为靶分析物。当它们对外界刺激敏感时,就按照固有的活细胞生理机制进行相应的生理功能活动。所以以活细胞作为探测单元的生物传感器可以响应许多具有生物活性的被分析物。此外,细胞传感器具备功能性分析的优点,有助于更深入地探求细胞的生理活动,它已成为生命科学及环境科学领域必不可少的工具。

10.4.7 基因芯片

所谓基因芯片,就是按特定的排列方式固定有大量基因探针/基因片段并能与光电测量装置相结合的硅片、玻璃片、塑料片。图 10.5 所示为一种基因芯片器件的构造。现在基因芯片以其可同时、快速、准确地分析数以千计基因组信息的本领而显示出了巨大的威力,已被应用到生物科学众多的领域中,其应用主要包括基因表达检测、突变检测、基因组多态性分析和基因文库作图及杂交测序等方面。现已比较成功地对多种生物包括拟南芥(Arabidopsis Thaliana)、酵母(Saccharomyces Cerevisiae)及人的基因组表达情况进行了研究,并且共用 157112 个探针分子一次性检测了酵母几种不同株间数千个基因表达谱的差异。基因芯片成功用于对人 BRCAI 基因外显子 11、CFTR 基因、β-地中海贫血、酵母突变菌株间、HIV-1 逆转录酶及蛋白酶基因(与 Sanger 测序结果一致性达到 98%)等的突变检测,并应用于对人类基因组单核苷酸多态性进

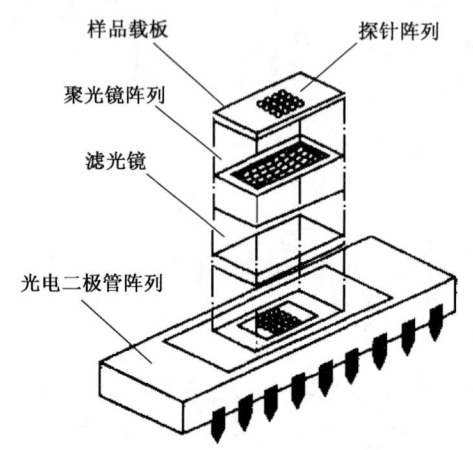

图 10.5 基因芯片器件的构造

行鉴定和分型及人线粒体基因组多态性的研究等。通过改变探针阵列区域的电场强度可以检测到基因的单碱基突变。此外,在杂交测序技术理论上是一种高效可行的测序方法,但需通过大量重叠序列探针与目的分子的杂交,方可推导出目的核酸分子的序列,所以还需要制作大量的探针。基因芯片技术可以比较容易地合成并固定大量核酸分子,所以它的问世无疑为杂交测序提供了实施的可能性。尽管基因芯片技术已经取得了长足的发展,得到世人的瞩目,但仍然存在着许多难以解决的问题,如技术成本昂贵、复杂、检测灵敏度较低、重复性差、分析范围较狭窄等。这些问题主要表现在样品的制备、探针合成与固定、分子的标记、数据的读取与分析等几个方面。

基因探针利用核酸双链的互补碱基之间的氢键作用,形成稳定的双链结构,通过检测目的基因上

的光电信号,来实现样品的检测。从而,基因芯片技术成为高效地大规模获取相关生物信息的重要手段。目前,该技术主要应用于基因表达谱分析、基因组文库作图、疾病诊断和预测、药物筛选、基因测序等。

1. 微电子芯片

微电子芯片利用微电子工业常用的光刻技术,芯片被设计构建在硅/二氧化硅等基底材料上,经过热氢化,制成 1mm×1mm 的阵列,每个阵列含有多个微电极,每个电极上通过氧化硅沉积和蚀刻制备出样品池。将连接链亲和素的琼脂糖覆盖在电极上,在电场作用下生物素标记的探针即可结合在特定的电极上。目前已研制出含 25 个圆形微定点(直径 80μm)的 5×5 阵列及含 100 个微定点(直径 80μm)的 10×10 阵列的芯片。电子芯片的最大特点是杂交速度快,可大大缩短分析时间,但制备复杂、成本高是其不足。

2. 三维生物芯片

三维生物芯片实质上是一块显微镜载玻片,其上有 1 万个微小聚乙烯酰胺凝胶条,每个凝胶条可用于对 DNA、RNA 和蛋白质的分析。先把已知化合物加在凝胶条上,再用 3cm 长的微型玻璃毛细管将待测样品加到凝胶条上。每个毛细管能把小到 0.2nl 的体积的液体打到凝胶条上。三维生物芯片具有其他生物芯片不具有的优点具体如下。

(1) 凝胶条的三维化能加进更多的已知物质,增加了敏感性。

(2) 可以在芯片上同时进行扩增与检测。一般情况下,必须在微量多孔板上先进行 PCR 扩增,再把样品加到芯片上,因此需要进行许多额外操作。该芯片所用凝胶体积很小,能使 PCR 扩增体系的体积减小 1000 倍(总体积约 nL 级),从而节约了每个反应所用的 PCR 酶(约减少 100 倍)。

(3) 以三维构象形式存在,蛋白质和基因材料能以其天然状态在凝胶条上分析,可以进行免疫测定、受体-配体研究和蛋白组分析。

3. 流过式芯片

流过式芯片是一种在芯片基片上制成的格栅状微通道,它设计及合成有特定的寡核苷酸探针,结合于微通道内芯片的特定区域,从待测样品中分离 DNA 或 RNA 并对其进行荧光标记,然后该样品流过芯片,固定的寡核苷酸探针捕获与之相互补的核酸。流通式芯片用于高通量分析已知基因的变化,其特点在于敏感性高、速度快、价格低廉。

习 题

1. 生物传感器是利用什么原理制成的?
2. 生物传感器的种类有哪些?各有什么特点?
3. 生物传感器有什么用途?
4. 免疫传感器有哪几种类型?各有什么特点?
5. 叙述酶传感器的工作原理及其基本结构。
6. 叙述免疫传感器的基本工作原理。电化学免疫传感器的结构有哪几种?抗体和抗原结合时产生的化学量的变化是很微弱的,怎样使这种变化量放大?
7. 如何用生物传感器诊断一个病人是否得了糖尿病?

第 11 章　传感器的信号处理

传感器所感知、检测、转换和传递的信息表现为不同形式的电信号。用来表征传感器输出电信号的参量形式有很多，如开关电信号型、模拟电信号型和脉冲电信号型等类型。开关电信号型多以电压输出型来表示；模拟电信号型又可分为电压输出型、电流输出型、阻抗输出型、电容输出型和电感输出型，对于模拟电信号型中的后 4 种输出形式，一般转换为电压输出型；脉冲电信号型多以脉冲频率形式来表示，脉冲频率形式可以直接利用，也可以经频率—电压转换，变换成电压输出型。传感器的输出信号最终多以电压输出型来表示，传感器的输出信号一般说来有以下的特点。

（1）传感器的输出信号形式多样，有的是直接以电压、电流的形式输出，而有的是以电阻、电感和电容等形式输出，有时还需要形式上的转换处理。

（2）传感器的输出信号一般比较微弱，有的传感器输出电压仅为 0.1μV，这样微弱的信号很容易被周围环境和系统本身所产生的噪声所淹没。

（3）传感器的输出阻抗都比较高，当其输出信号输入到测量电路时会产生较大的衰减。

（4）传感器的输出信号与输入物理量之间的关系不一定是线性比例关系。

（5）有些传感器的输出量会受温度的影响，如温度系数。

根据以上传感器输出信号的特点，传感器最初的输出信号一般是不能直接被测量电路所利用的，所以要根据不同的传感器采取不同的处理方法进行调理，一方面需要通过变换调理，把以电阻、电感或电容形式输出的信号转换为电流或电压形式的输出；另一方面要通过调理用以抑制噪声，提高线性度并进行放大，将传感器最初的输出信号变换成能被测量电路所利用的信号。

对传感器最初的输出信号进行调理的方法常用的有信号测量电路、信号变换电路、阻抗匹配/信号放大电路、信号分离/滤波电路等措施。

11.1　信号测量电路

11.1.1　桥电路

在测量系统中，桥电路被普遍用作变量转换元件，它将所测的物理量的变化转换为电压电平的变化进行输出。桥电路提供了测量电阻、电感和电容值的准确方法，并且可以检测出这些量在标称值附近非常小的变化。由于很多测量物理量的传感器的输出为电阻、电感或电容的变化，因此桥电路在测量系统技术中极为重要。例如，基于电阻变化输出的位移测量应变仪，就是这类传感器的典型应用。一般情况下，测量电阻的电桥激励为直流电压，测量电容或电感的电桥激励为交流电压。桥电路有单臂电桥和偏转型电桥两种类型，通常以类似的方式存在于仪表中，单臂电桥主要用于校准，偏转型电桥在闭环自动控制方案中使用。

1. 直流电桥

（1）零型直流电桥（惠斯通电桥）

直流激励的零型电桥，通常称为惠斯通电桥，具有如图 11.1 所示的形式。电桥的四臂由未知的电阻 R_u，两个阻值相等的电阻 R_2、R_3，以及可变电阻 R_v（通常是一个十进制电阻箱）组成。将直流电压 V_i 施加于 A、C 两端，改变 R_v 的阻值，直到 B、D 两点间测量的电压为零，此零点通常用一个高灵敏度的检流计来测量。

为了分析电桥,将图 11.1 中流过每个臂的电流定义为 $I_1 \sim I_4$。通常,如果使用一个高阻抗的电压仪,则测得的电流 I_m 会非常小,近似为零。若假设 $I_m = 0$,则 $I_1 = I_3$,$I_2 = I_4$。

在电路 ADC 中,电压 V_i 施加于 $R_u + R_3$,由欧姆定律得

$$I_1 = \frac{V_i}{R_u + R_3}$$

同样的,在电路 ABC 中

$$I_2 = \frac{V_i}{R_v + R_2}$$

现在,可以计算出 AD 和 AB 的电压:

$$V_{AD} = I_1 R_u = \frac{V_i R_u}{R_u + R_3} \ ; \quad V_{AB} = I_2 R_v = \frac{V_i R_v}{R_v + R_2}$$

通过叠加原理,$V_o = V_{BD} = V_{BA} + V_{AD} = -V_{AB} + V_{AD}$

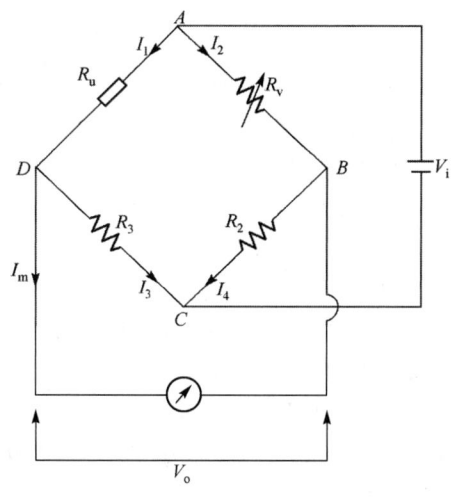

图 11.1 惠斯通电桥

因此

$$V_o = -\frac{V_i R_v}{R_v + R_2} + \frac{V_i R_u}{R_u + R_3} \tag{11.1}$$

零点处 $V_o = 0$,因此

$$\frac{R_u}{R_u + R_3} = \frac{R_v}{R_v + R_2}$$

两边求倒数

$$\frac{R_u + R_3}{R_u} = \frac{R_v + R_2}{R_v}$$

即

$$\frac{R_3}{R_u} = \frac{R_2}{R_v}$$

或

$$R_u = \frac{R_3 R_v}{R_2} \tag{11.2}$$

因此,如果 $R_2 = R_3$,则 $R_u = R_v$。一般 R_v 由一个可变十进制电阻箱生成,故 R_v 的值是精确已知的,这意味着 R_u 也是精确已知的。

当需要精确调节可变电阻,以达到准确的零点的时候,零型电桥显得有些烦琐。然而零型电桥可以高度精确地测量电阻,从而在传感器校准时,它是很好的选择。

(2)偏转型直流电桥

直流激励的偏转型电桥如图 11.2 所示。它不同于惠斯通电桥,主要在于可变电阻 R_v 被一个与未知电阻 R_u 标称值等值的固定电阻 R_1 替换。由于可变电阻 R_u 发生了变化,输出电压 V_o 也会改变,必须计算出 R_u 和 V_o 之间的关系。

如果再假设使用一个高阻抗电压测量仪器并且流经它的电流 I_m 近似为零,则这个关系可以简化。(假设不成立的情形在本章后面讲述)。该分析与前述的惠斯通电桥完全相同,只是 R_v 被 R_1 代替。因此,由式(11.1)可得

$$V_o = V_i \left(\frac{R_u}{R_u + R_3} - \frac{R_1}{R_1 + R_2} \right) \tag{11.3}$$

当 R_u 为其标称值时，即 $R_u = R_1$，很明显 $V_o = 0$（因为 $R_2 = R_3$）。对于 R_u 为其他阻值时，V_o 都有与 R_u 相关的呈非线性关系变化的正负值。

偏转型电桥比零型电桥使用起来更容易，因为其输出测量是以电压测量的形式直接给出，但其测量精度不如零型电桥。尽管偏转型电桥的精度差，其易于使用意味着它在绝大多数一般的测量情况下是优选的电桥形式，除非有高精度要求时才需要使用零型电桥。

【例 11.1】 某种压力转换器，用来测量 0~10bar 之间的压力，包含一个粘有应变片的膜片，可以检测膜片的变形。应变片具有 120Ω 的标称阻值，构成惠斯通电桥电路的一个臂，其他三个臂阻值为 120Ω。电桥的输出由一个输入阻抗假定为无穷大的仪器测量。为了限制热效应，如果最大允许的测量电流为 30mA，计算最大允许的电桥激励电压？如果应变片的灵敏度为 338mΩ/bar，在最大电桥激励电压的情况下，计算出当测量 10bar 压力下的电桥输出电压。

解：这是图 11.2 所示的桥电路的类型，其中元件具有以下的值：

$$R_1 = R_2 = R_3 = 120\Omega$$

定义 I_1 是流过电桥的路径 ADC 的电流，有

$$V_i = I_1(R_u + R_3)$$

在平衡点处，$R_u = 120\Omega$，I_1 最大允许值为 0.03A。因为 $V_i = 0.03 \times (120 + 120) = 7.2\text{V}$，所以电桥激励电压的最大允许值为 7.2V。

施加 10bar 压力时，电阻的变化为 3.38Ω，于是 R_u 等于 123.38Ω。应用式（11.3），则有

$$V_o = V_i \left(\frac{R_u}{R_u + R_3} - \frac{R_1}{R_1 + R_2} \right) = 7.2 \times \left(\frac{123.38}{243.38} - \frac{120}{240} \right) = 50\text{mV}$$

因此，在最大电桥激励电压的情况下，当测量 10bar 压力时的电桥输出电压为 50mV。

由式（11.3）表示输出读数和测量值的非线性关系，这与线性输入输出关系的正常需求不相符。解决这种非线性的方法，会随测量系统的主转换器的形式而变。

一个特殊的情况是，未知电阻 R_u 的变化与其标称值相比非常得小。当式（11.3）中的可变电阻 R_u 变化量为 δR_u 时，可以计算出新的电压 V_o'，有

$$V_o' = V_i \left(\frac{R_u + \delta R_u}{R_u + \delta R_u + R_3} - \frac{R_1}{R_1 + R_2} \right) \tag{11.4}$$

电压输出的变化由此得出

$$\delta V_o = V_o' - V_o = \frac{V_i \delta R_u}{R_u + \delta R_u + R_3}$$

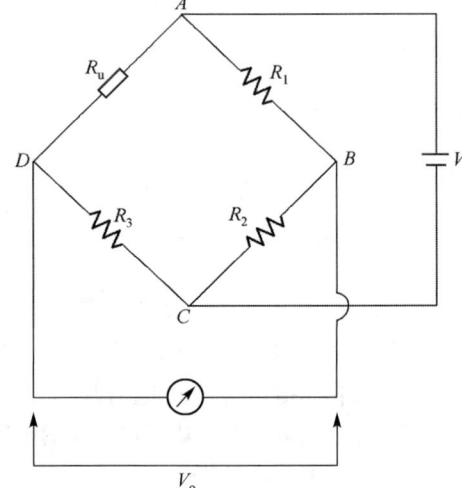

图 11.2 偏转型直流电桥

如果 $\delta R_u \ll R_u$，可获得以下线性关系：

$$\frac{\delta V_o}{\delta R_u} = \frac{V_i}{R_u + R_3} \tag{11.5}$$

此表达式描述了电桥的测量灵敏度。这种近似线性化适用于变换器，如形变引起的电阻变化与电阻标称值相比非常小的应变片。

然而，许多传感器本身（至少在一个有限的测量范围内）是线性的，如电阻式温度计。当输入量变化时，输出量有很大的变化，近似方程式（11.5）不能应用。在这种情况下，需要采取措施来提高电桥输出电压和测量值之间关系的线性度。解决这一问题的常见方法是使 R_2 和 R_3 的阻值至少为 R_1 和 R_u（标称值）的 10 倍。下面可以通过一个实例来观测这样做的最佳效果。

假设一个铂电阻温度计，测量范围为 0～50℃，其电阻在 0℃ 时为 500Ω，电阻随温度而变化的速率为 4Ω/℃。在此测量范围内，温度计本身的输出特性几乎是完全线性的。

第一种情况，$R_1 = R_2 = R_3 = 500Ω$，$V_i = 10V$，应用式（11.3），则

0℃时，$V_o = 0$

25℃时，$R_u = 600Ω$，$V_o = 10 \times \left(\dfrac{600}{1100} - \dfrac{500}{1000} \right) = 0.455V$

50℃时，$R_u = 700Ω$，$V_o = 10 \times \left(\dfrac{700}{1200} - \dfrac{500}{1000} \right) = 0.833V$

在图 11.3 中，将 V_o 和 R_u 之间的关系绘制成曲线 A，显而易见是非线性的。通过检查上述输出电压 V_o 在相同温度变化时的变化量，可以清楚地表明非线性。

温度从 0℃变化到 25℃，电压 V_o 的变化为 $(0.455 - 0) = 0.455V$

温度从 25℃变化到 50℃，电压 V_o 的变化为 $(0.833 - 0.455) = 0.378V$

如果关系是线性的，温度从 25℃变化到 50℃时，电压 V_o 的变化量应该也是 0.455V，V_o 在 50℃为 0.910V。

另一种情况，当 $R_1 = 500Ω$，但 $R_2 = R_3 = 5000Ω$，$V_i = 26.1V$，则

0℃时，$V_o = 0$

25℃时，$R_u = 600Ω$，

$V_o = 26.1 \times \left(\dfrac{600}{5600} - \dfrac{500}{5500} \right) = 0.424V$

50℃时，$R_u = 700Ω$，

$V_o = 26.1 \times \left(\dfrac{700}{5700} - \dfrac{500}{5500} \right) = 0.833V$

这个关系在图 11.3 中表示为曲线 B，线性度得到相当大的改善。如果检查两个温度段间电压 V_o 的变化，则线性度的改善更为明显。

温度从 0℃变化到 25℃，电压 V_o 的变化为 0.424V。

温度从 25℃变化到 50℃，电压 V_o 的变化为 0.409V。

两个温度段间电压 V_o 的变化量比之前更接近，这表明线性度提高了。然而，R_2 和 R_3 的值增加了，也有必要将励磁电压从 10V 增加到 26.1V 以获得相同的输出电平。在实际应用中，为了最大限度地提高测定灵敏度（$V_o/\delta R$ 关系），V_i 通常会被设定为最大电平，并与电路热效应极限一致。因此，当 R_2 和 R_3 增加时，不必进一步增加 V_i，通常 R_2 和 R_3 增加会使测量系统的灵敏度下降。

如果主传感器和桥电路被纳入作为智能传感器内的元件，则传感器本身固有的非线性在桥电路输出关系中的重要性会大大削弱。在这种情况下，数字计算将会对测量数据产生输出，自动补偿桥电路的非线性。

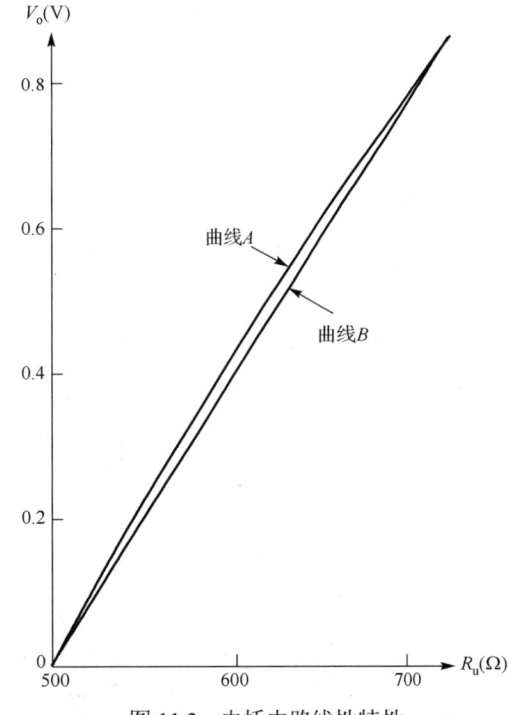

图 11.3 电桥电路线性特性

（3）测量仪器的电流不可忽略的情况

测量电桥输出电压的仪器的阻抗足够大，使得它产生的电流可以忽略不计，由于种种原因上述条件难以得到满足。无论测量仪器的电流是否可以忽略，推导电桥输入和输出之间的关系时必须考虑测量仪器的电流。

戴维南定理可以用来有效地解决此问题。用零内阻的电压源代替图 11.4(a) 中所示的电压源 V_i，得到图 11.4(b) 所示的电路，或者等效为图 11.4(c)。由图 11.4(c) 可知，等效电路的电阻为一对并联电阻 R_u 和 R_3 与另一对并联电阻 R_1 和 R_2 串联而成。

因此，R_{DB} 由下式给出：

$$R_{DB} = -\frac{R_1 R_2}{R_1 + R_2} + \frac{R_u R_3}{R_u + R_3} \tag{11.6}$$

图 11.4(d) 所示为由戴维南定理得出的等效电路，测量仪器的电阻 R_m 连接到输出端。当 $R_m = 0$ 时，DB 间的开路电压 E_0 为之前计算的输出电压式（11.3），即

$$E_0 = V_i \left(\frac{R_u}{R_u + R_3} - \frac{R_1}{R_1 + R_2} \right) \tag{11.7}$$

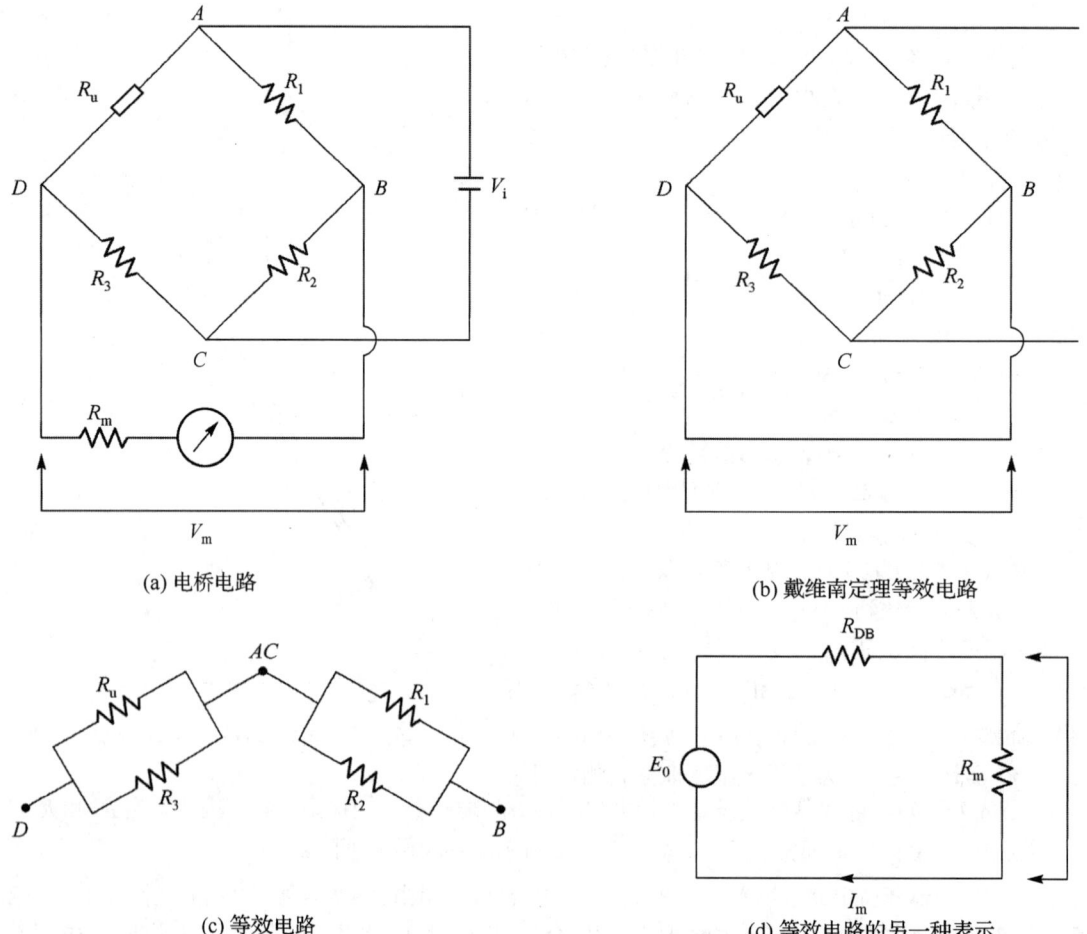

(a) 电桥电路

(b) 戴维南定理等效电路

(c) 等效电路

(d) 等效电路的另一种表示

图 11.4　电桥电路及等效电路

当测量仪器的电阻 R_m 连接到 DB 之间，则根据欧姆定律，可得流过的电流 I_m 为

$$I_m = \frac{E_0}{R_{DB} + R_m} \tag{11.8}$$

如果 R_m 上测得的电压为 V_m，则根据欧姆定律，有

$$V_m = I_m R_m = \frac{E_0 R_m}{R_{DB} + R_m} \tag{11.9}$$

利用式（11.6）和式（11.7）的关系代替式（11.9）中的 E_0 和 R_{DB}，可得

$$V_m = \frac{V_i[R_u/(R_u+R_3) - R_1/(R_1+R_2)]R_m}{R_1 R_2/(R_1+R_2) + R_u R_3/(R_u+R_3) + R_m}$$

化简得

$$V_m = \frac{V_i R_m (R_u R_2 - R_1 R_3)]}{R_1 R_2 (R_u+R_3) + R_u R_3 (R_1+R_2) + R_m (R_1+R_2)(R_u+R_3)} \tag{11.10}$$

【例 11.2】 图 11.5 所示为电桥电路被用来测量应变片（标称值为 500Ω）的未知电阻 R_u，桥电路 DB 间的输出电压由电压表测得。计算 R_u 改变时电压表的测量灵敏度（V/Ω），若

（1）测量仪器内阻 R_m 可以忽略。

（2）考虑的 R_m 值。

解： $R_u = 500\Omega$，$V_m = 0$。为了确定灵敏度，计算 $R_u = 501\Omega$ 时的 V_m。

（1）运用式（11.3）有

$$V_m = V_i \left(\frac{R_u}{R_u + R_3} - \frac{R_1}{R_1 + R_2} \right)$$

代入数值得

$$V_m = 10 \times \left(\frac{501}{1001} - \frac{500}{1000} \right) = 5.00 \text{mV}$$

因此，如果忽略测量电路的内阻，则 R_u 变化时，测量灵敏度为 5.00mV/Ω。

（2）运用式（11.10）并代入数值有

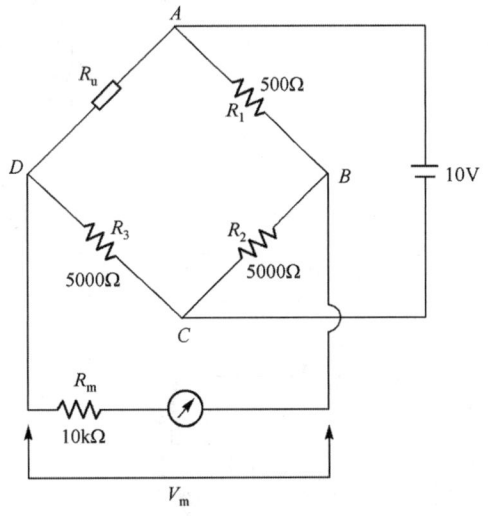

图 11.5 例 11.2 桥电路

$$V_m = \frac{10 \times 10^4 \times 500 \times (501-500)}{500^2 \times (1001) + 500 \times 501 \times (1000) + 10^4 \times 1000 \times 1001} = 4.76 \text{mV}$$

因此，如果考虑内阻 R_m 的阻值为 10kΩ，则 R_u 改变时，测量灵敏度为 4.76mV/Ω。

（4）误差分析

在电桥电路的应用中，要清楚地了解部件容差值对测量系统精确度的影响。此处的分析适用于零型电桥（惠斯通电桥），但是类似的原理可以运用到偏转型电桥。将式（11.2）中的每个参数设定为其容限值，生成 R_u 的最大值，从而确定最大测量误差。同样地，计算 R_u 的最小可能值，则误差范围在最大值和最小值之间。

【例 11.3】 在如图 11.1 所示的惠斯通电桥中，R_v 是一个指定误差为 ±0.2% 的十进制电阻箱，$R_2 = R_3 = 500 \pm 0.1\%$。若零点处 $R_v = 520.4\Omega$，确定 R_u 的误差范围（表示为其标称值的百分比）。

解：运用式（11.2），其中 $R_v = 520.4 + 0.2\% = 521.44\Omega$，$R_3 = 5000 + 0.1\% = 5005\Omega$，$R_2 = 5000 - 0.1\% = 4995\Omega$，可得

$$R_v = \frac{521.44 \times 5005}{4995} \approx 522.48\Omega$$

运用式（11.2），其中 $R_v = 520.4 - 0.2\% = 519.36\Omega$，$R_3 = 5000 - 0.1\% = 4995\Omega$，$R_2 = 5000 + 0.1\% = 5005\Omega$，可得

$$R_v = \frac{519.36 \times 4995}{5005} \approx 518.32\Omega$$

因此，R_u 的误差范围为 ±0.4%。

在电桥电路中，各部件的误差累积效应是显而易见的。尽管任何一个部件的最大误差为 ±0.2%，R_u 测量值的可能误差为 ±0.4%。这种误差的大小往往是不能接受的，必须采取特别措施以克服组件容限值引入的误差。引入顶点平衡就是众多电桥平衡方法中的一种实用的方法。

（5）顶点平衡

顶点平衡的一种形式如图 11.6 所示，在 R_2 和 R_3 之间的结点 C 处放置一个附加的可变电阻 R_5，激励电压 V_i 施加到该电阻的电刷。

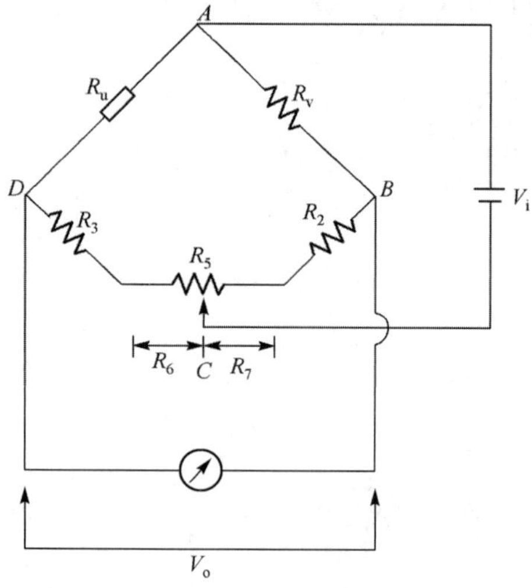

为了校准，R_u 和 R_v 被两个阻值精确已知的等值电阻代替，改变 R_5，直到输出电压 V_o 为零。在此点处，若 R_5 电刷两侧的阻值为 R_6 和 R_7（$R_5 = R_6 + R_7$），则有

$$R_3 + R_6 = R_2 + R_7$$

因此，可以消除 R_2 和 R_3 容限值引入的误差，而 R_u 的测量误差仅仅取决于一个组件的精确度，即十进制电阻箱 R_v。

【例 11.4】如图 11.6 所示，一个电位器 R_5 放在电桥的顶点处，以平衡电桥。电桥组件有以下阻值：$R_u = 500\Omega$，$R_v = 500\Omega$，$R_2 = 515\Omega$，$R_3 = 480\Omega$，$R_5 = 100\Omega$。

为补偿不等值的电阻 R_2 和 R_3，使电桥平衡，计算变阻箱电刷两侧的电阻 R_6 和 R_7 的值。

解：平衡点处，$R_2 + R_7 = R_3 + R_6$，因此，$515 + R_7 = 480 + R_6$。此外，由于 R_6 和 R_7 为 R_5（100Ω）电刷两侧的电阻：$R_6 + R_7 = 100\Omega$。因此，$515 + R_7 = 480 + (100 - R_7)$，即 $2R_7 = 580 - 515 = 65\Omega$，所以，$R_7 = 32.5\Omega$，$R_6 = 100 - 32.5 = 67.5\Omega$。

图 11.6 顶点平衡

2. 交流电桥

交流电激励的电桥被用来测量未知阻抗（电容和电感），有零型和偏转型两种。对于直流电桥，零型电桥更加精确，但使用起来比较麻烦。因此，零型电桥通常被保留用于校准工作和测量精度要求很高的情形，而偏转型电桥在一般的情形中是较优的选择。

（1）零型阻抗电桥

图 11.7 所示为一个典型的零型阻抗电桥。通过连接在 BD 间的运算放大器监测输出，可以很方便地检测到零

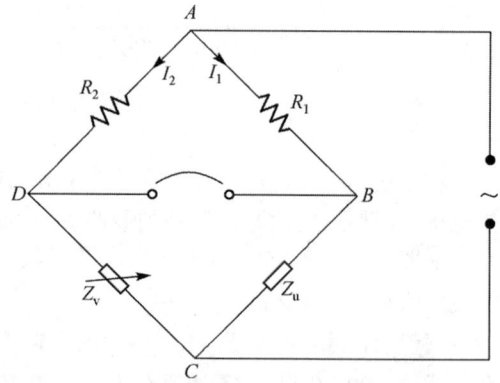

图 11.7 零型阻抗电桥

点。与在惠斯通电桥中使用昂贵的检流计相比，这样获得零点的方法更加经济。

在图 11.7 中，零点处 $I_1R_1 = I_2R_2$，$I_1Z_u = I_2Z_v$。因此，

$$Z_u = \frac{Z_v R_1}{R_2} \tag{11.11}$$

如果 Z_u 是电容，即 $Z_u = 1/\mathrm{j}\omega C_u$，$Z_v$ 由一个易得的可变电容箱组成。如果 Z_u 是电感性的，则 $Z_u = R_u + \mathrm{j}\omega L_u$。

注意，在作为电感性阻抗的 Z_u 的表达式中，含有电阻项，这是因为纯电感是很难实现的。电感线圈总是有电阻分量，尽管能让线圈具有高因子 Q（Q 为电感/电阻）尽可能小。因此，Z_v 必须由一个可变电阻箱和一个可变电感箱组成。然而后者是难以获得的，因为制造一组定值的电感组成一个可变电感箱不仅困难而且昂贵。为此，通常使用另一种类型的零型电桥（麦克斯韦电桥）来测量未知电感。

（2）麦克斯韦电桥

图 11.8 所示为一个麦克斯韦电桥。通过引入另一个可变电阻来避免对可变电感箱的需求。该电路需要一个标准的定值电容、两个可变电阻箱和一个标准的定值电阻，所有这些组件都容易获得且价格便宜。在图 11.8 中，零输出点处有

$$I_1 Z_{\mathrm{AD}} = I_2 Z_{\mathrm{AB}}, \quad I_1 Z_{\mathrm{DC}} = I_2 Z_{\mathrm{BC}}$$

因此

$$\frac{Z_{\mathrm{BC}}}{Z_{\mathrm{AB}}} = \frac{Z_{\mathrm{DC}}}{Z_{\mathrm{AD}}}$$

或

$$Z_{\mathrm{BC}} = \frac{Z_{\mathrm{DC}} Z_{\mathrm{AB}}}{Z_{\mathrm{AD}}} \tag{11.12}$$

式（11.12）中的变量有以下值

$$\frac{1}{Z_{\mathrm{AD}}} = \frac{1}{R_1} + \mathrm{j}\omega C \text{ 或 } Z_{\mathrm{AD}} = \frac{R_1}{1+\mathrm{j}\omega C R_1}$$

$$Z_{\mathrm{AB}} = R_3, \quad Z_{\mathrm{BC}} = R_u + \mathrm{j}\omega L_u, \quad Z_{\mathrm{DC}} = R_2$$

代入式（11.12）

$$R_u + \mathrm{j}\omega L_u = \frac{R_2 R_3 (1+\mathrm{j}\omega C R_1)}{R_1}$$

实部和虚部分别为

$$R_u = \frac{R_2 R_3}{R_1}, \quad L_u = R_2 R_3 C \tag{11.13}$$

式（11.13）可以用来计算线圈的品质因子（Q 值）

$$Q = \frac{\omega L_u}{R_u} = \frac{\omega R_2 R_3 C R_1}{R_2 R_3} = \omega C R_1$$

如果使用恒定频率 ω，$Q \approx R_1$。因此，可以通过麦克斯韦电桥直接使用这个关系来测量线圈的 Q 值。

【例11.5】 图11.8所示的麦克斯韦电桥，电桥定值元件有以下值：$R_3 = 5\Omega$，$C = 1\text{mF}$。若平衡点处 $R_1 = 159\Omega$，$R_2 = 10\Omega$，计算未知阻抗的值 (L_u, R_u)。

解： 将数值代入式（11.13）有

$$R_u = \frac{R_2 R_3}{R_1} = \frac{10 \times 5}{159} = 0.3145\Omega, \quad L_u = R_2 R_3 C = \frac{10 \times 5}{1000} = 50\text{mH}$$

【例11.6】 计算例11.5中电源频率为50Hz时未知阻抗的因子Q。

解：

$$Q = \frac{\omega L_u}{R_u} = \frac{2\pi \times 50 \times 10^{-3}}{0.3145} = 49.9$$

（2）偏转型交流电桥

图11.9所示为一个常见的偏转型交流电桥。

测量电容为

$$Z_u = 1/j\omega C_u, \quad Z_1 = 1/j\omega C_1$$

测量电感（使电感的电阻分量很小，几乎为零，从而简化）为

$$Z_u = j\omega L_u, \quad Z_1 = j\omega L_1$$

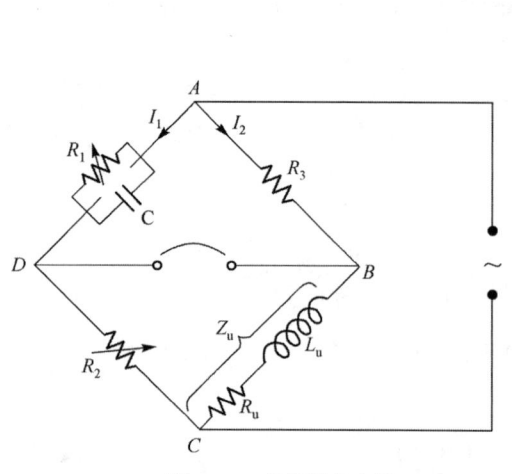

图11.8 麦克斯韦电桥

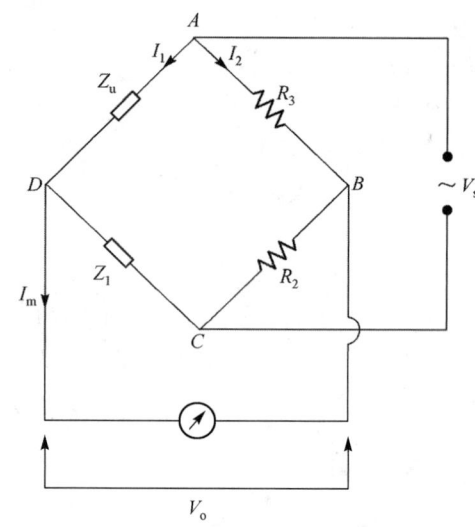

图11.9 常见的偏转型交流电桥

假设 I_m 忽略不计，则可以简化分析电路中 V_o 和 Z_u 的关系。只要测量 V_o 的仪器具有高阻抗，这就是有效的。对于 $I_m = 0$，图11.9中所示电桥的两个分支电流为

$$I_1 = \frac{V_s}{Z_1 + Z_u}, \quad I_2 = \frac{V_s}{R_2 + R_3}$$

同时，$V_{AD} = I_1 Z_u$，$V_{AB} = I_2 R_3$，因此

$$V_o = V_{BD} = V_{AD} - V_{AB} = V_s \left(\frac{Z_u}{Z_1 + Z_u} - \frac{R_3}{R_2 + R_3} \right)$$

所以，对于电容有

$$V_o = V_s \left(\frac{1/C_u}{1/C_1 + 1/C_u} - \frac{R_3}{R_2 + R_3} \right) = V_s \left(\frac{C_1}{C_1 + C_u} - \frac{R_3}{R_2 + R_3} \right) \tag{11.14}$$

对于电感有

$$V_o = V_s \left(\frac{L_u}{L_1 + L_u} - \frac{R_3}{R_2 + R_3} \right) \tag{11.15}$$

实际上,式(11.15)仅仅是近似关系,因为电感阻抗不是假设的那样是纯电感,它总是含有有限的电阻(即 $Z_u = j\omega L_u + R$)。然而,近似关系在多数情况下是有效的。

【例11.7】 图11.9所示的偏转型交流电桥用来测量一个未知电容 C_u。电桥组件有以下值:

$$V_s = 20V_{rms}, \quad C_1 = 100\mu F, \quad R_2 = 60\Omega, \quad R_3 = 40\Omega$$

如果 $C_u = 100\mu F$,计算输出电压 V_o。

解: 由式(11.14)有

$$V_o = V_s \left(\frac{C_1}{C_1 + C_u} - \frac{R_3}{R_2 + R_3} \right) = 20V_{rms} \times (0.5 - 0.4) = 2V_{rms}$$

【例11.8】 如图11.9所示的偏转型交流电桥,用来测量一个未知电感 L_u。电桥组件有以下值:

$$V_s = 10V_{rms}, \quad L_1 = 20mH, \quad R_2 = 100\Omega, \quad R_3 = 100\Omega$$

如果输出电压 $V_o = 1V_{rms}$,计算 L_u 的值。

解: 由式(11.15)有

$$\frac{L_u}{L_1 + L_u} = \frac{V_o}{V_s} + \frac{R_3}{R_2 + R_3} = 0.1 + 0.5 = 0.6$$

因此

$$L_u = 0.6 \times (L_1 + L_u), \quad 0.4L_u = 0.6L_1, \quad L_u = \frac{0.6L_1}{0.4} = 30mH$$

11.1.2 电阻测量

将测量值转换为电阻变化的装置包括电阻温度计、热敏电阻、导线线圈压力表和应变片。电阻的变化以欧姆(Ω)为单位,测量的标准设备和方法包括直流电桥电路、电压表—电流表法、电阻替代法、数字电压表和欧姆表。除了电阻表,这些仪器通常只被用来测量1Ω~1MΩ范围内的电阻值,对所有将测量值转换为电阻变化的电流传感器来说,这个范围是完全足够的。

1. 直流电桥电路

前面讨论的直流电桥电路,提供了测量中等电阻值的最常用的方法。零输出类型的惠斯通电桥提供了最佳的测量精度,且误差值小于±0.02%,并且已经商业化。偏转型电桥电路在实际应用中比零输出类型的更加简单,但其测量精度差,非线性的输出关系也是一个问题。若要将电阻变化转换为可以直接输入到自动控制系统中的电压信号,电桥电路特别有用。

2. 电压表—电流表法

电压表—电流表法是将一个已测的直流电压加在未知电阻上,测量流经的电流。两个仪表的两种连接方式如图11.10所示。在图11.10(a)中,电流表测量的电流是流经电压表和未知电阻的电流之和。当未知电阻相对于电压表内阻来说较小时,此种方式的误差会被最小化。在图11.10(b)所示的另一种连接方式中,电压表测量的电压是未知电阻和电流表两端电压之和。此处,当未知电阻相对于电流表内阻来说较大时,测量误差会被最小化。因此,图 11.10(a)最好用来测量小电阻,而图 11.10(b)最好用来测量大电阻。

这样测得电压和电流之后,便可通过欧姆定律非常简单地计算出电阻值。这种方法适用于允许测量误差达 ±1% 的情况。

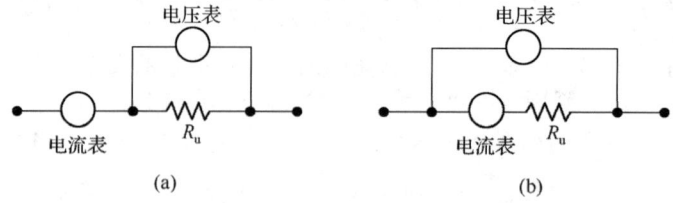

图 11.10　电压表—电流表测量电阻法

3. 电阻替代法

在上述的电压表—电流表法中,电压表测量电流表和电阻的电压,电流表测量电压表和电阻的电流,所产生的测量误差都可以通过电阻替代法来避免。在此种方法中,电路中未知电阻暂被一个可变电阻代替,调整可变电阻,直至电路测得的电压值和电流值与未知电阻存在时一致,此时的可变电阻值即为未知电阻值。

4. 数字电压表测量电阻

如果用一个精确的电流源给未知电阻施加电流,则可使用数字电压表来测量电阻,这样的测量误差会小至 ±0.1%。

5. 欧姆表

欧姆表测量的电阻范围很大,可以从几毫欧到 50MΩ。如图 11.11 所示,第一代欧姆表有一个电源,将已知的电压施加于一组未知电阻和一个与其串联的已知电阻上。测量已知电阻 R 上的的电压 V_m,可以计算出未知电阻 R_u,即

$$R_u = \frac{R(V_b - V_m)}{V_m}$$

式中,V_b 为电源电压。然而,这种测量电阻的方法造成了 ±2% 的典型误差,而这只能在非常有限的应用中可以接受。因此,第一代欧姆表大多已被一种新型的电子欧姆表代替。

电子欧姆表包含两个电路:第一个电路产生流过未知电阻的恒定电流 I;第二个电路测量电阻两端的电压 V。然后,由欧姆定律可得未知电阻 $R = V/I$。电子欧姆表测量误差可低至 ±0.02%。大多数数字和模拟万用表包含与欧姆表相同形式的电路,因此也可以被用来测量电阻。

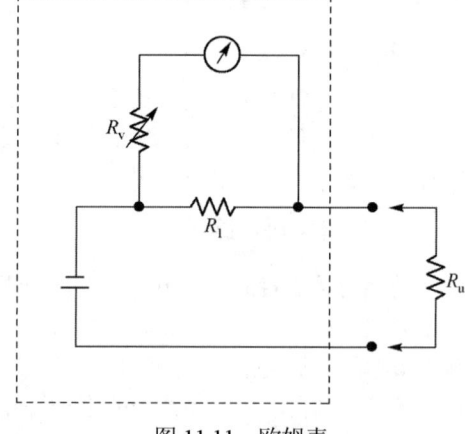

图 11.11　欧姆表

11.1.3　电感测量

上述的交流电桥可以测量电路电感的变化。除了交流电桥外,这里介绍一个电感测量装置,该装置包含电感位移传感器,具有电感变化形式的输出。电感的测量单位是亨利(H),只能通过交流电

桥电路来准确测量，并且多种电感电桥均已商业化。然而，若不能及时获得合适的电感电桥时，可采取下面的方法来近似测量电感。

这种近似测量的电路由正弦电压激励，将未知电感和一个可变电阻串联起来，如图 11.12 所示。调节可变电阻，直到电阻两端的电压等于电感两端的电压，则两者阻抗相等，然后可由下式计算出电感 L 的值

$$L=\frac{\sqrt{(R^2-r^2)}}{2\pi f}$$

式中，R 为可变电阻的值；r 为电感的电阻值；f 为励磁频率。

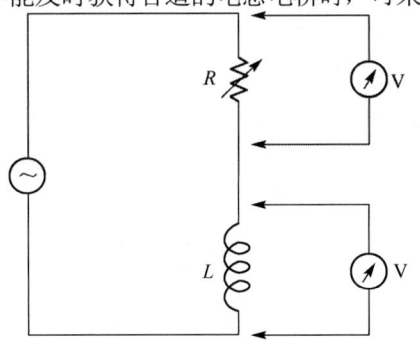

图 11.12　近似测量电感法

11.1.4　电容测量及电容检测电路

当装置以电容变化的形式输出，包括电容式液位计、电容式位移传感器、电容式水分计和电容湿度计。电容的测量单位是法拉（F），类似电感，电容只能通过交流电桥电路来准确测量，并且多种电容电桥均已商业化。当不能及时获得合适的电容电桥，且允许近似测量电容时，可以考虑采取以下两种方法中的一个。

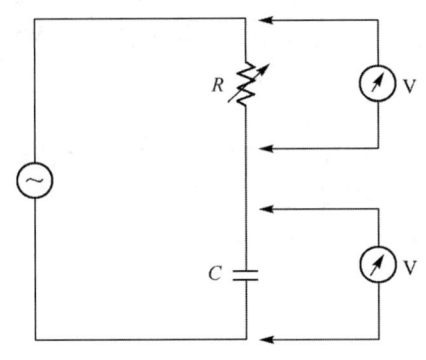

图 11.13　近似测量电容法

第一种方法如图 11.13 所示，电路激励频率已知，将未知电容和一个已知电阻串联连接起来。用交流电压表来分别测量电容和电阻两端的电压，则电容值由下式得出

$$C=\frac{V_r}{2\pi f R V_c}$$

式中，V_r 和 V_c 分别为电阻和电容两端测得的电压；f 为励磁频率；R 为已知电阻。

另一种近似测量的方法是测量 RC 电路中电容的时间常数。

电容式传感器被大量应用于工业检测领域，如位移、压力、材料含水率、湿度等参量的检测。在实际应用中，常见的电容变化范围一般为 0.1~10pF。对电容检测电路的分辨率要求有时要达到飞秒的量级。因此检测电路必须要有高灵敏度及低漂移特性。

电容式传感器的阻抗与激励频率有关，如图 11.14 所示，低频时，电容式传感器呈电阻特性。R_p 为电极间等效漏电阻（或称等效并联电阻），C 为传感器电容。高频时，电容式传感器呈电容和电感特性。R_s 为等效串联电阻，L 为等效电感，C 为传感器电容。

实际上，大部分电容式传感器工作在比较低的频率，其通常采用的等效电路有如图 11.15 所示的两种，即串联模型及并联模型。在激励信号为单频率时，两种模型都可准确反映传感器探头的电气性质。一般来说，由于在直流情况下总是有泄漏电流的存在，因此采用并联模型的时候多一些。

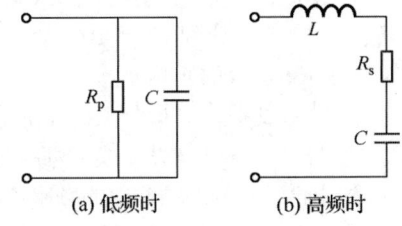

图 11.14　电容式传感器等效电路

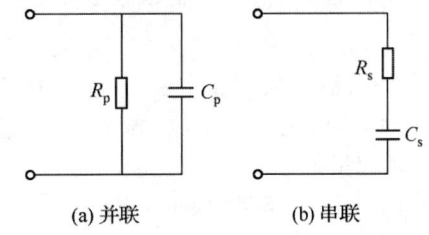

图 11.15　电容式传感器常用等效电路

除了上述电路外,目前的常用的有多种电容测量电路,如各种振荡器、电桥、充/放电电路等。常用的电容检测电路分4种类型:振荡器式(Oscillation)、谐振式(Resonance)、充/放电式(Charge/Discharge)、AC 桥式(AC Bridge)。其核心都是借助于专用测量电路来检测微小的电容值,并将其转换为与其成正比的电压或频率信号(有时也可转换为脉冲宽度),即进行 C/F 转换或 C/V 转换。C/F 转换电路将电容值转化为易测量的频率值,而频率的测量可以用计数器,其优点是较易于实现与数字仪器和计算机接口,但频率测量速度往往会影响传感器在动态测量场合的使用。C/F 转换也可以用 F/V 转换器以电压量形式输出,C/V 转换是直接将电容量变换为模拟电压量输出的方法。这种方式则需要再配以 A/D 转换器进入数字系统。

(1) 振荡器式检测电路

振荡器式检测电路的基本原理是使振荡器的振荡频率受传感器电容 C_x 或 C 的制约,从而将测量 C_x 的问题转化成测量振荡频率。

振荡器式检测电路分为 RC 振荡器式和 LC 振荡器式两种。将被测电容作为 RC 或 LC 振荡器中的电容元件,接入到振荡器电路中,电容的改变直接导致振荡器的振荡频率变化。因此,通过测量振荡器频率即可得到相应的电容值。最常见的振荡器式检测电路恐怕就是 RC 振荡器。几乎现有的各种 RC 振荡器电路均可用来作为传感器的检测电路。图 11.16 中 NE555(NE555 是一种应用特别广泛作用很大的集成电路,它的作用是用内部的定时器来构成时基电路,给其他的电路提供时序脉冲。)和 RC 振荡电路组成输出方波。这种检测形式的突出优点在于电路原理简单且容易实现,而缺点则是频率稳定性不高,因此检测灵敏度较低。一般认为在所需检测分辨率高于 0.01pF 的场合不适合采用此方法。这一电路的缺点在于无法防止杂散电容的影响,如敏感元件与检测电路之间是通过同轴电缆相连,则电缆电容将叠加在所测量的电容中,影响测量的稳定性及灵敏度。但这一电路的优点在于其与 CMOS 工艺的兼容性,有利于传感器的微型化、集成化。将振荡器与数字电路相结合,可有效提高检测电路的精度。

LC 型振荡器的振荡频率范围很宽,其工作频率可在数百千赫到数百兆赫间变化,因此比较起频率相对较低的 RC 振荡器有明显的优势。图 11.17 所示为典型的 LC 振荡器式传感器原理图。

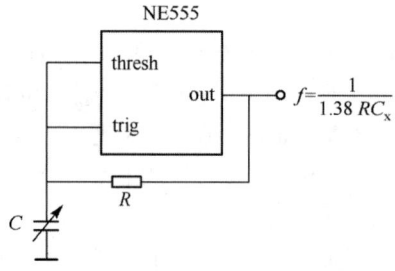

图 11.16 RC 张弛振荡器检测电路

图 11.17 LC 振荡器式传感器原理图

振荡器输出频率可表示为

$$\Delta f = -\frac{f_0}{2(C_x + C_s)}\Delta C_x \qquad (11.16)$$

式中,C_s 为与被测电容 C_x 并联的全部分布电容;f_0 为振荡器基础振荡频率。在各种形式的 LC 振荡器中,以三点式振荡器最为常见,如克拉泼振荡器电路图的频率稳定度一般可达到 $10^{-4}\sim10^{-5}$ 数量级。导致这种检测电路产生漂移的主要因素在于电路本身的频率稳定性及分布电容的影响。

图 11.18 所示的差频式 LC 振荡电容传感器采用参比振荡器提供参比频率与检测振荡器的输出频率混频,输出量则为二者频率之差。由于参比振荡器中除被测电容外其他部分均设计成尽可能与检测振荡器相同,且工作环境也近似,因此这种形式可有效提高输出稳定性。并且差频输出的频率值较低,一方面有利于后续信号检测电路的设计;另一方面也有利于采用较高工作频率以得到较高的灵敏度。

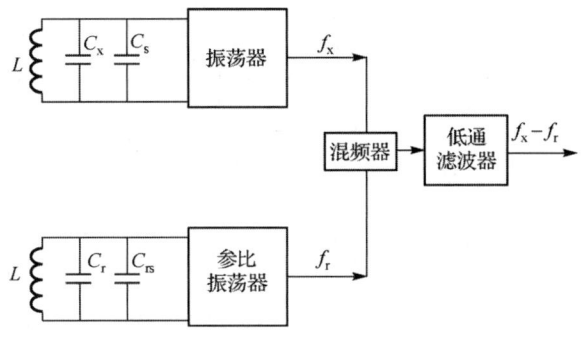

图 11.18　差频式 LC 振荡电容传感器

由于 LC 振荡器的振荡频率对与被测电容相并联的泄漏电阻不敏感，且振荡频率较高，因此这种检测电路很适用于漏电阻较高的场合。其主要的缺点就在于分布电容的影响会同样体现在输出频率中。

（2）谐振式检测电路

这类检测电路可在很大的频率范围内（数百千赫到数百兆赫）检测传感器的电容及泄漏电阻，因此非常适合用于在实验室中检测材料的介电性质。典型的检测电路原理如图 11.19 所示。

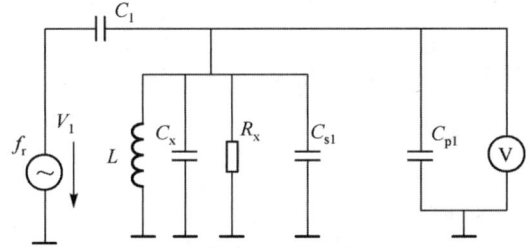

图 11.19　谐振式检测电路原理图

正弦信号源提供激励电压 V_1，激励由已知电容及由已知电感 L、被测电容 C_x、泄漏电阻 R_x、分布电容 C_{s1}、电压表并联寄生电容 C_{p1} 组成的并联网络所形成的分压电路，通过调谐激励信号源频率使电路处于谐振状态，则被测电容 C 可由谐振频率 f_r 计算得到

$$(2\pi f_r)^2 L(C_1 + C_x + C_{s1} + C_{p1}) = 1 \tag{11.17}$$

而泄漏电阻 R_x 则可由分压比计算得到

$$\frac{R_x}{j2\pi + R_x} = \frac{V}{V_1} \tag{11.18}$$

由式（11.17）可知，这种检测方案所测量得到的电容值中包含了分布电容 C_{s1} 及电压表并联寄生电容 C_{p1}。

图 11.20 所示的谐振型电流检测方式可避免这种情况。

谐振状态由电流表检测。分布电容 C_{s1} 为虚地，而 C_{s2} 则直接由信号源激励，因此分布电容的存在并不会对检测结果造成影响。这种测量方式尤其适用于小电容值测量。泄漏电阻抗则可由式（11.18）计算得出

$$R_x = \frac{I_r}{V_1} \tag{11.19}$$

式中，I_r 为谐振状态下由电流表检测得到的电流值。

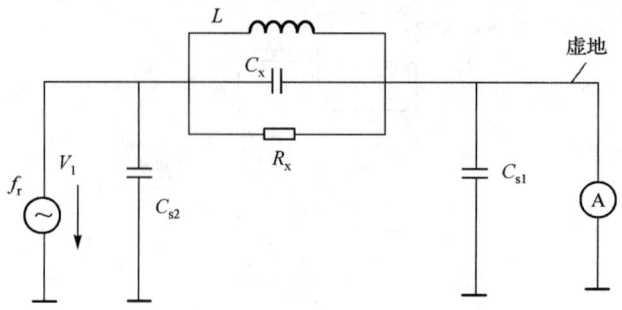

图 11.20 谐振型检测原理（电流）

谐振型检测原理的主要缺点在于需要进行谐振状态的调谐，即检测需要分三个步骤：将电路的激励频率调谐到谐振状态；测出谐振电压/电流；计算被测电容/电阻抗。最早的形式以上三个步骤中至少前两步需要手工进行，现在随着计算机技术的应用三个步骤均可自动完成。但调谐过程所需要的时间依然相当大，因此这种检测原理多用于分析仪器中，而对于经常需要进行在线实时测量的电容式传感器一般很少采用。

（2）充放电式电容检测电路

利用方波信号控制电路中模拟电子开关的状态，从而实现对被测电容的充电/放电控制。同样可实现电容的检测。

典型的充放电式电容检测电路如图 11.21 所示。

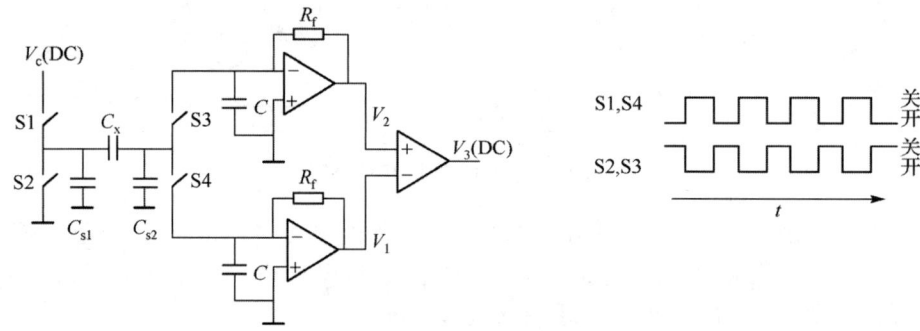

图 11.21 充放电式电容检测电路图

图中，C_x 为被测电容，而 C_{s1}、C_{s2} 则为寄生电容。利用方波信号控制 CMOS 开关 S1～S4 的开关状态，从而实现对被测电容充/放电循环的控制。每个方波信号周期实现一次充/放电循环。其中 S1、S4 同时开关，S2、S3 同时开关。

这种充放电式检测电路的最大优点在于对分布电容 C_{s1}、C_{s2} 不敏感：在充电状态，C_{s1} 直接与充电电源 M 相连，在放电状态则直接与地相接。两种状态下均不会对充放电电流产生影响。而由于运算放大器的虚地特性，C_{s2} 同样不会对充/放电电流产生影响。

这种充放电式检测电路同样可采用 CMOS 工艺实现集成，目前该电路的测量精度可以达到 0.3fF，已经成功应用于电容层析成像。所存在的不足主要是电路的性能要受到 CMOS 电子开关本身特性的限制：一是电子开关所附带的寄生电容，由于其与 C_x 串联，对测量结果的影响无法避免；二是电子开关切换噪声的存在，限制了测量电路性能的进一步提高。由于充/放电循环，图 11.21 所示的输出电压中含有交流成分，需要进行低通滤波处理，其电容检测系统原理图如图 11.22 所示。

（4）AC 桥式电容检测电路

AC 桥式电容检测电路与电阻式传感器类似，从电容式传感器获得电信号的常用方法就是利用欧姆定律。阻抗的变化可以通过在被测阻抗上施加恒定交流电压时测量电流变化的方式进行检测,也可以通过恒定交变电流激励时测量阻抗两端压降变化的途径进行检测。

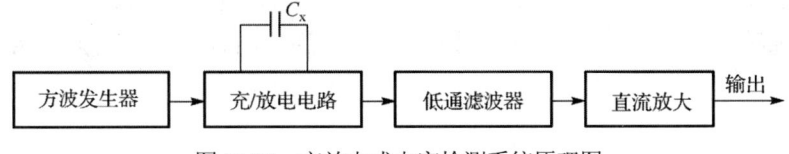

图 11.22　充放电式电容检测系统原理图

与电阻式传感器类似,分压器法同样可用来测量电容式传感器容抗的变化,这实际上是一种半桥式检测电路。其包含有线性阻抗变化 $Z_0(1+x)$ 的传感器和固定阻抗 $Z = Z_0$ 的分压器法检测电路,如图 11.23(a) 所示,其输出电压为

$$v_{\text{out}} = v_e \frac{Z_0(1+x)}{Z_0 + Z_0(1+x)} = v_e \frac{1+x}{2+x} \tag{11.20}$$

在该电路中,v_{out} 相对于 x 呈非线性。此外,与传感器并联的杂散电容将引入测量误差。为克服上述电路问题,提出了差动式传感器电路,如图 11.23(b)所示,其输出电压为

$$v_{\text{out}} = v_e \frac{Z_0(1+x)}{Z_0(1-x) + Z_0(1+x)} = v_e \frac{1+x}{2} \tag{11.21}$$

在该电路中,v_{out} 输出随 x 呈线性变化。

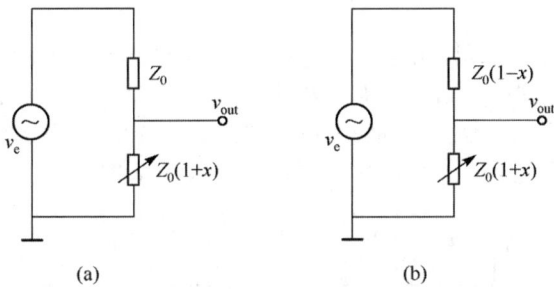

图 11.23　分压器法检测电路

对图 11.23 所示电路的一种改进就是采用有源电路实现的基于运算放大器的半桥式检测电路。该电路的电容检测的分辨率可达到 0.035pF。

图 11.24(a)所示的电路采用恒流源激励,可应用到基于平行板电容器极板间距离变化的电容式位移传感器上。

当极板间距离由 d 变化为 $d(1+x)$ 时,传感器电容为

$$C_x = \varepsilon \frac{A}{d(1+x)} = \frac{C_0}{1+x} \tag{11.22}$$

如假定运算放大器是理想放大器且忽略 R 的影响,则输出电压为

$$v_{\text{out}} = -v_e \frac{Z_x}{Z} = -v_e \frac{C}{C_0}(1+x) \tag{11.23}$$

因此,尽管电容量与极板间距离之间呈非线性关系,但检测电路的输出电压与被测距离之间为线性关系。电路中的电阻 R 是为了对运算放大器加偏置,R 应远大于在激励频率上的传感器阻抗。该电

路不足之处在于，与 C_x 并联的任何杂散电容都会引起测量误差。因此，必须对与电容器极板相连的引线进行屏蔽，以减少杂散电容的影响。

图 11.24(b)所示的电路采用了电荷放大器，将恒定电压加在传感器电容之上，通过反馈电容 C 将通过传感器的电流转换为电压。忽略 R 及杂散电容 C_{s3} 的影响，输出电压与传感器电容成正比（与极板间距离成反比）

$$v_{\text{out}} = -v_e \frac{C}{C_0} \tag{11.24}$$

这一电路的优点在于杂散电容 C_{s1} 和 C_{s2} 的存在不会影响检测电路的输出。C_{s1} 与电压源并联，而运算放大器的"虚地"使得 C_{s2} 处于与地相同的电位。需要注意的是大的 C_{s2} 可能引起振荡。此外，对传感器引线进行屏蔽可降低 C_{s3}。

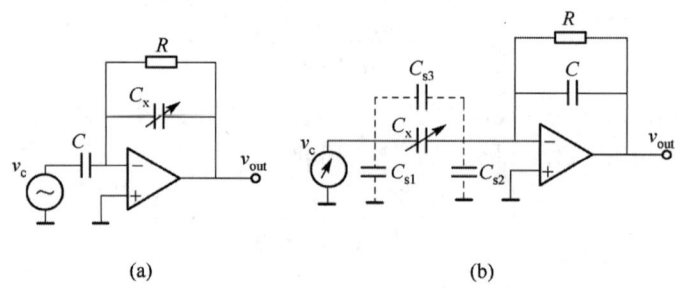

图 11.24　基于运算放大器的电容式传感器检测电路

基于运算放大器的交流半桥式检测电路是目前比较常见的电容检测电路之一，其比较突出的优点是电路抑制寄生电容的能力较强，分辨率较高。电容检测的分辨率可达到 0.035pF。其缺点则是电路复杂，需要幅值稳定的激励信号源及采用高品质的运算放大器，造价昂贵，工作频率高时尤为突出。图 11.25 所示为交流式电容检测系统原理图。图 11.26 所示为在电容层析成像系统中应用的电路系统原理图。

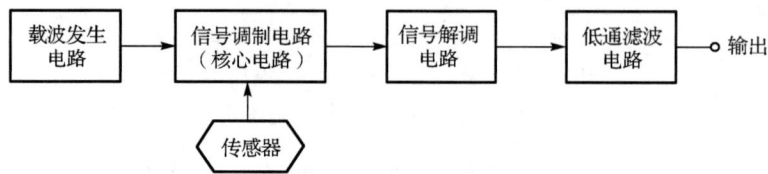

图 11.25　交流式电容检测电路系统原理图

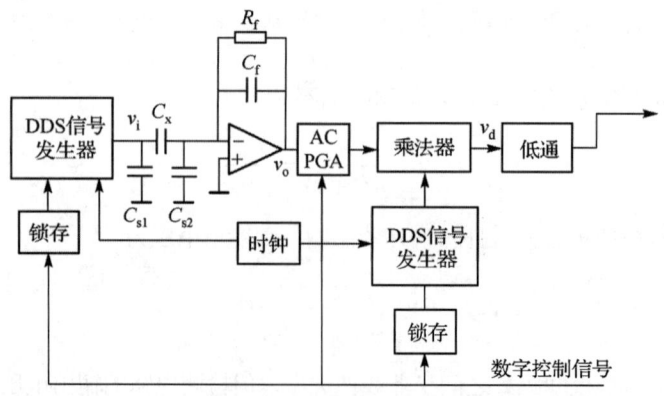

图 11.26　电容层析成像系统中应用的电路系统原理图

半桥式检测电路的问题在于输出包含有激励电压（$v_c/2$）。当 $x \ll 1$ 时具有相当大幅度的常数项。当然，在动态测量时，如果 x 的频率分量远高于直流，但远低于激励频率，这个激励电压的输出分量便可以采用滤波的方式去除，不过这种情况很少发生。值得指出的是，分压器法的输出电压中不包含 Z_0 项，因此当两个阻抗元件从材料到制作工艺、所处环境保持一致时，这种检测电路可有效消除其他环境因素（如温度）变化所引起的干扰。

消除半桥式检测电路输出中出现的常数项，传统的解决方法是采用交流电桥。由于单个电容式传感器具有较大阻抗，因此在余下的桥臂中使用电阻器会因为对地的寄生阻抗而导致显著误差。利用两个有精确绕组比和中心抽头的强耦合电感臂的电桥，能减少杂散电容引起的误差。这类电桥称为布卢姆莱因（Blumlein）电桥或变压器电桥。

布卢姆莱因电桥由带中心抽头的变压器或自耦变压器构成，如图 11.27(a)、(b)所示。这种变压器具有能形成电桥的两个固定臂的三个接线端。装置 E 是振荡器，为电桥提供激励信号。检测器（装置 D）接在（差动）传感器和变压器中心接线端之间。对于电容式传感器，布卢姆莱因电桥中的变压器抽头一般都接地。由于在变压器中，线圈数 N_3 和 N_4 决定 Z_1 和 Z_2 两端的电压比，这一等效"电压发生器"的输出阻抗与杂散电容的输出阻抗相比非常小，因此，对地杂散电容 C_1 和 C_2 对电桥平衡的影响可以忽略不计。这种对杂散电容的不敏感性使得布卢姆莱因电桥可以在有非常大的杂散电容的情况下也能检测很小的电容量变化。图 11.27(c)所示为在布卢姆莱因电桥中如何将传感器与两个保护环及屏蔽引线相连。保护环可以将边缘电容减至最小。值得注意的是，屏蔽电缆的电容能减小检测器的等效输入阻抗，但不影响传感器电容 C_1 或参考电容器的电容 C_2。

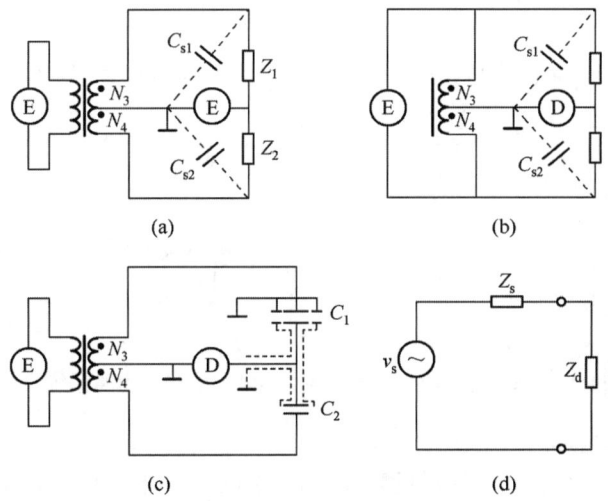

图 11.27　布卢姆莱因电桥检测电路

布卢姆莱因电桥的另一个优点是电压比或电流比几乎不随时间和温度变化，因为它只取决于 N_3/N_4。此外，在变压器中安置中间抽头能使比值 N_3/N_4 在很宽的数值范围内极精确地变化。布卢姆莱因电桥的缺点在于当工作频率高于 100kHz 时，变压器的特性会变坏。另外，变压器的使用使得电路很难集成化，不利于传感器的小型化、微型化。

图 11.27(d)所示为布卢姆莱因电桥的等效电路。图中 Z_d 为检测器的输入阻抗，v_s 和 Z_s 分别为等效源电压和等效源阻抗。对于 $N_3 = N_4$ 的变压器，线圈阻抗很小，可认为 $Z_s = Z_1 // Z_2$ 及

$$v_s = v_e \frac{Z_2}{Z_2 + Z_1} - \frac{v_e}{2} = \frac{Z_2 - Z_1}{Z_2 + Z_1} \tag{11.25}$$

假定传感器的阻抗变化呈线性，由电容计算公式

$$C = \varepsilon \frac{A}{d} \tag{11.26}$$

可知，对于极板间距变化的差动式电容传感器，有 $Z_1 = Z_0(1-x)$、$Z_2 = Z_0(1+x)$，因此

$$Z_s = Z_0(1-x^2)/2 \tag{11.27}$$

若检测器的输入阻抗很高，则检出的电压为

$$v_d = v_s = \frac{v_c}{2}x \tag{11.28}$$

此式呈线性。然而，电桥输出与地之间的杂散电容将降低检测器的输入阻抗。

作为对比，对基于有效电极面积变化的差动电容式传感器，有 $Z_1 = Z_0/(1-x)$，$Z_2 = Z_0/(1+x)$，由前面分析可知，电桥的输出参数为 $v_s = -v_e x/2$ 和 $Z_s = Z_0/2$。

因此，最好采用低输入阻抗的检测器，因为这将给出

$$i_d = -\frac{v_e}{Z_0}x \tag{11.29}$$

此式随 x 呈线性变化。如果检测器具有低输入阻抗，则电桥输出端与地之间的杂散电容便不会影响系统。

由于变压器的高频特性限制，在工作频率高于 30kHz 时，经常采用低输出阻抗的宽带放大器代替变压器。

一种基于运算放大器的交流电桥式电容检测电路系统原理图如图 11.28 所示。

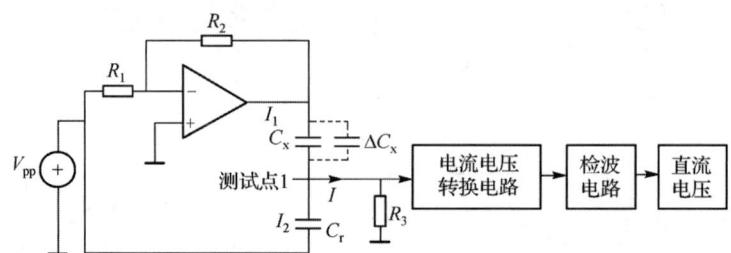

图 11.28　基于运算放大器的交流电桥式电容检测电路系统原理图

图 11.28 中的两个电容器，C_r 为固定电容器，放在一个桥臂；C_x 为可变电容器（电容传感器），放在相邻的另一个桥臂上。C_x 所在桥臂通过运算放大电路和 C_r 所在桥臂分别接到稳频稳幅的正弦激励信号源上。

输入电压经反相放大器得到输出电压

$$V_2 = -V_{pp}\frac{R_2}{R_1} \tag{11.30}$$

电路中 R_3 的作用是，使电路能够形成回路的同时减少干扰因素。因为 R_3 一端接地，所以测试点 1 为虚地点，电压值为 V_{pp}。则经过 C_x 的电流为

$$I_1 = \frac{V_{pp}}{\dfrac{1}{j\omega C_x}} = -V_{pp}j\omega C_x \frac{R_2}{R_1} \tag{11.31}$$

经过 C_r 的电流为

$$I_2 = \frac{V_{pp}}{\frac{1}{j\omega C_r}} = V_{pp} j\omega C_r \tag{11.32}$$

由以上两式可得

$$I = I_1 + I_2 = V_{pp} j\omega \left(C_r - C_x \frac{R_2}{R_1} \right) \tag{11.33}$$

可以看出，当 $C_r = C_x \dfrac{R_2}{R_1}$ 时，输出电流 I 为零；当 C_x 发生变化时，输出电流 I 和 C_r 的变化量成线性关系。经过电流电压转换，得到输出电压的值为

$$V_o = -IK \tag{11.34}$$

式中，K 为常数。则

$$V_o = -V_{pp} j\omega \left(C_r - C_x \frac{R_2}{R_1} \right) K \tag{11.35}$$

这种电容检测电路的优点在于，利用接入的运算放大器。可通过调整 R_2/R_1 的比值，对电桥的平衡状态进行调整。因此，在被测电容比较小时，可避免使用电容值过小的电容元件作为平衡电容。

通过以上的电路介绍可以发现，电容检测电路基本上可分为自激式和他激式两种。自激式检测电路中，敏感元件本身作为振荡电路的元件之一接入，从而可直接将电容的改变转换为振荡电路输出信号的频率或幅值的变化。他激式检测电路则必须包含一个提供交流激励信号的信号源。电容式传感器的电容通常小于 100pF。因此激励频率一般为 10k～100MHz，以保证传感器表现出的电路阻抗易于检测。为了避免因激励信号源本身的高输出阻抗所带来的容性干扰，检测电路与电容式传感器之间的连接常采用屏蔽电缆。但这会增加一个与传感器并联的电容，从而降低灵敏度和线性度。此外，电缆导体与绝缘介质之间的任何相对移动都可能引入误差。常用的解决方法是使检测电路尽量靠近敏感元件，从而可采用短电缆甚至刚性电缆。此外采用有源屏蔽技术，如电缆驱动技术也可得到比较理想的效果。

一般情况下，检测电路的输出信号需要通过检波电路转换为直流信号。可供选择的方案包括峰值检波、有效值（RMS）检波及最常用的整流之后的平均值计算。

11.2 信号变换电路

信号形式变换是指将信号从一种形式转换为另一种形式的调整。电阻抗检测电路是将电阻抗转换为电压/电流信号，有时也可包含在信号变换的范畴内。在实际应用中，信号形式的变换主要是针对信号传输的接口电路。

电压—电流转换与电流—电压转换电路是信号变换中的重要的一类。在许多远程监控系统的应用中，以电流的形式传送信息，满刻度值为 16mA，而偏置电流为 4～20mA。电流传送方式有抑制噪声的优点，因为所接收的信息不会受到传输线的压降、杂散的热电偶、接触电势和接触电阻，以及电压噪声等因素的影响。偏置电流是为了将零点（用 4mA 的电流代表）与无信息的情况相区别，因为开路时流过的电流为零。这种传送方式附加的优点是，在某些应用中，利用对于传递信息并不需要的 4mA 电流，可以实现从远端供电。在一个方向传送电源，在返回的方向传送信号。在这样的传感器中就只需要两根传输线，而不需要另外提供电源的接线。此外，电流形式的信息可以供几个不同地方的负载串联起来使用。

越来越多数字电路的应用,使得模拟信号与数字信号之间的转换成为信号变换的重要类型。其中包括模拟—数字变换(ADC)与数字—模拟变换(DAC)。此外,由于准数字信号在信号传输与检测方面独到的优点,模拟信号与准数字信号之间的变换,即电压—频率(VFC)变换及频率—电压变换(FVC),逐渐成为传感器信号调理的一个重要部分。

11.2.1 电压—电流变换

输出负载中的电流正比于输入电压的电路,称为电压—电流变换器。由于传输系数是电导,又称为转移电导放大器。当输入电压为恒定值时,负载中的电流为恒定值,与负载无关,则构成恒流源电路。电压—电流变换器电路有多种构成方法,这里根据负载是否接地介绍几种典型电路。

(1)浮地负载电压—电流变换电路

将负载接到反相放大器和同相放大器的反馈电路中,则构成如图 11.29(a)、(b)所示的最简单的浮地负载电压—电流变换电路。

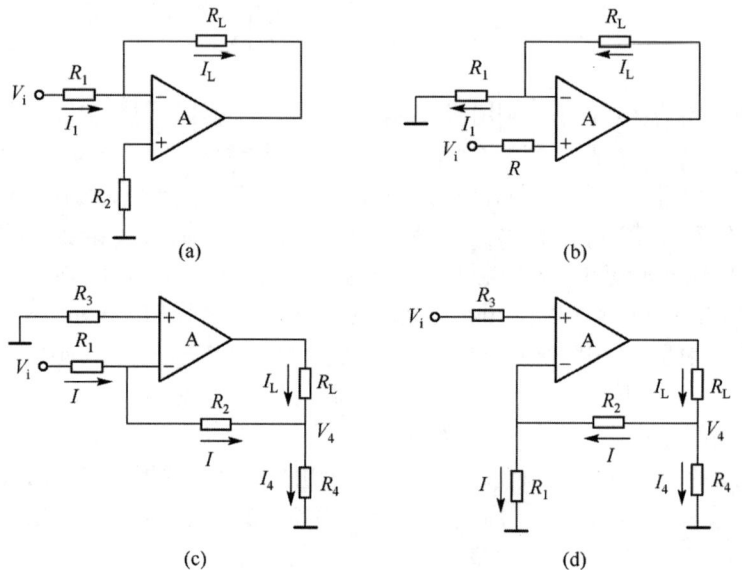

图 11.29 浮地负载电压—电流变换电路

按理想运放条件可导出这两种电路负载中的电流为

$$I_L = \frac{V_i}{R_1} \tag{11.36}$$

在图 11.29(c)、(d)所示的电压—电流变换电路浮地负载中的电流还具有放大特性。在图 11.29(c)中,电阻 R_1 上的电压为

$$V_4 = -\frac{V_i R_2}{R_1} \tag{11.37}$$

则浮地负载端 R_L 中的电流为

$$I_L = \frac{V_4}{R_2 // R_1} = -\frac{V_i\left(1 + \dfrac{R_2}{R_1}\right)}{R_1} \tag{11.38}$$

同样，在图 11.29(d)所示的同相型电压－电流变换电路中，电阻 R_4 上的电压为

$$V_4 = -\frac{V_i(R_1+R_2)}{R_1} \tag{11.39}$$

则负载中的电流为

$$I_L = \frac{V_4}{R_4//(R_1+R_2)} = -\frac{V_i\left(1+\dfrac{R_1+R_2}{R_1}\right)}{R_1} \tag{11.40}$$

式（11.38）、式（11.40）与式（11.36）相比较可以看出，后两种电路在浮地负载中的电流分别被放大了 $1+\dfrac{R_2}{R_1}$ 及 $\left(1+\dfrac{R_1+R_2}{R_1}\right)$ 倍。

（2）接地负载电压－电流变换电路

图 11.30(a)所示为由两个运算放大器组成的接地负载电压－电流变换电路。

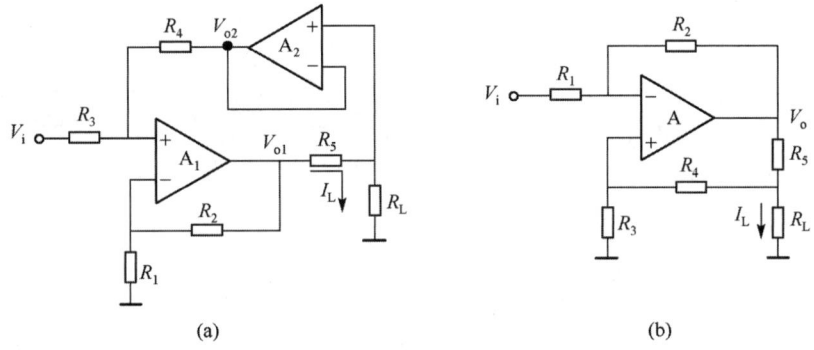

图 11.30　接地负载电压－电流变换电路

A_1 为同相加法电路，A_2 为跟随放大器，其输出电压跟随负载上的电压，即

$$V_{o2} = V_L = I_L R_L \tag{11.41}$$

A_1 的同相端电压为

$$V_+ = \frac{V_i R_1}{R_2+R_1} + \frac{I_L R_L R_3}{R_3+R_1} \tag{11.42}$$

A_1 的同相端电压经 A_1 同相放大器放大后的输出电压为

$$V_{o1} = \frac{V_+(R_1+R_2)}{R_1} = \frac{(V_i R_1+I_L R_L R_3)(R_1+R_2)}{R_1(R_3+R_1)} = I_L R_3 + I_L R_L \tag{11.43}$$

为了使输出负载中的电流 I_L 与负载 R_L 无关，必须保证在上式中能消掉有关 R_L 的项。为此应选择元件参数值满足的条件为

$$R_3(R_1+R_2) = R_1(R_2+R_4) \tag{11.44}$$

选取 $R_3 = R_1$ 及 $R_2 = R_4$，则输出负载中的电流为

$$I_L = \frac{V_i R_2}{R_1 R_3} \tag{11.45}$$

值得注意的是，由 A_1 同相放大器和 A_2 跟随器构成的闭环为正反馈，因此在设计参数时必须考虑

电路的稳定性。考虑到式（11.44）的条件，此闭环的环路增益 $\frac{R_L}{R_3+R_L}<1$，可见电路是稳定的。为保证具有至少 10dB 的稳定储备，应选择电阻为

$$R_5 > 2R_L \tag{11.46}$$

图 11.30(b)所示为由单个运算放大器构成的接地负载电压－电流变换电路。类似的分析可以得到，当 $\frac{R_2}{R_1} = \frac{R_4+R_5}{R_3}$ 时，接地负载中的电流为

$$I_L = -\frac{V_i R_2}{R_1 R_L} \tag{11.47}$$

如取 $R_2 = R_3 = R_4 = R_5 = R$，$R_1 = \frac{R}{2}$，则

$$I_L = -\frac{2V_L}{R_L} \tag{11.48}$$

（3）差动式电压－电流变换电路

对于输入为差动电压的情况，图 11.31 所示的电路可使负载中的电流与两个输入电压之差成正比。如果将图 11.31(a)、(b)电路的两种信号输入方式同时在一个电路中采用，则构成图 11.31(a)所示的浮地负载差动式电压－电流变换电路。理想运放条件下 $V_- = V_+ = V_{i2}$，电路负载中的电流为

$$I_L = \frac{V_{i1} - V_{i2}}{R_1}$$

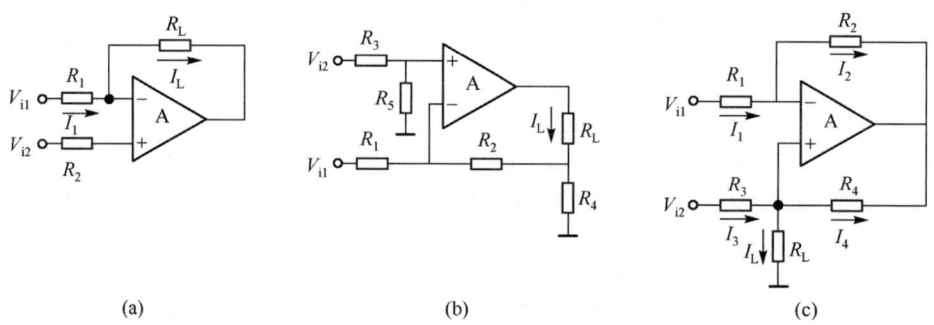

(a)　　　　　　　　(b)　　　　　　　　(c)

图 11.31　差动式电压－电流变换电路

若将图 11.29(c)、(d)电路中的两种信号输入方式同时在一个电路中采用，并在同相端加分压电阻，则构成图 11.31(b)所示的浮地负载差动式电压－电流变换电路。利用叠加原理可求出此电路负载中的电流。首先对照图 11.29(c)电路，可导出由 V_{i1} 所引起的负载电流为

$$I_{L1} = -\frac{V_{i1}\left(1+\frac{R_2}{R_1}\right)}{R_1} \tag{11.49}$$

对照图 11.29(d)，同样可求出由 V_{i2} 所引起的负载电流

$$I_{L2} = \frac{V_{i2}R_5(R_1+R_2+R_4)}{R_1 R_4 (R_L+R_5)} \tag{11.50}$$

若满足条件

$$\frac{R_3}{R_5} = \frac{R_1}{R_2 + R_4} \tag{11.51}$$

则浮地负载中的总电流为

$$I_L = I_{L1} + I_{L2} = \frac{(V_{i2} + V_{i1})(R_2 + R_1)}{R_1 + R_4} \tag{11.52}$$

若负载为接地负载，可采用图 11.31(c)所示的电路。此电路的负载不是直接接在运放输出端，而是通过电阻 R_1 从同相端对地接入的负载。若负载中的电流为 I_L。根据理想运放条件 $V_- = V_+ = I_L R_L$，可得出各电阻中的电流分别为

$$I_2 = I_1 = \frac{V_{i1} - I_L R_L}{R_1}$$

$$I_3 = \frac{V_{i2} - I_L R_L}{R_3} \tag{11.53}$$

$$I_4 = \frac{I_2 R_2}{R_1}$$

因此负载中的电流为

$$I_L = I_3 - I_1 = \frac{\dfrac{V_{i2}}{R_3} - \dfrac{V_{i1}}{R_1}\dfrac{R_2}{R_1} + I_L R_L (R_2 R_3 - R_1 R_4)}{R_1 R_3 R_4} \tag{11.54}$$

因此，为获得负载中的电流与负载无关的特性，电阻的选择必须满足条件

$$R_1 R_4 = R_2 R_3 \tag{11.55}$$

相应的接地负载中电流为

$$I_L = \frac{V_{i2} - V_{i1}}{R_3} \tag{11.56}$$

由式（11.56）可知，若任意一个输入电压为零，则此电路也可以是另外一种接地负载的电压—电流变换器。采用仪器放大器也可以实现差动式电压—电流变换电路。

11.2.2 电流—电压变换

将输入电流转换为输出电压的转换称为电流—电压变换。由于变换电路的传递系数为电阻，又称为转移电阻放大器。电流—电压变换最典型的应用为光电检测。光敏二极管就是将光信号转换为二极管反向电流，因此传感器的检测电路首先就需将电流转换为电压。

图 11.32(a)所示为由运放构成的电流—电压变换电路原理图。

光敏二极管在光照射下产生的光电流，流入运放的反相端，在理想运放条件下运放的输出电压为

$$V_o = I R_f \tag{11.57}$$

通常电流式传感器的输出电流比较小，特别是在弱信号检测时，必须分析运放失调电流和失调电压所带来的误差。在分析这一项误差时，必须连同电流式传感器所表现出来的等效电路参数一起分析。仍以光敏二极管为例，画出图 11.32(b)所示的等效电路。图中 I 为光敏效应所产生的电流源，二极管为理想二极管，R_S 为等效串联电阻，R_j 为结的漏电阻，C_j 为结电容。在分析失调电流和失调电压引起的误差时，可假设运放其他条件为理想条件，则可导出此变换电路的输出电压为

$$V_o = IR_f = V_{os}\left(1+\frac{R_f}{R_j}\right) - I_B + R_j\left(1+\frac{R_f}{R_j}\right) + I_B - R_f \tag{11.58}$$

由于 $R_5 \ll R_j$，在上式中已经忽略 R_5 的影响。

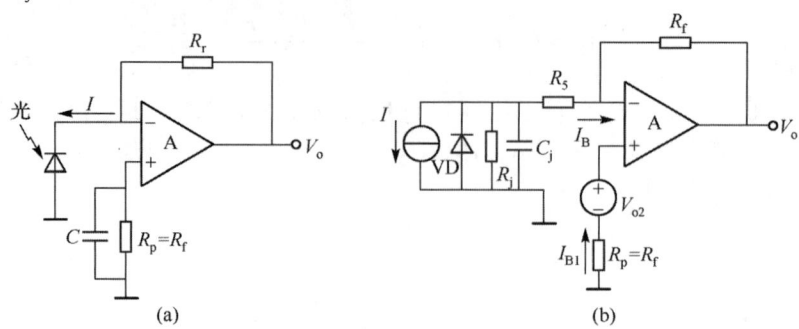

图 11.32　用于光测量的电流—电压变换电路

一般情况下，$R_f \gg R_j$，为了补偿偏置电流带来的误差，应选择同相端接地电阻 $R_p = R_f$，则式（11.58）改写为

$$V_o \approx IR_f + V_{os} - I_{os}R_f \tag{11.59}$$

式中，右端第一项为电流—电压变换电路输出的有用信号，后两项分别为失调电压和失调电流引起的误差。不难看出，增大反馈电阻 R_f 可提高电流—电压变换电路的增益，也可降低失调电压引起的相对误差，然而对减小失调电流引起的相对误差是无效的。因此，为了提高弱电流的检测能力，必须注意选取偏置电流、失调电流小的运放。当选择的反馈电阻比较大时，选择高输入阻抗运放也是十分必要的。此电路的噪声水平也是限制这种电路对弱信号电流检测能力的重要因素。增大反馈电阻 R_f 固然可以提高增益，然而随之噪声也增大，因此在电路设计与调试中，还应注意选择低噪声运放，并注意分析噪声对电流检测分辨力的影响。

在远程监控系统中经常遇到的情况是，电流信号经过长距离导线传送到数据采集接口电路，需要再将电流信号转换为电压以进行 A/D 转换。电流—电压转换电路将输入电流成比例地转换为输出电压。

图 11.33(a)所示为传感器的长线电流输入的情况。图 11.33(b)所示为输入电流 I_i 直接流过基准电阻 R，输出电压为 $V_o = I_i R$。

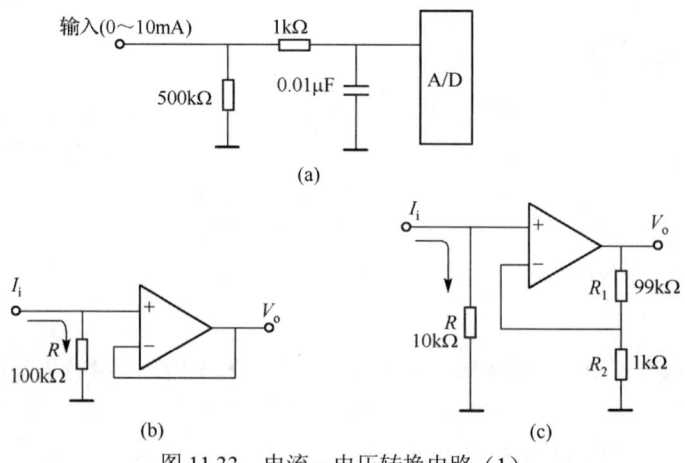

图 11.33　电流—电压转换电路（1）

当工作范围为 $-10V < I_i R < +10V$ 时，一般根据 I_i 适当选取 R。而对 I_i 的大小没有限制。当 R 值很小时，I_i 可能取得很大的值。这时应注意 R 的发热情况。由于 R 为电路的输入阻抗，因此当主信号源

内阻不太大时,电流值将产生误差。当输入电流很小时,可使用图 11.33(c)所示的电压放大电路,则有

$$V_o = I_i R \frac{R_1 + R_2}{R_2} = 100 R I_i \tag{11.60}$$

图 11.34 所示为另一种形式的转换电路。取样用的标准电阻作为运放的反馈电阻。在图 11.34(a)中,输入电流 I_i 全部流经反馈电阻,则输出 $V_o = -I_1 \cdot R$。由于全部电流流入运放的输出端,因而不能做大电流的转换。本电路的输入电压近似为零,因而即使信号源内阻很低,也不会产生电流误差。小电流转换时,需用大的反馈电阻,同时要求运算放大器的失调电压要小。标准电阻 R 的阻值范围一般为 $10\Omega < R < 1M\Omega$。当 $R < 10\Omega$ 时,布线电阻的影响将增大;当 $R > 1M\Omega$ 时,电阻精度难以保证且很容易受噪声影响。图 11.34(b)所示的电路常用于小电路的情况。例如,将 10nA 的电流转换为 1V 时,如采用图 11.34(a)所示的方案,则 $R = 100M\Omega$,精度难以保证。而利用图 11.34(b)中的电路,先将 10nA 电流转换为 10mV,再用一个增益为 100 的电压放大器将电压放大到 1V,避免使用大阻值电阻。

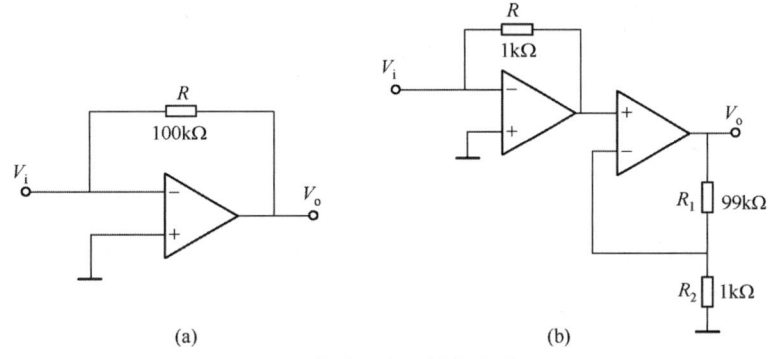

图 11.34 电流—电压转换电路(2)

11.3 阻抗匹配器/信号放大电路

传感器输出的阻抗一般都比较低,如果其输出信号直接连到测量电路,则会产生较大的衰减。为了防止传感器输出信号的衰减,通常采用高输入阻抗的阻抗匹配器/信号放大电路作为传感器输入到测量系统的前置电路。常用的阻抗匹配器/信号放大电路有晶体管阻抗匹配器/信号放大电路、场效应管阻抗匹配器/信号放大电路及运算放大器阻抗匹配器/信号放大电路阻抗匹配器。

11.3.1 晶体管阻抗匹配器

晶体管阻抗匹配器电路图如图 11.35 所示。晶体管的集电极直接与电源+E 相连接,负载电阻接入发射极,即一个晶体管射极输出器,又称为射极跟随器。

该电路具有以下 3 个特点。

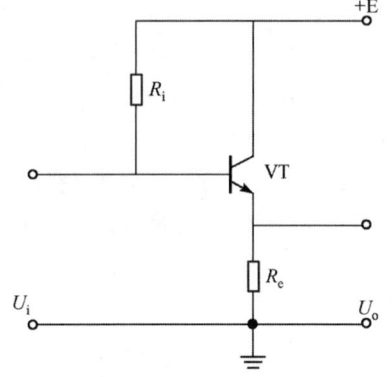

图 11.35 晶体管阻抗匹配器电路图

(1) 输出信号能够跟随输入信号的变化,且能对输入信号进行电流放大和功率放大

由于该电路处于放大工作区,晶体管的发射极被正偏置,其 U_{be} 为 0.7V,输出信号电压幅值仅比输入信号电压幅值小 U_{be} 的值,且波形是一致的。由于输出电压幅值和输入电压幅值相差很小,因此其电压放大倍数小于 1 又很接近于 1,由于发射极电流比基极电流大 $\beta+1$ 倍(β 为晶体管道放大倍数),电路具有电流放大和功率放大的功能。

（2）输入阻抗大，防止传感器微弱输入信号的衰减

设其输入阻抗为 R_i，输入电流为 i_i，输入电压为 U_i，则有

$$R_i = \frac{U_i}{i_i} \tag{11.61}$$

由于 U_{be} 的变化量很小，且 $i_i = i_b$，$i_o = i_e$，因此
故

$$R_i \approx \frac{i_o R_e}{i_i} = \frac{i_e R_e}{i_b} = (1+\beta)R_e \approx \beta R_e \tag{11.62}$$

由此可知，该电路的输入电阻 R_i 比负载电阻 R_e 大 β 倍，所以它有输入阻抗大的特点，可以有效防止输入的传感器微弱信号的衰减。

（3）输出阻抗小，有较强的负载能力

设其输出阻抗为 R_o，输出电压为 U_o，输出电流为 i_o，信号输入阻抗为 R_i，则有

$$R_o = \frac{U_o}{i_o} \tag{11.63}$$

因为忽略 U_{be} 的变化量，所以

$$R_i \approx \frac{i_b R_i}{i_e} = \frac{R_i}{\beta+1} \approx \frac{R_i}{\beta} \tag{11.64}$$

由此可知，该电路的输出电阻 R_o 比信号源内阻 R_i 小 β 倍，所以该电路输出阻抗小的特点，决定了它有较强的负载能力。

该电路的以上3个特点，可以在传感器和负载电路之间起有效的隔离作用，使得传感器微弱的输出信号不失真、不衰减，且具备较强的负载能力。

11.3.2 场效应管阻抗匹配器

场效应管的符号如图 11.36 所示，它有 3 个电极，引脚 D 称为漏极，S 称为源极，G 称为栅极。从它的几个电极的作用来看，可以把场效应管和晶体管加以对比，其栅极 G 相当于基极，源极 S 相当于发射极，漏极 D 相当于集电极。

由场效应管组成的阻抗匹配器电路如图 11.37 所示。实际上它就是一个场效应管源极输出器，它的电路结构与晶体管阻抗匹配器相类似。由于场效应管是一种电压控制元件，它的漏极电流只取决于栅极电压，而栅极加上电压时基本不取什么电流，它与晶体管相比具有更高的输入阻抗，一般可达上百兆欧甚至几千兆欧。为此场效应管阻抗匹配器更适用于作为微弱输入信号的阻抗匹配器，它常用作前置级信号的阻抗变换器，有时就直接安装在传感器内，以减少外界的干扰。

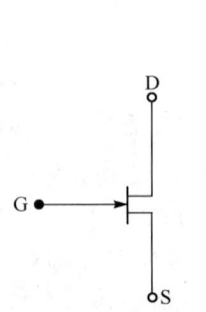

图 11.36 场效应管的符号图

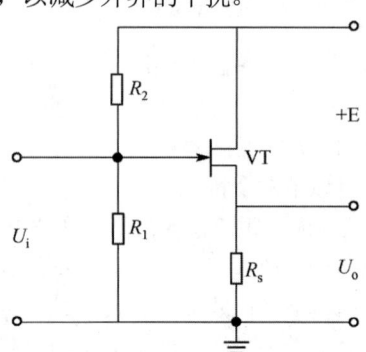

图 11.37 场效应管阻抗匹配器电路图

11.3.3 运算放大器阻抗匹配器/信号放大电路

（1）电压跟随器阻抗匹配器

图 11.38 所示为运算放大器组成的电压跟随器阻抗匹配器电路图。它是同相比例放大器的特殊情况，它的放大增益为

$$K = \frac{U_{\text{out}}}{U_{\text{in}}} = 1 \tag{11.65}$$

它有输入阻抗很高、输出阻抗很低的特点，为此它是一个放大倍数为 1 的理想阻抗匹配器。

（2）放大倍数可选配的阻抗匹配器

运算放大器和电阻参数的选配，可构成高输入阻抗和放大倍数适当的可选定电路，这种电路可以满足传感器信号阻抗匹配器的要求。图 11.39 所示为运算放大器阻抗匹配器电路图，它由运算放大器和 R_b、R_1、R_2 3 个电阻相连接而成。

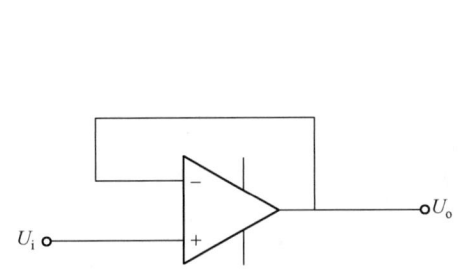

图 11.38　电压跟随器阻抗匹配器电路图

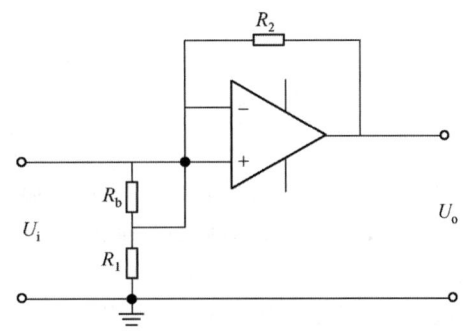

图 11.39　运算放大器阻抗匹配器电路图

该电路的输入阻抗 R_i 和放大倍数 K 可由下面的表达式进行计算，即

$$K = \frac{U_o}{U_i} = 1 + \frac{R_2}{R_1} \tag{11.66}$$

$$R_i = \frac{R_1 \cdot R_2}{R_b} \tag{11.67}$$

根据这两个表达式，以及传感器输出信号的要求和特点，适当选择 R_b、R_1、R_2 3 个电阻就可组成相应的阻抗匹配器。

（3）信号放大器

传感器输出信号一般比较微弱，大多数情况下都需要放大器进行放大处理，以便为测量电路提供高精度的模拟输入信号，这对于检测系统的精度十分关键。目前，检测系统一般采用运算放大器构成放大电路。这里对由运算放大器构成的传感器常用的几种放大电路作一概括的介绍。

① 反相比例放大器。图 11.40 所示为反相比例放大器电路图。

图中，R_1 为输入端电阻，R_F 为反馈电阻，R 为平衡电阻。输入信号在器件反相输入端输入，其反馈方式为电压并联负反馈，输出电压 U_o 通过 R_F 反馈到反相输入端。在该电路中，求其放大增益 K 和平衡电阻 R 的公式如下

$$\begin{gathered} K = \frac{U_o}{U_i} = -\frac{R_F}{R_1} \\ R = \frac{R_F R_1}{R_F + R_1} \end{gathered} \tag{11.68}$$

② 同相比例放大器。图 11.41 所示为同相比例放大器电路图。

输入电压 U_i 直接从同相输入端输入，输出电压 U_o 通过 R_F 反馈到反相输入端。该电路的放大增益 K 为

$$K = \frac{U_o}{U_i} = 1 + \frac{R_2}{R_1} \quad (11.69)$$

从式（11.69）可以看出，同相放大器的增益只取决于 R_F 与 R_1 的比值，这个数值为正。说明输出电压与输入电压同相，而且其绝对值也比反相放大器多 1。

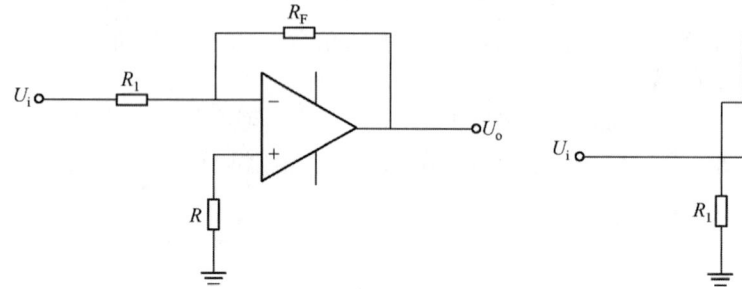
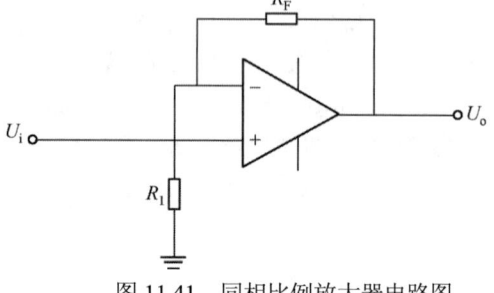

图 11.40　反相比例放大器电路图　　　　图 11.41　同相比例放大器电路图

③ 差动放大器。图 11.42 所示为差动放大器的电路图。

两个输入信号 U_1 和 U_2 分别经 R_1 和 R_2 输入到运算放大器的反相输入端和同相输入端，输出电压经 R_F 反馈到反相输入端。电路要求 $R_1 = R_2$，$R_F = R_3$。差动放大器又称为减法器，它可以求出两个输入电压之差，其输出电压 U_o 为

$$U_o = \frac{R_F}{R_1}(U_2 - U_1) \quad (11.70)$$

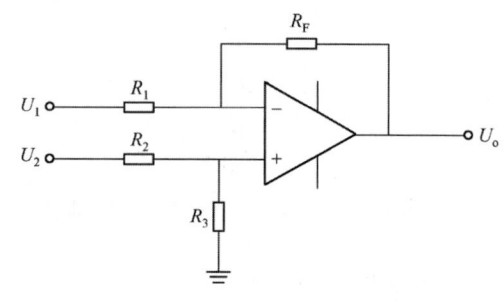

图 11.42　差动放大器电路图

差动放大器最突出的优点是能够抑制共模信号。共模信号是指在两个输入端所加大小相等、极性相同的信号，理想的差动放大器对共模输入信号的放大倍数为 0。在差动放大器中温度变化和电源电压波动所引起输入信号的变化，相当于共模信号，可以被差动放大器所抑制，使它的零点漂移最小。来自外部空间的电磁波干扰也属于共模信号，它们会被差动放大器所抑制，所以差动放大器有极强的抗干扰能力。

④ 交流放大器。传感器输出的电信号是交流信号时需要使用交流放大器。图 11.43 所示为交流放大器电路图。它是在直流反相比例放大器电路的基础上，增加了反馈电容 C_p 和直流信号隔离电容 C_1。

其电压放大增益为

$$K = \frac{U_o}{U_i} = -\frac{Z_F}{Z_1}$$

式中

$$\left. \begin{array}{l} Z_1 = R_1 + \dfrac{1}{j\bar{\omega}C_1} \\ \dfrac{1}{Z_F} = \dfrac{1}{R_F} + j\bar{\omega}C_p \end{array} \right\} \quad (11.71)$$

$$R = \frac{R_F R_1}{R_F + R_1} \quad (11.72)$$

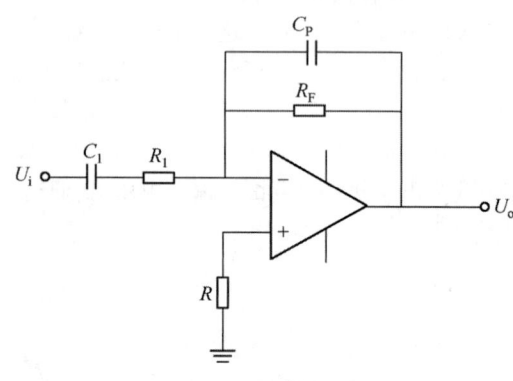

图 11.43　交流放大器电路图

⑤ 反相加法器。图 11.44 所示为反相加法器电路图。

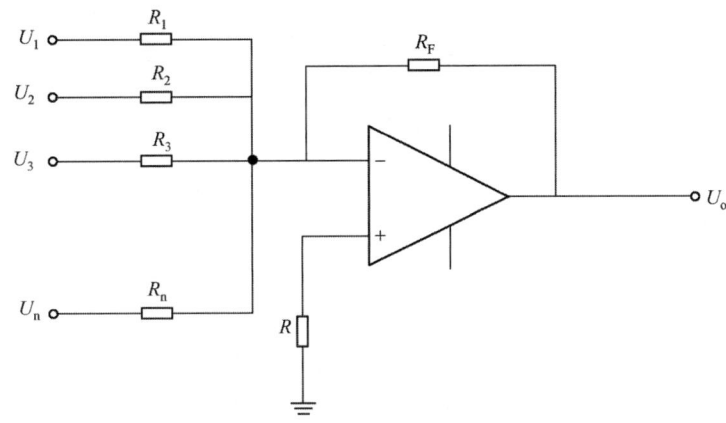

图 11.44　反相加法器电路图

它是反相比例放大器电路的扩展，把原来的一个输入端扩展成 n 个输入端。该电路用来求两个以上的电压之和，其输出电压为

$$U_o = -R_F\left(\frac{U_1}{R_1} + \frac{U_2}{R_2} + \frac{U_3}{R_3} + \cdots + \frac{U_n}{R_n}\right) \qquad (11.73)$$

⑥ 比较器。有些传感器的输出信号是开关信号的形式，有些传感器输出信号虽不是开关信号，但也需要检测输出信号的峰值。在这些情况下需要对传感器的输出信号进行电平检测，这时需要比较器进行输出信号的电平比较。由运算放大器组成的比较器电路图如图 11.45 所示。

它的输出电压为：当 $U_2>U_1$ 时，$U_o=$ 高电平；当 $U_2<U_1$ 时，$U_o=$ 低电平。

⑦ 仪用放大器。仪用放大器是在单运放基础上发展的专用集成放大器，具有差动输入阻抗高、共模抑制比高、偏置电流低、温度稳定性好等优点，特别适用于在传感器电路中应用。

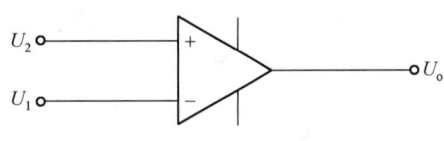

图 11.45　比较器电路图

仪用放大器的基本结构为三运放结构，如图 11.46 所示。

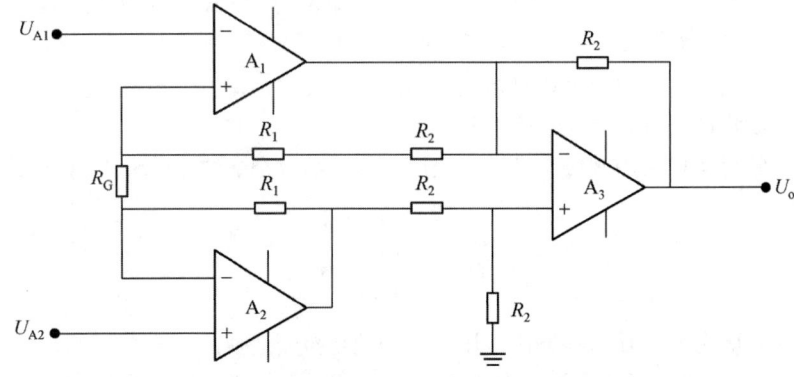

图 11.46　仪用放大器结构原理图

图中 A_1、A_2 为两个同相输入的放大器，R_G 为增益调节电阻。整个芯片仅有 R_G 为外接元件，其他均为芯片内结构元件。运放 A_3 是放大增益为 1 的差动输入放大器。设运放 A_1 的输入为 U_{A1}，A_2 的输

入为 U_{A2}，则流过 R_G 的电流为

$$I_G = \frac{U_{A1} - U_{A2}}{2R_1 + R_G} \tag{11.74}$$

对运放 A_1、A_2 用虚短概念，可求流过 R_G 的电流

$$I_G = \frac{U_1 - U_2}{R_G}$$

$$\frac{U_{A1} - U_{A2}}{U_1 - U_2} = \frac{2R_1 + R_G}{R_G}$$

$$U_o = U_{A1} - U_{A2} \tag{11.75}$$

$$U_o = (U_1 - U_2)\left(1 + 2\frac{R_1}{R_G}\right)$$

$$A_d = \frac{U_o}{U_1 - U_2} = 1 + 2\frac{R_1}{R_G}$$

仪用放大器的增益 A_d 仅与 R_G 的取值有关。

11.4 信号分离/滤波电路

在传感器获得的检测信号中，往往包含噪声和许多与被测量无关的信号，并且原始的测量信号经传输、放大、变换、运算及各种其他处理过程，也会混入各种不同形式的噪声，从而影响测量精度。这些噪声一般随机性很强，很难从时域中直接分离，但限于其产生的机制，其噪声功率是有限的，并按一定规律分布于频率域中某一特定的频带中。信号分离电路一般利用滤波器从频率域中实现对噪声的抑制，提取所需的测量信号。

11.4.1 滤波器的基本知识

滤波器是具有频率选择作用的电路或运算处理系统，当信号与噪声分布在不同频带中时，可以从频率域实现信号分离。在实际测量系统中，噪声与信号的频带往往有一定的重叠，如果重叠不是很严重，仍可利用滤波器有效地抑制噪声功率，提高测量精度。例如，常见的白噪声，其功率均匀地分布在很宽的频带 Δf_n 中，这往往会覆盖全部信号频带 Δf_s，如果 $\Delta f_n \gg \Delta f_s$，选用适当滤波器去除 Δf_s 以外的噪声信号，可使残留的噪声功率降低到原来的 $\Delta f_s \gg \Delta f_n$ 左右。一般来说，测量精度在很大程度上由测量信号频带内有用信号功率与噪声功率之比，即信噪比决定。除去除噪声外，滤波器还可用于分离各种不同的信号，如将调制信号与载波信号分开等。

滤波器的频域特性可以采用其传递函数来表达。传递函数是滤波器的输出信号与输入信号的拉普拉斯变换之比，即

$$H(s) = \frac{V_o(s)}{V_i(s)} \tag{11.76}$$

式中，$V_i(s)$ 和 $V_o(s)$ 分别为输入和输出电压信号的拉普拉斯变换。

传递函数定义了滤波器对任意输入信号的响应。但在实际应用中，经常需要了解的是滤波器对连续正弦波信号的影响情况。尤其重要的是，传递函数的幅值反映了滤波器在各个频率点对正弦信号的幅值影响情况。知道了传递函数在每个频率点的幅值（或增益），就可以确定滤波器对不同频率信号的区分情况。传递函数的幅值—频率特性称为幅频特性。有时，尤其是在音频应用领域，也直接称为频率响应。

同样，滤波器的相频特性给出了滤波器在各个频率点上对正弦信号所添加的相移。由于信号相位的改变同样也反映为信号在时域中形状的改变，因此滤波器的相频特性对于那些需要严格考虑信号中各频率成分间时域关系的复杂信号非常重要。

将 $j\omega$ 代入式（11.76），可得到滤波器的幅频特性及相频特性

$$|H(j\omega)| = \left|\frac{V_o(j\omega)}{V_i(j\omega)}\right|$$

$$\arg H(j\omega) = \arg \frac{V_o(j\omega)}{V_i(j\omega)}$$

（11.77）

式中，运算符 arg 表示取对数后而复数表达式的相位。

例如，对于图 11.47 所示的 RLC 网络，传递函数为

$$H(s) = \frac{s}{s^2 + s + 1} \quad (11.78)$$

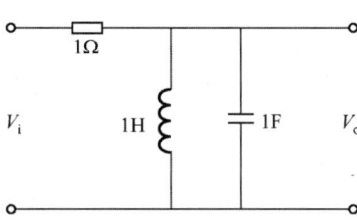

图 11.47　简单的二阶滤波器例子

这是一个二阶系统，滤波器的阶次是其传递函数中变量 s 的最高阶数。一个滤波器的阶次通常等于电路中所采用的电容、电感的总数（用两个或多个电容组成的电容也视为一个电容）。显然，高阶滤波器需要更多的元件，因此成本要高，且设计复杂。当然，高阶滤波器对不同频率上信号的区分能力也要优于低阶滤波器。

为得到传递函数的幅频特性，将 $j\omega$ 代入式（11.78），则

$$A(\omega) = |H(s)| = \left|\frac{j\omega}{-\omega^2 + j\omega + 1}\right| = \frac{\omega}{\sqrt{\omega^2 + (1-\omega^2)^2}} \quad (11.79)$$

$$\theta(\omega) = \arg H(s) = 90° - \arg \frac{\omega^2}{\omega^2} \quad (11.80)$$

图 11.48 所示为滤波器的频率特性。传递函数的幅值在零到无穷大之间的某一特定频率具有最大值，在该频率的两侧增益下降。这种形状的滤波器即带通滤波器，因为它仅允许一个比较窄的频段内的信号通过，而衰减该频段以外的信号。可以通过滤波器的频率范围称为滤波器的通带。

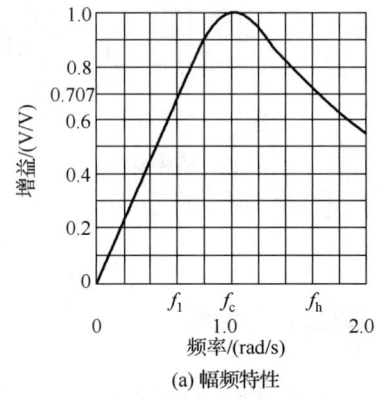
(a) 幅频特性

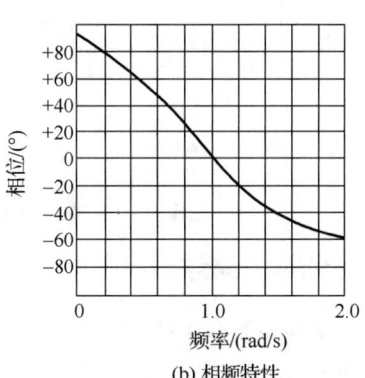
(b) 相频特性

图 11.48　二阶滤波器的频率特性

由于此滤波器的幅频特性曲线很不平坦，因此没有很明显的通带边界。通常来说，滤波器的通带是根据系统的需求而定。例如，某系统可能需要在 400Hz～1.3kHz 之间的增益变动范围不超过 1dB，相应的通带就是 400Hz～1.3kHz。如果不对通带内的增益变动范围做出明确规定，则通常采用 3dB（最

大电压增益值的 $1/\sqrt{2}$ 或 0.707 倍）作为标准，相应的频率点则称为–3dB 频率或截止频率。然而如果明确规定了增益的变动范围（如 1dB），则截止频率就是对应该增益变动点的频率值。

实际的带通滤波器幅频特性曲线取决于具体的电路。但是，任何二阶带通滤波器的特性曲线都会在滤波器的中心频率处出现一个峰值。中心频率等于–3dB 频率值的几何均值，即

$$f_c = \sqrt{f_l f_h} \tag{11.81}$$

式中，f_c 为中心频率；f_l 为低端的–3dB 频率；f_h 为高端的–3dB 频率。

另一个用于定量描述滤波器性能的参数是 Q 值，这是一个描述幅频响应特性曲线 "尖锐程度" 的参数。带通滤波器的 Q 值等于中心频率与两–3dB 频率之差（即–3dB 带宽）的比值，即

$$Q = \frac{f_c}{f_h - f_l} \tag{11.82}$$

当评估一个滤波器的性能时一般对频率的倍数值比较感兴趣。因此，对于一个带通滤波器，可能需要知道该滤波器在中心频率的一半及两倍中心频率处的衰减情况（对于上述的二阶滤波器，这两个频率点的衰减值是相同的）。另外，通常还需要知道滤波器在宽频率范围内的幅频及相频特性。通过采用线性坐标的特性曲线图，往往很难观察大的频率范围内的滤波器特性。例如，中心频率为 1kHz，希望能观察 100kHz 的情况，则峰值频率点将接近频率轴的左侧，因此就很难观察到 100Hz 时的增益情况，因为 100Hz 仅为频率坐标轴的 1%，在这种情况下，采用对数坐标轴非常实用。一般滤波器的频率特性曲线常常采用这种坐标轴表示频率。同样，由于幅值的变动范围也可能很大，因此幅值坐标也常采用对数坐标形式（$20\lg|H(j\omega)|$）。图 11.49 所示为用对数坐标表示的滤波器特性曲线。注意，与图 11.48 相比，图 11.49 中的曲线更对称。

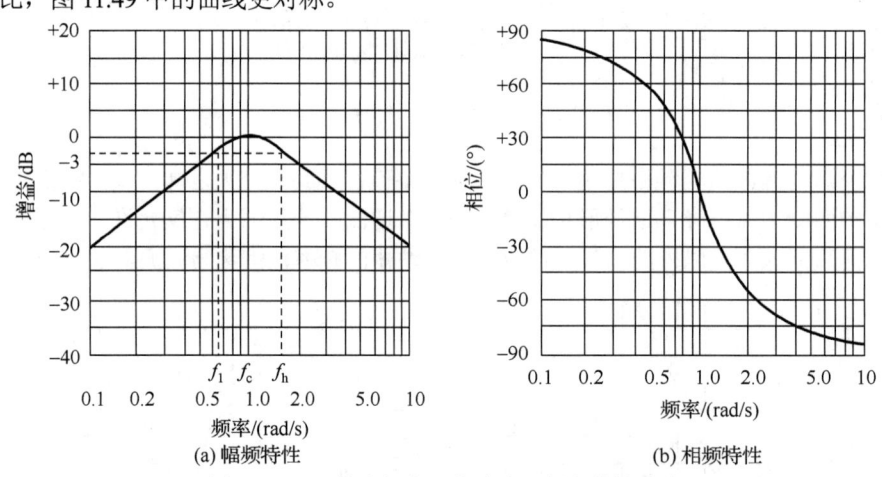

图 11.49 对数坐标表示的滤波器频率特性曲线

11.4.2 按频带分类的滤波器

滤波器的基本类型主要有 4 种，即带通、带阻、低通及全通滤波器。

（1）带通滤波器

带通滤波器在测量系统中常用于将某频率点或频率段的信号从其他频率成分中分离出来。

图 11.50 所示为几种带通滤波器的幅频特性曲线。图 11.50(a)所示为"理想"带通滤波器，通带内的增益绝对保持常数，通带以外（阻带）的增益为零。在通带与阻带之间有阶跃性的边界。实际上，这种理想的滤波器特性是不可能实现的。图 11.50(b)~(f)所示为一些实际的滤波器特性。注意，有些滤波器的特性曲线很平滑，而有些则带有波纹（增益在通带或阻带内发生波动）。对于这样的特性曲线，

很难精确地观察到通带边界的频率值。同样，阻带的边界也不是很清楚。因此，阻带的边界一般是根据具体的系统要求来确定的。例如，某系统可能要求信号在 1.5kHz 处的衰减至少为 35dB，则阻带的开始点就可定义在 1.5kHz。介于通带与阻带之间的过渡带，其衰减速度也各不相同，在这一区域曲线的坡度强烈依赖于滤波器的阶数，高阶滤波器的过渡带更陡。曲线在过渡带的衰减速度通常用 dB/二倍频程或 dB/十倍频程来表示。

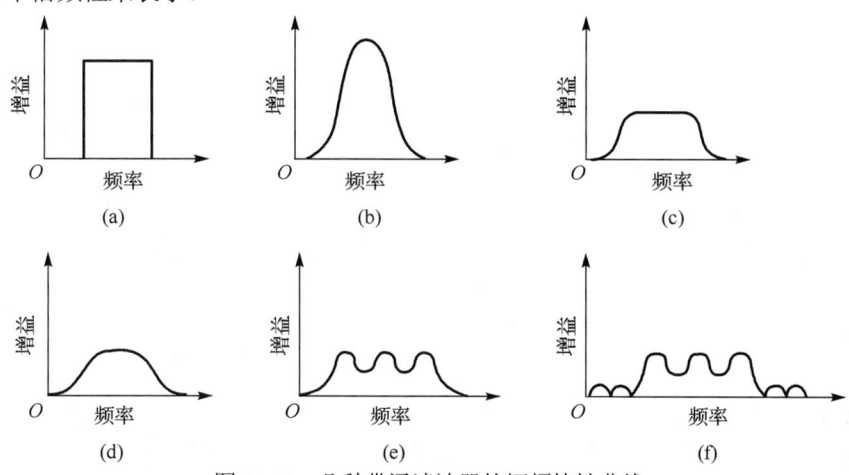

图 11.50　几种带通滤波器的幅频特性曲线

（2）带阻滤波器

带阻滤波器用于去除信号中某一不希望的频率成分，同时尽可能不影响到其他频率成分。最常见的例子就是从信号中去除 50Hz 的工频干扰信号，可采用中心频率在 50Hz 的带阻滤波器实现。带阻滤波器的特性恰好与带通滤波器相反。例如，将图 11.47 中的元件重新组合成如图 11.51 所示。

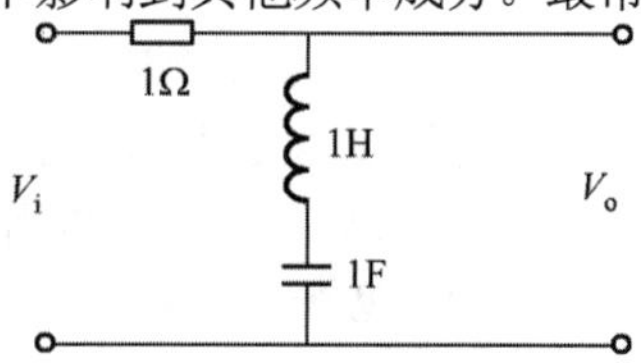

其传递函数为

$$H_N(s) = \frac{V_o}{V_i} = \frac{s^2+1}{s^2+s+1} \quad (11.83)$$

图 11.51　简单二阶带阻滤波器

其幅频及相频特性如图 11.52 所示。由图中曲线可知，用于描述带通滤波器特性的频率点 f_c、f_l 和 f_h 同样可用来描述带阻滤波器的特性。

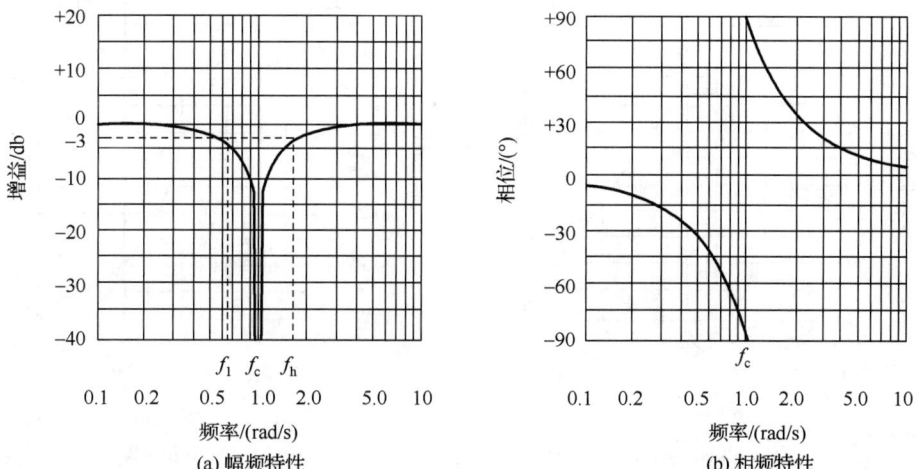

(a) 幅频特性　　　　　　　　　　　　　(b) 相频特性

图 11.52　带阻滤波器的频率特性

图 11.53 所示为几种带阻滤波器的特性曲线。图 11.53(a)所示为理想曲线，其他则是实际曲线。

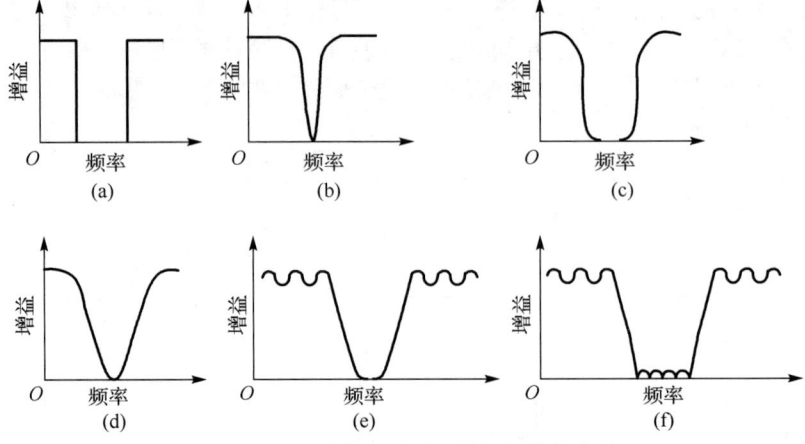

图 11.53　几种带阻滤波器的幅频特性曲线

（3）低通滤波器

低通滤波器用于必须去掉信号中的高频成分的场合。例如，光敏二极管的输出信号中常含有因传感器及放大器引入的高频噪声，采用低通滤波器滤掉噪声可以获得很好的效果。此外，为满足采样定理，需要采样频率高于信号中最高频率成分的 2 倍以上。但实际系统中，信号中往往含有各种频率成分，因此采用低通滤波器将不需要的高频成分去除，是保证 A/D 采样不会发生混叠效应的常用方法。这种滤波器也常称为抗混滤波器。

低通滤波器通过低频率的信号，滤掉频率高于截止频率的信号。同样，将图 11.47 中的元件重新组合成如图 11.54 所示。

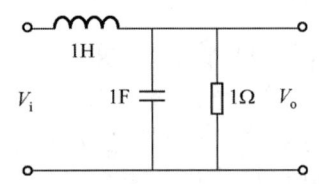

图 11.54　简单的二阶低通滤波器

其传递函数为

$$H_{LP}(s) = \frac{V_o}{V_i} = \frac{1}{s^2 + s + 1} \tag{11.84}$$

显然，这一传递函数在低频的增益比高频增益要高。当 ω 趋于 0 时，则 H_{LP} 趋于 1；而 ω 趋于无穷大时，则 H_{LP} 趋于 0。低通滤波器的幅频及相频特性如图 11.55 所示。

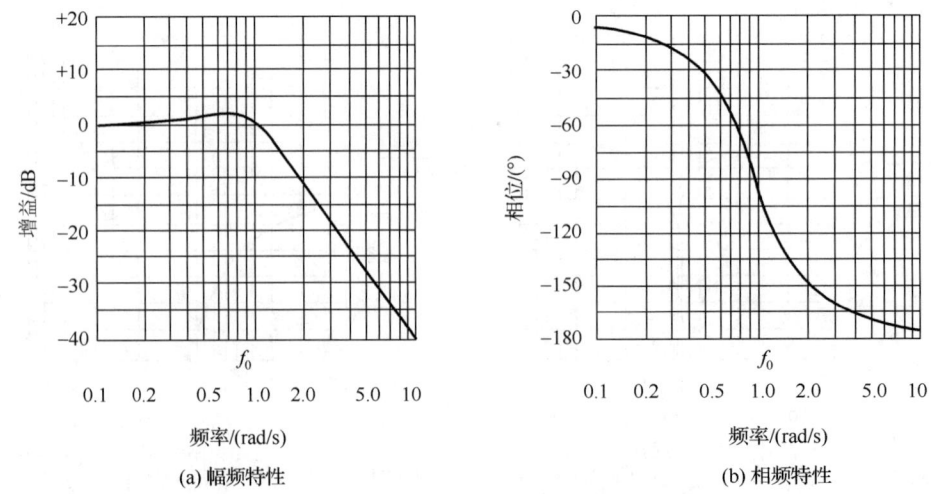

(a) 幅频特性　　　　　　　　　　(b) 相频特性

图 11.55　低通滤波器的频率特性

图 11.56 所示为几种低通滤波器的特性曲线。同样，图 11.56(a)所示为不可实现的理想曲线，其他实际曲线是理想曲线的逼近，有些是单调曲线，有些则有波纹。

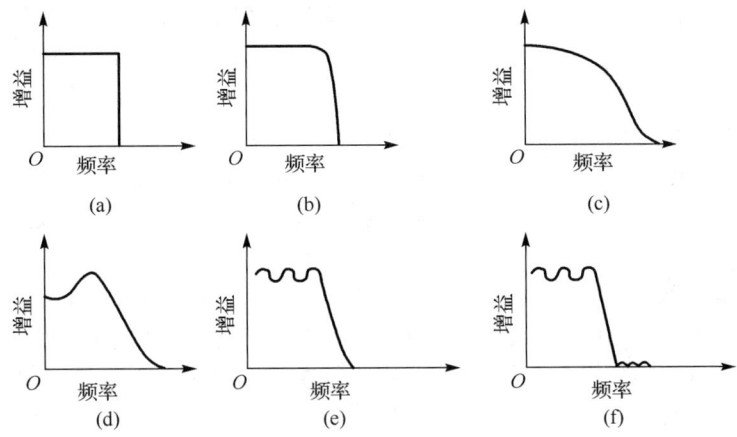

图 11.56 几种低通滤波器的幅频特性曲线

（4）全通滤波器

顾名思义，任何频率成分的信号通过全通滤波器后其幅位的变化程度都是相同的。不同的是相位会发生改变，因此也可称为移相器。全通滤波器的典型应用是在信号中引入移相，以抵消或部分抵消其他电路或传输线给信号所带来的移相。图 11.57 所示为信号移相的原理图。

两条曲线代表的是同样的正弦信号，只不过两者的峰值点及过零点不同，虚线信号比实线信号的晚。因此，虚线信号比实线信号有一个时间延迟。由于所考虑的是周期信号，时间与相位可以互换，即时间延迟可表示为图中所示的相位延迟。假如用 ϕ 表示相位（单位为 rad），则时间延迟与相位延迟之间的关系为

$$T_\mathrm{D} = \frac{\phi}{2\pi f} \tag{11.85}$$

所以，如果相位延迟与频率无关，则时间延迟将随着频率上升而下降。

图 11.58 所示为一个全通滤波器的相频特性曲线。

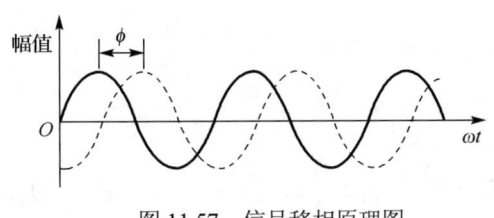

图 11.57 信号移相原理图

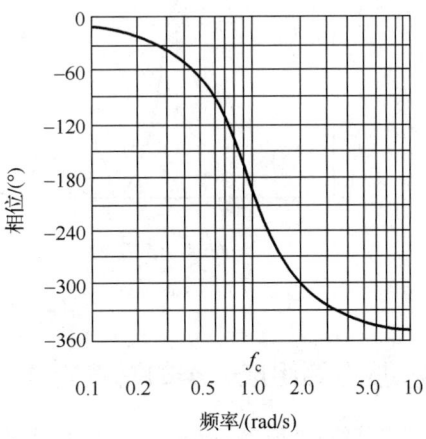

图 11.58 全通滤波器的相频特性曲线

全通滤波器的传递函数为

$$H_{AP}(s) = \frac{s^2 - s + 1}{s^2 + s + 1} \quad (11.86)$$

滤波器对所有频率的增益均为1，但相位则是频率的函数。

11.4.3 按逼近方式分类的滤波器

幅频特性呈矩形的理想滤波器是不能用一个实际网络来实现的，只能用一个实际的滤波特性来逼近它。通常用通频带内允许的最大衰减 A_o 或阻带内最小衰减 A_s、截止频率 f_c 和滤波陡度（或通带与阻带之间过渡区的大小）等主要技术指标来表示实际特性逼近理想特性的程度。根据不同的逼近准则可以得到不同的幅频特性，从而形成以下几种不同类型的滤波器。

（1）巴特沃斯滤波器。其特点是在通带和阻带内的幅频特性都没有起伏变化。
（2）切比雪夫滤波器。其特点是幅频特性在通频带内呈等波纹起伏，而在阻带内则呈单调下降。
（3）反切比雪夫滤波器。其特点是幅频特性在阻带内呈等波纹起伏，而在通带内没有起伏变化。
（4）考尔滤波器。其特点是通带和阻带内幅频特性都呈等波纹起伏变化。

这4种滤波器的低通特性分别如图11.59(a)～(d)所示。由图可知，在低通滤波器中，后3种滤波器的幅频响应的特点是通带或阻带内等波纹起伏的峰点数和谷点数的总和等于滤波器的阶数。

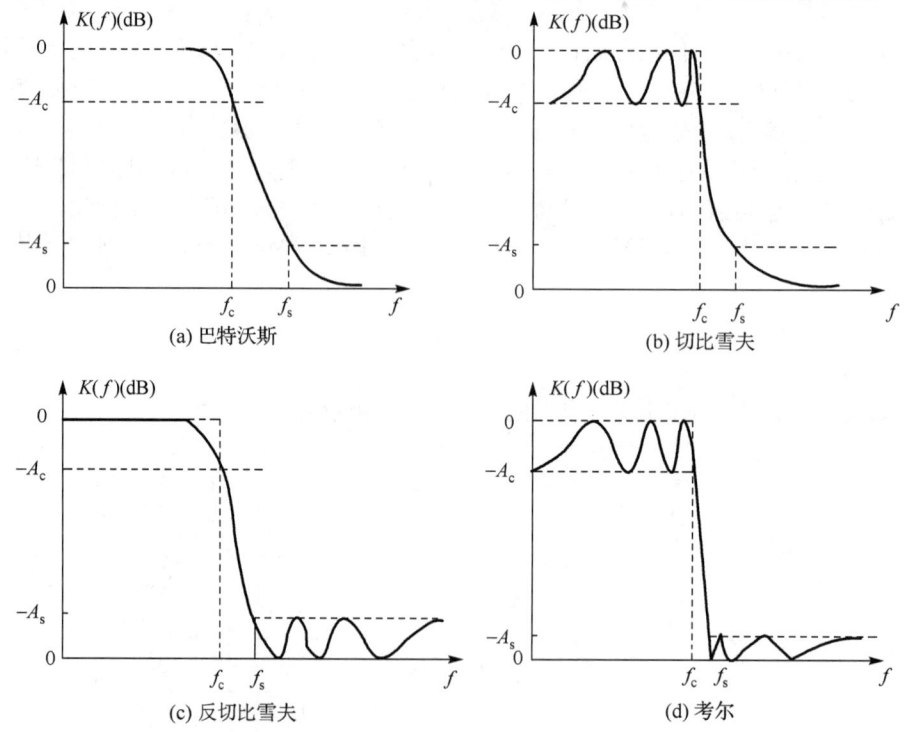

图 11.59 4种低通滤波器特性（$n=6$）

11.4.4 按电路组成分类的滤波器

根据电路组成滤波器又可以分为LC无源滤波器、RC无源滤波器、由特殊元件构成的无源滤波器、RC有源滤波器。

（1）LC无源滤波器

由电感 L、电容 C 组成的无源电抗网络具有良好的频率选择特性，并且信号能量损耗小、噪声低、灵敏度低，曾广泛应用于通信及电子测量仪器领域。其主要缺点是电感元件体积大，在低频及超低频频带范围品质因数低（即频率选择性差），不便于集成化，现在一般测控系统中应用不多。图 11.47 和图 11.51 所示为典型的 LC 无源滤波器。

（2）RC 无源滤波器

由于电感元件有很多不足，人们自然希望实现无感滤波器。由电阻 R、电容 C 构成的无源网络，其频率选择特性较差，一般只用作低性能滤波器。图 11.54 所示为典型的 RC 无源滤波器。

（3）由特殊元件构成的无源滤波器

这类滤波器主要有机械滤波器、压电陶瓷滤波器、晶体滤波器、声表面波滤波器等。其工作原理一般是通过电能与机械能、分子振动能的相互转换，并与器件固有频率谐振实现频率选择，多用作频率选择性能很高的带通或带阻滤波器，其品质因数可达数千至数万，并且稳定性也很高，具有许多其他种类滤波器无法实现的特性。由于其品种系列有限，调整不便，一般仅应用于某些特殊场合。

（4）RC 有源滤波器

RC 无源滤波器特性不够理想的根本原因是电阻元件对信号功率的消耗，如果在电路中引入具有能量放大作用的有源器件，如电子管、晶体管、运算放大器等，补偿损失的能量，可使 RC 网络像 LC 网络一样，获得良好的频率选择特性，称为 RC 有源滤波器。此外，各种形式的集成滤波器也属于有源滤波器。下面举几个典型的 RC 有源滤波器。

组成有源 RC 滤波器的电路形式多种多样，常用的二阶有源 RC 滤波电路有压控电压源型电路、无限增益多路反馈型电路和双二次型电路。本书以无限增益多路反馈型电路为例介绍有源 RC 滤波器的电路。

① 低通滤波器。低通滤波器电路如图 11.60(a)所示，其传递函数为

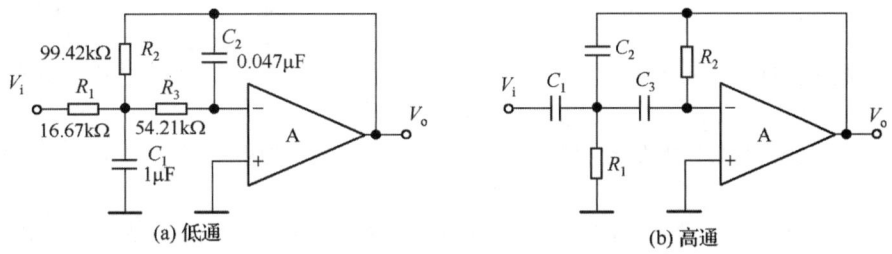

图 11.60 无限增益多路反馈型低通、高通滤波器

$$H(S) = \frac{-(1/R_1R_3C_1C_2)}{S^2 + (1+R_1C_1+1+R_2C_1+1/R_3C_1)S + (1/R_2R_3C_1C_2)} \tag{11.87}$$

② 高通滤波器。高通滤波器电路如图 11.60(b)所示，其传递函数为

$$H(S) = \frac{-(C_1/C_2)S^2}{S^2 + (1+R_2)(1/C_2+1/C_3+C_1/C_2C_3)S + 1/R_1R_2C_2C_3} \tag{11.88}$$

③ 带通滤波器。带通滤波器电路如图 11.61(a)所示，其传递函数为

$$H(S) = \frac{-(1/R_1C_1)S}{S^2 + (1/R_3)(1/C_1+1/C_2)S + (1/R_1C_1C_2)(1/R_1+1/R_2)} \tag{11.89}$$

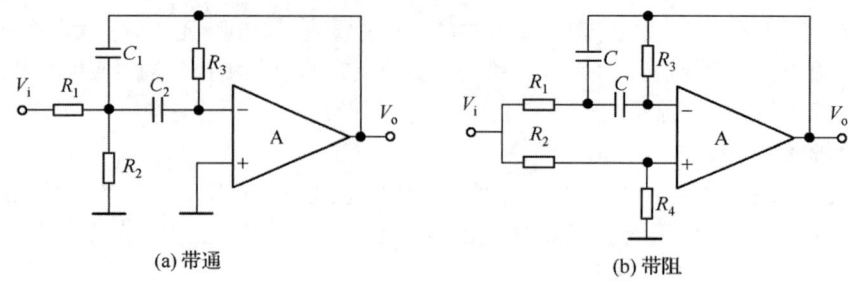

图 11.61　无限增益多路反馈型带通、带阻滤波器

④ 带阻滤波器。带阻滤波器电路如图 11.61(b)所示，其传递函数为

$$H(S) = \frac{\left(\dfrac{R_4}{R_2+R_4}\right)\left(S^2 + \dfrac{1}{R_1 R_2 C^2}\right)}{S^2 + \dfrac{2}{R_3 C}S + \dfrac{1}{R_1 R_3 C^2}} \tag{11.90}$$

在信号调理电路中，模拟滤波器的设计与实现最为复杂，需要考虑的因素较多。经过多年的发展，滤波器的设计理论已经相当成熟。对于具体工程技术人员而言，完全可以借助相关的设计手册等资料，简化设计电路的难度。此外，目前有许多成熟的模拟电路仿真计算软件，可以作为具体调试电路之前的辅助工具。随着大规模集成化电路的发展，市场上也逐渐出现了多种形式的滤波器集成芯片，简单参照使用手册中的说明，配以相应的外围元件即可达到很好的效果。需要指出的是，滤波器的设计环节中，传递函数数学表达式及滤波器参数的确定是重要的环节。

习　题

1. 电压－电流变换是传感器信号调理中经常用的电路，现在常用的电压－电流变换有哪些，各有什么特点？
2. 电流—电压变换是传感器信号调理中经常用的电路，现在常用的电流—电压变换有哪些？各有什么特点？
3. 传感器调理电路中为什么要使用电压/频率转换电路？现在常用的电压/频率转换电路有哪些？各有什么特点？
4. 电容检测电路在电容式传感器中经常使用，现在常用的电容检测电路有哪些？各有什么特点？
5. 传感器调理电路中为什么要进行阻抗变换，现在主要的阻抗变换电路有哪些，其使用有什么特点？
6. 传感器中的滤波电路主要有哪些？其特点是什么？
7. RC 有源滤波器主要的电路有哪些？其特点是什么？

第 12 章　传感器的智能化和网络化

12.1　智能传感器

自从数字电路技术在传感器技术领域得到应用后,传感器的智能化就成为一个很重要的研究与应用方向。随着智能化程度的进步,传感器的概念也逐步扩展,由单一的敏感元件扩展为集信号获取、处理、存储与传输等功能在内的传感器系统。传感器的功能也不再局限于简单的信号形式的转换,而是能够像人一样,将感知到的外部世界中的有用信息提取出来。

智能传感器是指任何有独立处理能力,能够对周围情况作出反应,而不需要将信息传送给中央控制器的传感器。智能传感器的精度通常是非智能传感器的两倍以上,维护成本低,使用时需要的导线少。除此之外,智能传感器长期稳定性好,降低了校准频率。

12.1.1　智能传感器的结构

从结构上来讲,智能传感器是由经典传感器和微处理器单元两个中心部分构成,图 12.1 所示为一个典型的智能传感器系统的结构框图。其中有信号预处理和模拟信号数字化输入接口;包含 MP、ROM、RAM 信息处理及校正软件的微处理器,主要是单片机、单板机,也可以是微型计算机系统;含有 D/A 转换及驱动电路的输出接口。

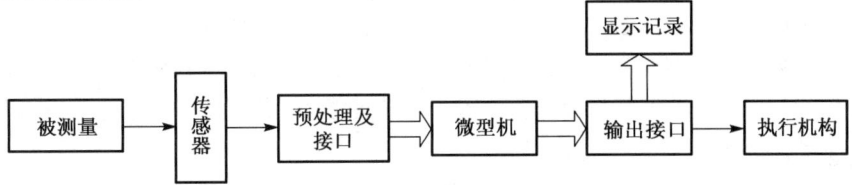

图 12.1　智能传感器系统的结构框图

12.1.2　智能传感器的功能

概括而言,智能传感器的主要功能有以下几点。

1. 自补偿和计算

自补偿和计算是智能化传感器最突出的功能。由于内部集成有可用于对信号进行数字化处理的嵌入式微处理器,可实现对传感器性能的多方面补偿,包括零点补偿、增益补偿(通过可编程放大器)、线性补偿(主要通过查表方式、也可用曲线拟合、甚至用人工神经网络等非线性算法)、温度漂移的补偿等。此外,智能化传感器还可以判断某传感器信号是否在合理范围内、是否与某相邻传感器的检测结果相符、输出信号的变化速度是否合理、输出信号的变化是否真的代表被测量的变化等。例如,智能化的电容式压力传感器,就可以在芯片上集成一个不随被测压力变化的参比电容,通过比较敏感电容与参比电容输出信号的差别,实现传感器工作状态的自诊断。

智能化传感器还可以实现多种层次的计算功能,包括信号调理(如模拟与数字滤波)、信号转换(如 A/D 转换、V/F 转换)、逻辑控制(如产生系统所需的各种激发脉冲信号,甚至采用数字合成方式输出稳定的激励信号)、数据压缩(如特征数据提取)、数据决策(如模式识别、数据分类)等。随着嵌入式微处理器系统功能的不断强化,许多复杂的算法,如模糊算法、基因算法等,都在智能化传感器中有所应用。

许多智能传感器能够通过计算大量测量值的平均值和分析影响精度的所有因素实现在线计算测量精度。这种平均过程也用于大大减小随机测量误差等级。

2. 自检、自诊断、自校正

智能传感器是通过监测内部信号作为异常的依据来完成自诊断的。然而，要得到一种能够对所有可能产生的异常实现自诊断的传感器是非常困难的。它通常只能检测出许多更常见的错误。举一个传感器自诊断的例子，如测量绝缘热电偶中的鞘电容和电阻时，能够检测到绝缘体被击穿了。通常，生成一个特定的代码对应一种可能的异常。

在自诊断过程中，一个经常出现的困难是区分正常测量的偏差和传感器异常。一些智能传感器为克服这一难题通过存储大量的围绕一组点的测量值，然后计算被测量的最小和最大期望值。

传感器异常对测量质量的影响能够通过不确定性技术来测量（不确定性技术能够用于测量传感器异常对测量质量的影响）。这使得传感器出现一次异常后还能够在某些环境下继续使用，并提出了生成一个有效指数的计划，表明了传感器测量的有效性和质量。

自校准在某些情况下是非常简单的，输出为电信号的传感器能够使用一个已知的参考电平来实现自校准。另外，当没有大规模应用时，用于称重系统的称重传感器能够调整其输出读数为零。其他类型的传感器实现自校准功能的方式可能有两种：使用查表方法和插值技术。但是，一个查找表需要一个大容量的存储器来存储精确的点位。而且，在校准的过程中必须从传感器收集大量的数据。因此，插值校准技术更可取。它是利用一种插值方法来计算任何特定的测量所需的校正，这只需要一个小矩阵校准点。

普通传感器需要定期检验和标定，以保证它正常使用时有足够的准确度。检验和标定时一般要求将传感器从使用现场拆卸下来拿到实验室进行，很不方便。利用智能传感器，检验校正可以在线进行。一般所要调整的参数主要是零位和增益，智能传感器中有微处理机，内存中有校正功能的软件，操作者只要输入零位和某已知参数，其自校正软件就能将时间变化了的零位和增益校正过来。

3. 复合敏感功能

智能传感器能够同时测量多种物理量和化学量，具有复合敏感功能，能够给出全面反映物质和变化规律的信息。例如，光强、波长、相位和偏振度等参数可反映光的运动特性；压力、真空度、温度梯度、热量和熵、浓度、pH 值等分别反映物质的力、热、化学特性。

4. 通信功能

传统意义上的传感器系统是由专业人员针对某特定应用设计实现的，这种方式的局限在于系统的集成度低（受设计者知识及能力所限，每个系统中所能采用的传感器数目有限）、成本高及可扩展性差。智能化传感器采用模块化、标准化设计的方法解决这一问题，包括传感器电气接口的标准化及传输协议的标准化，可实现传感器的即插即用乃至分布式、可重配置的传感器系统。基于各种网络通信协议的网络化智能传感器已经成为分布式测控技术的一个重要发展方向。

5. 显示报警功能

智能传感器的微机通过接口数码管或其他显示器结合起来，可选择点显示或定时循环显示各种测量值及相关参数，也可以有打印机输出，并通过与给定值比较来实现上下值的报警。

6. 掉电保护功能

由于智能传感器微型机的 RAM 的内部数据在掉电时会自动消失，这将给仪器的使用带来很大的不便。为此在智能仪表内装有备用电源，当系统掉电时，能自动把后备电源接入 RAM，以保证数据不丢失。

7. 调整非线性测量

在传感器中，被测量和传感器输出呈非线性关系，数字处理能够将输出量转变为线性形式，提供已知的非线性特性以便能够将描述这一特性的表达式程序化，并置入传感器中。

12.2 智能传感器的网络化

网络化智能传感器是智能传感器技术和计算机通信技术相结合的产物。随着计算机技术、网络技术与通信技术的高速发展与广泛应用，出现了网络化的自动测试技术。网络化测试系统实现了大型复杂系统的远程测试，是信息时代测试的必然趋势。传感器作为信息采集必不可少的装置，也必然顺应网络化这一潮流，于是出现了网络化智能传感器的概念。网络化智能传感器技术致力于研究智能传感器的网络通信功能，将传感器技术、通信技术和计算机技术融合，从而实现信息的采集、传输和处理的真正统一和协同。它不仅实现了智能化，如自补偿、自校准、自诊断、数值处理、双向通信、信息储存、数字量输出等功能；而且还将敏感元件、转换电路和变送器结合为一体，并在自身内部嵌入了通信协议，直接传送满足通信协议的数字信号，从而具有强大的通信能力。

网络化智能传感器是以嵌入式微处理器为核心，集成了传感单元、信号处理单元和网络接口单元的新一代传感器。与其他类型传感器相比，网络化智能传感器有以下特点。

（1）嵌入式技术和集成电路技术的引入，使传感器的功耗降低、体积减小、抗干扰性和可靠性提高，更能满足工程应用的需要。

（2）多敏感功能。智能传感器将原来分散的、各自独立的、仅能敏感单一参量的传感器集成为具有多敏感功能的传感器，能同时测量多种物理量和化学量，全面反映被测量物质的综合信息。

（3）微处理器的引入使传感器成为硬件和软件的结合体，能根据输入信号值进行一定程度的判断和决策制定，实现自校正和自我保护功能。非线性补偿、零点漂移和温度补偿等软件技术的应用，使传感器具有很高的线性度和测量精度。

（4）网络接口技术的应用使传感器能方便地接入网络，为系统的扩充和维护提供了极大的方便，也改变了传统传感器与特定测控设备间的点到点连接方式，显著减少了现场布线的复杂程度和电缆质量。

由此可以看出，网络化智能传感器使传感器由单一功能、单一检测向多功能和多点检测发展；从被动检测向主动进行信息处理方向发展；从孤立元件向系统化、网络化发展；从就地测量向远距离实时在线测控发展。而且，网络化智能传感器使传统测控系统的信息采集、数据处理等方式产生质的飞跃——各种现场数据直接在网络上传输、发布与共享。使测控系统本身也发生了质的飞跃——可在网络上任何节点对现场传感器进行在线编程和组态，使测控系统的结构和功能产生了重大变革。

根据所采用的通信协议，网络化智能传感器主要有两种，即基于现场总线的智能传感器和基于TCP/IP协议的智能传感器。

12.2.1 现场总线智能传感器

随着工业生产的发展，需要的测控点和测控参量越来越多。需要的传感器及其仪表数目在不同系统中是不相同的，如一个电站为5000台、一个钢铁厂为2万台、一个石油化工厂为6000台、一个大型发电机组为3000台、一架飞机为3600台。原有的分散型测控系统（DCS）已不能适应需要。20世纪80年代以来，开始发展了开放型测控系统，即现场总线控制系统（FCS）。

现场总线控制系统（FCS）的典型结构如图12.2所示。图中现场总线的节点是现场设备或现场仪表，如传感器、变换器、调节器、调节阀、步进电机、记录仪、条形阅读器等，但不是传统的单功能的现场仪表，而是有综合功能的智能仪表。

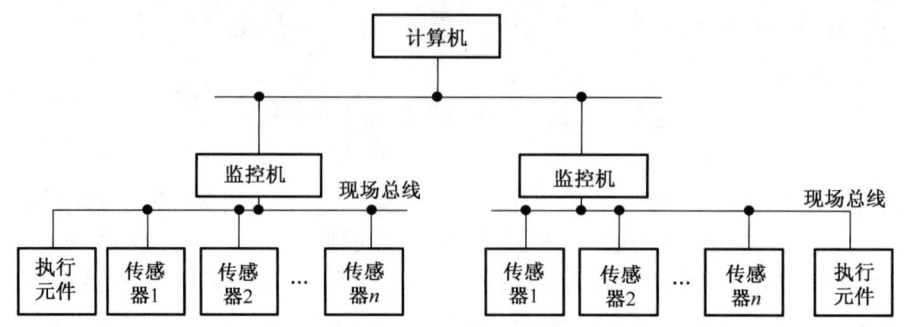

图 12.2 现场总线控制系统框图

为了实现工业环境下的智能化、分布式测量和控制，许多大公司都推出了自己的现场总线标准。近来流行的几种现场总线有 1984 年 Inter 公司推出的 Bitbu，1985 年美国 Rosemount 公司推出的 HART 协议，德国 Bosch 公司于 1983 年推出的 CAN BUS，德国 Siemens 公司于 1989 年推出 PROFIBUS，1993 年推出的 FF 现场总线标准，以及美国 Echelon 公司于 1993 年推出的 LonWorks。国际化的统一标准工作也正在加紧进行之中。

1. BIT 总线

BIT 总线是 Inter 公司为单片微机在集散式测控系统中进行通信传输而设计的一种主从式高速串行网。它借助于 RUPI-44 系列单片机，通过单片机中串行通信接口单元 SIU 实现数据通信。其主要特性如下。

在通信传输的互联模型中，定义了物理层、数据链路层、应用层和用户层。其中，物理层符合 RS485 标准，数据链路层符合 SDLC 协议，应用层符合 Intel iDCx51 软件格式，用户层是从传输信息中分离出任务内容并由相应的硬、软件系统来执行的，传播介质采用双绞线和同轴电缆。信道访问方式采用命令应答式，主站向从站发出命令，从站采用应答方式响应，传输信息有同步和异步两种操作方式。异步方式采用 NRZI 信号编码，传输速度为 62.5kb/s；传送速率时最大传输距离为 1200m。

2. 可寻址远程传感器数据通路（HART）

HART 是美国 Rosemount 公司研制的。其协议可参照 ISO/OSI 模型的物理层、数据链路层和应用层。它主要具有以下特性。

（1）物理层：采用基于 Bell202 通信标准的 FSK 技术，即在直流 4~20mA 模拟信号上。加 PSK 数字信号，逻辑 1 为 1200Hz，逻辑 0 为 2200Hz，波特率为 1200b/s，调制信号为正负 0.5mA 或 U_{p-p}=0.25V（250Ω 负载）。用屏蔽双绞线单台设备传输距离为 3000m，而多台设备互联距离为 1500m。

（2）数据链路层：数据帧长度不固定，最长 25 字节。地址为 0~15，当地址为 0 时，处于直流 4~20mA 与数字通信兼容状态；当地址为 1~15 时，则处于全数字通信状态。通信模式为"问答式"或"广播式"。

（3）应用层：应用层规定了三种命令：第一种是通用命令，适用于遵守 HART 协议的所有产品；第二种是普通命令，适用于遵守 HART 协议的大部分产品；第三种是特殊命令，适用于遵守 HART 协议的特殊产品。

3. CAN 总线

CAN 是控制器局域网络（Controller Area Network, CAN）的简称，是由研发和生产汽车电子产品著称的德国 Bosch 公司开发的，并最终成为国际标准（ISO118.8），是国际上应用最广泛的现场总线之一。在北美和西欧，CAN 总线协议已经成为汽车计算机控制系统和嵌入式工业控制局域网的标准总线，并且拥有以 CAN 为底层协议专为大型货车和重工机械车辆设计的 J1939 协议。近年来，其所具有的高可靠性和良好的错误检测能力受到重视，被广泛应用于汽车计算机控制系统和环境温度恶劣、电磁辐射强和振动大的工业环境。

CAN 总线是从 20 世纪 80 年代初为解决现代汽车中众多的控制与测试仪器之间的数据交换而开发的一种串行数据通信协议，它是一种多主总线，通信介质可以是双绞线、同轴电缆或光导纤维。通信速率可达 1MB/s。

CAN 总线具有以下特点。

（1）完成对通信数据的成帧处理

CAN 总线通信接口中集成了 CAN 协议的物理层和数据链路层功能，可完成对通信数据的成帧处理，包括位填充、数据块编码、循环冗余检验、优先级判别等项工作。

（2）使网络内的节点个数在理论上不受限制

CAN 协议的一个最大特点是废除了传统的站地址编码，而代之以对通信数据块进行编码。采用这种方法的优点可使网络内的节点个数在理论上不受限制，数据块的标识码可由 11 位或 29 位二进制数组成，因此可以定义两个不同的数据块，这种按数据块编码的方式，还可使不同的节点同时接收到相同的数据，这一点在分布式控制系统中非常有用。数据段长度最多为 8 个字节，可满足通常工业领域中控制命令、工作状态及测试数据的一般要求。同时，8 个字节不会占用总线时间过长，从而保证了通信的实时性。CAN 协议采用 CRC 检验并可提供相应的错误处理功能，保证了数据通信的可靠性。CAN 卓越的特性、极高的可靠性和独特的设计，特别适合工业过程监控设备的互联，因此，越来越受到工业界的重视，并已公认为最有前景的现场总线之一。

（3）可在各节点之间实现自由通信

CAN 总线采用了多主竞争式总线结构，具有多主站运行和分散仲裁的串行总线及广播通信的特点。CAN 总线上任意节点可在任意时刻主动地向网络上其他节点发送信息而不分主次，因此可在各节点之间实现自由通信。CAN 总线协议已被国际标准化组织认证，技术比较成熟，控制的芯片已经商品化，性价比高，特别适用于分布式测控系统之间的数据通信。CAN 总线插卡可以任意插在 PC、AT、XT 兼容机上，方便地构成分布式监控系统。

（4）结构简单

CAN 总线结构简单，只有两根线与外部相连，并且内部集成了错误探测和管理模块。

4. 基金会现场总线

基金会现场总线（Foundation Fieldbus, FF）是目前最具发展前景、最具竞争力的现场总线之一。以 Fisher-Rosemount 公司为首，联合 80 家公司组成的 ISP 组织和以 Honeywell 公司为首，联合欧洲 150 家公司组成的 WorldFIP 北美分部，这两大集团于 1994 年合并，成立现场总线基金会，致力于开发统一的现场总线标准。FF 目前拥有 120 多个成员，包括世界上最主要的自动化设备供应商，如 A-B、ABB、Foxboro、Honeywell、Smar、FUJI Electric 等。

FF 的通信模型以 ISO/OSI 开放系统模型为基础，采用了物理层、数据链路层、应用层，并在其上增加了用户层，各厂家的产品在用户层的基础上实现。FF 总线采用的是令牌总线通信方式，可分为周期通信和非周期通信。FF 目前有高速和低速两种通信速率，其中低速总线协议 H1 已于 1996 年发表，现在已应用于工作现场,高速协议原定为 H2 协议,但目前 H2 很有可能被 HSE 取代。H1 的传输速率为 31.25kb/s,传输距离可达 1900m,可采用中继器延长传输距离,并可支持总线供电,支持本质安全防爆环境;HSE 目前的通信速率为 10Mb/s,更高速的以太网正在研制中。FF 可采用总线型、树型、菊花链等网络拓扑结构,网络中的设备数量取决于总线带宽、通信段数、供电能力和通信介质的规格等因素。FF 支持双绞线、同轴电缆、光缆和无线发射等传输介质,物理传输协议符合 IECII57-2 标准,编码采用曼彻斯特编码。FF 总线拥有非常出色的互操作性,这在于 FF 采用了功能模块和设备描述语言(Device Description Language,DDL)使得现场节点之间能准确、可靠地实现信息互通。

5. LonWorks 总线

LonWorks 是美国 Echelon 公司 1992 年推出的局部操作网络,最初主要用于楼宇自动化,但很快发展到工业现场网。LonWorks 是一种全新的现场总线。它为全分散式的现场设备提供了可互相操作的控制网络,已获得世界上 140 多个公司、组织的确认,并组成 LonMark 协会。目前,有 1500 家组织选择它,在各行各业成功地构成了应用系统。

LonWorks 技术的核心是神经元芯片(Neuron Chip)。该芯片内部装有 3 个微处理器:MAC 处理器完成介质访问控制;网络处理器完成 OSI 的 3～6 层网络协议;应用处理器完成用户现场控制应用。它们之间通过公用存储器传递数据。

在控制单元中需要采集和控制功能,为此,神经元芯片特设置 11 个 I/O 接口。这些 I/O 接口可根据需求不同来灵活配置与外围设备的接口,如 RS232、并口、定时/计数、间隔处理、位 I/O 等。

神经元芯片还有一个时间计数器,从而能完成 Watchdog、多任务调度和定时功能。神经元芯片支持节电方式,在节电方式下系统时钟和计数器关闭,但状态信息(包括 RAM 中的信息)不会改变。一旦 I/O 状态变化或网线上信息有变,系统便会激活。其内部还有一个最高 1.25Mb/s、独立于介质的收发器。由此可见,一个小小的神经元芯片不仅具有强大的通信功能,而且还集采集、控制于一体。在理想情况下,一个神经元芯片加上几个分离元件便可成为 DCS 系统中一个独立的控制单元。

LonWorks 提供的不仅仅是一套高性能的神经元芯片,更重要的是,它提供了一套完整的开发平台。工业现场中的通信不仅要将数据实时发送、接收,更多的是数据的打包、拆包、流量处理、出错处理。这使控制工程师不得不在数据通信上投入大量精力。LonWorks 在这方面提供了非常友好的服务,提供了一套完整的建网工具——LonBuild。

LonTalk 是 LonWorks 的通信协议固化在神经元芯片内的。LonTalk 局部操作网协议是为 LonWorks 中通信所设的框架,支持 ISO 组织制定的 OSI 参考模型的七层协议,并可使简短的控制信息在各种介质中非常可靠地传输。

LonTalk 协议是直接面向对象的网络协议,具体实现即采用网络变量的形式。又由于硬件芯片的支持,使它实现了实时性和接口的直观、简洁等现场总线的应用要求。

12.2.2 基于 TCP/IP 协议的网络化智能传感器

基于 TCP/IP 协议的网络化智能传感器是计算机网络技术与智能传感器结合的产物。通过将这种传感器直接与 Internet 网络联接,使其与普通计算机一样成为网络中的独立节点,并具有网络节点的组态性和可操作性。这样信息就能跨越网络所覆盖的任何区域,进行实时远程在线测控,使传统测控系统的信息采集、数据处理等方式产生质的飞跃,各种现场数据可以直接在网络上传输、发布和共享。而且使测控系统本身也发生飞跃,可在网络上任何测控系统节点中的现场传感器进行在线编程和组态,使测控系统的结构和功能产生了重大变革。同时,通过研制特定的嵌入式 TCP/IP 软件,可以使得测控网与信息网融为一体。基于 TCP/IP 协议的网络化智能传感器的基本结构如图 12.3 所示。

在开发基于 TCP/IP 的网络化智能传感器时，有以下几个方面值得注意。

（1）首先是对智能传感器的总体结构进行全新论证。为实现网络通信，需要对功能单元重新划分，在传统智能传感器基础上突出网络功能模块。

（2）研究底层网络接口（硬件接口）的实现问题——实现网络化。由于网络技术的迅猛发展，各类网络接口芯片为功能实现提供了大量的选择余地，但在选择和论证时要做到高可靠、低功耗、低成本和微体积等。

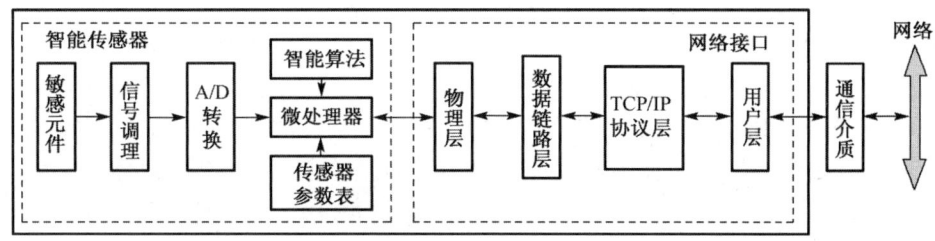

图 12.3 基于 TCP/IP 协议的网络化智能传感器的基本结构

（3）研究高层网络接口（软件接口）的实现问题——实现 Internet 化。为保证智能传感器与网络上其他传感器或计算机之间实现可靠的数据通信，以及方便应用已有网络平台和相关成熟的网络技术，应选择成为事实标准的 TCP/IP 协议作为高层接口。用软件实现的 TCP/IP 标准接口使得网络化智能传感器具有高度的整体组态性（包括远程）。把 TCP/IP 作为一种嵌入式应用，即把 TCP/IP 协议嵌入到智能传感器的 ROM 中，使得信号的收发都以 TCP/IP 方式进行。

（4）研究网络化智能传感器的通信策略。为保证良好的互操作性，一方面是使传感器成为 Internet 的现场级服务器，使之具备基本的发送和应答等 TCP/IP 方式的通信功能；另一方面由于现场级的智能传感器软、硬件资源毕竟有限，在 Internet 中的信息交换还是应该以企业级服务器为核心。因此，要在企业级服务器上研究专门的服务软件及建立相应的数据库。

12.3 无线传感器网络概述

随机分布的集成具有传感器、数据处理单元和通信模块的微小节点通过自组织的方式构成网络，借助节点中内置的形式多样的传感器测量所在周边环境中的热、红外、声呐、雷达和地震波信号，从而探测包括温度、湿度、噪声、光强度、压力、土壤成分、移动物体的大小、速度和方向等众多人们感兴趣的物质现象。在通信方式上，虽然可以采用有线、无线、红外和光等多种形式，但一般认为短距离的无线低功率通信技术最适合传感器网络使用，称为无线传感器网络（Wireless Sensor Network，WSN）。

12.3.1 无线传感器网络的基本概念

无线传感器网络和基于无线传感器网络的自主智能系统是涉及微机电系统、计算机、通信、自动控制、人工智能等多学科的综合性技术。

目前大多数研究者普遍接受的既成事实的 WSN 的定义是：由部署在监测区域内大量的廉价微型传感器节点组成，通过无线通信方式形成的一个多跳的自组织的网络系统，其目的是协作地感知、采集和处理网络覆盖区域中感知对象的信息，并发送给观察者。传感器、感知对象和观察者构成了无线传感器网络的三要素。如果说 Internet 构成了逻辑上的信息世界，改变了人与人之间的沟通方式，那么，无线传感器网络就是将逻辑上的信息世界与客观上的物理世界融合在一起，改变了人类与自然界的交互方式。人们可以通过传感网络直接感知客观世界，从而极大地扩展现有网络的功能和人类认识世界的能力。另外，无线传感器网络可以在独立的环境下运行，也可以通过网关连接到现有的网络基础设施上，如 Internet 等。

12.3.2 无线传感器网络的特征

在过去的 80 多年里，无线网络技术取得了突飞猛进的发展。从人工操作的无线电报网络到使用扩频技术的自动化无线局域网络、个（局）域网络，无线网络的应用领域随着技术的进步而不断地扩展。但迄今为止，主流的无线网络技术，如 IEEE802.11、Bluetooth，都是为了数据传输而设的，称为无线数据网络。目前，无线数据网络研究的热点问题是无线自组网络技术。所谓无线自组网络（Mobile ad-hoc Network）是一个由几十到上百个节点组成的、采用无线通信方式的、动态组网的多跳的移动性对等网络。其目的是通过动态路由和移动管理技术传输具有服务质量要求的多媒体信息流。通常节点具有持续的能量供给。作为 Internet 在无线和移动范畴的扩展和延伸，无线自组网络可以实现不依赖于任何基础设施的移动节点在短时间内的互联。

无线传感器网络虽然与无线自组网有相似之处，但同时也存在很大的差别。无线传感器网络是集成了监测、控制及无线通信的网络系统，节点数目更为庞大（上千甚至上万），节点分布更为密集。由于环境影响和能量耗尽，因此节点更容易出现故障。环境干扰和节点故障易造成网络拓扑结构的变化，一般情况下，大多数传感器节点是固定不动的。另外，传感器节点具有的能量、处理能力、存储能力和通信能力等都十分有限。传统无线网络的首要设计目标是提供高服务质量和高效带宽利用，其次才考虑节约能源；而无线传感器网络的首要设计目标是能源的高效使用，这也是无线传感器网络和传统网络最重要的区别之一。

传感器节点在实现各种网络协议和应用系统时，存在以下一些现实约束。① 电源能量有限。传感器节点体积微小，通常携带能量十分有限的电池。由于传感器节点个数多、成本要求低廉、分布区域广，而且部署区域环境复杂，有些区域甚至人员不能到达，因此传感器节点通过更换电池的方式来补充能源是不现实的。如何高效使用能量来最大化网络生命周期是无线传感器网络面临的首要挑战。② 通信能力有限。考虑到传感器节点的能量限制和网络覆盖区域大，无线传感器网络采用多跳路由的传输机制。传感器节点的无线通信带宽有限，通常仅有几百 kb/s 的速率。由于节点能量的变化，受高山、建筑物、障碍物等地势地貌及风雨雷电等自然环境的影响，无线通信性能可能经常变化，频繁出现通信中断。在这样的通信环境和节点有限通信能力的情况下，如何设计网络通信机制以满足无线传感器网络的通信需求是无线传感器网络面临的挑战之一。③ 计算和存储能力有限。传感器节点是一种微型嵌入式设备，要求它价格低功耗小，这些限制必然导致其携带的处理器能力比较弱，存储器容量比较小。为了完成各种任务，传感器节点需要完成监测数据的采集和转换、数据的管理和处理、应答汇聚节点的任务请求和节点控制等多种工作。如何利用有限的计算和存储资源完成诸多协同任务成为无线传感器网络设计的挑战。

由于上述原因，无线传感器网络具有以下特点。

1. 大规模网络

为了获取精确信息，在监测区域通常部署大量传感器节点，传感器节点数量可能达到成千上万，甚至更多。无线传感器网络的大规模性包括两方面的含义：一方面是传感器节点分布在很大的地理区域内，如在原始大森林采用无线传感器网络进行森林防火和环境监测，需要部署大量的传感器节点；另一方面，传感器节点部署很密集，在一个面积不是很大的空间内，密集部署了大量的传感器节点。无线传感器网络的大规模性具有以下优点。

（1）通过不同空间视角获得的信息具有更大的信噪比。

(2) 通过分布式处理大量的采集信息能够提高监测的精确度，降低对单个节点传感器的精度要求。
(3) 大量冗余节点的存在，使得系统具有很强的容错性能。
(4) 大量节点能够增大覆盖的监测区域，减少洞穴或盲区。

2．自组织网络

在无线传感器网络应用中，一般情况下，传感器节点被放置在没有基础结构的地方。传感器节点的位置不能预先精确设定，节点之间的相互关系预先也不知道。例如，通过飞机播撒大量传感器节点到面积广阔的原始森林中，或者随意放置到人不可到达或危险的区域，这样就要求传感器节点具有自组织的能力，能够自动进行配置和管理，通过拓扑控制机制和网络协议自动形成转发监测数据的多跳无线网络系统。在无线传感器网络使用过程中，部分传感器节点由于能量耗尽或环境因素造成失效，也有一些节点为了弥补失效节点、增加监测精度而补充到网络中，这样在无线传感器网络中的节点个数就动态地增加或减少，从而使网络的拓扑结构随之动态地变化。无线传感器网络的自组织性要能够适应这种网络拓扑结构的动态变化。

3．动态性网络

无线传感器网络的拓扑结构可能因为下列因素而改变。
(1) 环境因素或电能耗尽造成的传感器节点出现故障或失效。
(2) 环境条件变化可能造成无线通信链路带宽变化，甚至时断时通。
(3) 无线传感器网络的传感器、感知对象和观察者这三要素都可能具有移动性。
(4) 新节点的加入。这就要求无线传感器网络系统要能够适应这种变化，具有动态的系统可重构性。

4．可靠的网络

无线传感器网络特别适合部署在恶劣环境或人类不宜到达的区域，传感器节点可能工作在露天环境中，遭受太阳的暴晒或风吹雨淋，甚至遭到无关人员或动物的破坏。传感器节点往往采用随机部署，如通过飞机撒播或发射炮弹到指定区域进行部署。这些都要求传感器节点非常坚固，不易损坏，适应各种恶劣环境条件。由于监测区域环境的限制及传感器节点数目巨大，不可能人工"照顾"每个传感器节点，网络的维护十分困难甚至不可维护。无线传感器网络的通信保密性和安全性也十分重要，要防止监测数据被盗取和获取伪造的监测信息。因此，无线传感器网络的软硬件必须具有鲁棒性和容错性。

5．应用相关的网络

无线传感器网络用来感知客观物理世界，获取物理世界的信息量。客观世界的物理量多种多样，不可穷尽。不同的无线传感器网络应用关心不同的物理量，因此对传感器的应用系统也有多种多样的要求。不同的应用背景对无线传感器网络的要求不同，其硬件平台、软件系统和网络协议必然会有很大差别。所以无线传感器网络不能像 Internet 一样，有统一的通信协议平台。对于不同的无线传感器网络应用虽然存在一些共性问题，但在开发无线传感器网络应用中，更关心无线传感器网络的差异。只有让系统更贴近应用，才能做出最高效的目标系统。针对每一个具体应用来研究无线传感器网络技术，这是无线传感器网络设计不同于传统网络的显著特征。

6．以数据为中心的网络

目前的互联网是先有计算机终端系统，然后再互联成为网络，终端系统可以脱离网络独立存在。在互联网中，网络设备用网络中唯一的 IP 地址标识，资源定位和信息传输依赖于终端、路由器、服务器等网络设备的 IP 地址。如果想访问互联网中的资源，首先要知道存放资源的服务器 IP 地址。可以说目前的互联网是一个以地址为中心的网络。

无线传感器网络是任务型的网络，脱离无线传感器网络谈论传感器节点没有任何意义。无线传感器网络中的节点采用节点编号标识，节点编号是否需要全网唯一取决于网络通信协议的设计。由于传感器节点随机部署，构成的无线传感器网络与节点编号之间的关系是完全动态的，表现为节点编号与节点位置没有必然联系。用户使用无线传感器网络查询事件时，直接将所关心的事件通告给网络，而不是通告给某个确定编号的节点。网络在获得指定事件的信息后汇报给用户。这种以数据本身作为查询或传输线索的思想更接近于自然语言交流的习惯。所以通常说无线传感器网络是一个以数据为中心的网络。例如，在应用于目标跟踪的无线传感器网络中，跟踪目标可能出现在任何地方，对目标感兴趣的用户只关心目标出现的位置和时间，并不关心哪个节点监测到目标。事实上，在目标移动的过程中，必然是由不同的节点提供目标的位置消息。

12.3.3 无线传感器网络的发展

WSN 的研究起源于 20 世纪 70 年代。最早应用于军事领域，如冷战时期的声音监测系统（Sound Surveillance System，SOSUS）及空中预警与控制系统（Airborne Warning and Control System，AWACS）。这种原始的传感器网络通常只能捕获单一信号，传感器节点之间进行简单的点对点通信，网络一般采用分级处理结构。1980 年，美国国防部高级研究计划局（Defense Advanced Research Projects Agency，DARPA）的分布式传感器网络项目（Distributed Sensor Network，DSN）开启了现代传感器网络研究的先河。20 世纪八九十年代，传感器网络的研究依旧主要在军事领域中进行，并成为网络中心战思想中的关键技术，拉开了无线传感器网络研究的序幕，其中比较著名的系统包括美国海军研制的协同交战能力系统（Cooperative Engagement Capability，CEC）、用于反潜的确定性分布系统（Fixed Distributed System，FDS）和高级配置系统（Advanced Deployment System，ADS），以及远程战场传感器网络系统（Remote Battlefield Sensor System，REMBASS）和战术远程传感器系统（Tactical Remote Sensor System，TRSS）等无人看管地面传感器网络系统。20 世纪 90 年代中后期，WSN 引起了学术界、军界和工业事界的广泛关注，发展了现代意义的无线传感器网络技术。

2003 年，美国商业周刊和 MIT 技术评论在预测未来技术发展的报告中，分别将无线传感器网络列为 21 世纪最有影响的 21 项技术和改变世界的十大技术之一。无线传感器网络、塑料电子学和仿生人体器官又被称为全球未来的三大高科技产业。美国《今日防务》杂志认为 WSN 的应用和发展，将引起一场划时代的军事技术革命和未来战争的变革。2004 年，IEEE *Spectrum* 杂志发表一期专题：传感器国度，专门论述 WSN 的发展与可能的广泛应用。具体而言，WSN 的地位可从以下三方面进行分析。

1. 第四代传感器网络

可将传感器网络的发展划分为 4 个阶段。一般将简单点到点信号传输功能的传统传感器所组成的测控系统称为第一代传感器网络；第二代为由智能传感器和现场控制站组成的测控网络；第三代为基于现场总线的智能传感器网络；无线传感器网络为第四代传感器网络，其应用领域发生了很大的变化。

2. 新一代计算设备

依计算科学领域的 Bell 定律，每 10 年会有一类新的计算设备诞生，是从巨型机、小型机、工作站、PC、PAD 到 WSN 节点、生物芯片，WSN 被认为是新一代的计算设备。

3. 普适计算的一个重要途径

普适计算是与信息空间发展相适应的一种计算模式。1991 年，Mark Weiser 提出了"普适计算的思想，即把计算机嵌入到环境或日常生活中去，让计算机从人们生活中消失，使人们能够随时随地和透明地获得数字化的服务。WSN 是普适计算的一个重要途径，是普适计算发展的趋势。在 WSN 环境中，在任何时间、任何地点都能够与外界信息更方便地交流，让人们可以自由地穿行于物理世界和信息空间中，实现物理世界与信息世界的融合。

12.3.4 无线传感器网络的应用

传感器网络的应用前景非常广阔，能够广泛应用于军事、环境监测和预报、医疗健康、家居智能及其他商用、工业领域。随着传感器网络的深入研究和广泛应用，传感器网络将逐渐深入到人们生活的各个领域。

1. 军事应用

无线传感器网络的相关研究最早起源于军事领域。由于其具有可快速部署、自组织、隐蔽性强和高容错性的特点，因此能够实现对敌军地形和兵力布防及装备的侦察、战场的实时监视、定位攻击目标、战场评估、核攻击和生物化学攻击的监测和搜索等功能。

在战场中，指挥员往往需要及时、准确地了解敌我人员、武器装备、通信和军用物资供给的情况。通过随机撒播、特种炮弹发射等手段，可以将大量传感器节点密集地散布在预定区域，收集该区域内有价值的信息，并通过汇聚节点将数据传送至指挥所，也可经由卫星信道转发到指挥部，最后融合来自各战场的数据形成我军完备的战区态势图。在战争中，对冲突区和军事要地的监视也是至关重要的。通过布设无线传感器网络，可以方便地监控我军布防的阵地是否有敌军入侵，或者是以更为隐蔽的方式近距离地观察敌方的布防。当然，也可以直接将传感器节点撒向敌方阵地，在敌方还未来得及反应时迅速收集有关作战信息。无线传感器网络可以为火控和制导系统提供准确的目标定位信息，在生物和化学战争中，利用无线传感器网络及时、准确地探测爆炸中心，将会为我军提供宝贵的反应时间，从而最大可能地减小伤亡。作为军事 C4ISRT 系统的一个不可或缺的组成部分，无线传感器网络以其低成本、密集型、随机分布、自组织性和强容错能力的特点，及时、准确地为战场指挥系统提供高可靠的军事信息。即使在部分传感器节点失效时，无线传感器网络作为整体仍能完成观测任务。

2. 环境观测和预报系统

随着人们对于环境的日益关注，环境科学所涉及的范围越来越广泛。传感器网络在环境研究方面可用于监视农作物灌溉情况、土壤空气情况、牲畜和家禽的环境状况和大面积的地表监测等，可用于行星探测、气象和地理研究、洪水监测等，还可以通过跟踪鸟类和昆虫进行种群复杂度的研究等。

基于传感器网络的 ALERT 系统中就有数种传感器用来监测降雨量、河水水位和土壤水分，并依此预测暴发山洪的可能性。类似地，传感器网络可实现对森林环境监测和火灾报告，传感器节点被随机密布在森林之中，平常状态下定期报告森林环境数据。当发生火灾时，这些传感器节点通过协同合作会在很短的时间内将火源的具体地点、火势的大小等信息传送给相关部门。

为更好地了解地球气候的变化，挪威科学家利用 WSN 监测冰河的变化情况，目的在于通过分析冰河环境的变化来推断地球气候的变化。在没有基础设施支持的冰河中进行观测试验，WSN 成了最佳选择。网络节点被埋在冰床下面，深浅各不相同，节点除了可以测量压力和温度等基本参数外，还装备了特殊的传感器用来测方向，冰面上作为簇头的节点安装有 GPS 来定位，各簇头通过 GSM 链路将监测数据传回基站。

3. 医疗健康

无线传感器网络所具备的自组织、微型化和对周围区域的感知能力等特点，决定了它在检测人体生理数据、健康状况、医院药品管理及远程医疗等方面可以发挥出色的作用,因而在医疗领域有着广阔的应用前景。

如果在住院病人身上安装特殊用途的传感器节点,如心率和血压监测设备,医生利用传感器网络就可以随时了解被监护病人的病情,发现异常能够迅速抢救。将传感器节点按药品种类分别放置,计算机系统即可帮助辨认所开的药品,从而减少病人用错药的可能性。还可以利用传感器网络长时间地收集人体的生理数据,这些数据对了解人体活动机制和研制新药品都是非常有用的。

哈佛大学的一个研究小组利用无线传感器网络构建了一个医疗监测平台。传统模式,住院病人躺在病床上,身上安装了若干监测传感器,通过线缆被连接到病床边的监测仪器上。在这种模式下,病人必须待在床上,很不自由。利用无线传感器网络技术,病人便可摆脱线缆的束缚,自由活动,医生手持 PAD 可以随时接收报警消息或查询病人状况。该系统已经在波士顿附近的医院里进行测试。

4. 家居智能

嵌入家具和家电中的传感器与执行单元组成的无线网络与 Internet 连接在一起,能够为人们提供更加舒适、方便和具有人性化的智能家居环境,用户可以方便地对家电进行远程监控。例如,在下班前遥控家里的电饭锅、微波炉、电话机、录像机、计算机等家电,按照自己的意愿完成相应的煮饭、烧菜、查收电话留言、选择电视节目及下载网络资料等工作,也可以通过图像传感设备随时监控家庭安全情况。

另外,在家居环境控制方面,将传感器节点放在家中不同的房间,可以对各个房间的环境温度进行局部控制。

5. 其他商用、工业领域

在商务应用中,传感器网络可用于物流和供应链的管理,在仓库中的每件存货中安置传感器节点,管理员可以方便地查询到存货的位置和数量;在增加存货时,管理员只需在存货中安置相应的传感器节点;在日常的管理中,管理员可以在控制室实时监测每件存货的状态。

在工业应用中,自组织、微型化和对外部世界的感知能力,决定了无线传感器网络在工业领域大有作为。它包括车辆的跟踪、机械的故障诊断、建筑物状态监测等。将无线传感器网络和 RFID(无线射频识别标签,简称"电子标签")技术融合是实现智能交通系统的绝好途径。通过传感器节点的探测可以得到实时的交通信息,如车辆的数量、道路拥塞程度等;通过车载主动式的 RFID 可以得到每辆车的精确信息,如车辆的编号、车型及车主的相关信息等。将这两个信息融合,就可以全面掌握交通信息,并根据需要信号、追踪某车辆。另外,在一些危险的工作环境,如煤矿、石油钻井、核电厂等。利用无线传感器网络可以探测工作现场有哪些员工、他们在做什么及他们的安全保障等重要信息。

12.3.5 无线传感器网络所面临的挑战

无线传感器网络不同于传统数据网络的特点,对无线传感器网络的设计与实现提出了新的挑战,主要体现在以下 5 个方面。

1. 低成本

无线传感器网络的节点数量众多,单个节点的价格会极大程度地影响系统的成本。为了达到降低单个节点成本的目的,需要设计对计算、通信和存储能力均要求较低的简单网络系统和通信协议。此外,还可以通过减少系统管理与维护的开销来降低系统的成本,这需要无线传感器网络系统具有自配置和自修复的能力。

2. 低能耗

传感器节点通常由电池供电,电池的容量一般不会很大。由于长期工作在无人值守的环境中,通常无法给传感器节点充电或更换电池,一旦电池用完,节点也就失去了作用,这要求在无线传感器网络运行的过程中,每个节点都要最小化自身的能量消耗,获得最长的工作时间。因而无线传感器网络中的各项技术和协议的使用一般都以节能为前提。

3. 实时性

无线传感器网络应用大多有实时性的要求。例如,目标在进入监测区域之后,网络系统需要在一个很短的时间内对这一事件做出响应,其反应时间越短,系统的性能就越好。

4. 安全和抗干扰

无线传感器网络系统具有严格的资源限制,需要设计低开销的通信协议,同时也会带来严重的安全问题。如何使用较少的能量完成数据加密、身份认证、接入检测,以及在破坏或受干扰的情况下可靠地完成任务,也是无线传感器网络研究与设计面临的一个重要挑战。

5. 协作

单个的传感器节点往往不能完成对目标的测量、跟踪和识别,而需要多个传感器节点采用一定的算法通过交换信息,对所获得的数据进行加工、汇总和过滤,并以事件的形式得到最终结果。数据的传递协作涉及网络协议的设计和能量的消耗,也是目前研究热点之一。

12.3.6 无线传感器网络的体系结构

尽管传统的通信网络技术中的一些解决方案可以借鉴到无线传感器网络技术中,但由于无线传感器网络是能量受限的自组织网络,并且其工作环境和条件与传统网络有所不同,因此无线传感器网络的体系结构有其特殊性,深入地探讨无线传感器网络的体系结构有着重要的研究意义。

12.3.7 无线传感器网络的系统结构

1. 无线传感器网络结构

无线传感器网络结构如图 12.4 所示。无线传感器网络系统通常包括传感器节点(Sensor node)、汇聚节点(Sink node)和管理节点。大量传感器节点随机部署在监测区域(Sensor field)内部或附近,能够通过自组织方式构成网络。传感器节点监测的数据沿着其他传感器节点逐跳地进行传输,在传输过程中监测数据可能被多个节点处理,经过多跳后路由到汇聚节点,最后通过互联网或卫星到达管理节点。用户通过管理节点对传感器网络进行配置和管理、发布监测任务及收集监测数据。

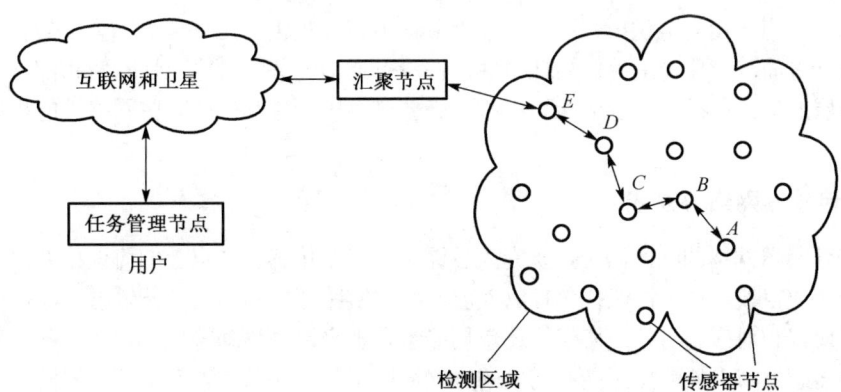

图 12.4 无线传感器网络结构

传感器节点通常是一个微型的嵌入式系统，它的处理能力、存储能力和通信能力相对较弱，通过携带能量有限的电池供电。从网络功能上看，每个传感器节点兼顾传统网络节点的终端和路由器双重功能，除了进行本地信息收集和数据处理外，还要对其他节点转发来的数据进行存储、管理和融合等处理，同时与其他节点协作完成一些特定任务。目前传感器节点的软硬件技术是传感器网络研究的重点。汇聚节点的处理能力、存储能力和通信能力相对比较强，它连接传感器网络与 Internet 等外部网络，实现两种协议栈之间的通信协议转换，同时发布管理节点的监测任务，并把收集的数据转发到外部网络上。汇聚节点既可以是一个具有增强功能的传感器节点，有足够的能量供给和更多的内存与计算资源，也可以是没有监测功能仅带有无线通信接口的特殊网关设备。

2. 无线传感器节点结构

在不同应用中，无线传感器的组成不尽相同，但一般都由传感器模块、处理器模块、无线通信模块和能量供应模块这四部分组成，如图 12.5 所示。传感器模块（传感器和模数转换器）负责监测区域内信息的采集和数据转换；处理器模块（如 CPU、存储器、嵌入式操作系统等）负责控制整个传感器节点的操作，存储和处理本身采集的数据及其他节点发来的数据；无线通信模块（如网络、MAC、收发器）负责与其他传感器节点进行无线通信；能量供应模块为传感器节点提供运行所需的能量，通常采用微型电池。

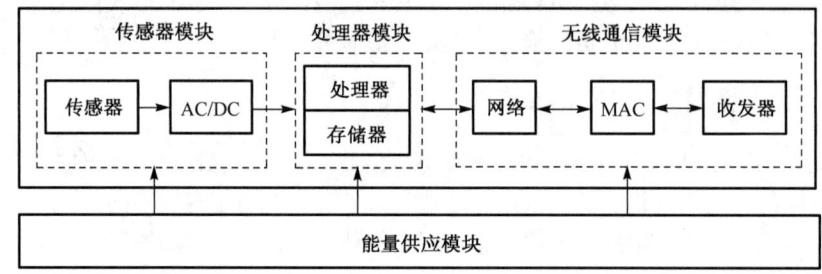

图 12.5　无线传感器节点结构

此外，无线传感器节点还可以包括其他辅助单元，如移动系统、定位系统和自供电系统等。由于需要进行比较复杂的任务调度与管理，处理单元还需要包含一个功能较为完善的微型化嵌入式操作系统，如美国 UC Berkeley 大学开发的 Tiny OS。目前已有多种成型的传感器节点设计，如 Berkeley 的 Motes、ICTCAS/PHKUST 的 BUDS、Intel 的 iMote 等。它们在实现原理上是相似的，只是采用了不同的微处理器、不同的协议和通信方式。此外，还必须有一些应用相关部分，如某些传感器节点有可能在深海或海底，也有可能出现在化学污染或生物污染的地方，这就需要在传感器节点的设计上采用一些特殊的防护措施。

由于传感器节点采用电池供电，一旦电能耗尽，节点就失去了工作能力。为了最大限度地节约电能，在硬件设计方面，要尽量采用低功耗器件，在没有通信任务的时候，切断射频部分电源；在软件设计方面，各层通信协议都应该以节能为中心，必要时可以牺牲其他的一些网络性能指标，以获得更高的电源效率。

3. 无线传感器网络协议栈

随着无线传感器网络的深入研究，研究人员提出了多个传感器节点上的协议栈。图 12.6(a)所示为早期提出的一个协议栈，这个协议栈包括物理层、数据链路层、网络层、传输层和应用层，与互联网协议栈的五层协议相对应。另外，协议栈还包括能量管理平台、移动管理平台和任务管理平台。这些管理平台使得传感器节点能够按照能源高效的方式协同工作，在节点移动的传感器网络中转发数据，并支持多任务和资源共享。各层协议和平台的功能为：物理层提供简单但健壮的信号调制和无线收发技术；数据链路层负责数据成帧、帧检测、媒体访问和差错控制；网络层主要负责路由生成与路由选择；传输层负责数据流的传输控制，是保证通信服务质量的重要部分；应用层包括一系列基于监测任务的应用层软件；能量管理平台管理传感器节点如何使用能源，在各个协议层都需要考虑节省能量；移动管理平台检测并注册传感器节点的移动，维护到汇聚节点的路由，使得传感器节点能够动态跟踪其邻居的位置；任务管理平台在一个给定的区域内平衡和调度监测任务。

图 12.6(b)所示的协议栈细化并改进了原始模型。定位和时间同步子层在协议栈中的位置比较特殊。它们既要依赖于数据传输通道进行协作定位和时间同步协商，同时又要为网络协议各层提供信息支持，如基于时分复用的 MAC 协议，基于地理位置的路由协议等很多传感器网络协议都需要定位和同步信息。所以在图 12.6(a)中用倒 L 型描述这两个功能子层。图 12.6(b)中右边的诸多机制一部分融入到图 12.6(a)所示的各层协议中，用以优化和管理协议流程；另一部分独立在协议外层，通过各种收集和配置接口对相应机制进行配置和监控，如能量管理。在图 12.6(a)中的每个协议层次中都要增加能量控制代码，并提供给操作系统进行能量分配决策；QoS 管理在各协议层设计队列管理、数据优先级机制或带宽预留等机制，并对特定应用的数据给予特别处理；拓扑控制利用物理层、数据链路层或路由层完成拓扑生成，反过来又为它们提供基础信息支持，优化 MAC 协议和路由协议的协议过程，提高协议效率，减少网络能量消耗；网络管理则要求协议各层嵌入各种信息接口，并定时收集协议运行状态和流量信息，协调控制网络中各个协议组件的运行。

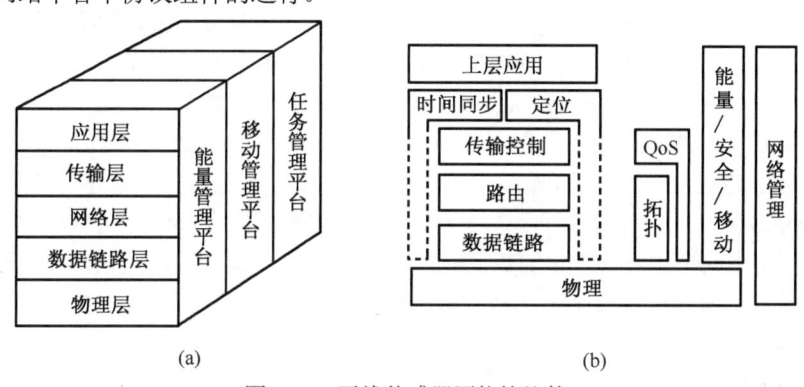

图 12.6 无线传感器网络协议栈

12.3.8 无线传感器网络体系结构的设计要求

无线传感器网络的体系结构是 WSN 研究中的重要方面，近年来国内外的学者广泛展开了相应的研究工作。结合 WSN 的自身特点，在设计 WSN 的体系结构中需要考虑的要素归纳如下。

1. 节点资源的有效利用

WSN 由大量低成本的微型节点组成，能量、带宽、计算、存储等资源非常有限。有效管理和使用这些资源，最大限度地延长网络寿命是 WSN 研究所面临的一个关键技术挑战，需要在体系结构的层面上给予系统性的考虑。能耗管理涉及 WSN 研究的方方面面，选择低功耗的硬件设备，设计低功耗的 MAC 协议和路由协议等一直是研究的热点。WSN 系统的各个层次和各个功能模块之间是彼此关联的，为了优化功耗，需要各功能模块间保持必要的同步，即同步休眠与唤醒，如 MAC 协议和物理层的无线收发器、路由协议和流量控制协议等。一味片面地优化某个协议来追求低功耗的设计目标不够科学。如果体系结构能给予必要的支持，如便于跨层设计等，应该会有意想不到的结果。典型的例子是过去片面强调低功耗路由协议的设计，结果出现个别关键节点能量耗尽而失效，造成网络分割，连通性无法保持而影响正常工作，但此时网络中大量的节点却有充足的剩余能量，因此从系统的角度设计能耗均衡的路由协议比单纯追求低功耗的路由协议更为重要，当然设计能量均衡的路由协议需要传输层和物理层的支持，这就要求体系结构提供跨层设计的便利。还有网络节点上的计算资源和存储资源有限，不适合进行复杂地计算和大量数据的缓存，这是体系结构设计中需要考虑的。从这个角度分析，空间复杂度和时间复杂度较高的协议和算法，如一些时间同步和定位算法，显然不适合 WSN 应用。目前，有限的带宽资源（IEEE 802.15.4 支持的最高带宽仅为 250kb/s，是造成 WSN 应用仅局限于简单信息的获取和传输，一直不能被扩展到音视频领域的主要技术障碍。但随着无线通信技术的进步，带宽不断增加是极有可能的。目前超宽带 UWB 技术就支持近百兆的带宽，WSN 在不远的将来胜任音视频传输完全有可能，体系结构的设计需要考虑这一发展趋势，不能仅仅停留在简单的数据应用上。

2. 支持网内数据处理

在无线传感器网络的研究初期，人们曾经一度认为成熟的 Internet 技术加上 Ad-hoc 路由机制对传感器网络的设计是充分的，但深入的研究表明：传感器网络有着与传统网络明显不同的技术要求。前者以数据为中心，后者以传输数据为目的。为了适应广泛的应用程序，有利于网络规模的扩展，传统网络的设计遵循着"端到端"的边缘论思想，强调将一切与功能相关的处理都放在网络的端系统上，网络中间节点不实现任何与分组内容相关的功能，只是简单地采用存储/转发的模式为用户传送分组，也就意味着网络仅是一个"比特搬运工"。对于 WSN 而言，在多数应用中，网络仅仅实现分组传输功能是不够的，有时特别需要"网内数据处理"的支持。例如，多个节点可能同时观测到了外部同一事件的发生，它们分别产生数据分组并向 Sink 节点发送。Sink 节点只需收到它们中的一个分组即可，其余分组的传输完全是多余的。如果能在中间节点（如聚类的簇头等）上进行一定的聚合、过滤或压缩，会有效减小频繁传送分组造成的能量开销。另外，减少分组传输还可以协助处理拥塞控制和流量控制，例如，当检测到网络拥塞时，可以进行高强度的数据融合来缓解拥塞。因为过滤是要基于分组内容进行的，自然需要网络中间节点具备一定的数据处理能力。WSN 中类似的功能需求还有很多，如数据融合、节点协同探测等。虽然这违背了传统网络遵从的边缘论的核心思想，但却是 WSN 所需要的，体系结构的设计应该予以考虑。

3. 支持协议跨层设计

在 WSN 系统的开发过程中，各个层次的研究人员为了同一性能优化目标（如节省能耗、提高传输效率、降低误码率等）而进行的协作将非常普遍。这种优化工作使网络体系结构中各个层次之间的耦合变得更加紧密，上层协议需要了解下层协议（不仅仅限于相邻的下层）所提供服务的质量，下层协议的运行需要上层协议（不仅仅限于相邻的上层）的建议和指导，这违背了传统分层网络体系结构中只有相邻层才可以进行消息交互的约定。这种协议的跨层设计无疑会增加体系结构设计的复杂度，但实践证明它是提高系统整体性能的有效方法，对于无线网络尤为如此，WSN 的网络体系结构有必要对此提供一定的支持。

4. 增强安全性

传统互联网体系结构在设计时没有考虑到安全方面的问题，这使得安全成为目前互联网所面临的最棘手的难题之一。由于 WSN 将采用无线通信方式，信道缺少必要的屏蔽和保护，更容易受到攻击和窃听。因此，WSN 体系结构的设计过程中应该吸取互联网的经验教训，将安全方面的考虑提升到一个重要的位置上，设计一定的安全机制，确保所提供服务的安全性和可靠性。这些机制必须自下而上地贯穿于体系结构的各个层次，为安全服务提供全面的保障，即除了类似于 IPSec 这种网络层的安全隧道之外，还需对节点身份标识、物理地址、控制信息（路由表等）提供必要的认证和审计机制来加强对使用网络资源的管理。此外，还需要考虑如何对付可能出现的新的攻击，如耗能攻击和堵塞攻击等。

5．支持多协议

互联网依赖统一的 IP 协议实现端到端的通信。对于 WSN 而言，它的形式和应用需求具有多样性，网络节点除了负责转发分组外，更重要的是负责"以任务为中心"的数据处理，简单的端到端的通信方式较难应对，需要多协议来支持。当然另一方面，WSN 只有接入未来的互联网才能实现更大范围的数据共享，因此 WSN 的体系结构需要对外部网络屏蔽内部协议，提供与外部网络实现无缝信息交互的技术手段，这一点也非常重要。

6．支持有效的资源发现机制

借助类似于 Google 这样的搜索引擎，互联网中能够快速地定位各种网络资源，为用户提供可访问的链接。人们自然也希望未来能方便地定位 WSN 监测信息的类型、覆盖地域的范围，并获得具体的监测信息。这就需要在设计 WSN 体系结构时考虑提供类似的访问接口，使将来的搜索引擎可以方便地通过查询、检索的方式来定位广泛存在的无线传感器网络中的信息资源。传感器资源发现包括网络自组织、网络编址和路由等。拓扑结构自动生成是 WSN 的一个特点。部署大规模 WSN 不可能预先确定网络拓扑，至多能控制节点的密度等宏观参数。节点分布的随机性是必然的，依据单一符号（如 IP 地址或节点 ID）来编址，效率不高，有研究者已经提出根据节点采集数据的多种属性来进行编址，这种编址方案本身就应该属于 WSN 的体系结构研究的内容之一。当然，在新的编址方案下，体系结构还需对相应的资源发现机制给予必要的支持。

7．支持可靠的低延时通信

对于执行实时监测的 WSN 而言，网络体系结构支持低延时的可靠传输是必需的。各种类型的传感器网络节点工作在监测区域内，物理环境的各种参数动态变化，有些很可能是快变过程，如果网络协议不能支持实时传输，监测数据很可能过期无效。

8．支持容忍延时的非面向连接通信

WSN 的形式多样，应用需求也各不相同，除了实时性监测任务以外，有些任务对实时性要求不太高，如海洋勘测、生态环境监测等。此外，虽然目前一般认为 WSN 拓扑结构是静态的或准静态的。但随着研究和应用的深入，很有可能出现拓扑动态变化的应用场景，如海洋中漂浮节点组成的水声传感器网络、用于医疗监护的 WSN 等，它们类似于目前的移动自组织网络（Mobile Ad-hoc Network，MANET），移动性使节点间保持长期稳定的连通性较为困难，倒是偶发的连通性却较为普遍。在缺乏物理连通的条件下实现实时信息交互具有很大的技术挑战。此外，有些 WSN 很可能部署在人迹罕至的偏僻环境中，如森林火灾监测等。一般通过无人机的周期性游弋来收集 Sink 节点上的数据，这意味着在类似的应用中持久的连通性同样无法保持。综合以上几种情形，WSN 需要提供容忍延时的非面向连接通信模式，体系结构的设计不能忽略这一点。

9．开放性

在近半个世纪的网络研究和发展中，人们总结出了一些宝贵的经验。国际标准化组织（ISO）采用 Hubert Zimmerman 提出的开放系统互连（OSI）的概念来描述网络的分层结构，虽然目前已有的大多数网络并没有完全遵从 OSI 的七层模型来设计，但丝毫不影响开放系统互联原则成为人们过去网络研究过程中得到的最有价值的经验。开放性是任何系统保持旺盛生命力和能够持续发展的重要属性。WSN 体系结构的设计必须符合开放系统互联的原则。

12.3.9 无线传感器网络的关键技术

无线传感器网络作为当今信息领域新的研究热点，涉及微机电系统、计算机、通信、自动控制、人工智能等多学科交叉的研究领域，有非常多的关键技术有待发现和研究，下面仅列出部分关键技术。

1. 网络协议

由于传感器节点的计算能力、存储能力、通信能量及携带的能量都十分有限，每个节点只能获取局部网络的拓扑信息，其上运行的网络协议也不能太复杂。同时，传感器拓扑结构动态变化，网络资源也在不断变化，这些都对网络协议提出了更高的要求。传感器网络协议负责使各个独立的节点形成一个多跳的数据传输网络，目前研究的重点是网络层协议和数据链路层协议。网络层的路由协议决定监测信息的传输路径；数据链路层的介质访问控制用来构建底层的基础结构，控制传感器节点的通信过程和工作模式。

2. 路由协议

路由协议解决的是数据传输的问题，是无线传感器网络的核心技术之一。在无线传感器网络中，路由协议不仅关心单个节点的能量消耗，更关心整个网络能量的均衡消耗，这样才能延长整个网络的生存期。同时，无线传感器网络是以数据为中心的，这在路由协议中表现得最为突出，每个节点没有必要采用全网统一的编址，选择路径可以不用根据节点的编址，更多的是根据感兴趣的数据建立数据源到汇聚节点之间的转发路径。传感器网络的路由协议具有应用相关性，不同应用中的路由协议可能差别很大，没有一个通用的路由协议。

目前提出了多种类型的传感器网络路由协议，如多个能量感知的路由协议，定向扩散和谣传路由等基于查询的路由协议，GEAR 和 GEM 等基于地理位置的路由协议，SPEED 和 ReInforM 等支持 QoS 的路由协议。能量感知路由协议从节点的能量利用效率及网络生存期的角度考虑路由选择，基本思想是根据节点剩余能量定义节点的优先级，控制整个网络能量的均衡消耗；基于查询的路由协议将路由建立与路由协议数据查询过程相结合，充分考虑了数据查询类应用的特点；地理位置路由利用节点的地理位置建立数据源到汇聚节点或负责节点的优化传输路径；提供 QoS 保证的路由协议主要从传输可靠性和实时性方面讨论了传感器网络的路由机制。由于传感器网络中路由协议具有应用相关性，同一个传感器网络需要在不同应用条件下使用不同的路由协议。路由协议的自主切换技术可以使传感器节点动态地适应不同的应用和网络环境。

3. MAC 协议

在无线传感器网络中，介质访问控制（Medium Access Control，MAC）协议决定无线信道的使用方式，在传感器节点之间分配有限的无线通信资源，用来构建传感器网络系统的底层基础结构。MAC 协议处于传感器网络协议的底层部分，对传感器网络的性能有较大影响，是保证无线传感器网络高效通信的关键网络协议之一。

传感器网络的 MAC 协议首先要考虑节省能源和可扩展性，其次才考虑公平性、利用率和实时性等。在 MAC 层的能量浪费主要表现在空闲侦听、接收不必要数据和碰撞重传等。为了减少能量的消耗，MAC 协议通常采用"侦听/睡眠"交替的无线信道侦听机制，传感器节点在需要收发数据时才侦听无线信道，没有数据需要收发时就尽量进入睡眠状态。近期提出了 S-MAC、T-MAC 和 Sift 等基于竞争的 MAC 协议，DEANA、TRAMA、DMAC 和周期性调度等时分复用的 MAC 协议，以及 CSMA/CA 与 CDMA 相结合、TDMA 与 FDMA 相结合的 MAC 协议。由于传感器网络是应用相关的网络，应用需求不同时，网络协议往往需要根据应用类型或应用目标环境特征定制，没有任何一个协议能够高效适应所有不同的应用。

4. 网络拓扑控制

在无线传感器网络中，传感器节点是体积微小的嵌入式设备，采用能量有限的电池供电，它的计算能力和通信能力十分有限，所以除了要设计能量高效的 MAC 协议、路由协议及应用层协议之外，还要设计优化的网络拓扑控制机制。

对于无线的自组织的传感器网络而言，网络拓扑控制具有特别重要的意义。通过拓扑控制自动生成的良好的网络拓扑结构，能够提高路由协议和 MAC 协议的效率，可为数据融合、时间同步和目标定位等很多方面奠定基础，有利于节省节点的能量来延长网络的生存期。所以，拓扑控制是无线传感器网络研究的核心技术之一。

无线传感器网络拓扑控制目前主要的研究问题是在满足网络覆盖度和连通度的前提下，通过功率控制和骨干网节点选择，剔除节点之间不必要的无线通信链路，生成一个高效的数据转发的网络拓扑结构。拓扑控制可以分为节点功率控制和层次型拓扑控制两个方面。节点功率控制机制调节网络中每个节点的发射功率，在满足网络连通度的前提下，减少节点的发送功率，均衡节点单跳可达的邻居数目。已经提出了 COMPOW 等统一功率分配算法，LINT/LHJT 和 LMN/LMA 等基于节点度数的算法，CBTC、LMST、RNG、DRNG 和 DLSS 等基于邻近图的近似算法。层次型拓扑控制利用分簇机制，让一些节点作为簇头节点，由簇头节点形成一个处理并转发数据的骨干网，其他非骨干网节点可以暂时关闭通信模块，进入休眠状态以节省能量。目前提出了 TopDisc 成簇算法、改进的 GAF 虚拟地理网格分簇算法，以及 LEACH 和 HEED 等自组织成簇算法。

5. 定位技术

位置信息是传感器节点采集数据中不可缺少的部分，没有位置信息的监测消息通常毫无意义，确定事件发生的位置或采集数据的节点位置是无线传感器网络最基本的功能之一。为了提供有效的位置信息，随机部署的传感器节点必须能够在布置后确定自身位置。由于传感器节点存在资源有限、随机部署、通信易受环境干扰甚至节点失效等特点，定位机制必须满足自组织性、健壮性、能量高效、分布式计算等要求。

根据节点位置是否确定，传感器节点分为信标节点和位置未知节点。信标节点在网络节点中所占的比例很小，可以通过携带 GPS 定位设备等手段获得自身的精确位置。信标节点是位置未知节点定位的参考点。位置未知节点需要根据少数信标节点，按照某种定位机制确定自身的位置。在无线传感器网络定位过程中，通常会使用三边测量法、三角测量法或极大似然估计法确定节点位置。根据定位过程中是否实际测量节点间的距离或角度，把传感器网络中的定位分类为基于距离的定位和距离无关的定位。

基于距离的定位机制就是通过测量相邻节点间的实际距离或方位来确定未知节点的位置，通常采用测距、定位和修正等步骤实现。根据测量节点间距离或方位时所采用的方法，基于距离的定位分为基于 TOA 的定位、基于 TDOA 的定位、基于 AOA 的定位、基于 RSSI 的定位等。由于要实际测量节点间的距离或角度，基于距离的定位机制通常定位精度相对较高，因此对节点的硬件也提出了很高的要求。距离无关的定位机制无须实际测量节点间的绝对距离或方位就能够确定未知节点的位置，目前提出的定位机制主要有质心算法、Dv-Hop 算法、Amorphous 算法、APIT 算法等。由于无须测量节点间的绝对距离或方位，因此降低了对节点硬件的要求，使得节点成本适合于大规模传感器网络。距离无关的定位机制的定位性能受环境因素的影响小，虽然定位误差相应有所增加，但定位精度能够满足多数传感器网络应用的要求，是目前大家重点关注的定位机制。

6. 网络安全

无线传感器网络是一种应用相关网络，作为连接真实物理环境和信息系统的接口，通常被部署在复杂的现实环境中。低成本可灵活部署的无线传感器网络已经成为下一代高性能信息系统信息摄取前端的最佳候选解决方案，其应用前景非常广阔。在无线传感器网络的许多潜在应用中，如战场目标跟踪和监视、司法取证、汽车遥控、建筑物安全监控、输油管线温度和压力监测、森林火险监测等，网络自身的安全问题都显得尤为重要。

无线传感器网络作为任务型的网络，不仅要进行数据的传输，而且要进行数据采集和融合、任务的协同控制等。如何保证任务执行的机密性、数据产生的可靠性、数据融合的高效性及数据传输的安全性，就成为无线传感器网络安全问题需要全面考虑的内容。为了保证任务的机密布置和任务执行结果的安全传递和融合，无线传感器网络需要实现一些最基本的安全机制：机密性、点到点的消息认证、完整性鉴别、新鲜性、认证广播和安全管理。除此之外，为了确保数据融合后数据源信息的保留，水印技术也成为无线传感器网络安全的研究内容。

虽然在安全研究方面，无线传感器网络没有引入太多的内容，但无线传感器网络的特点决定了它的安全与传统网络安全在研究方法和计算手段上有很大的不同。首先，无线传感器网络的单元节点的各方面能力都不能与目前 Internet 的任何一种网络终端相比，所以必然存在算法计算强度和安全强度之间的权衡问题。如何通过更简单的算法实现尽量坚固的安全外壳是无线传感器网络安全的主要挑战。其次，有限的计算资源和能量资源往往需要系统的各种技术综合考虑，以减少系统代码的数量，如安全路由技术等。最后，无线传感器网络任务的协作特性和路由的局部特性使节点之间存在安全耦合，单个节点的安全泄漏必然威胁网络的安全，所以在考虑安全算法的时候要尽量减小这种耦合性。无线传感器网络 SPINS 安全框架在机密性、点到点的消息认证、完整性鉴别、新鲜性、认证广播方面定义了完整有效的机制和算法。安全管理方面目前以密钥预分布模型作为安全初始化和维护的主要机制，其中随机密钥对模型、基于多项式的密钥对模型等是目前最有代表性的算法。

7. 时间同步

作为无线传感器网络的基础构件之一，时间同步服务不仅是无线传感器网络各种应用正常运行的必要条件，并且同步精度直接决定了其他服务的质量。

在分布式系统中，不同的节点都有自己的本地时钟。由于不同节点的晶体振荡器频率存在偏差，以及温度变化和电磁波干扰等，即使在某个时刻所有节点都达到时间同步，它们的时间也会逐渐出现偏差，而分布式系统的协同工作需要节点间的时间同步，因此时间同步机制是分布式系统基础框架的一个关键机制。分布式时间同步涉及物理时间和逻辑时间两个不同的概念。物理时间用来表示人类社会使用的绝对时间；逻辑时间表达事件发生的顺序关系，是一个相对概念。分布式系统通常需要一个表示整个系统时间的全局时间，全局时间根据需要可以是物理时间或逻辑时间。

时间同步机制在传统网络中已经得到广泛应用，如网络时间协议 NTP（Network Time Protocol）是 Internet 采用的时间同步协议，GPS、无线测距等技术也用来提供网络的全局时间同步。在传感器网络应用中同样需要时间同步机制，如时间同步能够用于形成分布式波束系统、构成 TDMA 调度机制和多传感器节点的数据融合，在节点间时间同步的基础上，用时间序列的目标位置检测可以估计目标的运行速度和方向，通过测量声音的传播时间能够确定节点到声源的距离或声源的位置。但 NTP 协议只适用于结构相对稳定、链路很少失败的有线网络系统；GPS 系统能够以纳秒级精度与世界标准时间 UTC 保持同步，但需要配置固定的高成本接收机，同时在室内、森林或水下等有掩体的环境中无法使用 GPS 系统。因此，它们都不适合应用在传感器网络中。Jeremy Elson 和 Kay Romer 在 2002 年 8 月的 HotNetS-1 国际会议上首次提出并阐述了无线传感器网络中的时间同步机制的研究课题,在无线传感器网络研究领域引起了关注。

在设计无线传感器网络的时间同步机制时,需要从以下几个方面进行考虑。

(1) 扩展性:在传感器网络应用中,网络部署的地理范围大小不同,网络内节点密度不同,时间同步机制要能够适应这种网络范围或节点密度的变化。

(2) 稳定性:传感器网络在保持连通性的同时,因环境影响及节点本身的变化,网络拓扑结构将动态变化,时间同步机制要能够在拓扑结构的动态变化中保持时间同步的连续性和精度的稳定。

(3) 鲁棒性:由于各种原因可能造成传感器节点失效,另外现场环境随时可能影响无线链路的通信质量,因此要求时间同步机制具有良好的鲁棒性。

(4) 收敛性:传感器网络具有拓扑结构动态变化的特点,同时传感器节点又存在能量约束,这些都要求建立时间同步的时间很短,使节点能够及时知道它们的时间是否达到同步。

(5) 能量感知:为了减少能量消耗,保持网络时间同步的交换消息数尽量少,必需的网络通信和计算负载应该可以预知,时间同步机制应该根据网络节点的能量分布,均匀使用网络节点的能量来达到能量的高效使用。

目前已提出了多个时间同步机制,其中 RBS、TINY/MINI-SYNC 和 TPSN 被认为是 3 个基本的同步机制。

(1) RBS 机制是基于接收者—接收者的时钟同步:一个节点广播时钟参考分组,广播域内的两个节点分别采用本地时钟记录参考分组的到达时间,通过交换记录时间来实现它们之间的时钟同步。

(2) TINY/MINI-SYNC 是简单的轻量级的同步机制:假设节点的时钟漂移遵循线性变化,那么两个节点之间的时间偏移也是线性的,可通过交换时标分组来估计两个节点间的最优匹配偏移量。

(3) TPSN 采用层次结构实现整个网络节点的时间同步:所有节点按照层次结构进行逻辑分级,通过基于发送者—接收者的节点对方式,每个节点能够与上一级的某个节点进行同步,从而实现所有节点都与根节点时间同步。除此之外,作为两种新型同步机制,萤火虫同步和协作同步越来越受研究人员的青睐。

8. 数据融合

传感器网络的基本功能是收集并返回其传感器节点所在监测区域的信息。传感器网络节点的资源十分有限,主要体现在电池能量、处理能力、存储容量及通信带宽等几个方面。在收集信息的过程中采用各个节点单独传送数据到汇聚节点的方法是不合适的,主要有两个原因:浪费通信带宽和能量及降低信息收集的效率。为避免这些问题,传感器网络在收集数据的过程中需要使用数据融合技术。

所谓数据融合,是将多份数据或信息进行处理,组合出更有效、更符合用户需求的数据的过程。数据融合的方法普遍应用于日常生活中。例如,在辨别一个事物的时候通常会综合各种感官信息,包括视觉、触觉、嗅觉和听觉等。单独依赖一种感官获得的信息往往不足以对事物做出准确判断,而综合多种感官数据,对事物的描述会更准确。在传统的传感器应用中,许多时候只关心监测结果,并不需要接收到大量原始数据,数据融合是实现此目的的重要手段。

在无线传感器网络中,数据融合起着十分重要的作用,主要表现以下 3 个方面。

(1) 节省整个网络的能量:传感器网络是由大量的传感器节点覆盖到监测区域而组成的。鉴于单个传感器节点的监测范围和可靠性是有限的,在部署网络时,需要使传感器节点达到一定的密度以增强整个网络的鲁棒性和监测信息的准确性,有时甚至需要使多个节点的监测范围互相交叠。这种监测区域的相互重叠导致邻近节点报告的信息存在一定程度的冗余。数据融合就是要针对上述情况对冗余数据进行网内处理，即中间节点在转发传感器数据之前，首先对数据进行综合，去掉冗余信息，再在满足应用需求的前提下将需要传输的数据量最小化，从而减小能量的开销。

（2）增强所收集数据的准确性：传感器网络由大量低廉的传感器节点组成，部署在各种各样的环境中，从传感器节点获得的信息存在着较高的不可靠性。因此，仅收集少数几个分散的传感器节点的数据较难确保得到信息的正确性，需要通过对监测同一对象的多个传感器所采集的数据进行综合，来有效地提高所获得信息的精度和可信度。另外，由于邻近的传感器节点监测同一区域，其获得的信息之间差异性很小，如果个别节点报告了错误的或误差较大的信息，很容易在本地处理中通过简单的比较算法进行排除。需要指出的是，虽然可以在数据全部单独传送到汇聚节点后进行集中融合，但这种方法得到的结果往往不如在网内进行融合处理的结果精确，有时甚至会产生融合错误。数据融合一般需要数据源局部信息的参与，如数据产生的地点、产生数据的节点归属的簇等。相同地点的数据，如果属于不同的组可能代表完全不同的数据含义。例如，对于树下和树上的节点分别测量不同高度情况下目标区域的温度，虽然从二维环境下看它们在同一个地点，但这两个节点的温度数据是不能够融合的。正是这些局部信息的参与使得局部信息融合比集中数据融合有更多的优势。

（3）提高收集数据的效率：在网内进行数据融合，可以在一定程度上提高网络收集数据的整体效率。数据融合减少了需要传输的数据量，可以减轻网络的传输拥塞，降低数据的传输延迟。即使有效数据量并未减少，但通过对多个数据分组进行合并减少了数据分组个数，可以减少传输中的冲突碰撞现象，也能提高无线信道的利用率。

另外，数据融合技术可以与无线传感器网络的多个协议层次进行结合。在应用层设计中，可以利用分布式数据库技术，对采集到的数据进行逐步筛选，达到融合的效果；在网络层中，很多路由协议均结合了数据融合机制，以期减少数据传输量。此外，还有研究者提出了独立于其他协议层的数据融合协议层，通过减少 MAC 层的发送冲突和头部开销达到节省能量的目的，同时又不损失时间性能和信息的完整性。数据融合技术已经在目标跟踪、目标自动识别等领域得到了广泛的应用。在无线传感器网络的设计中，只有面向应用需求设计针对性强的数据融合方法，才能最大限度地获益。

数据融合技术在节省能量、提高信息准确度的同时，要以牺牲其他方面的性能为代价。首先是延迟的代价，在数据传送过程中寻找易于进行数据融合的理由、进行数据融合操作、为融合而等待其他数据的到来，这三方面都可能增加网络的平均延迟。其次是鲁棒性的代价，传感器网络相对于传统网络有更高的节点失效率及数据丢失率，数据融合可以大幅度降低数据的冗余性，但丢失相同的数据量可能会损失更多的信息，因此相对而言也降低了网络的鲁棒性。

9. 数据管理

从数据存储的角度来看，无线传感器网络可被视为一种分布式数据库。以数据库的方法在无线传感器网络中进行数据管理，可以将存储在网络中的数据的逻辑视图与网络中的实现进行分离，使得传感器网络的用户只需要关心数据查询的逻辑结构，无须关心实现细节。虽然对网络所存储的数据进行抽象会在一定程度上影响执行效率，但可以显著增强传感器网络的易用性。

然而，无线传感器网络的数据管理与传统的分布式数据库有很大的差别。由于传感器节点能量受限且容易失效，数据管理系统必须在尽量减少能量消耗的同时提供有效的数据服务。同时，无线传感器网络中节点数量庞大，且传感器节点产生的是无限的数据流，无法通过传统的分布式数据库的数据管理技术进行分析处理。此外，对无线传感器网络数据的查询经常是连续的查询或随机抽样的查询，这也使得传统分布式数据库的数据管理技术不适用于无线传感器网络。

目前用于无线传感器网络数据管理系统的结构主要有 4 种，即集中式结构、半分布式结构、分布式结构和层次式结构。

(1) 集中式结构。在集中式结构中，感知数据的查询和无线传感器网络的访问是相对独立的。整个处理过程分为两步。首先，将感知数据按照事先指定的方式从无线传感器网络传输到中心服务器；然后，在中心服务器上进行查询处理。这种方法很简单，但是中心服务器会成为系统性能的瓶颈，而且容错性很差。另外，由于所有传感器的数据都要求传送到中心服务器，通信开销很大。

(2) 半分布式结构。由于传感器节点具有一定的计算和存储能力，因此可以对原始数据进行一定的处理。目前大多数研究工作都集中在半分布式结构方面。其中 Fjord 系统的结构和 Cougar 系统的结构是两种代表性的半分布式结构。

Fjord 主要由两部分构成：自适应的查询处理引擎和传感器代理。Fjord 基于流数据计算模型处理查询，与传统数据库系统不同，在 Fjord 系统中，感知数据流是流向查询处理引擎的（Push 技术），而不是在被查询的时候才提取出来的（Pull 技术）。Fjord 对于非感知数据采取 Pull 技术，因此，Fjord 是同时采用 Push 技术和 Pull 技术的查询处理引擎。另外，Fjord 根据计算环境的变化动态调整查询执行计划。

Cougar 的基本思想是尽可能地将查询处理在无线传感器网络内部进行，减少通信开销。在查询处理过程中，只有与查询相关的数据才能从无线传感器网络中提取出来，这种方法灵活而有效。与 Fjord 不同，在 Cougar 中，传感器节点不仅需要处理本地的数据，同时还要与邻近的节点进行通信，协作完成查询处理的某些任务。

(3) 分布式结构。分布式结构假设每个传感器都有很高的存储、计算和通信能力。首先，每个传感器采样、感知和监测事件，然后使用一个 Hall 函数，按照每个事件的关键字，将其存储到离这个 Hall 函数值最近的传感器节点，这种方法称为分布式 Hall 方法。处理查询的时候，使用同样的 Hall 函数，将查询发到离 Hall 值最近的节点上面，这种结构将计算和通信全都放到传感器节点上。分布式结构的问题是假设传感器节点有着和普通计算机相同的计算和存储能力。分布式结构只适合基于事件关键字的查询，系统的通信开销较大。

(4) 层次式结构。层次式结构包含了传感器网络层和代理网络层两个层次，并集成了网内数据处理、自适应查询处理和基于内容的查询处理等多项技术。在传感器网络层，每个传感器节点具有一定的计算和存储能力，每个传感器节点完成三项任务：从代理接收命令、进行本地计算、将数据传送到代理。代理层的节点具有更高的存储、计算和通信能力。每个代理完成从用户接受查询、向传感器节点发送控制命令或其他信息、从传感器节点接收数据、处理查询、将查询结果返回给用户五项任务。

传感器网络中数据的存储采用网络外部存储、本地存储和以数据为中心的存储三种方式。相对于其他两种方式，以数据为中心的存储方式可以在通信效率和能量消耗两个方面获得很好的折中。基于地理散列表的方法便是一种常用的以数据为中心的数据存储方式。在无线传感器网络中，既可以为数据建立一维索引，也可以建立多维索引。DIFS 系统中采用的是一维索引的方法，DIM 是一种适用于无线传感器网络的多维索引方法。无线传感器网络的数据查询语言目前多采用类 SQL 的语言。查询操作可以按照集中式、分布式或流水线式查询进行设计。集中式查询由于传送了冗余数据而消耗额外的能量；分布式查询利用聚集技术可以显著降低通信开销；而流水线式聚集技术可以提高分布式查询的聚集正确性。在无线传感器网络中，对连续查询的处理也是需要考虑的方面，CACQ 技术可以处理无线传感器网络节点上的单连续查询和多连续查询请求。

10. 无线通信技术

无线传感器网络需要低功耗短距离的无线通信技术。IEEE 802.15.4 标准是针对低速无线个人域网络的无线通信标准，把低功耗、低成本作为设计的主要目标，旨在为个人或家庭范围内不同设备之间低速联网提供统一标准。由于 IEEE802.15.4 标准的网络特征与无线传感器网络存在很多相似之处，因此很多研究机构把它作为无线传感器网络的无线通信平台。

超宽带技术（UWB）是一种极具潜力的无线通信技术。超宽带技术具有对信道衰落不敏感、发射信号功率谱密度低、低截获能力、系统复杂度低、能提供数厘米的定位精度等优点，非常适合应用在无线传感器网络中。迄今为止关于 UWB 有两种技术方案：一种是以 Freescale 公司为代表的 DS-CDMA 单频带方式；另一种是由英特尔、德州仪器等公司共同提出的多频带 OFDM 方案，但还没有一种方案成为正式的国际标准。

11. 嵌入式操作系统

从某种程度上可以把无线传感器网络看作是一种由大量微型、廉价、能量有限的多功能传感器节点组成的、可协同工作的、面向分布式自组织网络的计算机系统。由于无线传感器网络的特殊性，导致传感器网络对操作系统的需求相对于传统操作系统有较大的差异。因此，需要针对无线传感器网络应用的多样性、硬件功能有限、资源受限、节点微型化和分布式任务协作等特点，研究和设计新的基于无线传感器网络的操作系统和相关软件。

传感器节点是一个微型的嵌入式系统，携带非常有限的硬件资源，需要操作系统能够节能高效地使用其有限的内存、处理器和通信模块，且能够对各种特定应用提供最大的支持。在面向无线传感器网络的操作系统的支持下，多个应用可以并发地使用系统的有限资源。

传感器节点有两个突出的特点：一个特点是并发性密集，即可能存在多个需要同时执行的逻辑控制，这需要操作系统能够有效地满足这种发生频繁、并发程度高、执行过程比较短的逻辑控制流程；另一个特点是传感器节点模块化程度很高，要求操作系统能够让应用程序方便地对硬件进行控制，且保证在不影响整体开销的情况下，应用程序中的各个部分能够比较方便地进行重新组合。上述这些特点对设计面向无线传感器网络的操作系统提出了新的挑战。美国加州大学伯克利分校针对无线传感器网络研发了 TinyOS 操作系统，在科研机构的研究中得到比较广泛地使用，但仍然存在不足之处。

12. 应用层技术

无线传感器网络应用层由各种面向应用的软件系统构成，部署的无线传感器网络往往执行多种任务。应用层的研究主要是各种无线传感器网络应用系统的开发和多任务之间的协调，如作战环境侦查与监控系统、军事侦察系统、情报获取系统、战场监测与指挥系统、环境监测系统、交通管理系统、灾难预防系统、危险区域监测系统、有灭绝危险的动物或珍贵动物的跟踪监护系统、民用和工程设施的安全性监测系统、生物医学监测、治疗系统和智能维护等。无线传感器网络应用开发环境的研究旨在为应用系统的开发提供有效的软件开发环境和软件工具，需要解决的问题包括无线传感器网络程序设计语言、无线传感器网络程序设计方法学、无线传感器网络软件开发环境和工具、无线传感器网络软件测试工具的研究、无线面向应用的系统服务（如位置管理和服务发现等）、基于感知数据的理解、决策和举动的理论与技术（如感知数据的决策理论、反馈理论、新的统计算法、模式识别和状态估计技术等）。

习　题

1. 什么是智能传感器？
2. 网络化智能仪器主要有哪些类型？其使用特点有哪些？
3. 什么是无线传感器网络？它主要的特征是什么？其主要面临解决的关键技术有哪些？

参 考 文 献

[1] 黄贤武，郑筱霞. 传感器原理及应用. 成都：电子科技大学出版社，2004.
[2] 刘靳，刘笃仁，韩保君. 传感器原理及应用技术（第3版）. 西安：西安电子科技大学出版社，2013.
[3] 周继明，汪世民. 传感技术与应用. 长沙：中南大学出版社，2005.
[4] 王雪文，张志勇. 传感器原理及应用. 北京：北京航空航天大学出版社，2004.
[5] 洪志刚. 传感器原理及应用. 长沙：中南大学出版社，2007.
[6] 王化祥，张淑英. 传感器原理及应用（第4版）. 天津：天津大学出版社，2014.
[7] 郭爱芳. 传感器原理及应用. 西安：西安电子科技大学出版社，2007.
[8] 曾光宇，杨湖. 现代传感器技术与应用基础. 北京：北京理工大学出版社，2006.
[9] 刘迎春，叶湘滨. 传感器原理设计与应用（第4版）. 长沙：国防科技大学出版社，2002.
[10] 沈聿农. 传感器及应用技术（第2版）. 北京：化学工业出版社，2005.
[11] 贾伯年，俞朴. 传感器技术（第3版）. 南京：东南大学出版社，2006.
[12] 邓海龙. 自动检测与转换技术. 北京：中国纺织出版社，2000.
[13] 宋雪臣. 传感器与检测技术. 北京：人民邮电出版社，2009.
[14] 陈杰，黄鸿. 传感器与检测技术. 北京：高等教育出版社，2002.
[15] 强锡富. 传感器（第3版）. 北京：机械工业出版社，2001.
[16] 刘爱华，满宝元. 传感器原理与应用技术. 北京：人民邮电出版社，2006.
[17] 徐甲强，张全法，范福玲. 传感器技术（下册）. 哈尔滨：哈尔滨工业大学出版社，2004.
[18] 吕泉. 现代传感器原理及应用. 北京：清华大学出版社，2006.
[19] 刘君华. 智能传感器系统. 西安：西安电子科技大学出版社，1999.
[20] 董永贵. 传感技术与系统. 北京：清华大学出版社，2006.
[21] 孙利民. 无线传感器网络. 北京：清华大学出版社，2005.
[22] 李道华，李玲，朱艳. 传感器电路分析与设计. 武汉：武汉大学出版社，2000.
[23] 孙建民. 传感器技术. 北京：清华大学出版社，北京交通大学出版社，2005.
[24] 孙传友. 测控电路及装置. 北京：北京航空航天大学出版社，2002.
[25] 张国雄. 测控电路. 北京：机械工业出版社，2000.
[26] 昊石增，黄鸿. 传感器与测控技术. 北京：中国电力出版社，2003.
[27] 朱蕴璞，等. 传感器原理及应用. 北京：国防工业出版社，2005.
[28] 黄贤武，等. 传感器实际应用电路设计. 成都：电子科技大学出版社，1997.
[29] 刘晓明，朱钟淦. 微机电系统设计与制造，北京：国防工业出版社，2006.
[30] 蒋亚东，谢光忠. 敏感材料与传感器. 成都：电子科技大学出版社，2008.
[31] 何希才，任力颖，杨静. 实用传感器接口电路实例. 北京：中国电力出版社，2007.
[32] 倪星元，张志华. 传感器敏感功能材料及应用. 北京：化学工业出版社，2005.
[33] 沙占友. 智能传感器系统设计与应用. 北京：电子工业出版社，2004.
[34] 周继明，江世明. 传感技术与应用. 长沙：中南大学出版社，2005.
[35] 陈明. 声表面波传感器. 西安：西北工业大学出版社，1997.
[36] 高国富. 智能传感器及其应用. 北京：化学工业出版社，2005.
[37] 章吉良，周勇，戴旭涵. 微传感器原理、技术及应用. 上海：上海交通大学出版社，2006.

[38] 刘迎春,叶湘滨. 传感器原理、设计与应用. 长沙:国防科技大学出版社,2002.

[39] 杜功焕,朱哲民,龚秀芬. 声学基础(第2版). 南京:南京大学出版社,2001.

[40] Morris AS, Langari R. *Measurement and Instrumentation: Theory and Application*. Academic Press, 2012.

[41] Clarence W. de Silva, *Sensors and Actuators: Control System Instrumentation*. CRC Press, 2007.

[42] Kourosh Kalantar-zadeh. *Sensors: An Introductory Course*. Springer, 2013.

[43] 崔逊学,左从菊. 无线传感器网络简明教程(第2版). 北京:清华大学出版社,2015.

[44] 孙利民,李建中,陈渝,等. 无线传感器网络. 北京:清华大学出版社,2005.

反侵权盗版声明

电子工业出版社依法对本作品享有专有出版权。任何未经权利人书面许可,复制、销售或通过信息网络传播本作品的行为;歪曲、篡改、剽窃本作品的行为,均违反《中华人民共和国著作权法》,其行为人应承担相应的民事责任和行政责任,构成犯罪的,将被依法追究刑事责任。

为了维护市场秩序,保护权利人的合法权益,我社将依法查处和打击侵权盗版的单位和个人。欢迎社会各界人士积极举报侵权盗版行为,本社将奖励举报有功人员,并保证举报人的信息不被泄露。

举报电话:(010)88254396;(010)88258888
传　　真:(010)88254397
E-mail: dbqq@phei.com.cn
通信地址:北京市海淀区万寿路 173 信箱
　　　　　电子工业出版社总编办公室
邮　　编:100036